中国石油科技进展丛书（2006—2015年）

致密气勘探开发技术

主　编：雷　群

副主编：贾爱林　何东博　管保山　罗　凯　甯　波

石油工业出版社

内 容 提 要

本书以2006—2015年期间中国石油组织的致密气领域的重大科技攻关项目为基础，总结了致密气勘探开发技术方面取得的主要进展，包括致密气成藏特征、致密气储层预测与含气性检测技术、致密气储层评价与富集区优选技术、致密气储层描述技术、致密气渗流特征与产能评价方法、致密气储层改造技术、致密气藏稳产与提高采收率技术等方面的研究成果。本书是对已取得的技术成果和实践经验的总结，对今后致密气勘探开发的不断发展起到借鉴作用。

本书可供从事致密气研究的科研人员及相关院校师生参考使用。

图书在版编目（CIP）数据

致密气勘探开发技术／雷群主编．— 北京：石油工业出版社，2019.7

（中国石油科技进展丛书．2006—2015年）

ISBN 978-7-5183-3187-1

Ⅰ.①致… Ⅱ.①雷… Ⅲ.①致密砂岩-砂岩油气藏-油气勘探②致密砂岩-砂岩油气藏-油气田开发 Ⅳ.①P618.130.8②TE343

中国版本图书馆CIP数据核字（2019）第064698号

审图号：GS（2019）2780号

出版发行：石油工业出版社

（北京安定门外安华里2区1号楼　100011）

网　址：www.petropub.com

编辑部：（010）64523712　图书营销中心：（010）64523633

经　销：全国新华书店

印　刷：北京中石油彩色印刷有限责任公司

2019年7月第1版　2019年7月第1次印刷

787×1092毫米　开本：1/16　印张：22.25

字数：570千字

定价：190.00元

《中国石油科技进展丛书（2006—2015年）》

编　委　会

专　家　组

《致密气勘探开发技术》编写组

主　　编: 雷　群

副 主 编: 贾爱林　何东博　管保山　罗　凯　甯　波

编写人员:

欧阳永林　王　欣　张福东　周兆华　冀　光　曾庆才

黄家强　位云生　翁定为　李　君　杨立峰　唐海发

程立华　赵　昕　付宁海　王国亭　郭　智　孟德伟

王丽娟　程敏华　王军磊　段瑶瑶　吕志凯　刘群明

杨　慎　关　辉　高　阳　姜　仁　曾同生　陈　胜

王　兴　李　琛　贺　佩　付海峰　刘玉婷　鄢雪梅

序

习近平总书记指出，创新是引领发展的第一动力，是建设现代化经济体系的战略支撑，要瞄准世界科技前沿，拓展实施国家重大科技项目，突出关键共性技术、前沿引领技术、现代工程技术、颠覆性技术创新，建立以企业为主体、市场为导向、产学研深度融合的技术创新体系，加快建设创新型国家。

中国石油认真学习贯彻习近平总书记关于科技创新的一系列重要论述，把创新作为高质量发展的第一驱动力，围绕建设世界一流综合性国际能源公司的战略目标，坚持国家“自主创新、重点跨越、支撑发展、引领未来”的科技工作指导方针，贯彻公司“业务主导、自主创新、强化激励、开放共享”的科技发展理念，全力实施“优势领域持续保持领先、赶超领域跨越式提升、储备领域占领技术制高点”的科技创新三大工程。

“十一五”以来，尤其是“十二五”期间，中国石油坚持“主营业务战略驱动、发展目标导向、顶层设计”的科技工作思路，以国家科技重大专项为龙头、公司重大科技专项为抓手，取得一大批标志性成果，一批新技术实现规模化应用，一批超前储备技术获重要进展，创新能力大幅提升。为了全面系统总结这一时期中国石油在国家和公司层面形成的重大科研创新成果，强化成果的传承、宣传和推广，我们组织编写了《中国石油科技进展丛书（2006—2015年）》（以下简称《丛书》）。

《丛书》是中国石油重大科技成果的集中展示。近些年来，世界能源市场特别是油气市场供需格局发生了深刻变革，企业间围绕资源、市场、技术的竞争日趋激烈。油气资源勘探开发领域不断向低渗透、深层、海洋、非常规扩展，炼油加工资源劣质化、多元化趋势明显，化工新材料、新产品需求持续增长。国际社会更加关注气候变化，各国对生态环境保护、节能减排等方面的监管日益严格，对能源生产和消费的绿色清洁要求不断提高。面对新形势新挑战，能源企业必须将科技创新作为发展战略支点，持续提升自主创新能力，加快构筑竞争新优势。“十一五”以来，中国石油突破了一批制约主营业务发展的关键技术，多项重要技术与产品填补空白，多项重大装备与软件满足国内外生产急需。截至2015年底，共获得国家科技奖励30项、获得授权专利17813项。《丛书》全面系统地梳理了中国石油“十一五”“十二五”期间各专业领域基础研究、技术开发、技术应用中取得的主要创新性成果，总结了中国石油科技创新的成功经验。

《丛书》是中国石油科技发展辉煌历史的高度凝练。中国石油的发展史，就是一部创业创新的历史。建国初期，我国石油工业基础十分薄弱，20世纪50年代以来，随着陆相生油理论和勘探技术的突破，成功发现和开发建设了大庆油田，使我国一举甩掉贫油的帽子；此后随着海相碳酸盐岩、岩性地层理论的创新发展和开发技术的进步，又陆续发现和建成了一批大中型油气田。在炼油化工方面，“五朵金花”炼化技术的开发成功打破了国外技术封锁，相继建成了一个又一个炼化企业，实现了炼化业务的不断发展壮大。重组改制后特别是“十二五”以来，我们将“创新”纳入公司总体发展战略，着力强化创新引领，这是中国石油在深入贯彻落实中央精神、系统总结“十二五”发展经验基础上、根据形势变化和公司发展需要作出的重要战略决策，意义重大而深远。《丛书》从石油地质、物探、测井、钻完井、采油、油气藏工程、提高采收率、地面工程、井下作业、油气储运、石油炼制、石油化工、安全环保、海外油气勘探开发和非常规油气勘探开发等15个方面，记述了中国石油艰难曲折的理论创新、科技进步、推广应用的历史。它的出版真实反映了一个时期中国石油科技工作者百折不挠、顽强拼搏、敢于创新的科学精神，弘扬了中国石油科技人员秉承“我为祖国献石油”的核心价值观和“三老四严”的工作作风。

《丛书》是广大科技工作者的交流平台。创新驱动的实质是人才驱动，人才是创新的第一资源。中国石油拥有21名院士、3万多名科研人员和1.6万名信息技术人员，星光璀璨，人文荟萃、成果斐然。这是我们宝贵的人才资源。我们始终致力于抓好人才培养、引进、使用三个关键环节，打造一支数量充足、结构合理、素质优良的创新型人才队伍。《丛书》的出版搭建了一个展示交流的有形化平台，丰富了中国石油科技知识共享体系，对于科技管理人员系统掌握科技发展情况，做出科学规划和决策具有重要参考价值。同时，便于科研工作者全面把握本领域技术进展现状，准确了解学科前沿技术，明确学科发展方向，更好地指导生产与科研工作，对于提高中国石油科技创新的整体水平，加强科技成果宣传和推广，也具有十分重要的意义。

掩卷沉思，深感创新艰难、良作难得。《丛书》的编写出版是一项规模宏大的科技创新历史编纂工程，参与编写的单位有60多家，参加编写的科技人员有1000多人，参加审稿的专家学者有200多人次。自编写工作启动以来，中国石油党组对这项浩大的出版工程始终非常重视和关注。我高兴地看到，两年来，在各编写单位的精心组织下，在广大科研人员的辛勤付出下，《丛书》得以高质量出版。在此，我真诚地感谢所有参与《丛书》组织、研究、编写、出版工作的广大科技工作者和参编人员，真切地希望这套《丛书》能成为广大科技管理人员和科研工作者的案头必备图书，为中国石油整体科技创新水平的提升发挥应有的作用。我们要以习近平新时代中国特色社会主义思想为指引，认真贯彻落实党中央、国务院的决策部署，坚定信心、改革攻坚，以奋发有为的精神状态、卓有成效的创新成果，不断开创中国石油稳健发展新局面，高质量建设世界一流综合性国际能源公司，为国家推动能源革命和全面建成小康社会作出新贡献。

王宜林

2018年12月

丛书前言

石油工业的发展史，就是一部科技创新史。“十一五”以来尤其是“十二五”期间，中国石油进一步加大理论创新和各类新技术、新材料的研发与应用，科技贡献率进一步提高，引领和推动了可持续跨越发展。

十余年来，中国石油以国家科技发展规划为统领，坚持国家“自主创新、重点跨越、支撑发展、引领未来”的科技工作指导方针，贯彻公司“主营业务战略驱动、发展目标导向、顶层设计”的科技工作思路，实施“优势领域持续保持领先、赶超领域跨越式提升、储备领域占领技术制高点”科技创新三大工程；以国家重大专项为龙头，以公司重大科技专项为核心，以重大现场试验为抓手，按照“超前储备、技术攻关、试验配套与推广”三个层次，紧紧围绕建设世界一流综合性国际能源公司目标，组织开展了50个重大科技项目，取得一批重大成果和重要突破。

形成40项标志性成果。（1）勘探开发领域：创新发展了深层古老碳酸盐岩、冲断带深层天然气、高原咸化湖盆等地质理论与勘探配套技术，特高含水油田提高采收率技术，低渗透/特低渗透油气田勘探开发理论与配套技术，稠油/超稠油蒸汽驱开采等核心技术，全球资源评价、被动裂谷盆地石油地质理论及勘探、大型碳酸盐岩油气田开发等核心技术。（2）炼油化工领域：创新发展了清洁汽柴油生产、劣质重油加工和环烷基稠油深加工、炼化主体系列催化剂、高附加值聚烯烃和橡胶新产品等技术，千万吨级炼厂、百万吨级乙烯、大氮肥等成套技术。（3）油气储运领域：研发了高钢级大口径天然气管道建设和管网集中调控运行技术、大功率电驱和燃驱压缩机组等16大类国产化管道装备，大型天然气液化工艺和20万立方米低温储罐建设技术。（4）工程技术与装备领域：研发了G3i大型地震仪等核心装备，“两宽一高”地震勘探技术，快速与成像测井装备、大型复杂储层测井处理解释一体化软件等，8000米超深井钻机及9000米四单根立柱钻机等重大装备。（5）安全环保与节能节水领域：

研发了 CO_2 驱油与埋存、钻井液不落地、炼化能量系统优化、烟气脱硫脱硝、挥发性有机物综合管控等核心技术。（6）非常规油气与新能源领域：创新发展了致密油气成藏地质理论，致密气田规模效益开发模式，中低煤阶煤层气勘探理论和开采技术，页岩气勘探开发关键工艺与工具等。

取得 15 项重要进展。（1）上游领域：连续型油气聚集理论和含油气盆地全过程模拟技术创新发展，非常规资源评价与有效动用配套技术初步成型，纳米智能驱油二氧化硅载体制备方法研发形成，稠油火驱技术攻关和试验获得重大突破，井下油水分离同井注采技术系统可靠性、稳定性进一步提高；（2）下游领域：自主研发的新一代炼化催化材料及绿色制备技术、苯甲醇烷基化和甲醇制烯烃芳烃等碳一化工新技术等。

这些创新成果，有力支撑了中国石油的生产经营和各项业务快速发展。为了全面系统反映中国石油 2006—2015 年科技发展和创新成果，总结成功经验，提高整体水平，加强科技成果宣传推广、传承和传播，中国石油决定组织编写《中国石油科技进展丛书（2006—2015 年）》（以下简称《丛书》）。

《丛书》编写工作在编委会统一组织下实施。中国石油集团董事长王宜林担任编委会主任。参与编写的单位有 60 多家，参加编写的科技人员 1000 多人，参加审稿的专家学者 200 多人次。《丛书》各分册编写由相关行政单位牵头，集合学术带头人、知名专家和有学术影响的技术人员组成编写团队。《丛书》编写始终坚持：一是突出站位高度，从石油工业战略发展出发，体现中国石油的最新成果；二是突出组织领导，各单位高度重视，每个分册成立编写组，确保组织架构落实有效；三是突出编写水平，集中一大批高水平专家，基本代表各个专业领域的最高水平；四是突出《丛书》质量，各分册完成初稿后，由编写单位和科技管理部共同推荐审稿专家对稿件审查把关，确保书稿质量。

《丛书》全面系统反映中国石油 2006—2015 年取得的标志性重大科技创新成果，重点突出“十二五”，兼顾“十一五”，以科技计划为基础，以重大研究项目和攻关项目为重点内容。丛书各分册既有重点成果，又形成相对完整的知识体系，具有以下显著特点：一是继承性。《丛书》是《中国石油“十五”科技进展丛书》的延续和发展，凸显中国石油一以贯之的科技发展脉络。二是完整性。《丛书》涵盖中国石油所有科技领域进展，全面反映科技创新成果。三是标志性。《丛书》在综合记述各领域科技发展成果基础上，突出中国石油领先、高端、前沿的标志性重大科技成果，是核心竞争力的集中展示。四是创新性。《丛书》全面梳理中国石油自主创新科技成果，总结成功经验，有助于提高科技创新整体水平。五是前瞻性。《丛书》设置专门章节对世界石油科技中长期发展做出基本预测，有助于石油工业管理者和科技工作者全面了解产业前沿、把握发展机遇。

《丛书》将中国石油技术体系按 15 个领域进行成果梳理、凝练提升、系统总结，以领域进展和重点专著两个层次的组合模式组织出版，形成专有技术集成和知识共享体系。其中，领域进展图书，综述各领域的科技进展与展望，对技术领域进行全覆盖，包括石油地质、物探、测井、钻完井、采油、油气藏工程、提高采收率、地面工程、井下作业、油气储运、石油炼制、石油化工、安全环保节能、海外油气勘探开发和非常规油气勘探开发等 15 个领域。31 部重点专著图书反映了各领域的重大标志性成果，突出专业深度和学术水平。

《丛书》的组织编写和出版工作任务量浩大，自 2016 年启动以来，得到了中国石油天然气集团公司党组的高度重视。王宜林董事长对《丛书》出版做了重要批示。在两年多的时间里，编委会组织各分册编写人员，在科研和生产任务十分紧张的情况下，高质量高标准完成了《丛书》的编写工作。在集团公司科技管理部的统一安排下，各分册编写组在完成分册稿件的编写后，进行了多轮次的内部和外部专家审稿，最终达到出版要求。石油工业出版社组织一流的编辑出版力量，将《丛书》打造成精品图书。值此《丛书》出版之际，对所有参与这项工作的院士、专家、科研人员、科技管理人员及出版工作者的辛勤工作表示衷心感谢。

人类总是在不断地创新、总结和进步。这套丛书是对中国石油 2006—2015 年主要科技创新活动的集中总结和凝练。也由于时间、人力和能力等方面原因，还有许多进展和成果不可能充分全面地吸收到《丛书》中来。我们期盼有更多的科技创新成果不断地出版发行，期望《丛书》对石油行业的同行们起到借鉴学习作用，希望广大科技工作者多提宝贵意见，使中国石油今后的科技创新工作得到更好的总结提升。

2018 年 12 月

前言

致密气是中国重要的天然气资源类型，地质资源量（25~30）$\times10^{12}m^3$，是常规天然气资源量的45%~50%。“十一五”和“十二五”期间，中国致密气勘探开发取得了快速发展，探明储量持续增长，建成了以苏里格气田为代表的一批致密气田。截至2015年年底，中国的累计探明致密气地质储量达$3.3\times10^{12}m^3$，约占国内天然气总探明地质储量的30%，致密气年产量突破$300\times10^{8}m^3$，达到天然气总产量的20%以上，强力支撑了中国天然气工业的快速发展。

中国致密气勘探开发大致经历了三个阶段。（1）早期探索阶段：20世纪70至80年代即开始在川西地区探索致密砂岩气的开发利用，但由于当时工艺技术的局限性，采用常规气藏勘探开发思路，未取得规模性的突破。（2）先导性试验阶段：2000年8月27日，鄂尔多斯盆地钻探的苏6井，压裂后测试井口日产天然气$26.8\times10^{4}m^3$，标志着苏里格致密气田的发现，也拉开了中国致密气规模化发展的序幕。苏里格气田具有低渗透、低压、低丰度的“三低”特点，与北美致密气相比，其储量丰度更低、埋藏深度更大、开发难度更高。经过五年技术攻关和先导性试验，建立了致密气大面积成藏地质理论，提出了低成本开发战略，形成了“富集区评价、分压合采、井下节流、中低压集输”等12项开发配套技术，实现了中国致密气地质理论和开发技术的突破，在苏里格气田苏6井、苏10井等井区的试采初见成效，具备了规模化发展的条件。（3）规模发展阶段：2006年开始，苏里格气田采用“5+1”合作开发模式，步入规模化开发建设阶段，并带动其他盆地致密气的勘探开发，致密气成为近十年中国天然气储量和产量增长最快的气藏类型。在苏里格地区$5\times10^{4}km^2$范围内探明和基本探明致密气地质储量$4.7\times10^{12}m^3$，开发技术持续创新，从直井发展为丛式井、水平井，形成“大平台多井型立体式”开发模式，建成了$250\times10^{8}m^3/a$产能的中国最大的天然气田。同时带动了鄂尔多斯盆地东部、四川盆地川中和川西地区、松辽盆地南部等领域致密气的规模化发展。

中国的致密气勘探开发经过十余年的快速发展，建成了鄂尔多斯盆地和四川盆地两个致密气主力产区。鄂尔多斯盆地主要包括苏里格气田、大牛地气田、神木气田、东胜气田等，年产量规模（280~300）$\times10^8m^3$。四川盆地主要包括新场气田、广安气田、合川气田等，年产量规模（35~40）$\times10^8m^3$。这些致密气田的勘探开发实践奠定了中国致密气的发展基础，逐步形成了具有中国特色的致密气勘探开发技术。

致密气勘探技术主要体现在大面积成藏理论的建立。建立了鄂尔多斯盆地上古生界“敞流型”湖盆沉积模式，有利勘探面积扩大到$5\times10^4km^2$；提出近源大面积致密砂岩聚集系数可达5%，突破了前人认为天然气运聚系数小于1%的认识，扩大了资源规模；揭示了致密砂岩大气田在生气强度大于$10\times10^8m^3/km^2$区域就能形成的基本规律，扩大了致密气勘探新领域。

致密气开发技术主要体现在如何提高单井产量和降低开发成本方面，形成了富集区优选、快速钻井、储层改造、井下节流与中低压集输、数字化生产管理等技术系列，达到国际先进水平。（1）富集区预测及井位优选技术：改进地震野外采集参数，增大偏移距到目的层埋深的1.3~1.5倍，使之达到叠前资料应用的要求；形成地震叠前AVO气层检测和泊松比反演技术，实现了对富集区的有效预测和优选井位。苏里格气田富集区内有效井（I+II类井）钻井成功率由早期的低于60%达到75%以上。（2）快速钻井技术：通过井身结构优化，优选PDC钻头，改进钻井液体系，平均地层埋深3300m，直井钻井周期缩短到平均15d，最短7d，水平井钻井周期缩短到平均61d，最短23d，大幅降低了钻井成本。（3）直井多层、水平井多段压裂技术：研制了系列机械式封隔器分层压裂工具，一般实施3~5层分层压裂，最高分压8层，已应用于6000口井以上，单井初期日产量（1~3）$\times10^4m^3$。形成水力喷射和裸眼封隔器两套水平井分段压裂工艺技术，水平段1200m左右，一般分5~8段压裂，最高可达23段，已应用于1000口井以上，单井初期日产量（5~10）$\times10^4m^3$。（4）井下节流与中低压集输技术：利用地层能量实现井筒节流降压，取代了传统的集气站或井口加热，抑制了水合物的生成，并为形成中低压集输模式、降低地面建设投资创造了条件。井下节流器耐温200℃、耐压35MPa，下深2500m，开井时率由65%提高到90%以上，实现井口不加热、不注醇，有利于节能减排。苏里格气田形成的“井下节流、井口不加热、不注醇、中压集气、带液计量、井间串接、常温分离、二级增压、集中处理”中低压集气模式，大幅降低了地面投资。（5）数字化生产管理技术：致密气藏开发通常为多井低产的方式，大量生产井的管理需要投入大量的人力资源。借助现代计算机技术和互联网技术，建立了一套有效的智能化管理系统，实现气井和场站的“智能管理、独立运行、远程关断、自动排液、安全放空、动态监测”，大幅节约了人力成本。

就致密气发展前景而言，中国致密气的勘探开发现状还处于局部地域地质认识清楚但整个领域尚不明朗的状态。目前勘探开发领域主要集中在鄂尔多斯盆地伊陕斜坡的上古生界、四川盆地川中斜坡的须家河组和川西坳陷的蓬莱镇组和沙溪庙组，无论在地域上还是层位上都还有很多认识盲区，如鄂尔多斯盆地东部的本溪组和太原组、四川盆地西部冲断带和深凹陷区的致密砂岩、松辽盆地登娄库组和火石岭组的致密砂岩、塔里木盆地库车地区侏罗系致密砂岩等将是致密气的潜在增长区。工程技术已实现了中高油价条件下相对富集区的商业开发利用，但对占比更大的低丰度资源和含水饱和度较高的区域，中低油价条件下规模效益开发的工程技术仍需优化。同时，已发现的致密气田得到了开发动用，开始进入稳产阶段，开发任务也由上产向稳产转变，提高采收率和低产低效井挖潜是面临的主要挑战。总体判断，中国致密气经过过去十年的快速发展，实现了重点盆地的突破，形成了第一轮规模增长；未来 5~10 年将是一个稳定发展期，通过已开发致密气田的稳产和多类型盆地致密气新领域的突破，为迎接致密气下一轮规模增长提供资源和技术准备。

本书以 2006—2015 年期间中国石油组织的致密气领域的重大科技攻关项目为基础，总结了致密气勘探开发技术方面取得的主要进展，包括致密气成藏特征、致密气储层预测与含气性检测技术、致密气储层描述技术、致密气富集区优选与优化布井技术、致密气渗流特征与产能评价方法、致密气储层改造技术、致密气藏稳产与提高采收率技术等方面的研究成果。本书是对已取得的技术成果和实践经验的总结，将对今后致密气勘探开发的不断发展起到借鉴作用。

本书是在中国石油天然气集团有限公司科技管理部的支持下完成的，同时中国石油勘探与生产分公司、中国石油长庆油田分公司、中国石油西南油气田公司、中国石油勘探开发研究院也对本书的编写工作给予了大力支持和帮助，在此表示感谢。

本书涉及内容广泛，加之笔者水平有限，书中难免存在不妥和疏漏之处，敬请同行和读者批评指正。

目录

第一章　致密气成藏特征

致密气已经成为增储上产的重要资源，美国、加拿大、澳大利亚、墨西哥、委内瑞拉、阿根廷、印度尼西亚、中国、俄罗斯、埃及、沙特阿拉伯等十几个国家都开展了致密气勘探开发。但受资源潜力、消费需求和技术发展影响，全球致密气发展不均衡，美国、加拿大和中国是目前生产致密气的主要国家。中国致密气勘探的广泛开展始于20世纪70年代，近十年来致密气已成为重要的储量增长点，并在致密气运移、聚集、保存等方面取得一批重要认识，发展形成了具有中国特色的致密气成藏理论。

第一节　致密气发展概况

一、致密气定义

致密气是指储集于致密储层中的天然气资源，需通过大规模压裂或特殊采气工艺技术才能实现经济开发。致密气作为重要的天然气资源，可广泛赋存于砂岩、碳酸盐岩、火山岩等不同岩石类型的储层中，但大多数致密气还是存在于致密砂岩中，所以一般情况下致密气多指致密砂岩气。

致密气的概念目前尚未有较全面、系统、规范的定义，世界各国的标准也不统一。不同国家根据本国不同时期的油气资源状况和技术经济条件来制订其标准和界限，即使在同一国家、同一地区，随着认识程度的提高，致密气的概念也在不断地发展和完善。

致密气的概念最早出现于美国，1980年美国联邦能源管理委员会（FERC）根据《美国国会1978年天然气政策法（NGPA）》的有关规定，确定致密气藏的注册标准是其渗透率低于0.1mD（美国的渗透率为地层原始渗透率）。美国将在实际生产中孔隙度低（一般小于10%）、含水饱和度高（大于40%）、渗透率小于0.1mD的含气砂岩作为致密含气砂岩储层。这个限量标准目前在美国已得到广泛认同。美国能源部还根据致密储层的原始地层渗透率进一步划分为：（1）渗透率大于1.0mD为一般性气藏（常规）；（2）渗透率1.0~0.1mD为近致密气藏；（3）渗透率0.1~0.05mD为标准致密气藏；（4）渗透率0.005~0.001mD为极致密气藏；（5）渗透率0.001~0.0001mD为超致密气藏。

澳大利亚致密气定义的工业标准是岩石基质孔隙度小于10%、渗透率小于0.1mD（不包括裂缝渗透率）。欧洲地区致密气藏标准为渗透率小于0.1mD、孔隙度小于20%、埋深大于4500m。荷兰定义致密气的标准为渗透率小于0.1mD，平均有效气体渗透率小于0.6mD；英国等国家则定义致密气的渗透率小于1mD。

中国与美国采用不同的气藏分类体系，其分类评价的标准、理念都有一定差异（表1-1）。美国采用致密气藏的概念，主要是为了享受特殊税费政策。中国以渗透率为标准进行气藏分类，主要考虑的是技术因素与经济因素。2014年国家标准《致密砂岩气地质评价方法》

（GB/T 30501—2014），制定了致密砂岩气的行业标准：覆压基质渗透率小于或等于0.1mD的砂岩气层，单井一般无自然产能或自然产能低于工业气流下限，但在一定经济条件和技术措施下可获得工业天然气产量（通常情况下，这些措施包括压裂、水平井、多分支井等）。

表1-1　中美致密气分类标准

<table>
<tr><th>中国分类
（渗透率，mD）</th><th>《气藏分类》
（SY/T 6168—2008）</th><th>《油气储层评价方法》
（SY/T 6285—1997）</th><th colspan="2">美国 Elkins 分类
（渗透率，mD）</th></tr>
<tr><td>高渗透</td><td>>50</td><td>>500</td><td rowspan="3">常规储层</td><td rowspan="3">>1.0</td></tr>
<tr><td>中渗透</td><td>5~50</td><td>10~500</td></tr>
<tr><td rowspan="2">低渗透</td><td rowspan="2">0.1~5</td><td rowspan="2">0.1~10</td></tr>
<tr><td>近致密层</td><td>0.1~1.0</td></tr>
<tr><td rowspan="3">致密</td><td rowspan="3"><0.1</td><td rowspan="3"><0.1</td><td>致密层</td><td>0.005~0.1</td></tr>
<tr><td>很致密层</td><td>0.001~0.005</td></tr>
<tr><td>超致密层</td><td><0.001</td></tr>
</table>

二、致密气成藏研究发展概况

美国是致密气发展最早、最成功、开发规模最大的国家，形成了一系列勘探开发理论和技术。中国早期受当时勘探开发技术及理论认识等限制，未对致密气引起重视，直至2005年，压裂改造技术的广泛应用推动了致密气发展，特别是“十一五”以来，掀起了致密气勘探的热潮，取得了一批勘探成果，并逐渐形成了“致密气”成藏认识（图1-1）。

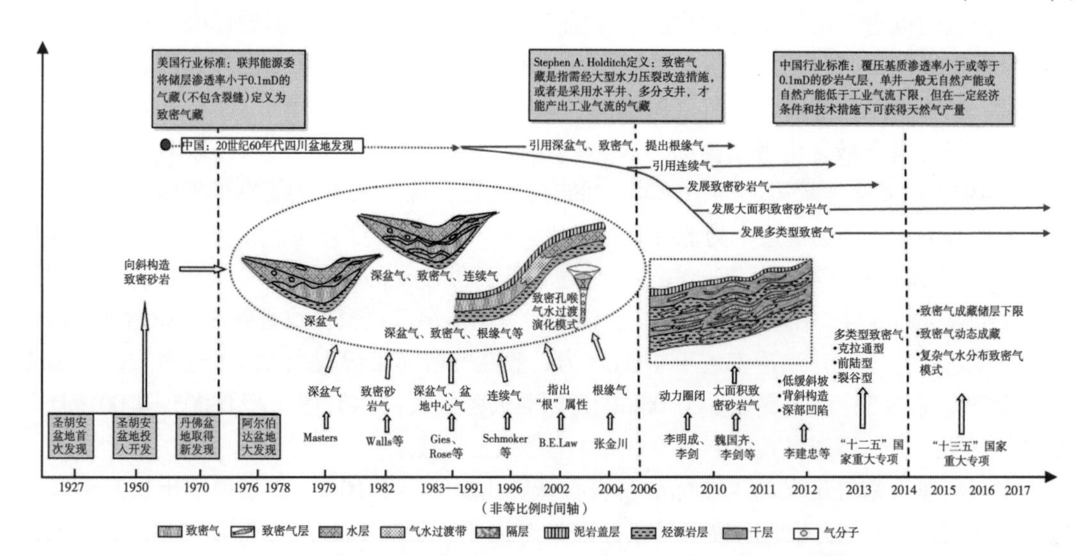

图1-1　美国及中国致密气藏概念、成藏机理研究主要发展概略

北美致密气理论于20世纪70年代得到发展。1976年，在加拿大阿尔伯达盆地发现了Elmworth、Milk River和Hoadley等大型气田，可采储量达$6000 \times 10^{12} m^3$，标志着北美致密砂岩气勘探进入快速发展阶段。众多地质学家从产状描述、圈闭成因、阻挡机制、运聚机

制等方面给予了定义和解释。1979 年，Masters 将这种发育于构造下倾部位或中央向斜部位砂岩中的天然气藏称为深盆气藏（Deep basin gas trap），特征是上倾方向具有气水界面，而下倾方向没有气水分离的界面[1]。“深盆气”虽然为描述性术语，但揭示了盆地或坳陷中的低凹部位可以找到与传统气藏成因机理完全不同的气藏，具有现实的和潜在的经济价值，很快成为广泛传播的概念。20 世纪 80 年代以后，Walls 等提出“致密砂岩气藏”概念，但淹没在“深盆气”概念之中。之后 Cant、Gies、Cant，Rose、Gies、Masers、Law、Berkenpas 等均对该类气藏的成因机制进行了深入的研究，提出了“盆地中心气”“动态圈闭”及“瓶颈圈闭”等术语，在动态运聚、压力梯度控藏、散失和补给动平衡、毛细管力分隔等方面取得了较为深入的认识[2-8]。Cant 认为，深盆气具有动态特征，其中由于成岩作用造成的致密封闭层对气体的聚集是最重要的。Gies 认为在下倾部位为低渗透砂岩、上倾部位为高渗透砂岩组合的地层中，当下倾方向停止气体注入后，天然气压力梯度变小，不存在可动水形成的连续水压，天然气被封挡在区域水压梯度小的低压区。Masters 认为是一种动态圈闭，是气体不断散失和持续补给的动平衡。Law 等指出，在超压气体聚集的孔隙网络中气相是不连续的，被含水毛细管分隔，气体仍然以游离气、溶解气以及扩散的形式损失掉，但由于天然气生成和聚集速率超过损失速率，所以仍可维持高的孔隙压力，阻止水进入超压气藏。同时，Law 等对“致密气藏”（Tight Sands Gas）纳入深盆气范畴持不同观点，认为含气致密砂岩是一种重要的盆地中央气储层类型，但致密砂岩气藏并不都是盆地中央气藏[9]。至此关于“深盆气”和“致密气”成藏认识并未完全统一。美国地质调查局为了建立一种随意性更小、更加符合地质依据的方法，1995 年在全美油气资源评价中引入了“连续型”油气藏的概念，并于 2005 年将“深盆气、页岩气、致密砂岩气、煤层气、浅层生物气和天然气水合物”等 6 种天然气统称为“连续型”气。但由于“连续型”概念阐述该类气藏成藏机理的特性、特点不够全面，后期应用较少；最终该类气藏的定义仍然沿用“致密气”。2006 年，Stephen A 把致密气藏定义为“需经大型水力压裂改造措施，或者是采用水平井、多分支井，才能产出工业气流的气藏”，把致密砂岩储层改造方法列入定义中，进一步强调增产改造措施对该类气藏开发的重要性[10]。2010 年美国致密气年产量极高，达到 $1860\times10^8m^3$，后期关注点向页岩气转移，产量有所下降，2014 年仍然达到 $1200\times10^8m^3$ 左右（数据来源于 2014 年 EIA 数据），截至 2017 年致密气产量稳定在 $1200\times10^8m^3$ 左右。中国广泛开展致密气勘探与研究始于 20 世纪 70 年代，至 90 年代一批地质学者引入“深盆气”概念，21 世纪以来众多地质学者开展深入研究，提出“根缘气”“连续型”油气藏等概念，近期以“致密气”为核心，在成藏机理、分布、分类等方面开展了深入研究，取得了一批重要认识，有效地指导了致密砂岩气的勘探[11-25]。

三、中国致密气发展概况

中国早在 1971 年就在四川盆地川西地区发现了中坝致密气田，之后在其他含油气盆地中也发现了许多小型致密气田或含气显示，但早期主要是按低渗透—特低渗透气藏进行勘探开发，进展比较缓慢。20 世纪 90 年代中期开始，以“岩性气藏”“深盆气”等认识为指导，鄂尔多斯盆地上古生界先后发现了乌审旗、榆林、米脂、苏里格、大牛地、子洲等一批致密气田，特别是 2000 年以来，按照大型岩性气藏勘探思路，高效、快速探明苏里格大型致密气田，2001—2003年提交探明天然气地质储量5336.52×10^8m^3。此外，在四川盆地侏罗系、上三叠统须家河组等也有零星发现，但储量规模均比较小。尽管致密气勘探不断获得重大发现，储量也快速增长，但天然气藏总体表现为低渗透、低压、低丰度的“三低”特点。在当时的经济和技术条件下难以经济有效地开发，使得致密气产量增长缓慢，截至2005年年底，全国致密气探明地质储量1.58×$10^{12}m^3$，但产量仅有28×10^8m^3左右。2005年以来，按照致密气田勘探开发思路，长庆油田走管理和技术创新、低成本开发之路，创新市场合作开发模式，先后集成创新了以井位优选、井下节流、地面优化技术等为重点的12项开发配套技术和水平井开发配套技术，实现了经济有效开发，从而推动致密气勘探开发进入大发展阶段，截至2017年年底苏里格气田探明地质储量为1.7×$10^{12}m^3$，年产量达到225×10^8m^3，并带动全国致密气勘探开发不断取得重要发现（图1-2），全国探明致密气地质储量3.5×$10^{12}m^3$，年产量达350×10^8m^3。

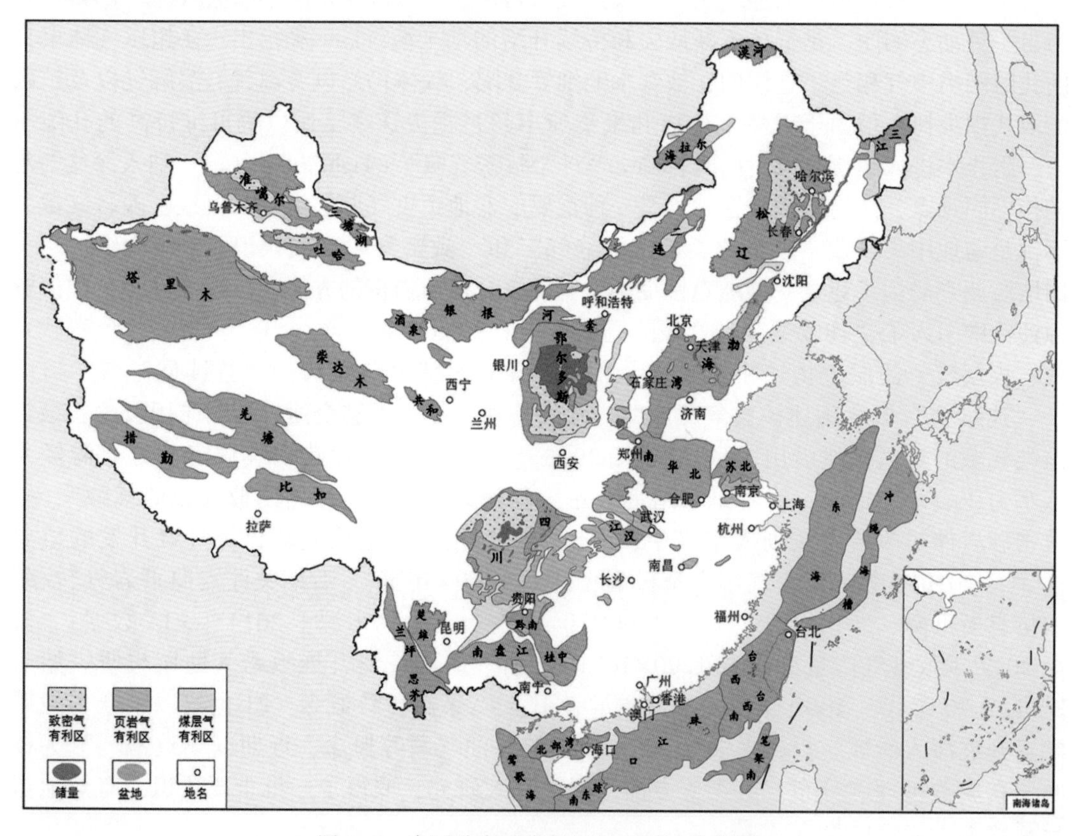

图1-2 中国致密砂岩气田及有利区分布图

我国致密气储量和产量的快速增长有力支撑了全国天然气发展，同时随着致密气勘探开发的深入，揭示出我国致密气藏地质条件非常复杂，在构造特征、沉积环境、气源岩等方面与美国致密砂岩气藏有相似之处，但在纵向砂体展布、储量丰度、裂缝发育情况等方面存在一定差异。整体上，我国致密气单砂体发育规模小、储量丰度很低、储层薄、压力低、裂缝不发育（表1-2），开发难度更大。未来加大致密气勘探开发技术攻关仍是天然气发展的重中之重。

表 1-2 中国致密气田与国外典型致密气藏对比表

对比指标	美国圣胡安盆地致密气藏	加拿大西加拿大盆地 Montney 致密气藏	中国苏里格致密气藏
沉积类型	滨岸平原沙坝为主	滨岸平原风成砂为主	辫状河
储层厚度及分布	4 套气层 厚度 40~100m	气层厚度 60~180m 横向分布稳定	气层厚 3~15m 含气砂体小而分散
天然裂缝	局部地区裂缝发育	裂缝不发育	裂缝欠发育
储集条件	有效孔隙度 3%~12%、有效渗透率 0.001~0.1mD	有效孔隙度 3%~8%、有效渗透率 0.001~0.03mD	基质孔隙度 3%~14%、有效渗透率 0.001~0.1mD
埋藏深度	750~2650m	2100~3000m	2800~3700m
含气饱和度	>60%	>70%	55%~60%
储量丰度	$>5\times10^8m^3/km^2$	$(6\sim9)\times10^8m^3/km^2$	$1.2\times10^8m^3/km^2$
单井累计产量	$(0.2\sim1)\times10^8m^3$（直井）	$>1\times10^8m^3$（水平井）	$(0.1\sim0.3)\times10^8m^3$（直井） $0.8\times10^8m^3$（水平井）

第二节 致密气主要形成条件

致密气的成藏条件与常规气藏相比具有较大差异。以鄂尔多斯盆地上古生界、四川盆地须家河组为例，对天然气生成、储集砂体形成、运移动力、运移距离、聚集规律等方面进行了深入研究。明确了致密气形成主要条件包括大面积优质烃源岩、大面积规模发育致密砂岩、高渗透输导层不发育等。

一、规模发育优质气烃源岩

致密砂岩气成藏与烃源岩息息相关，烃源岩的生烃强度决定气藏的类型与大小。鄂尔多斯属于广覆式生烃，其生气强度高，天然气资源潜力大。上古生界有效烃源岩层包括石炭系本溪组和二叠系太原组、山西组三套海陆过渡相含煤岩系（图 1-3），其中煤、暗色泥岩是主要烃源岩，总体表现为在盆地内呈广覆型展布，东西两缘厚而中央隆起带相对薄的特点，源岩与砂岩多为互层。烃源岩叠合分布面积达 $23\times10^4km^2$。其中的煤层厚度一般为 5~20m，盆地西缘和东北部厚度可达 25~30m；暗色泥岩厚度区平均值为 60m，有机碳含量在 1.30%~5.24%之间，母质以腐殖型为主，R_o 从盆地东北部的 0.5%~1.0%变化到盆地南部的 2.5%；烃源岩生气强度 $(30\sim50)\times10^8m^3/km^2$；在盆地东部地区发育的浅海相石灰岩，平均有机碳含量达到 1%，为不容忽视的气源岩，生烃强度大于 $12\times10^8m^3/km^2$ 的地区占盆地总面积的 71.6%，为大气田的形成提供了良好的气源条件。

四川盆地发育多套多期烃源岩，厚度大、分布广。四川盆地须家河期发育大型陆相湖泊，湖大水浅，坡度平缓，多期水进，多层系发育大面积优质烃源岩（图 1-4）。总体上看，湖盆沉积受湖平面升降影响，须家河组发育六套地层，其中须家河组一段（以下简称须一段）、须家河组三段（以下简称须三段）、须家河组五段（以下简称须五段）是主力

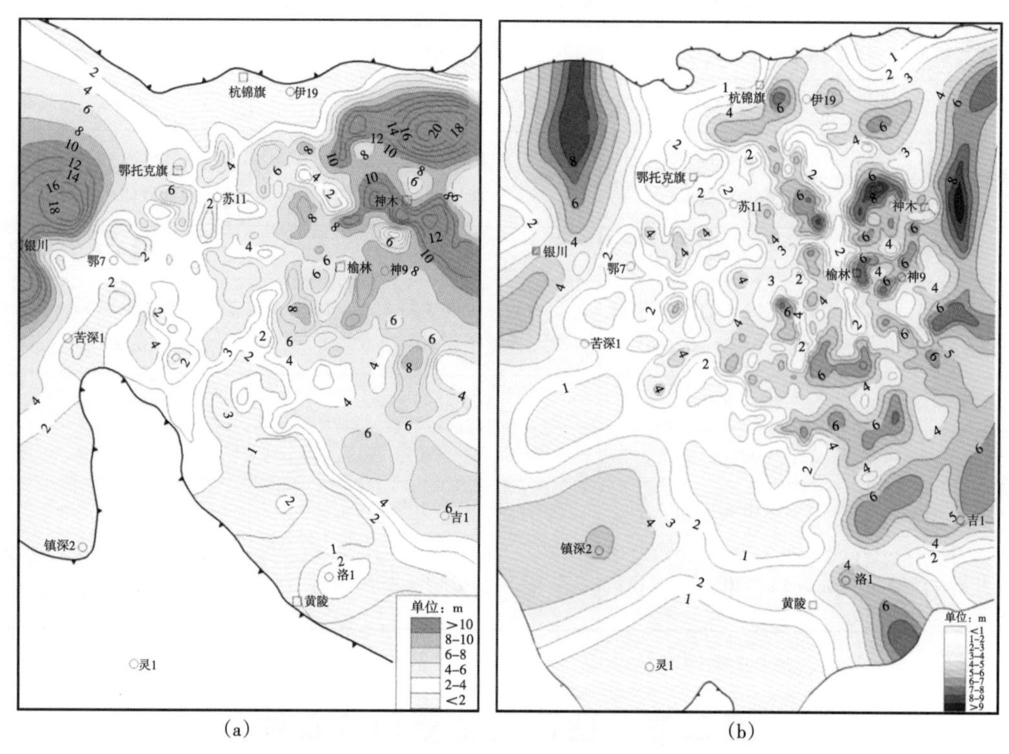

图 1-3 鄂尔多斯盆地石炭系本溪组（a）、二叠系山西组 2 段（b）煤层厚度图[26]

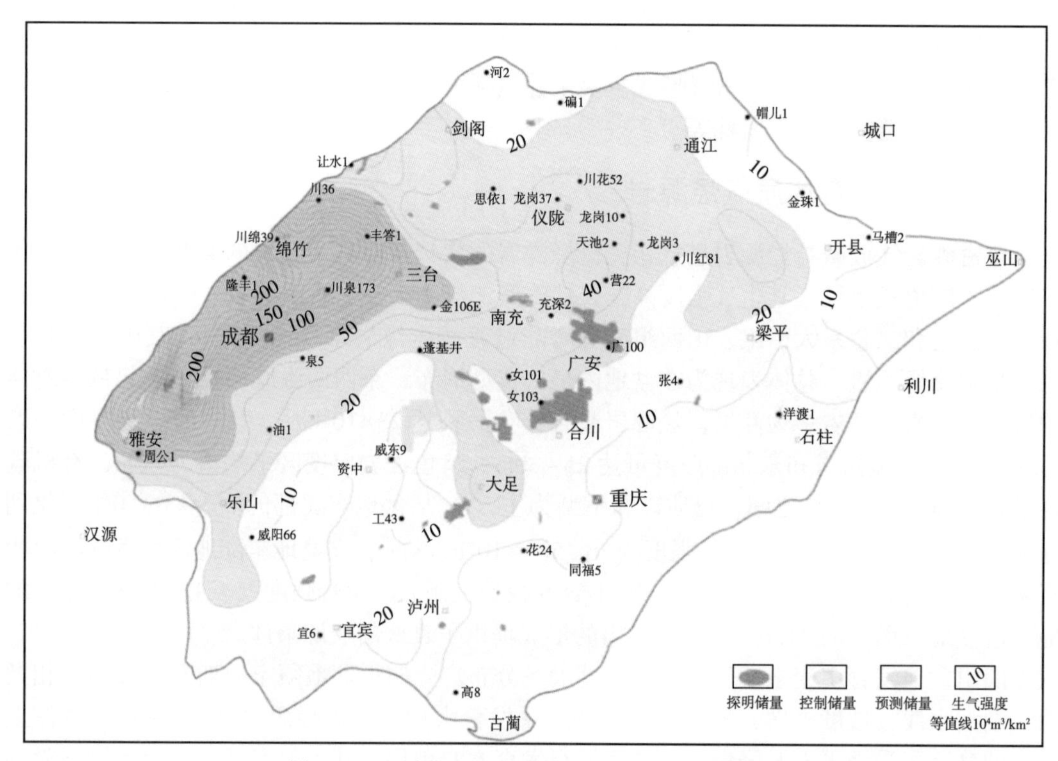

图 1-4 四川盆地上三叠统须家河组生烃强度图

烃源岩，岩性以暗色泥岩夹煤层为主，有机质丰度总体较高。马鞍塘组—小塘子组发育在盆地西部，烃源岩有机质类型以Ⅰ型、Ⅱ型干酪根为主，显微组分含大量类脂组。须一段泥岩有机碳含量最高达6.16%，平均值为1.32%；有机碳含量在1%以上的占54%，平面上，川西坳陷、川中地区及川北局部地区有机碳含量高，基本大于2.0%。须三段、须五段以Ⅲ型干酪根为主，为有机质丰度高（残余有机碳含量为1.13%~3.47%）、品质好的煤系烃源岩。须三段泥岩有机碳含量最高达14.8%，平均值为2.40%，其中有机碳含量在1%以上的占81.89%，有机碳含量高值区主要分布在川西坳陷内，有机碳含量基本大于3.0%。须五段泥质岩有机碳含量最高达7.20%，平均值为2.55%，其中有机碳含量在1%以上的占77.95%。烃源岩生气强度高，彭州—灌县生烃中心最大可达$200\times10^8m^3/km^2$以上，大部分地区生气强度在$30\times10^8m^3/km^2$以上，具备形成大中型气田的烃源条件。从烃源岩分布看，须家河组的须一段、须三段、须五段泥质烃源岩在全盆地内都有分布，厚度为10~1500m，厚值区分布在川西坳陷；煤层主要分布在川西坳陷，厚2~25m。三套主力烃源岩叠加厚度最大为800m，厚度大于100m的分布面积约$12\times10^4km^2$，纵向上相互叠加，平面上叠合连片，有效烃源岩分布面积达$16\times10^4km^2$，与盆地面积基本相当。

二、规模发育致密储层

鄂尔多斯盆地和四川盆地大型河流—三角洲砂体是成藏的主要储集体，最为典型的是鄂尔多斯盆地的山西组1段（以下简称山1段）—石盒子组8段（以下简称盒8段）和四川盆地的须家河组。

1. 鄂尔多斯盆地上古生界盒8段—山1段

盒8段沉积期，随西伯利亚板块持续的向南俯冲推挤，华北地台北缘进一步抬升，北部物源区构造活动增强，大量且丰富的陆源碎屑物迅速进入盆地，导致相对湖平面下降，辫状分流河道快速向湖中推进，沉积物快速充填使得分流河道横向频繁迁移，形成了强物源供给下大型缓坡型三角洲沉积。其亚相类型有辫状河三角洲平原和辫状河三角洲前缘，发育辫状分流河道、废弃河道充填沉积、越岸沉积、水下分流河道、水下分流河道间沉积等微相类型。其中，辫状分流河道砂体纵向相互叠置，横向复合连片呈网毯式大面积分布，厚10~40m，宽10~30km，延伸距离达200km以上（图1-5）。

鄂尔多斯盆地盒8段—山1段储层主要发育于河流—三角洲相，岩性以中粗粒石英砂岩和岩屑石英砂岩为主，岩屑砂岩、岩屑长石砂岩和长石岩屑砂岩次之，岩屑类型相对简单，以硅质硬岩屑为主；填隙物类型简单，以伊利石、高岭石和硅质为主，杂基含量普遍较低。残余粒间孔和溶蚀孔隙是主要的储集空间，残余粒间孔分布局限，但对孔隙的贡献大，溶蚀孔隙类型复杂，粒间溶孔、凝灰质、岩屑粒内溶孔普遍，长石粒内溶孔和铸模孔偶见，高岭石晶间孔等也常见。砂岩物性变化大，孔隙度一般为4%~10%，渗透率为0.01~1mD，主要是一套低孔、低渗透致密砂岩储层，储层非均质性强。

根据盒8段—山1段低渗砂岩储层岩石成分、储层物性特征和储层孔隙结构特征，在储层岩石学特征、成岩作用、成岩相及成岩演化阶段研究基础上，综合考虑孔隙度、渗透率、排驱压力、喉道半径、储集空间和勘探成果等多方面因素，将盒8段—山1段储层分为4类（表1-3）。

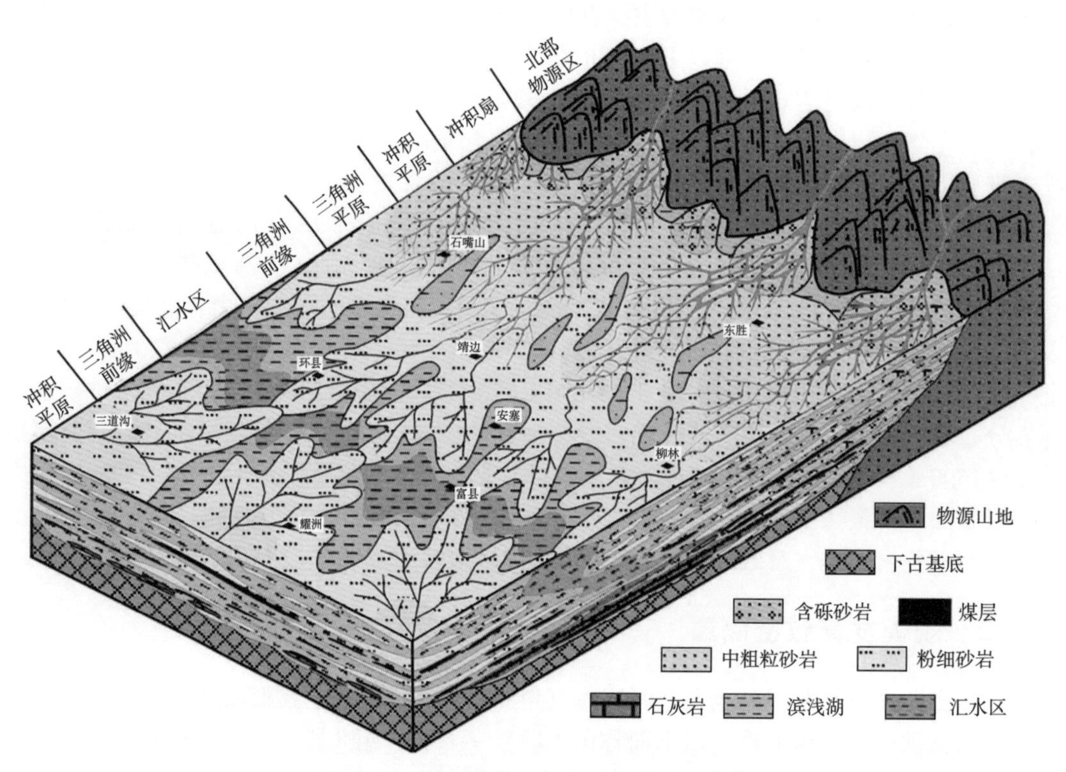

图 1-5 鄂尔多斯盆地盒 8 段沉积模式[26]

表 1-3 鄂尔多斯盆地盒 8 段—山 1 段储层分类评价表

储层分类	孔隙度 %	渗透率 mD	排驱压力 MPa	喉道半径 μm	储集空间	评价
Ⅰ	>8	>0.5	<1	>0.2	粒间孔、晶间孔、裂缝	好
Ⅱ	5~8	0.01~0.5	0.5~1	0.2~0.05	晶间孔、粒内孔	较好
Ⅲ	5~8	0.01~0.35	1~1.5	<0.05	晶间孔、粒内孔	一般
Ⅳ	<5	<0.01	>1.5	<0.05	基质孔	较差

盒 8 段Ⅰ类、Ⅱ类储层广泛发育，该类储层主要分布于苏里格地区。河流—三角洲砂体纵向上相互叠置、平面上复合连片呈广覆式分布，砂岩岩性以中—粗粒石英砂岩为主，岩屑类型简单，以硅质的硬岩屑为主，杂基含量低，粒间孔和粒间溶孔是主要的储集空间类型，储集性能最好。Ⅱ类、Ⅲ类储层主要分布于榆林—子洲地区，该区河流—三角洲砂体发育，砂岩岩性以中—粗粒石英砂岩和岩屑石英砂岩为主，岩屑类型复杂，填隙物以伊利石、高岭石和硅质为主，由于该区处于上古生界生烃中心，溶蚀作用较强，粒间、粒内溶孔普遍发育。Ⅲ类储层分布广泛，乌海—银川一线主要发育长石岩屑砂岩和长石砂岩，溶蚀孔隙非常发育，砂岩物性好；神木、黄陵地区主要发育河流—三角洲砂体，主要岩石类型为长石岩屑砂岩和岩屑砂岩，储层物性较差，仅在个别井发现好的储层。

山 1 段砂岩储层以Ⅱ类、Ⅲ类储层为主。Ⅰ类储层主要分布于苏里格地区，属于有利成岩相、裂缝发育带及优势沉积微相叠合处，砂岩的成分成熟度和结构成熟度均较高，储集性能好。Ⅱ类、Ⅲ类储层分布面积非常广，主要分布在苏里格南、榆林—靖边、镇北等三角洲砂体发育区，岩性以中—粗粒石英砂岩和岩屑石英砂岩为主，各种类型的溶蚀孔隙是主要的储集空间，成岩相类型主要为净砂岩溶蚀蚀变相和硅质胶结相，储集性能良好。

2. 四川盆地须家河组

四川盆地大面积分布着低孔、低渗储层，且多套砂体在纵向上叠置（图 1-6）。总体上表现为低孔、低渗、非均质性较强特征，为致密—超致密砂岩储层。储集空间主要为次生溶蚀孔、剩余粒间微孔和普遍发育的微裂缝；生储互层之间排烃条件良好，断裂及裂缝网络是有利天然气运移的通道。须家河组储集层段以须家河组二段（以下简称须二段）、须家河组四段（以下简称须四段）、须家河组六段（以下简称须六段）为主，须一段、须三段、须五段储层在局部发育。有利的储集相带是水动力较强、沉积物分选较好、矿物成熟度较高的三角洲前缘分流河道砂体、河口坝砂体。主要岩石类型为长石石英砂岩、长石岩屑砂岩和岩屑石英砂岩，总体上储层物性较差，属低孔隙度、低渗透率或特低孔隙度、特低渗透率储层。通过镜下薄片观察，储层孔隙主要是残余原生粒间孔和次生溶蚀孔。

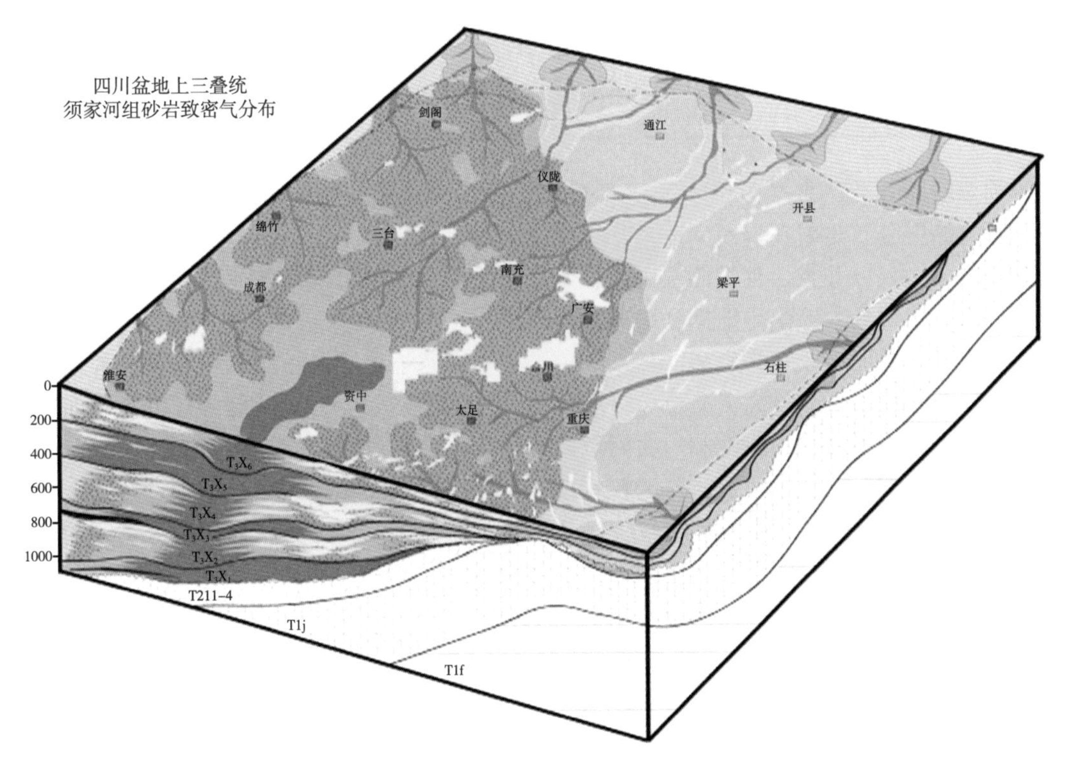

图 1-6 四川盆地须家河组沉积模式（中国石油勘探开发研究院，2012）

须家河组长石岩屑砂岩、岩屑砂岩和岩屑石英砂岩物性最好，为有利的储层岩石类型。储层经历的成岩作用主要有溶蚀作用、破裂作用、压实作用和胶结作用等。储层以低孔、低渗为主，孔隙度主要介于 6%～10% 之间，渗透率主要介于 0.01～1mD 之间。储层的物性主要受岩相、沉积相和成岩相的多重影响。

根据广安地区石英含量与孔隙关系的研究，该地区砂岩储层中的石英含量与孔隙度呈正相关关系，高孔隙发育的岩石其石英含量一般在65%~75%，主要因为石英颗粒含量高、抗压实能力强，可以支撑储层的空间结构，减缓压实作用；同时砂岩碎屑颗粒粒径越粗、分选越好、成分成熟度和结构成熟度越高，其抗压实能力就越强，保存过程中其受压实作用减少的孔隙度较少，导致物性较好。研究区中—粗粒砂岩孔隙度最好，平均孔隙度可达8.66%；中砂岩孔隙度次之，平均值为7.27%；细粒和中—细粒物性最差，平均孔隙度小于5%。

根据须家河组低渗透砂岩储层岩石成分、储层物性特征和各种类型次生孔隙特点，在储层岩石学特征、成岩作用、成岩相及成岩演化阶段研究基础上，综合考虑孔隙度、渗透率、排驱压力、饱和度中值压力、储集空间等多方面因素，参考低孔渗储层分类石油行业标准，将须家河组储层划分为4类（表1-4）。

表1-4　四川盆地须家河组储层分类评价表

储层分类	孔隙度 %	渗透率 mD	排驱压力 MPa	饱和度中值压力 MPa	储集空间	评价
Ⅰ	>10	>0.1	<0.5	<3	粒间孔、粒内孔、裂缝	好
Ⅱ	8~10	0.1~0.01	0.5~1	3~6	粒间孔、粒内孔、裂缝	较好
Ⅲ	5~8	0.01~0.001	1~1.5	6~15	粒间孔、裂缝	一般
Ⅳ	<5	<0.001	>1.5	>15	粒间孔、基质孔	较差

须二段以Ⅱ类、Ⅲ类储层为主，Ⅱ类储层分布面积大，主要分布在充深、磨西等地区。Ⅲ类储层分布主要在川西南地区与川中过渡带之间。

须四段主要以Ⅱ类、Ⅲ类储层为主，Ⅰ类储层分布较少。Ⅰ类储层范围较须二段广，主要分布在荷包场、潼南等地区，这些地区岩石成熟度较高，杂基和软性岩屑含量较少，成岩相主要为绿泥石胶结相和溶蚀相，都位于三角洲水下分流河道微相带，原生粒间孔隙保存较好，同时长石含量高，又位于（或邻近）生烃中心，溶蚀作用强烈。Ⅱ类、Ⅲ类储层的分布主要位于充深、莲池和川西南地区。

须六段沉积时期物源较近，分选较差，有利储层发育面积较须二段和须四段小，主要以Ⅱ类、Ⅲ类储层为主，Ⅰ类储层较少。Ⅱ类、Ⅲ类储层主要分布在邛西地区。同时优质储层从须二段到须六段逐渐向南迁移。

须家河组的须二段、须四段、须六段三段储层分布范围较广，在川西北地区的剑阁、九龙山、通江、绵竹、南充、威东等地区均有分布，岩石成熟度相对较高，杂基和软性岩屑含量较少，孔隙度在5%以上、渗透率在0.5mD以上的有效储层为中—粗砂岩，平面上主要位于三角洲前缘水下分流河道、三角洲平原水上分流主河道、三角洲席状砂微相带。须家河组的须五段储层分布范围较小，集中分布在川西北的八角场、盐亭等地区，孔隙度在4%~6%之间、渗透率在0.01~0.2mD之间，平面上主要位于三角洲前缘水下分流河道、三角洲平原水上分流主河道、三角洲席状砂微相带。

三、大面积发育盖层

致密砂岩气藏对盖层的要求低于常规大气田，通过盖层厚度、分布、排替压力、沉积环境等要素综合评价可知，大面积交替发育的泥岩、致密粉砂岩为有利的盖层。

排替压力是影响盖层本身封堵天然气能力的关键参数，排替压力越大，盖层封堵天然气能力越强，越有利于天然气的聚集与保存；相反，排替压力越小，盖层封堵天然气能力越弱，越不利于天然气的聚集与保存。盖层排替压力与气藏储量之间大致呈正相关关系，即随盖层排替压力的增大，气藏储量也增大，反之则气藏储量减小如图1-7（a）所示。

厚度也是影响盖层本身封盖天然气能力的重要参数之一，盖层厚度对致密砂岩气大气田封堵的质量具有较大影响。通过同类型中小型气田的资料，建立各类型气田盖层厚度和储量的关系，可以看出总体上呈正相关关系，即随盖层厚度的增大，气藏的储量也相应升高，反之则降低，如图1-7（b）所示。

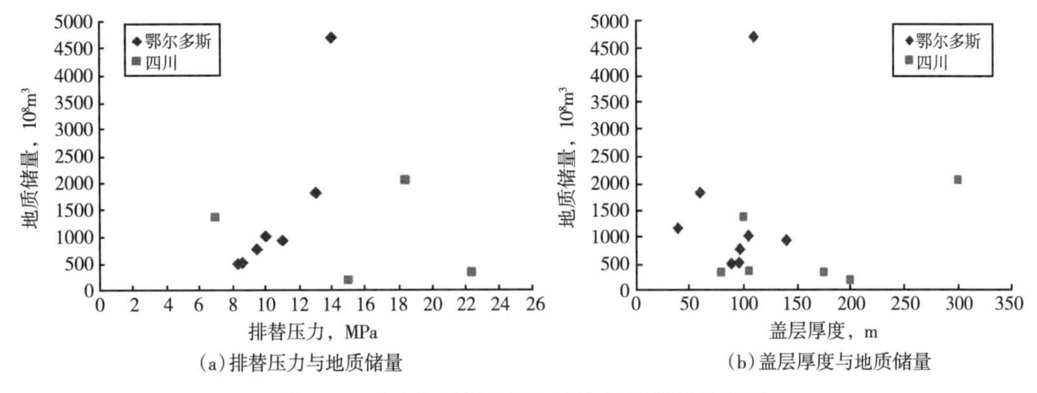

图1-7 致密气盖层不同要素与地质储量关系图

鄂尔多斯盆地苏里格气田上古生界气藏多分布于石盒子组，其次见于山西组和太原组，主要受一个区域性盖层控制即石盒子组上段湖相泥质岩控制。该套湖泊沉积以砂质泥岩、粉砂质泥岩和泥岩为主，并夹少量砂岩和凝灰岩。另外，在盆地东部地区发现了石盒子组上段及石千峰组5段气藏，说明石千峰上部的干旱湖相泥质岩仍是一个重要的区域盖层。

四川盆地须家河组地层存在多套直接和区域泥岩盖层，起到良好封盖作用。四川盆地须二段、须四段、须六段之上分别分布有须三段泥页岩、须五段泥页岩层和较厚的珍珠冲泥岩夹粉砂岩层，厚度50~200m不等，在整个川中区域性稳定分布，是须家河组气藏的直接盖层。其上沉积侏罗系间接盖层厚达2500m以上，封盖条件较好。而且本区构造平缓，断层极少，且断距小，有利于保存。须一段—须六段为连续的互层式组合关系，须一段、须三段、须五段泥页岩既是生油气层，又充当下伏砂岩储层的盖层，这种组合结构保证了烃源层生成的天然气就近运移到储层中，而储盖层间的毛细管力压差及烃浓度差异是天然气聚集的主要动力，并使其成藏。

四、生—储—盖呈交互分布组合模式

致密砂岩气与常规气藏相比，其储层致密、高渗透输导体系不发育，且没有明显圈闭，因此，天然气的充注、运移及聚集的条件较为严格，一般情况下，源储交互叠置非常有利于天然气聚集成藏。

致密砂岩大气田的储层喉道半径小，天然气充注阻力大，对于中高渗透（常规）储层而言，天然气充注的动力主要是浮力，而浮力很难成为低渗透致密储层中油气运聚的主要动力。研究认为孔喉大小决定了致密砂岩气聚集的驱动模式，在纳米级孔喉中，天然气运移主要靠超压驱动（由烃源岩不断生气产生的超压）；在微米级孔喉中，天然气运移主要靠浮力驱动（浮力大于毛细管阻力）。李明诚、Law B E 等提出的深盆气藏中天然气自下而上排驱储层中的水，水始终在气之上，没有边水、底水，浮力根本无法产生，浮力自然就不能成为致密砂岩气的充注动力。因此，需要具备源岩和储层叠置发育的条件，烃源岩演化过程中产生的超压对致密砂岩充注非常关键。同时，大面积致密砂岩圈闭不发育，如鄂尔多斯盆地储层为太原组、山西组和石盒子组下段的分流河道和三角洲砂体，大面积分布的低孔、低渗透砂体基本上为连续聚集，天然气的阻挡主要靠致密岩层，需要具备储层和盖层交互分布的条件。因此，生储盖交互分布是最有利的组合模式（图1-8）。如鄂尔多斯盆地上古生界发育遍布全盆地的石炭系—二叠系煤系烃源岩与大型缓坡型辫状河三角洲沉积砂体（面积$21\times10^4km^2$）在空间上呈近邻垂向叠置；四川盆地须家河组煤系烃源岩与大型“敞流型”三角洲沉积砂体（面积$18\times10^4km^2$）在空间上呈交互叠置（须家河组的“三明治”结构），为大面积低渗透砂岩大气田形成奠定了基础。

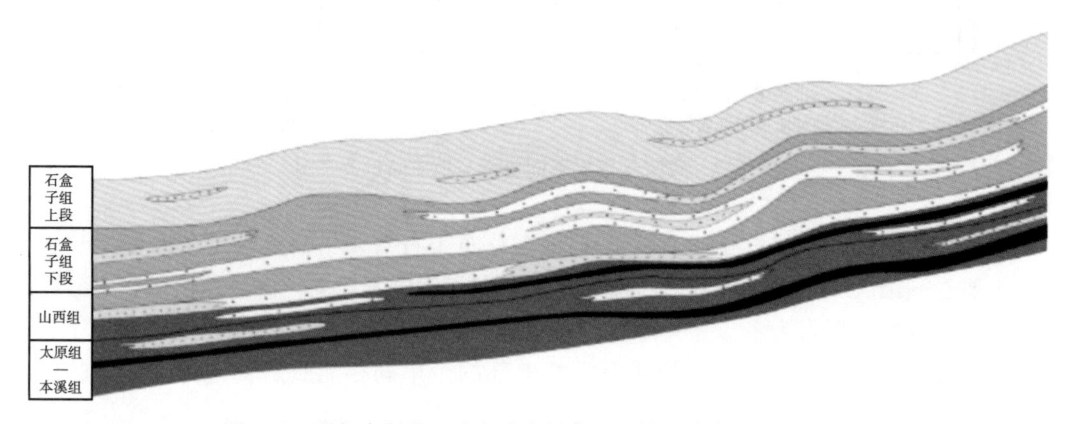

图1-8　鄂尔多斯盆地致密砂岩气藏生—储—盖交互分布特征

第三节　致密气成藏机制

现今致密气成藏理论与早期“致密气”“深盆气”“盆地中心气”“连续气”均存在一定差异。中国致密砂岩气成藏包括了大面积致密砂岩储层控制形成的气藏，以及构造圈闭、构造—岩性圈闭控制形成的储层致密的气藏，前者与早期提出的“致密气”具有相似之处，后者是逐渐被众多地质家新纳入的类型。总体上致密砂岩气藏表现为三种运聚机制：克拉通大面积致密砂岩气、前陆背斜构造致密砂岩气和断陷深层致密砂砾岩气。

一、致密气成藏类型

致密气成藏的分类可追溯至20世纪60—70年代，当时主要从圈闭成因角度进行考虑，如孤立（孔隙）体圈闭气藏、地层—成岩圈闭气藏、水动力圈闭气藏、水封型圈闭气藏等，主要基于“深盆气”概念进行分类。21 世纪以来，中国地质学者提出了多种分类方案。姜振学等将致密砂岩气藏分为“先致密后成藏型”和“先成藏后致密型”两类；董晓霞等根据致密砂岩成藏与构造演化的关系特征及其不同成藏规律将其划分为改造型致密砂岩气藏和原生型致密砂岩气藏；郭秋麟等根据聚集模式将致密砂岩气聚集带划分为连续带和过渡带，并建立相应的地质模型；戴金星等根据致密砂岩气储集层特征、储量大小及所处区域构造位置高低，将其划分为“连续型”致密砂岩气藏和“圈闭型”致密砂岩气藏；李建忠等在中国鄂尔多斯等 6 个盆地 31 个致密砂岩气藏特征分析基础上，划分为斜坡型、背斜构造型和深部凹陷型致密砂岩气藏；近期杨茜、樊阳、李昂、张雷等也对致密砂岩气从“先成型”“后成型”“复合型”等角度进行了分类[20-26]。这些分类方案主要从成藏期与砂岩致密期、圈闭类型两大方面进行讨论，可直观地展示致密砂岩气藏在盆地中的赋存位置及其成藏条件，但从盆地及致密气成藏机制方面分类研究较少。

中国致密气藏分布广阔，在不同类型的含油气盆地中均有分布。如在相对稳定、以整体升降为主的平缓背景下的四川盆地、鄂尔多斯盆地，挤压构造背景下的吐哈盆地山前带、塔里木盆地前陆区、准噶尔盆地前陆区，伸展裂陷背景下的松辽盆地和渤海湾盆地深层等。在系统分析中国重点盆地致密砂岩气田（藏）成藏机理、演化规律基础上，依据盆地与致密砂岩气藏成藏特点将其划分为克拉通大面积致密砂岩气、前陆背斜构造致密砂岩气和断陷深层致密砂砾岩气 3 种类型（表 1-5）。

表 1-5 致密砂岩气藏类型及地质特征

致密砂岩气类型	克拉通大面积致密砂岩气	前陆背斜构造致密砂岩气	断陷深层致密砂砾岩气
地质背景	大型坳陷缓坡	前陆逆冲带	断陷深层
输导条件	原生孔隙、微裂缝	断裂	断裂、微裂缝
储层条件	连续分布大面积致密砂岩	断裂构造分割致密砂岩	断裂分割致密砂砾岩
封盖条件	致密砂岩、泥岩	膏岩、泥岩	泥岩隔层
圈闭特征	无明显边界	构造岩性控藏	断裂岩性控藏
分布规律	近源大规模致密砂岩	逆冲背斜带	环断槽分布扇体
典型气藏	苏里格、广安、安岳	大北、克深、巴喀	徐深、长深、大兴

克拉通大面积致密砂岩气形成于克拉通盆地大型坳陷缓坡背景，输导体系主要为储层孔隙和微裂缝，储层为大面积连续分布的致密砂岩，盖层为致密砂岩和泥岩隔层，无明显边界，近源大规模致密砂岩发育区易形成该类模式，如图 1-9（a）所示。前陆背斜构造致密砂岩气主要形成于前陆逆冲带断裂和局部构造发育区，致密砂岩储层被断裂和局部构造分割，输导体系主要为断裂，盖层为泥岩及膏岩等，在前陆逆冲带深层易形成该类模式，如图 1-9（b）、图 1-9（c）所示。断陷深层致密砂砾岩气形成于断陷盆地扇三角洲发育区，断裂发育，储层为断裂分割的砂砾岩体，输导体系主要为断裂和裂缝，盖层为泥岩，断陷深层环断槽分布的扇体易形成该类模式，如图 1-9（d）所示。

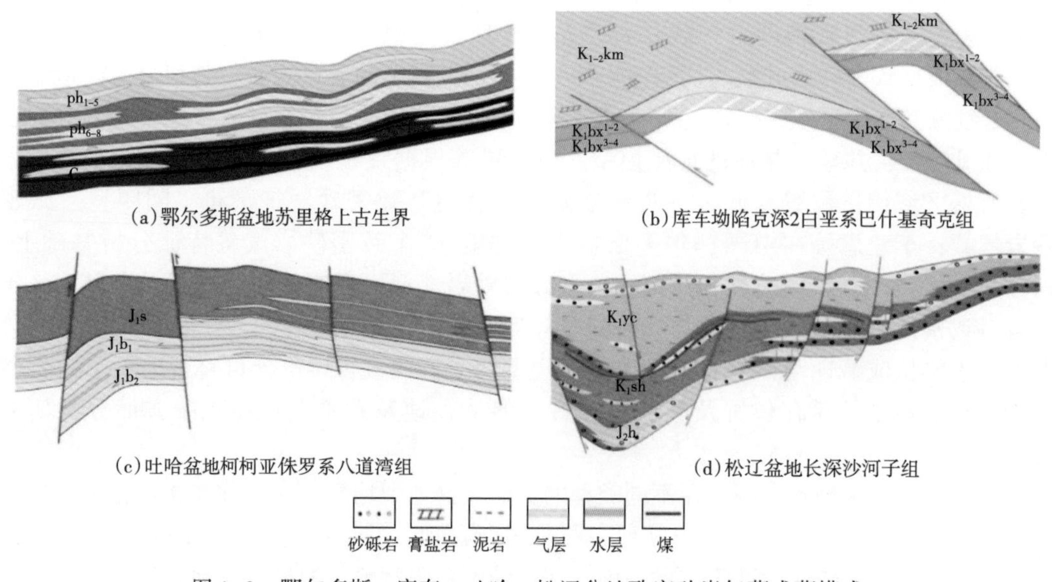

(a) 鄂尔多斯盆地苏里格上古生界　(b) 库车坳陷克深2白垩系巴什基奇克组

(c) 吐哈盆地柯柯亚侏罗系八道湾组　(d) 松辽盆地长深沙河子组

图 1-9　鄂尔多斯、库车、吐哈、松辽盆地致密砂岩气藏成藏模式

二、不同类型致密气成藏机制

1. 克拉通大面积致密砂岩气藏成藏机制

克拉通大面积致密砂岩气主要指构造背景平缓、断裂和局部构造不发育、致密砂岩与烃源岩广覆叠置形成的气藏。该类气藏在“十一五”期间的勘探研究取得了重要成果认识，提出了“源储交互叠置、孔缝网状输导、大面积成藏、近源高效聚集”成藏理论。“十二五”期间，在此研究基础上，利用大量基础地质资料及研发微观储层实验、成藏模拟实验等综合分析技术，进一步深化研究致密砂岩成藏条件、充注和运移方式、输导体系、渗流机理等成藏机制，提出先致密后成藏、非达西流运移、非浮力运移、储层毛细管力阻挡、低生烃强度区物性控藏等新认识，发展和丰富了克拉通大面积致密砂岩成藏理论（表 1-6）。

鄂尔多斯盆地苏里格上古生界是典型克拉通大面积致密砂岩气藏。上古生界有效烃源岩分布范围广，生烃强度大于 $12\times10^8m^3/km^2$ 的区块占盆地总面积的 71.6%，具有广覆式生烃特征。烃源岩与缓坡背景下的大面积储集砂体直接接触，具有多点式充注特征。同时，采用煤及泥岩全直径渗透率测试技术、烃类运移通道研究技术，发现上石炭统—二叠系普遍发育平行层面缝、近垂向缝和低角度斜向缝。其中，泥质岩、煤层中平行层面缝及斜向缝发育，而厚层的块状砂岩中近垂直缝发育，泥岩与砂岩的孔、缝有效配合，构成了良好的网状输导体系，为低渗透砂岩大面积聚气提供了通道。在整体低渗透背景下，天然气主要以近距离运移聚集为主，减少了天然气成藏过程的大量散失，提高了天然气的聚集效率，同时也降低了大气田形成的气源条件。最新资源评价结果表明，苏里格地区上石炭统—二叠系天然气聚集系数达到 1.55%～4.41%，明显高于全国二次资源评价认为的 0.5%。在此基础上，提出了苏里格地区在生烃强度大于 $10\times10^8m^3/km^2$ 的地区就可以形成大气田的新认识，“源储交互叠置、孔缝网状输导、近源高效聚集、大面积成藏”的成藏富集规律理论是主要所形成成果的着力点，有效指导了苏里格地区天然气整体勘探。“十二五”期间，针对成藏方面微观控制因素深化研究，进一步提出克拉通致密砂岩气成藏方面的新认识，进一步发展了致密砂岩气成藏理论。

表 1-6　克拉通大面积致密砂岩气成藏理论要素表

要素	理论内涵	“十一五”成果认识	“十二五”进展
地质背景	源储交互叠置	煤系源岩遍布全盆地，砂体大面积分布，交互或近邻叠置	先致密后成藏
输导条件	孔缝网状输导	以裂缝和孔隙构成孔缝网状输导体系运移	储层内为非达西流扩散运移
运聚特征	超压动力充注	压力梯度控制成藏范围	非浮力运移，储层毛细管力参与阻挡作用
封盖机制	储盖双重阻挡	泥岩、致密砂岩盖层封盖	
富集条件	近源高效富集	大面积成藏，近距离聚集成藏，运聚系数高	低生烃强度区物性控藏，不连续分布

1）源储交互叠置是基本地质条件

源储交互叠置使致密储层和烃源岩层大面积接触，供气面广泛，有利于大规模捕获天然气，是基本地质条件。鄂尔多斯盆地现今构造为平缓西倾的大单斜，上古生界气源岩主要为本溪组、太原组和山西组的煤系地层和暗色泥岩，具有广覆式分布、生气范围广、强度大特点。上古生界沉积体系为海相稳定克拉通之上发展起来的缓坡型（坡度 0.5°~3°）浅水三角洲体系，本溪组、太原组和山西组的煤层和暗色泥岩遍布全盆地，在山西组、石盒子组发育大型缓坡型辫状河三角洲沉积砂体，孔隙度 6%~14%、渗透率一般都在 0.3mD 以上，并与烃源岩互层分布。源储叠置面积达 $21\times10^4km^2$，为致密砂岩大气田的形成奠定了坚实物质基础。

2）孔缝网状输导是基本输导条件

孔缝网状输导指微裂缝—孔隙大面积连通输导天然气，保证天然气能够全方位进入储层，是大面积含气的基本输导条件。鄂尔多斯盆地盒 8—山 1 段微裂缝发育，通过薄片观察，在荧光下可见泥岩、粉砂岩层面纹线具黄绿色荧光，与有机质运移有关。孔隙和微裂缝构成的网状输导体系起着非常重要的作用（图 1-10）。

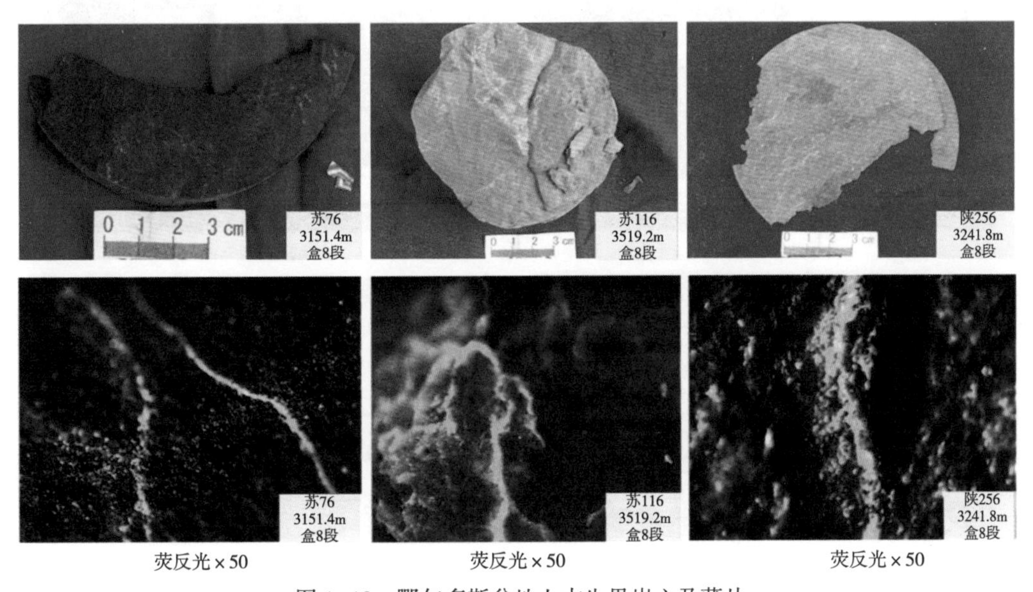

荧反光×50　荧反光×50　荧反光×50

图 1-10　鄂尔多斯盆地上古生界岩心及薄片

为研究高渗透砂岩与致密砂岩输导控藏特征，设计了两套模拟实验。其一断裂与致密砂岩为主的模拟实验，其二为断裂与高渗透砂岩为主体模拟实验（图1-11）。实验装置砂箱的规格80cm×60cm×6cm，采用注气钢瓶向饱含水的模型中注气。其中，高渗透储层用0.40~0.45mm石英砂代替，致密储层用0.05~0.10mm石英砂代替，断层砂为0.25~0.30mm石英砂。

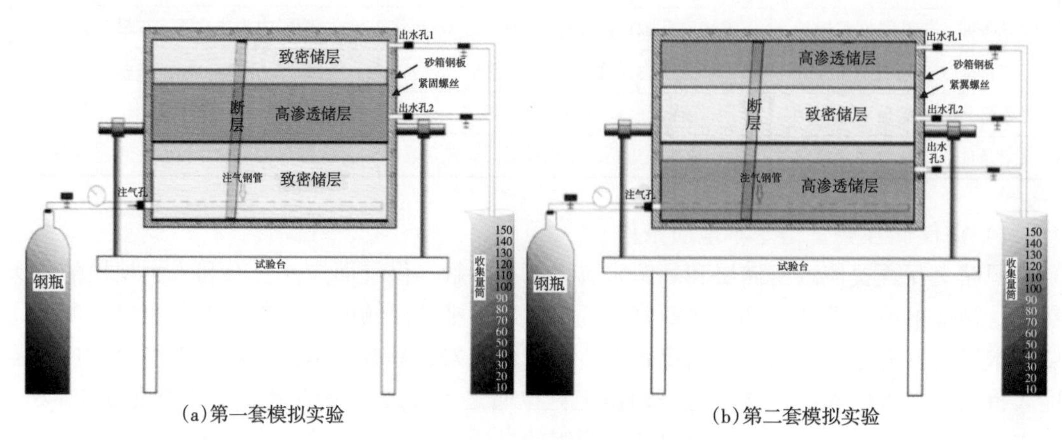

(a)第一套模拟实验　　(b)第二套模拟实验

图1-11　第一组实验模拟装置图

第一组实验：注气初期，天然气整体排驱水，但并不均匀，天然气穿越裂缝带，再遇致密砂岩储层，形成新的注气点，整体排驱水。随着注气量进一步增大，粗砂中的水基本上被驱替掉，致密砂岩储层中的水也全部被气驱替，最终达到一个气水平衡，天然气不再驱水，这符合优势运聚成藏机理，其中，高渗透砂层是封闭的，表现为致密砂岩中"甜点"砂体，整体上反映致密砂岩的运聚的机理（图1-12）。

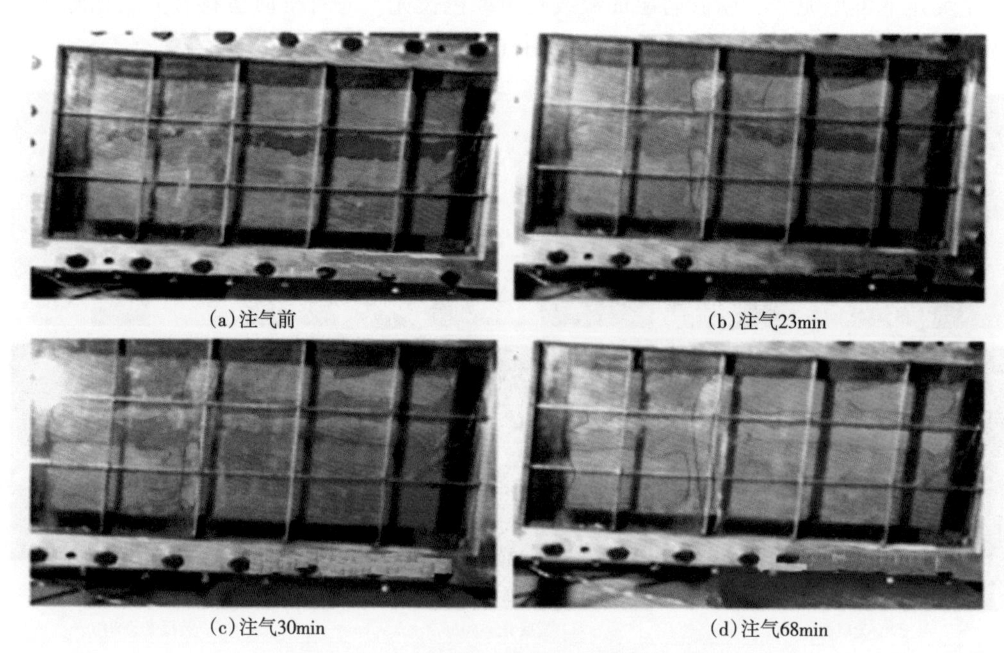

(a)注气前　　(b)注气23min

(c)注气30min　　(d)注气68min

图1-12　第一组实验模拟结果

第二组实验观察：气驱水的速率明显加快，在注气压力很低的情况下也几乎是瞬间开始驱水。驱水现象十分明显，天然气在粗砂储层以浮力方式运移，驱走断层水后，接触上部粗砂储层，依然以浮力方式运移。将粗砂储层中的水排驱干净后，由于中间致密砂岩储层存在泄压通道，天然气会整体排驱少量致密砂岩储层中的水。气水达到平衡，天然气不再驱水，致密砂岩段最终只有少量水被驱出，天然气从已形成的气体通道中逸出（图 1-13）。

两组模拟实验表明，如果发育丰富的高渗透输导通道，致密砂岩储层难以捕获大量天然气成藏，所以，致密气的通道一般将以低孔、低渗、致密输导层为主。

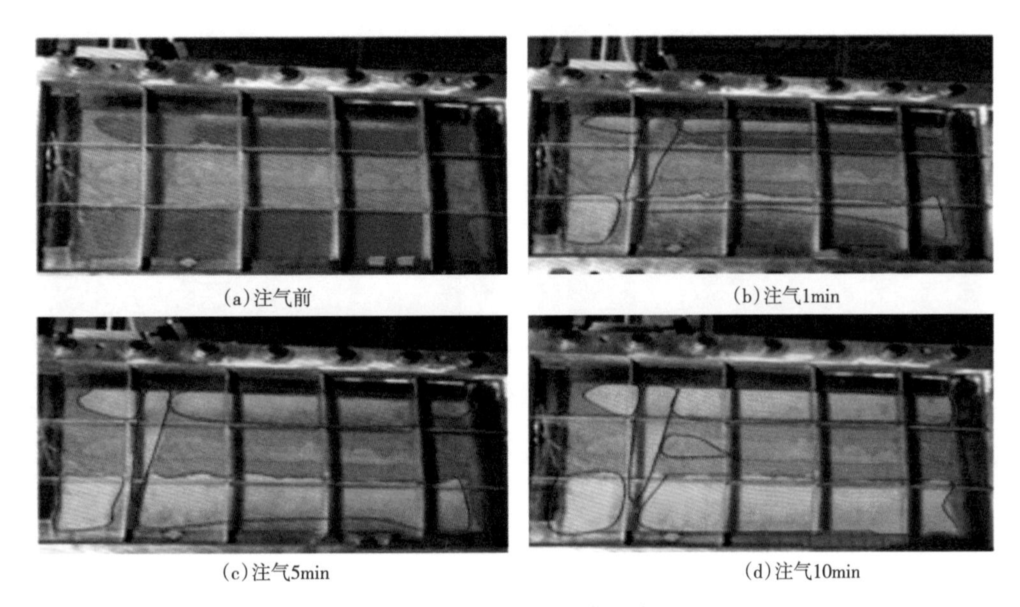

(a)注气前　(b)注气1min　(c)注气5min　(d)注气10min

图 1-13　第二组实验模拟结果

3）超压动力充注是重要驱动力条件

致密砂岩渗透率差，天然气由烃源岩排出注入的致密砂岩需要动力较大，特别是致密砂岩厚度大、分布范围广、断裂不发育，天然气注入致密砂岩需要克服较大的毛细管力。因此，烃源岩产生超压的地质条件下，即烃源岩层内经过各项增压作用使非渗透岩层产生裂缝、断裂，天然气以压力为主要动力，是天然气运移聚集的主要时期。

为了验证上述认识，开展了多轮成藏模拟实验。实验模型中不同粒级砂（砂粒相对大小：细砂 1<细砂 2<粗砂 1<粗砂 2）按次序排列，采用底部注气。最终的实验结果表明：在较小充注压力（0.01MPa）下，气体主要聚集在粗砂 1 中，如图 1-14（a）所示，而未能突破里层的细砂 1，致使中间部位的粗砂 2 没有聚气。随充注压力的增大（0.02MPa），气体能突破细砂 1 进入粗砂 2 中如图 1-14（b）所示，且随充注压力的继续增大（0.04MPa、0.1MPa），气体进入细砂 2 的时间缩短如图 1-14（c）、（d）所示。

实验结果表明，在动力充足的条件下，天然气可以充注在致密砂岩内聚集成藏。鄂尔多斯盆地上古生界主要发育山西组 2 段（以下简称山 2 段）、太原组和本溪组三套煤系烃源岩，其中以山 2 段、太原组煤系烃源岩为主，储层主要为盒 8 段、山 1 段和山 2 段的致密砂岩，同时在太原组和本溪组也发育有利的储集砂体，形成两类主要源储配置关系，即源储紧邻垂向叠置型（下生：本溪组、太原组、山 2 段，上储：盒 8 段—山 1 段）和源储

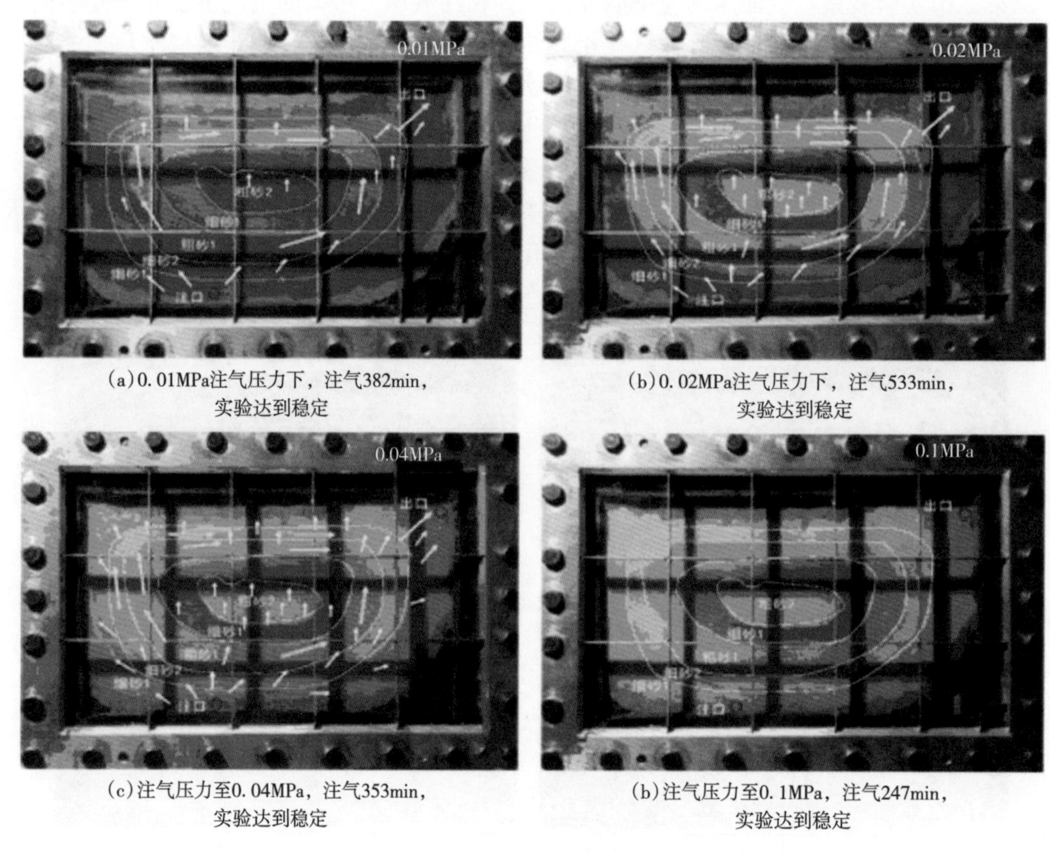

(a) 0.01MPa注气压力下，注气382min，实验达到稳定

(b) 0.02MPa注气压力下，注气533min，实验达到稳定

(c) 注气压力至0.04MPa，注气353min，实验达到稳定

(b) 注气压力至0.1MPa，注气247min，实验达到稳定

图1-14 砂岩气藏二维成藏模拟实验结果

交互型（本溪组、太原组、山2段自生自储）。鄂尔多斯盆地苏里格地区上古生界石盒子组存在常压（208Ma以前）、超压（208—90Ma）和泄压（90Ma至目前）三个阶段，石盒子组超压在早白垩世末期达到最大，超压值在4MPa左右（图1-15）。在早白垩世之前储层压实作用已经结束，此处的超压只与天然气充注有关。显然，生烃超压可以为致密砂岩气充注提供充足的动力。

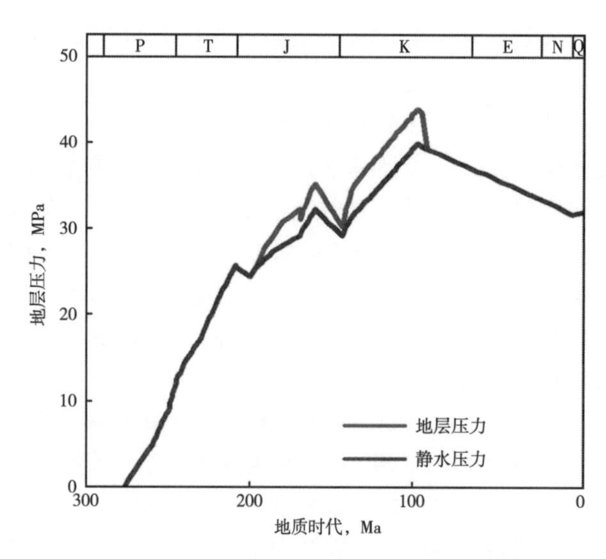

图1-15 苏10井石盒子组地层压力演化史模拟图

4）先致密后成藏是重要条件

一般情况下，规模性发育物性良好的储层有利于成藏，但针对大面积致密砂岩气而言，恰恰相反，规模性发育物性良好的储层可能会导致天然气运移流动较快，在局部地区成藏，难以形成大面积致密砂岩气。鄂尔多斯盆地上古生界气藏的一大特点是储层规模致密时期早于成藏时期，决定

了其形成大面积致密砂岩气。

在详细岩心观察描述的基础上，通过大量的铸体薄片观察研究，结合扫描电子显微镜、电子探针、能谱、X-衍射、阴极发光、稳定同位素分析，以主力产气层盒 8 段为代表，对影响盆地上古生界成岩作用类型、成岩作用对砂岩储层储集物性的影响进行了系统研究，认为溶蚀作用、凝灰质的蚀变作用、高岭石化作用、微裂隙化作用对盒 8 段致密砂岩储层发育起建设性作用；机械压实作用、化学压溶作用、SiO_2 的胶结作用、碳酸盐矿物充填与交代、碎屑黏土化等使储层进一步致密化。

在溶蚀实验的基础上，结合鄂尔多斯盆地埋藏史及生排烃史，建立了盒 8 段三类砂岩埋藏—成岩—孔隙演化序列和孔隙演化模式（图 1-16）。

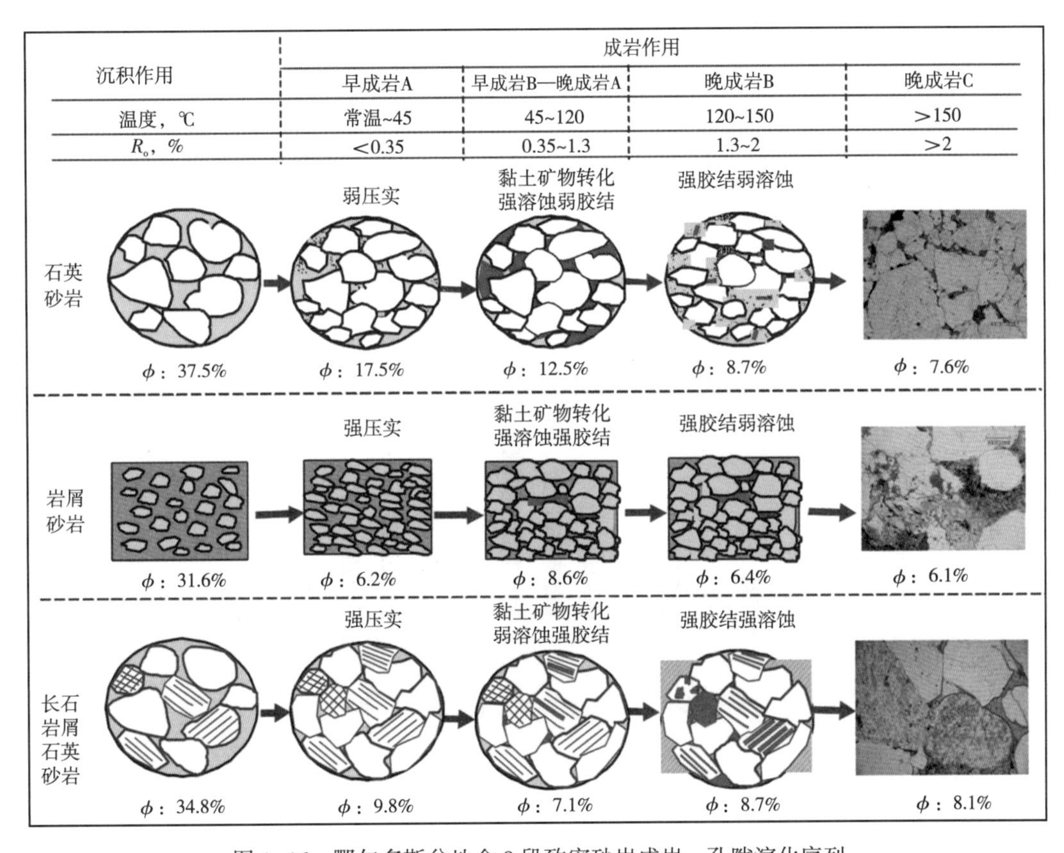

图 1-16 鄂尔多斯盆地盒 8 段致密砂岩成岩—孔隙演化序列

早成岩 A-B 期（P_2—T_3）：盆地处于稳定下沉阶段，埋深一般小于 1500m，温度小于 80℃，镜质组反射率 R_o 小于 0.5%，有机质演化处于半成熟阶段。机械压实作用使颗粒间趋向紧密排列，黑云母等塑性岩屑发生水化膨胀和假杂基化充填孔隙。火山灰泥化，微晶石英和碎屑颗粒渗滤蒙脱石衬边形成。黑云母、火山岩屑分解产生 Mg^{2+} 和 Fe^{2+}，同时泥晶方解石和菱铁矿团块沿膨胀黑云母的解理面发生沉淀，导致砂岩的孔隙度大幅下降，石英砂岩的孔隙损失了 51%，岩屑石英砂岩和长石石英砂岩的孔隙损失了 70%。

晚成岩 A 期（T_3—K_1）：埋深在 1500~3100m 之间，古地温小于 120℃，镜质组反射率 R_o 小于 1.2%，有机质大量成熟并达到生烃高峰。随埋藏深度的逐渐加大和压实作用的逐渐增强，原生孔隙含量逐渐减少。有机酸提供的 H^+ 使不稳定的铝硅酸盐矿物组分如黑云母、凝灰岩屑、火山岩屑和粒间的凝灰质填隙物发生溶蚀，产生大量次生孔隙，改善了储层的储集性，砂岩保存10%左右的次生孔隙。

晚成岩B期（K_1 末以后）：埋藏在3100m以上，古地温大于120℃，镜质组反射率 R_o 大于1.2%，有机质处于高成熟阶段。在强压溶胶结和有机酸的强溶蚀共同作用下，长石大量溶蚀形成次生孔隙，同时，几乎所有石英具加大边，自生石英晶体相互连接使石英颗粒呈镶嵌状；高岭石的稳定性逐渐变弱，在介质水中富含 K^+ 和 Al^{3+} 时转化为伊利石，在富含 Mg^{2+} 和 Al^{3+} 时，则变为绿泥石；碳酸盐矿物发生交代作用。同时在构造应力作用下，岩石开始破裂形成微裂隙。

矿物或微裂隙中的包裹体形成后一般没有与体系外部物质发生交换。通过对自生矿物石英、方解石、白云石等胶结物中非烃类与烃类流体包裹体温度与成分的测定，可为古地温、原始成矿流体性质、油气运移时间及恢复成岩史提供重要信息。

针对盆地上古生界不同地区85口井，在其主要含气层段内取样175个进行相关测试，盒8段包裹体主要位于石英次生加大边及后期微裂隙中。包裹体个体普遍较小，多在3~8μm之间。包裹体均一温度范围很宽，主要分布在75~145℃之间，主峰温度值为90~130℃（图1-17），说明该地区的最高成岩阶段达到了的晚成岩的B—C期。

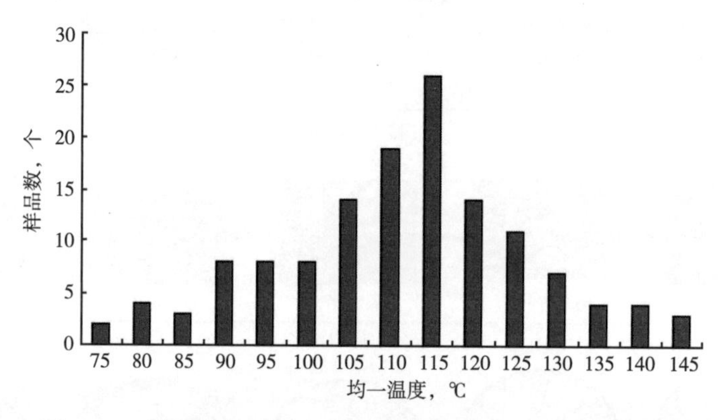

图1-17　鄂尔多斯盆地盒8段砂岩包裹体均一温度分布范围

盆地热演化史和埋藏史恢复结果显示，上古生界天然气成藏是一个相对漫长的过程，与气态烃伴生的盐水包裹体均一温度范围分布在75~145℃之间，均一温度整体上无明显间断，因而表明：气层段内天然气充注是一个相对漫长且连续的过程，主要充注期为早白垩世（140—100Ma）；不同包裹体组合均一温度范围相似，但不同地区推算的捕获时间略有差异。上古生界天然气甲烷碳同位素、乙烷碳同位素计算天然气母质成熟度为1.0%~3.0%，绝大多数处于成熟—高（过）成熟阶段（图1-18），主要成藏期为晚侏罗世—早白垩世，晚于储层致密时期。

依据伊利石测年和流体包裹体测试分析，结合盆地热史埋藏史恢复，确定上古生界天然气充注期次时间。最后针对不同层段及不同的岩性条件，恢复储层成岩致密化过程，建立不同类型砂岩孔隙演化表，较为准确地分析了盆地上古生界天然气成岩—成藏耦合关系。石英加大边包裹体均一温度主要分布在90~130℃之间，说明天然气主要充注期为早白垩世（140—100Ma）。包裹体均一温度反映的有机质成熟度明显低于天然气成熟度，储

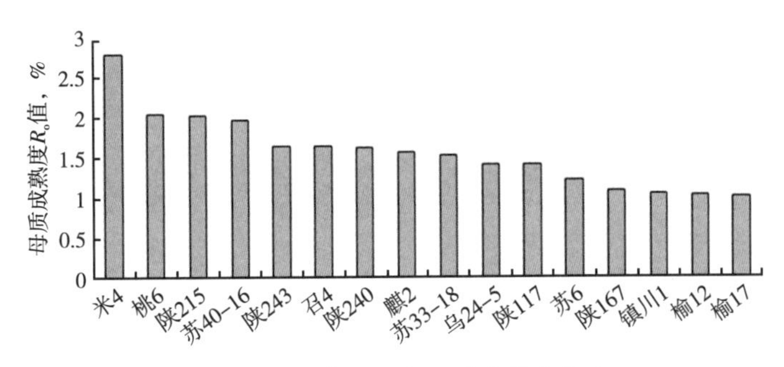

图 1-18 计算天然气母质成熟度分布

层硅质胶结作用在天然气大量生排运聚之前，主要为晚三叠世—中侏罗世，因此储层致密的时间明显早于天然气大规模成藏期（晚侏罗世—早白垩世）。储层具有先致密、后成藏的特征（图 1-19）。

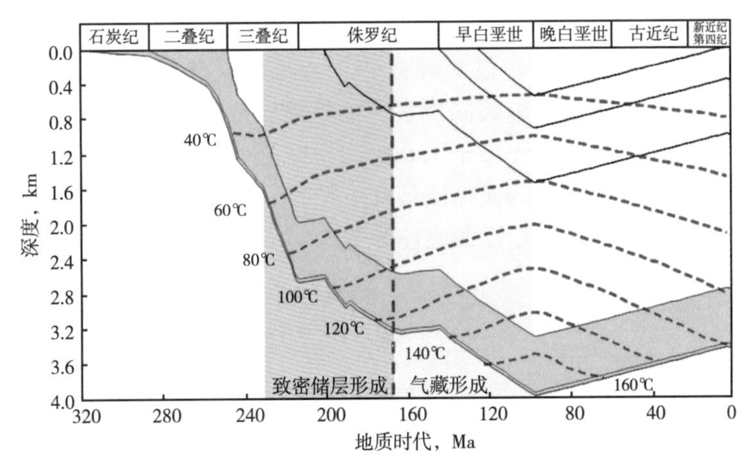

图 1-19 鄂尔多斯盆地上古生界单井埋藏热演化史图

5）储盖双重阻挡是长期聚集成藏的重要条件

鄂尔多斯盆地苏里格上古生界盒 8 段、山 1 段气藏连续气柱高度主要分布在 10~35m 之间，一般不超过 40m，计算天然气向上浮力为 0.08~0.28MPa，如图 1-20（a）所示，而现今盒 8 段、山 1 段储层毛细管阻力主要分布在 0.15~2.0MPa，如图 1-20（b）所示，储层规模性致密使流体流动性差，浮力驱动力较小，浮力难以克服储层毛细管阻力，因此储层毛细管力具有较好的阻隔作用。苏里格上古生界近源大面积致密砂岩具有优越的成藏条件，最大聚集系数可达 5%左右（聚集系数为资源量与生烃量的比值），反映出近源高效聚集特征。这也是鄂尔多斯盆地上古生界高生烃强度区（生烃强度大于 $20\times10^8m^3/km^2$）形成大气田之外，在生气强度介于（10~20）$\times10^8m^3/km^2$ 的较低区域亦能形成大气田的根本原因。

6）近源高效率聚集

鄂尔多斯盆地上古生界天然气藏的形成以近源聚集成藏为主，长距离侧向和垂向运移的可能性不大。气藏甲烷含量与有机质成熟度的关系、含气饱和度与源岩生气强度的关

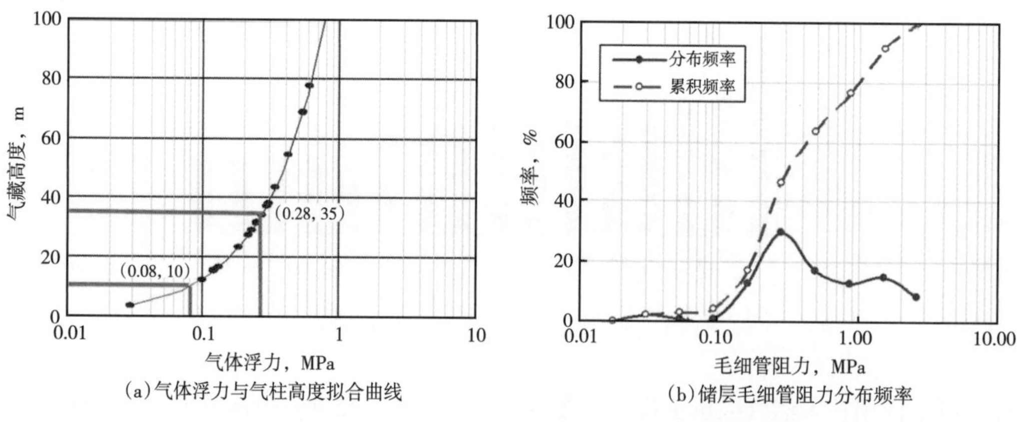

图1-20 苏里格气田上古生界气体浮力及储层毛细管力对比

系、天然气组分特征和天然气生烃动力学模拟结果也证实致密砂岩气为近源充注。苏里格气田的源岩生气碳同位素动力学模拟结果显示天然气来源于本区源岩，反映出天然气具有近源充注特征（图1-21）。此外，根据戴金星[27]提出的天然气成熟度回归方程，利用鄂尔多斯盆地上古生界天然气的甲烷碳同位素、乙烷碳同位素（图1-22）计算得到天然气的成熟度为1.0%~3.0%，主要分布于1.0%~2.0%之间，绝大多数处于成熟—高（过）成熟阶段，与上古生界煤系源岩的成熟度具有很好的一致性。说明鄂尔多斯盆地上古生界天然气受临近煤系源岩的控制，以近源充注为主。

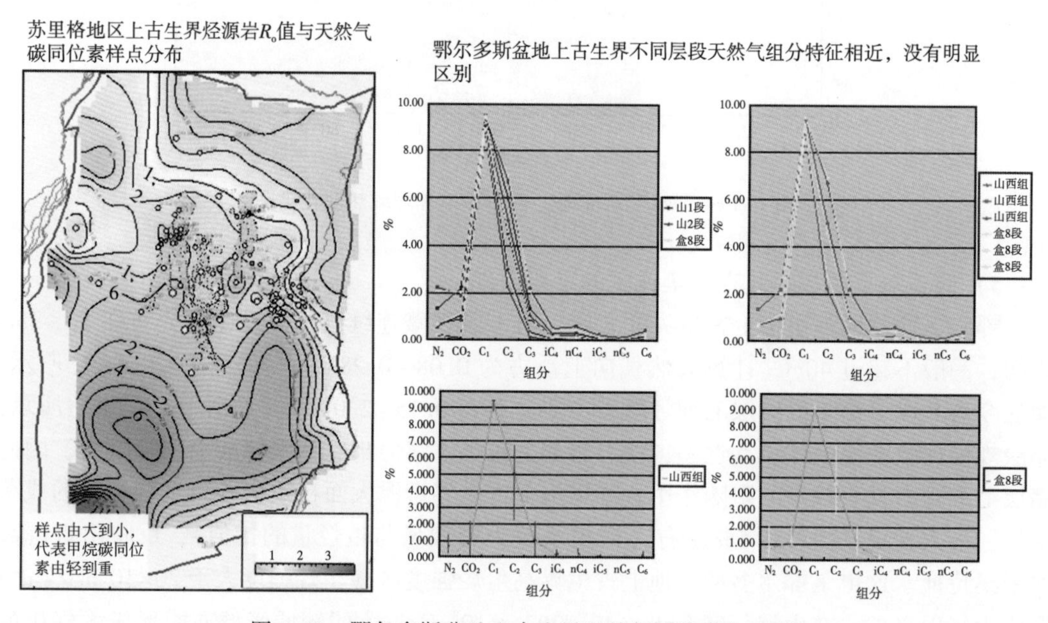

图1-21 鄂尔多斯盆地上古生界天然气同位素分布图

综合成藏条件与机制来看，总体上具有“源储交互叠置、超孔缝网状输导、压差动力充注、储盖双重阻挡、近源高效富集”的成藏模式。致密砂岩大气田的储层喉道半径小，天然气充注阻力大，近源部位充注动力充足，有利于天然气的充注成藏。烃源岩热演化过

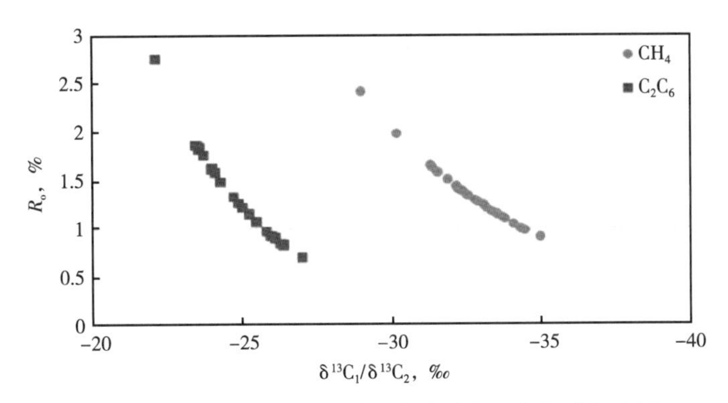

图 1-22 利用甲烷、乙烷碳同位素计算天然气成熟度图

程中产生的超压对致密砂岩充注非常关键。烃源岩层与储层呈交互式分布，利于天然气充注进入储层。天然气运移方式以幕式—活塞推进式运移为主，即在天然气大量排运时期，以孔缝网状输导体系输导，大规模进出储层。同时，储层大面积致密，使流体流动性差，上覆地层具有一定的封盖能力，就能保障动力平衡，即致密的储层和泥岩层皆具有封挡能力。在整体含气系统内，仍遵循物性较好的砂体有利于聚集，“甜点”砂体是富集高产区块。

2. 前陆区深层致密砂岩气藏成藏机制

前陆区深层致密砂岩气是远源聚集型致密砂岩气，与近源聚集型密砂岩气有较大区别，主要形成于前陆逆冲带断裂和局部构造发育区，致密砂岩储层被断裂和局部构造分割，输导体系主要为断裂，盖层为泥岩及膏岩等，在前陆逆冲带深层易形成该类模式。该类气藏分布于构造较高部位，气水分异好，主要由于岩性变化形成致密储层，具有较明显的“藏”的概念，容易形成高丰度致密砂岩含气区。按照烃源岩和储集层的空间配置关系，存在垂向叠置和源储交互叠置的两种源储组合方式，相应地形成了源储分离型和源储交互型两类气藏，前者如塔里木盆地库车坳陷深层的大北气藏、克深气藏，后者如吐哈盆地北部山前带的巴喀气藏等。

1）源储分离型气藏

该类气藏以塔里木库车前陆坳陷大北气藏、克深白垩系气藏为代表。库车前陆坳陷是一个中生代、新生代的前陆坳陷，位于塔里木盆地北缘的天山南麓，南为塔北隆起。它可以进一步划分为四个构造带和三个凹陷，由北至南分别为北部单斜带、克拉苏—依奇克里克构造带、拜城凹陷、秋里塔格构造带、乌什凹陷—阳霞凹陷和南部前缘斜坡带。目前发现的大中型致密砂岩气田分布在克拉苏构造带（大北气田、克深气田）。克拉苏构造带南北向以克拉苏断裂为界可进一步划分为克拉区带和克深区带。克深 2 号构造所处的克深区带是克拉苏构造带的第二排区带，南北分别以断层为界线与拜城凹陷、克拉区带相邻。克深区带东西向按构造特征可分为阿瓦特段、博孜段、大北段、克深段、克拉 3 段，南北向被克拉苏断裂次生的多条次级逆冲断裂切割，发育 6 排构造，其中克深 2 号构造位于克深区带克深段，南北分别受克深 2 和克深断裂两条逆冲断裂控制。

库车坳陷在中生代缓慢沉降，新近纪以来急剧下沉，埋藏史曲线“先缓后陡”，热演化“先慢后快”。在整个中生代长达 180Ma 的漫长时期中，三叠系、侏罗系、白垩系的总厚度不过3200m（压实前最厚3700m），晚白垩世还有短暂抬升，缺失上白垩统，中生代的沉积速率只有0.02mm/a。但是，到了新近纪，随着南天山的“复活”和库车“再生”前陆盆地的剧烈下沉，在短短23Ma就堆积了厚达4700m的新近系红层和第四系，其中仅上新世（5Ma）以来的库车组和第四系沉积就厚达2500m，新近纪沉积速率高达0.2mm/a，上新世以来更高达0.5mm/a，相当于中生代沉积速率的10~25倍。

库车坳陷中生代缓慢沉降和晚白垩世的抬升，导致三叠系、侏罗系两套烃源岩在新近纪之前一直处于低成熟状态。而新近纪以来的急剧下沉，则导致两套烃源岩在短短的12Ma内迅速经历了R_o>1.0%→R_o>1.3%→R_o>2.0%→R_o>2.5%的快速深埋热演化过程。结果是两套烃源岩的生气高峰期和生干气期都很晚。中—上三叠统烃源岩在中新世开始大量生气；中—下侏罗统烃源岩则是在5Ma、特别在2.5Ma以后大量生干气，在该段地质历史时期库车坳陷才出现大范围R_o>2.0%的干气区。克拉2气田、克深2大气田正是在这一时期形成的，其中克深2气田埋深较大，储层致密。

烃源岩快速埋藏及其引起的快速生烃对于成藏具有重要意义。克拉苏构造带白垩系与古近系发生了强烈叠加，克拉2构造累计叠加厚度达到4700m，克拉1构造3500m，厚度最小的克拉3构造也达到2500m。克拉苏构造带逆冲作用导致地层重叠的同时，也发生抬升剥蚀。根据测井声波时差计算上新统库车组（可能包括一部分康村组）剥蚀厚度约为1800~2000m[28]。在综合地层重复叠加和剥蚀厚度的基础上，利用压实校正回剥方法恢复了克拉1、克拉2、克拉3构造中侏罗统烃源岩底界的埋藏史，结果表明克拉2构造区烃源岩自该构造带形成以来，尤其是库车组沉积期（5.3—3.0Ma）以来进入了快速的埋藏阶段，埋藏速率达到1340m/Ma，即使是在库车组遭受剥蚀以来（3.0—0Ma），由于构造叠加不仅抵消了抬升剥蚀影响，反而使下伏中—下侏罗统烃源岩以233m/Ma的速率继续深埋。有所不同的是，克拉1和克拉3构造区烃源岩尽管在库车组沉积期（5.3—3.0Ma）分别以870m/Ma、1520m/Ma的速率埋藏，但在库车组剥蚀期以来（3.0—0Ma），由于剥蚀厚度大于构造叠加厚度，烃源岩停止了进一步的埋藏，分别抬升了500m和800m。

生烃史模拟结果表明3个构造烃源岩基本上在早白垩世进入生烃门限（R_o为0.5%），康村组沉积晚期或库车组沉积早期（约5.3Ma）达到生油高峰（R_o为1.0%），库车组沉积期（约5.3—3.0Ma）达到生气高峰阶段（R_o为1.3%~2.5%）。克拉1、克拉2、克拉3构造区域烃源岩在库车组沉积期（5.3—3.0Ma）生烃熟化速率分别达到了0.313%R_o/Ma、0.539%R_o/Ma和0.530%R_o/Ma。在库车组抬升剥蚀以来（3.0—0Ma）克拉2构造区域烃源岩仍然保持了0.247%R_o/Ma的熟化速率，但克拉1与克拉3构造则因抬升作用导致源岩生烃作用停止（图1-23）。

总体特征是克拉苏构造带侏罗系烃源岩在晚期（即约5.3—3.0 Ma）进入生气高峰，而且在短时间（2.3Ma）内熟化速率达到了（0.313~0.539）%R_o/Ma，表明逆冲带构造叠加作用具有显著的快速生烃效应，为晚期构造提供了充足的气源。

库车坳陷拜城中心中—下侏罗统煤系烃源岩生气速率模拟结果反映出5Ma之前，中—下侏罗统煤系烃源岩生气速率一直非常低，小于3mg/g（TOC）/Ma，但是自5Ma以来，中—下侏罗统烃源岩生气速率快速增长，平均达到10mg/g（TOC）/Ma，这表明距今5Ma以后快速生气是库车坳陷天然气生成的一个最典型特点，这可能也是库车坳陷形成现在的高效大型天然气田的一个重要原因。

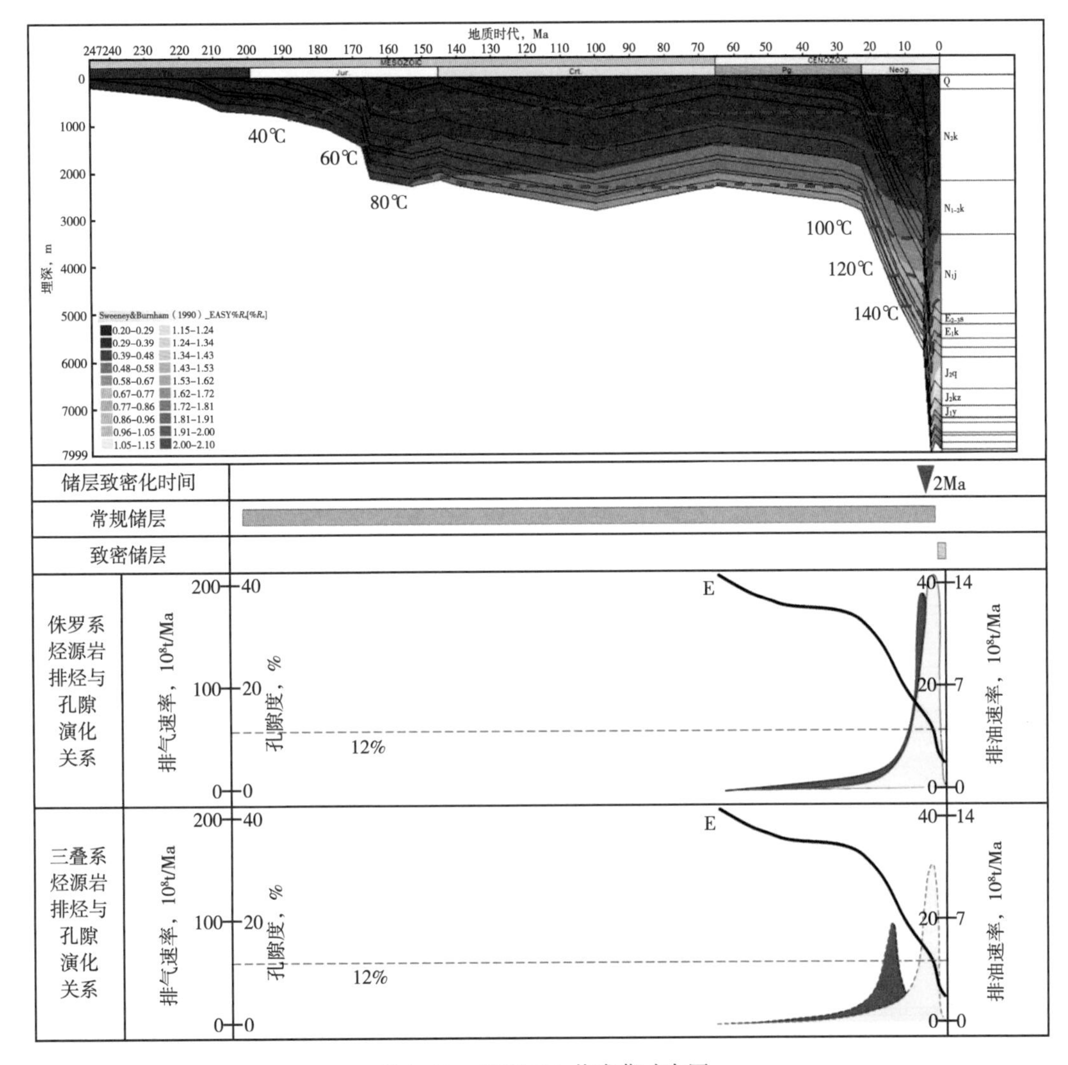

图 1-23 迪那 201 井成藏动态图

库车坳陷深断裂既是形成圈闭的重要条件，同时又是油气垂向运移的通道。断层相关褶皱的完整性是油气成藏的关键。库车坳陷内最上部的侏罗系生油层与白垩系、古近系、新近系储层之间存在着巨厚的齐古组—舒善河组泥岩层，断裂是油气垂向运移的主要通道。圈闭保存完好、储层发育且下部烃源岩生烃强度很大，有时候却未获得工业气藏，根本原因是缺少沟通下部烃源岩和上部储层的气源断裂。库车坳陷地区盐下构造发育，形成一系列近东西走向的逆冲叠瓦构造、双重构造等。克拉苏构造带古近系—白垩系储层与三叠系、侏罗系烃源岩之间相隔巨厚的下白垩统舒善河组泥岩，下部烃源岩生成的天然气向上运移在区域上不是均一的，而是沿着由断层构成的一系列运移通道发生的（图 1-24）。

库车坳陷烃源岩、断裂、构造发育，保存条件较好，天然气成藏条件优越。现今在深层发现了大北、迪那、克深等大型天然气气藏，储层比较致密，如迪那气田苏维依组深层孔隙度为 4%~12%，平均值为 8.6%，渗透率为 0.06~32.7mD，平均值为 0.99mD。很多地质科研工作者将其归为致密气。实际上该类气藏与吐哈盆地巴喀气藏的形成机理相近，

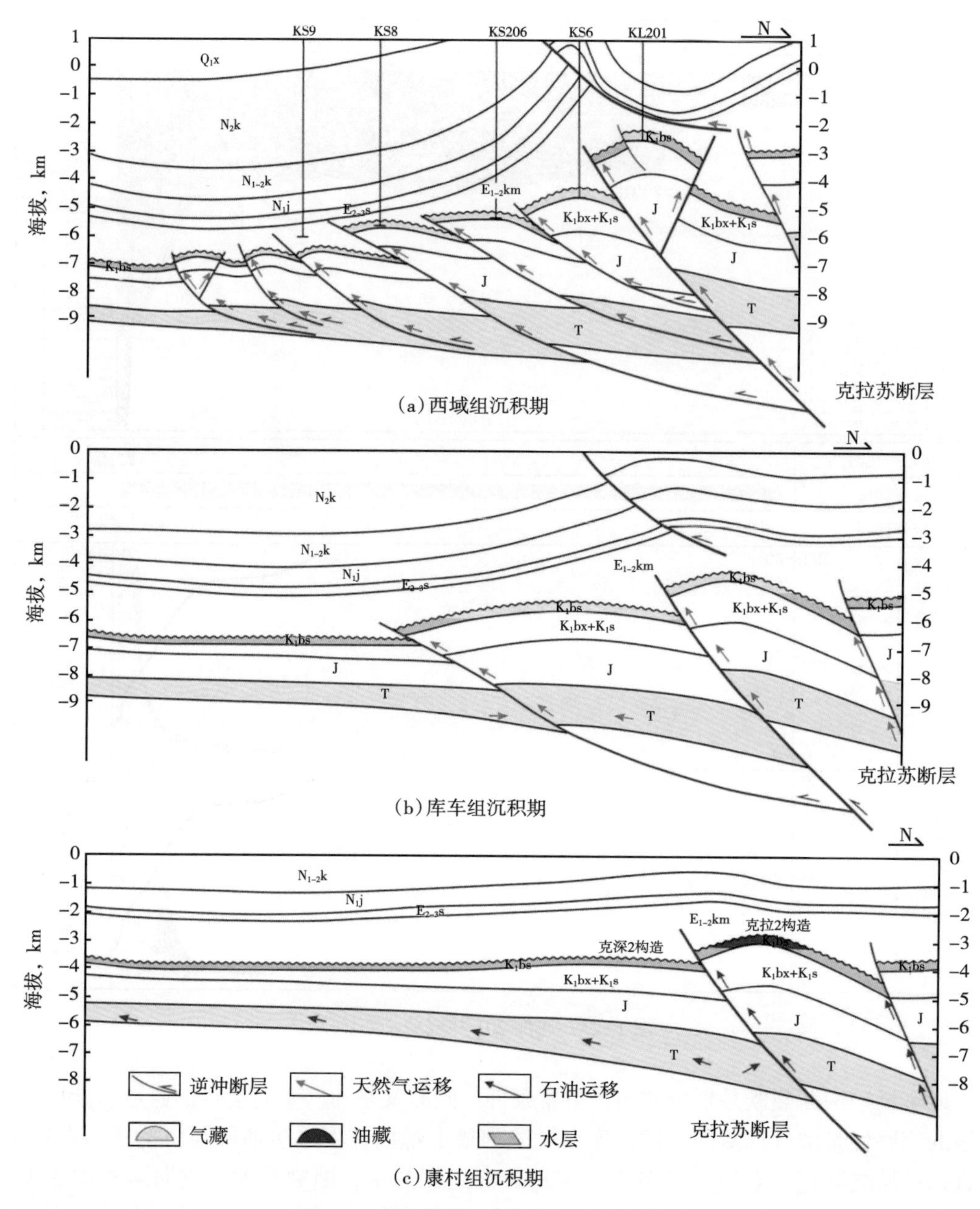

图 1-24　库车坳陷克深区带成藏演化图

也是先成藏后致密，成藏时期的储层孔隙度在 12%以上，具有较好的储集性能，气藏形成的主控因素为断裂和逆冲构造。

2）源储交互型气藏

该类气藏以吐哈盆地巴喀下侏罗统气藏为代表。巴喀下侏罗统凝析气藏位于台北凹陷北部山前带中段柯柯亚构造带，构造整体为一近东西向的长轴背斜，被四条近东西走向的主断层和近南北走向的调节断层复杂化。

吐哈盆地以北缘深断裂与博格达等山系为界，南以康古尔塔格断裂与觉罗塔格山毗邻。博格达地区是晚古生界的一个裂谷带，从晚二叠世至今一直处于褶皱隆升阶段，早期裂谷带的张性断裂在后期挤压构造背景下转化为反向活动的逆冲断裂带，逆冲断裂带的演化控制着盆地北部沉降带的发育。南部觉罗塔格山是盆地主要物源区，山系主要由上古生界组成，其褶皱隆起带形成于中石炭世—晚二叠世，伴随褶皱隆起有大量海西期酸性火山岩侵入。觉罗塔格地区褶皱隆升后构造活动性趋于稳定，经长期剥蚀形成低山和残丘。中新生代以来通过觉罗塔格山山前广阔斜坡带的河流向盆地内部输入大量碎屑物质，对沉积物的分布、类型和性质起着重要的控制作用[29]。吐哈盆地具有前寒武纪结晶岩系及古生界变质岩的复合基底。中新生代沉积厚度为8000m。北缘大断裂的活动控制着盆地北部沉降带的发育，沉降带侏罗系最大厚度为4600m，沉积速率为0.066mm/a。南部斜坡带下斜坡地层厚度大且连续，以南的上斜坡地层厚度薄而不连续。上斜坡侏罗系厚度一般2000m，沉积速率0.03mm/a。

侏罗系水西沟群煤系烃源岩发育，生烃能力强，物质基础雄厚。吐哈盆地侏罗系水西沟群及二叠系、三叠系烃源岩干酪根类型以Ⅲ型为主，各演化阶段均有较高的气态烃产率，具有富气的基础条件，其中尤以水西沟群煤系气源岩最为发育，分布广泛。水西沟群烃源岩为暗色泥岩、碳质泥岩和煤岩，累计厚度在400~900m之间，最厚可达千米；叠合分布面积约为$2.3\times10^4km^2$，有机碳含量高，泥岩有机碳含量在0.5%~3.5%之间，碳质泥岩有机碳含量在11.5%~12.6%之间，煤岩有机碳含量在53.29%~71%之间。水西沟群煤系气源岩成熟度一般为0.8%~1.3%，生气能力强，发育托克逊、胜北—丘东、小草湖和哈密四个生气中心，生气强度为（15~57）$\times10^8m^3/km^2$，总面积为$1.3\times10^4km^2$，累计生气量约为$23\times10^8m^3$，具有雄厚的资源基础。

侏罗系水西沟群砂体厚度大，连片分布广，储层物性差，属于致密储层。吐哈盆地大面积分布的湖沼相煤系源岩与大型的辫状河三角洲砂体叠置发育，水西沟群煤系气源岩与块状厚层砂岩呈“三明治”结构互层，地层厚度为285~892m，砂地比为30%~60%，单层砂岩厚度一般在5~30m之间；储层致密，孔隙度普遍小于8%，主要分布在4%~6%之间，平均孔隙度为4.62%，渗透率主峰值0.1~0.5mD，平均值为0.26mD。

侏罗系水西沟群发育2套区域盖层，厚度大，分布稳定。钻探证实，吐哈盆地上含油气系统已发现的油气层，尤其是中—下侏罗统油气藏均发育于厚层状区域泥岩盖层的下方。研究表明，水西沟群区域泥岩盖层主要发育于托克逊凹陷、台北凹陷主体、哈密坳陷三堡凹陷主体区域，下侏罗统区域盖层分布稳定，厚度一般在200~300m之间。柯柯亚地区发育西山窑组二段—三工河组（J_2x_2—J_1s）和八道湾组（J_1b）两套区域盖层，厚度分别为100~150m和50~80m，盖层条件十分优越。

巴喀油田下侏罗统气藏具备源储伴生、构造发育、保存条件较好等有利成藏条件。从现今发现的气藏来看，储层比较致密，很多地质科研工作者将其归为致密气。实际上该类气藏的形成，无论与传统的致密气，还是与现今以鄂尔多斯上古生界和四川盆地须家河组为代表的致密气相比，均具有较大的差异。首先，巴喀油田的致密气藏为先成藏后致密，如图1-25所示，现今发现的天然气主要成藏期为白垩纪，该时期的储层孔隙度在10%以上，具有较好的储集性能；其二为巴喀油田的致密气藏形成的主控因素为断裂和逆冲构造。由于巴喀地区下伏地层烃源岩不发育，天然气主要来自台北凹陷深层烃源岩，断裂是主要的输导通道，另外，现今发现的气藏严格受构造控制，表现为构造气藏。因此，巴喀地区的致密气实际上就是受圈闭控制的气藏，只不过是在后期深埋作用下，储层变得致密。

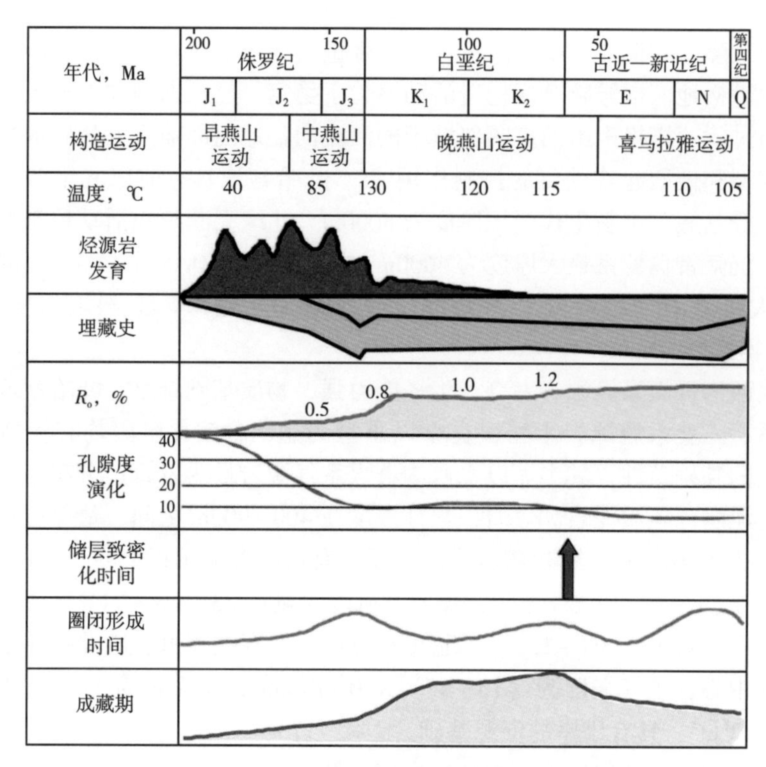

图1-25 吐哈盆地柯克亚水西沟群成藏动态图

3. 断陷盆地深层致密砂岩气藏成藏机制

致密砂岩气藏作为一类非常规油气藏已成为当前勘探和研究的热点。目前，国内外致密气的研究多集中在构造活动较弱、地层相对稳定的前陆盆地的坳陷—斜坡、坳陷盆地中心及克拉通向斜部位等负向构造位置，有关陆相断陷湖盆致密气的研究则涉及较少，而断陷盆地物源近、相变快、非均质性强，致密气形成的主控因素也更为复杂。

松辽盆地是中国东部大型叠合含油气盆地，具有早期上侏罗统—下白垩统为断陷和晚期上白垩统为坳陷的双层地质结构。上构造层的上白垩统因大庆油田的发现而举世瞩目，而下构造层的断陷群中因发现大型火山岩气藏也备受关注。盆地深层沉积地层通常包括上侏罗统火石岭组，下白垩统沙河子组、营城组、登娄库组和泉头组一段、泉头组二段。晚侏罗世—早白垩世是松辽盆地深部断陷形成的关键时期。“十一五”期间的研究结果表明，在整个断陷期，受区域伸展拉张作用，松辽盆地深层发育北东—北北东和北西—北北西向的两组控陷断裂，这两类断裂的先后作用控制了中生代断陷的形成演化及断陷内主断槽的发育。同时，深层控陷断裂控制断陷的规模、演化、成烃，进而也决定了断陷勘探潜力和价值。其中在沙河子组沉积时期，基底控陷断裂活动强烈，是断陷湖盆发育的鼎盛时期，发育36个相互独立的断陷，最新预测天然气资源量约为$4.2\times10^{12}m^3$。

自2002年以来，松辽盆地深层断陷先后发现了徐深、长深1号、英台、王府及德惠等大型火山岩气田，探明地质储量占深层天然气总探明储量约80%。随着对松辽深层勘探和研究的不断深入，近年来，松辽盆地深层碎屑岩在多个层系获得重要的发现或突破：如徐家围子断陷徐深6井在营城组四段砂砾岩中获得52.3×$10^4m^3/d$高产气流，长岭断陷长深D平2井在登娄库组砂岩中获得35.8×$10^4m^3/d$高产气流，王府断陷城深6井在沙河子组砂砾岩中获得高产气流，尤其是长深10井在埋深4890m左右的营城组二段砂砾岩中获得工业气流，突破了深层常规碎屑岩勘探深度，而沙河子组砂砾岩勘探一直未获得突破。2013年，徐家围子断陷宋深9H井在沙河子组砂砾岩获得20.8×$10^4m^3/d$的高产气流，2014年，徐探1井在沙河子组砂砾岩中压裂后获得9.1×$10^4m^3/d$的工业气流，计算无阻流量为28.4×$10^4m^3/d$，实现了沙河子组致密砂砾岩气勘探的真正突破，揭示了沙河子组砂砾岩天然气勘探具有巨大潜力，预示着沙河子组致密砂砾岩气将成为继火山岩后重要的接替勘探领域，对于松辽深层天然气的下一步勘探意义重大。

松辽盆地深层营城组与沙河子组致密砂砾岩成藏与前两类差异较大，主要表现为以下成藏机制与富集规律特征。

1）优质烃源岩奠定致密气藏形成的基础

松辽盆地深层自下而上发育火石岭组、沙河子组、营城组和登娄库组四套烃源岩层，沙河子组本身为主力烃源岩层。沙河子组沉积时期是断陷湖盆发育的鼎盛时期，发育大套半深湖—深湖相黑色、灰黑色泥岩，同时也发育煤层。勘探证实沙河子组烃源岩在全区均有分布（图1-26），烃源岩面积一般占断陷面积的60%～70%，个别断陷可占85%以上，总面积超过4.0×10^4km^2。暗色泥岩厚度一般为300～600m，最厚超过1000m。徐家围子、双城和德惠等多个断陷均钻遇煤层，为扇三角洲平原沼泽相和湖泊沼泽相沉积产物，单层厚度一般为1～5m，少数断陷缓坡淤浅部位形成稳定分布的煤层，如徐家围子断陷宋深3井区累计厚度达103m。徐家围子断陷地震揭示其暗色泥岩厚度0～1100m，钻井揭示煤层厚度0～150m。沙河子组暗色泥岩有机碳含量平均值为2.438%，氯仿沥青“A”平均值为0.04911%，煤层有机碳含量平均值为43.66%，R_o平均值为2.55%，优质烃源岩发育，生气潜力大。计算徐深1井沙河子组暗色泥岩生气强度为38×$10^8m^3/km^2$，煤层生气强度为38×$10^8m^3/km^2$，总生气强度为138×$10^8m^3/km^2$，是形成大气田的重要气源条件。

2）扇三角洲和辫状河三角洲致密砂砾岩提供了储集空间

松辽盆地发育“断陷间隆起物源缓坡带辫状河三角洲、断陷间隆起物源陡坡带扇三角洲、火山岩物源近源扇及造山带物源远源扇”。深层碎屑岩储层主要以砂岩和砂砾岩为主，通过对全区1000余个样品点物性统计分析发现，砂砾岩是深层碎屑岩储集层优势岩性。砂岩在3800m左右基本到达一个临界值，超过3800m的孔隙度基本都小于0.5%，但砂砾岩在3800m以深仍发育有效储层，尤其徐探1井深度近4000m的砂砾岩平均孔隙度仍达8.7%，长深10井深度4900m左右的砂砾岩孔隙度达5.0%（图1-27）。由此可见，松辽盆地深层砂砾岩作为储集层较砂岩有明显的优势，究其原因有二：一为砂砾岩由于颗粒支撑结构（尤其火山岩颗粒）发育欠压实空间，原始孔隙得以保存；二为砂砾岩发育有别于砂岩的有效裂缝和贴砾缝，不但起到连通作用，还可作为有效的储集空间，改善了砂砾岩储层物性。

根据岩心、铸体薄片观测，发现深层碎屑岩孔隙和裂缝发育（图1-28）。孔隙为粒间孔隙、粒内孔隙、粒间—粒内孔隙和溶蚀孔隙，溶蚀孔隙是主要类型；裂缝主要为微裂缝、粒内溶缝（裂缝）和贴砾缝，贴砾缝是砂砾岩有别于砂岩的特殊裂缝，一方面能有效

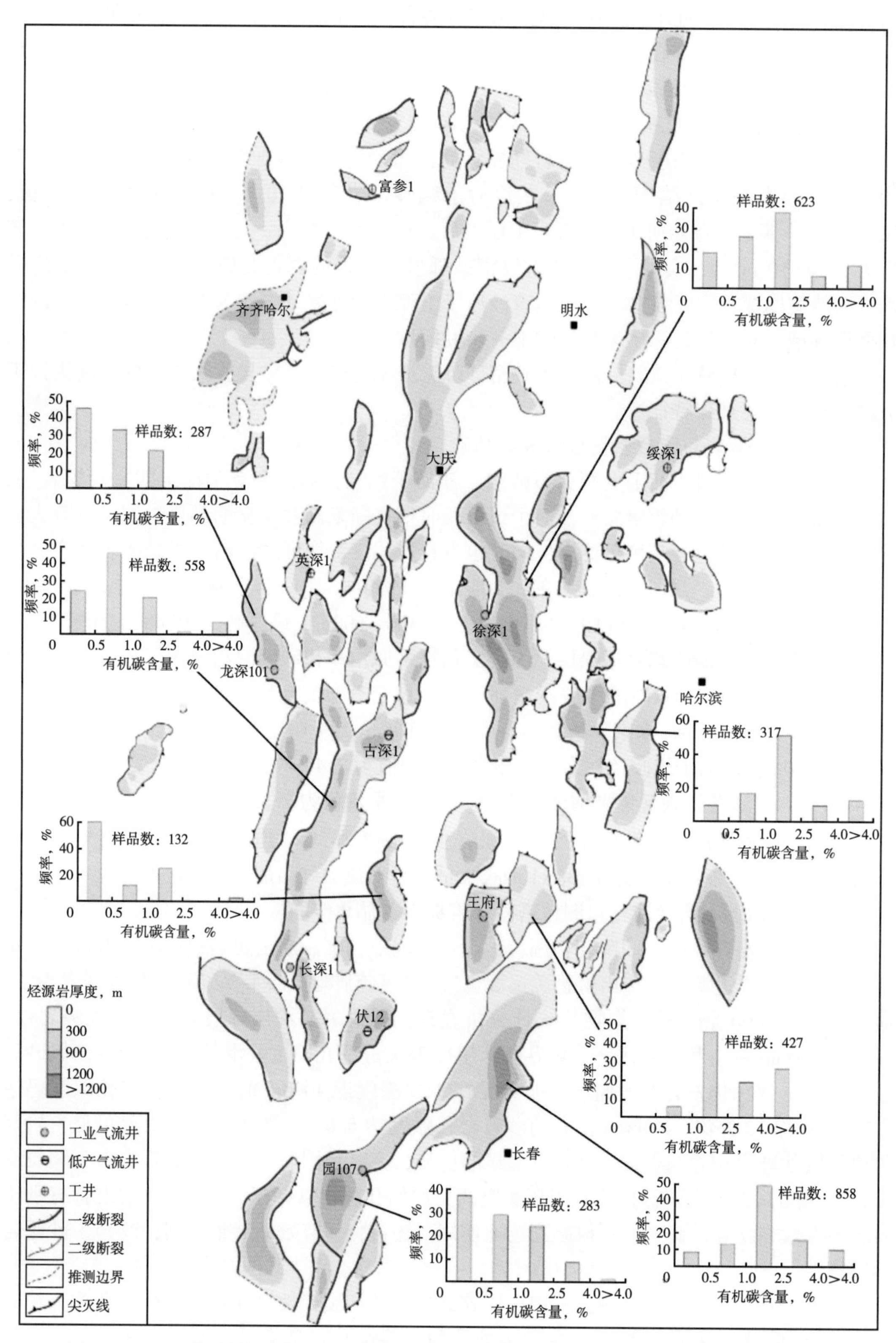

图 1-26　松辽盆地深层断陷沙河子组烃源岩分布特征（直方图为有机碳含量分布频率图）

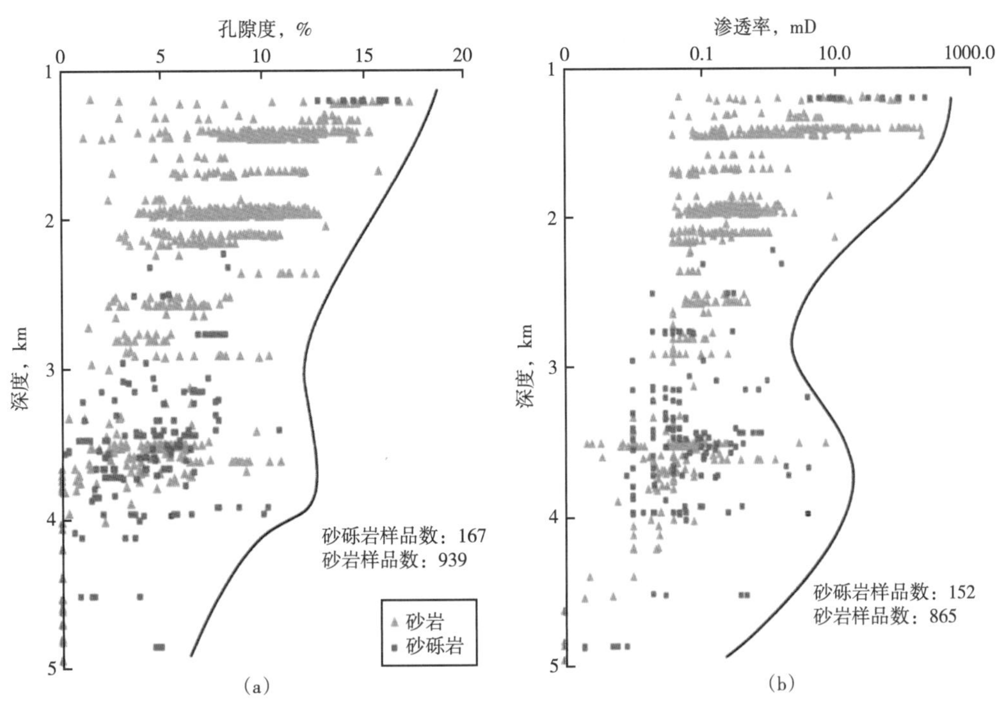

图 1-27 松辽深层碎屑岩样品物性统计图

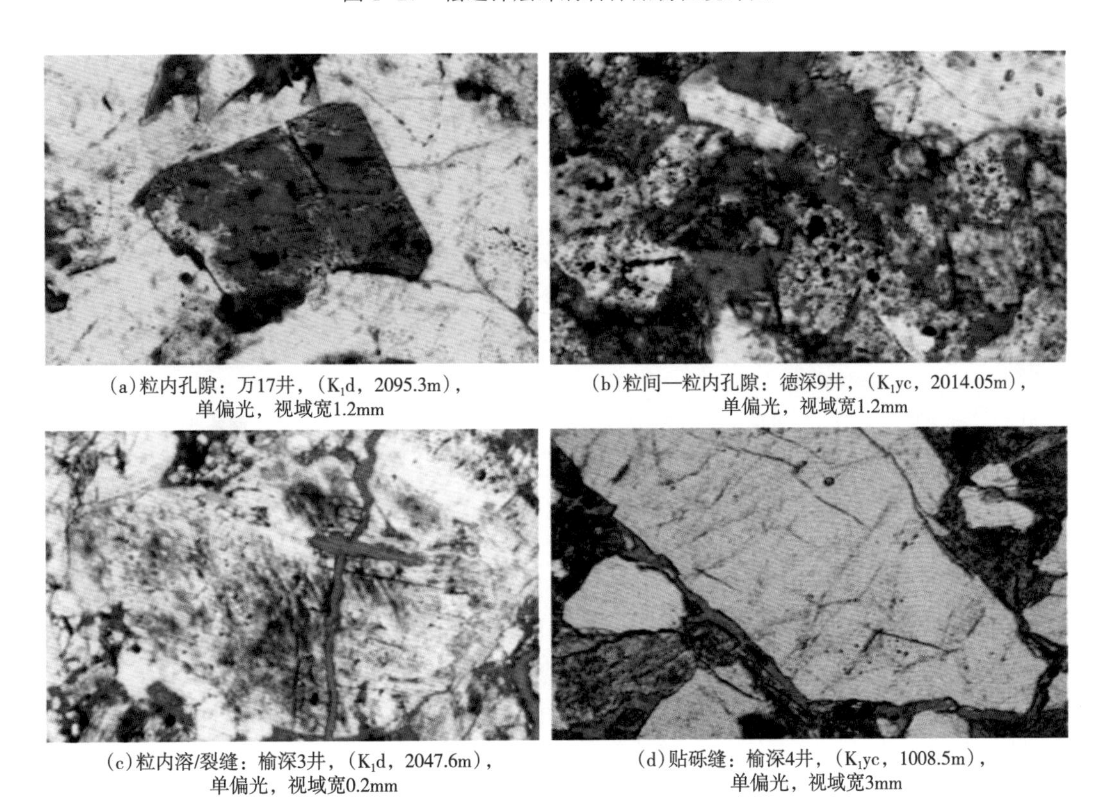

(a)粒内孔隙：万17井，(K_1d，2095.3m)，单偏光，视域宽1.2mm

(b)粒间—粒内孔隙：德深9井，(K_1yc，2014.05m)，单偏光，视域宽1.2mm

(c)粒内溶/裂缝：榆深3井，(K_1d，2047.6m)，单偏光，视域宽0.2mm

(d)贴砾缝：榆深4井，(K_1yc，1008.5m)，单偏光，视域宽3mm

图 1-28 松辽盆地深层碎屑岩孔缝发育类型图

沟通孔隙，另一方面也可作为有效的储集空间，改善了砂砾岩储层物性。统计河子组砂砾岩储层孔隙度为 0.4%~7.9%，平均值为 3.91%；渗透率 0.01~11.2mD，平均值为 1.66mD，整体表现为低孔隙度、低渗透率的特征。

3）烃源岩与致密砂砾岩储层大面积叠置分布

沙河子组沉积时期是松辽盆地断陷发育的鼎盛时期，湖盆面积大，烃源岩大面积分布，砂砾岩分布面积广（图 1-29）。沙河子组沉积时期断陷陡坡带主要发育冲积扇、扇三角洲沉积，缓坡带主要发育辫状河和辫状河三角洲沉积，洼槽带以半深湖—深湖、滨浅湖沉积为主。岩性主要为深灰色、灰黑色泥岩、砂质泥岩、深灰色细砂岩、砂砾岩夹煤层。沙河子组底部湖盆范围小，水体浅，主要为辫状河、三角洲和滨浅湖沉积，以相对粗粒的砂砾岩、砂岩沉积为主，夹泥岩；沙河子组中部湖盆范围扩大，水体变深，进入半深湖—深湖沉积，发育中—厚层泥岩，同时扇三角洲和辫状河三角洲体系也发育，岩性主要为砂岩、深灰色粉砂岩、泥岩，并发育煤层；随着水体进一步加深达到最大湖泛面，沙河子组中上部是继最大湖泛面出现后的一套沉积，湖盆逐渐开始进入缓慢萎缩阶段，该时期仍发育泥岩，并由于进积型扇三角洲和辫状河三角洲向湖盆的推进，砂体发育，辫状河三角洲平原沼泽相发育煤层；沙河子组顶部湖盆进一步萎缩，可容纳空间减少，进积型扇三角洲和辫状河三角洲进一步向湖盆推进，砂体大面积发育，泥岩相对不发育，局部有煤层。沙河子组中上部致密砂砾岩储层紧邻最大湖泛面，烃源岩大面积分布，源储配置关系好。

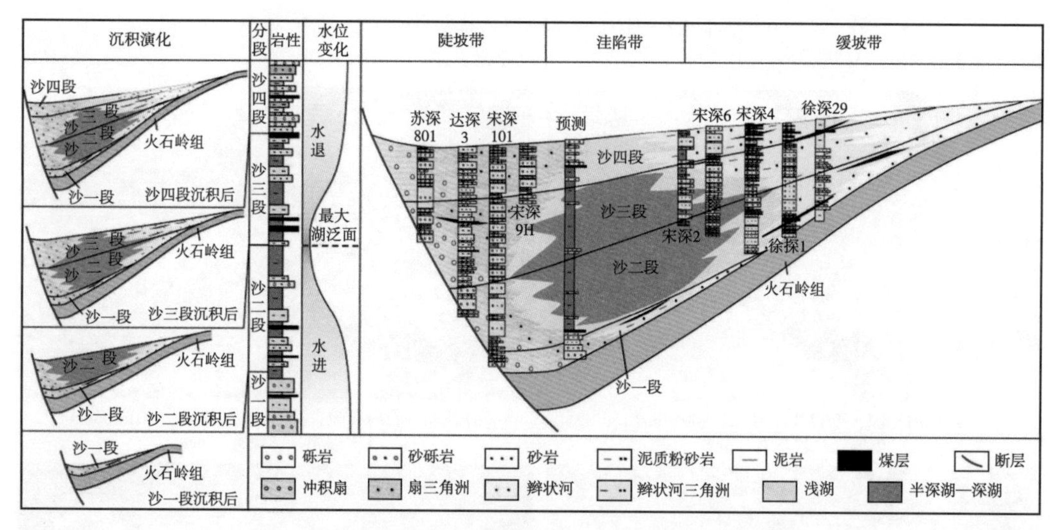

图 1-29　沙河子组沉积演化及发育模式图[26]

总体上，沙河子组气藏属于自生自储致密砂砾岩气藏，多发育于陡坡带扇三角洲前缘和缓坡带辫状河三角洲前缘，如徐家围子断陷西部陡坡带的宋深 1 气藏和东部缓坡带的徐探 1 气藏。气层单层厚度主要为 5~20m，平均值为 10.3m；累计厚度主要为 20~50m，平均值为 33.5m。虽然单个气藏规模较小，分布面积一般小于 10km^2，但纵向上多个气藏叠置，横向上多藏连片，具备形成大规模致密砂砾岩气条件。此外，盆地构造和断层发育，断鼻圈闭对于成藏具有一定控制作用（图 1-30）。

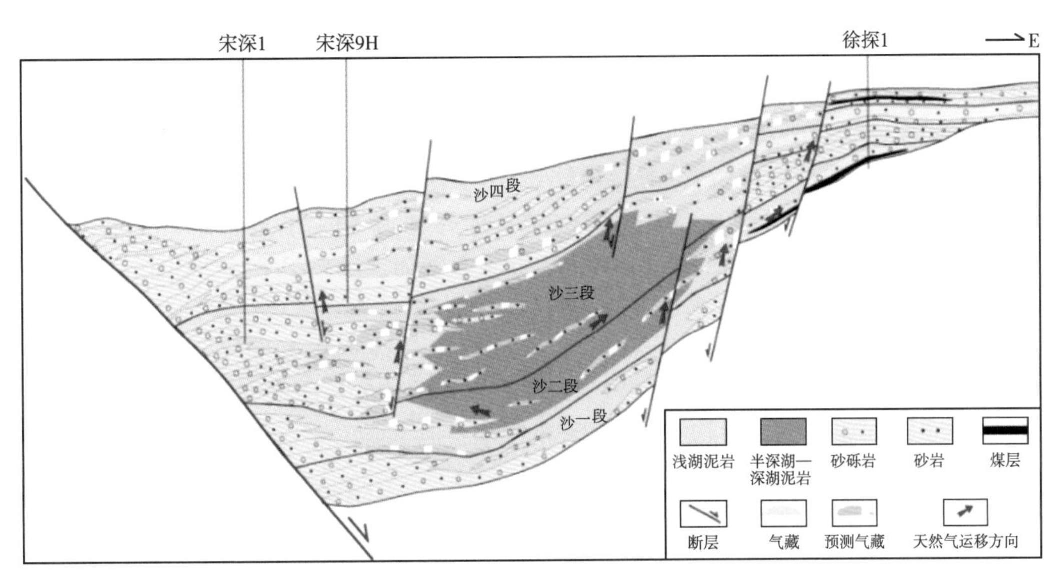

图 1-30 松辽盆地徐家围子断陷沙河子组气藏成藏模式图

三、致密砂岩气主控因素与分布规律

1. 克拉通大面积致密砂岩气藏主控因素与分布规律

克拉通大面积致密砂岩气为“源储交互叠置、超孔缝网状输导、压差动力充注、储盖双重阻挡、近源高效富集”成藏模式。主要受四大因素的控制，即规模致密储层控制天然气聚集、局部构造控制气水分异、有效烃源岩控制气藏的充满程度、裂缝控制天然气富集与高产。

1）优势相带控制天然气聚集

沉积相研究表明，天然气主要分布于三角洲前缘的辫状水道和分流河道沉积微相中。四川盆地须家河组主要发育三角洲沉积相和湖泊沉积相，沉积微相主要包括三角洲平原、沼泽、分流河道、河口坝、席状砂、浅湖相等。其中，分流河道是储层物性相对较好的相带，也就是控制气藏分布最主要的沉积相带。须二段、须四段和须六段相似，获工业油气流的井主要分布在水上分支河道和水下分支河道沉积的有利相带中，如龙岗构造获工业油气流的 LG3 井、LG9 井、LG10 井、LG20 井等，以及大足—河包场等构造均分布于水下分流河道沉积微相中。

鄂尔多斯盆地低孔、低渗透碎屑岩优质储层则主要发育于河道微相中。根据对鄂尔多斯盆地上古生界沉积微相研究，鄂尔多斯盆地上古生界中粗粒砂岩主要分布在辫状水道和分流河道微相中，这些相带储层物性相对好，因此有效储层以辫状水道和水下分流河道砂体为主，有利于油气的富集。目前已发现的气藏主要分布在辫状水道和水（上）下分流河道中。

2）局部构造与断裂控制气水分异

区域构造对油气富集的控制作用包括古构造和现今构造两个方面：一是主体运移方向，二是局部构造则对大面积聚集起着一定的控制作用，而局部构造与断裂对气水分异也有较大的影响。鄂尔多斯盆地苏里格山西组—石盒子组气藏是在区域西倾单斜背景上的岩性气藏，地层坡度较小，构造平缓，气藏的形成主要受储层物性差异的控制，构造格局对其控制作用不明显；而四川盆地局部构造和断裂较为发育，控制作用较为明显。

四川盆地须家河组源储交互叠置的有利条件，使其具有烃源岩广覆生烃、天然气大面积聚集成藏的特点，局部构造的发育则是局部富气的主要控制因素之一。局部构造对广安须六气藏的天然气富集及气水分布影响较为显著，构造高部位含气丰度高、气水分异程度高。如须六段在构造的高部位（GA2井区—GA103井区）气柱高度、储量丰度比低部位（GA109井区—GA111井区）高，高部位的气柱高度为60～150m、储量丰度为$4.2\times10^8m^3/km^2$；低部位的气柱高度为20～60m、储量丰度为（0.5～0.8）$\times10^8m^3/km^2$；高部位气水分异程度高，低部位含水增多；含气饱和度为46.6%～62.2%，均值为52.1%。广安须四气藏虽然含水程度整体较高，但对于同一砂体，仍然遵循高部位产气、低部位产水的规律；营山、龙岗构造虽然各自均没有统一的气水界面，尤其是YS103井、YS105井、YS106井、LG172井在须二段均有不同程度的产水，但目前大部分的纯产气井主要分布在局部构造高点上。

3）有效烃源岩控制气藏的充满程度

致密砂岩气的地质基础为源储交互叠置分布，烃源岩品质直接控制天然气的形成。鄂尔多斯盆地上古生界气藏的气源供给总体充足，但由于烃源岩发育的差异性导致不同地区含气性不同，烃源岩生气强度较低的地区，气藏的充满程度较低或含水增多。一般情况生气强度大$20\times10^8m^3/km^2$地区含水较少，生气强度小于$20\times10^8m^3/km^2$的地区含水相对较多。

四川盆地须家河组各层系烃源岩生成的油气主要在紧邻烃源层的上下储集体中聚集。其中，须二段储层，在须一段烃源岩厚度减薄或缺失处，源控特征就比较突出。如安岳、合川及九龙山地区须一段烃源岩缺失或厚度较薄，须二段下亚段的天然气充满程度较低。安岳地区须二段上亚段主要产纯气，须二段下亚段气水同产或产水。如AY2井须二段上亚段日产气$0.8646\times10^4m^3$；Y101井须二段上亚段日产气$11.43\times10^4m^3$，须二段下亚段日产气$0.083\times10^4m^3$，日产水$2.4m^3$；Y5井须二段上亚段日产气$0.638\times10^4m^3$，须二段下亚段日产气$0.108\times10^4m^3$，日产水$6.5m^3$；Y3井须二段下亚段日产气$1.26\times10^4m^3$，日产油8.27t，日产水$26m^3$。合川气田产水部位主要分布在须二段储层的中下部，往上以产气为主，产水的概率降低。九龙山须家河组气田发育须三段、须二段上亚段、须二段下亚段多套气藏，目前须三段、须二段上亚段气藏基本以产气为主，须二段下亚段气藏以气水同产为主。

4）裂缝控制天然气富集与高产

四川盆地、鄂尔多斯盆地钻井岩心描述、地震资料和成像测井资料解释等揭示，小型、微裂缝非常发育。四川盆地须家河组小断裂一般仅断开须家河组内部某一两个层段（如须一段—须二段、须三段—须四段等），控制着天然气的高产，如Y101井、Y103井、Y105井、HC109井、HC138井，TN1井、TN111井，GA5井等井在测试中获得了高产气流，与这些小断裂的发育是密切相关的。

2. *前陆区深层致密砂岩气藏主控因素与分布规律*

由巴喀、库车深层致密气成藏解剖来看，主要为源岩断裂、相对良好储层及构造圈闭控制成藏，裂缝控制富集高产。

1）良好的气源岩是致密气藏形成的物质基础

煤系地层是该类气藏的主要烃源岩，具有厚度大、分布广、有机质丰度高的特点，能够提供充足的气源。库车、吐哈煤系源岩发育，有机碳含量平均都在0.5%以上，有机质类型以Ⅲ型干酪根为主，且煤层普遍发育，为大量天然气的生成和致密气藏的形成提供了丰厚的物质条件。

2）源岩断裂发育提供高效输导条件

由于该类气藏的形成位置可能离烃源岩较远，或者隔层发育，只有具有良好的运移通道，才能有效地输导天然气进入储层。

3）圈闭及盖层发育提供有利聚集场所

由于天然气以高渗透输导层为介质运移，由于高渗透输导层阻力较小和地层水丰富，气体所受浮力较大，该类气体具有较大运移动力，只有在地质圈闭和优质的盖层封堵下才能形成有效封堵。

4）裂缝控制富集高产

天然裂缝不但对提高致密砂岩储层的渗透性和产能至关重要，还对改善完井设计（如水力压裂）及水平钻井也有很大影响。裂缝一般不穿层，往往消失于泥页岩中或地层交界处，且多为微裂缝。美国皮昂斯前陆盆地多井试验区的 Mesaverde 群中发育四种裂缝类型，即垂直与近于垂直的张裂缝（矿物充填）、不规则的张裂缝（局部地开石充填）、水平与近水平的张裂缝和具擦痕面的剪切裂缝（局部矿物充填），有助于提高储层渗透率。库车、巴喀山前带深层裂缝广泛发育，是富集高产的重要因素。

3. 断陷盆地深层致密砂岩气藏主控因素与分布规律

松辽盆地沙河子组砂砾岩气藏受“源”“相”“储”控制，沙河子组自身为深层主力烃源岩层，暗色泥岩发育，生烃指标好，有效源岩控制气藏发育区。

1）洼陷控制天然气形成

与前两类气藏同理，优质烃源岩是重要基础，松辽盆地深层沙河子组煤系烃源岩发育，且厚度大、分布广、有机质丰度高，能够提供充足的气源，为大量天然气的生成和致密气藏的形成提供了丰厚的物质条件。由于气源岩形成于断陷次级洼陷带内，天然气藏主要围绕洼陷分布。

2）三角洲扇体控制天然气聚集

断陷盆地深层受压实影响，常规砂岩物性孔隙破坏强度大，只有各类扇体砂砾岩具有较好抗压特征，保留一定储集能力，特别是贴粒裂缝等微裂缝发育，进一步改善储集性能，整体上具有较好的储集能力。一般情况，深层断陷陡、缓两带发育的有利相带控制了储集层的发育区带，控制聚集成藏，在物性好的“甜点”区聚集成藏。

总体上，气藏具有近源聚集、源储一体的特点，多套砂体纵向叠置，横向大面积连片，形成了大面积分布的岩性气藏，具有满洼含气、两带富集的特征。

第四节 有利区带优选与评价

一、区带评价标准

致密砂岩气田的储层喉道半径小，天然气充注阻力大，近源部位充注动力充足，有利于天然气的充注成藏。对于中高渗透（常规）储层而言，天然气充注的动力主要是浮力，其最终导致圈闭中气水分离形成常规油气藏。而浮力很难成为低渗透、致密储层中油气运聚的主要动力。因此，烃源岩演化过程中的产生超压对致密砂岩充注非常关键。

天然气运移方式应以幕式—活塞推进式运移为主，即在油气大量排运时期，烃源岩与储层之间不发育高渗透输导层，否则天然气将沿着高渗透层优先运移，导致天然气散失。天然气扩散亦是重要的运移方式。对于孔隙及喉道相对狭小的致密砂岩储层，当游离相天然气在压力梯度驱动下的达西渗流和非达西渗流均无法实现情况下，天然气扩散运移将成为最重要方式。

储层大面积致密，高渗透输导层不发育，使流体流动性差，以扩散运移为主，这是致密砂岩气成藏的重要条件，亦是有利区带评价的重要标准。本次研究新建了致密砂岩有利区带优选主要评价标准（表1-7）。

（1）圈闭评价参数：致密砂岩气没有明显的圈闭界限，气水分异关系复杂，与常规气藏评价差异较大，构造圈闭不作为优势参数，而是将大面积岩性、构造岩性作为较好的评价参数。

（2）盖层评价参数：致密砂岩气盖层要求条件相对较弱，在局部地区，致密粉砂岩、砂泥岩也可以成为盖层。据统计评价，苏里格地区上古生界厚度大于6m的泥岩就可以成为良好的盖层。当然，这并不是说优质的盖层不起作用，只是表明致密砂岩气盖层要求条件较弱。因此，盖层标准小于常规气的标准。

（3）储层评价参数：与常规气藏一样，储层仍然是致密砂岩气重要的评价标准，但致密砂岩气的标准与常规气差异较大。前面的成藏机制分析可知，致密砂岩气成藏的重要条件之一是源储叠置、大面积规模性致密砂岩发育，致密砂岩储层物性相对较差、砂地比较低才有利于聚集。

（4）烃源评价参数：致密砂岩气重要条件为供气充注、源储大面积叠置，因此对烃源岩的评价立足生气能力及烃源岩面积系数。

（5）输导条件参数：致密砂岩气输导条件要求与常规气相反，高渗透输导通道不利于大面积含气，因此，建立新的评价参数，孔缝输导体系是优势输导参数。

表1-7　致密砂岩有利区带主要评价标准参数表

地质条件	参数类别	分值				备注
		1	0.75	0.5	0.25	
圈闭条件	圈闭类型	岩性	构造岩性	岩性构造	构造	修正常规标
	圈闭面积系数,%	>50	30~50	15~30	<15	
	圈闭幅度系数,%					
盖层条件	盖层厚度	>50	30~50	10~30	<10	小于常规标准
	盖层岩性	膏泥岩	厚层泥岩	薄层泥岩	致密砂岩、粉砂岩	修正常规标准
	断裂破坏程度	无破坏	破坏弱	破坏强		
储层条件	沉积相	三角洲、滨浅湖	扇三角洲	水下扇、重力流	河道、洪积扇	
	砂地比,%	30~50	10~30	50~60	<10，>60	新标准
	孔隙度	10~15	5~10	15~20	<5，>20	新标准
	渗透率，mD	0.1~1	1~10	0.01~0.1	<0.01，>10	与常规差异较大
	厚度，m	>100	50~100	20~50	<20	新标准

续表

地质条件	参数类别	分值				备注
		1	0.75	0.5	0.25	
油源条件	源岩有机质类型	Ⅲ	Ⅱ2	Ⅱ1	Ⅰ	借鉴传统标准
	源岩面积系数,%	>100	75~100	50~75	<50	
	生气强度，10^8m^3	>50	20~50	10~20	<10	新标准
输到条件	运移方式	本层内微运移	本层内一次运移	本层内二次运移	层外二次运移	新标准
	输导类型	孔隙裂缝	砂体孔隙	层内断裂	穿层断裂	修正常规标准
配置条件	源储关系	交互叠置	叠覆	相邻	隔层	新标准
	生—储—盖组合	自生自储	下生上储	上生下储	异地生储	

二、有利区带排队

目前，中国致密气勘探主要集中在鄂尔多斯盆地苏里格南部及盆地东部地区、四川盆地川中和川西地区、吐哈盆地北部山前带、松辽盆地和渤海湾盆地深层等。评价有利区带11个、资源潜力$10.5\times10^{12}m^3$（表1–8）。

表1–8 有利区带及资源量预测统计表

盆地	有利区带	层位	有利条件	面积 $10^{12}km^2$	资源量 $10^{12}m^3$	评价结果
鄂尔多斯	苏里格东部	C、P	源储交互叠置，砂体大面积分布	1.5	1.5	Ⅰ
	苏里格南部	C、P	源储交互叠置，砂体大面积分布	1	1	
四川	川中	T_3	源储上覆叠置，砂体大面积分布	2	1.8	
鄂尔多斯	盆地东南部	C、P	源储交互叠置，砂体大面积分布	1	1	Ⅱ
	盆地西南部	C、P	源储交互叠置，砂体大面积分布	1	1	
四川	川西北	T_3	源储上覆叠置，砂体大面积分布	0.8	0.5	
鄂尔多斯	苏里格西部	C、P	砂体发育，储层物性相对较好	0.6	0.6	
塔里木	库车东部侏罗系	J	储层厚度大，溶孔、裂缝发育	1.8	0.8	Ⅲ
松辽	松辽深层断陷群	J	源储临近接触，断裂孔缝发育	2.5	1.2	
吐哈	台北山前带	J	凹陷深部源储交互叠置	0.8	0.5	
四川	蜀南	T_3	源储交互叠置，砂岩发育	1	0.6	

三、重点区带

1. 鄂尔多斯盆地

鄂尔多斯盆地上古生界致密砂岩大气田勘探领域有利勘探面积为$10\times10^4km^2$，资源量为$8.37\times10^{12}m^3$，其主要勘探层系为石盒子组、山西组和太原组，已发现榆林、米脂、乌审旗、苏里格、子洲、神木共6个大气田，探明储量为$3.54\times10^{12}m^3$，近年苏里格大气区不断扩展，展现出该领域良好的勘探前景。

鄂尔多斯盆地上古生界自下而上发育了本溪组、太原组、山西组三套海相—海陆过渡相—陆相的煤系气源岩（煤和暗色泥岩）和碳酸盐岩气源岩，西部最厚，东部次之，中部厚度薄而稳定。其中，煤层累计厚度一般为 10~20m，盆地西部、东北部达 25m 以上，暗色泥岩厚度一般为 20~130m。煤系气源岩有机碳含量和沥青质含量均较高，热演化程度进入干气阶段。沥青“A”平均含量为 0.61%~0.8%，煤的有机碳含量一般为 70.8%~83.2%，暗色泥岩有机碳含量为 2.25%~3.33%。上古生界烃源岩成熟度一般在 1.6%~3.0%之间，已进入干气阶段，具备形成大型气田的烃源岩条件。

鄂尔多斯盆地上古生界烃源岩具有广覆型生气特点，烃源岩分布面积达 $23\times10^4km^2$，生烃强度大于 $12\times10^8m^3/km^2$ 的地区占盆地总面积的 71.6%，大部分地区处于有效供气范围，为大气田的形成提供良好的气源条件。山 2 段、太原和本溪组三套烃源岩，储层主要为盒 8 段、山 1 段和山 2 段，同时在太原组和本溪组也发育有利的储集砂体，形成两类主要源储配置关系，即源储垂向叠置（如本溪组—山 2 段生，盒 8 段—山 1 段储）和源储交互发育（如本溪组—山 2 段自生自储），在相对高渗透砂岩与致密砂岩、泥岩之间构成良好的储—盖组合关系。

结合上古生界天然气成藏特点、分布规律及勘探和认识程度，将鄂尔多斯盆地上古生界岩性气藏发育区划分为 6 个有利勘探区带，其中苏里格—高桥和神木—米脂 3 个区带为Ⅰ类区带，该类区带是当前现实的勘探区带，也是近期储量增长的主要地区；盆地西南部、西北部和东南部 3 个区带为Ⅱ类区带，该类区带是需要加快和积极准备勘探的有利区带。

1）苏里格地区

苏里格地区位于盆地中北部，西接天环向斜，北抵伊盟隆起南段，东接榆林气田，勘探面积约为 $4\times10^4km^2$，大规模天然气勘探始于 2000 年，主要勘探目的层系为石盒子组、山西组。2006 年年底，中国石油天然气集团公司（以下简称中国石油）作出了进一步加大苏里格地区天然气勘探的决定，制订了“十一五”末期苏里格地区新增基本探明储量 $2\times10^{12}m^3$宏伟目标。国家重大专项开展三年来，随着地质理论和关键技术研究取得的突破，勘探成果显著。自 2007 年以来，苏里格地区平均年新增探明储量和基本探明储量达 $5000\times10^8m^3$，是上古生界增储上产的最为现实的勘探区块。

2）高桥地区

该区位于靖边气田南部，有利勘探面积约为 $11500km^2$，勘探主要目的层为上古生界石盒子组盒 8 段、山西组山 2 段及下古生界奥陶系风化壳，兼探山西组山 1 段、本溪组。天然气总资源量达 $10000\times10^8m^3$。

3）神木—米脂地区

神木—米脂地区位于盆地东北部，西接榆林气田，北抵伊盟隆起东段，南至薛家峁，勘探面积约为 $15000km^2$。主要勘探目标为太原组、山西组山 2 段、石盒子组盒 8 段岩性气藏，兼探石盒子组盒 3 段—盒 7 段、石千峰组千 5 段及奥陶系马家沟组气藏。天然气总资源量达 $15000\times10^8m^3$。

4）盆地西南部

盆地西南部勘探面积约为 $14500km^2$，天然气总资源量达 $8200\times10^8m^3$。主要勘探目的层为石盒子组和山西组，兼探奥陶系马家沟组。区内完钻探井 9 口，两口井获得工业气流，其中镇探 1 井在上古生界山 1 段测试获 $5.46\times10^4m^3/d$ 工业气流，表明该区上古生界具有良好的天然气勘探潜力。

5）盆地西北部

盆地西部横跨天环坳陷和伊陕斜坡两大构造单元，勘探面积约为6500km^2，拥有天然气总资源量达4000×10^{8}m^3。勘探目的层主要为石盒子组盒8段、山西组山1段，兼探奥陶系。上古生界盆地北部二叠系沉积相与苏里格相似，以河流—三角洲沉积为主，广泛发育河控三角洲沉积体系。储集体岩性以细—中粒石英砂岩、岩屑石英砂岩为主，碎屑成分以石英为主。填隙物主要为高岭石和伊利石，局部自生石英胶结较为强烈。孔隙类型主要为高岭石晶间孔、粒间溶孔、粒内孔和粒间孔。石盒子组盒8段砂体以辫状河三角洲平原亚相为主，发育河流相中—粗粒石英砂岩储层，砂岩厚度为10~20m。平均孔隙度为7.6%，平均渗透率为0.51mD，具有一定的勘探潜力。

6）盆地东南部

盆地东南部勘探面积约为12000km^2，总资源量达3600×10^{8}m^3。盆地东南部宜川地区晚古生代以来，以北部物源体系的三角洲分流河道沉积砂体为主，砂岩厚度变薄，岩性变细，储层岩性为中—细粒石英砂岩。黄龙地区晚古生代主要接受来自古秦岭的物源供给，河流由南向北在富县—宜川一线注入湖区。有利储集砂体主要发育于二叠系石盒子组盒8段及山西组山1段，盒8段砂体厚度可达10~20m，孔隙度为8%~11%，渗透率为0.20~0.62mD；山1段砂体厚度可达5~12m，岩性为浅灰色岩屑砂岩与灰白色长石岩屑砂岩。孔隙度为5%~10%，渗透率为0.12~0.43mD。盆地东南部本溪组—太原组海相石英砂岩作为一个新的勘探层系，具有良好的成藏条件。该区处于华北海沿岸沙坝的东南端，沿岸沙坝、砂体发育，同时，源储一体有利于油气的富集成藏，具有良好的勘探潜力。

2. 四川盆地

2005年以后，以岩性气藏地质勘探理论为指导，在大川中地区天然气勘探取得重大突破，发现广安、合川、安岳等多个以岩性气藏为主的千亿立方米储量级别的大气田。截至2015年年底，中国石油在须家河组共探明天然气地质储量近6000×10^{8}m^3，三级储量近万亿立方米。整体部署、整体勘探成效显著，近几年来，大川中地区须家河组年增天然气三级地质储量均在3000×10^{8}m^{3}以上，成为四川盆地天然气规模增储的重要领域之一。

1）大川中地区

大川中地区须家河组源储叠置式生储盖组合，有利于大面积岩性圈闭的形成，为大面积岩性气藏的形成创造了条件。结合须家河组天然气成藏特点、分布规律及勘探和认识程度，将大川中岩性气藏发育区划分出9个有利勘探区带，其中广安、合川—安岳2个区带为Ⅰ类区带，该类区带是当前现实的勘探区带，也是近期储量增长的主要地区；营山、蓬莱、剑阁、西充—仁寿、平泉—成都、乐山—威远、龙岗7个区带为Ⅱ类区带，该类区带是需要加快和积极准备的勘探有利区带。由于广安地区的勘探程度和认识程度较高，龙岗、西充—仁寿、平泉—成都、乐山—威远4个区带也具有较好的成藏条件，但勘探程度较低，是下一步值得积极探索的有利区带。

2）盆地周缘

盆地周缘地区由于构造活动强烈，构造型圈闭十分发育，因此有利于形成构造型气藏。但由于盆地周缘地区断层发育，保存条件差，形成的气藏规模一般较小。根据前述构造单元划分和成藏地质条件研究，可将盆地周缘划分为川西南部、川西北部、米仓山—大巴山前缘褶皱带、川南低陡构造带和川东高陡构造带5个勘探区带。其中，川西南部、川西北部两个区带紧临须家河组生烃中心，天然气供给充足，是寻找构造气藏的主要区带，已发现的中坝、平落坝等构造型气藏均位于该构造带。

3. 松辽盆地

松辽盆地深层沙河子组具备形成致密砂砾岩气藏的有利条件，且徐探1井和宋深9H井在沙河子组致密砂砾岩气勘探中皆获得突破，这对深层其他30余个断陷沙河子组致密砂砾岩气勘探具有借鉴意义。在此基础上，综合优选断陷沙河子组面积、厚度、生气强度、埋深及有利相带面积等评价，徐家围子、长岭、梨树断陷德惠、王府、莺山和英台断陷较为有利，埋深适中，生气强度高，有利相带面积大，成藏条件好。其中，徐家围子断陷和梨树断陷沙河子组勘探已获突破，已有少数井揭示深层沙河子组含气条件较好，是致密气勘探最为现实的断陷。初步评价的沙河子组砂砾岩总有利面积为5559.5km^2，沙河子组圈闭资源量约为1.2×$10^{12}m^3$。

4. 塔里木盆地

塔里木盆地库车地区库车为中新生代前陆盆地，有利勘探面积约为2.8×10^4km^2，目前在白垩系发现克深2、克深5、克深8、克深9、博孜1、阿瓦3等大型致密砂岩气藏；侏罗系发现迪西1、吐东2等储层物性趋于致密的大型气藏，预计向深部发育致密砂岩气藏。因此，库车地区是致密砂岩气勘探的重要领域。

5. 库车坳陷白垩系逆冲构造转换带及侏罗系

库车坳陷内发育一套以湖沼相为主的三叠—侏罗系烃源岩，分布面积（1.2~1.4）×10^4km^2，白垩系巴什基奇克组冲积扇及扇（或辫状）三角洲沉积砂体发育，垂向上相互叠置，平面上相互连接，形成厚度巨大的连片砂体；逆冲挤压背斜、断背斜成排成带发育。目前发现了大北、克深2、博孜等多个油气田，但克深—大北、博孜—阿瓦特、大北—博孜等构造转换带勘探程度仍然较低，有利勘探面积约为1.4×10^4km^2，估算资源量在1.0×$10^{12}m^3$以上，是天然气勘探有利新区。

库车坳陷北部山前带侏罗系有利勘探面积为0.96×10^4km^2，资源量为1.64×$10^{12}m^3$。侏罗系阿合组砂体分布广、砂层厚，储层致密，但微裂缝十分发育，具有较好的储集条件。吐东2井于2017年钻探，侏罗系阳霞组测试获日产油31.68m^3、日产气12.75×10^4m^3，进一步证实侏罗系勘探潜力。储备圈闭天然气资源量达5000×10^8m^3，具有较好勘探潜力。

参考文献

[1] Masters J A. Deep basin gas traps, western Canada [J]. AAPG Bulletin, 1979, 34 (2): 152-181.

[2] Walls J D. Tight gas sands-permeability, pore structure and clay [J]. Journal of Petroleum Technology, 1982, 34: 2707-2714.

[3] Cant D J. Spirit River Formation -a stratigraphic-diagenetic gas trap in the deep basin of Alberta [J]. AAPG Bulletin, 1983, 67: 577-587.

[4] Rose P R. Possible basin centered gas accumulation, Raton Basin, southern Colorado [J]. Oil & Gas Journal, 1984, 82: 190-197.

[5] Gies R M. Gas history for a major Alberta Deep Basin gastrap, the Cadomin Formation [A]// Masters J A, ed. Case study of a deep basin gas field. AAPG Memoir 38, 1984: 115-140.

[6] Masers J A. Lower Cretaceous oil and gas in Western Canada [A]// Masters J A, ed. Case study of a deep basin gasfield. AAPG Memoir38, 1984: 1-34.
[7] Law B E, Dickinson W W. Conceptual model or originof abnormally pressured gas accumulation in low-permeability reservoirs [J]. AAPG Bulletin, 1985, 69 (8): 1295-1304.
[8] Berkenpas P G. The milk river shallow gas pool: role of the updip water trap and connate water in gasproduction from the pool [J]. SPEJ, 1991, 23 (28): 219-229.
[9] Law B E, Spencer W C. Gas in tight reservoirs: an emerging energy [J]. USGS Professional Paper, 1993, 12 (1): 233-252.
[10] Stephen A H. Tight gas sands [J]. SPEJ, 2006, 58 (6): 86-93.
[11] 金之钧，张金川．深盆气藏及其勘探对策 [J]. 石油勘探与开发，1999，26 (1)：1-5
[12] 马新华，王涛，庞雄奇，等．深盆气藏的压力特征及成因机理 [J]. 石油学报，2002，23 (5)：23-27.
[13] 张金川，金之钧，庞雄奇．深盆气成藏条件及其内部特征 [J]. 石油实验地质，2000，22 (3)：210-214.
[14] 许化政，高莉，王传刚，等．深盆气基本概念与特征 [J]. 天然气地球科学，2009，20 (5)：781-789.
[15] 张金川．从“深盆气”到“根缘气”[J]. 天然气工业，2006，26 (2)：46-48.
[16] 邹才能，陶士振，朱如凯，等．“连续型”气藏及其大气区形成机制与分布：以四川盆地上三叠统须家河组煤系大气区为例 [J]. 石油勘探与开发，2009，36 (3)：307-319.
[17] 魏国齐，张福东，李君，等．中国致密砂岩气成藏理论进展 [J]. 天然气地球科学，2016，27 (2)：199-210.
[18] 邱中建，赵文智，邓松涛．我国致密砂岩气和页岩气的发展前景和战略意义 [J]. 中国工程科学，2012，14 (6)：4-8.
[19] 李剑，魏国齐，谢增业．中国致密砂岩大气田成藏机理与主控因素：以鄂尔多斯盆地和四川盆地为例 [J]. 石油学报，2013，34 (s1)：14-24.
[20] 戴金星，倪云燕，吴小奇．中国致密砂岩气及在勘探开发上的重要意义 [J]. 石油勘探与开发，2012，39 (3)：257-265.
[21] 姜振学，林世国，庞雄奇，等．两种类型致密砂岩气藏对比 [J]. 石油实验地质，2006，28 (3)：201-214.
[22] 樊阳，查明，姜林，等．致密砂岩气充注机制及成藏富集规律 [J]. 断块油气田，2014，21 (1)：1-6.
[23] 郭秋麟，陈宁生，胡俊文，等．致密砂岩气聚集模型与定量模拟探讨 [J]. 天然气地球科学，2012，23 (2)：199-207.
[24] 李建忠，郭彬程，郑民，等．中国致密砂岩气主要类型、地质特征与资源潜力 [J]. 天然气地球科学，2012，23 (4)：607-615.
[25] 李昂，丁文龙，何建华．致密砂岩气成藏机制类型及特征研究 [J]. 吉林地质，2014，33 (2)：8-11.
[26] 魏国齐，李剑，杨威．等．中国陆上天然气地质与勘探 [M]. 北京：科学出版社，2014，121-400.
[27] 戴金星，裴锡古，戚厚发. 中国天然气地质 [M]. 北京：石油工业出版社，1992，65-92.
[28] 王红军，周兴熙. 塔里木盆地天然气系统划分 [J]. 天然气工业，1999，19 (02)：19-25.
[29] 裘怿楠．中国陆相油气储集层 [M]. 北京：石油工业出版社，1997，15-95.

第二章　致密气储层预测与含气性检测技术

致密气藏储层条件复杂，物性及含气性在纵向、横向上变化大，要实现致密气藏的效益开发，地震储层预测及含气性检测是关键性的技术之一。

第一节　致密气储层地球物理响应特征

储层地球物理响应特征分析是利用地震进行储层预测及含气性检测的基础。通过对储层岩进行岩石物理分析及地震正演模拟，可以建立起储层参数与地震响应之间的关系，了解各类地震响应产生的根本原因。储层地震响应主要与储层的岩性、厚度、孔隙度及含气饱和度等参数有关，进而利用地震异常来预测储层。致密气储层由于储层致密、物性差，有效储层与非储层之间地震响应差异小，因此，精细的储层岩石物理分析及储层地球物理响应特征分析是利用地震资料识别和预测致密气储层的重要基础工作之一。苏里格气田是中国致密气田的典型代表，以苏里格气田为例进行储层致密气储层地球物理响应特征分析，具有一定的普遍意义。

一、致密气储层岩石物理特征

不同的岩石物理参数反映的岩石物理特性是不同的，它们反映储层或含流体特征的灵敏度也不同。只有全面地分析致密砂岩岩石物理参数的特征，才能建立岩石物理特征参数和储存特征的关系，指导致密储层预测和含气性检测。致密砂岩储层主要电性特征一般为低自然伽马值、低密度、低补偿中子、高电阻率、高时差及大幅度电位异常（图 2-1），而用于地震预测的声阻抗和弹性参数也有明显特点。

1. 有效储层的波阻抗特征

致密砂岩物性对地层波阻抗有很大的影响。在苏里格气田，致密砂岩（多为泥质粉砂岩）速度为 4550~4700m/s，密度为 2.6~2.65g/cm^3。随着砂岩中孔隙度的增加，速度也随之降低。当砂岩中孔隙度达到 10%~14%成为有效储层（含气砂岩）时，声波速度一般降至 4000~4400m/s，密度为 2.35~2.45g/cm^3（表 2-1）。

表 2-1　苏里格地区盒 8 段地球物理参数统计表

岩类特征	速度，m/s	密度，g/cm^3	波阻抗，(g/cm^3)·(m/s)
含气砂岩	3800~4400	2.3~2.5	8800~11000
致密砂岩	4550~4700	2.6~2.65	11800~12500
泥岩	4000~4500	2.6~2.7	10400~12500

由表 2-1 可以看出，有效储层的速度与致密砂岩速度有较大差别，但与泥岩有一定范围的重叠。有效储层的密度与致密砂岩、泥岩区别较明显。致密砂岩与泥岩在速度上有一定差异，但在密度上差异不大。综合从波阻抗来看，有效储层与致密砂岩有一定差异，但与泥岩有较大范围的重叠。用叠后波阻抗进行有效储层预测，有较明显的多解性。

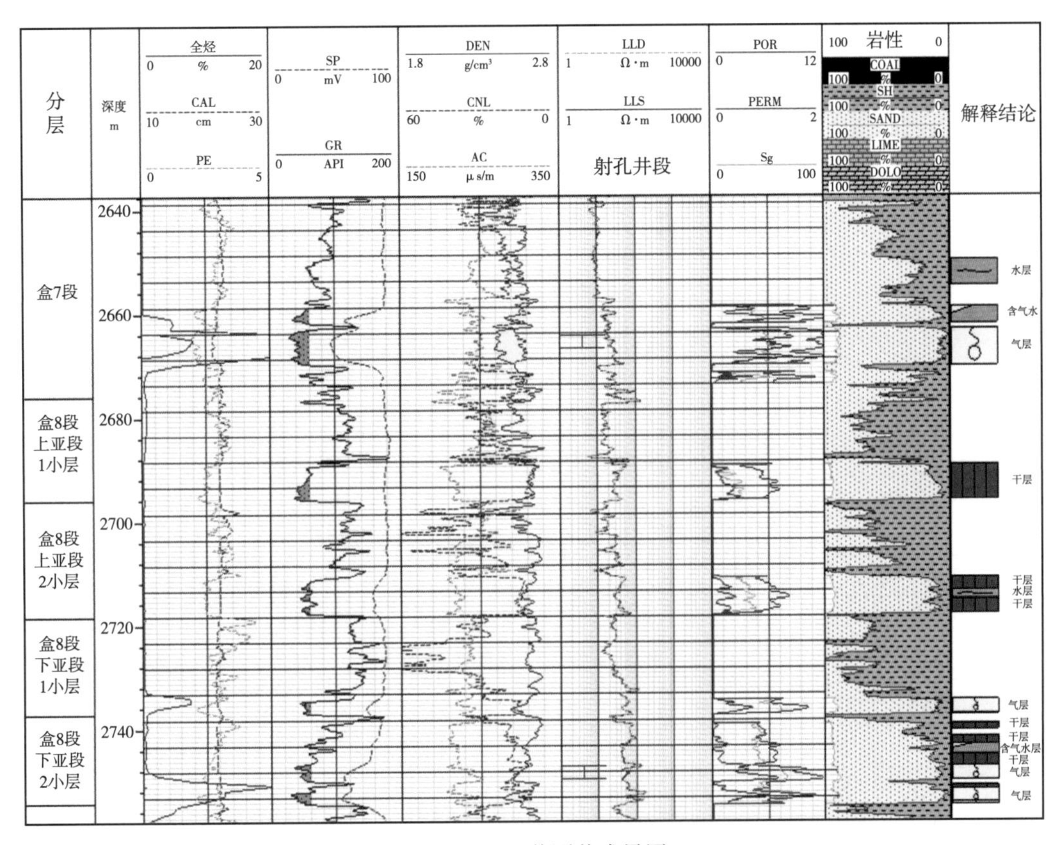

图 2-1 SX 井测井成果图

2. 有效储层的弹性参数特征

除常规波阻抗外，岩层的弹性参数是表征地层岩性、物性特征的重要参数。在弹性参数中，常用参数是泊松比。用苏里格地区多口具有横波测井数据的井资料经计算得到目的层各岩性泊松比—伽马交会图（图 2-2）。

从图 2-2 中可以看出，砂岩和泥岩的泊松比有很大的差异，并且随着含气性的增加，差异更明显。含气层泊松比小于 0.25，气层泊松比小于 0.2，泥岩的泊松比平均值为 0.3，致密砂岩（干层）的泊松比在 0.2~0.35 之间。泊松比是砂岩含气性重要的表征参数。

实验室实测数据也表明泊松比与砂岩含气性的相关关系。据实验室数据（表 2-2），致密砂岩和泥岩的泊松比在自然风干状态（含气饱和度为 100%）时大于 0.18，而含气砂岩的泊松比在自然风干状态时在 0.13~0.17 之间变化；当砂岩含气饱和度小于 70%时，泊松比的变化不大，当砂岩含气饱和度大于 70%时，泊松比急剧下降，表明砂岩的高含气性会造成岩层的泊松比下降（表 2-2）。

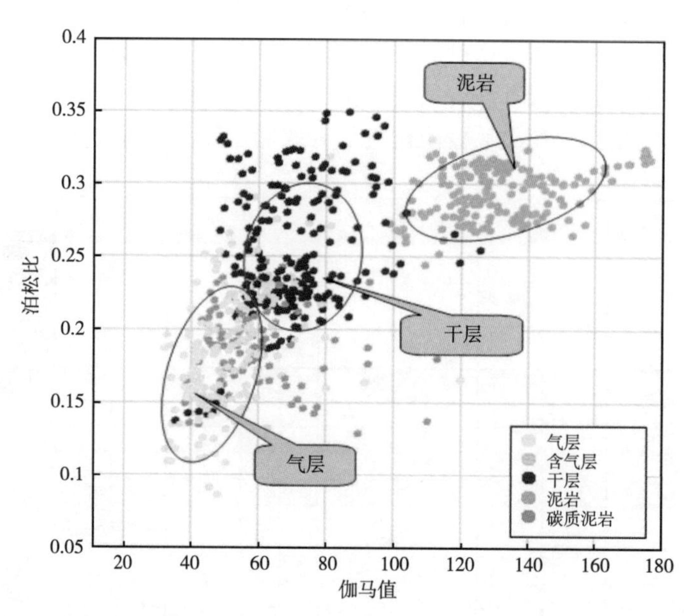

图 2-2　苏里格地区目的层岩石伽马—泊松比交会图

表 2-2　苏里格地区岩心地球物理测定分析表

井号	层位	岩性	孔隙度 %	自然风干岩样		高含气饱和度		低含气饱和度		饱含水岩样	
				含气饱和度，%	泊松比	含气饱和度，%	泊松比	含气饱和度，%	泊松比	含气饱和度，%	泊松比
SHbbc	P_1x_8	含气砂岩	6.68	100	0.159	67.99	0.218	39.40	0.232	0.000	0.246
SHbbd	P_1x_8	含气砂岩	4.6	100	0.165	70.79	0.195	32.22	0.194	0.000	0.199
SHbbd	P_1x_8	泥质砂岩	10.4	100	0.173	66.05	0.234	37.36	0.214	0.000	0.242
Sb	P_1x_8	含气砂岩	11.29	100	0.169	60.00	0.255	27.74	0.251	0.000	0.253
Te	P_1x_8	泥岩	9.97	100	0.205	69.87	0.236	33.85	0.249	0.000	0.237
Td	P_1x_8	致密砂岩	9.21	100	0.183	69.96	0.225	31.18	0.236	0.000	0.244
Tb	P_1x_8	含气砂岩	10.6	100	0.160	69.93	0.206	32.21	0.232	0.000	0.226
Te	P_1s	含气砂岩	5.34	100	0.163	70.47	0.180	36.15	0.207	0.000	0.192
Te	P_1s	含气砂岩	7.98	100	0.134	67.70	0.208	35.89	0.215	0.000	0.216
Tc	P_1s	致密砂岩	5.87	100	0.206	63.81	0.229	36.67	0.239	0.000	0.243
Tc	P_1s	含气砂岩	6.78	100	0.165	60.21	0.176	33.96	0.187	0.000	0.195
Tb	P_1s	致密砂岩	8.49	100	0.186	70.40	0.249	36.18	0.243	0.000	0.255

尽管由于实验室条件和地层条件下温度、压力等条件的不同，导致实验室实测数据和测井数据计算得到的相同岩性岩石的泊松比值有差异，但对比分析都表明泊松比是致密砂岩含气性重要的表征参数，不同岩性的泊松比差异是气层预测的重要基础。

二、致密气储层地球物理响应特征

致密气有效储层与非储层在岩石物理参数上的差异是有效储层预测的先天性条件，基于这种差异表现出来的地震响应特征是进行致密气有效储层预测方法优选的基础。

1. AVO 响应特征

根据 Zoeppritz 方程的近似式 Shuey 近似方程，上下岩层之间存在泊松比的差异，其界面地震反射系数随炮检距变化而变化，也就是界面反射振幅随炮检距变化而变化（AVO）。前人的研究表明，不同的储盖组合的波阻抗差所产生的 AVO 响应特征明显，且各不相同。根据含气层与上覆盖层波阻抗差大小关系，可将含气层分为正阻抗、零阻抗、负阻抗和高负阻抗四种类型（图 2-3）。

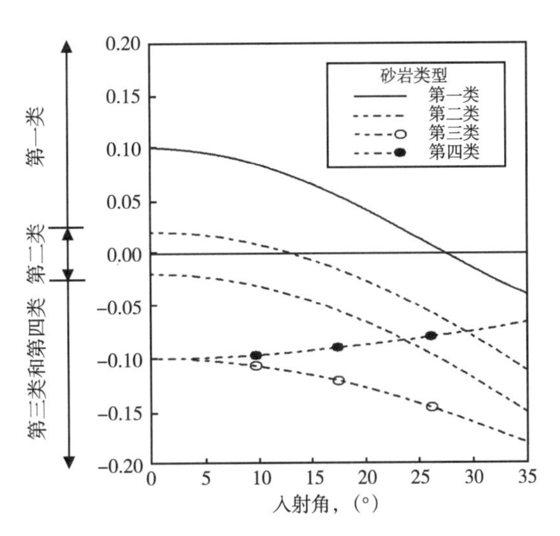

图 2-3　Castagna 含气砂岩 AVO 响应分类

1）第一类正阻抗含气层

含气层的波阻抗值高于上覆层的波阻抗值。法线入射时有较高的正反射系数 R_o，其值先随入射角的增大而减小。越过零线后反射系数为负值，其绝对值随入射角的增大而增大，也就是说当入射角足够大时，在 CDP 道集上应该看到振幅的极性反转。在入射角较小时，CDP 道集上只能看到振幅随入射角的增大而减小，看不到极性反转。在叠加剖面上，由于在叠加过程中，极性相反，能量相互抵消，剖面上表现为反射能量弱，这就是通常所说的“暗点”。在近远道叠加剖面上，近道叠加剖面上为亮点，远道叠加剖面上为暗点。

2）第二类零阻抗含气层

含气层具有几乎与上覆盖层相同的波阻抗值。法线入射和小入射角时的反射系数趋于零。随着入射角的增加其反射系数为负值，且绝对值随之增加。由于噪声的影响，在实际记录上近炮检距处反射振幅（包括可能存在的极性反转）往往看不到，但在一定的炮检距后可明显看到振幅的增加。在近远道叠加剖面上，近道叠加剖面上为暗点，远道叠加剖面上为亮点。由于存在较大的反射系数的相对变化，这类含气层可以产生明显的 AVO 响应特征而被识别。

3）第三类负阻抗含气层

含气层的波阻抗低于上覆层的波阻抗值。该类含气砂岩没有极性反转，全部反射系数为负值，包括法线入射在内，所有入射角都有较高的反射系数，其绝对值稳定的增加，而泥页岩和含水砂岩界面的反射系数却非如此。在叠加剖面上很容易看到这类砂岩形成的亮点异常。在近远道叠加剖面上，近道叠加剖面上为弱—中强反射振幅，远道叠加剖面上为亮点。此类含气层产生的相对振幅变化小于第二类含气层的变化而与之区分。但在接近时 AVO 的响应特征没有明显的区别。

4）第四类高负阻抗含气层

该类含气层的波阻抗也低于上覆盖层的波阻抗值，但第四类含气层有别于第三类含气层，原因在于上覆盖层性质的不同造成的。第四类含气层的上覆盖层一般是异常高速的单元，这些高速单元诸如硬页岩（硅质或钙质）、致密胶结的砂岩或碳酸盐岩。随着入射角的增加，反射振幅的绝对值在减小。在近道、远道叠加剖面上，近道叠加剖面上为亮点，远道叠加剖面上为暗点或弱—中强振幅。

通过对不同类型含气层的 AVO 振幅特征研究，可以看出含气层产生的振幅随炮检距增加，可以是增强，也可能是减弱。模型正演是探究致密储层 AVO 响应特征的有效手段。建立合适的致密储层含气模型，研究致密储层含气时的地震反射振幅随炮检距的变化关系和各种 AVO 属性参数的特征，以及含气储层与非含气储层在各项特征上的差异和变化，总结致密储层含气 AVO 响应规律，可以指导致密气储层的预测。

选取苏里格地区高产气井盒 8 段建立储层模型（图 2-4），针对含气储层段进行 AVO 模型正演。从高产井的气层地震响应特征来看（图 2-5），气层顶底界反射振幅随偏移距的增大而增大，AVO 现象明显。根据前述 Castagna 含气砂岩 AVO 响应分类，苏里格气田盒 8 段有效储层为第三类含气砂岩。

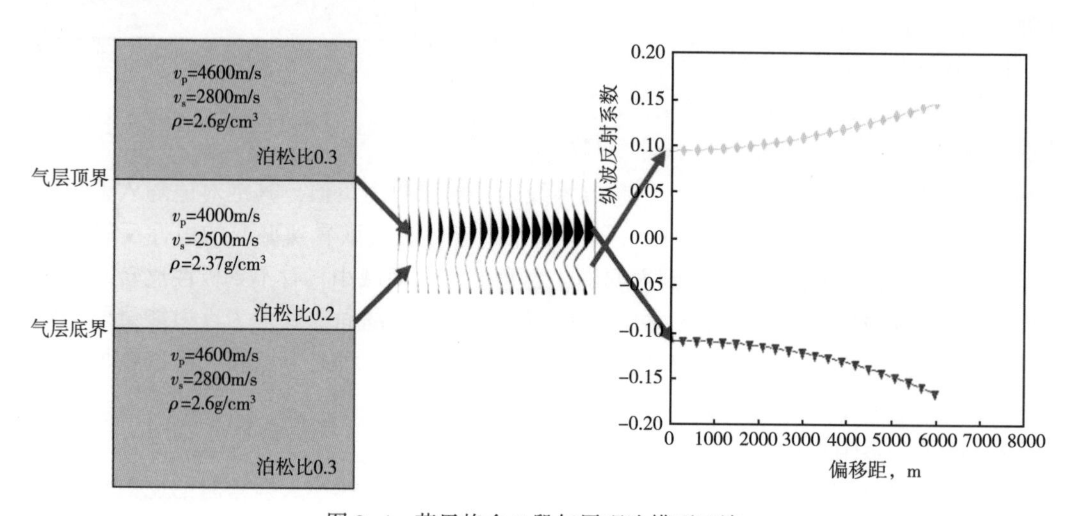

图 2-4　苏里格盒 8 段气层理论模型正演

图 2-5 为井旁道地震道集剖面，其地震响应特征与正演模拟结果一致，AVO 现象明显，盒 8 段底界反射为波峰，振幅随偏移距的增大而增大，为第三类含气砂岩。

2. 叠后含气储层频谱特征

一般储层含气后对地震波会有吸收衰减效应。对致密砂岩储层含不同流体的地震频谱进行了分析表明，含气储层与致密储层在地震反射频谱有较明显的差别。

如图 2-6 所示，苏里格气田的地震资料在保幅保频处理条件下，高产气层与低产气层的地震剖面的主频有明显的差别。高产气层的地震剖面主频在 15~20Hz，而低产气层的地震剖面主频大于 20Hz。

同样对气层和水层的地震剖面主频进行分析，气层与水层的地震剖面的主频也有明显的差别，明显产水层的地震剖面的主频一般大于 20Hz。

上述现象标明含气砂岩与含水、干层在振幅谱能量上有明显的区别。气砂岩在地震频谱上的频率响应范围是 15~20Hz，水层、干层的地震频谱响应范围大于 20Hz。

综上所述，致密储层在气层与干层的地震响应特征上有明显的差别，这为致密气储层预测与含气性检测奠定了理论基础。

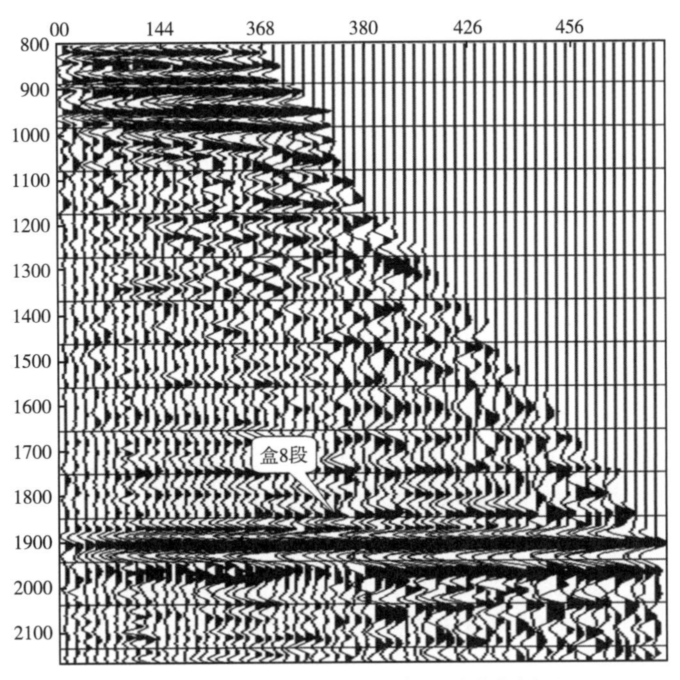

图 2-5 苏里格高产气层井旁地震道集剖面

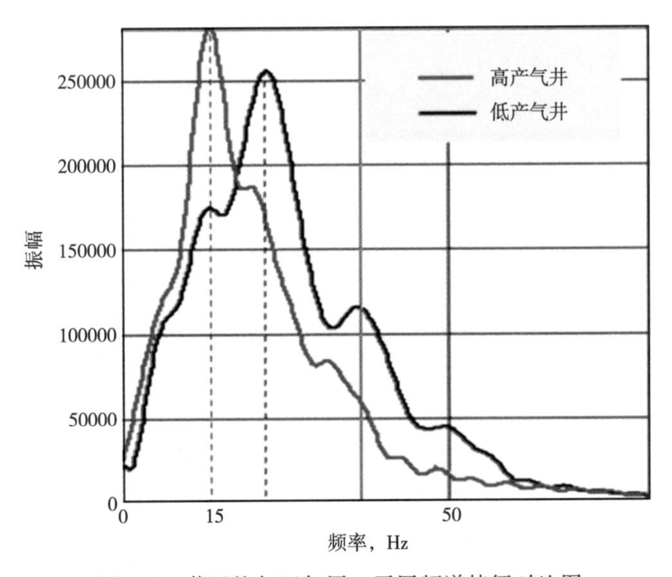

图 2-6 苏里格气田气层、干层频谱特征对比图

第二节 地震资料采集处理技术

致密气储层由于储层致密、物性差，有效储层与非储层之间地震响应差异小，因此，从地震资料采集、处理等初始环节就保护好致密气有效储层地震反射信号就显得尤为重要。地震资料采集的重点是能获得地质信息丰富的高品质地震信号，地震资料处理的重点是保护好气层地震反射的叠前振幅特征和吸收衰减特征。

一、地震资料采集关键技术

野外地震采集是地震工作的源头，地震采集观测系统是获得高品质地震资料的保障。面向致密气储层的地震勘探工作，对地震资料提出满足叠前成像、储层预测和烃类检测等技术应用的需求，使人们对地震采集技术提出了更高的要求。在苏里格气田，随着对地震技术的需求从储层预测到含气性储层，再到有效储层空间刻画，地震采集也经历了从常规二维地震到高精度二维地震，从模拟地震到数字地震，从二维地震到三维地震的转变，观测系统面元、覆盖次数、炮道密度、线距等关键参数也进行了优化采集设计，为苏里格致密气勘探开发各阶段地震技术应用提供更为有效的基础资料[1]。

1. 高精度二维采集技术

致密气有效储层地震预测要求野外采集参数与以构造解释为目的常规地震采集不同。苏里格地区常规地震采集方法，主要是指苏里格地区 2005 年以前所采用的野外采集方法所获得的地震资料。其基本方法是：激发为组合井炸药震源（主要是炸药震源，也有极少数可控震源），接收为模拟检波器一般为 2~3 串、20~30 个或 24~36 个检波器大面积组合或线性组合，道间距 25~30m，最大炮检距为 3050 或 3660m 等。图 2-7 是苏里格地区 99591 测线一张单炮记录。99591 测线施工方法为中间激发，两端接收，观测方式：3660-90-30-0-30-90-3660，覆盖次数：30 次。该施工方法基本上代表了苏里格地区的老二维地震资料采集接收参数。

从图 2-7 可以看出，目的层（参考层太原组的煤层反射）的反射振幅变化特征不明显。这是因为苏里格地区目的层埋藏深（3100~3400m），按 AVO 方法分析要求最大炮检

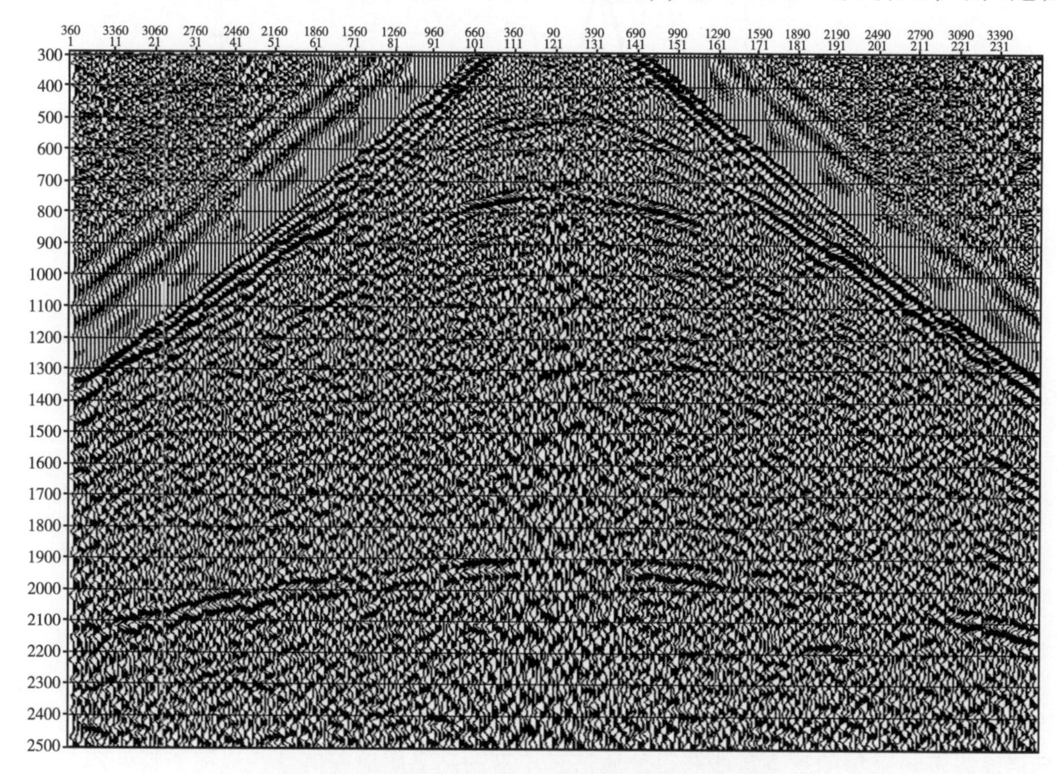

图 2-7　苏里格气田 99591 测线的单炮地震记录

距最小值要达到4000~4500m，最好达到5000m，按常规采集的二维地震资料排列长度较小，最大炮检距仅为3025~3660m，由于最大炮检距3660m，相应的最大入射角仅为29°（最大炮检距3025m，相应的最大入射角为24.5°），缺少大炮检距的地震信息。在该区气层检测要求最大炮检距达到4500~5000m，相差1000~2000m，而该段是气层反射系数变化最大的区域或敏感区。可见，在苏里格地区用2005年前的常规地震资料进行储层预测，不能满足致密气有效储层预测的需求。

通过正演模型的研究和地震单炮记录的分析说明，入射角或排列长度的正确选择对气层检测很重要。入射角小或排列长度不够，气层的反射特征不能完全反映出来；入射角过大（甚至大于气层反射临界角或排列长度超长），不但造成浪费，而且超出有效入射角范围的资料加入分析，会使解释的成果出现错误。基于致密气勘探的地震采集关键因素分析，提出高精度地震采集方法，其基本思路是：

（1）排列长度要满足AVO的基本要求。认为达到$R(\theta)$曲线极值点所对应的入射角或最大排列长度合适，最大可以大于极值点入射角2°~3°所对应的排列长度或炮检距即可。

（2）要有高的信噪比。一定的信噪比是进行叠前道集分析的基础。

（3）要有较宽的频带，特别要保护好低频。因为含气层对地震高频能量有很强的效应，地震剖面上气层反射信息主要集中在低频段，在地震采集检波器的参数设置要保护好低频信息。

（4）有适中的叠加次数，要通过每一炮的有效性，提高资料的品质。覆盖次数太大，偏移距过大，远偏移距的气层反射信息可能已失真，全叠加数据气层地震反射信息形成畸变。

（5）共CMP集应来自地下同一小面元的反射。中国致密气藏大多属岩性气层，有效储层非均质性强。保证共CMP集应来自地下同一小面元的反射，防止地震反射信息平均化，能更有效地突出气层反射信息，刻画气层的延伸边界。

在这种思路的指导下，对苏里格气田地表及目的层岩性进行分析，提出了苏里格气田致密气藏勘探中地震采集较为理想的地震野外采集方法：

（1）针对鄂尔多斯盆地上古生界砂岩气藏的勘探，最大排列长度要达到目的层埋深的1.4~1.5倍，即苏里格地区最大排列长度为4500~5000m。

表2-3 苏里格地区最大入射角α和最大炮检距与目的层埋深的关系

最大入射角α，（°）	最大炮检距/目的层埋深	最大炮检距，m（目的层埋深3300m）	评价
30	1.2	3800	基本要求
35	1.4	4500	经济
37	1.5	5000	最佳
40	1.7	5600	不要超过
45	2.0	6600	不必要
>45	>2.0	>6600m	属超长排列，待研究

（2）激发方面要采用单井，药柱顶面要位于高速层顶面以下的适中深度，要焖井，药量适中。

苏里格地区潜水面为4m，表层有砂土层、流沙层、泥砂层、砂岩层等。其中，砂土层速度为 750m/s，流沙层为 1908m/s，泥砂层为 2808m/s，砂岩层为 3077 米/秒。根据正演研究和对老资料的分析，认为在打深井在速度为 3077m/s 的砂岩层中激发，能获得比较真实的大偏移距的气层反射信号，并且单炮记录的信噪比和分辨率与老资料相比，能有较大幅度的提高。

（3）接收方面：如用模拟检波器，用一串小面积组合即可，检波器埋置要做到正、直、紧。

2005—2006 年，苏里格气田多个开发区块如 S14 井区、S20 井区、S10 井区、S25 井区相继采用高精度地震采集方法进行二维地震资料重新采集，取得了良好的效果。2005—2006 年度采集的地震资料与以往资料对比，目的层地震反射能量强、信噪比高，剖面上波组特征清楚，远偏移距反射信息丰富。

图 2-8 是 S14 井区新老地震资料单炮记录对比图。新资料的采集参数在激发方面，根据浅层调整，激发井深加深，保证在潜水面下的高速层中激发，使有效地震波能量增强，提高了资料的信噪比。

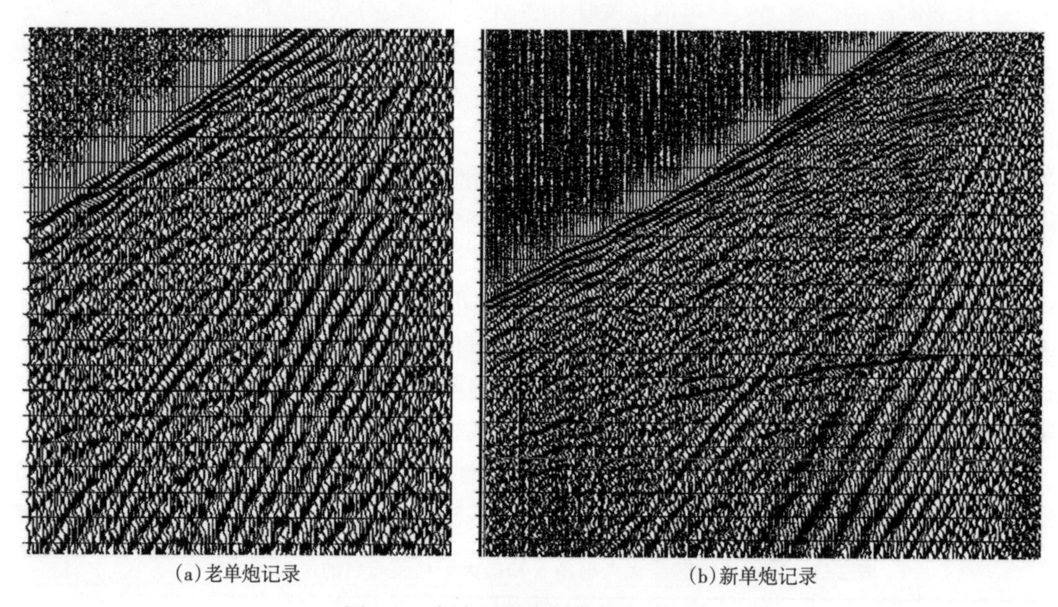

(a)老单炮记录　　(b)新单炮记录

图 2-8　新老地震资料单炮记录对比

从图 2-9 可以看出，以往的地震资料最大炮检距为 3025m 和 3660m，2005—2006 年，重新采集资料为 4800m，叠前道集上气层反射振幅变化更加清楚，满足用叠加地震资料直接检测气层的条件，目的层地震反射能量强，信噪比高，剖面上波组特征清楚、信息丰富，气层地震反射更加清楚[2]。

2. 全数字地震采集技术

全数字地震勘探技术是采用数字检波器进行信号接收、信号传输、记录到室内资料处理解释全程数字化，区别于模拟检波器接收的地震勘探技术。数字检波器具有较好的频率和相位特性。理论上线性幅度响应可达 800Hz，在 0~800Hz 时，振幅特性平坦、无增益变化，如图 2-10（a）所示；线性频率响应可达 800Hz，在 0~800Hz 时，相位响应平坦、无相位失真，如图 2-10（b）所示。

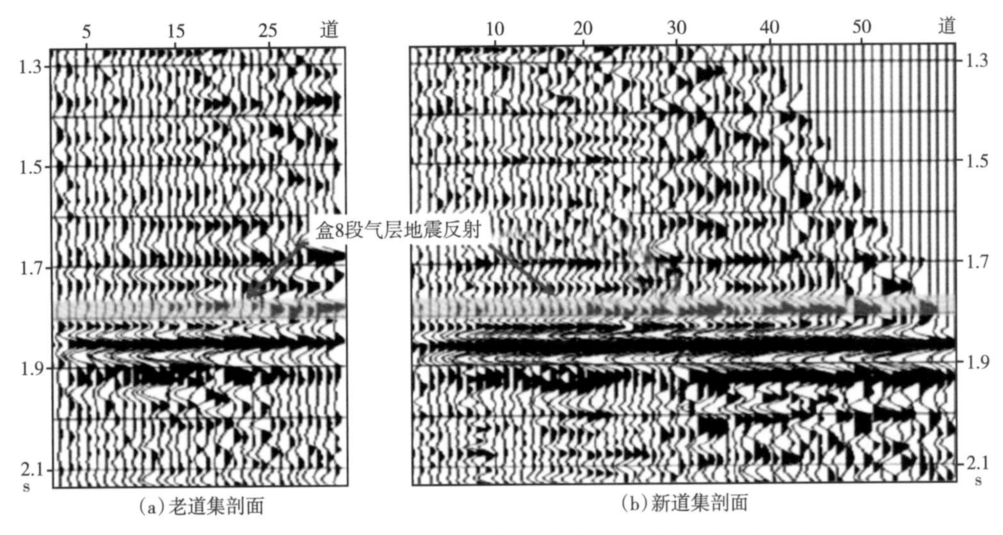

(a)老道集剖面 (b)新道集剖面

图 2-9 S25 井区新、老地震资料叠前 CDP 道集剖面对比图

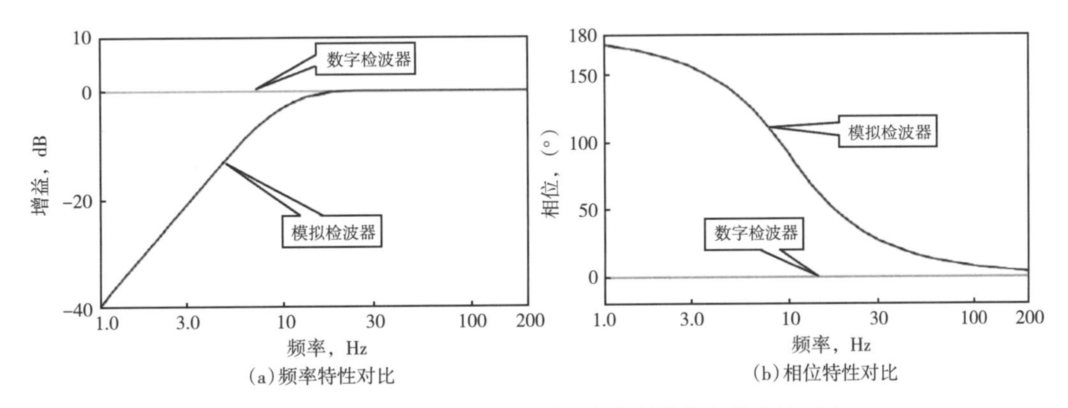

(a)频率特性对比 (b)相位特性对比

图 2-10 数字检波器与模拟检波器振幅特性与相位特性对比

实际应用中，由于地震子波的大地滤波作用数字检波器接收的信号也会受到影响，但通过实际资料分析表明，数字检波器优势依然明显。图 2-10 为单炮记录统计的 2 种检波器相位特征，横向为频率，纵向为相位，可以看出：模拟检波器接收的信号相位从 90°到-150°变化，特别在 30Hz 以下，变化明显如图 2-11（a）所示；数字检波器接收的信号，从 0~90Hz，相位从 30°到 90°变化，变化比较缓慢如图 2-11（b）所示。所以，模拟检波器和数字检波器最大的差异在于数字检波器从低频到高频保持了很好的相位一致性。在岩性勘探中，这个特性非常重要，特别是针对地震叠前预测方法，道集资料能很好地体现出地震反射动力学特征，使研究结果更加真实可靠[3]。

越来越多的研究者认识到了组合检波的不足，对于要求更大频宽和高保真有效波的岩性勘探更是如此。数字检波器的特性，对解决模拟检波器组合造成的信号畸变有很大帮助。去噪处理技术的发展及数字检波器的诞生，使野外单点检波器接收成为现实，单点接收可以避免组合对有效波的改变，以及在大偏移距情况下组内时差导致的高截滤波效应，而噪声问题可以在处理中得到很好的解决。因此，在地表条件较好，低降速层厚度小于

50m，老资料信噪比相对较高的区域，采用数字检波器接收，有利于进一步提高叠前资料品质，达到高精度地预测有效储层的目的。

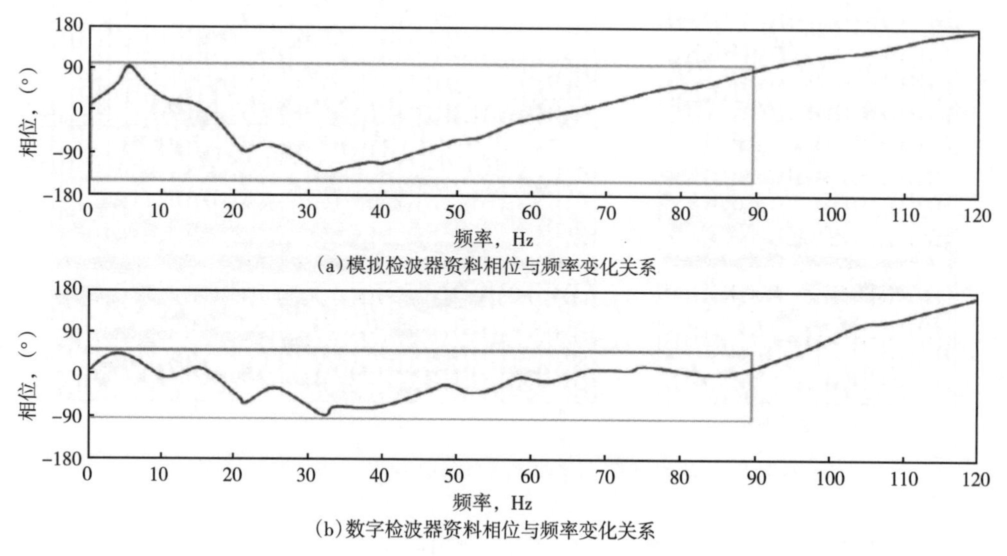

图2-11　模拟和数字检波器实际资料统计对比分析图

观测系统设计上基本与模拟检波器高精度采集技术一致。在苏里格地区根据目的层最大埋深，设计最大偏移距为5000m左右，能获得较为完整的AVO信息。根据储层厚度特点确定道距和覆盖次数。为保证叠前反演时近、中、远排列平均覆盖次数达到30次左右，设计覆盖次数达到90次左右。在道距设计上考虑数字检波器室内组合和共偏移距叠加的要求，设计确定全数字检波器采集道距为5m。

激发技术上采用逐点设计，可最大限度地改善激发条件。苏里格气田北部沙漠区主要为地表流沙覆盖下的白垩系砂岩，随不同地形条件，砂岩风化程度也发生变化，富含水界面，主要分布在流沙或是砂岩中。激发因素既要满足有较高频率的激发子波，又要有足够的能量。通过现场试验，最终确定在潜水面以下高速层中激发。这样比在潜水面以上激发与大地耦合好，保证激发能量较强，还可以减弱疏松表层对高频弱小信号的吸收，确保较高激发子波频率，同时减弱面波等次生干扰。野外通过小折射、微测井法进行详细的表层结构调查，结合岩性录井情况，逐点设计激发井深，确保药包在潜水面以下3~5m激发，单井药量为10~18kg。

全数字地震资料采集效果较模拟采集有进一步提升，表现在两个方面：一是对信号实现全采样，不产生空间假频，获得了目的层段丰富的低频和高频信息，地震记录具有更宽的频带；二是在全数字地震采集的道集上，小偏移距和大偏移距地震动力学特征的变化更可靠和清楚。从原始单炮记录看出，全数字单炮记录道数多，目的层处数字检波器接收比模拟检波器接收频谱宽，低频完整，高频信息丰富，有利于进一步开展针对致密气的地震资料处理解释（图2-12）。

3. 三维地震采集技术

苏里格气田储层具有很强的非均质性，进入规模开发后，为进一步提高该气田的整体开发效益，开发方式要求由直井开发为主转变为丛式井和水平井开发为主。前期二维地震

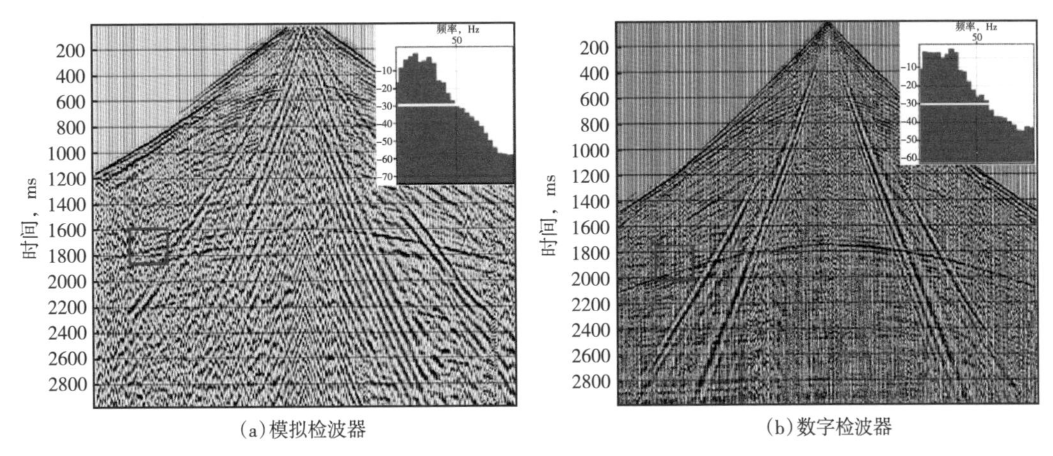

图 2-12 苏里格地区模拟检波器（a）接收与数字检波器（b）接收单炮记录与频谱

模式下的储层预测存在两个方面的问题：一是测线距太大，不能满足丛式井开发井距的要求；二是二维测线的方位局限性，不能对有效储层在空间上的展布做出准确预测，满足水平井最优化方位的选择。因此，随着开发方式的转变，利用三维地震全方位、多角度取全取准各种地震动力学信息，在二维地震相对富集区筛选的基础上实施三维地震，使储层预测实现从平面向立体、从垂直到水平的延伸，可以为水平井和丛式井的部署和设计提供了更可靠的依据。

面向苏里格致密气储层空间预测的三维地震设计理念遵从充分、均匀和对称采样理念。充分采样要求对信号和干扰充分采样，对三维边界充分采样，要求有较小面元足够的偏移孔径。均匀采样要求保持波场连续性，全区振幅一致性，面元属性一致性，这样能使激发能量均衡，观察系统属性均匀。对称采样要求保持波场对称性，采用正交观测系统，炮线距等于接收线距，炮点距等于接收点距。采集的三维地震资料总体满足较宽方位、较高密度、较高覆盖、小滚动距。

炮道密度在高信噪比地区选择在 8 万～12 万道/km^2；中等信噪比地区选择在 12 万～20 万道/km^2；低信噪比地区选择在 20 万道/km^2 以上。

表 2-4 是 S14 井区三维地震采集方案，采用了 14L-8S-448P-98F、180°观测系统，面元 10m×20m，覆盖次数 98，纵横比为 0.5，实现了较宽的方位角、均匀的炮检距分布，更有利于叠前储层空间刻画。苏里格气田的多个三维区块以此为模板，根据目的层埋深浅、低降速层厚度薄、地表条件好坏和观测系统垂直或平行砂体走向，对三维采集参数进行优化，使苏里格气田采集得到的三维地震资料很好地满足了储层空间刻画的条件。

表 2-4 苏 14 井区三维地震采集方案

观测模板	14L-8S-448P-98F
面元尺寸，m×m	10×20
观测系统（纵向）	4470-10-20-10-4470
观测方位，(°)	180
覆盖次数	98

续表

最大炮检距（纵向），m	4470
最大非纵距，m	2240
最大炮检距，m	4999.85
最大的最小炮检距，m	445.533
每条线接收道数	448
接收线间炮数	8
每炮接收道数	6272
纵横比	0.5
炮密度（炮面积），km^2	79.845
炮密度（满覆盖面积），km^2	114.588
道距，m	20
接收线距，m	320
炮点距，m	40
激发线距，m	320

通过图 2-13 二维地震资料和三维地震资料所做的 S14 井三维地震区盒 8 段有效储层厚度图对比来看，三维地震技术有效地解决了储层的平面和空间预测问题，通过三维地震成果进行丛式井和水平井的具体井位部署，应用结果表明，三维地震与二维地震相比，根据三维地震储层空间展布预测，可以选择最佳储层发育的方位，使水平井水平段钻入厚度大、物性好、连续性好、含气性好的储层段的准确性大幅提高，因此可以大幅提高苏里格气田水平井有效储层钻遇率。

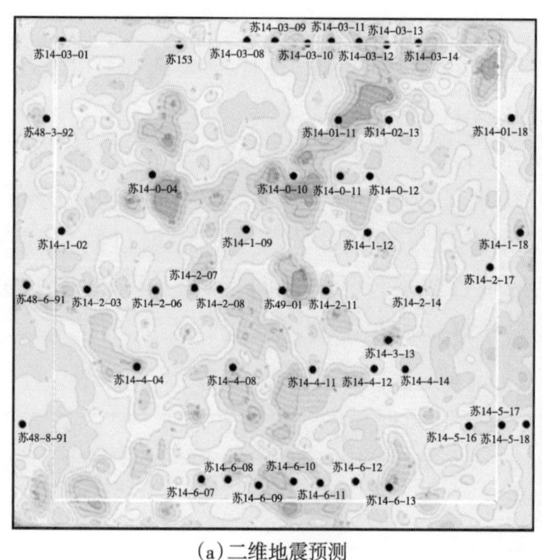

(a)二维地震预测　　(b)三维地震预测

图 2-13　S14 井三维地震区盒 8 段有效储层厚度图

二、地震资料处理关键技术

与常规处理相比，针对致密气储层的地震资料处理有两个特点，一是地震资料的保真作为基本点，保护好气层地震反射的振幅特征和频率特征，在此基础上再提高资料的信噪比和分辨率；二是将处理与解释密切结合，把控制处理质量不仅贯彻到处理的各个环节，还延伸到解释环节。不只把地震叠加剖面质量作为衡量处理水平的标准，同时根据地震解释的要求进行反向修改和质控，其中地震含气性的预测作为地震资料处理的重要目的。

针对致密气地震资料的处理以获得高品质道集资料为目的，尽量保持地震信号的叠前动力学特征。在苏里格地区地震资料处理存在以下难点：包括受地表起伏变化和低降速带影响静校正问题较大；各种干扰波发育导致叠前去噪难度大；地表吸收严重，目的层反射能量弱，信噪比低，速度分析难度大，地表一致性处理有难度；叠前道集的保幅、保频和高信噪比处理难度大。针对这些问题，现简介关键处理技术。

1. 高精度静校正处理

静校正处理是地震资料处理的基础，它直接影响地震资料的成像效果和分辨能力。静校正处理的关键是如何求取准确的低速带速度、厚度及折射层速度，即近地表速度模型。根据近地表速度模型的建立原理，目前静校正方法主要包括高程静校正、野外模型静校正、折射静校正及层析静校正。

在苏里格地区，根据近地表条件，主要采用了折射波静校正和层析反演静校正。对于近地表结构相对简单、潜水面变化相对稳定区域，通过准确、合理的初至拾取，以微测井或小折射资料作为控制点，应用折射波静校正可取得良好效果。折射静校正方法是在低降速带下存在稳定的折射层、低降速带的速度及厚度纵横向上变化不大、一个排列长度内折射层界面接近水平、风化层速度已知的假定条件下，将折射波旅行时方程分解为炮点延迟时项、检波点延迟时项及偏移距项，由此方程通过反演即可得到低降速带的速度、厚度信息，进而进行井深校正、地形校正及低降速带校正。图 2-14 分别是由折射波静校正反演的低降速带厚度图和高速顶界面图。

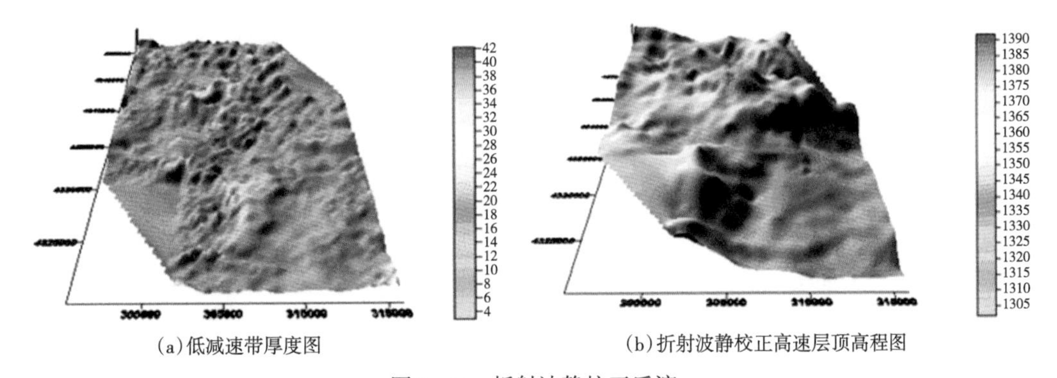

(a) 低减速带厚度图 (b) 折射波静校正高速层顶高程图

图 2-14 折射波静校正反演

图 2-15 为折射波静校正前后剖面对比图，可以看出应用折射波静校正前，剖面上折射波明显呈跳跃式，很不光滑，而应用折射波静校正后，折射波非常光滑，有效反射的同相轴连续性好，静校正效果明显。

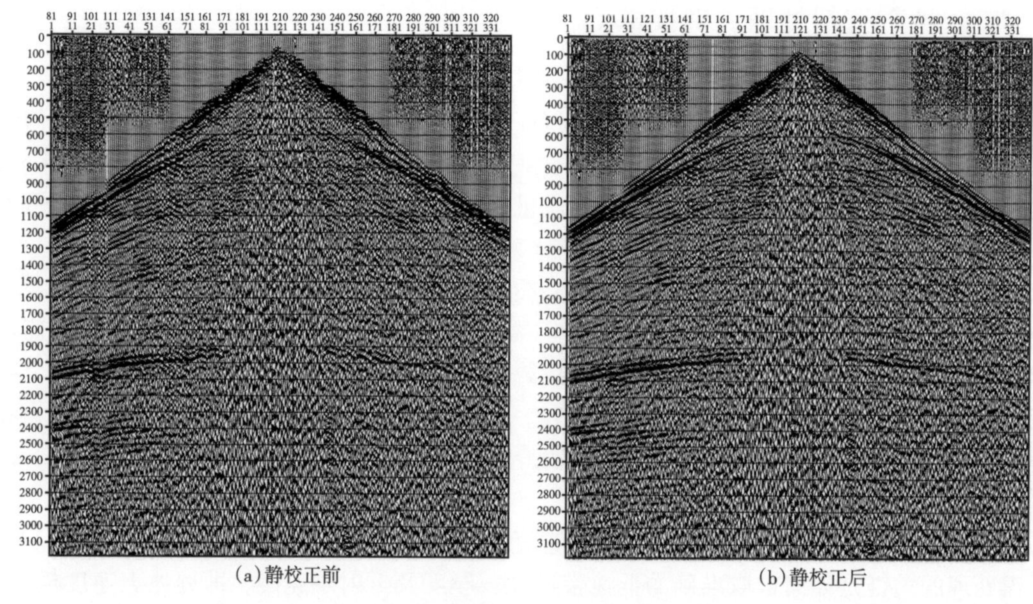

(a) 静校正前　(b) 静校正后

图 2-15　折射波静校正前后单炮对比图

对于较厚流沙区或地表含水性变化较大的区域，低速层、降速层速度在纵向和横向上均有很大变化，简单的层状介质模型无法真实反映近地表速度变化情况，应用层析成像静校正方法，取得的效果较好。层析反演静校正是利用地震波走时和路径反演介质速度的一种高精度反演方法。其原理是将近地表速度模型划分成网格单元，给定初始近地表速度模型正演计算地震波射线路径和走时，比较正演走时与实际走时的误差，建立旅行时方程，迭代反演近地表速度模型，最终得到纵向和横向连续变化的近地表速度模型，进而进行井深校正、地形校正及低降速带校正。层析反演静校正的优点是采用高度密集单元划分可以描述更为复杂的速度场，增加了初至信息的利用率，同时也避免了追踪单一折射层的困难。

图 2-16 是苏里格南部复杂地表区层析反演静校正应用前后单炮对比图，利用层析反演静校正很好地解决了表层低速带、降速带产生的静校正问题，为后续处理奠定了可靠的基础。

2. 去干扰波提高信噪比[4]

提高信噪比是地震资料处理过程中的一个关键环节，有效地提高地震资料的信噪比对于获得能够满足致密气有效储层预测所需要的高品质处理成果具有重要意义。在地震资料中，常见的干扰波有面波、工频干扰、浅层多次折射、随机噪声等。这些干扰波在不同的域有不同的特征与表现，对于这些干扰波的压制，应在多域有针对性地进行。在去噪工作中，需要首先进行细致的原始资料分析，搞清楚噪音和干扰波的分布范围与特征；去噪时遵循能量先强后弱、频率先低后高的基本原则进行合理搭配；在制订去噪流程之时，需要进行详细的模块参数试验，确定最优化的模块与参数。

苏里格地区主要发育有线性干扰、浅层折射、面波等相干噪声，声波、猝发脉冲噪声及深部的高频干扰等，处理上主要采用多域多方法联合去噪。多域即共炮点域、共检波点域、共 CMP 域数据类型，在去噪处理前需要对地震数据在多个数据域内分析，提取噪声特征，从而达到最优的去噪效果。多方法包括 F-X 域最小平方去线性噪音、时频空间域异常能量衰减、分频随机噪声及异常能量衰减、高精度拉东变换多次波衰减及自适应单频噪音衰减。

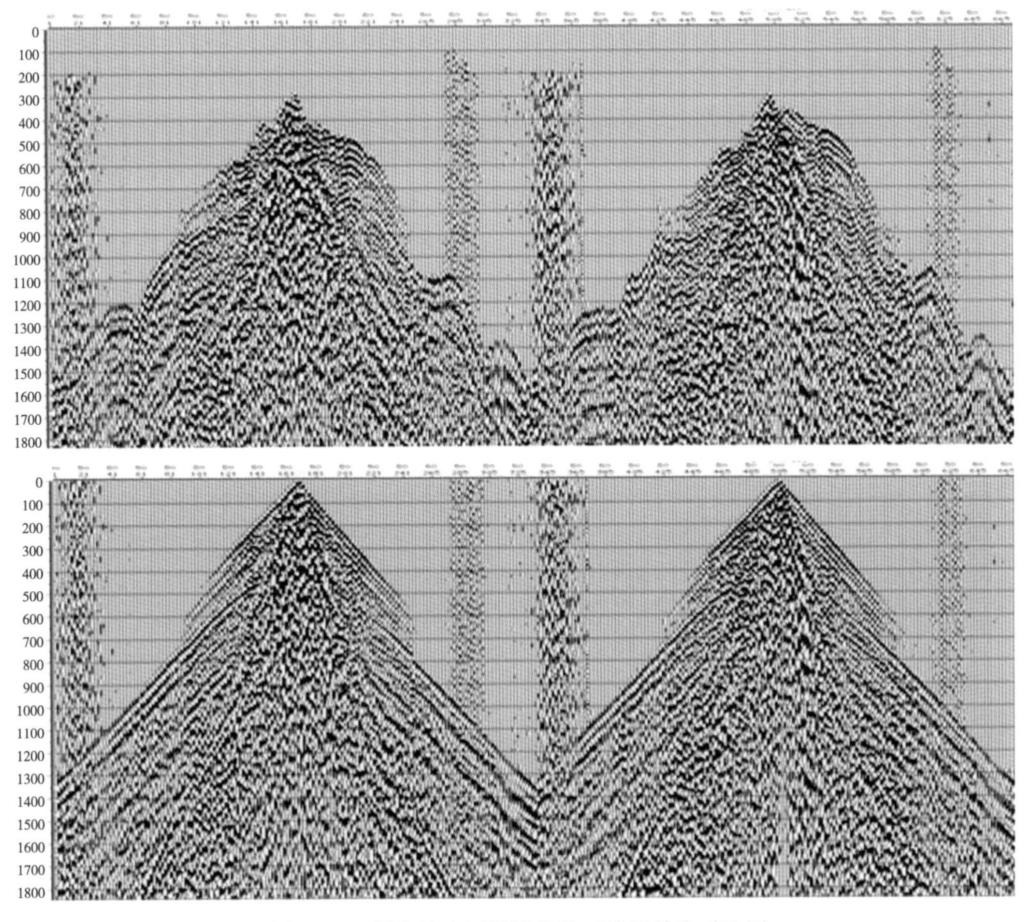

图 2-16 复杂地表区层析静校正前后单炮对比图

1）F—X 域最小平方去线性噪声

在共炮点域内利用线性干扰的优势频带提取其特征，估计一个线性时差模型。采用分频的方式可以在保持有效信号的前提下，最大限度地压制线性干扰。地震数据在各个频带及各个时段的信噪比存在差异，在一些频带内可以有效地分离信号和噪声的频带，将线性噪声模型从含噪声地震记录中减去，有效地压制线性干扰，对不含线性干扰的频带不做处理，从而保护了有效信号不受损失。该方法对于低速线性干扰及高速发散线性干扰都能达到较好的去除效果。

2）强能量干扰的分频压制

强能量干扰可能以各种方式出现在地震记录上，如面波、声波、猝发脉冲噪声及记录深部的高频干扰。去除线性干扰后的单炮仍采用分频去噪思路，将含强能量噪声频带分成若干个子频带，在每个子频带内都可以给定时变的门槛值函数对子频带内的高能噪声进行衰减，通过定义去噪时窗，可实现对目标区域去噪的功能。

3）高精度拉东变换多次波衰减

苏里格地区多次波较发育，在 1.1～2s 之间严重影响了有效波速度的准确拾取，且多次波和一次波相互干涉，降低了成像质量，影响了 AVO 道集的品质。由于拉东变换本身的特点决定了在拉东域中场的物理特征更为直观准确，有利于对比分析，因此在苏里格地区采用拉东变换能够有效压制多次波。对动校正后的 CMP 道集做高精度拉东变换，将道集从（x，t）域转换到拉东域。通过定义的双曲线特征，计算有效波与多次波的模型，在限定的频率空间内采用高精度反假频最小二乘法对信号和噪声进行建模，大于设定的曲率门槛值的同相轴，被认为是多次波进行衰减，从而保护了有效信号。

对于采用全数字地震采集技术得到的地震资料，叠前去噪的一个重要手段是进行全数字高密度测线检波点室内组合，利用有效波和干扰波传播方向上的差别，压制规则干扰。同时利用组合的统计特性压制随机干扰。通过室内组合压制干扰，提高了资料信噪比。

针对苏里格地区地震资料的特点，在叠前去噪方法研究中采用多域多方法联合去噪思路，形成一套适应叠前叠后储层预测的叠前去噪技术，使得去噪后的反射信号加强，没有损伤有效信号，有效地减小了信号的畸变，处理结果具有较高的信噪比（图 2-17）。

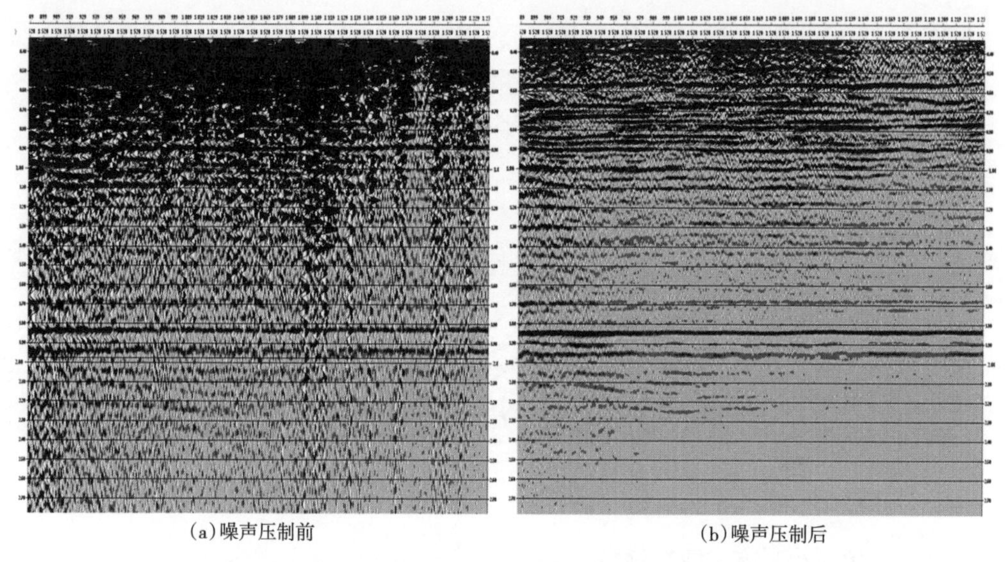

(a) 噪声压制前　　(b) 噪声压制后

图 2-17　苏里格地区噪声衰减前后叠加效果对比图

3. 振幅补偿

面向叠前储层预测和烃类检测的地震资料处理，真振幅恢复是一个重要方面。振幅恢复和振幅补偿的目的是尽量对地震波能量的衰减和畸变进行补偿和校正，同时消除非地质因素引起的振幅变化，主要包括几何扩散振幅补偿、地表一致性振幅补偿等。

1）波前扩散振幅补偿

几何扩散振幅补偿技术考虑了地震波在时间方向的传播损失和不同射线路径引起的不同偏移距时差。该方法需要速度场来确定地震波传播的射线路径。通常情况下，速度场可以通过速度谱内插得到。如结合 VSP 速度、测井声波速度信息进行约束运算，得到的均方根速度场能更加真实地反映地层速度的变化规律，使球面扩散补偿的准确性进一步提高。苏里格地区由于地层平坦，基本符合水平层状介质的假设，地震波的速度在横向上比较稳定，在纵向上变化平缓且有规律。所以，通过速度分析可以得到较准确的速度场。根据速度分析得到的速度函数，沿偏移距和时间方向对炮集内各道能量进行振幅补偿。

2）地表一致性振幅补偿

地表一致性振幅补偿主要的目的是消除地震波由于地表激发、接收条件的不一致引起的振幅变化。以地表一致性方式对共炮点、共检波点、共偏移距道集的振幅进行补偿，有效的消除各炮、道之间的非正常能量差异，使振幅达到相对均衡、保真的目的。

实现的基本思路是：首先计算每个炮点、检波点、偏移距和共中心点的均方根振幅，以及各自的平均振幅，然后计算使其达到平均振幅能量所需的补偿量，重复这个过程，不断迭代运算，使得计算精度达到要求为止。经过地表一致性振幅补偿，能够基本消除地表条件、激发接受条件的空间变化对地震波振幅的影响，炮间能量差异得到了较好的补偿，使得地震资料的能量在横向上趋于一致。

保幅处理的结果是否保真，需要严格的质量监控。振幅保真效果的质量控制方法有相减法、微测井法、合成记录法、AVO 正演模型法、AVO 属性分析法。在面向叠前的叠前道集振幅恢复时，多用正演模型法和 AVO 属性分析法。

AVO 正演模型法是设计一个正演模型，对模型数据进行偏移处理，将成像结果与模型对比分析，看是否存在差距。如果与模型对应说明偏移参数合理，反之，则说明偏移参数不合理。这一方法可以验证处理参数的变化对成像的影响。图 2-18 是井数据的 AVO 正演结果同保幅处理后的偏移道集进行对比的效果图，说明振幅补偿的处理结果是成功的。

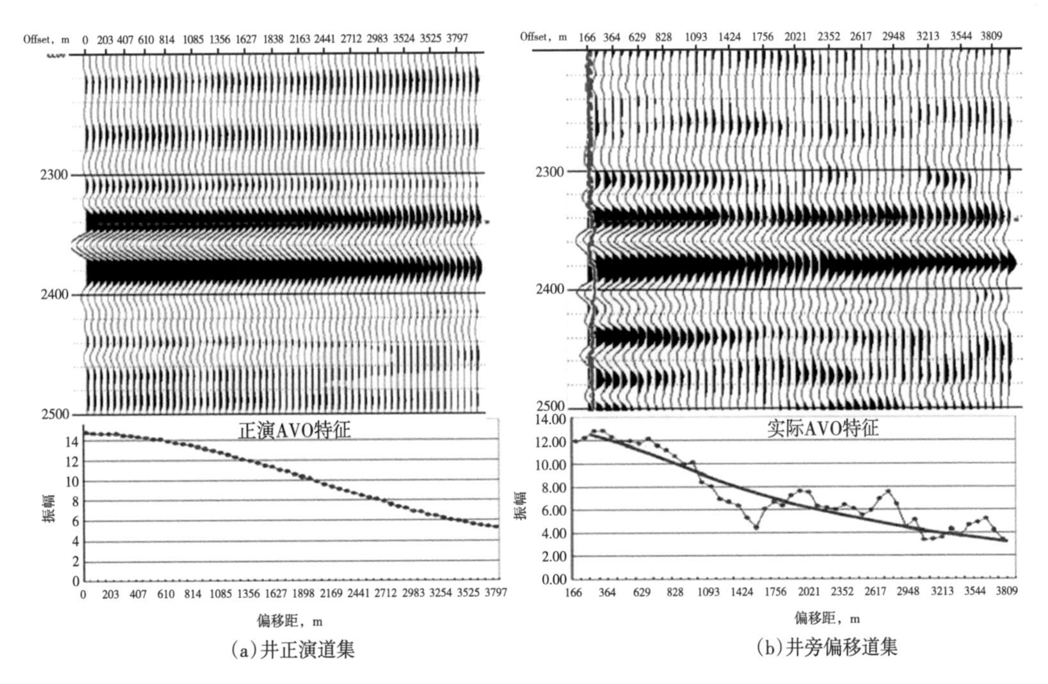

(a)井正演道集　　(b)井旁偏移道集

图 2-18　苏里格地区道集振幅补偿前后（a）（b）效果对比图

AVO 属性分析法是采用 AVO 属性分析时可通过模型来实现。建立一个地质模型，生成道集数据，对道集的 AVO 特征进行量化分析。再使用不同的处理方法或流程参量对模型数据进行处理，同时进行 AVO 特征分析，然后对两者的 AVO 特征进行对比与量化分析，得出其处理方法及流程的保幅性评价。

图 2-19 是叠前道集反褶积前后的 AVO 属性交会图。图 2-19（a）是 P 值，即能量属

性的振幅保真效果监控。而图 2-19（b）是 G 值，即趋势属性的振幅保真效果监控，图中蓝线是理想值，红线是回归值。可以看到反褶积前后 AVO 属性交会图非常收敛，回归直线的斜率非常接近 1。因此可以认为，该次振幅保真效果较好。

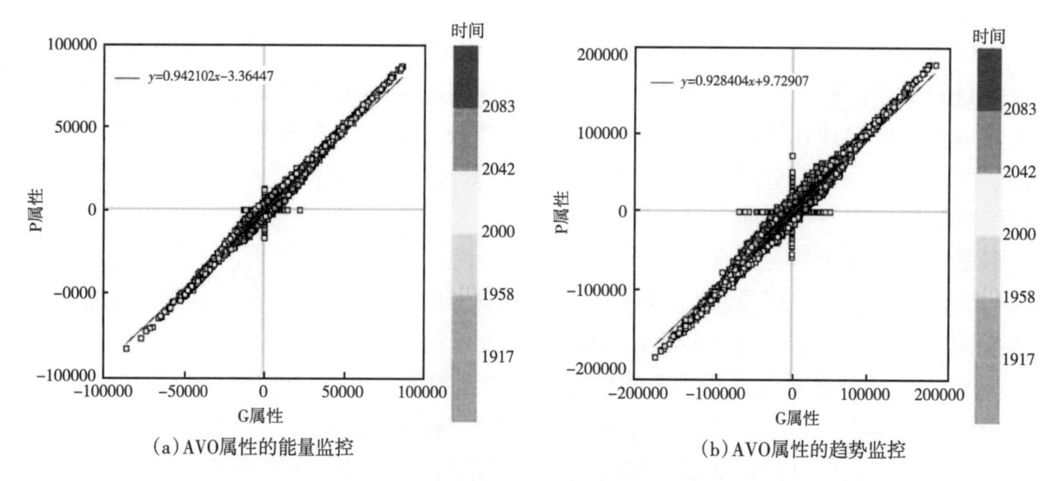

(a) AVO属性的能量监控　(b) AVO属性的趋势监控

图 2-19　AVO 属性分析法振幅补偿质量监控

图 2-20 是苏里格地区道集振幅补偿前后效果对比图，通过振幅补偿能有效地消除由于不同的激发因素和接收因素而导致的炮与炮之间、道与道之间能量的不均衡现象，在道集上恢复地质因素引起的 AVO 特征。在叠加剖面上也有利于加强有效波的叠加能量并能

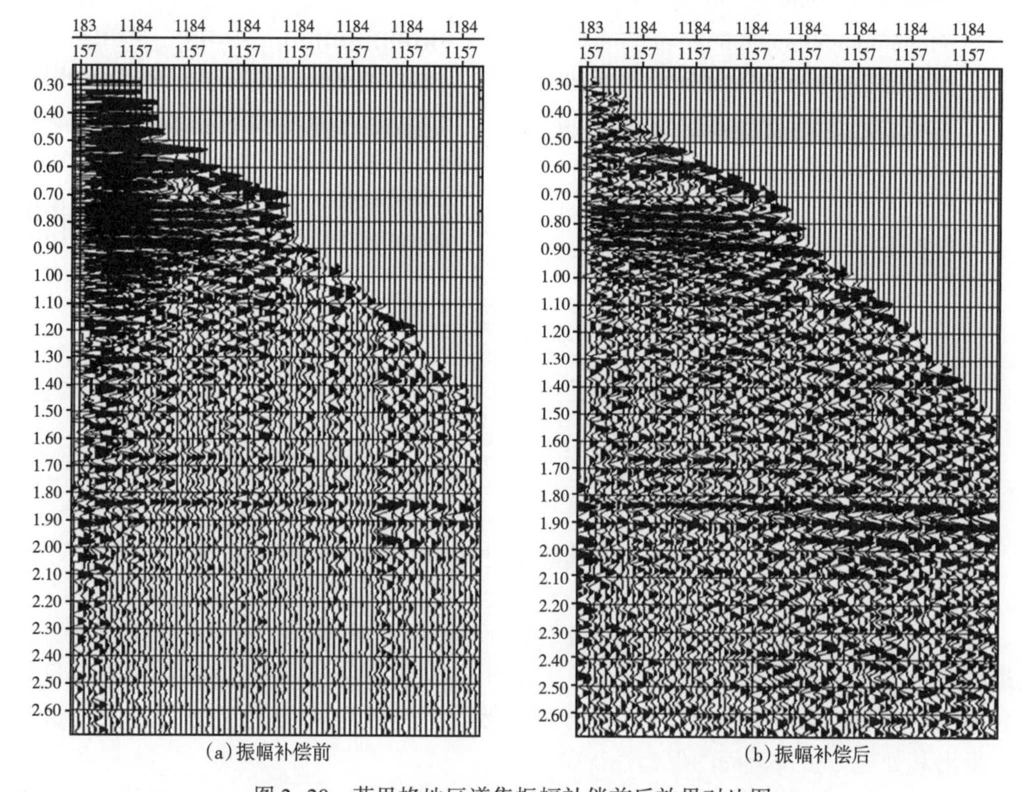

(a) 振幅补偿前　(b) 振幅补偿后

图 2-20　苏里格地区道集振幅补偿前后效果对比图

细致、准确地研究目的层横向变化，也为后续的处理奠定了可靠的基础。

4. *反褶积及频带拓宽*

受复杂地震子波、地层吸收衰减等因素的影响，地震资料分辨能力较低，难以满足精细地震勘探开发的需要，必须通过反褶积压缩地震、拓宽频带提高地震资料的分辨率。同时低频成分保护也是反褶积处理的关键环节，它直接关系着资料的信噪比、分辨率和有效高低频成分能量强度。面向致密气有效储层预测对反褶积选择的要求，不仅要有较高的信噪比和分辨率，还要有丰富的对气层反应灵敏的低频成分。通过对不同反褶积前后的剖面分析，地表一致性反褶积目的层波组特征比较好，有效反射波连续性得到增强，而零相位反褶积后高频能量太高，低频能量降低，不适于气层检测。如图 2-21、图 2-22 所示，通过对比不同反褶积频谱，地表一致性反褶积后子波主瓣的能量更加集中，分辨率得到了提高，同时其反映气层特征的低频成分能量较零相位反褶积更突出。

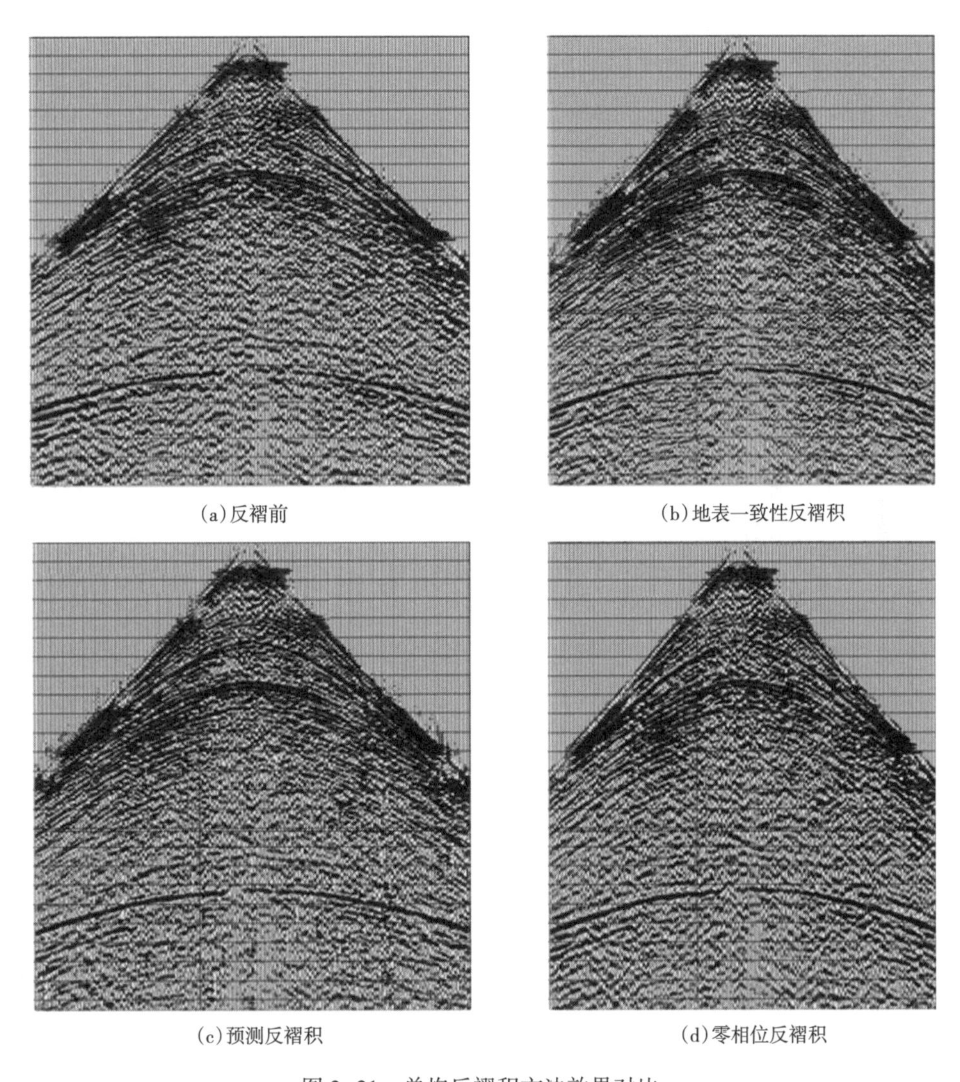

(a)反褶前　(b)地表一致性反褶积

(c)预测反褶积　(d)零相位反褶积

图 2-21　单炮反褶积方法效果对比

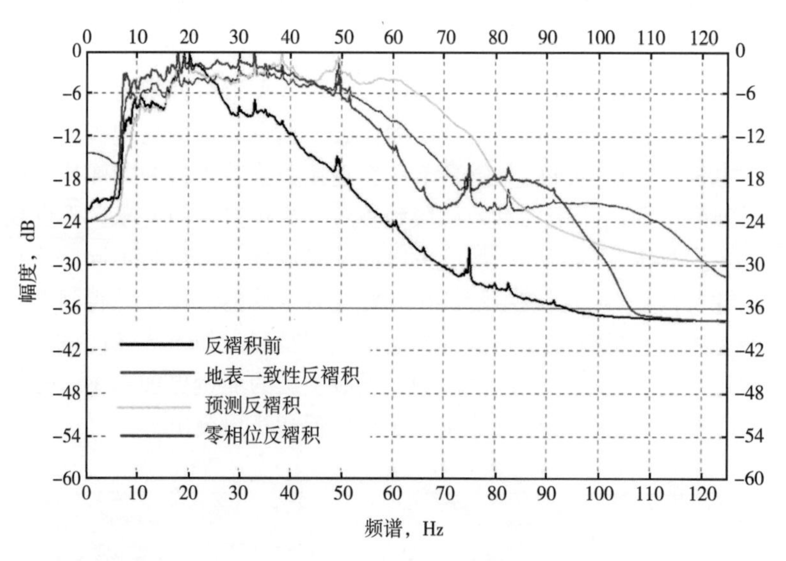

图2-22　不同反褶积方法频谱对比图

应用地表一致性反褶积（共炮点、共检波点）技术，可以达到压缩子波、消除由地表因素对振幅、子波的影响，改善剖面质量。在复杂地表地区，单道反褶积（如脉冲、预测反褶积）的结果往往不能令人满意，主要因为在自相关时窗内，各道所包含的干扰（如野值、面波等）比例不同，造成自相关函数也不同，道与道之间的反褶积算子存在差别，致使反褶积滤波结果差别很大。地表一致性反褶积处理可弥补这些单道反褶积的不足，并得到较好的处理效果。匹配滤波技术的应用，可有效提高品质差别较大的资料在频率、相位上的一致性处理效果。

地表一致性反褶积与其他单道反褶积相比具有某些优点，如地表一致性反褶积无需对反褶积模型中反射系数做"白色"假设；地表一致性分解时采用地表一致性各分量振幅谱的几何均值进行求解，并将地表一致性各分量归结为各种道集的体现（炮点响应、接收点响应、炮检距响应及共中心点响应、Tanner模型），因此，地表一致性反褶积起到了衰减随机噪声的作用；同时，地表一致性反褶积能够均衡反射记录的频谱，提高各地震道间子波的相似性，并且不破坏地表一致性剩余静校正的计算模型。地表一致性反褶积的优点在于其对地震记录振幅谱的均衡作用，因此，地表一致性反褶积受到人们的广泛欢迎，已经成为AVO处理中反褶积的首选方法。

5. 保持AVO特征的道集优化处理

高品质叠前道集是做好叠前储层预测的前提。影响道集质量的因素主要是静校正、动校正等处理环节的精度问题，造成道集没有拉平。

1）高阶项动校正

常规动校正中动校正量的计算是利用Dix双曲线公式求取反射子波各点相对于自缴自收道发射的延迟时间，但Dix双曲线公式对大炮检距地震资料进行常规动校正处理时不能校平同相轴，原因在于Dix公式实际上忽略了高次项的时距关系函数的泰勒展开式，为解决大偏移距动校正时由于速度各向异性而引起的校正量过量的问题，必须考虑多次项。

2）变速扫描速度分析

对于低信噪比资料，常规速度谱虽然能够拾取速度，但是拾取精度低，存在一定误差，因此变速扫描交互速度分析技术是较好的选择。变速扫描交互速度分析最大的优点是："所见即所得"，鼠标点击之后，反射层的当前叠加效果图立即显现，处理人员能根据前后左右分析点的速度趋势，快速准确拾取，大幅提高了速度分析进度和精度。

3）CDP 道集的去噪

经前述处理过程后，CDP 道集存在的噪声可能仍较大，不能满足叠前储层预测的需求，因此必须进一步提高 CDP 道集的信噪比。在 CDP 道集上进行分频剩余静校正处理，可以克服常规剩余静校正在一道上单一值的异常点，消除道集内由于剩余静校正的存在而造成的同相轴时差，同时对 CDP 道集进行相位校正，再分别在时间域、频率域对 CDP 道集进行去噪处理，可以进一步提高 CDP 道集的信噪比[5]。

图 2-23 是保持 AVO 特征的道集优化处理前后道集剖面对比图，可以看出经优化处理后，道集剖面信噪比明显提高，远偏移距同相轴的同相性更好，AVO 特征更明显。

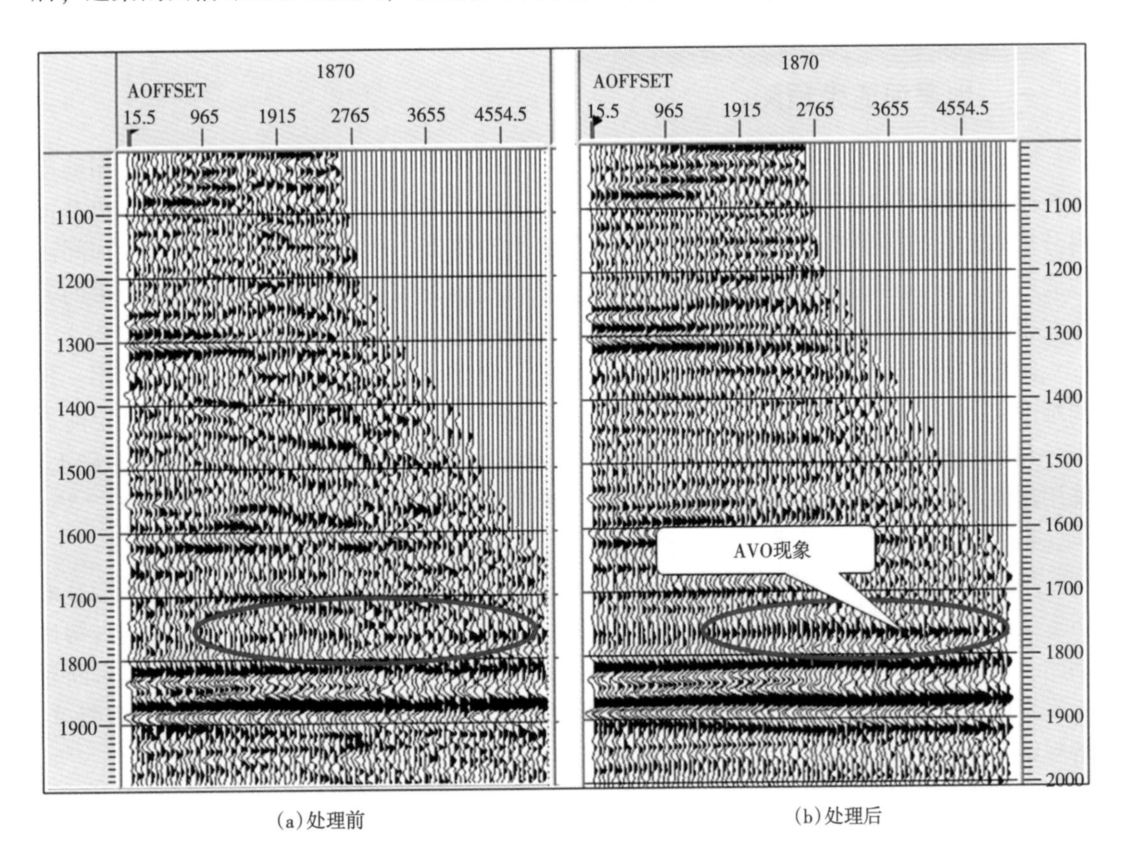

(a)处理前　　(b)处理后

图 2-23　道集优化处理前后对比图

图 2-24 是苏里格地区 107191 测线处理成果剖面段，从成果剖面上看，目的层段波阻特征清晰，波形变化自然，地质信息丰富，信噪比高。

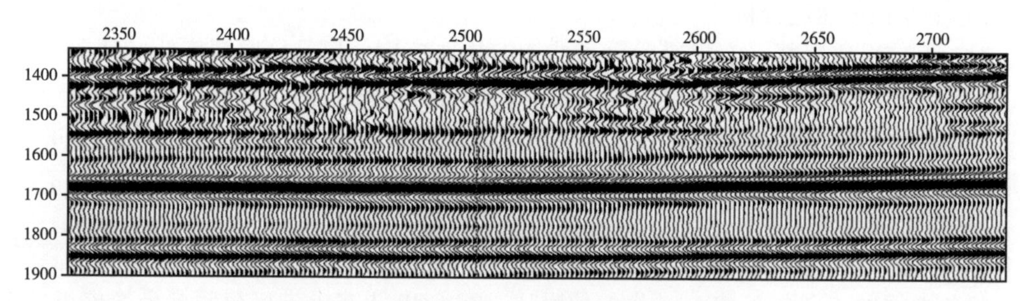

图 2-24　苏里格 107191 测线处理成果剖面图

第三节　致密气储层地震预测技术

致密气储层砂体相对发育，但对具体目的层，也有相对富砂带与贫砂带的区别。对富砂带的预测，有助于含气富集区的预测及水平井井轨迹设计。

一、地震河道带预测

致密储层含气富集区是储层发育的有利区。致密气藏储层发育受沉积、成岩作用的双重控制。沉积作用控制着储层的分布，成岩作用控制了储层的质量。从苏里格气田单井资料分析来看，储层主要分布于高能河道的心滩和河道底部，而在低能的废弃河道及河间洼地储层不发育。河道带的分布控制了有效储层的分布，有效砂体的展布方向与河道带的分布在很大程度上具有相关性。河道带的预测有助于致密气储层预测。

国内典型致密气储层多为薄互层砂泥岩组合，单砂体厚度多小于地震垂向分辨率，预测难度大。但在现有分辨率条件下，地震可以识别出一个多旋回叠加的砂体，即确定河道带。利用地震资料进行河道预测，一般是在信噪比高地质信息丰富的地震资料的基础上，采用地震古地貌分析、波形归类和地震属性分析等方法综合进行预测。

1. *地震古地貌恢复技术*

地震古构造剖面又称为古地理—古构造恢复剖面，是在叠后地震剖面上，将某些有地质意义的层位认为是古时期的沉积平面，然后将这一层位向上时移拉平，就可得到古构造剖面，其目的是研究这一层在其沉积时期与其他各层之间的关系。对构造相对简单且断层不发育的克拉通盆地，利用这种古地貌恢复方法解释河道符合沉积理论，应用方法简单，解释结果形象直观且高效。

利用古地貌恢复方法识别河道，首先根据目的层段的沉积特征在其顶部附近确定等时沉积界面，并且该等时面还必须是地震地质界面；然后利用已知井进行地震地质层位的精细标定；再在此基础上进行该等时面层位的地震精细追踪解释，并将经过解释的等时面层位向上时移拉平，得到古构造剖面，最后根据古构造剖面进行河道识别。

在苏里格气田，古地貌恢复技术成为河道识别的有效技术之一。在苏里格气田利用地震古地貌恢复技术识别盒 8 段沉积时期辫状河沉积河道的有利条件是盒 8 段构造相对简单且平缓，断层不发育，盒 7 段底部界面基本属于等时沉积平面，盒 8 段属辫状河沉积，砂体发育，砂岩压实作用较弱，并且横向上地层速度变化相对较小。因此可以利用此方法对苏里格气田盒8段沉积时期叠置河道进行识别。盒8段沉积时期叠置河道识别分几个步骤。首先根据层位追踪解释结果，利用地震层位拉平方法将盒7段底部层位进行向上时移拉平处理，并得到时差曲线，最后得到平面的时差图，其能在一定程度上反映全区的河道分布，然后根据盒7段底部层位拉平处理结果，结合盒8段区域构造、沉积及储层地质等特征，进行盒8段叠置河道综合解释，解释的基本原则有三条。

（1）在古地理—古构造恢复剖面上，盒8段地层时间厚度较大、下凹现象明显，盒8段底部为中—弱反射，且处于拉平面以下相对较深部位则为古地貌（构造）较低部位，反映沉积时期水动力作用较强烈，解释为叠置高能河道。

（2）在古地理—古构造恢复剖面上，盒8段地层时间厚度较大，下凹现象不明显，盒8段底部为中—强反射，处于拉平面以下相对较浅部位则为古地貌（构造）较高部位，反映沉积时期水动力作用较弱，解释为叠置平流河道。

（3）在古地理—古构造恢复剖面上，盒8段地层时间厚度较小、基本无下凹现象，盒8段底部为弱反射，处于拉平面以下浅部位则为古地貌（构造）高部位，反映沉积时期水动力作用弱，解释为叠置河道间沉积或废弃河道沉积。

图2-25是苏里格99591测线河道预测解释结果，在S6井、S38-16井及S4井处，盒8段时间厚度较大，下凹现象非常明显，盒8段底部为弱反射特征，因此解释为高能叠置河道沉积[6,7]。

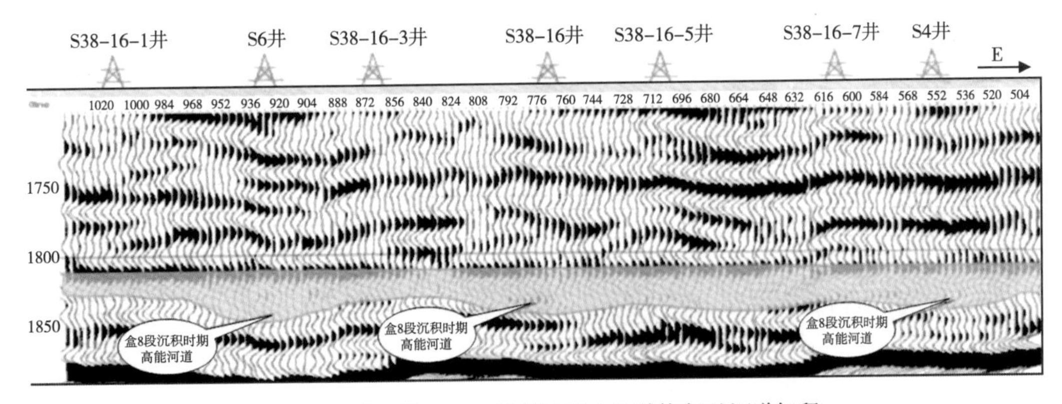

图2-25 苏里格99591测线地震古地貌恢复及河道解释

2. 地震反射波形分类储层定性分析

地震波形特征包括地震振幅、频谱和相位等。地震地层学的观点认为，全部地震信息都是地下地质现象的真实反映，地震信息的任何变化都在一定程度上反映地层或岩性的变化。因此，根据这些局部的变化或异常所处的背景及其细微特征，可以预测和判断它们的地质意义。剖面上地震波形特征的纵向、横向变化反映了地下地层介质的性质在纵向、横向的变化和差异，即地震波形特征的变化反映了地层岩性、物性和含油气性等变化。

地震波形特征分析包括目标层段地震反射波外形几何形态与内部反射结构分析。其方法是在沉积相带和模型正演分析的基础上，对目标储层段反射同相轴的纵向、横向变化进行分析，找出异常反射段，然后通过已知井标定确定出异常反射段所代表的地质意义。

实际应用中，根据储层标定结果，利用储层附近的反射波形波组特征，归纳出典型井的反射模式，根据有利储层的反射模式在地震常规剖面上进行横向识别。对于苏里格致密砂岩储层，常规反演方法不能有效预测储层，而波形分析方法在勘探和前期评价阶段钻井少的条件下，是储层定性预测、优选开发井位的最直观和最常用的有效方法。

在已知井与井旁地震道进行精确的标定后，对井旁地震道波形进行分类，根据地震剖面上目标层段的反射特征采用人工对比的方法进行识别，从而对储层发育情况进行定性分析。

在苏里格地区，经完钻井与过井剖面的对比、分析和归纳，该区存在三大类较为典型的反射模式（图2-26）。

Ⅰ类：Tp9煤层反射稳定，Tp8反射振幅中—弱，一般距反射层不超过25ms，主要特征是Tp8相位频率相对较高，波形较瘦，Tp7反射相对于Tp8较强，其间时差大于35ms，波谷平直，正反射很弱，呈现“上强下弱”的特征，这种类型砂岩厚度大于30m。

Ⅱ类：Tp9煤层反射稳定，Tp8反射振幅中—强，频率低，波形较宽，与Tp7的波阻关系与Ⅰ类关系相似，最大差别在于与Tp7之间的反射波谷相对较强。该波形类型盒8段砂岩厚度一般为15~30m。

Ⅲ类：Tp9反射不稳定，Tp8为中—弱振幅的复合反射，距Tp9标志层30~35ms，无Tp7独立反射。该类波形盒8段砂岩厚度小于15m。

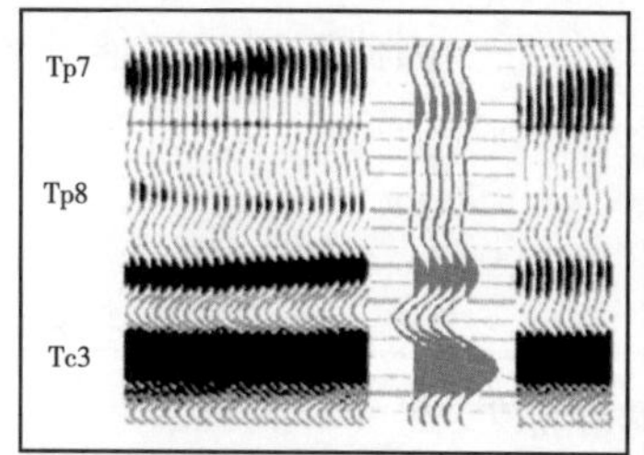

（a）Ⅰ类波形：砂岩厚度大于30m

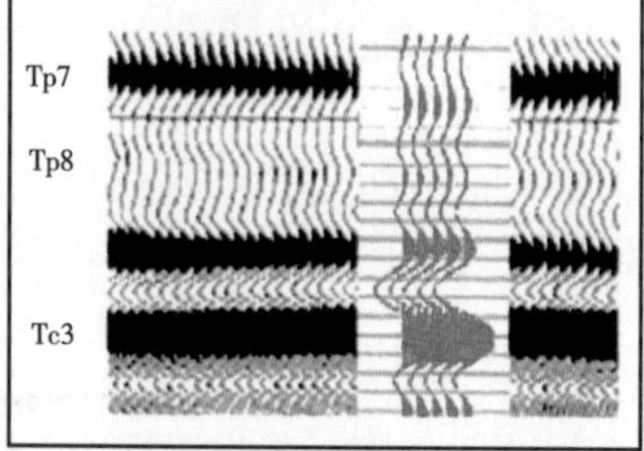

（b）Ⅱ类波形：砂岩厚度15~30m

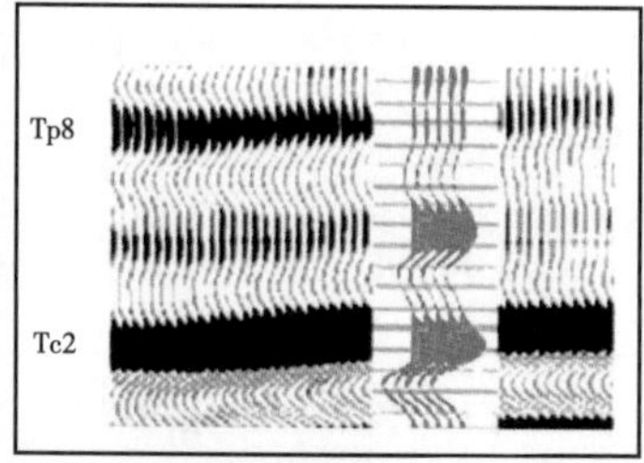

（c）Ⅲ类波形：砂岩厚度小于15m

图2-26　苏里格气田目的层基本波形特征分类图

基于上述分类，能在勘探和开发前期评价阶段对储层进行定性分析，有助于优选有利储层发育区，也可以作为后期储层精细预测的基础。

3. 地震属性分析技术

地震属性信息是蕴含在地震反射波中的有用信息，是对地层沉积特征及含流体信息的综合反映。地震属性一般分为时间属性、振幅属性、频率属性和吸收衰减属性四类。源于时间的属性提供构造信息；源于振幅的属性提供地层和储层信息；源于频率和吸收衰减的属性提供渗透率等其他有用的储层信息。一般认为振幅是最稳健和有价值的，但是频率属性更有利于揭示地层的细节。混合属性包含振幅和频率的因素，因此更有利于地震特征的测量。

Chen于1997年以运动学与动力学为基础把地震属性分成振幅、频率、相位、能量、波形、衰减、相关、比值等几大类。按属性目标分类，可分为（基于）剖面属性、（基于）层位属性与（基于）数据体属性。剖面属性通常是瞬时地震属性或某些特殊处理结果；层位属性是沿层面求取的，是一种与层位界面有关的地震属性，它提供了层位界面或两个层位界面之间的变化信息；基于数据体的属性是从3D地震数据体推导出整个数据体，具有很高的研究价值。

应用地震属性进行储层预测，基于以下三个理论。

（1）岩石物理学性质上的差异性：是形成各种不同地震属性变化的基础。

（2）相似性和可类比性的原理：不同地震属性虽然反映地层的不同特性，但不同地震属性之间仍具有相似性、可类比性及在地质成因上的联系。

（3）地质体信息的综合和分解理论：地震信号的细节（波形、振幅等）与地质特性有联系，也就是与岩性和空隙间流体有关。储层中由油气藏引起的异常都很微弱，需要应用提取、变换、分解等手段，提取与预测目标相关的各种特征场。

地震属性分析的步骤是：（1）地震属性的提取及解释性处理，叠后属性提取；（2）地震属性统计学分析，用测井特性进行地震属性标定，通常采用地质统计、多次回归等多种方法建立测井数据与地震数据相关关系，检测和识别储层特性；（3）属性转换储层特性，将地震属性转换成储层特性，如地震属性—孔隙度转换、属性—流体饱和度转换、属性—岩性转换、属性—渗透率转换、地震—测井属性的地质统计分布、属性派生的储层特性的2D/3D制图；（4）多属性解释即按属性对研究目标的敏感程度进行分区，选择那些对储层流体变化具有敏感性的属性制作流体分布图或进行预测。

常用来做致密气储层预测的地震属性有如下几类。

1）振幅类

反射强度是振幅的包络，是每个样点的实部平方和虚部平方和的平方根，反射强度为正值，其数值和地震道振幅一样，反射强度反映波阻抗差的信息，是和岩性有关的地震属性，更有利于突出道间的变化特征。

振幅类属性有均方根振幅、平均绝对振幅、最大波峰振幅、振幅和、振幅绝对值、平均振幅、最大振幅、最小振幅等类型。其中最常用的是均方根振幅，它是振幅的平方的平均值的根，对于强振幅更加突出。

2）反射能量类

反射能量是根据振幅计算的波的能量，是振幅平方的1/2，该属性提高了振幅的敏感度。可以突出所需要的敏感强振幅，压制弱振幅，使差异增大。

此类地震属性有平均能量、半能量、波峰能量、波谷能量、能量和、最大能量等。

3）频率类

分为瞬时频率、主频（谱峰值频率）、优势频率、频率斜率等类型，反映地层对频率的吸收和选择。理论分析认为含气地层对高频吸收严重，因此频率可以检测烃类。由于吸收的延迟效应，频率类的特性不一定是本层的频率的响应，因此用本层的频率检测往往不敏感，而用延迟频率检测又多解性和不确定性。就是说地震波的频率在穿过的路径中某一地层时频率发生变化，到达检测层已经具有这种特性。

4）几何类

曲线长度、弧长数值、波峰面积等几何数值是能量和频率的一种变形。弧长大是高频强振幅的反映，面积值大是低频和强振幅的反映。

从上述描述可知，与地层厚度、岩性以及含流体性质有关的地震属性达数十种，且其反映的侧重面也不相同。所有属性的应用是在大量已知井的基础上，总结与主河道带密切相关的地震属性。

进行河道带预测时，首先地质标定砂岩地震反射层，根据地震资料的分辨率和砂层组的厚度，按地震反射层划砂层组反射层，在地震剖面上解释砂层组反射层。其次进行属性优选。根据地质分析、地球物理分析及模型研究的结果进行属性优选。实践认为振幅类和能量类地震属性对河道砂体展布反映较明显。最后有选择的提取地震属性，通过地质地震数字回归统计相关分析，对相关度高、砂体敏感的地震属性，采用沿砂岩反射层时窗提取方法，在成像平面图上识别河道砂的平面范围、大小[7]。

在苏里格地区，盒 8 段目的层段的均方根振幅、平均反射强度、弧长、最大波峰振幅、“甜点”属性（振幅频率混合属性）等地震属性与河道带分布有较好的相关性，在三维地震数据的可视化显示中能直观地反映盒 8 段沉积时期主河道带的展布形体。图 2-27 苏里格地区 S53-3 三维地震区的地震“甜点”属性图，与已知井砂岩厚度匹配较好，高值反映为砂岩厚度较厚，指示该区位于主河道带砂岩发育区。

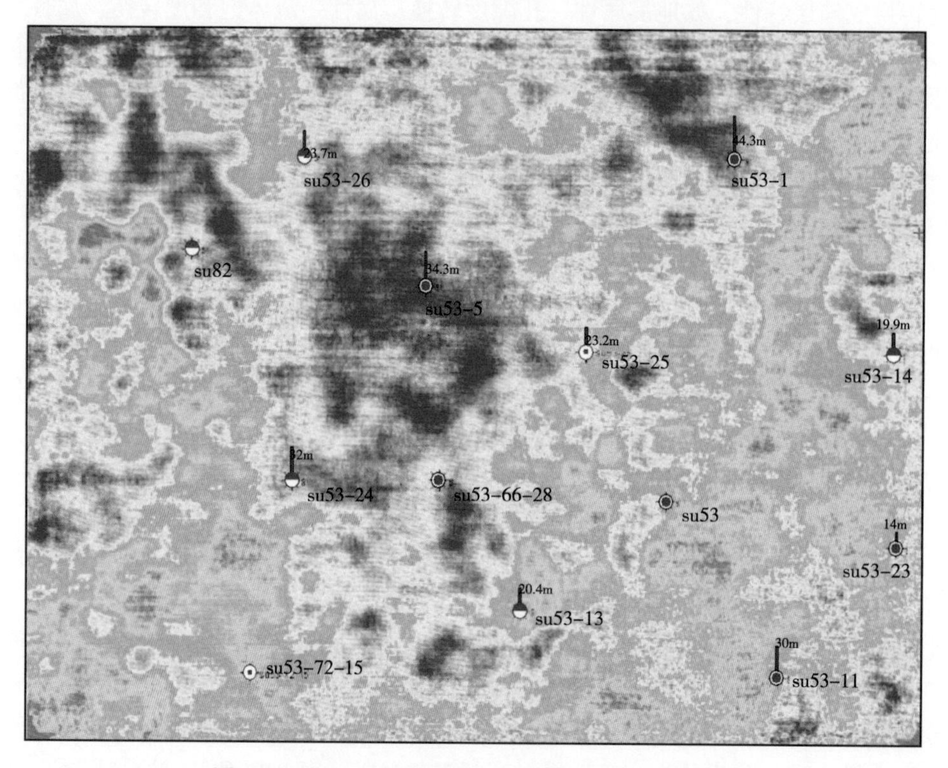

图 2-27　S53-3 三维地震区的地震“甜点”属性图

除上述常规属性外，相干体属性近年来也常用来预测河道带。在河流沉积过程中，由于主河道带与河岸的水动力环境不同，常会导致河道与河岸在地震波反射波形和相干性的不同，因此可以通过计算储层段地震道之间的差异性来检测主河道带。

二、地震叠后反演储层预测

在河道带预测的基础上，采用地震叠后反演进行储层预测，能更准确地描述富砂带，减小预测多解性。如前所述，由于致密砂岩岩性致密，砂泥岩在速度、密度、波阻抗等地球物理参数上区分度较小，常规反演方法多解性较大，因此在地震预测上多采取一些较为特殊的方法。

自然伽马是区分致密气储层中砂泥岩较为有效的地球物理特征参数。图 2-28 是对苏里格气田某工区盒 8 段—山 1 段进行岩石物理曲线后得到的交会图，可知该工区盒 8 段、山 1 段砂泥岩很难用波阻抗曲线来区分，但可用自然伽马值进行区分。通过对该区盒 8 段、山 1 段的统计分析可以得到砂岩的自然伽马值分布在 20~90API，泥岩层自然伽马值分布在大于 90API 的范围内。

利用随机反演和分频反演等一些特殊的反演方法，建立起地震道和自然伽马曲线的相关关系，把地震道反演成伽马曲线后区分砂岩和泥岩。该类方法对于不适宜用常规反演技术的工区具有一定的实用性，特别是钻井资料较多的开发区块。

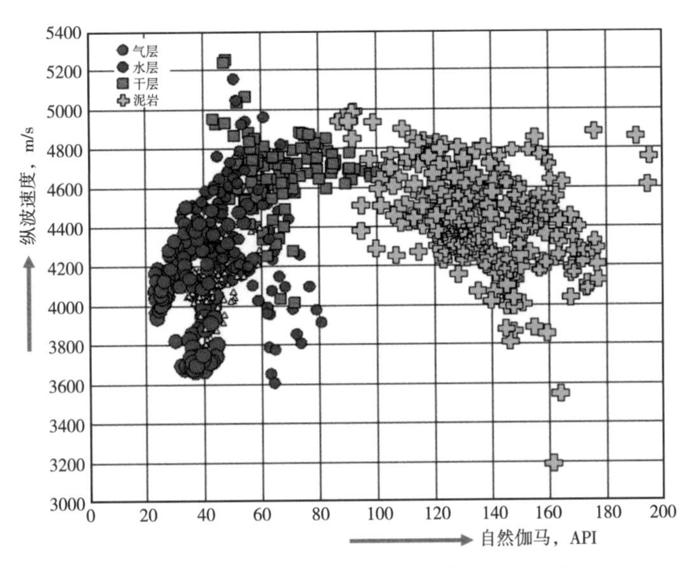

图 2-28 苏里格气田自然伽马与纵波速度交会图

1. 随机地震反演

随机反演以地震反演为初始模型，从井点出发，井间遵从原始地震数据，即以地震数据为硬数据建立定量的三维地质模型，进行储层横向预测。其特点在于综合了地震反演与储层随机建模的优势，充分利用地震数据横向密集的特点。随机反演考虑了地质变量的随机性，即考虑了沉积环境和沉积物在平面上的非均匀性，将目标区作为一个整体来考虑，能描述由于井点资料的不足而存在的参数的不确定性，反演结果受地质、测井和地震资料多级次的约束，忠于地震资料的同时也与井点达到最大吻合，能在空间上反映储层的变化。随机反演不需要波阻抗差异等反演前提条件，因而成为致密气储层横向预测较为有效的工具。

随机反演是以地质统计学为基础，结合地质学、沉积学等学科的知识，根据岩心分析、测井解释、地震勘探、生产动态及露头观测等多种来源的已知数据，对沉积相单元、岩相组合或具体的流动单元的空间分布及物性参数在空间的变化进行模拟，从而产生一系列等概率的储层一维或多维成像，或称等概率实现。随机反演不是基于模型但仍是以地质模型为基础的反演方法，因此，随机反演是一种将随机模拟理论与地震反演相结合的反演方法。

随机反演的关键技术是分析并拟合储层物理特性和岩石属性的直方图及变差分布，求出其特征值，以建立数学模型，用不同的方法（克里金和协克里金、序贯指示条件模拟）针对不同变量类型进行随机建模和反演。对储层地球物理属性特征分析，如速度、密度、波阻抗、伽马射线等，以揭示不同岩性与地球物理属性之间的关系，是储层横向追踪的基础；根据钻井地质资料统计出不同岩性的地球物理参数分布规律，确定反映不同岩性的地球物理参数的门槛值，用于作为不同岩性区分的界限，从而使储层的解释既定性又定量。岩石属性的直方图与变差函数分布图是随机分析中的重要参数，是随机方法选择的关键。对于连续变化的随机模型，要求数据是正态分布；对于离散化的随机模型，变差函数分布图代表岩石属性空间分布的相关性。

随机反演主要由两部分组成：随机模拟过程以及对模拟结果进行优化并使之符合地震数据的过程。随机模拟方法很多，一般采用序贯指示条件模拟（SIS）。序贯指示条件模拟沿任意随机路径进行，不同的随机路径得到不同的结果和实现；不同实现的差异反映了地下介质的非均匀性和随机性，差异越大，储层非均质性越强。

随机反演的步骤是首先利用井约束开展绝对波阻抗反演，然后利用随机反演技术预测伽马或其他岩性指示参数在三维空间上的分布，再利用岩性指示模拟技术实现对岩性剖面的划分。随机反演的关键技术主要有子波提取、储层标定、波阻抗反演约束参数的选取、储层参数的空间分布特征、岩性曲线的产生等[8,9]。

图 2-29 是苏里格某工区盒 8 段连井自然伽马反演剖面，反演的井旁道与测井曲线之间大小关系吻合，可以正确区分砂岩和泥岩，反演效果较好，能够用于指导预测岩性的纵横向变化。

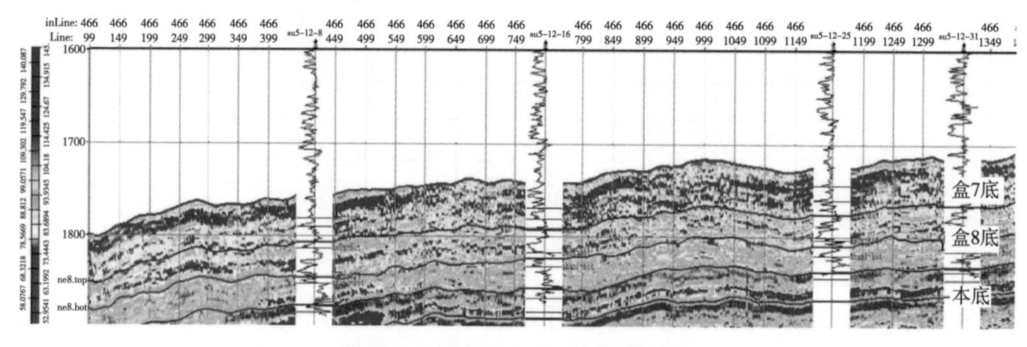

图 2-29　随机反演自然伽马剖面图

2. 分频反演

分频反演是近年发展起来的一种地震反演技术，是根据生产中常用的稀疏脉冲反演和测井约束反演中存在的问题而提出的一种全新的反演方法。它利用地震分频属性基于神经网络对测井曲线进行重构，求取能反映地质问题的地震参数。它是一种非常规反演方法。[10]

分频反演技术可以用来反演自然伽马曲线。分频反演对地震资料进行频谱分析，根据有效频带范围设计合适的尺度进行分频处理，产生不同频段的数据体，并提取相应频段的分频属性；再利用神经网络方法计算出不同厚度下振幅与频率之间的关系，即 AVF，并将 AVF 关系加入反演过程中，输入每个分频属性体和分频地震数据，用已经得到的砂质、泥质含量曲线与地震波形之间的映射关系，来反演泥质含量分布范围，进而对砂体富集区进行预测。

分频反演首先要对地震数据进行频谱分析，确定数据的有效频带范围，利用小波分频技术将原地震数据分成低频、中频、高频分频数据体，通过线性加法器方法计算出不同厚度下振幅与频率（AVF）之间的关系，将 AVF 关系引入反演，从而建立起测井目标曲线与地震波形间的非线性映射关系，得到反演结果。在分频反演过程中，由于加入 AVF 关系，有效地降低了反演的自由度。

现介绍分频反演基本原理。

1）AVF 关系

对于一个楔状模型，用不同主频的雷克子波与其褶积，得到一系列合成地震剖面，从而得到振幅与厚度在不同频率时的调谐曲线，如图 2-30（a）所示，对图 2-30（a）进行转换，就可以得到在不同时间厚度下振幅随频率变化（AVF）的关系，如图 2-30（b）所示。

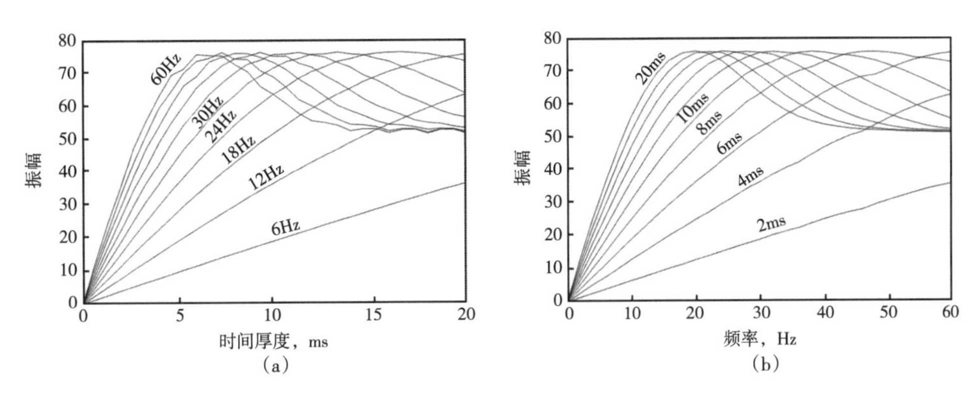

图 2-30 不同时间厚度振幅随频率变化关系图

某一地震波形是波阻抗（*AI*）和时间厚度（*H*）的函数。也就是说，反演时仅根据振幅同时求解 *AI* 和 *H*，即已知一个参数求解两个未知数，结果是多解的。AVF 展示了一个重要规律：同一地层在不同的主频频率子波下会展现不同的振幅特征。但从图 2-30 中可以看出 AVF 关系非常复杂，很难用一个显示函数表示，需用支持向量机（SVM）非线性影射的方法在测井和地震子波分解剖面上找到这种关系，利用 AVF 信息进行反演。

2）向量机（SVM）实现

SVM 由 Vapnik 于 1992 年首次提出，它是一种类似神经网络的计算方法，可以作为模式分类和非线性回归，它是三个参数控制的学习方法，克服了神经网络所存在的诸如局部最优、过度学习、网络不稳定等问题，是统计学习和人工智能中非常先进的算法。在分频反演过程中，由于加入 AVF 关系，有效地降低了反演的自由度。

分频反演首先要对地震资料的频宽进行分析，通过频谱分析得出工区盒 8 段、山 1 段有效频带范围为 10~50Hz，根据有效频带范围设计合适的尺度进行分频，产生不同频段的数据体，从而达到分频的目的。对于分频后的数据体，利用支持向量机（SVM）的方法计算出不同厚度下振幅与频率（AVF）之间的关系，将 AVF 关系引入反演，从而建立起测井波阻抗曲线与地震波形间的非线性映射关系，得到工区分频反演结果，具体反演流程如图 2-31 所示。

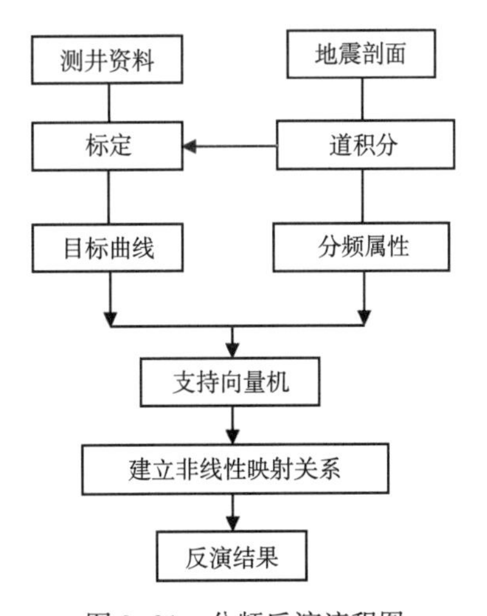

图 2-31 分频反演流程图

图 2-32 是利用分频反演得到的自然伽马曲线剖面，

反演剖面与已知井钻井结果有很好的相关性。在钻井资料较多的区块，自然伽马反演是区分砂岩和泥岩的一种较为有效的手段。为了避免工区范围内不同批钻井测井得到的自然伽马测井曲线出现的系统误差或者同一口井上、中、下井段测井日期不同造成的系统误差，可以通过经验公式对自然伽马曲线进行转换和系统校正，得到泥质含量曲线，达到减小误差的目的，从而通过反演目的层的泥质含量达到预测砂体富集区的目的。

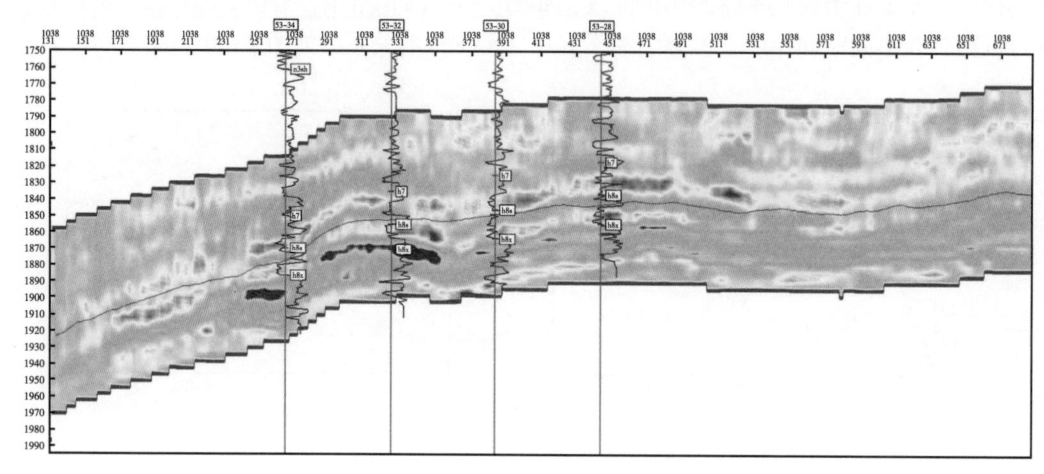

图 2-32　Inline1038 分频反演伽马曲线剖面

第四节　致密气储层含气性检测技术

对于致密气储层，富砂带的预测为划分有利含气富集区奠定了基础，但仅仅表明这个区内在有效砂体展布范围和单层砂体厚度这两个方面较有利，并不表明区内都是可以经济开发的气层。致密气藏勘探开发实践表明，致密气储层的含气性检测是优选含气富集区和高效布井的关键技术。致密气藏的主要特点是分布面积广、丰度低、有效储层薄、储层非均质性强、物性纵横向变化大、气水关系复杂、储层含气性检测难度大。根据对致密气储层的地震响应研究，致密气储层含气性检测以叠前方法为主、叠后方法为辅、多种技术进行综合预测。

一、AVO 气层检测

AVO 技术通过建立储层含流体性质与 AVO 的关系，应用 AVO 属性参数来对储层的含流体性质进行检测。其应用的基础是泊松比的差异，不同岩性和不同孔隙流体介质之间存在泊松比的差异，这使应用 AVO 技术进行储层识别和储层孔隙流体性质检测成为可能。AVO 分析过程就是利用地震反射的叠前道集资料，分析储层界面上的反射波振幅随炮检距的变化规律，或通过计算反射波振幅随其入射角的变化参数，估算界面上的属性参数和泊松比差，进一步推断储层的岩性和含油气性质。

与叠后地震技术相比，AVO 技术直接利用道集资料进行分析，充分利用了多次覆盖得到的丰富的原始信息；而叠后预测技术都忽视和丢掉了包含在原始道集里的很有价值的信息。同时与常用的亮点技术相比，AVO 技术利用了振幅随炮检距入射角变化的整条曲线的特征，对岩性和储层含流体性质的解释更可靠。而亮点技术只利用了平面波垂直入射（入射角为 0）的特殊情况储层界面反射系数的结论。

AVO 应用的基础是泊松比的差异。致密气储层岩石物理分析表明，致密气储层含气时泊松比变化明显。因此，AVO 技术在对致密气藏的检测方面具有明显的优势。另外同其他气层检测方法相比，该技术基于严格知识表达，且具有明确地质意义，因而更便于地震解释和实际应用。近十余年来，AVO 气层检测技术在致密砂岩的含气性检测方法发挥着越来越重要的作用。

1. AVO 属性分析

AVO 属性分析就是把 AVO 信息与岩性和油气联系起来，揭示 AVO 属性异常和烃类关系，给予 AVO 属性的地质含义。这是一项综合性的分析方法，必须结合本地区地质和地球物理特点，建立本区的 AVO 识别标志，结合地质、测井、钻井和地震资料，进行综合解释，以充分挖掘 AVO 信息的潜力，减少 AVO 解释的陷阱。

AVO 分析中最常用的是 Shuey 的二阶 Zoeppritz 近似方程，见（2-1）。

$$R_{pp} = P + G\sin^2\theta \tag{2-1}$$

其中：

$$P = R_0 \tag{2-2}$$

$$G = A_0R_0 + \frac{\Delta\sigma}{(1-\sigma)^2} \tag{2-3}$$

式中　P——截距，反映垂直入射时的反射振幅；

G——梯度，反映振幅随炮检距的变化率。

根据 Shuey 方程，可以得到 AVO 的属性参数：P、G、$P+G$、$P\cdot G$ 等。做反演时，在动校正后的共中心点道集上，对每个时间采样点反射振幅随入射角的变化进行直线拟合，计算出 P 和 G，便可以得到如下的属性剖面：

P 属性剖面：P 剖面是真正的垂直入射零炮检距的 P 波反射系数，由 *AVO* 截距组成。

G 剖面：由梯度或斜率组成，反映的是岩层弹性参数的综合特征。对于波峰，当斜率 G 为正值时，表示振幅随炮检距的增加而增加；当 G 为负值时，表示振幅随炮检距的增加而减小。对于波谷，当斜率 G 为正值时，表示振幅随炮检距的增加而减小；当 G 为负值时，表示振幅随炮检距的增加而增加。因此，单独使用 G 剖面很难对 AVO 特征做出解释。解决这个问题有三种方法：（1）将 G 剖面与 P 剖面叠合显示，在 P 剖面波形背景上用彩色显示出 G 值，波峰上的正 G 值和波谷上的负 G 值都表示振幅随炮检距的增加而增加；（2）把波峰上的正 G 值与波谷上的负 G 值都用同一种彩色显示，这个彩色表示振幅随炮检距的增加而增加；（3）对振幅取绝对值，然后求取 G 值，只要 G 是正值，就表示振幅随炮检距的增加而增加。

横波剖面：当纵、横波速度比近似等于 2 时，$P-G$ 剖面可以反映出横波波阻抗的特征。

泊松比剖面：当纵、横波速度比近似等于 2 时，$P+G$ 剖面反映的是泊松比特征。

碳氢指示剖面：即 $P\cdot G$ 剖面，截距与梯度相乘，增大数据绝对值范围，可以使“亮点”异常进一步从背景中突显出来，有利于异常信息检测。

AVO 属性分析首先从单井出发，通过总结已知井的 AVO 响应特征，进一步明确气层发育的敏感属性。图 2-33 为苏里格地区 S10-30-48 井 AVO 正演模拟记录，从图中可以看出，在叠前 CRP 道集上，盒 8 段砂岩含气后表现为气层反射振幅随偏移距增大而增强的特征，且含气性越好，相应的反射振幅值变化也越大，结合实钻井分析认为盒 8 段 AVO 响应属于 CastagnaAVO 含气异常四分法中的第二类或第三类含气砂岩。

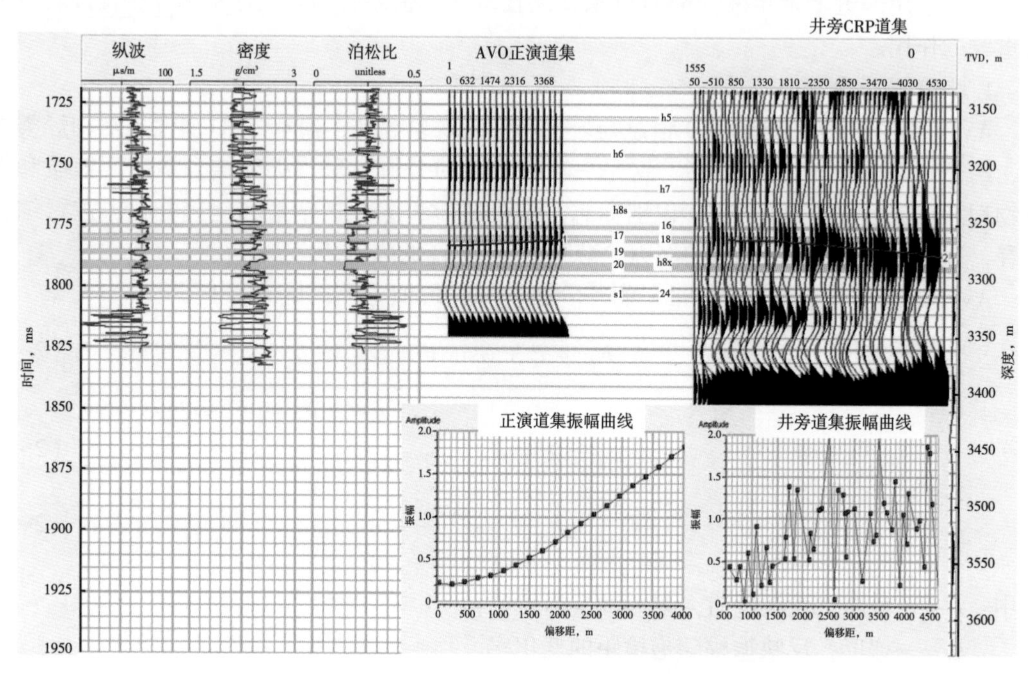

图 2-33　S10-30-48 井 AVO 正演模拟

通过单井 AVO 特征分析明确了气层的 AVO 响应特征，可以利用 AVO 属性进行烃类检测。在苏里格气田对于地表条件较好、叠前道集信噪比较高的区块，利用 AVO 近似公式对 CRP 道集提取 AVO 属性体，可以对盒 8 段气层进行了预测。图 2-34 为 S14 井区盒 8 段截距+梯度属性（$P+G$）剖面图，从图中可以看出，截距+梯度值越小，含气性越好，与单井 AVO 分析结果一致，暖色区域较好地反映了研究区盒 8 段气层，与钻井结果相符。

2. AVO 近远道特征法气层检测[11]

在致密气勘探开发区块如苏里格地区，相当多的区块地表条件较复杂，地震叠前道集信噪比较低，AVO 属性剖面信噪比也较低，进行含气性解释多解性强，不能满足气层检测的需求。在这种情况下，采用基于 AVO 的近远道叠加剖面特征法进行气层检测，在苏里格气田致密气气层检测中取得了良好的预测效果[11]。

AVO 近远道叠加剖面特征法考虑常规地震资料解释的方便性和信噪比高的优点，又吸收地震叠前信息检测天然气层的敏感性，合理地划分近道、远道叠加范围，将 CMP 道集的小角度部分道集叠加形成近道叠加剖面，大角度部分道集叠加形成远道叠加剖面，进而分析常规叠加剖面和具有 AVO 特征的近道、远道叠加剖面对天然气层响应特征，用于气层的综合识别。采用这种部分叠加进行含气层反射特征识别方法的优点是：一方面，部分叠加可以提高不同偏移距（近道和远道）的信噪比，有利于识别含气层的标定；另一方

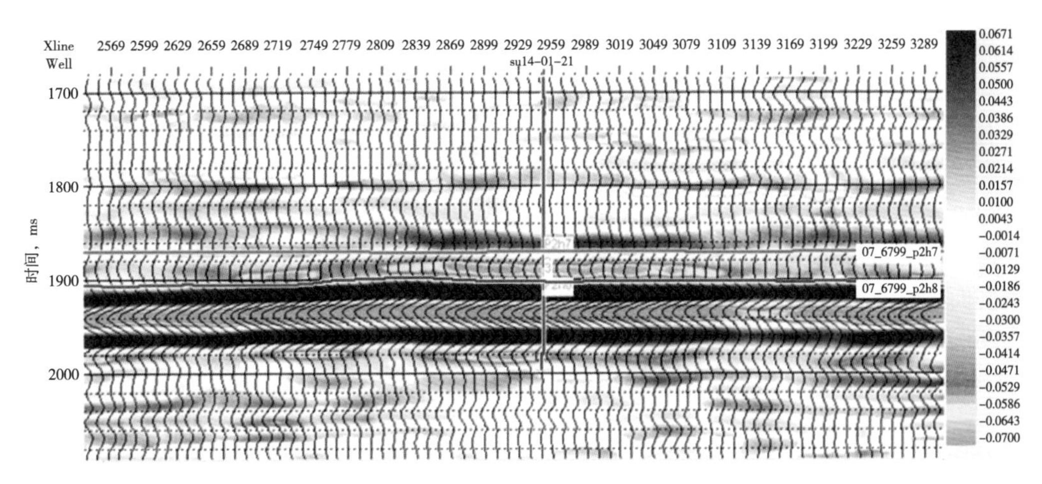

图 2-34 S14 井区盒 8 段 *P*+*G* 属性剖面图

面，部分叠加不同于完全叠加，部分叠加仍然保留了含气层反射的 AVO 特征，即反射振幅的绝对值随偏移距的增大而增强的特点。此外，部分叠加剖面较好地保留了储层含气后对地震波吸收衰减后形成的波形、频率特征，有利于气层检测。

实际资料分析中，采用近道、远道叠加记录进行含气层反射特征识别时，需解决如何划分近偏移范围和远距偏移范围的问题。理想的解决方法是：通过了解含气层及其围岩的弹性参数分布，进行正演来确定划分界线。在未知弹性参数条件下，也可根据叠前反射波性相似性测度来确定近道、远道叠加的偏移距范围，常用的计算方法包括欧氏距离、马氏距离、明氏距离等。

气层的 AVO 近远道剖面特征受多种因素的影响。鄂尔多斯盆地上古生界碎屑岩气层地震响应特征主要影响因素是气层组的厚薄、物性好坏及气层与围岩的组合关系，是气层地震响应类型划分的主要参数。岩石的成岩作用、矿物成分、埋藏深度、温度、压力和构造等因素相对变化较小，可作为辅助因素。

为清晰明了，也便于应用，首先根据储层的含气性分为气层和致密砂岩层（非气层或差含气层），再依据气层在常规叠加剖面及近、远道叠加剖面上的地震响应特征和可分辨性，分为“厚”气层和薄气层，又考虑到气藏开发的经济性，把薄气层和致密砂岩层归为一类，因此分为“厚”气层和致密砂岩层+薄气层两大类，其地震响应类型见表 2-5。

表 2-5 苏里格砂岩含气性的地震响应类型表

气层分类	“厚”气层	致密砂层+薄气层
地震反射特征	“亮点”型	强振幅连续反射型
	中—强振幅型	弱振幅连续反射型
	弱—中振幅型	中强振幅断续反射型
	“暗点”型	杂乱反射型

鄂尔多斯盆地上古生界碎屑岩气层在应用常规叠加剖面时，地震分辨率按 1/4 波长计算为 30m，1/8 波长为 15m。AVO 技术 *P*（AVO 截距）、*G*（AVO 梯度）交绘图表明，6m

气层或气层组有较明显的 AVO 响应特征。依据实际资料的统计分析，厚度 4m 且分布较为稳定的气层，在 AVO 远道、近道叠加剖面上可显示振幅随炮检距增大而增强的特征。因此，从“厚”气层和致密砂岩层+薄气层两大类型在地震剖面上的响应特征看，“厚”气层要有两个方面含义：一是地震剖面上有明显的响应特征，通过分析可以识别出来；二是受地震资料的品质影响大，地震资料信噪比高、波阻特征清楚、频谱宽，厚度较薄的气层仍可识别；反之，即使厚度较大的气层也无法识别或产生判识错误。致密砂岩层含气性差、速度大、密度高，波阻抗值大于围岩，属非气层类型；薄气层因地震分辨率不够，在地震剖面上没有明显的气层地震响应特征，薄气层的判识也受地震资料品质的影响。

利用 AVO 近远道剖面特征识别气层，各种类型的气层的地震响应特征描述如下：

“厚”气层地震响应特征图如图 2-35 所示。

（1）“亮点”型。

在常规叠加剖面上反射振幅强，呈“亮点”特征，在近道、远道叠加剖面上，都有较强的反射振幅，反射振幅具有明显的随炮检距增大而增强的特征。该类型气层组厚度较大、物性好，与上覆盖层有较大的负波阻抗差。

（2）中—强振幅型。

在常规叠加剖面上为中—强振幅，近道叠加剖面上为中—弱反射振幅，远炮检距叠加剖面上为强反射振幅，呈“亮点”特征，反射振幅具有明显的随炮检距增大而增强特征。属于气层组厚度较大、物性较好、与上覆盖层存在负波阻抗差的气层组合地震反射特征。

（3）中—弱振幅型。

在常规叠加剖面上为中—弱振幅，近道叠加剖面上为弱反射振幅，呈“暗点”特征，

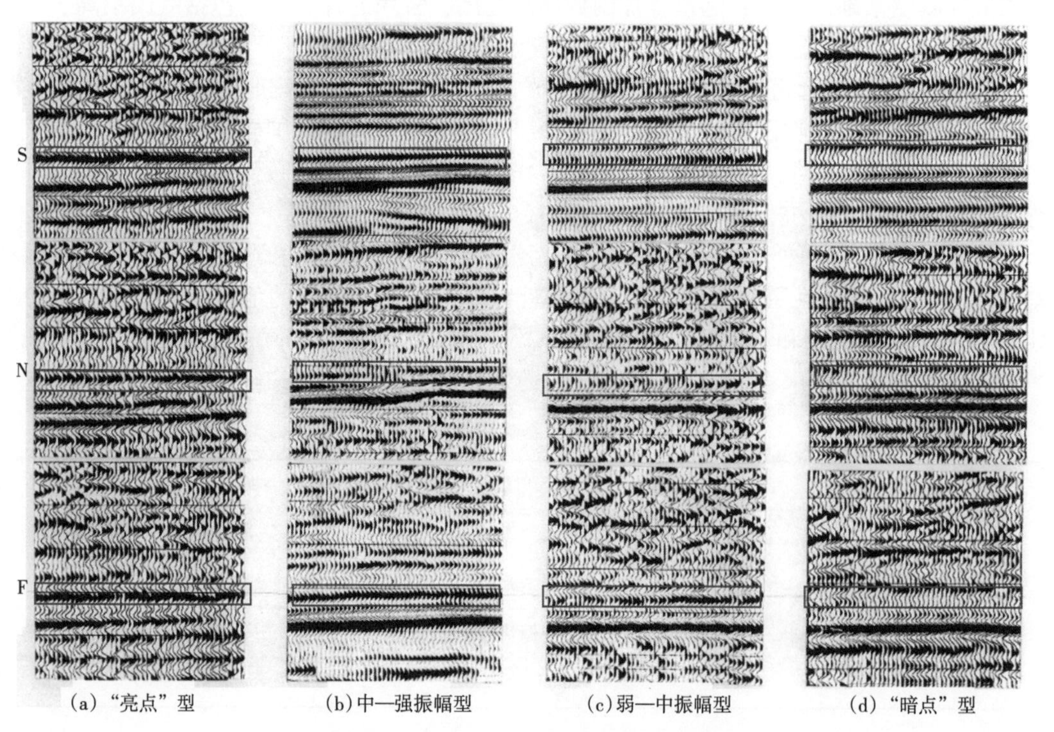

（a）“亮点”型　（b）中—强振幅型　（c）弱—中振幅型　（d）“暗点”型

图 2-35 “厚”气层地震响应特征图

S—常规叠加剖面；N—近道叠加剖面；F—远道叠加剖面

远道叠加剖面上为中—强振幅，反射振幅具有随炮检距增大而增强的特征。该类型地震反射特征代表气层组较厚、物性中—较差，气层的波阻抗值虽小于上覆盖层，但差异较小的气层组合。

（4）“暗点”型。

在常规叠加剖面和近道、远道叠加剖面上为“干净”的空白反射，呈“暗点”特征，反射振幅随炮检距增大而增强，但不明显。气层组的厚度大、物性相对差，气层组的波阻抗与上覆盖层差值小或略高于盖层的波阻抗。

以上四种类型气层在常规叠加剖面及近道、远道叠加剖面上有特征的频率特性，表现为频率较低，反射同相轴“胖”，一般较粗糙、不光滑，信噪比为中—较高。这些反射特征与振幅的变化一样，都是气层综合识别的重要参数。

利用 AVO 近远道剖面特征识别致密砂岩层或薄气层，也可分为如下类型（图 2-36）：

（1）强振幅连续反射型。

常规、近道和远道叠加剖面上均为强反射振幅，反射同相轴“瘦”且光滑，连续性好，近道、远道叠加剖面振幅没有明显的变化，或者有较大的振幅增强。为致密砂岩型、砂泥岩互层、单层厚度较大的地震反射特征。

（2）弱振幅连续反射型。

三种剖面上均表现为弱的反射振幅，反射同相轴连续性较好，近道、远道叠加剖面振

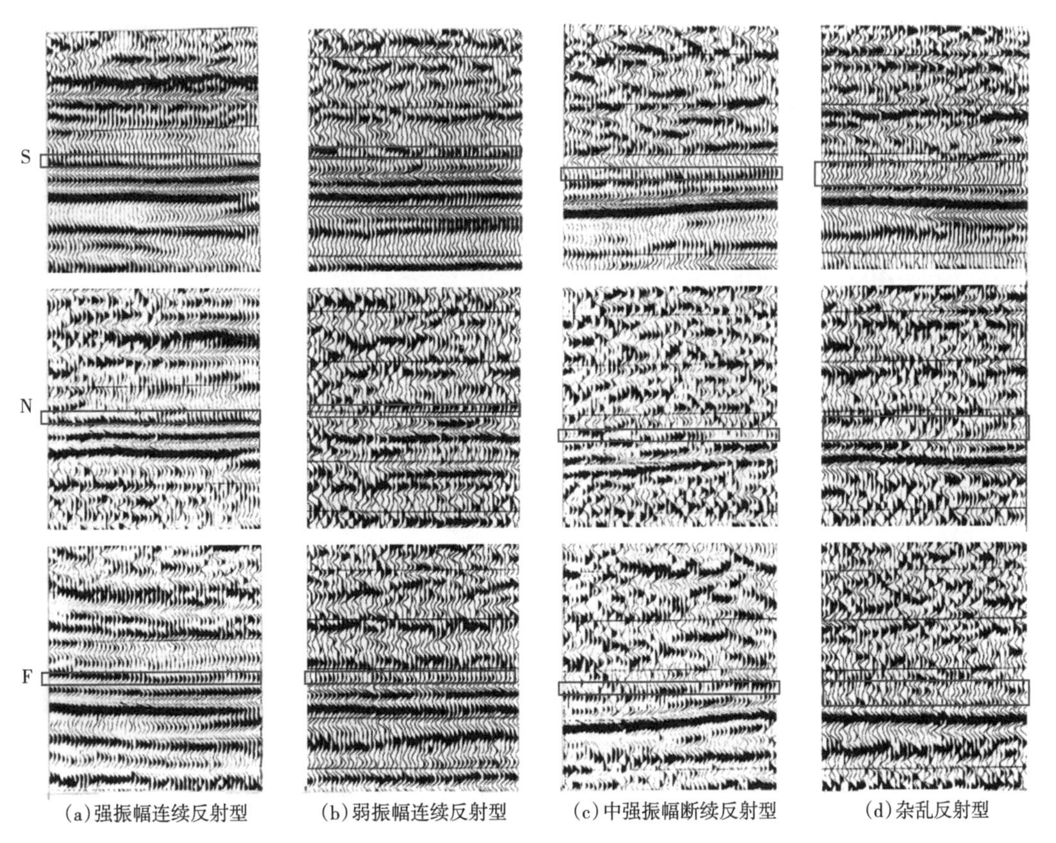

图 2-36 致密砂岩层与薄气层地震响应特征图

S—常规叠加剖面；N—近道叠加剖面；F—远道叠加剖面

幅没有明显的变化，或近道比远道振幅强。是较为稳定的砂泥薄互层地震反射特征。

（3）中—强振幅断续反射型。

反射同相轴能量团断断续续，横向变化快且较强，反射同相轴连续性较差，远道比近道叠加剖面的振幅有较小的增强。为砂泥薄互气层或致密砂岩层，横向变化较大，砂体延续范围小的岩性组合或气层组合地震反射特征。

（4）杂乱反射型。

反射断断续续、杂乱，反射同相轴连续性差，近道、远道叠加剖面上没有明显的振幅增强或减弱的变化。为砂泥薄互透镜状地震反射特征。

分布稳定的致密砂岩层或砂泥薄互层与“厚”气层的反射特征相反，频率较高，反射同相轴“瘦”“光滑”“干净”，信噪比高，而横向分布不稳定、厚度变化快的薄互层或薄气层，地震反射杂乱或断续反射，信噪比低。

在上述分类的基础上，可以根据实际工区的已钻井钻遇气层情况及井旁地震道的地震剖面，对气层反射特征分类进行简化，建立适合地震工区的气层识别简化模式，利于高效预测有利含气富集区和井位优选。图 2-37 是苏里格气田中北典型气层与致密砂岩层 AVO 近道、远道特征剖面对比图。利用该特征建立了适合苏里格中北区的气层识别模式，在实际应用中取得了良好效果。

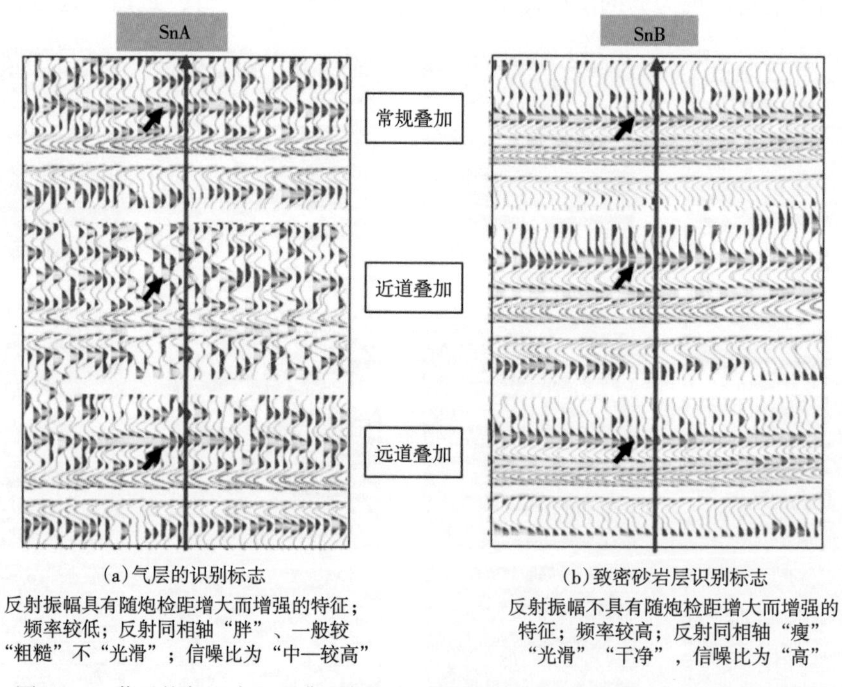

图 2-37　苏里格气田中北区典型气层与致密砂岩层 AVO 近远道特征剖面对比图

利用 AVO 近远道剖面特征识别气层在苏里格实际工区中应用见到了良好的效果。如图 2-38所示，按该方法预测了苏 25 区块 062542 测线上的高产气层，部署了 3 口开发井 S-42-2 井、S25-42-1 井、S25-42-3 井，实钻结果显示 3 口井钻遇气层 15～20m，试气无阻流量 $(20\sim30)\times10^4m^3/d$。利用该方法在苏里格气田苏 10、苏 53 等 9 个区块内进行了规模应用，优选大量井位，钻探后Ⅰ类+Ⅱ类井比例达到 80%以上，充分证明了该方法的有效性。

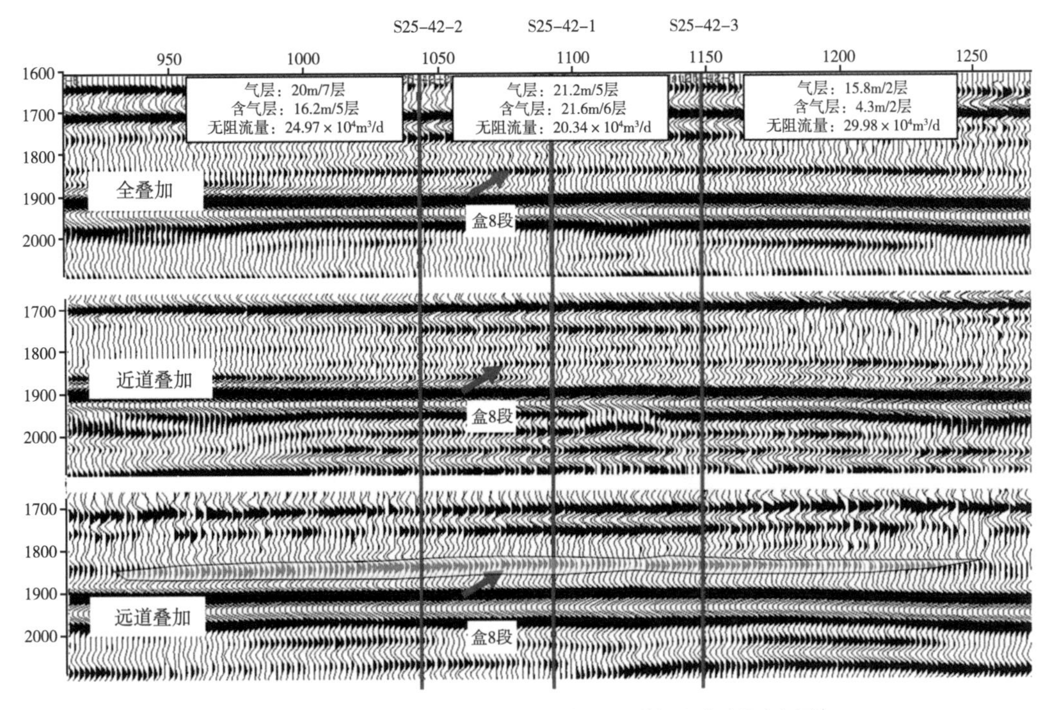

图 2-38 苏里格地区 062542 测线近远道解释气层展布图

3. 频谱交会气层检测

频谱交会技术是近年来基于 AVO 技术发展起来的一种气层检测技术。该技术在研究了 H. F. Ren 于 2007 年在薄层厚度、孔隙流体、入射角对不同频率的地震波反射振幅的影响的基础上，将 AVO 技术和频谱分解技术相结合，对气层、水层进行定性识别[12]。

假设透射角 θ_2 与入射角 θ_2 大概相等，地层完全弹性并且忽略了透射和其他能量损失，根据 Marfurt（2001）提出的公式，地震反射振幅 G（f，ϕ）和频率 f 及平均角度 ϕ 呈如下函数关系：

$$G=(f,\ \phi)=r_1(\phi)\exp(-i2\pi f t_0)+r_2(\phi)\exp[-i2\pi f(t_0+\Delta t)] \tag{2-4}$$

式中 r_1（ϕ）、r_2（ϕ）——分别为顶底界面的反射系数；

ϕ——入射角和透射角的平均，即为（$\theta_1+\theta_2$）/2；

t_0——到达顶界面的双程旅行时间；

Δt——到达底界面与底界面的双程旅行时间之差。

Liu 和 Schmitt 于（2003 年）估计顶、底界面的双程旅行时间差：

$$\Delta t \approx \frac{2b\cdot\cos(\theta_2)}{v_{P2}} \tag{2-5}$$

式中 v_{p2}——储层的地震纵波速度。

将到达顶界面的参考时间置为 0，则式（2-4）简化为：

$$G(f,\ \theta)=r_1(\phi)+r_2(\phi)\cos(2\pi f\Delta t)-ir_2(\phi)\sin(2\pi f\Delta t) \tag{2-6}$$

根据致密气储层情况，建立如图 2-39 所示模型，模型参数见表 2-6。

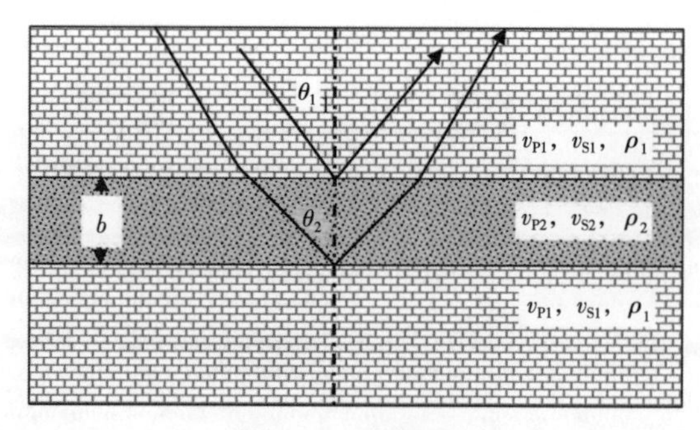

图 2-39　储层模型

表 2-6　模型参数表

	纵波速度，m/s	横波速度，m/s	密度，g/cm^3
围岩	4800	2925	2.6
气层	3955	2465	2.3
水层	4270	2280	2.5

根据分频振幅的计算公式（式 2-b），分别计算了含水和含气层在入射角 0°~25°时的分频振幅（图 2-40）。由图中可以看出分频振幅随着频率的变化而变化，并且气层和水层的分频振幅差异也有明显的区别。图 2-41 分别给出了在 0°和 25°入射时气层和水层的分频振幅差异与频率之间的关系。从图中可以看出：（1）无论以多大的角度入射，气层和水层振幅差异的最大值均出现在某个峰值频率附近。（2）25°入射时气层和水层的振幅差异大于 0°入射时的差异，即气层和水层的振幅差异在远道上比在近道上要明显。

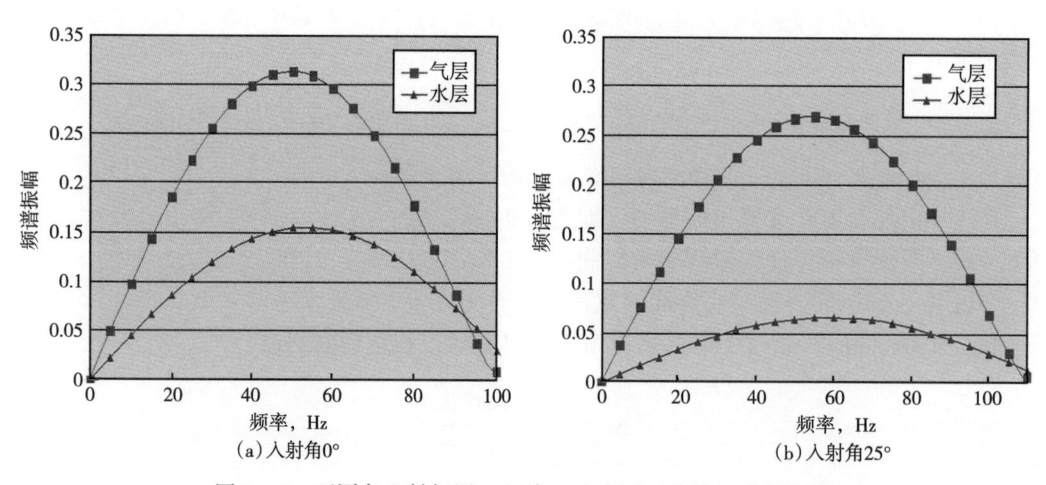

(a) 入射角0°　　(b) 入射角25°

图 2-40　不同角入射气层（红线）和水层（蓝线）分频振幅

通过数值模拟分析可知，即使在时间域具有同类 AVO 响应的薄水层和气层，其不同角度反射在不同频率或频带却有不同的响应特征：（1）在有效频带内，小角度反射区域水层反射能量强于气层，在峰值频率处两者差异最大；（2）在有效频带内，大角度反射区域水层反射能量弱于气层，在峰值频率处两者差异最大；（3）气层能量反射特征表现为大角度（大偏移距）数据在主频附近的强反射振幅。

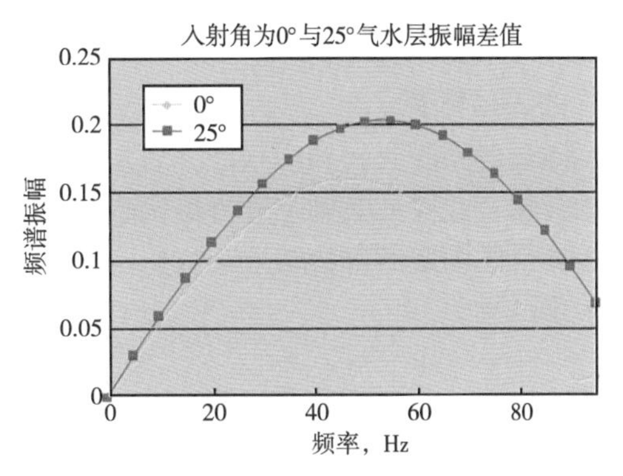

图 2-41 在入射角 0°（水蓝色线）和 25°（紫线）是气层和水层振幅差异值

频谱交会分析的前提是需要将地震时间域信号转成频率域信号，而这个转化过程需要频谱分解算法。实际应用中主要有离散傅里叶变换（DFT）、连续小波变换（CWT）、时间-频率连续小波变换（TFCWT）、S 变换等，需要对各种算法进行优选[13]。

由于不同地区、不同的地质条件下，气层、水层的频谱振幅差异特征有所不同，这需要通过分析研究找到这个敏感频率，进而凸显气层、水层的振幅差异。应用频谱分解，通过对已知过井地震道的近道、远道分频，并进行交会，图 2-42 为苏里格某工区已知气层、水层在不同频率处的近道、远道振幅交会图，对比得出，在 15Hz 附近利用近道、

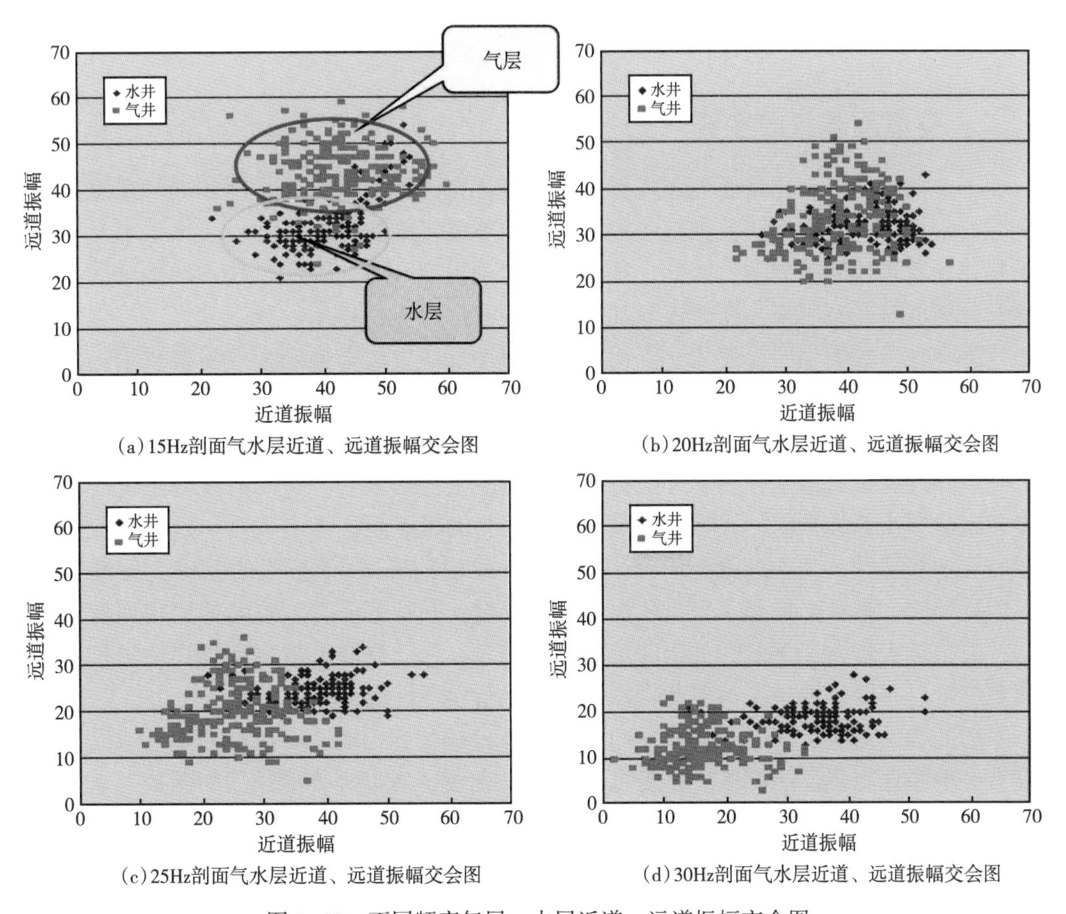

(a) 15Hz剖面气水层近道、远道振幅交会图

(b) 20Hz剖面气水层近道、远道振幅交会图

(c) 25Hz剖面气水层近道、远道振幅交会图

(d) 30Hz剖面气水层近道、远道振幅交会图

图 2-42 不同频率气层、水层近道、远道振幅交会图

远道振幅交会可以较好地区分气层、水层。因此最后确定该区的敏感频率为15Hz。同时明确了气层、水层层在15Hz频率处近道、远道振幅的分布范围，指导后续的气层、水层的振幅解释。

同理对实际资料利用频谱分解对近道、远道叠加数据分频得到15Hz的对近道、远道叠加数据，并在此基础上进行振幅提取。在已知井的指导下制订交会解释图版。图2-43为用交会图图版解释的结果，红色层位代表交会解释的气层结果，蓝色层位代表交会解释的水层结果。

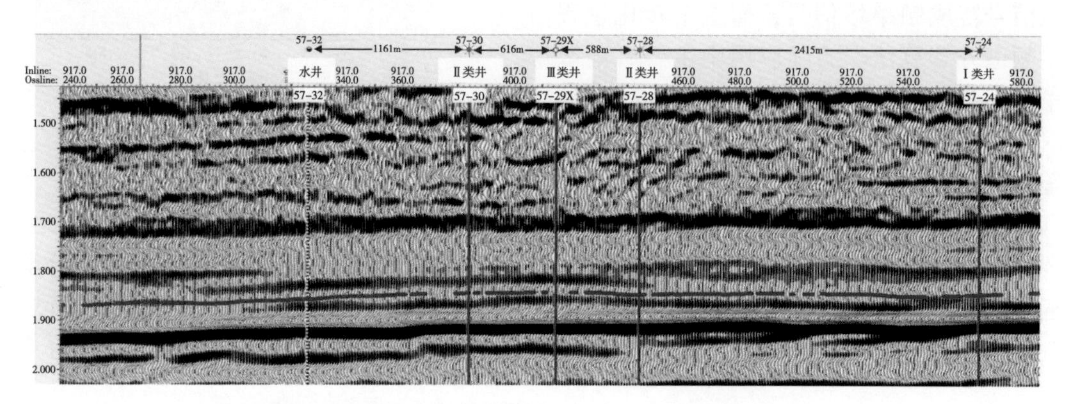

图2-43　inline823线频谱交会气层、水层检测剖面

二、叠前反演气层检测

由于叠前地震资料比叠后地震资料包含了更丰富的地下地质、岩性和油气信息，可以得到除波阻抗之外的很多其他弹性参数的信息，丰富了描述储层的手段，增强了对复杂储层的描述和流体检测的能力。因此，从地震资料中提取介质的弹性参数，并将这些参数与岩性和流体成分联系起来，在岩性与油藏预测中发挥着重要作用。致密砂岩储层含气后其泊松比等弹性参数发生明显变化，因而可利用叠前反演方法来得到弹性阻抗或泊松比等弹性参数，从而进行气层检测。常用的方法有叠前弹性阻抗反演和弹性参数反演。

1. 地震弹性阻抗反演

地震弹性阻抗反演是在叠后声阻抗反演的基础上提出来的。叠后的声波阻抗反演使用了全角度的多次叠加数据，并且只提供了种类很少的纵波阻抗等参数在一定程度上削弱了储层特征的敏感性。为了克服叠后反演的不足，学者们在AVO技术的基础上发展了叠前弹性阻抗反演。弹性阻抗是一个与角度有关的函数，它的值随着入射角的变化而变化。弹性阻抗数据体中包含了更多的关于储层参数的信息，通过提取反演得到的弹性阻抗体，可以得到速度、密度、泊松比等多种岩性参数，进行含气性检测[14]。

一般的弹性阻抗反演主要是Connolly基于Zoeppritz方程的Aki-Richards近似提出的与角度有关的弹性阻抗反演方法，它是纵（横）波速度、密度和入射角度的函数（式2-7）。

$$EI(\theta) = v_{p}^{1+\tan^2\theta} v_{s}^{-8K\sin^2\theta} \rho^{1-4K\sin^2\theta} \tag{2-7}$$

式中　EI——弹性阻抗；

v_{p}——纵波速度；

v_s——横波速度；

ρ——岩石密度；

θ——入射角；

K——纵波、横波速度比。

弹性阻抗公式随着入射角度的变化会对尺度产生影响，这样很不利于对弹性阻抗的值做分析和比较，为了克服这个影响，Whitcombe 于 2002 年对 Connolly 方程作了标准化处理，引入了三个参考常数 α_0、β_0 和 ρ_0，将弹性阻抗公式修改为如下形式：

$$EI_{\mathrm{PP}}(\theta)=\left(\frac{\alpha}{\alpha_0}\right)^A\left(\frac{\beta}{\beta_0}\right)^B\left(\frac{\rho}{\rho_0}\right)^C \tag{2-8}$$

其中，$A=1+\tan^2\theta$，$B=-8K\sin^2\theta$，$C=1-4K\sin^2\theta$。

定义上述三个参考常数值为测井资料获得的 α、β 和 ρ 曲线的平均值，按照公式求得的 EI_{PP}（θ）变化范围就会在单位 1 附近。进一步地对这个函数进行标定，即通过使用因子 $\alpha_0\rho_0$ 对函数的表达形式进行修改，那么最终获得的弹性阻抗值与声阻抗值将会在同一个尺度上，当 $\theta=0$ 时，通过函数 EI_{PP}（θ）能够正确地计算出声阻抗的值 $\alpha\rho$。其他弹性参数对应的弹性阻抗均有相应的标准化形式。

叠前弹性阻抗反演的流程如图 2-44 所示，首先将叠前偏移距道集转成角度道集；然后分角度叠加；在分角度叠加剖面上利用测井约束反演，分别开展不同角度的弹性阻抗反演，揭示地下储层的属性和流体特征。弹性波阻抗反演之前一般要做以下工作。

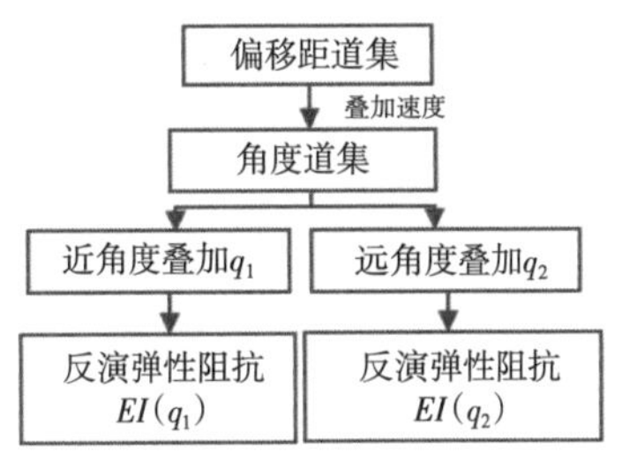

图 2-44　叠前弹性阻抗反演流程

1）井上不同角度弹性阻抗曲线计算

利用纵波速度、横波速度、密度测井曲线，根据 Connolly 提出的公式分别计算不同角度的弹性阻抗。具体角度需根据地震资料的最小角度、最大角度确定。

2）叠前道集预处理与部分角度叠加处理

（1）分时剩余静校正和相位校正。

采用分时剩余静校正沿着多个反射界面求取剩余静校正量，不仅克服了常规剩余静校正利用地表一致性模型获得一个综合静校正量的局限性，还消除了道集内由于剩余静校正的存在造成的同向轴时差，同时又对道集做了相位校正，提高了叠前道集的同相性。

（2）叠前道集去噪。

针对叠前道集上残留的噪声和异常能量，在时间域、频率域其进行去噪处理，进一步提高 CMP 道集的信噪比。

（3）共偏移距道集转成共角度道集。

把固定炮检距的记录道转换成固定入射角（或一定角度范围内的道集叠加）的记录，将振幅随炮检距变化的关系转换为振幅随入射角变化的关系，进而获得角道集叠加资料。

3）测井约束弹性阻抗反演

由于地震资料是具有某个频带宽度的资料，只能反演出相对阻抗的信息，需要低频模型的补充才能获得绝对弹性阻抗，而低频模型的构建往往都是通过对井曲线进行高切滤波后再采用插值算法，并在地震网格、地层解释层位的控制下插值得到。

在弹性阻抗反演的过程中，采用模型迭代反演的方法实现：应用低频模型作为初始的猜测模型，并将模型与给定子波进行褶积得到正演记录，对比正演记录与实际地震记录，当两者的差别大于给定误差时，则修改模型，直到正演记录与实际地震记录的差别小于给定误差，最后得到的模型即为反演结果。

现介绍苏里格地区应用叠前弹性阻抗反演进行含气性检测的实例。图2-45、图2-46分别为利用1°~15°部分角度叠加剖面（中间角度8°）、16°~30°（中间角度23°），在提取对应在子波及建立相应的低频模型的条件下，采用模型迭代反演的方法分别得到的弹性阻抗剖面，并在已知井小角度、大角度弹性阻抗的交会图上（图2-47）分析得到：在含气砂岩层段，具有小角度弹性阻抗值低、大角度弹性阻抗值低的特征。并由此确定含气储层的解释图版，明确含气储层的小角度、大角度弹性阻抗分布范围，并将地震反演得到的弹性阻抗反演结果投影到解释图版中进行含气储层解释（图2-48），据此可以直观地了解盒8段下含气砂岩储层的纵向、横向分布范围，为开发中井位部署提供依据。

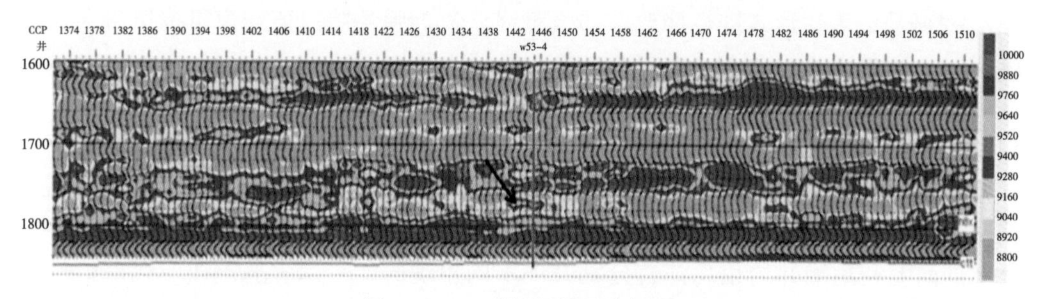

图2-45　8°弹性阻抗反演剖面

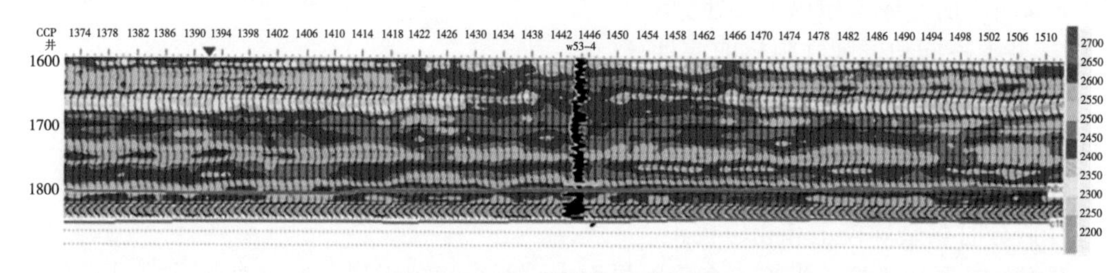

图2-46　23°弹性阻抗反演剖面

2. 弹性参数反演

地震弹性参数反演是指利用地震数据反演得到地层弹性参数，用于岩性识别和储层流体的描述。最常用的地震弹性参数反演方法是叠前同时反演。

叠前同时反演从角道集和多个部分角度叠加出发，综合利用所有入射角的地震数据，进行同时反演，能够同时得到纵波速度、横波速度、密度数据体，在此基础上可以推出纵波、横波、速度比，泊松比，拉梅系数，杨氏模量，剪切模量，体积模量等有用的岩石弹性参数，利用多种参数交汇可以更好地区分储层。

叠前同时反演使用的是Aki-Richard方程的一种数学变换——Fatti方程：

$$R_{pp}(\theta)=c1R_{p}+c2R_{s}+c3R_{D} \tag{2-9}$$

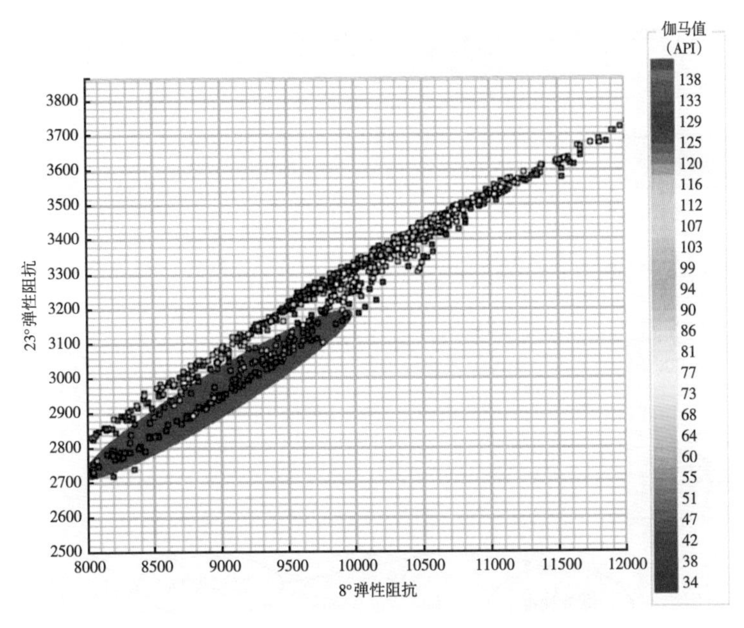

图 2-47 小角度、大角度弹性阻抗交会解释图版

X 轴为小角度、Y 轴为大角度、色标表示伽马值大小

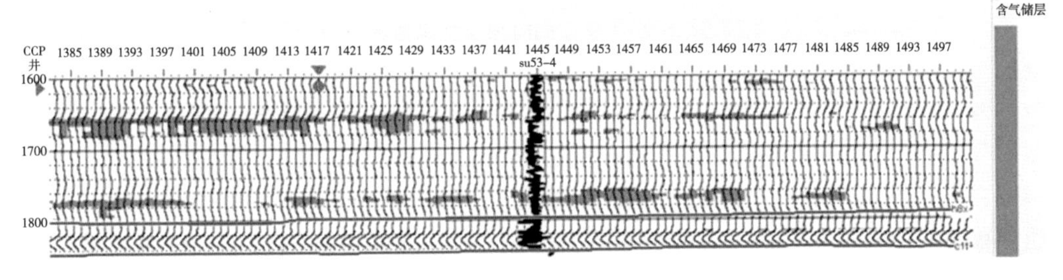

图 2-48 交会解释含气储层剖面结果

叠前反演的一般技术流程如图 2-49 所示。

叠前同时反演的关键步骤为：

（1）在入射角道集严格质控的基础上，通过叠加得到近、中、远炮检距叠加基础数据体。选择合适的部分角度叠加数据体非常重要。理论上认为叠加数据体角度划分精细程度直接关系到叠前同时反演的精度，但在实际应用中要考虑实际数据的信噪比、计算机硬件容量等因素。因此一般将角道集数据叠加成 3~5 个角度的叠加数据体。

（2）通过井震标定，提取精细的分炮检距综合子波，用于对相应的分炮检距叠加数据体进行去子波处理，得到三组反射系数体。针对不同的部分角度叠加数据体，从测井曲线的纵波速度、横波速度和密度出发，分别求取其对应角度的测井反射系数，根据测井曲线的反射系数计算的合成记录与地震记录的相关系数最大原则，来优化地震子波的参数，提取其对应的地震子波。在反演的过程中，根据测井提取的子波对于反演结果的可靠性和合理性影响非常大，在子波提取过程中应遵循的原则是：子波估算的时窗应该是子波长度的 3~5 倍，并且选取的时窗段应尽可能靠近目的层，并避开异常地质体；估算的子波和地震

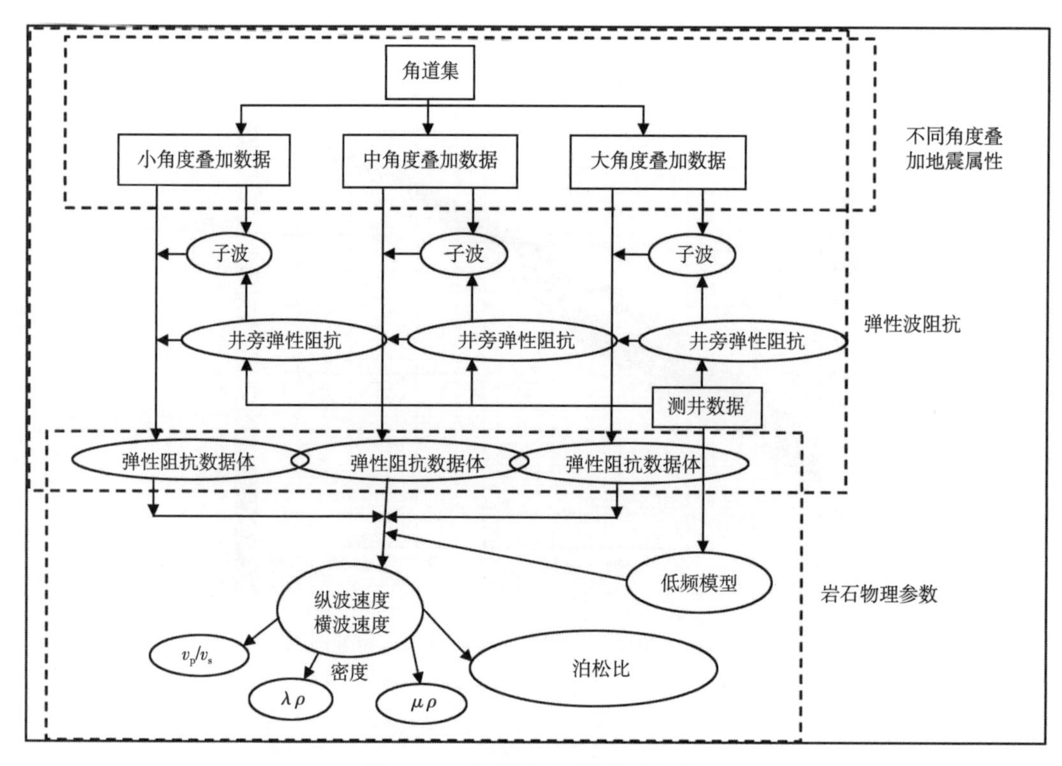

图 2-49　叠前同时反演技术流程

的振幅谱和相位谱要保持一致，得到的合成记录与地震数据相关性好；应用于叠前反演分角度提取的多个 AVO 子波在振幅能量上应该和地震保持一致，有一定的 AVO 现象。

（3）把测井资料沿层进行插值，搭建合理的低频模型，将弹性参数变化率转化成绝对弹性参数体（纵波阻抗，纵波、横波速度比，密度），进而得到泊松比、拉梅模量、剪切模量等岩石物性参数，进行储层含气性检测。

在进行叠前反演时，为了保证反演效果，在反演过程中要采取多种叠前反演质量控制手段，包括反演参数优化、检验并试验，从而保证参数选择的合理性、反演过程的稳定性和有效性，以及反演结果的可靠性。

针对致密气储层，一般反演得到纵波阻抗、横波阻抗、密度、泊松比等弹性参数进行含气性检测。图 2-50 是苏里格地区叠前同时反演剖面，反演得到纵波、横波速度比剖面能很好地指示盒 8 段含气砂体（红色低值区）[15,16]。

3. 叠前地质统计学反演[17,18]

叠前弹性阻抗反演、叠前同时反演相对于常规纵波阻抗反演虽然反映了振幅随偏移距变化的信息，获得了纵波、横波阻抗，纵波、横波速度及泊松比等多种弹性参数，较为可靠地获取储层的空间展布特征及其含油气性。但其纵向分辨率受到地震频带宽度的限制，难以满足开发阶段对单砂体的识别需求。近年来，随着地质统计学思想不断应用于油藏建模、储层预测研究并取得良好的效果，基于地质统计学思想的地震反演方法越来越被重视。地质统计学反演越来越多地应用于致密气储层中的薄气层的预测。

地质统计反演方法在储层是以地质统计分析为基础，以地震数据为约束，采用严格的

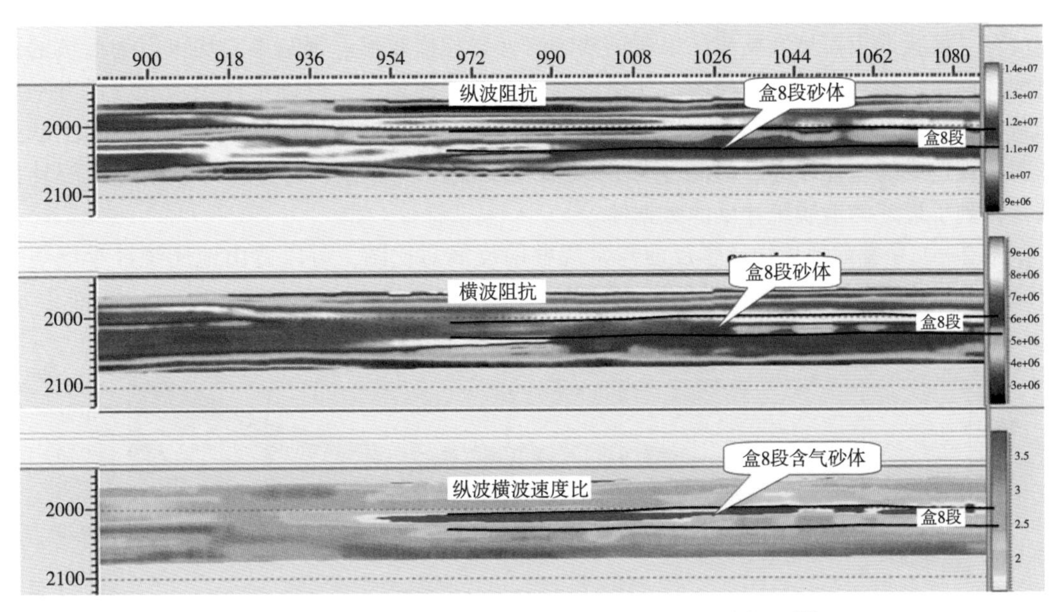

图 2-50　苏里格地区 S087079 测线叠前同时反演剖面[16]

马尔科夫链—蒙特卡罗算法（markovchain-montecarlo，MCMC），将确定性反演与地质统计随机模拟相结合的一种反演方法，包括随机模拟过程以及对模拟结果进行优化使之符合地震数据的反演过程。在地质统计反演工作中，首先通过对测井、地震数据及确定性反演结果的统计分析，结合储层岩性、沉积相等相关地质信息，获取概率密度函数和纵向、横向变差函数；然后，选取合适的随机模拟算法和反演算法，从井点出发，井间遵从原始地震数据，通过随机模拟产生井间波阻抗，再将波阻抗转换为反射系数并与确定性反演方法求得的子波进行褶积产生合成地震道，通过反复迭代直至合成地震道与原始地震道达到一定程度的匹配。由于地质统计模拟和反演均以井点出发，通过 MCMC 采样方法对概率密度函数进行充分采样，从而对确定性反演中丢失的高频数据信息进行了补偿，而井间严格遵从原始地震数据，每次模拟所对应的合成地震记录，必须与实际地震数据具有很高的相似性。因此，反演结果既获得了超过地震带宽的、与测井数据接近的纵向分辨率，同时又保证了与地震数据完全相同的空间分布趋势；此外，MCMC 算法根据概率密度分布函数可以得到多个等概率实现，每个实现均与已知的井资料、地震资料相吻合，从而可以对目标体的不确定性进行客观评价。

地质统计反演的关键参数包括概率密度函数（probabilitydensityfunction，PDF）、变差函数（varia-tionfunction，VF）、信噪比。概率密度函数（PDF）描述的是不同岩性所对应的某一种或多种属性（如波阻抗、密度、孔隙度、含气饱和度等）在空间的概率分布情况，其函数类型包括累积分布型、高斯型、对数高斯型及均匀分布型等四种，通常可以利用声波、密度等测井数据进行统计分析后来获取。变差函数（VF）地质统计插值的基础是变差函数理论。变差函数描述的是储层参数在三维空间上的相对变化关系，即空间上点之间的相关性随距离的变化而变化的关系，是距离的函数。变差函数对于目标地质体的分辨率及其分布形态等具有重要的影响。

地质统计反演是将确定性反演与地质统计模拟技术相结合的随机反演方法。在开展地质统计反演之前，首先需要完成高质量的确定性反演。确定性反演获得的井—震标定、子波估算、低频约束模型及反演结果所反映的岩性岩相展布形态等结果，均可以为后续的地质统计反演提供约束和质量控制。在精细的地质框架模型下，以确定性反演获得的井—震标定、子波估算结果作为输入，以地震数据为约束，获得地质统计反演数据体。为了减少单次实现造成的统计误差，进行了多次模拟和反演，然后对多次实现的数据进行统计计算，得到了最终的地质统计反演数据体。

图 2-51 是叠前地质统计学反演与常规叠前反演对比图，可以看出地质统计学反演有更高的分辨率，能有效预测薄气层。

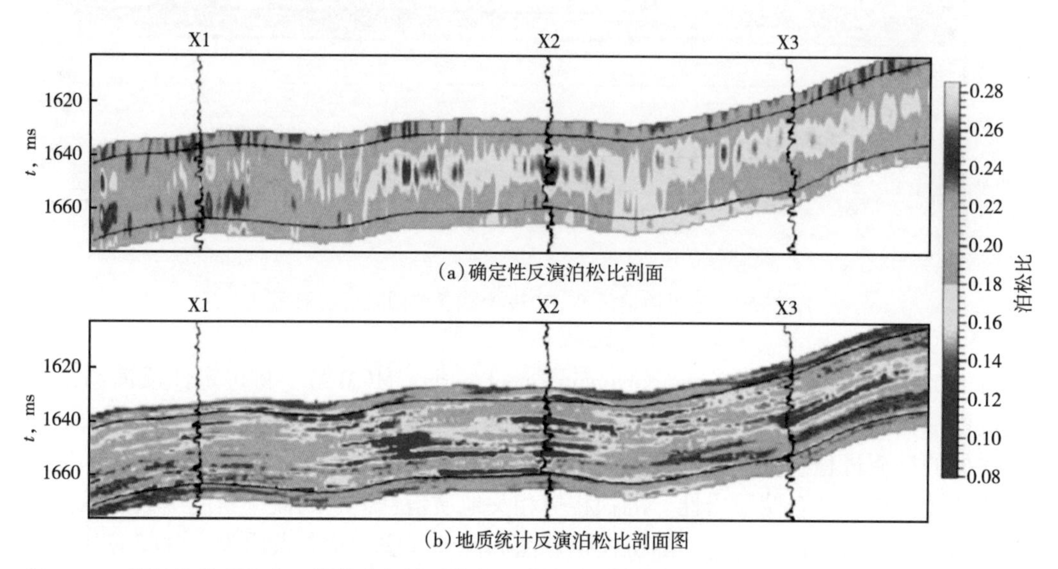

图 2-51　苏里格某区块盒 8 段的确定性反演与地质统计反演的泊松比剖面效果对比（据庞崇友等）

三、地震属性分析气层检测

地震数据中包含了来自地下岩石、流体及地质体构造的全部信息，针对工区储层及地震资料特点，提取能有效反映流体信息的叠前、叠后地震属性，结合钻井钻遇气层情况进行地震属性分析，也能有效地进行气层检测。

1. 叠前异常振幅属性气层检测

大量油气勘探实践和经验的统计结果表明，油气储层性质与地震属性之间确实存在某种统计相关性。振幅属性是地震属性中最稳健、应用最广泛的地震属性，是地震资料岩性解释和储层预测中最常用的动力学参数。振幅类属性都可能反映有关地层或流体变化，只不过敏感程度不同。

异常振幅属性是表征由于储层含气引起的在叠前道集上气层反射振幅随偏移距变化而形成的振幅异常。通过 AVO 正演模拟可以知道，苏里格地区盒 8 段气层地震反射随偏移距的增加而增加，这种振幅异常就显示了气层的存在，因此异常振幅属性就具有指示含气的地质意义。

始于 20 个世纪 70 年代的“亮点”技术就是利用异常振幅的一种形式。“亮点”的形成通常是由于上覆层的速度本来低于储层的速度，当孔隙中充填的流体是气而非水时，上覆层和储层的速度差异就会加大，导致储层顶部产生的反射波的振幅增强。

但“亮点”技术是在叠后地震剖面上利用振幅异常进行气层检测，具有很大的局限性。从AVO气层响应分类我们可以知道，在叠前道集上气层反射振幅随偏移距的变化关系有增大、减小及极性反转等多种，相应的在叠后地震剖面上会引起“平点”和“极性反转”振幅异常现象。相对于“亮点”现象，“平点”和“极性反转”振幅异常易与其他地质现象引起的异常相同，在实际工作中用于气层识别难度较大，就是“亮点”现象用于气层识别多解性也很强。

因此利用异常振幅属性进行气层识别必须是在叠前进行，在叠前道集上选取对气层反映最敏感的反射道范围，提取其异常振幅属性，进行气层检测。

储层含气引起的振幅异常不仅与气层与围岩的波阻抗差异有关，还与气层与围岩的泊松比的差异有关。提取异常振幅属性，在不同的气区应首先选取该区的实际地层的速度、密度及泊松比等地球物理特征参数，建立AVO正演模型，研究气层反射振幅随偏移距的变化规律，选取对气层反射振幅变化最敏感的道集范围，沿层提取振幅异常。提取异常振幅属性的另一个重要参数是计算时窗，计算时窗的设立，不能太大也又不能太小，既要尽可能地剔除目的层外的地震信息，同时又要考虑地震资料固有的分辨率，保证提取的异常属性准确可信。

叠前异常振幅气层检测是研究道集记录的振幅变化检测气层。不同类型的气层及在不同的反射角范围的振幅绝对值是不同的，但在一定的入射角范围的振幅变化是有规律的。异常振幅属性可以用来进行气层检测。在实际工作中通过AVO正演模拟来确定提取异常振幅属性的关键参数。图2-52是选取苏里格气田的实际地层地球物理参数做的AVO正演模型。

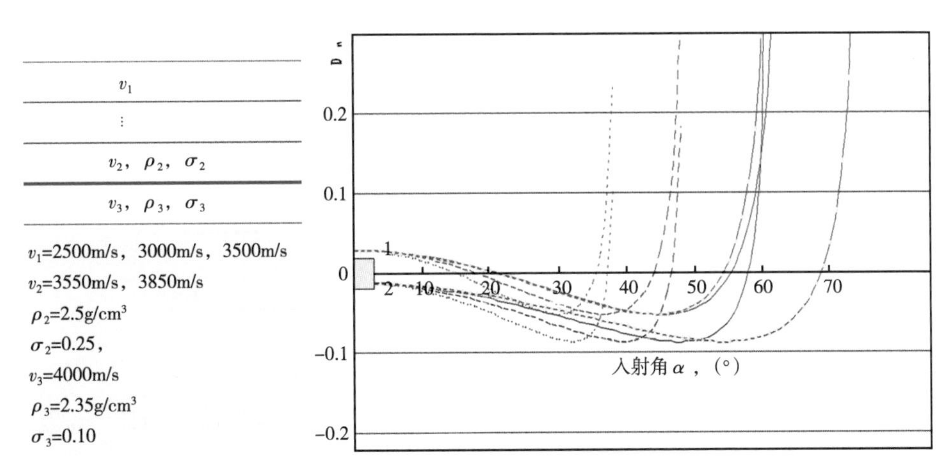

图2-52 苏里格地区气层纵波反射系数正演曲线图

根据苏里格地区气层纵波反射系数正演曲线图分析可知，在苏里格地区对气层最敏感的地震反射最大入射角为35°~37°，据此可以确定在叠前道集上提取异常振幅属性的道集范围。另外，还根据合成记录标定来确定异常振幅属性提取的时间窗口。在获得这两个重要参数后，就可以沿层提取异常振幅属性，对气层在平面上的分布进行刻画，寻找有利的含气富集区。

图 2-53 是经过二维地震资料保持振幅处理后提取的苏里格中北区异常振幅分布图。从图中振幅异常值分布，可以划分为三类分布区：一是异常振幅值小于 27 蓝色的低值区，二是异常振幅值为 27~45 绿色的中值分布区，三是异常振幅值大于 45 深黄—红色的高值区。与区内钻井对比，异常振幅值分布在大于 45 含气性较好。

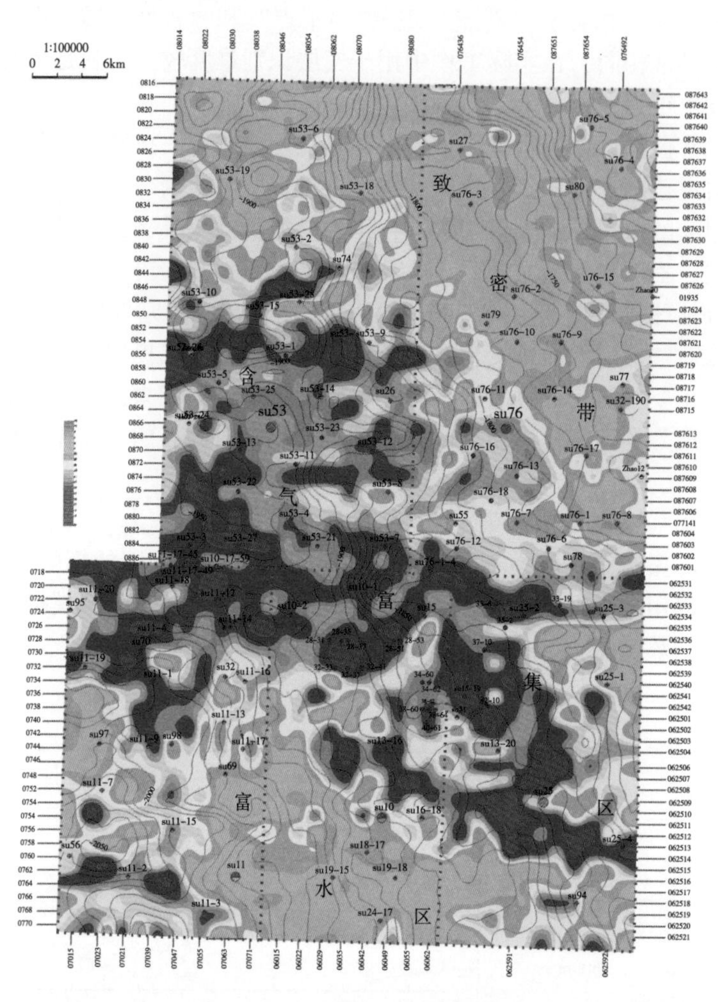

图 2-53　苏里格中北区盒 8 段下亚段地震振幅异常平面分布图

2. 地震时频属性分析气层检测

对致密砂岩储层含不同流体的地震频谱进行了分析表明，含气储层与致密储层在地震反射频谱有较明显的差别。含气砂岩与含水层、干层在振幅谱能量上有明显的区别。这为利用时频属性进行致密气含气性检测奠定了基础。

时频分析方法将一维地震时域信号映射到二维地震时频平面，可以同时描述信号在不同频率和时间的能量强度及密度，同时还可以通过谱分解提取不同频段信息，进行时频属性分析。目前时频分析方法已经被广泛应用在地震信号分析中，如地震剖面的分频显示、用于地震数据噪声压制的分频处理及油气的储层预测等。常用的时频分析方法主要包括短时傅立叶变换、小波变换、S 变换、Hilbert 变换和 Wigner-Ville 分布等，这些方法都能局部地分析信号，但是它们都在分辨率或其他方面存在不足。

研究认为多级子波分解的高分辨率时频谱分析，适合苏里格等地区的致密气藏。在这基础上，又发展了基于匹配追踪的高分辨率时频分析方法。多子波地震道分解技术就是将以往只能从宏观上认识的地震道分解为可认识和可控制的不同形状、不同频率的地震子波，分解后不同频段子波数据体对储层的响应特征是不同的，通过合理的筛选可组合出精细表征储层物性和流体性质的全新的数据体，将其作为波场分析与储层性质推测的桥梁，可实现由地震反射信息向储层岩性及含流体性质信息的转变，从而形成全新的储层及油气预测方法。

人类的语言库非常庞大，所含的词汇极其丰富。因此人们既可以用不同的单词来表达不同的意思，又也可以用含义相近的单词来表达同一个意思。这就是一个自适应的过程，即根据需要表达的意思来选择所要使用的词汇。匹配追踪算法的基本思想就是这样的，它可以把任何信号分解成一系列原子的线性组合，这些原子来源于一个过完备的原子库。这个原子库由同一时频原子经过伸缩（scaling）、平移（translating）和调制（modulating）来生成。同时用于生成原子库的原子类型也不是固定不变的，可以根据待分析信号的特征自主选择，以达到最佳的分析效果。

基于过完备原子库的信号分解算法时频分辨力好，在信号处理和谐波分析领域的应用较多。在这里，用来分解信号的函数叫作时频原子。选择不同的时频原子来生成原子库，得到的分解算法的特性也就不一样。

匹配分解算法的出发点是从一个巨大且高度冗余的原子库里挑选与待分解信号最接近的原子来逐步分解信号，该分解过程是一个自适应的迭代过程。

匹配追踪算法的基本流程是：(1) 设置分解参数，根据待分解信号的特征，如振幅大小、频带范围、相位区间选择分解的参数，这样可以减小原子库的大小，避免不必要的计算，从而缩短计算时间；(2) 形成过完备原子库；(3) 在过完备原子库中找出最佳原子；(4) 完成一次分解；(5) 分解完成的判定。这里可以设置剩余信号的能量小于某一阈值，或迭代次数满足要求即提取出来的时频原子足够多时，迭代终止。

在最大限度地减小匹配原子库的情况下，常规匹配追踪算法的速度有所提高，但是提升有限，这是因为匹配追踪算法在单次迭代过程中只能提取一个原子，下一次迭代又会在整个原子库范围内来搜索新的最佳原子，这样能确保分解的精度最大，但是计算时间也远远超出了人们可接受的范围，尤其是在处理地震资料的时候，数据量往往很大，处理人员需要精确且迅速地处理数据。匹配追踪算法的精度很高，但是计算速度限制了它的应用，因此如何提速成了 MPD 算法兴衰的关键。

针对 MPD 算法耗时的原因，做出两个技术改进：一是减小匹配过程中原子库的大小；二是在提取原子的过程中，不是一次只提取一个原子，而是在考虑精度的条件下，一次提取多个原子，改进的匹配追踪算法记为 MPD++。在这个改进 MP 算法基础上，和 Wigner-Ville 分布结合，形成新的时频分析方法。

在 Wigner-Ville 分布中没有出现窗函数，它的时间分辨率和频率分辨率不会相互牵制。具有极高的时频分辨率。但是当待分析的信号为多分量信号时，其 Wigner-Ville 分布必然会出现交叉干扰项，出现很多“虚假信号”，这是 Wigner-Ville 分布的致命缺点。基于匹配追踪算法的 Wigner-Ville 分布能量聚集性非常好，时频分辨率很高，并且没有交叉项的干扰（图 2-54）。

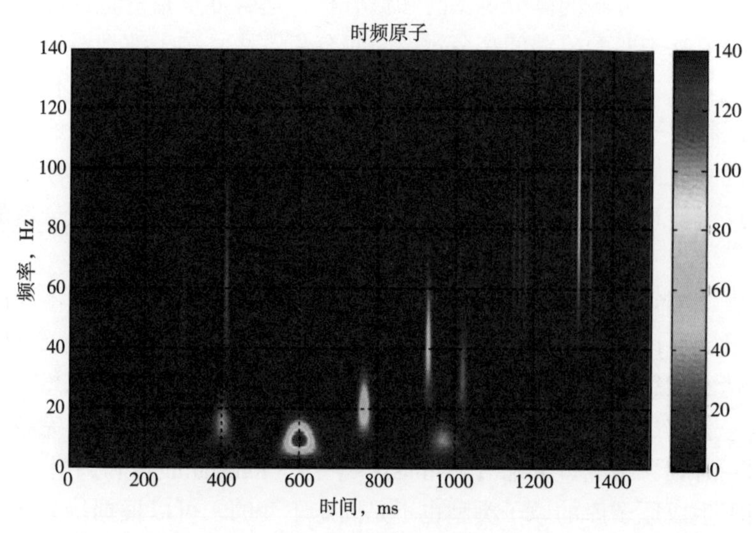

图 2-54 改进匹配追踪分解的多分量信号 Wigner-Ville 分布

基于匹配追踪多级子波分解的高分辨率时频谱是地震数据体时频转换的一种新手段，该方法创新性地将子波波形分解和高分辨率的 Wigner-ville 时频分析方法有机结合起来，在提高时频分辨率的基础上，有效地消除了交叉项的影响。该方法认为地震子波的振幅、频率、相位与局部岩体的变化情况有关，可以根据地震记录的局部特征，将地震记录分解为不同主频的地震子波。子波波形分解后，地震信号已经变成了一系列具有不同振幅、频率、相位的地震子波，每个子波代表地震信号的局部特征，通过 Wigner-ville 时频分析技术，针对单个子波进行时频分析，最后形成高分辨率的时频谱（图 2-55）。

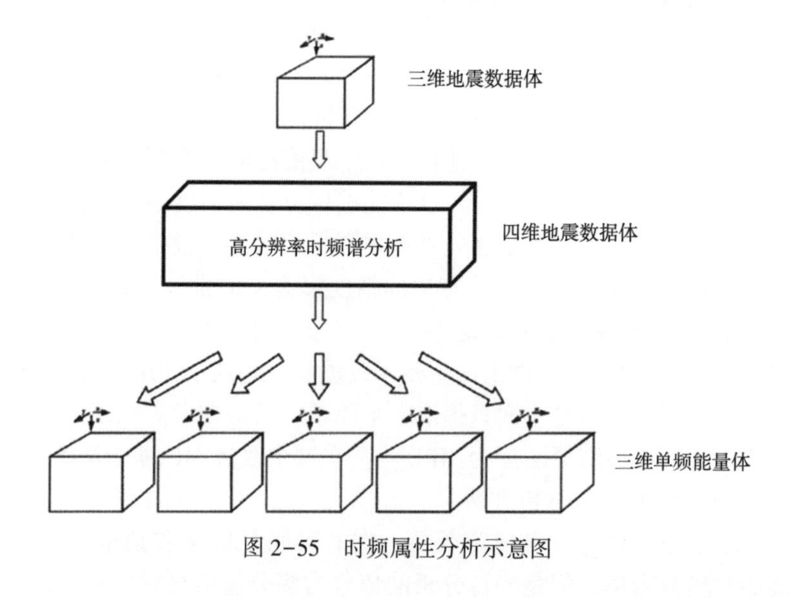

图 2-55 时频属性分析示意图

在此基础上，研究地震信号时频特征的变化和储层物性及流体性质之间的关系，将其作为波场时频特征与储层性质和流体性质推测的桥梁，实现由地震时频信息向储层岩性及含流体性质信息的转变，从而形成全新的储层及油气预测方法[19]。

1）基于高分辨率时频谱的单频属性分析

以单频属性为基础，结合高频、低频特征，可以较好地反映含气储层衰减特征的变化，主要分析结果示例如图 2-56、图 2-57 所示。

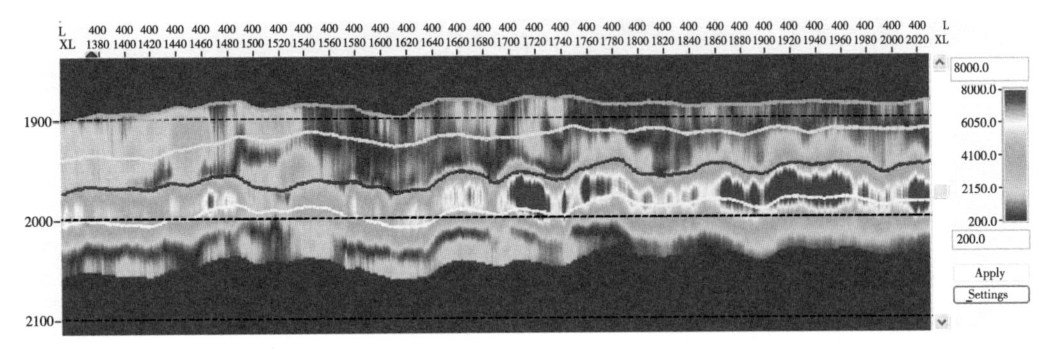

图 2-56　苏里格地区测线 10Hz 的单频属性剖面

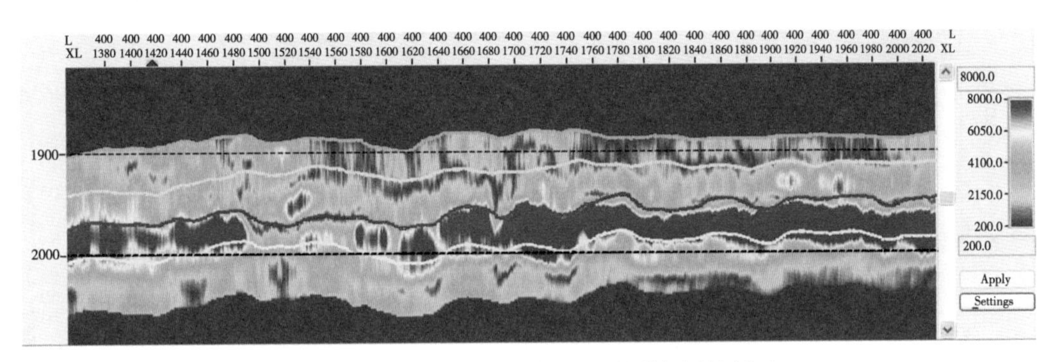

图 2-57　苏里格地区测线 30Hz 的单频属性剖面

在单频属性分析的基础上，将能反映含气特征的高频、低频属性结合，进行组合计算，得到主振幅—主频率组合属性，能有效地进行气层检测。图 2-58 是苏里格某区块的主振幅—主频率属性图，对该区的气水分布有很好的刻画，主振幅主频率特征参数值越大，含气机率越大，主振幅主频率值越小，储层含气性越差，图中黄色—红色区域为主振幅主频率高值区，指示含气性有利地区。

2）基于高分辨率时频谱的对数谱比法 Q 值分析

由于地下介质的黏弹性和各向异性，使得地震波的能量逐渐被介质吸收，最终转化为热能。弹性波转换成热能的过程称之为吸收，吸收的结果是造成波的衰减。实际上，地下介质对地震波的衰减相当于一个滤波作用，它对地震波的高频成分的衰减比对低频成分的衰减要明显，一方面这使得反射信号的主频降低，加长了信号的波长和周期，降低了地震资料的分辨率和信噪比；另一方面由于高频成分的衰减，导致波形随距离变化，不同时刻的反射信号相互叠加，使得在做像 AVO 此类的处理时振幅定量分析变得复杂化。因此，从地震波的衰减机理出发，研究引起地震波衰减的各种原因，选取地震信息中可以反映介质内在属性引起的衰减，对研究地层特征和丰富碳氢检测技术具有非常积极的意义。

地层对地震波的吸收是引起地震子波时变的主要因素，如果消除子波的时变效应，就可以实现地层吸收对地震波所造成的衰减的补偿。假设地震波的衰减被补偿，对此时的地

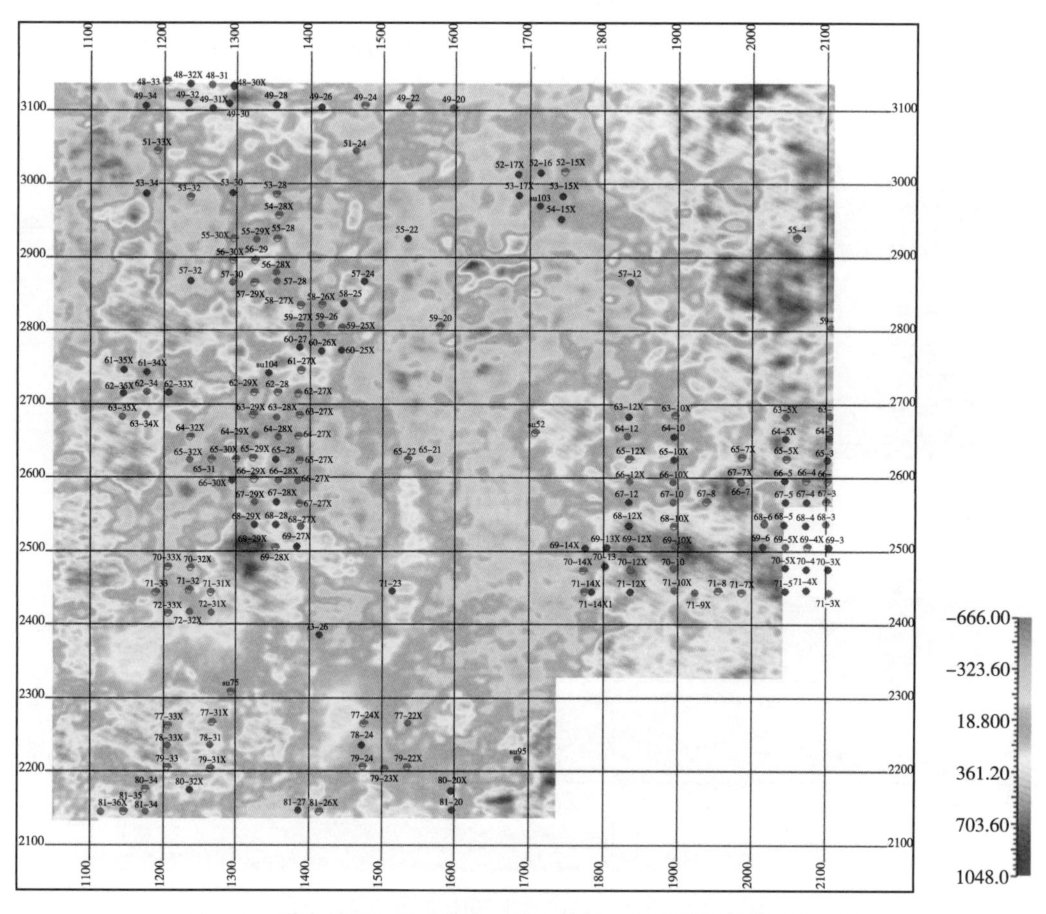

图 2-58　苏里格某三维区块盒 8 段主振幅—主频率属性平面分布图

震道进行匹配追踪多级子波分解，高分辨率时频谱分析所得到的时间频率域内的时频谱分布，频带范围得到拓宽。

利用地震波在某一时刻没有衰减效应的时频谱和纯波资料的时频谱这两种资料，对该目的层在同一采样点时刻的这两种频谱进行比较，可以直接得到 $1/Q$：

$$A(f,\ t) = A(f,\ 0)\exp(-\pi ft/Q) \tag{2-10}$$

式中　$A(f,\ t)$ ——纯波资料的时频谱；

$A(f,\ 0)$ ——去除补偿效应后的时频谱；

$\exp(-\pi ft/Q)$ ——没有考虑频散效应的衰减因子。

对公式（2-10）两边取自然对数：

$$\ln[A(f,\ t)] - \ln\{A(f,\ 0)\} = -\pi ft/Q \tag{2-11}$$

从式（2-11）可以得到：

$$1/Q = \{\ln[A(f,\ 0)]\} - \ln\{A(f,\ t)\}/\pi ft \tag{2-12}$$

以上是根据传统的频率域谱比方法模型在匹配追踪多级子波分解域内的改进，可以相

对定量的求取 Q 值的倒数，实际上即使 $1/Q$ 值没有精确求准，也可以定性地展示含气储层在空间的分布情况，对于含气储层预测也有很好的指导作用。

实际地震资料的频率成分比较丰富，在做高分辨率 Q 值反演之前，首先要对地震道做时频分析，在满足地质意义的前提下，在时频分析的基础上，确定每个时刻的合理的瞬时有效频带作为模拟子波的频带范围，并进行谱比法 Q 值分析。

图 2-59（a）为某一地区的远偏移距部分叠加地震资料，图 2-59（b）为二维时间频率域内做对数谱比高频段 Q 值分析的结果，图 2-59（c）为二维时间频率域内做对数谱比低频段 Q 值分析的结果。可以看到，与原始资料图 2-59（a）相比，图 2-59（b）和图 2-59（c）的 Q 值剖面主要突出目的层 Q 值的变幻，从而分析储层的含气性特征，可直接用于烃类检测。

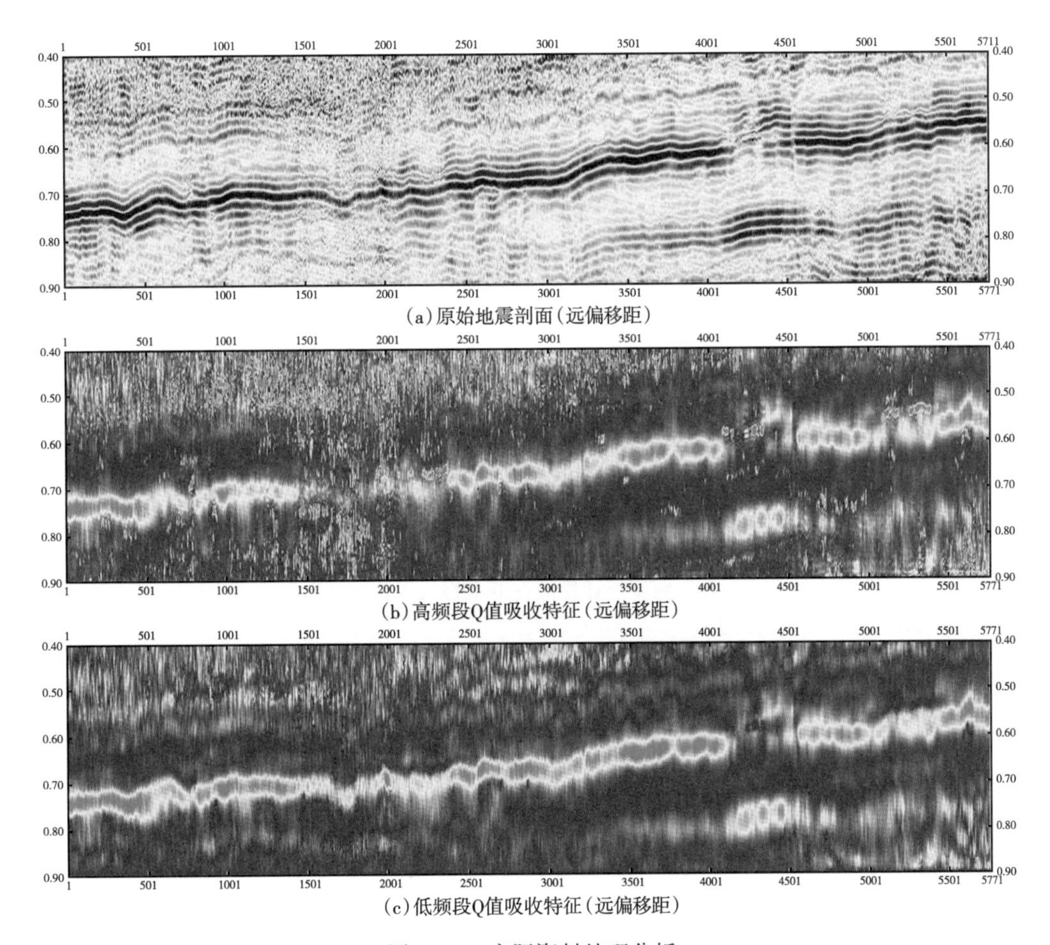

(a) 原始地震剖面（远偏移距）

(b) 高频段Q值吸收特征（远偏移距）

(c) 低频段Q值吸收特征（远偏移距）

图 2-59 实际资料处理分析

参考文献

[1] 王喜双，赵邦六，董世泰，等．面向叠前成像与储层预测的地震采集关键参数综述［J］．中国石油勘探，2014，19（2）：33-38.

[2] 欧阳永林，宋炜，曾庆才，等．高保真高信噪比地震资料的获取方法［J］．石油地球物理勘探，2016，51（1）：32-39.

[3] 窦伟坦，杜玉斌，于波．全数字地震叠前储层预测技术在苏里格天然气勘探中的研究与应用［J］．岩性油气藏，2009，21（4）：63-68.
[4] 李美，赵玉华，刘静，等．苏里格气田地震资料叠前保幅去噪技术研究［J］．地球物理学进展，2012，27（2）：680-687.
[5] 王西文，高建虎，刘伟方，等．复杂地区地震勘探实践［M］．北京：石油工业出版社，2010.
[6] 邹新宁．鄂尔多斯盆地苏里格气田河道砂体识别研究［D］．西安：西北大学，2006.
[7] 郝蜀民，陈召佑，秦玉英，等．致密砂岩气藏勘探与开发关键技术［M］．北京：石油工业出版社，2014.
[8] 孙友权，熊晓军，罗鑫，等．高精度随机反演方法及在苏里格气田的应用［J］．科学技术与工程，2014，14（32）：10-15.
[9] 苏云，李录明，钟峙，等．随机反演在储层预测中的应用［J］．煤田地质与勘探，2009，37（6）：63-66.
[10] 何胜．浅析分频反演技术在储层预测中的研究与应用［J］．工艺技术，2017，37（2）：98-99.
[11] 欧阳永林，杨池银．用常规及近、远道叠加剖面识别气层［J］．天然气地球科学，2003，14（4）：287-290.
[12] 刘伟，曹思远．AVO 技术新进展［J］．物探化探计算技术，2008，30（6）：471-479.
[13] 赵万金，杨午阳．频变 AVO 油气检测技术进展［J］．地球物理学进展，2014，29（6）：2858-2865.
[14] 刘雅杰，李生杰，王永刚，等．横波预测技术在苏里格气田储层预测中的应用［J］．石油地球物理勘探，2016，51（1）：165-173.
[15] 王大兴，张盟勃．全数字地震叠前储层预测技术及应用效果［J］．中国石油勘探，2013，18（1）：44-48.
[16] 强敏，苗庆梅，朱望明，等．SG 地区叠前地震弹性参数交会定量解释技术预测有效储层的方法［J］．地球物理学进展，2015，30（1）：293-299.
[17] 张超，李文洁．弹性地质学统计反演预测薄储层技术研究［J］．天然气勘探与开发，2015，38（3）：27-42.
[18] 庞崇友，张亚东，章辉若，等．地质统计反演在苏里格气田致密薄砂体预测中的应用［J］．物探与化探，2017，41（1）：16-21.
[19] 陆媛媛，宋炜，左佳卉，等．基于改进匹配追踪的子波特征能量气藏检测方法［C］// 中国地球物理 2013—第十九专题论文集．昆明：中国地球物理协会，2013.

第三章　致密气储层描述技术

致密气储层描述或储层表征，指的是充分应用所获取的钻井、测井、地震及测试等各种资料，研究并描述含气储层的储集体及内部构成单元、储层质量及差异性等致密气储层特征的综合评价技术；主要研究内容包括致密储层的构造和沉积特征、储集和渗流特征、储集体规模尺度、储集体的连续性和连通性、储层的空间展布等。“十二五”期间，以鄂尔多斯盆地上古生界致密砂岩气藏为主要研究对象，立足气田产能建设的生产需求，在河流相大型复合砂体分级构型描述、致密气藏多级控制地质建模等方面取得了显著进展，为产能建设区块优选、开发井网部署和开发方案的制订提供了有效的技术支撑。

第一节　致密气藏主要开发地质特征

对致密气藏开发地质特征的准确认识是进行气藏描述的基础。一般而言，致密气藏多分布在沉积盆地的负向构造单元，构造平缓，气藏边界不明显；储层致密，横向上的连续性和连通性较差；在天然气充注程度不足情况下，气水重力分异作用较弱，形成气水混杂分布的特点。以鄂尔多斯盆地上古生界致密砂岩气藏为主，结合其他盆地发现的致密气藏，总结致密气藏的基本开发地质特征。

一、构造特征

构造特征关系到气藏在沉积盆地中的分布位置和气藏的宏观形态。

致密砂岩气的分布基本不受构造带控制，主要分布在盆地中心、斜坡带、坳陷区，分布范围广，局部富集。如美国中西部落基山地区布兰考（Blanco）大气田分布于圣胡安盆地的中央盆地区（深盆区），而圣胡安盆地处于北美地台与科迪勒拉地槽之间的斜坡带；美国大迪维特（Great Wamsutter）气田分布于大绿河盆地东部的大迪维特盆地的坳陷区[1]。苏里格、榆林、乌审旗、米脂和大牛地等致密砂岩气田均分布在鄂尔多斯盆地伊陕斜坡，构造平缓（坡度为1°~3°）[2]；合川气田分布在四川盆地川中平缓斜坡上（坡度为2°~3°），断层不发育；马井—什邡侏罗系气田分布在川西坳陷成都凹陷区[3]。这些分布在沉积盆地负向构造单元的致密气藏一般分布面积较广，可达数百或数千平方千米，甚至上万平方千米。另外，在盆地的正向构造单元也会有一些致密气田的分布，如吐哈盆地前陆冲断带的巴喀气田、松辽盆地断陷隆起区的长岭气田等，这些气田受背斜或断背斜控制，往往难以形成大面积连续分布的面貌特征，分布范围较小。

二、沉积特征

北美和加拿大的致密砂岩气藏主要发育在海陆过渡带上的沙坝—滨海平原和三角洲沉积体系中。中国已发现的致密砂岩气藏大多分布在陆相河流—三角洲沉积体系中，储层具有横向相变快、砂体连续性和连通性差、开发难度大等特点[4]。下面就这两种主要沉积体系的沉积特征进行阐述。

1. 河流相储层

河流是沉积物搬运的重要地质营力，也是沉积的重要场所。在已发现的致密砂岩气藏中，河流相储层主要包括曲流河和辫状河两种类型。

曲流河沉积主要分布在河流的中下游地区，侧向侵蚀和加积作用使河床向凹岸迁移，凸岸则形成“弯月状”的点坝沉积。曲流河河道坡度较缓，流量稳定，搬运形式以悬浮负载和混合负载为主。沉积物较细，一般为泥、砂沉积，垂向剖面具有典型的二元结构特征。二元结构的底层即河床滞留沉积和边滩沉积，是曲流河的骨架砂体，具正韵律，底部沉积物粒度粗，物性好，粒度向上变细，物性变差。二元结构的顶层为天然堤和决口扇沉积，粒度细，一般以细砂岩、粉砂岩为主，物性较差。

辫状河沉积多发育在河流的上游和近山地区，具有多河道、河床坡降大、宽而浅、侧向迁移迅速等特点，以心滩坝发育为典型特征。心滩坝沉积物一般粒度较粗，以（含砾）粗砂、中砂岩为主，成分复杂，成熟度低。沉积物中石英颗粒含量较高，抗压实能力强，可保存一定的原生粒间孔，同时也有助于流体的流动，为后期溶蚀孔隙的形成提供了物质基础，是低渗透背景上形成相对高渗透的重要原因。而细粒沉积物中岩屑含量普遍高，机械压实作用强烈，塑性颗粒受挤压变形充填孔隙，导致储集物性变差，是形成低渗透带的重要原因之一。

苏里格气田是国内较为典型的发育于辫状河沉积中的致密砂岩气藏。其主要目的层是上古生界二叠系下石盒子组盒8段和山西组山1段，地层厚度为80~100m左右，埋藏深度大约为3200~3500m。鄂尔多斯盆地山西组—石盒子组沉积时期，盆地整体为北高南低，物源主要来自北部，苏里格地区物源主要来自杭锦旗以北的元古界地层，由北向南依次发育冲积扇—河流—三角洲—湖泊沉积，并随湖泊的扩张和收缩在垂向上形成多旋回沉积。盒8段、山1段沉积时期苏里格地区为大面积分布、地势平缓、沼泽背景下的辫状河沉积（图3-1）。早期气候湿润、植被发育，对河道的侧向迁移摆动造成一定的限制作用；晚期

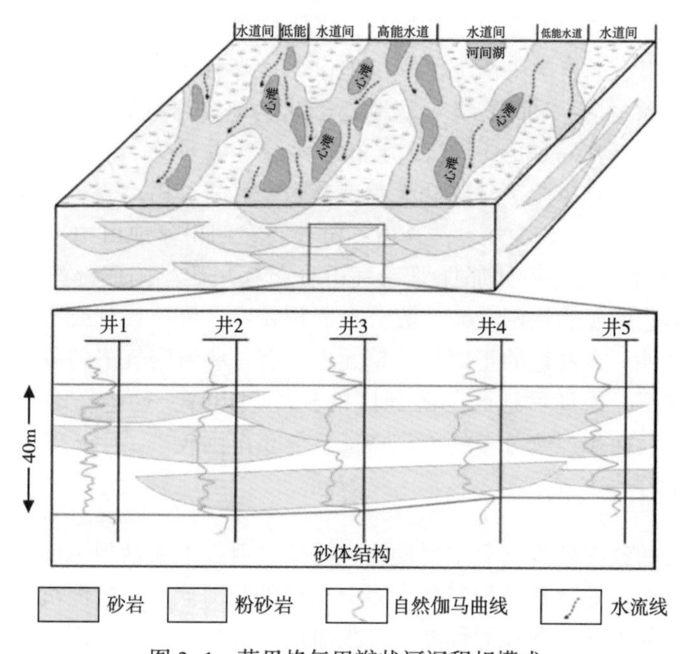

图3-1 苏里格气田辫状河沉积相模式

气候逐渐干旱，河流摆动增强，辫状河频繁改道，垂向上河道与心滩砂体互相切割、叠置，平面上复合连片，构成了苏里格气田的主要储集砂体。

心滩坝和辫状水道是辫状河沉积中主要的两类储集单元。心滩坝粒度较粗，内部层理构造发育，可见槽状、板状交错层理、块状层理等。与曲流河点坝相比，心滩坝一般不发育上部细粒层段，并且因沉积事件的洪泛能量强弱不同，纵向上砂体的正韵律特征不明显，电测曲线以箱形为主。当心滩坝随河水的冲刷而向下游前积移动时，电测曲线略呈漏斗状。由于辫状河水流强度变化较为频繁，在心滩坝中会出现粗细互层的砂岩沉积（图 3-2）。

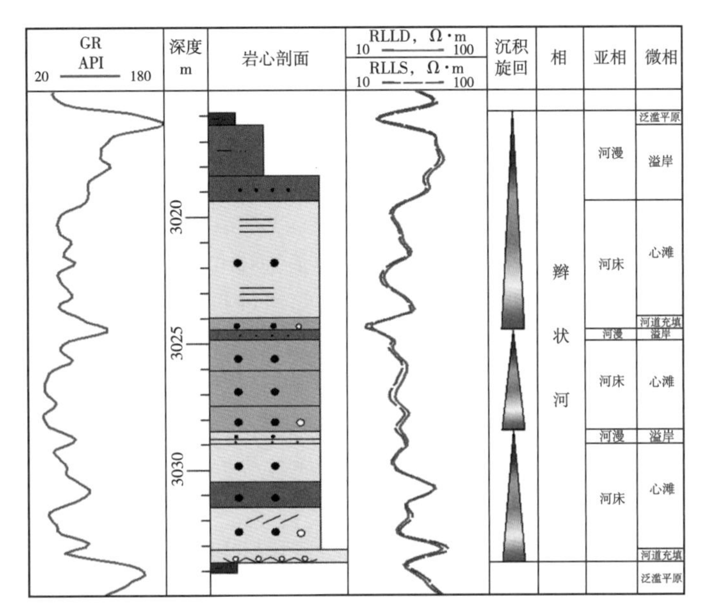

图 3-2 苏里格气田辫状河垂向层序特征

辫状河道位于心滩坝之间（图 3-3），可以形成砂质充填、泥质半充填及泥质充填 3 种充填类型。砂质充填的辫状河道沉积构造以块状层理及槽状交错层理为主。砂体以正韵律为主，底部往往发育冲刷面和滞留层（图 3-4），下部主要为较粗的垂向加积砂体，上部为河道废弃时充填的悬移物质。电测曲线以钟形为主，平面上呈条带状或片状分布，横剖面上呈透镜状。

图 3-3 辫状河道露头（山西大同晋华宫公路剖面）

图 3-4　辫状河道底部滞留层和槽状交错层理（永定河兴良公路桥南）

2. 三角洲相储层

三角洲为在河流入海（湖）的河口处，水流流速降低，所携带的沉积物堆积下来，形成的平面上呈三角形或舌状，剖面上呈透镜状的碎屑堆积体。一个完整的三角洲沉积体可划分为三角洲平原（包括分流河道、河道间等），三角洲前缘（包括水下分流河道、河口坝、远沙坝、席状砂等）及前三角洲。三角洲平原分流河道是陆上河流向海方向的延伸，具有陆相河流的沉积特征。三角洲前缘水下分流河道、河口坝砂体经河流和海（湖）水的双重筛洗作用，岩性较纯，石英颗粒含量高，泥质较少，因此储集物性好。远沙坝和席状砂砂泥岩交互，渗透性较差。

根据河流类型的不同，三角洲可分为曲流河三角洲和辫状河三角洲。前者属于正常三角洲，后者为陆上辫状河入海（湖）等稳定水体中形成的粗碎屑岩体，其发育受季节性水流的控制，主要储集体为辫状河三角洲平原沉积，由单条或多条低负载荷河流提供物质。这两类三角洲沉积在致密砂岩储层中均有发育。

四川盆地须家河组致密砂岩气藏主要发育在辫状河三角洲中。与一般辫状河三角洲不同，四川盆地上三叠统须家河组为多河道砂质辫状河三角洲沉积（图 3-5）。由于基准面

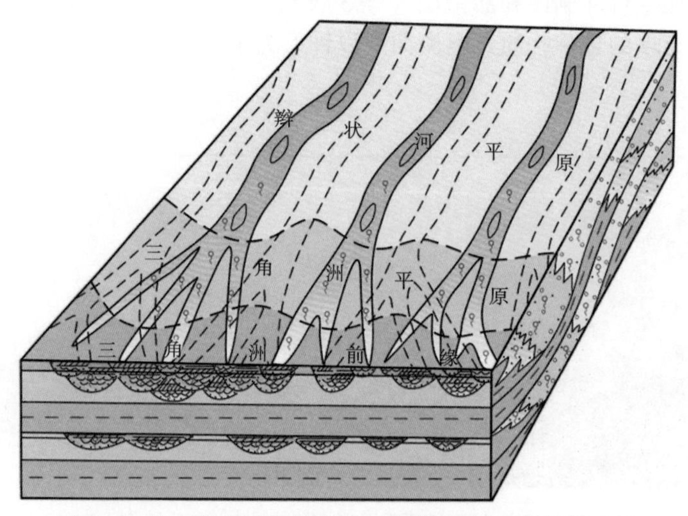

图 3-5　川中须家河组多河道砂质辫状河流三角洲模式图

的升降与湖平面的振荡，形成了须家河组气藏源、储交互的“三明治”结构，这种结构在纵向上形成了多套优质生—储—盖组合（图3-6）。在古地质沉积时期，须家河组的辫状河三角洲沉积在广泛分布的宽缓斜坡区，具有“大平原、小前缘”的沉积特征，形成的储集砂体以三角洲平原的分流河道为主体。

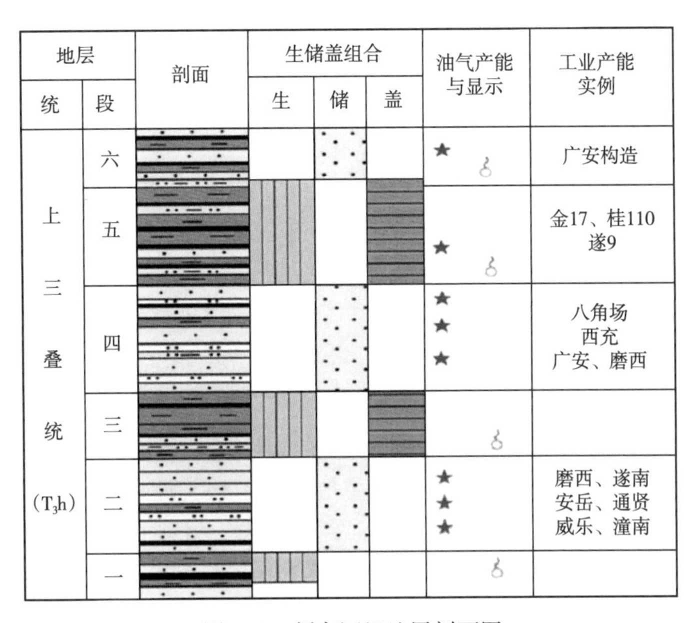

图3-6 须家河组地层剖面图

三、储层特征

由于形成时独特的沉积环境及受沉积后成岩作用和构造作用的影响，致密砂岩储层具有沉积物结构和成分成熟度较低、储层物性差、孔喉半径小、成岩差异大和非均质性强等典型特征。

1. 储层类型

致密砂岩储层与常规砂岩储层相比，其成岩演化、孔隙类型、孔喉结构、孔喉连通性、储集性等方面均有较大差异（表3-1）。根据储层的物性特征及成因，主要有两种分类方法。

1）物性分类法

按孔隙度和渗透率特征，将其分为二类。

（1）高孔、低渗储层。该类储层埋藏浅，主要由沉积粒度较细的粉砂岩构成，储层的孔隙度相对较高（孔隙度可达到10%～30%）。由于颗粒粒度细、粒内和粒间孔隙小，束缚水饱和度高（可达到70%以上），导致储层渗透率很低。

（2）低孔、低渗储层。该类储层埋藏较深，孔隙度和渗透率都很低，毛细管压力相对较高，束缚水饱和度介于45%～70%之间。储层的孔隙主要是由分散的微孔隙构成，孔隙之间的连通性差，造成储层渗透率低。

表 3-1　致密砂岩储层与常规砂岩储层特征对比[5]

储层特征	致密砂岩储层	常规砂岩储层
储层岩石组分	长石、岩屑含量相对较高	石英颗粒含量高，长石、岩屑含量低
成岩演化	中、晚成岩	多为中成岩 B 期以前
孔隙类型	次生孔隙为主	原、次生混合孔隙
孔喉连通性	席状、弯曲片状喉道，连通性差	短喉道，连通性好
孔隙度，%	3～10	12～30
覆压基质渗透率，mD	≤0.1	>0.1
含水饱和度，%	45～70	25～50
岩石密度，g/cm^3	2.65～2.74	<2.65
毛细管压力	较大	小
储层压力	多为高异常地层压力	一般正常至略低于正常
应力敏感性	强	弱
气源地采收率，%	15～50	75～90

2）成因分类法

按照成因可将致密砂岩储层分为原生型、次生型和裂缝型三类。

（1）原生型。主要受沉积作用的影响。岩石颗粒成分、大小和分选，以及胶结物成分和含量等沉积作用过程是影响储层渗透性的主要因素。该类储层大多埋藏较浅，未经历强烈的压实和成岩作用的改造，岩石脆性低，裂缝不发育，孔隙度较高，但连通性差，因而渗透率低。中国陆相沉积盆地原生沉积型致密砂岩储层多分布于冲积扇与三角洲前缘相带内。冲积扇致密砂岩储层的主要成因是颗粒杂基支撑、分选差、泥质含量高；湖盆三角洲前缘相致密砂岩储层的主要成因是岩石颗粒细、分选差、泥质含量高。

（2）次生型。主要是各种成岩作用改造的结果。机械压实、胶结、重结晶、交代和溶蚀等成岩作用都会造成储层岩石原始孔隙度和渗透率的丧失。由成岩作用形成的致密砂岩储层多数具有低孔、低渗的特征。根据沉积环境的不同可进一步分为陆相成岩型致密砂岩储层和海相成岩改造型致密砂岩气储层。

①陆相成岩型致密砂岩储层。大多埋藏深度大，成岩演化程度高，多已演化至中成岩、晚成岩阶段，强压实作用、压溶作用和胶结充填作用表现较为强烈[5]。在早成岩期机械压实作用强度最大，使沉积物由未接触到点接触、线接触，损失大量粒间孔隙。随埋深增加，颗粒接触处将发生晶格变形和溶解作用；随着颗粒所受压力的不断增加和地质时间的推移，颗粒受压溶处的形态将依次由点接触演化为线接触、凹凸接触和缝合线接触，压溶作用为硅质胶结物提供了一定的二氧化硅。如四川盆地上三叠统须家河组致密砂岩储层，在显微镜下常见石英颗粒间呈线接触—凹凸接触，甚至缝合线接触，可见塑性岩屑、斜长石聚片双晶弯曲折断、石英颗粒间的微缝合线接触。

②海相成岩改造型致密砂岩气储层。主要分布于塔里木盆地东部志留系、四川盆地志留系小河坝组、鄂尔多斯盆地石炭系—二叠系，发育于辫状河三角洲、沙坝、潮坪等环境。如四川盆地志留系主要岩石类型以极细粒岩屑砂岩、长石岩屑砂岩为主，矿物成分以石英为主，岩屑以泥板岩、硅质岩、片岩和中酸性喷出岩岩屑为主，储层致密。塔里木盆地塔东地区志留系主要岩性为粉细砂岩、中细砂岩，成岩压实作用强烈，碳酸盐胶结与石英强烈加大，孔隙中网状黏土发育，产生水锁等是导致储层致密的主要原因。

（3）裂缝型。比较致密的砂岩岩石一般脆性较大，成岩后期构造作用产生的外力使这些脆性较大的致密岩石发生破裂，形成一定的构造裂缝，从而提高了储层渗透率，形成裂缝性储层。裂缝既是这类储层的有效储集空间，又是主要的渗流通道。

2. 岩石学特征

致密砂岩储层最显著的特点是岩石矿物成分成熟度、结构成熟度均较低，碎屑颗粒中长石和岩屑含量普遍较高。岩石类型多为长石砂岩、岩屑长石砂岩、长石岩屑砂岩、岩屑砂岩和岩屑石英砂岩，石英砂岩少见（图3-7）。岩屑等这些塑性颗粒含量的增多，直接导致了沉积物在成岩过程中的强烈机械压实作用下而弯曲变形，使孔隙缩小，从而使储层变得致密、物性变差。岩石颗粒粒度分布范围较大，大小混杂，分选和磨圆较差，颗粒之间多表现为线接触、凹凸接触和缝合线接触。在苏里格气田储层中长石含量很少，可能是经过较强的成岩作用后原始的长石颗粒已蚀变为高岭石，在薄片观察中可见高岭石集合体保留着碎屑颗粒的外形特征。

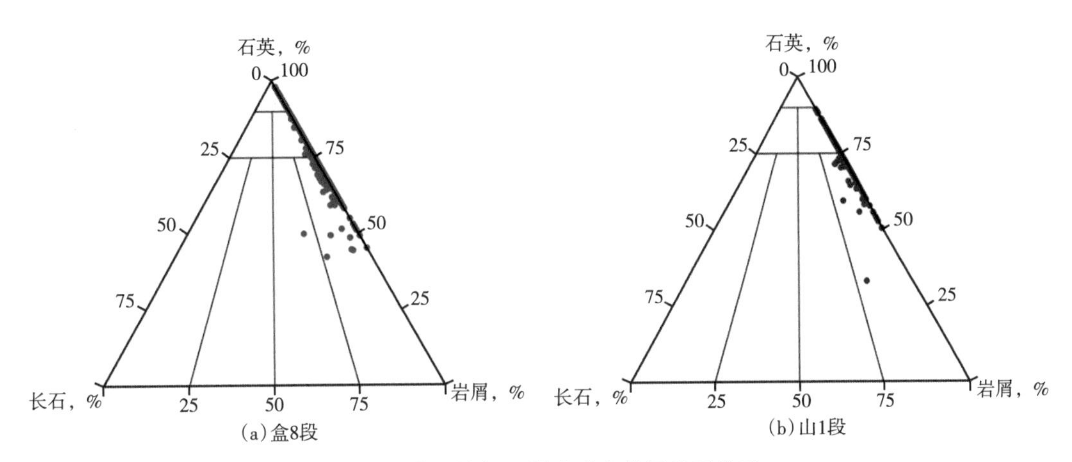

(a)盒8段　(b)山1段

图3-7　苏里格气田低渗砂岩储层岩石类型

3. 孔隙结构特征

致密砂岩储层孔隙结构指孔喉大小及分布、孔喉空间几何形态以及孔喉间连通性等。由于经历了强烈的成岩作用改造，致密砂岩储层原始粒间孔几乎消失殆尽，储集空间主要以各类溶孔（颗粒溶孔、岩屑溶孔、杂基溶孔等）、晶间孔、残余粒间孔等次生孔隙为主，其次为少量微裂隙（图3-8、表3-2）。按孔喉大小可将致密砂岩储层孔喉划分为微米级孔喉和纳米级孔喉，以直径1μm为界。

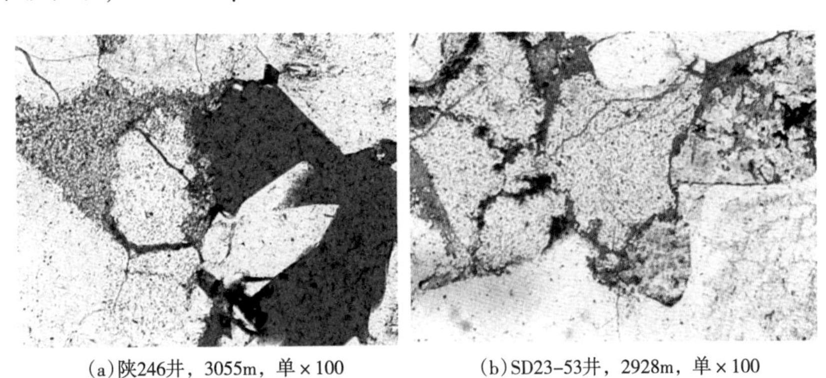
(a)陕246井，3055m，单×100　(b)SD23-53井，2928m，单×100

图3-8　苏里格气田粒间溶孔及高岭石晶间孔的显微镜下特征

表 3-2 中国主要含油气盆地典型致密砂岩储层特征[5]

类别	鄂尔多斯盆地	四川盆地	松辽盆地南部	松辽盆地北部	吐哈盆地	准噶尔盆地	塔里木盆地		
地层	石炭系—二叠系	上三叠统须家河组	白垩系登娄库组	泉头组二段—火石岭组	侏罗系水西沟组	侏罗系八道湾组	塔东志留系	库车东部侏罗系	库车西部白垩系巴什基奇克组
沉积相	河流、辫状河、曲流河三角洲、滨浅湖滩坝	辫状河、曲流河三角洲、扇三角洲、滨浅湖滩坝	河流、辫状河、曲流河三角洲	辫状河三角洲、曲流河三角洲	辫状河三角洲	辫状河三角洲、曲流河三角洲	滨岸、辫状河三角洲	河流、曲流河、辫状河三角洲、扇三角洲	辫状河、辫状河三角洲、扇三角洲
岩石类型	岩屑砂岩、岩屑石英砂岩、石英砂岩	长石岩屑砂岩和岩屑砂岩、岩屑石英砂岩、长石石英砂岩	长石岩屑砂岩、岩屑砂岩	岩屑长石砂岩、长石岩屑砂岩和长石砂岩	长石岩屑砂岩	长石岩屑砂岩、岩屑砂岩	中、细粒岩屑砂岩	岩屑砂岩、长石岩屑砂岩	含灰质细粒岩屑砂岩、不等粒岩屑砂岩
埋深，m	2000~5000	2000~5200	2200~3500	2200~4000	3000~3650	4200~4800	4800~6500	3800~4900	5500~8000
成岩阶段	中成岩 A2—B期	中成岩 A—B期	中成岩 A2 期	中成岩 A 期到晚成岩	中成岩 B 期到晚成岩	中成岩 A1—A2期	中成岩 A—B 期	中成岩 A—B 期	中成岩 A—B 期
孔隙类型	残余粒间孔、粒间和粒内溶孔、高岭石晶间孔	孔隙型、裂缝—孔隙型与孔隙—裂缝型	残余粒间孔、粒间和粒内溶孔	缩小粒间孔隙、微孔、粒间溶孔	粒间和粒内溶孔	粒间孔、颗粒溶孔、基质收缩孔、微孔	残余粒间孔、粒内溶孔	粒间、粒内溶孔、颗粒溶孔、微孔隙、微裂缝	残余粒间孔、颗粒与粒内溶孔、杂基内微孔
孔隙度中值，%	6.70	4.20	3.20		5.01	9.10	6.51	2.78	
孔隙度均值，%	6.93	5.65	3.35	1.51~10.8	5.16	9.04	6.98	6.49	3.36
样品数，个	6015	39999	61		25	51	1019	4720	
渗透率中值，mD	0.229	0.0567	0.0342		0.047	0.455	0.205	0.393	
渗透率均值，mD	0.604	0.351	0.224	0.01~1.44	0.106	1.25	3.572	1.126	0.06
样品数，个	5849	32351	52		25	43	988	4531	

储层渗透率除受岩石孔隙大小的影响外，更主要是受孔隙结构情况，即喉道半径大小、几何形态和结构系数的控制。根据孔隙和喉道的大小，可将致密砂岩储层的孔隙结构分为大孔细喉型和小孔细喉型两种，前者孔隙类型主要为残余原生粒间孔、粒间溶孔，喉道主要为细颈状和窄片状，孔喉比较大；后者孔隙类型以粒间溶孔和晶间微孔为主，喉道主要为管束状、细管状和窄片状，孔隙较小，喉道也较小，孔喉比较小。

随着排驱压力的增大，储集岩物性逐渐变差，而储层物性与孔喉分选系数呈正相关关系，随着分选系数的增大，储层物性变好，说明与常规储层不同，对致密砂岩储层而言，在孔喉半径总体较小的情况下，随着孔喉大小集中程度增加，物性变差。

4. 储层物性特征

储层物性差，孔隙度低、渗透率低是致密砂岩气储层的基本地质特征。以苏里格气田为例，储层孔隙度大多在4%~14%之间，平均值为8%左右；渗透率主要分布在0.05~1mD范围内，平均值小于1mD（图3-9、图3-10）。

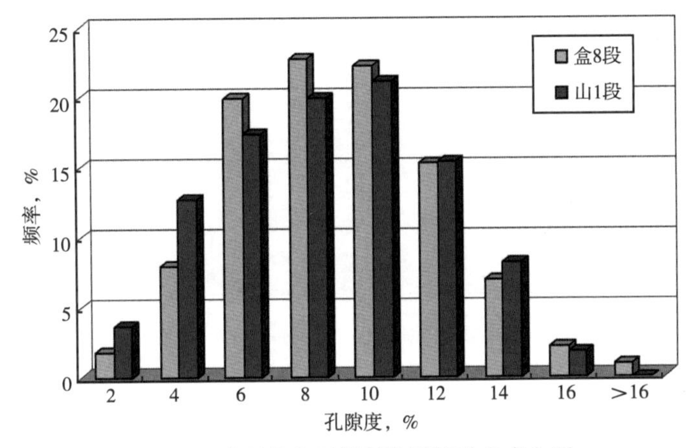

图3-9 苏里格气田储层孔隙度分布直方图

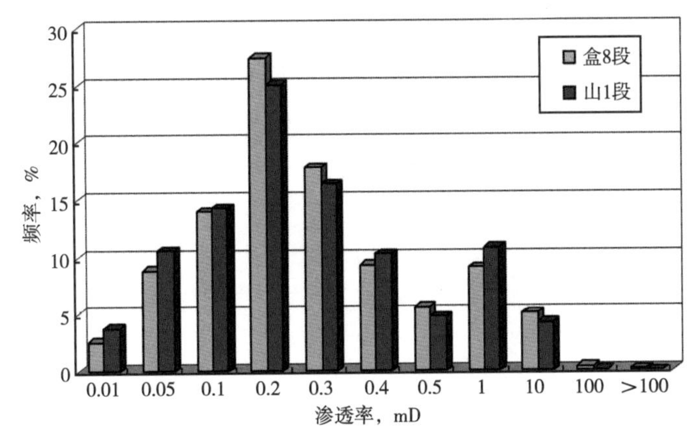

图3-10 苏里格气田储层渗透率分布直方图

5. 储层裂缝特征

越来越多的油气钻探实践表明，裂缝发育程度是致密砂岩储层能否获得高产及稳产的关键因素。裂缝的存在一方面可以显著提高低渗致密储层的基质渗透率，为流体运移提供渗流通道，如区域裂缝的存在使美国 Mesaverde 致密砂岩储层渗透率相比基质渗透率提高 2 个数量级，储集层平面渗透率各向异性相差 100 倍；对于裂缝性致密砂岩储层而言，裂缝甚至可以成为油气分子的主要赋存场所。因此，在裂缝发育区打井往往可获得高产。

致密砂岩气储层中裂缝按成因可划分为构造裂缝和非构造裂缝两大类。构造成因的裂缝是沉积盆地低渗透致密砂岩储层的主要裂缝类型，对致密砂岩气储层的勘探和开发起着最为重要的作用。

致密砂岩气储层中的构造裂缝以高角度和垂直裂缝为主[6]，如图 3-11（c）、（d）所示，往往被石英及脉状方解石充填；同时还发育一些低角度或近水平构造裂缝如图 3-11（a）、（b）所示，形成于局部水平构造挤压环境；滑脱裂缝在致密砂岩储层中一般不发育。

致密砂岩储层中的非构造裂缝包括：成岩裂缝、差异压实裂缝、溶蚀裂缝、缝合线和风化裂缝等。这类裂缝与构造运动或构造应力无关，形态一般不规则，方向上无一致性，分布具有一定随机性。

(a) L17井，3298m，水平构造缝

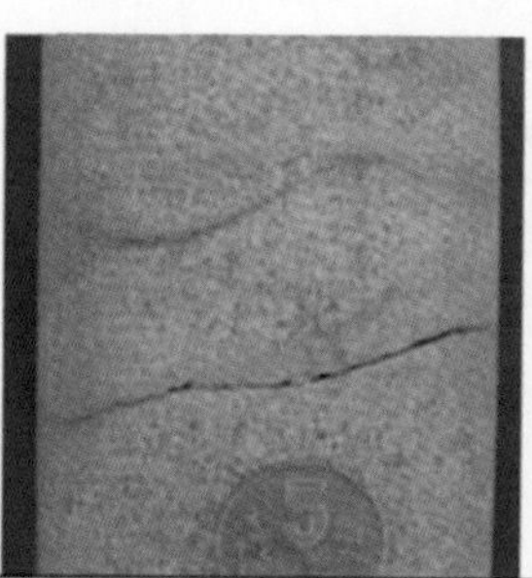

(b) L13井，3510.3m，低角度未充填构造缝

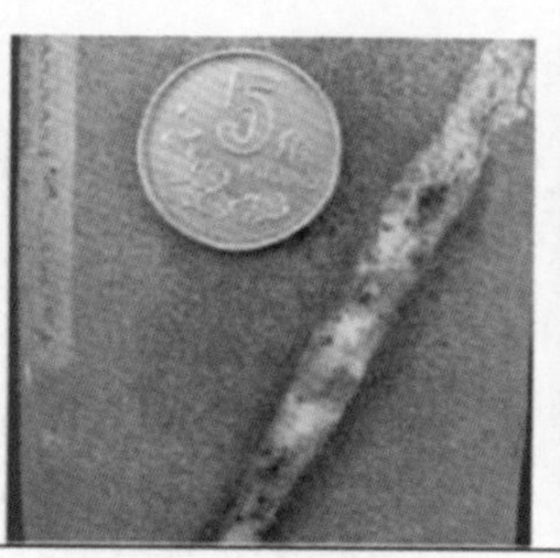

(c) L7井，3384~3393m，高角度全充填构造缝，充填物为石英和方解石

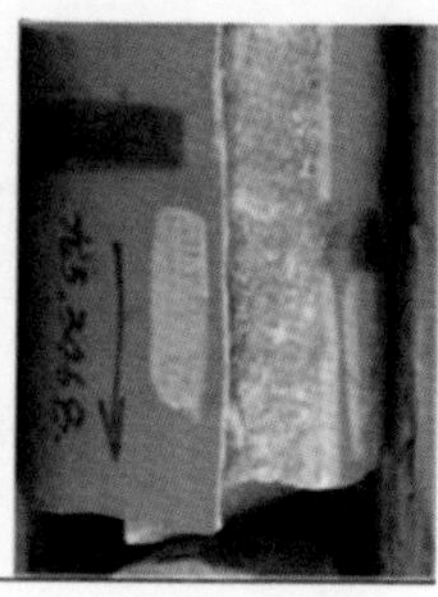

(d) L5井，3468m，全充填垂直构造缝，充填物为方解石

图 3-11　川西北九龙山地区须二段致密砂岩储层裂缝特征[6]

6. 储层空间分布特征

1）砂体与有效砂体呈“砂包砂”二元结构

以苏里格气田为例，致密砂岩储层砂体厚度大、连续性强，平面呈片状，如图 3-12（a）所示，而有效砂体（主要为气层和少部分含气层）厚度较薄，分布范围较窄，如图 3-12（b）所示，在空间呈孤立状，砂体及有效砂体在空间分布呈“砂包砂”二元结构。剖面

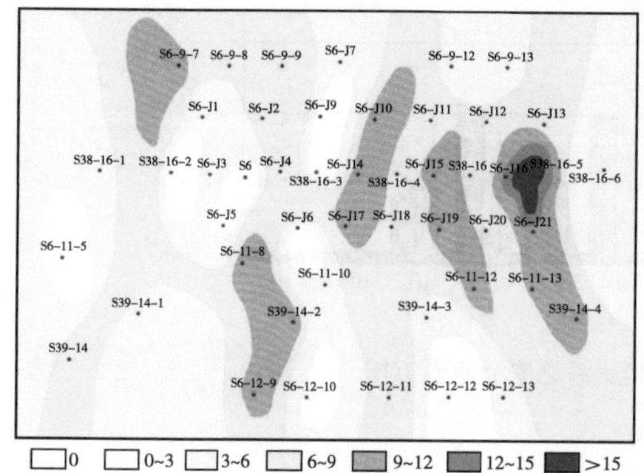

(a) 砂体厚度图

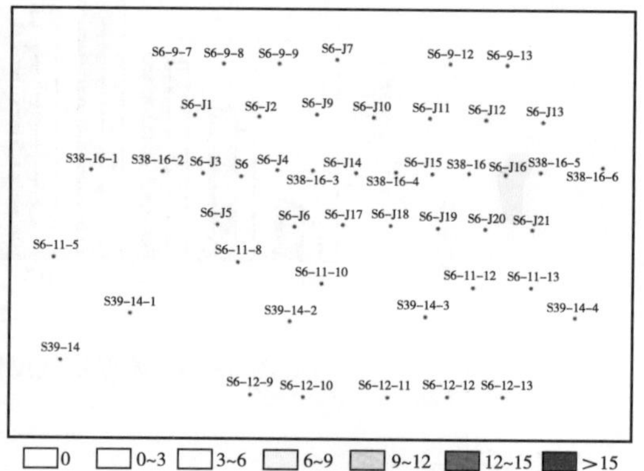

(b) 有效砂体厚度图

图 3-12　苏里格气田某小层砂体厚度图与有效砂体厚度图

上，有效厚度占砂体总厚度比例低，仅为1/4~1/3，这两者的差距反映单层的砂体厚度要普遍大于有效单砂体厚度，单层砂体厚度与单层有效砂体厚度的比值一般为2~3。

苏里格气田砂体并不等同于有效储层，有效储层为普遍低渗的背景下相对高渗透的“甜点”，砂体及有效砂体在空间呈“砂包砂”二元结构（图3-13）。

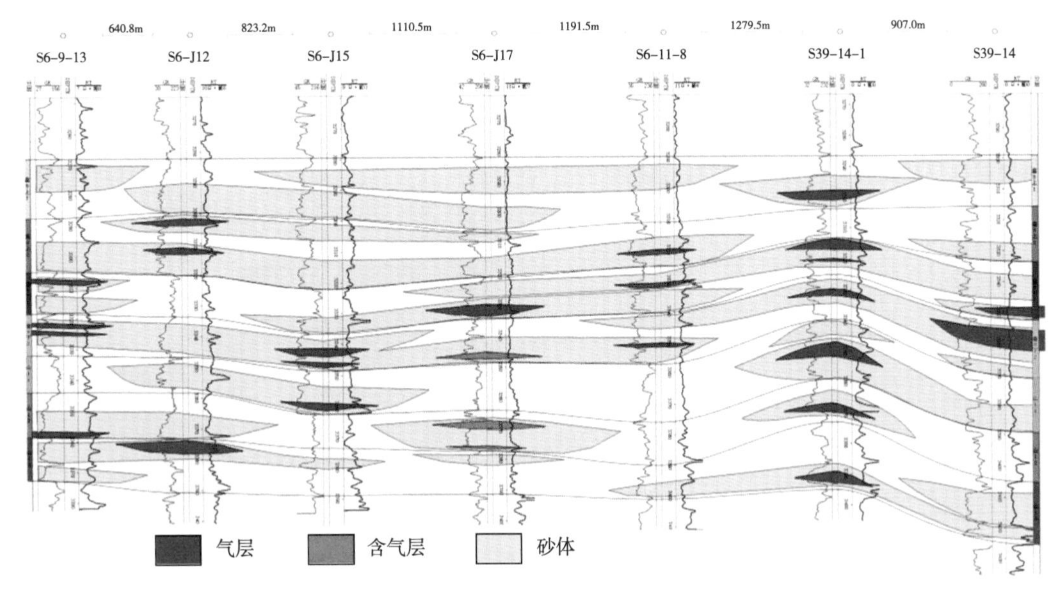

图3-13　苏里格中区S6-9-13井—S39-14井砂体连通图

2）有效砂体分散，多层叠置含气面积大

苏里格气田盒8段上亚段、盒8段下亚段、山1段单层段有效砂体薄而分散，砂层组30~45m范围内有效砂体厚度一般仅为3~6m，局部可达6m以上，盒8段有效砂体富集程度明显优于山1段，如图3-14（a）、（b）、（c）所示。有效厚度多层叠置后在平面上投影，形成大规模的相对富集区，如图3-14（d）所示，合层有效厚度普遍大于9m。平面上叠合有利区（有效厚度大于6m）占研究区面积的80%以上。

3）粗砂岩相是形成有效储层的主要相带

致密气储层中并不是所有的砂岩都能成为有效储层，有效储层受到沉积作用和成岩作用的双重控制。在苏里格气田，有效储层主要分布在心滩中下部、河道充填底部等粗砂岩相中。强水动力条件下的辫状河沉积控制了储层的分布格局，是有效储层形成的基础。而成藏前的压实、胶结、溶蚀等成岩作用深刻改造了储层，塑造了有效砂体的形态。

（1）沉积作用。

沉积相展布控制着储层在空间的分布，决定储层的分布格局，为成岩作用改造储层提供物质基础。单个小层内河道充填微相发育的外边界，基本对应砂体的分布范围，苏里格气田砂体厚度一般大于6m；心滩砂体厚度一般较大，在8m以上；泛滥平原微相中砂体零星发育，砂体厚度薄，一般小于3m。

有利沉积相带的空间分布控制了有效储层的分布。心滩的中下部、河道充填底部等粗砂岩相物性好，有效砂体相对富集。经统计，苏里格气田S6井加密区有86%的有效储层分布在心滩的中部、河道充填下部等粗砂岩相。

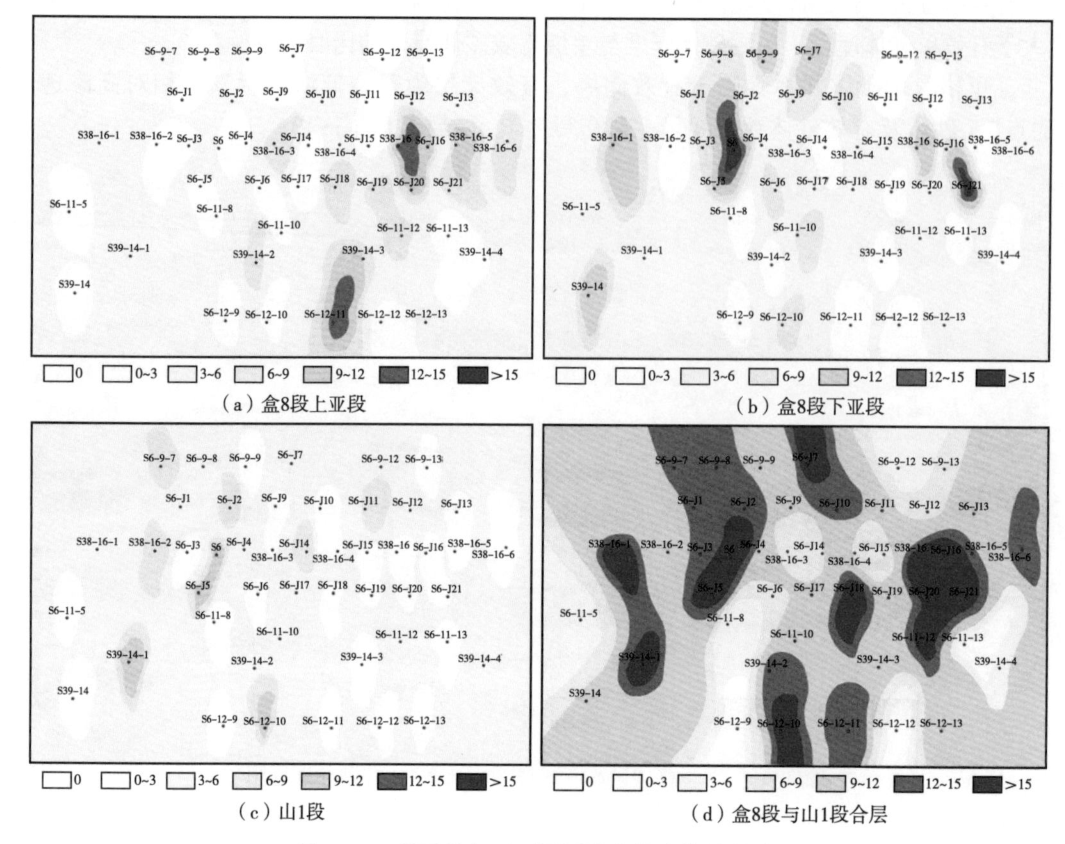

（a）盒8段上亚段　（b）盒8段下亚段
（c）山1段　（d）盒8段与山1段合层

图3-14　苏里格气田不同层段有效砂体厚度图

（2）岩作用。

苏里格气田有效厚度与砂体厚度呈正相关关系，但相关系数不高，仅为0.6345（图3-15），表明除了沉积作用对该地区有效储层有控制作用之外，后期成岩改造是另外一种主要控制因素。

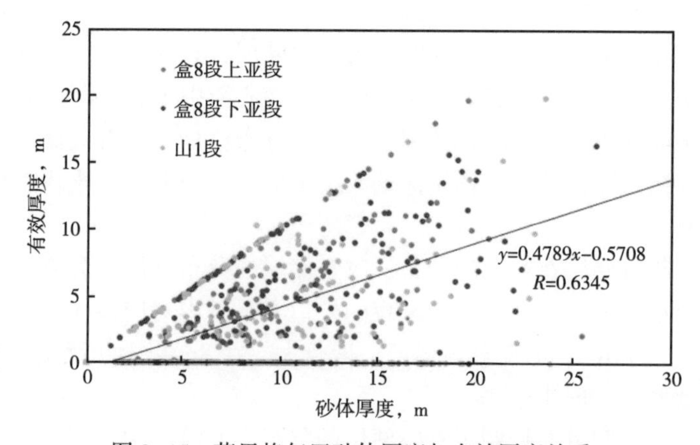

图3-15　苏里格气田砂体厚度与有效厚度关系

压实作用是沉积物在其上覆水层或沉积层的重荷作用下，发生水分排出、孔隙度降低、体积缩小的成岩作用。压实作用在沉积物埋藏的早期阶段比较明显，是导致研究区砂岩孔隙丧失的主要原因。苏里格气田盒 8 段上亚段、盒 8 段下亚段、山 1 段储层压实作用的主要表现为云母、岩屑颗粒的压实弯曲杂基化，长石、石英颗粒的受应力作用破裂如图 3-16（a）所示，以及石英颗粒边缘的港湾状溶蚀现象，最终使岩石致密化，岩石孔隙度和渗透率也随深度发生变化。压实作用导致塑性碎屑挤压、变形、充填孔隙，严重影响了储层的储集能力和渗流能力。

胶结作用是指从孔隙溶液中沉淀出矿物质（胶结物），将松散的沉积物固结起来的作用。胶结作用是导致储层致密化的主要原因。苏里格气田含气层为煤成气型气藏，煤系酸性水介质条件缺乏早期碳酸盐胶结物，利于晚期 SiO_2 的沉淀，故煤系地层致密砂岩中胶结作用以硅质胶结为主，主要包括石英次生加大，如图 3-16（b）所示，和自生石英孔隙充填，以钙质胶结为辅，如图 3-16（c）所示。石英次生加大导致颗粒成缝合线形式接触，孔隙空间几乎被占据，仅发育少量粒内溶孔；碳酸盐胶结物主要以充填粒间孔隙、交代矿物、衬边状及连晶形式出现。

建设性成岩作用主要为溶蚀作用。溶蚀作用与埋藏环境中地层水介质的酸碱性、离子含量及流通性密切相关。地层水介质的酸碱性随着埋藏深度及地层温度的增加表现为波动性。当温度达到 100~140℃时，地层水 pH 值明显降低，一些酸性不稳定矿物将发生溶蚀而形成次生孔隙，如图 3-16（d）所示。

虽然溶蚀作用在局部范围内可以改善砂岩的储集性能，但溶蚀产物发生质量传递和异地胶结作用，增强了储层的非均质性，封闭了局部孔隙喉道，又在一定程度上伤害了储层

(a)SH350井，3746.32m，压实作用

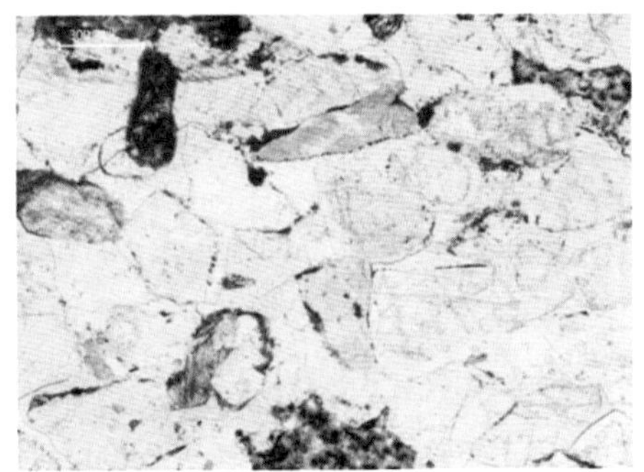

(b)SH355井，3551.95m，石英次生加大

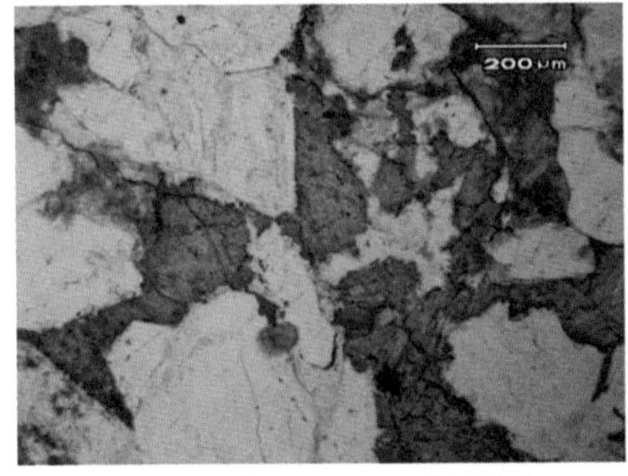

(c)SH357井，3545.83m，钙质胶结

(d)SH364井，3806.49m，溶蚀作用

图 3-16 苏里格气田成岩作用

整体的连通性，这也是致密砂岩储层非均质性强和渗透能力低的主要原因之一。

总之，有效储层的选择性发育是受沉积和成岩等多重因素控制的：粗岩相储层在沉积环境的控制下，物性好，储层连通性和连续性较好；粗粒石英砂岩抗压能力强，在压实作用中原生孔隙得以最大程度的保存；粗砂岩中的粗粒刚性颗粒格架为后期溶蚀作用提供了有利的流体通道，在溶蚀作用下，储层条件得以改善，形成局部高渗砂体。

四、地层压力

受气藏地质条件和成藏演化过程的影响，原始地层压力低压、常压、高压均有分布，少量区块还形成超高压气藏。由于气体的强压缩性，高压气藏所蕴含的天然气更加丰富。

1. 低压气藏

以苏里格气田为代表的大面积、低丰度、低渗透、致密砂岩气田，埋藏深度3300~3500m，平均地层压力系数0.87，气藏主体不含水。

2. 常压气藏

以川中须家河组气藏为代表的多层状致密砂岩气藏，天然气充注程度弱，构造平缓区表现为大面积气水过渡带的气水同层特征，埋藏深度2000~3500m，构造高部位含气饱和度55%~60%，平缓区含气饱和度一般为40%~50%，压力系数1.1~1.3。以长岭气田登娄库组气藏为代表的多层致密砂层气藏储层横向分布稳定，天然气充注程度较高，含气饱和度55%~60%，埋藏深度3200~3500m，地层平均压力系数1.15。

3. 高压气藏

以库车坳陷迪北气田为代表的块状致密砂岩气藏，埋藏深度4000~7000 m，压力系数1.2~1.8。

五、气水关系

受构造条件、储层条件和烃源条件多重因素控制，不同气藏具有不同的气水分布特征。

构造型致密气藏气水关系较为简单，如中国的迪那、邛西、大北气田具有明显的气水界面，地层水以边水或底水形式存在。

岩性型致密气藏地层水分布较为复杂。苏里格气田由于天然气充注程度较高，除苏里格西区局部区块有残存的可动地层水之外，气田大部分储层中的地层水都以束缚水形式存在，气井基本不产地层水。四川盆地川中地区须家河组气藏天然气充注程度较低，构造平缓，低渗透储层毛细管力较大，天然气在储层中发生二次运移调整聚集的能力较弱，从而使气水分异差，大部分地区的气水分布类似于气水过渡带性质，仅有局部构造较高位置或裂缝发育带形成较好的气水分异。

六、气体相态

中国致密砂岩气藏中干气、湿气、凝析气均有分布，以干气为主。鄂尔多斯盆地致密砂岩气藏为干气气藏，四川盆地致密气藏中干气、湿气均有分布，塔里木盆地致密气藏主要为凝析气藏（表3-3）。

表 3-3 储量大于 $100\times10^8m^3$ 中国低渗透、致密砂岩气藏气体相态特征统计

气藏类型	数量	储量，10^8m^3	名 称
干气	13	12730	昌德、长深、召探 1-陕 13、陕 251、米脂、苏里格、乌审旗、榆林、子洲、白马庙、充西、邛西、平落坝
凝析气	6	3096	霍尔果斯、莫索湾、迪那、吐孜洛克、八角场、中坝
湿气	6	3903	大北、广安、荷包场、安岳

七、不同类型致密气藏开发地质特征

中国已发现的致密砂岩气藏，其储量规模与储量丰度表现出一定的负相关关系，构造型一般具有小而优，岩性型具有大而贫的特征（图 3-17），主要受储层厚度、构造幅度等因素控制；前陆冲断带高陡背斜部位的低渗透、致密砂岩气藏一般气柱高度大，富集程度较高，储量丰度一般在（3~5）$\times10^8m^3/km^2$，盆地构造低缓的斜坡区储量丰度较低，一般在（1~2）$\times10^8m^3/km^2$ 左右。中国已发现的致密砂岩气藏，简要可分为如图 3-17 中所示的四种类型。

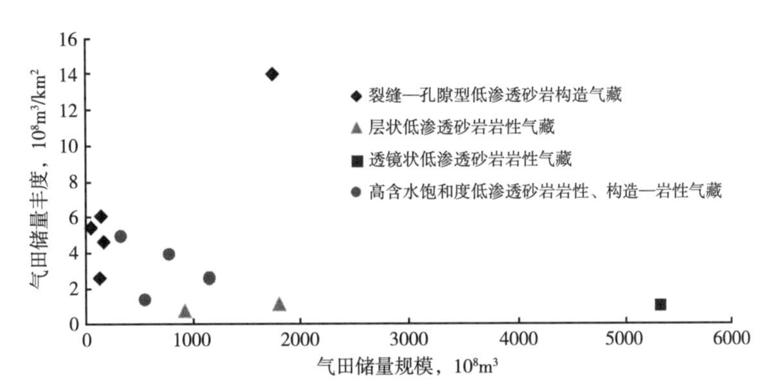

图 3-17 中国致密砂岩天然气藏储量规模与储量丰度关系图

1. 裂缝—孔隙型

该类气藏储层在整体低渗透的背景上，裂缝较为发育，主要发育于背斜、断背斜、断块型圈闭中，储量丰度较高，气井产能较高。储量规模主要受气层厚度和圈闭面积控制，可形成上百亿立方米至上千亿立方米的储量规模，是致密砂岩气藏中储量品质最好的气藏类型。国内已发现的这类气藏主要分布在前陆盆地冲断带，如塔里木盆地库车前陆冲断带和四川盆地川西前陆冲断带，代表型气田有迪那、大北、邛西、平落坝、九龙山等。由于推覆构造的影响，地层变形强烈，形成构造幅度大的正向构造，低渗透储层发育与断层相关的裂缝。但由于强烈的构造应力挤压作用，储层基质的孔隙度和渗透率都大幅下降，往往基质孔隙度小于 5%，渗透率小于 0.01mD，形成裂缝—孔隙型储层，甚至孔隙—裂缝型储层。由于裂缝对储层渗透性的改善，加之构造幅度大，形成了很好的气水分异，气柱高度大，天然气富集程度和储量丰度较高。该类气藏一般具有边水或底水。

该类气藏气井产能主要受裂缝发育程度控制，裂缝发育带上气井产量可达 $10\times10^4m^3/d$

以上，生产能力较强（图 3-18）。井间连通性较好，单井控制储量和累计产量较高，可采用稀井高产的开发模式。采气速度不宜过快，否则会引起边水或底水的快速锥进，导致气井过早见水，降低气藏采收率，特别是储层中有大量裂缝存在的情况下，采气速度过高会导致气井的暴性水淹，稳气控水式开发是主要对策之一。

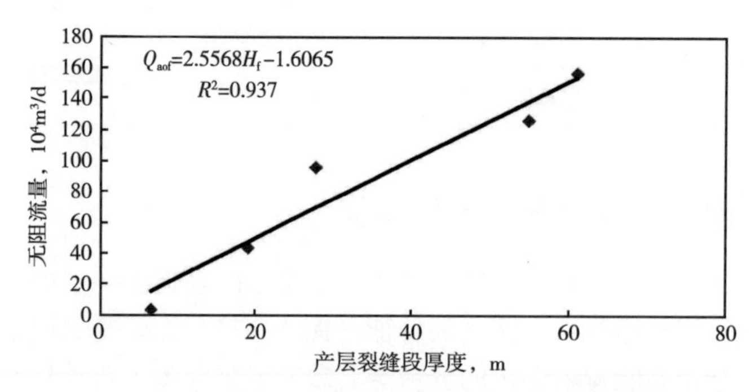

图 3-18　邛西气藏产层段裂缝发育厚度与无阻流量关系图

裂缝发育程度较高的区块一般不需要储层改造，或经过酸洗后即可投入生产，如邛西（图 3-19）、中坝气田等；在裂缝发育程度相对较弱的区块，则需要储层压裂措施来提高气井产量，如迪那、吐孜洛克、大北气田等。受具体成藏条件的控制，该类气藏中的部分气藏为高压或异常高压气藏，这进一步提升了该类储量的品质。

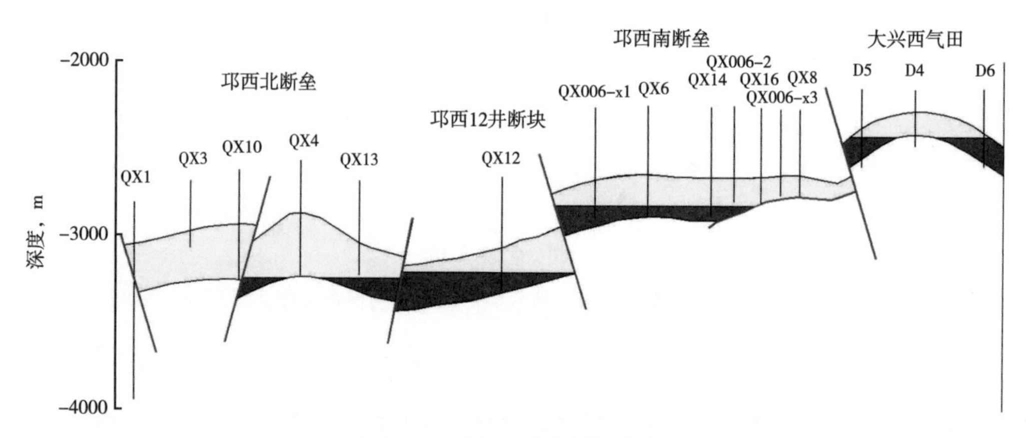

图 3-19　邛西气田气藏剖面图

2. *层状型*

该类气藏的储层为水动力条件较为稳定的河流相或三角洲相，储层粒度和物性分布较为均一，岩石成熟度高，多为石英砂岩，以原生孔隙为主。石英脆性颗粒在强压实作用下产生了部分微裂缝，具有相对低孔、高渗透的特征，孔隙度一般为 4%~6%，渗透率可达 1mD 以上。

储层呈层状，具有较好的连续性，且主力层段集中，易于实施长水平段水平井来获得较高的单井控制储量和单井产量。以鄂尔多斯盆地榆林（图 3-20）和子洲气田为典型代表。榆林气田单井动态储量可达（3~5）$\times10^8m^3$ 以上，水平井初期产量可达 $100\times10^4m^3/d$。由于渗透率相对较好，一般不需压裂而通过酸洗即可获得较高的单井产能。层状气藏采气速度一般为2.5%左右，开发条件有利的气藏有时可达3%以上，有一定的稳产期，气藏最终采收率在可达70%以上。

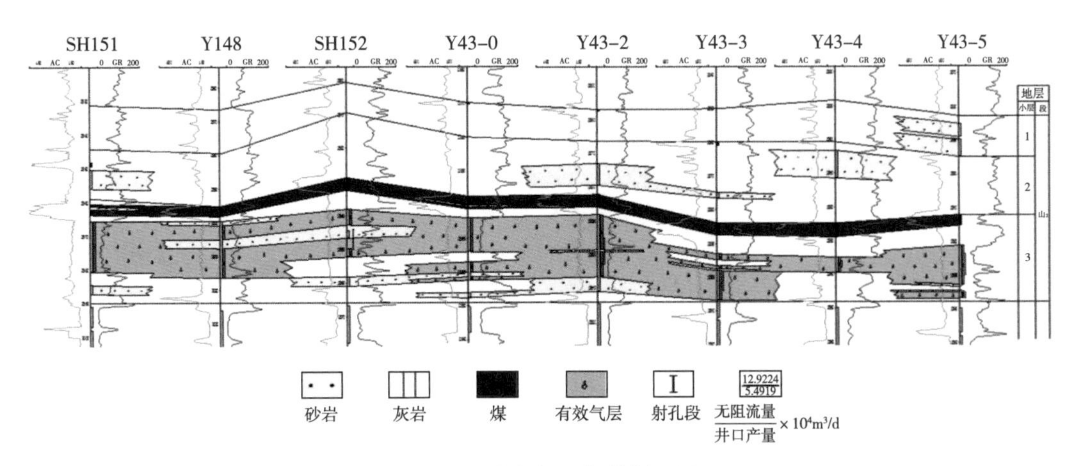

图3-20 榆林气田气藏剖面图

3. 透镜状型

该类气藏主要为河流相砂岩沉积，由于河流沉积水动力变化较大，使这类储层形成了明显的粗细沉积分异，主河道心滩沉积了粗粒砂岩，其他部位沉积中粒、细粒砂岩。经过强烈的成岩作用，粗砂岩形成了孔隙度5%以上的相对优质含气砂体，成为主力产层相带；中细砂岩形成了孔隙度5%以下的致密层，对气井产能贡献有限。这种沉积和成岩特征决定了有效砂体规模小，分布分散。单个有效砂体一般在几十米至几百米范围内，横向连续性和连通性差（图3-21）。但在空间范围内数量巨大的有效砂体具有多层、广泛分布的特征，有效砂体平面叠置后，含气面积可达到95%以上。由于非均质性强、储量丰度低，受井网密度与经济条件制约，储量动用程度一般较低，采气速度一般低于1%，采收率一般仅为30%～40%。

该类气藏储层为孔隙型储层，含气面积大，没有明显的气藏边界，整体储量规模大，是中国低渗透致密砂岩气藏的主要类型，以苏里格气田为典型代表。苏里格气田分布在鄂尔多斯盆地构造平缓的伊陕斜坡区，面积达数万平方千米，储量规模数万亿立方米。气藏范围内断层和裂缝不发育，以孔隙型储层为主，孔隙度在5%～12%之间，绝对渗透率介于（0.01～1）mD，含气性主要受岩性和物性控制，具有岩性圈闭的特征。气藏基本不含水，为干气气藏。由于特定的成藏演化过程，形成了原始低压地层压力系统，平均压力系数0.87MPa/100m。透镜状储层分布高度分散的特征决定了该类气藏的产能特征。由于气井钻遇的有效砂体规模小，造成该类气藏单井控制储量低、产量低、稳产能力差，最终累计产量低。苏里格气田一般直井控制动态储量小于$5000\times10^4m^3$，单井日产量保持$1\times10^4m^3$左右可稳产3a，稳产期后可以以小产量维持多年生产。

4. 高含水饱和度型

该类气藏气水同产，由于水的影响，气井产量低，稳产能力差，目前开发难度最大。含水饱和度高的主要原因是构造平缓、储层毛细管压力大，气藏充满程度较低，造成气水分异作用较差，除部分构造幅度较大的区块天然气富集程度较高外，广大地区表现为气水

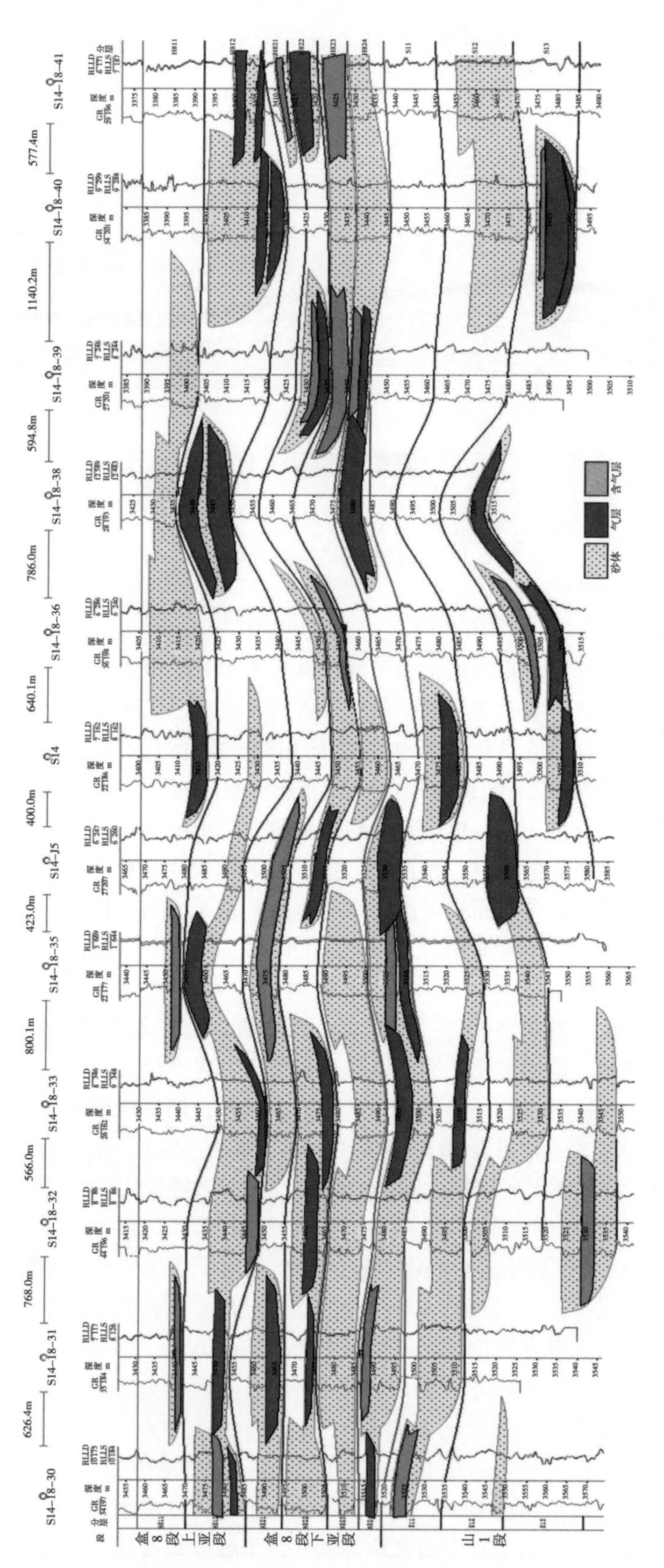

图 3-21 苏里格气田典型气藏剖面

过渡带特征，多为气水同层。

四川盆地川中地区须家河组气藏为其典型代表（图3-22)，气藏砂岩沉积厚度大、横向上分布稳定，连续厚度可达100m，总砂岩厚度近300m，砂岩孔隙度一般在5%~10%之间，渗透率小于0.1mD，裂缝不发育，多为孔隙型储层。致密砂层内泥质隔（夹）层不发育，天然气的充注量相对不足，加之构造平缓、低渗透储层毛细管阻力较大，造成气水分异的动力不足，形成了气水同层分布的特征。局部构造相对较高的部位气水分异相对较强，天然气富集程度较高，形成该类气藏的“甜点”。在整体岩性气藏的背景上，这些“甜点”表现为构造—岩性复合圈闭的特征。另外，在局部的裂缝发育区，裂缝会为气水分异提供有利条件，在上倾段含气饱和度较高，是另一种“甜点”类型。

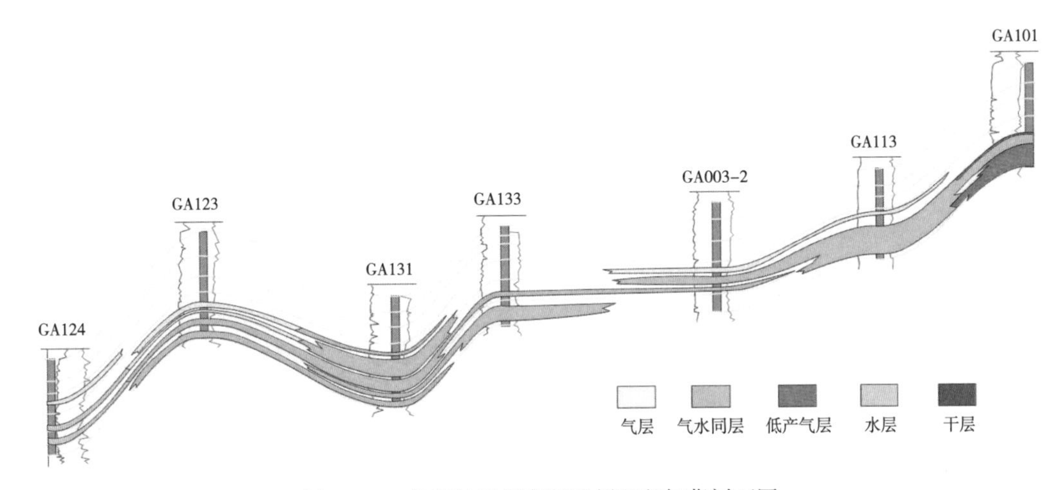

图3-22 广安气田须家河组须四段气藏剖面图

川中地区须家河组气藏受气水分布特征的控制，气井单井产能差异大。在“甜点”区，由于气层厚度较大、连续性较好，可以获得$3\times10^4m^3/d$以上的稳定产量，单井动态储量可达$1\times10^8m^3$以上，气井产少量水或基本不产水，对气井生产基本不产生影响。而在气水同层区，可动水饱和度较高，气井多为气水同出。由于该类气藏能量较低，气井生产带水能力较弱，随着生产的进行，在较短时间内井底和井筒周围的地层中会聚集大量地层水，造成气井产量的快速下降甚至停产。由于气水两相的存在，对于气体的流动会存在一定的启动压力梯度，即使储层的连续性较好，也会引起有效泄流面积的缩小，从而影响单井可动用储量与采气量。

第二节 致密气藏描述技术流程

对于大多数致密气藏而言，由于气藏边界不明显、储层非均质性很强，对气藏的描述认识是一个滚动评价的过程，从区域到局部、从复合砂体到单体，逐步细化提高描述精度。其核心点是要准确判断储层的连续性和连通性，对储渗单元的规模大小和分布频率形成客观评价，这是关系到单井控制储量和单井累计产气量是否经济有效的关键地质问题。虽然在评价早期受资料限制，难以进行精确判断，但要充分利用地质统计学的认识，客观分析储渗单元规模大小的分布范围，降低井距井网部署的失误风险；在开发中后期随着资料的增加，提高气藏描述精度，进行井网优化调整，逐步提高储量动用程度。

一、致密气藏描述的主要内容

20 世纪 70 年代末，斯仑贝谢公司提出“油藏描述”的概念，实际上包含了油藏和气藏在内。在对地质体的描述上，油藏和气藏差别不大，因此油藏描述技术在气藏描述中同样具有适用性。但由于气藏与油藏开发方式的不同，气藏描述和油藏描述的理念和关注点是有所差别的。大部分油田依靠天然能量产出的油量不大，主要靠补充能量开发，所以注采系统是油藏描述的核心，决定了储层不同尺度非均质性及其引起的三大注采矛盾是描述重点。而气藏依靠天然能量衰竭式开发，气藏压降波及范围是描述的核心，与压降波及范围相关的储渗单元的规模大小、分布特征及气水流动特征是描述重点。另外，气藏开发井距一般比油藏注采井距要大得多，造成气藏井间储层预测难度更大；由于气与油流体性质的差异性，在气层识别和预测的测井和地震方法上也存在一定差异性。

对于致密气藏而言，由于储层具有更强的非均质性，储层连续性和连通性差，而且低渗透造成气水关系更为复杂，致密气藏描述的难度更大、要求的精度更高。同时，致密气藏需要压裂改造后才进行投产，与压裂改造相关的地质要素也是致密气藏描述的必要内容。

中国注水开发油藏的油藏描述主要包括 9 项关键内容[7]：储层构造形态，断层及裂缝；储层各项属性的非均质性（储层的岩性、岩石结构、几何形态、连续性、物性等）；隔层；油气水分布及相互关系；油、气、水物化性质及在油藏内的变化压力，温度场；水体大小，天然驱动方式及能量；储量；与钻井、开采、集输工艺有关的油藏地质特征。

鉴于致密气藏的特性，将致密气藏描述内容总结为静态描述和动态描述两大部分、8 个特征要素、35 类主要参数（表 3-4）。气藏特征要素构成了气藏的全部，包括地层、构造、储层、流体、边界条件、地层能量、地应力场、储量，这 8 个气藏特征要素的描述在不同开发阶段的侧重点存在差异，但基本覆盖了气藏开发的整个过程。

表 3-4　致密气藏描述主要参数表

气藏特征要素	静态描述参数	动态描述参数
地层	不同级别的地层界线，厚度，岩性组成	—
构造	关键层面的构造形态，断层	断层封闭性
储层	岩性，储集空间，裂缝参数，物性，储层几何形态与连通性，净毛比	应力敏感性，出砂，多重介质渗流特征
流体	流体组分，地层水产状	相渗，相态，气体物性，水侵方式及能量
边界条件	圈闭边界，气水界面，储渗单元地质边界	压降边界/流动边界
地层能量	地层压力，温度，边底水能量	压力场分布
地应力场	弹性模量，主应力方位	—
储量	储能系数/丰度，未开发探明储量	动态储量/EUR，储量动用程度和剩余储量

1. 地层

对地层的认识是地质研究的基础，宏观上包括地层时代、地层结构、地层分布，落实到气藏规模，重点是气层发育的不同级别的地层界线、地层厚度和地层的岩性组成。描述结果主要体现在地层格架和岩性组合的建立，为气藏储层分布规律的研究奠定基础。

2. 构造

构造描述的核心参数是层面的构造形态、断层分布和断层的封闭性。大多数气藏均受构造发育形态的影响，即使是致密气藏，其气水分布也会受到局部小幅度或者微小幅度构造变化的影响，或者受构造裂缝分布的影响。因此，构造描述的结果不仅要解决区内构造形态及幅度变化问题，还要揭示断层的分布及其对气层分布的控制作用，尤其是对复杂构造型气藏，提高对构造认识的精度是气藏开发逐渐深入的必然要求。

3. 储层

储层描述以静态参数为主，同时也涉及几个关键的动态参数。静态参数包括岩性、储集空间、裂缝参数、物性分布、储层几何形态与连通性、净毛比。动态参数包括应力敏感性、出砂和多重介质渗流特征。储层描述是气藏开发的基础，不同气藏储层类型多样，分布规律差异大，物性变化复杂，因此储层描述是气藏描述的核心，也是难度大、方法多、综合性强的气藏描述任务。对储层的描述所利用的资料包括岩心、测井、地震等静态资料，也包括试井、试气等生产动态资料的运用，涉及的学科领域十分广泛。储层描述的主要结果要给出气层富集区、气层分布的连续性、连通性，为井网井距的确定提供依据。

4. 流体

气藏流体主要为气水两相，如凝析气藏存在凝析油。流体描述主要为动态参数，包括相渗特征、相态特征、气体物性和水侵方式及能量；静态参数主要包括流体组分性质和地层水产状。对气藏而言，除了描述气层的分布外，对气藏水体的描述非常重要，对于边（底）水气藏，水体的锥进会造成气藏过早水淹；对于层间滞留水发育的气藏，水体的分布直接影响气井的开发效果。而对于致密气藏来说，由于毛细管压力大，气水分异难度大，特别是当气藏的充满程度较低时，往往存在气水同层的特征。

5. 边界条件

边界条件描述是气藏描述的一个特色。气藏开发是利用气藏压力采气，边界条件决定了气体的泄压范围，对气井的产能、整个气藏的可动储量有直接影响。边界条件描述的静态参数主要是圈闭边界、气水界面和储渗单元地质边界，动态参数关键是压降边界和流动边界。

6. 地层能量

地层能量描述的核心是地层压力的变化。气藏开发过程中，压力的变化直接反应了气体采出程度，因此可以说对气藏而言压力描述是气藏开发整个过程中都必不可少的研究内容。地层能量描述的静态参数为地层压力、温度和边（底）水能量，在气藏开发早期尤为重要。地层能量描述动态参数为压力场分布，体现在气藏开发过程中压力的变化，能够指导气藏未开发储量的分布预测。与油藏采用剩余油饱和度表征剩余油分布不同，在气藏开发过程中没有外来流体进入时，其含气饱和度是基本不变的，变化的是气层压力的下降，所以气藏采用压力场来表征剩余储量的分布。

7. 地应力场

地应力场描述是对气藏认识的一个补充，主要是针对非常规气藏更有意义，与储层改造工艺的实施密切相关，描述的参数包括弹性模量、主应力方位、最大主应力与最小主应力差等。

8. 储量

储量描述具有阶段性。开发早期描述的参数重点是储能系数、储量丰度、未开发探明储量；开发中后期描述的参数主要是动态储量、EUR、储量动用程度和剩余储量分布。储量描述也是一项综合性的描述内容，需要利用静态资料和动态资料多种参数综合论证。

气藏描述贯穿于气藏开发的整个过程，不同开发阶段气藏描述的目的、资料条件和研究尺度是不同的。气田开发阶段的划分可以根据开发流程，划分为评价阶段、方案设计阶段、方案实施阶段、监测阶段、调整阶段，最后到气田的废弃，也可以依据产能变化划分为产能建设阶段、稳产阶段和递减阶段。根据气藏描述精度的不断推进，可以将致密气藏描述划分为评价—开发早期的致密气藏描述、开发中后期的致密气藏描述两个阶段（表 3–5）。下面分阶段论述致密气藏描述的主要技术流程。

表 3–5　不同开发阶段致密气藏描述精度

开发阶段	横向（区块）	纵向（层系）	沉积相	构造	储渗体单元	地质模型
评价—开发早期阶段（提交探明储量至开发方案实施前）	气藏单元组合，富集区	依据压力和流体分布划分开发层系，段或砂层组	亚相或微相	二至三级断层，断距大于 10m，构造等高线大于 10m	地质统计学的概率性描述	概念地质模型，符合地质统计学规律，垂向网格不大于主力气层厚度
开发中后期阶段（开发方案实施后至气田废弃）	单个气藏单元，井间	复查各层动用程度，小层或单砂体	微相	三至四级断层，断距不大于 10m；井间低幅构造，构造等高线不大于 5m	开发井网控制的井间描述	静态地质模型，单井拟合符合率大于 80%，垂向网格应细化到最小气层厚度

二、评价—开发早期致密气藏描述技术流程

核心目标：开发可动用储量评价；开发方案中制订开发技术政策所需的开发地质特征的描述。

技术难点：有效储层的准确划分与评价；在较少资料条件下气层分布概念模型的建立。

资料基础：探井、评价井和开发试验井的岩心、录井、测井资料，二维地震资料及少部分三维地震资料，测试资料。

研究尺度：横向上描述“相对富集区”的分布，纵向上以段或亚段、砂层组为研究单元。

成果图表：主要概括为“四表、六图、二模型”。“四表”指的是小层划分数据表、构造要素表、测井解释成果表、储量计算表；“六图”指的是测井解释成果图、小层构造图、沉积相带分布图、储层对比剖面图、气藏剖面图及储层厚度分布图；“二模型”为富集区预测模型和储层分布概念模型。

技术流程分为 7 个步骤。

（1）资料评价及描述尺度确定。

核心任务是建立地层划分体系，决定了气藏描述的尺度。主要描述内容包括地层界面、

厚度、岩性组成等。关键技术包括资料的归一化处理与标定、地层旋回结构判识技术等。

（2）气藏构造模型建立。

核心任务是确定地层界面构造形态和断层分布。主要描述内容包括构造形态、幅度、断层方位、断距和断层组合等。关键技术包括速度场模型建立、合成记录标定和断层识别等。

（3）储层和流体评价及分布预测。

核心任务是预测储层和流体展布，评价气藏边界。主要描述内容包括储集空间、物性、净毛比、钻遇率、地层水产状、气水界面等。关键技术包括测井产层判识、地震含气性检测、裂缝预测和地层水分布预测等。

（4）富集区评价及开发层系划分。

核心任务是针对强非均质致密气田优选富集区，划分开发层系。主要描述内容包括达到经济极限的气层厚度、储能系数、压力和流体系统划分等。关键技术主要是经济技术评价模型的建立。

（5）储层连续性、连通性评价。

核心任务是确定有效储层规模尺度和连通性，指导井网部署。主要描述内容包括储集体几何形态、宽厚比、长宽比、钻遇率、接触关系、改造体积/SRV、压降边界。关键技术包括储层定量地质学、精细地层对比、约束储层反演、静动态联合表征和地应力建模等。

（6）气藏概念地质模型建立。

核心任务是为储量评价和开发指标模拟提供概念地质模型。主要描述内容包括储层格架和孔渗饱属性参数场分布。关键技术包括随机建模技术和相控建模技术。

（7）地质储量评价。

核心任务是在探明储量基础上评价出建产区开发可动用地质储量。构造型气藏用确定性容积法计算；岩性气藏气层分布复杂，可用不确定性容积法计算。

三、开发中后期致密气藏描述技术流程

核心目标：针对提高气田采收率开展的储层精细描述、储量动用程度评价、井型井网调整。

技术难点：较大的开发井距造成精细地质建模难度大，精细储渗单元和剩余储量的预测准确度。

资料基础：方案实施的开发井资料，三维地震资料，生产动态资料。

研究尺度：小层或单砂体，低级序断层，小幅度构造。

成果图表：主要概括为“三表、七图、二模型”。“三表”为单层划分数据表、测井复查成果表、剩余储量计算表；“七图”指的是小层构造图、沉积微相图、储层连通关系图、隔（夹）层对比图、储层厚度图、物性参数场分布及压力场分布图；“二模型”为静态地质模型和剩余储量分布模型。

技术流程分为 6 个步骤。

（1）气藏精细分层和构造描述。

核心任务是细化分层和构造单元，提高研究精度。主要描述内容包括小层界限、小幅构造和低级序断层等。关键技术包括精细地层对比和构造解释。

（2）储渗单元划分和定量表征。

核心任务是落实连通储层单元大小和单井控制范围。主要描述内容包括储渗体形态、尺度、接触关系、压降边界等。关键技术包括分级构型描述、静动态综合表征和工艺效果评价。

（3）流体、压力分布及动态变化。

核心任务是细化流体和地层压力分布及其随开发过程的变化特征。主要描述内容包括地层水产状与分布、气水界面变化、地层水能量、压力场分布及其随开发过程的变化等。关键技术包括不同类型产层精细解释、气水分布主控因素分析、不同流体饱和度储层产能评价、地层压力监测、不同类型井试井解释、数值模拟预测压力场分布等。

（4）储量动用程度评价。

核心任务是落实单井剖面和井间储量动用情况。主要描述内容包括地层压力、泄气半径、改造体积、动态储量和动静储量比。关键技术包括试井评价、典型曲线拟合、动态储量计算、干扰试井分析等。

（5）静态地质模型建立。

核心任务是通过单井拟合和修正建立静态与动态一致的地质模型。主要描述内容包括储层格架和各属性参数场的分布。关键技术是地质—地球物理—动态一体化建模技术、多点统计学建模技术和单井动态拟合等。

（6）剩余储量预测。

核心任务是落实剩余储量类型、比例和分布。主要描述内容包括基础开发井网条件下储量动用程度和采出程度、不同井型对储量的动用程度、剩余压力场分布、剩余储量在平面和剖面上的分布特征、评价经济技术条件下的剩余可动储量和难动用储量规模、预测提高采收率措施下的经济极限采收率等。关键技术主要是数值模拟技术和剩余储量分类评价。

第三节　大型复合砂体分级构型描述

大型复合砂岩按构型分级、由大到小描述的方法，体现了致密气藏滚动描述、逐级细化的描述思路。对于大型致密砂岩气藏，需要在不同尺度上认识沉积特征与储层分布模式及砂体的规模尺度，以满足开发概念设计、富集区优选、井网设计和井位确定的需要。根据沉积体的生长发育过程，由小到大可划分为不同的成因单元，以河流相为例，可划分为纹层（组）、层（系）、单砂体、单河道、河道复合体、河流体系、盆地充填复合体等，其规模尺度由毫米级发展到数千米级。在实际应用过程中可根据具体地区的地质特征和研究需要进行相应调整，建立适应该地区的构型划分方案。

一、构型的概念

Allen 在 1977 年召开的第一届国际河流沉积学研讨会上首次提出了“河流构型”（fluvial architecture）的概念[8]，并将构型这一概念引入到沉积地质体的研究领域。

Brookfield 等于 1977 年在研究风成沙丘时，明确提出了层次界面的概念[9]，将沙丘划分为四级层次，其间被三个级次的界面所限定。

Galloway 于 1981 年将沉积构型（depositional architecture）定义为砂体的三维叠置关系和几何形态，以及砂体相内部的层及其内部结构的分布[10]。

1983 年，Allen 在河流沉积中划分了三级界面。Allen 划分的一级界面为单个交错层系的界面，二级界面为交错层序组或成因上相关的一套岩石相组合界面，三级界面为一组构型要素或复合体的界面，通常是一个明显的冲刷面（图 3-23）。

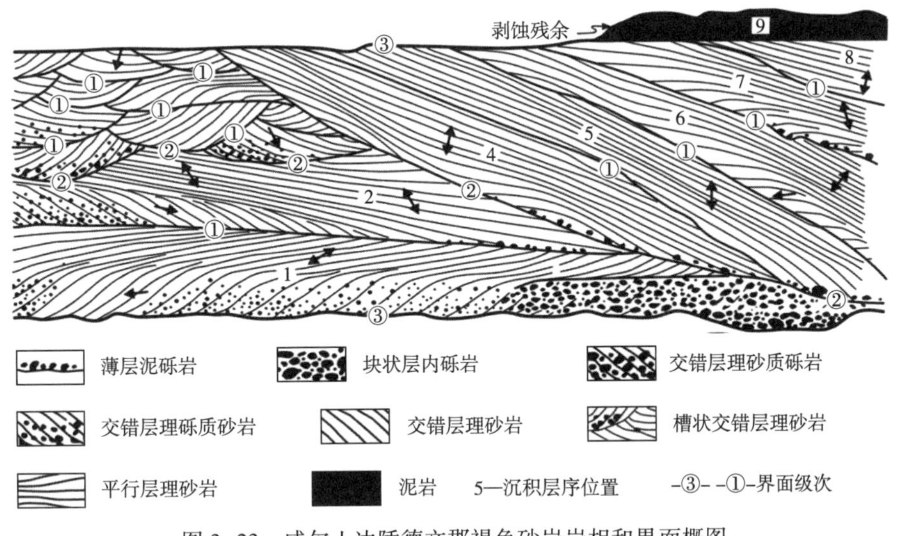

图 3-23 威尔士边陲德文郡褐色砂岩岩相和界面概图

1985 年，Miall 继承了 Allen 的思想，在第三届国际河[8]流沉积学大会上提出了一套河流相的储层构型要素分析法，同年发表了“构型要素分析—河流相分析的一种新方法”一文，介绍了该方法中的构型要素、界面等概念，将储层构型定义为“储层及其内部构成单元的几何形态、尺寸、方向及其相互关系”[11]。

因此，构型（architecture），指不同级次构成单元的形态、规模、方向及叠置关系。砂体构型，指的则是不同级次砂体的形态、规模、方向及叠置关系。地质体构型的核心是地质体的层次结构性，其为复杂地质体的内在特征。

与传统沉积相研究相比，构型研究级次更多，更强调单一单元的分布；构型分析中的界面指的是沉积单元间的物理界面，而非统计边界；构型研究也比传统沉积相分析更加注重构型单元的三维空间分布。

二、一般的构型分级方案

Allen，Mutti 和 Normark，Miall 等相继提出了构型界面分级方案。其中，Miall 的方案对构型界面级次划分较细，从 3 级层序至纹层划分了 9 级构型界面[8-15]，因此应用较为广泛。

Miall[12] 在 Allen[8] 3 级构型界面划分的基础上，提出了一个 6 级界面的划分方案（从交错层系间的 1 级界面到河谷的 6 级界面，图 3-24），其后，在 1 级界面前，增加了一个反映纹层间界面的 0 级界面，并在 6 级界面之后，增加了两个地层意义的界面（7 级和 8 级界面），称之为盆地构型界面[14]。这样，便构成了一个 3 级层序地层内的 9 级界面的划分方案，即从 0 级的纹层界面到 8 级的盆地充填复合体界面（表 3-6）。该方案最大的优点是客观地表达了沉积环境形成的岩性体的层次性。

表 3-6　三级层序内河流—三角洲沉积构型分级[14]

构型界面级别	构型单元（以河流—三角洲为例）	时间规模 a	沉积过程（举例）	瞬时沉积速率 m/ka
0 级	纹层	10^{-6}	脉动水流	
1 级	波痕、微型底形（沙丘内增生体）	$10^{-5}\sim10^{-4}$	底形迁移	10^{5}
2 级	中型底形，如沙丘	$10^{-2}\sim10^{-1}$	底形迁移	10^{4}
3 级	大型底形内增生体，如侧积体	$10^{0}\sim10^{1}$	季节事件，10 年洪水	10^{2-3}
4 级	大型底形，如点坝、天然堤	$10^{2}\sim10^{3}$	100 年洪水，河道迁移	10^{2-3}
5 级	河道、三角洲舌状体	$10^{3}\sim10^{4}$	河道改道	10^{0-1}
6 级	河道带、冲积扇	$10^{4}\sim10^{5}$	5 级米兰科维奇旋回	10^{-1}
7 级	大型沉积体系、扇裙；4 级层序	$10^{5}\sim10^{6}$	4 级米兰科维奇旋回	$10^{-1}\sim10^{-2}$
8 级	盆地充填复合体；3 级层序	$10^{6}\sim10^{7}$	3 级旋回	

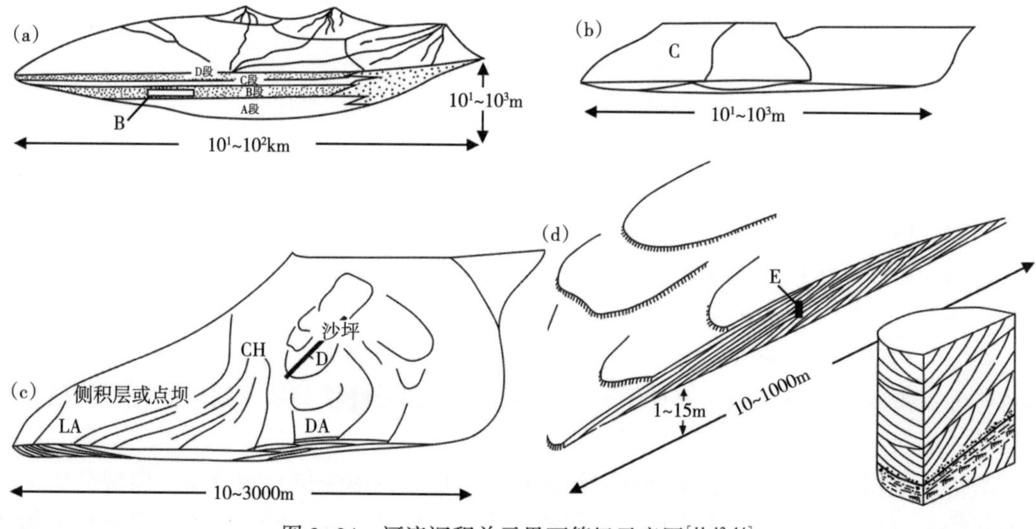

图 3-24　河流沉积单元界面等级示意图[11,12,14]

吴胜和等于 2013 年针对 Miall 构型分级方案中的不足，按照构型规模及包含关系，以最大自旋回与最小异旋回为衔接点，采用倒序分级原则，将已有的岩性体构型与层序构型分级整合为一体化的沉积体构型分级方案[16]。在沉积盆地内划分了 12 级构型单元。

1~6 级界面为层序构型（结构）的界面，其限定的单元（可称为 1~6 级构型）对应于经典层序地层学的 1~6 级层序单元。6 级构型为最小级次层序构型单元，在垂向上与最大自成因旋回（如单河道沉积）相当。

7~9 级界面为异成因旋回内沉积环境形成的成因单元界面（图 3-25），对应于 Miall 的 5~3 级界面，其限定的单元即为 Miall 所称的构型要素（architectural elements），本质上为相构型（facies architecture），反映了沉积环境形成的沉积体的层次结构性[12]。

10~12 级为层理组系的界面，反映了沉积环境内沉积底形的层次结构性，对应于 Miall 分级系统中的 2~0 级界面[12~14]。

在实际应用过程中可根据具体地区的地质特征和研究需要进行相应调整，建立适应该地区的构型划分方案。

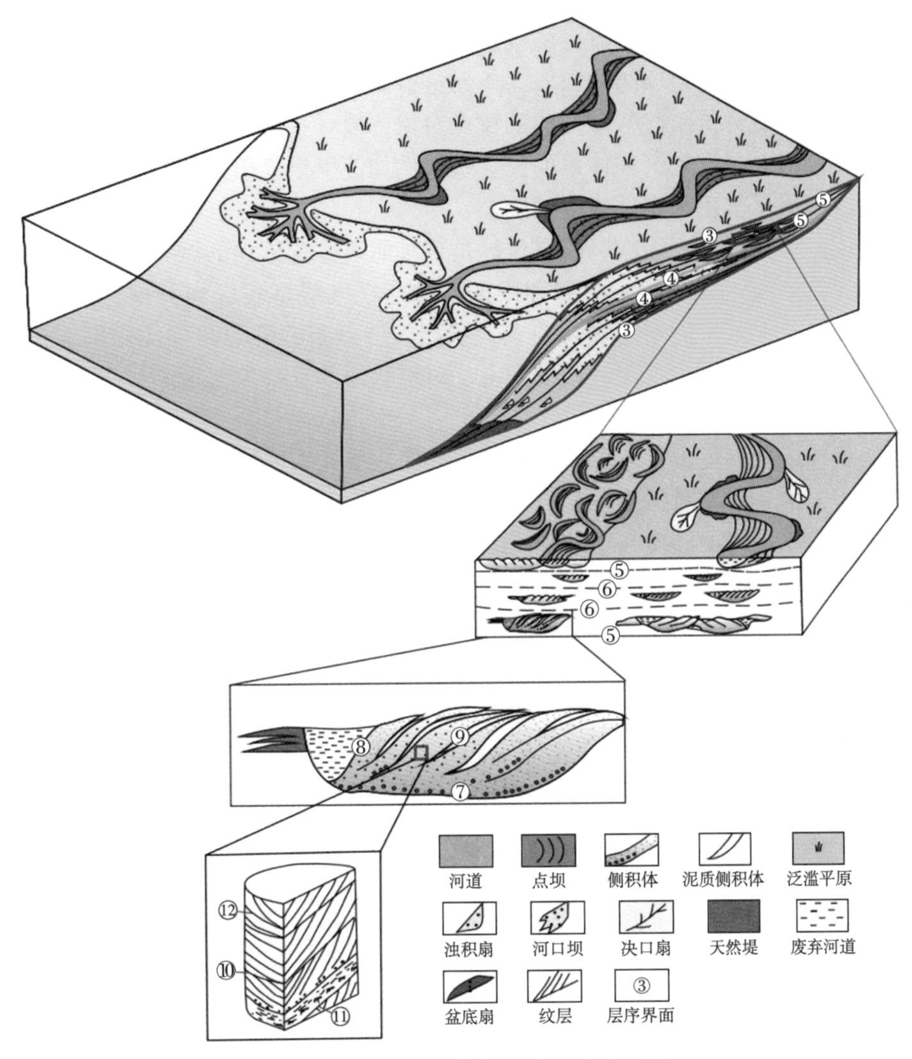

图 3-25 碎屑沉积体构型分级示意图[16]

三、致密气储层构型描述

致密气储层构型描述的大致思路是综合应用岩心、测井、地震和动态资料，结合沉积背景识别沉积相类型，明确研究区沉积体构型描述级次和划分方案，识别并描述各级次构型单元的特征，并在构型单元定量构型模式认知的基础上，预测构型单元在三维空间上的分布，致密砂岩储层则需要进一步明确有效储层的分布。

对于气藏而言，并不需要一味地追求精细刻画更小的储层单元，通常对一些重点边界条件的描述就能够满足气藏开发的需要。为此利用储层构型研究的理论和方法，针对气藏开发特点，提出分级构型描述技术，满足不同开发阶段不同资料条件下的气藏开发研究需求。

总体上气藏描述重要的储层构型可以分为四个级别。

一级构型与沉积盆地地层组内充填复合体相对应，主要是气藏勘探到早期评价阶段研究的对象，用以确定气藏开发层系。

二级构型对应于地层组段内发育的沉积体系，如河流体系发育带、滩坝发育带、重力流水道发育带等；一般是地层组内以段为单元进行研究，反应的是主要沉积体系的分布规律。二级构型是气藏评价阶段气藏描述的重点对象，以寻找富集区带为目标，落实优先建产区块，主要依据就是有利沉积体系的发育带，例如苏里格气田评价期对辫状河体系发育带的描述有效解决了气田富集区优选问题。

三级构型指单河道沉积级次，研究目标是刻画河道叠置带内的沉积特征，即单河道规模、叠置样式等。进入气田开发早期和中期，重点在气层富集区内开展储层分布规律研究，获得有效气层的规模尺度、发育模式，预测气层分布，可为井位优化部署提供依据。苏里格气田气层富集区以辫状河叠置带为主，对辫状河叠置带内河道砂体分布的描述是井位预测的重要依据。

四级构型描述规模更小，以单一沉积体内的构成单元为描述对象，相当于河道沉积中点坝、心滩坝的描述。四级构型的描述是气藏开发后期的重点任务，井数较多、井距较小，具备了精细刻画气层分布特征的基础资料条件。同时，为提高气藏储量动用程度，生产上需要进一步刻画气层分布的井间非均质性，为优化井网井距提供较为精细的地质模型。

下面以苏里格气田为例，进一步阐述致密气储层构型分析方法。苏里格砂质辫状河体系由大量的小透镜状砂体多期切割叠置而成，按照尺度的不同可划分为4级构型。一级构型：辫状河体系与体系间洼地（Miall 的 7 级）；二级构型：河道叠置带和过渡带（Miall 的6级）；三级构型：单河道（Miall 的 5 级）；四级构型：河道沙坝（Miall 的 4 级）（表3-7，图3-26）。

1. 辫状河体系及体系间沉积

苏里格气田为沼泽背景下发育的缓坡型辫状河沉积体系，砂体大面积广泛分布。总的来说，砂体钻遇率高、连续性好。由于河道频繁改道迁移，导致多期河道砂体、河道与心滩砂体互相切割、叠置，形成了垂向上厚度大、平面上复合连片的大型复合河道砂体，呈南北向展布（图3-27）。

表3-7　苏里格气田复合砂体4级构型划分

构型划分	地层单元	构型尺度			平面几何形态
		厚度	宽度	长度	
一级（辫状河体系）	组—段	几十米级	十千米级	上百千米级	宽带状
二级（河道叠置带）	段	十几米级	千米级	几十千米级	条带状
三级（单河道）	小层	米级	百米级	千米级	条带状
四级（心滩）	小层	米级	百米级	百米至千米级	椭圆状

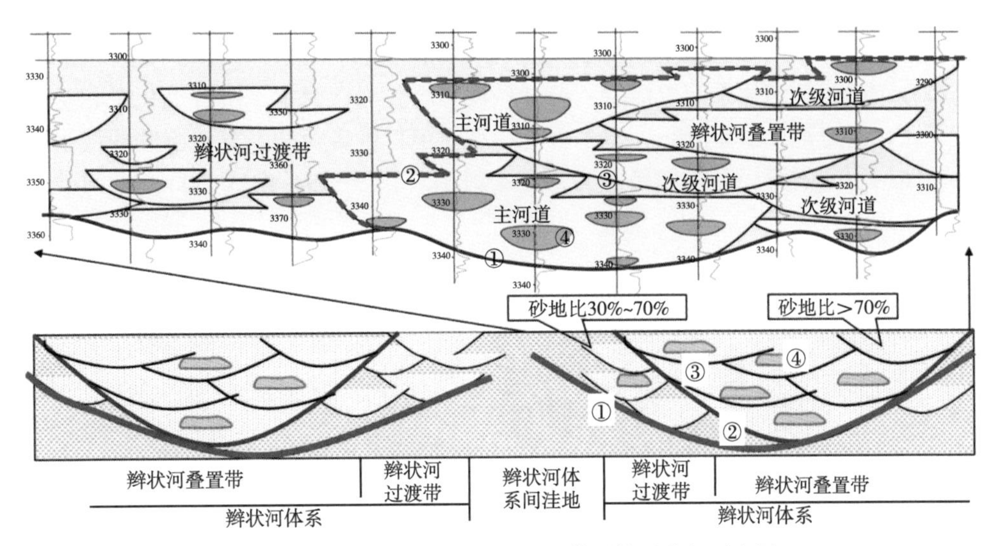

图 3-26 苏里格气田辫状河沉积体系构型分级示意图

辫状河体系以段为研究单元，可划分为盒 8 段下亚段、盒 8 段上亚段和山 1 段三段地层单元。辫状河体系的厚度一般在几十米以上、宽度达数千米、长度可达上百千米，呈宽条带状分布，形成了宏观上“砂包泥”的地层结构。

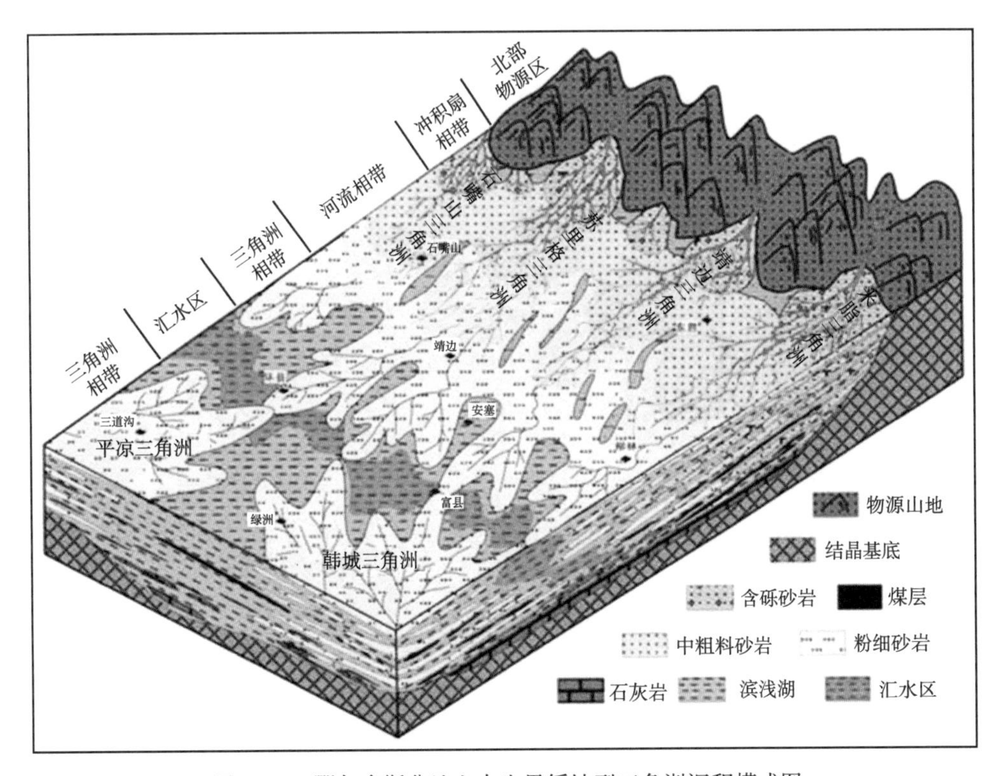

图 3-27 鄂尔多斯盆地上古生界缓坡型三角洲沉积模式图

辫状河体系间沉积位于剖面上古地貌最高处，洪水到达高水位或特高水位时偶尔发育河道砂岩沉积，A/S值（可容空间/沉积物供给）持续较高，以发育泥岩为主（图3-28），砂体零星分布。辫状河体系间以泥岩、粉砂质泥岩细粒岩性为主，所含沉积微相类型主要为泛滥平原，夹有薄层溢岸沉积，偶尔可见小型河道粗砂岩相的发育，测井曲线表现为低幅钟形，储层不甚发育，有效储层多为孤立小薄层（图3-29、图3-30）。平均砂地比小于30%。

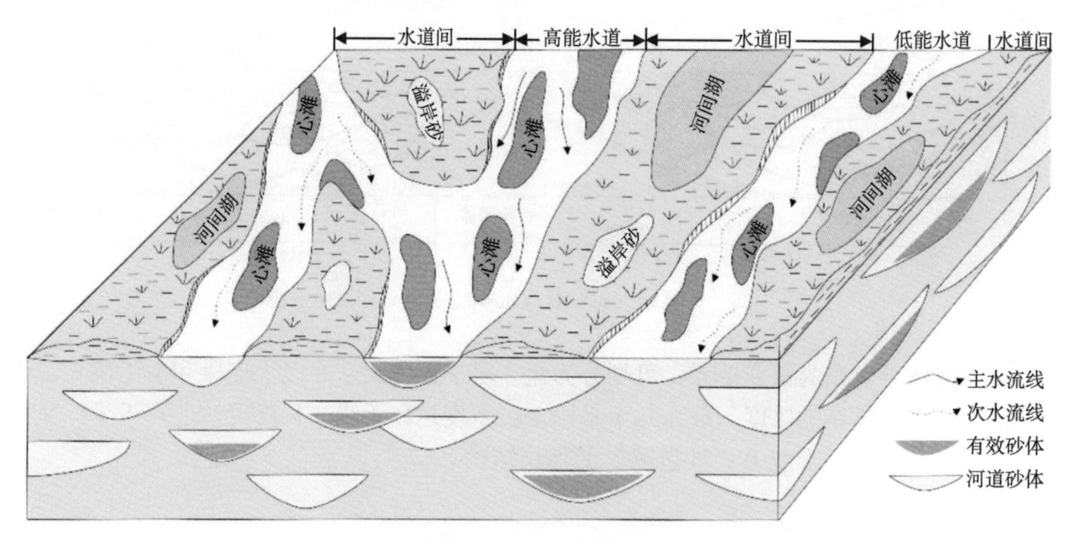

图3-28　辫状河体系间储层沉积模式图

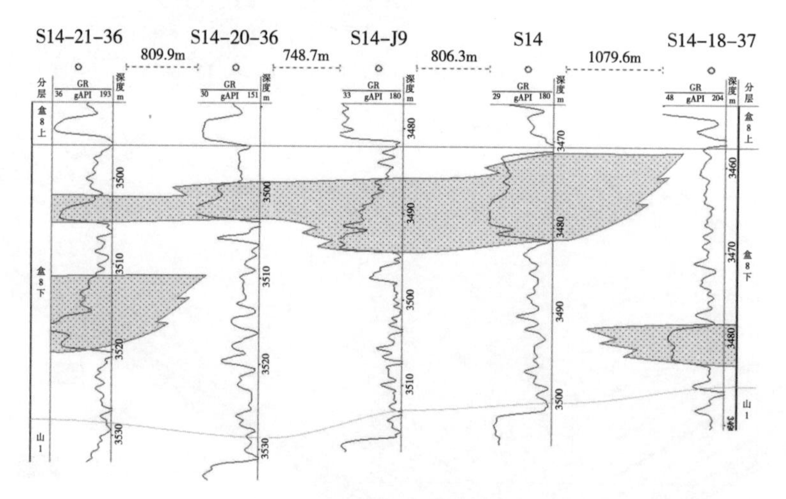

图3-29　S14-21-36井—S14-18-37井辫状河体系叠置带砂体结构特征

2. 辫状体系内河道叠置带、过渡带

苏里格盒8段、山1段地层沉积时距离物源近，坡降缓，水动力强，河道迁移、改道频繁，形成规模较大的辫状河体系，在平面上呈片状分布。苏里格地区辫状河沉积体系的形成是地质历史时期物源、水动力、古地形、可容空间、沉积物供给等多地质因素共同作

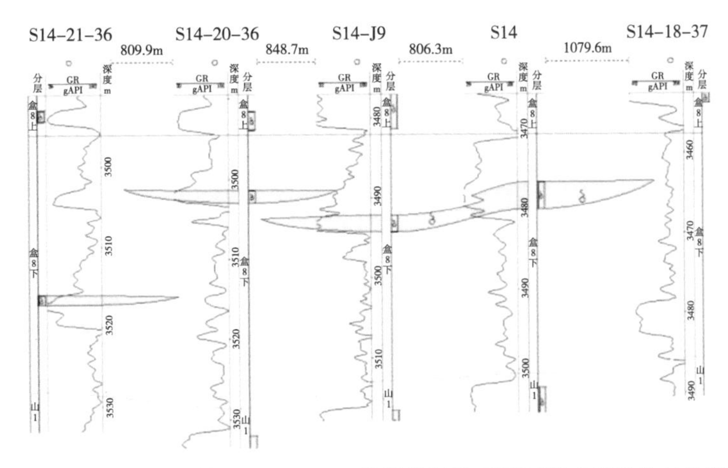

图 3-30　S6-01-19 井—S10-38-30 井辫状河体系叠置带有效砂体结构特征

用的结果，是一定地层规模下沉积环境和沉积物的总和。在辫状河体系内，根据砂体叠置样式，可分为辫状河叠置带和辫状河过渡带两个相带（图 3-31）。不同沉积相带具有不同的储层发育特征（图 3-32）。

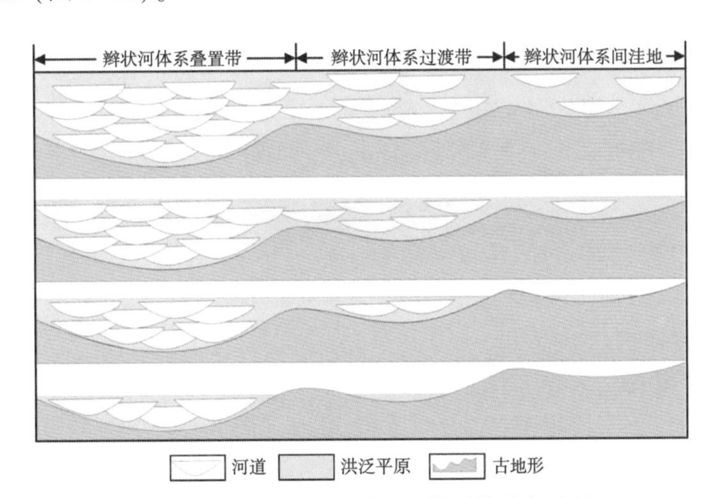

图 3-31　苏里格气田辫状河体系带形成过程

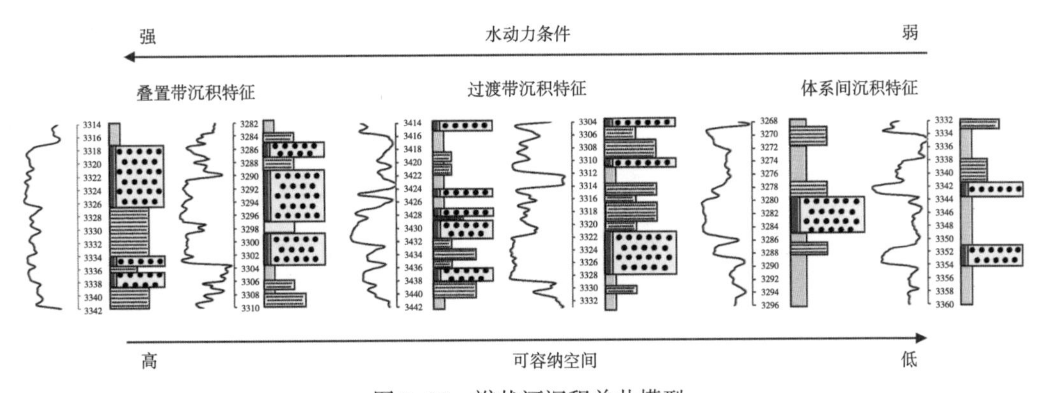

图 3-32　辫状河沉积单井模型

从辫状河叠置带、过渡带再到辫状河体系间洼地，沉积水动力由强到弱，可容空间由大到小，沉积物岩性由粗到细，砂体叠置期次由多到少，砂体连通性和连续性由好到差。

1）辫状河叠置带

（1）构型单元特征。

辫状河叠置带剖面上发育于古地形低洼处，坡降相对最大，水动力较强，古河道持续发育，A/S 值低。纵向上多期河道反复切割叠置形成厚层砂泥岩，泥岩夹层不发育（图 3-33），砂地比值较高，横向上砂岩连续性和连通性较好。平面上呈条带状，剖面呈顶平底凸的透镜复合体，厚度一般为十几米至几十米，宽度可达数千米，长度可达几十千米。

叠置带以心滩沉积的厚层粗砂岩和河道充填沉积的薄层中砂岩、粗砂岩呈互层状出现，岩相总体较粗，以含砾粗砂岩、粗砂岩为主，统计该部位平均砂地比值一般都大于 70%。

常发育槽状交错层理、板状交错层理等指示强水动力的沉积构造，测井曲线表现为光滑或微齿状箱型。

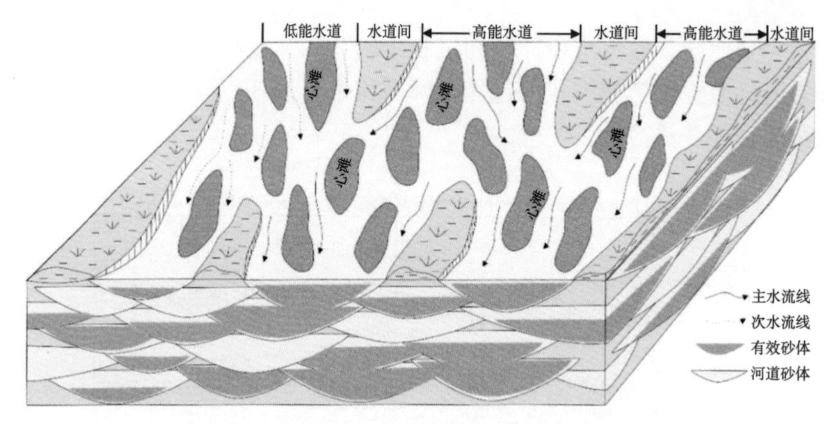

图 3-33　辫状河体系叠置带储层沉积模式图

（2）砂体叠置样式。

①单期厚层块状型。

主力层系有效砂岩主要集中在某一个砂层组内（图 3-34），有效砂岩垂向切割叠置，

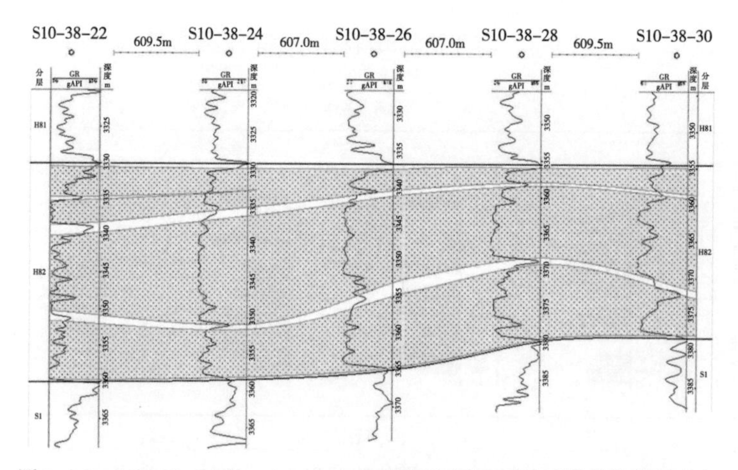

图 3-34　S10-38-22 井—S10-38-30 井辫状河体系叠置带砂体结构特征

累计厚度一般超过 8m，中间无或少有物性和泥质夹层，有效砂岩横向可对比性较好（图 3-35、图 3-36）。该型砂层组合建议采用常规单分支水平井开发，在有效动用主力气层层内储量的同时，纵向储量的动用程度也会相应地大幅度提高。

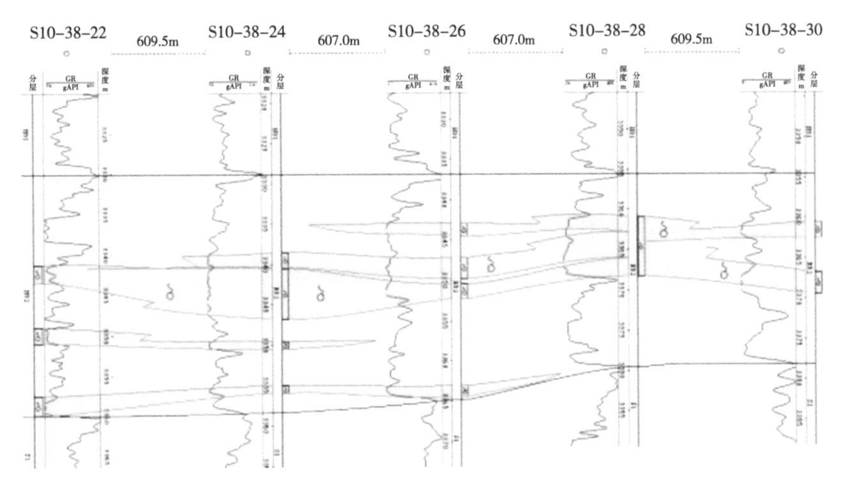

图 3-35 C10-38-22 井—S10-38-30 井辫状河体系叠置带有效砂体结构特征

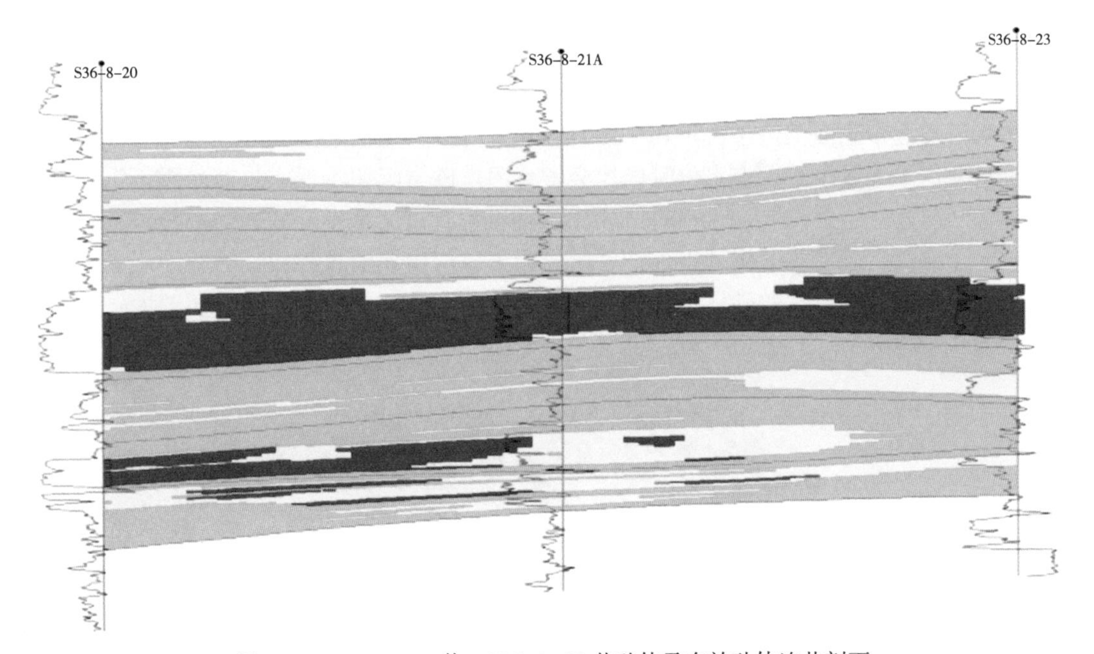

图 3-36 S36-8-20 井—S36-8-23 井砂体及有效砂体连井剖面

②多期垂向叠置泛连通型。

主力层系有效砂岩集中在两个或多个砂层组内，主力层系砂层组间砂岩纵横向相互切割叠置形成叠置泛连通体砂岩（图 3-37）。有效砂岩在泛连通体内呈多层分布，叠置方式多呈堆积叠置和切割叠置，单层或累计厚度一般为 5~8m，中间多存在物性夹层，有效砂岩横向可对比性较差。该型砂层组合建议采用双分支水平井开发，在充分动用层内储量的同时，最大限度地提高纵向储量的动用程度。

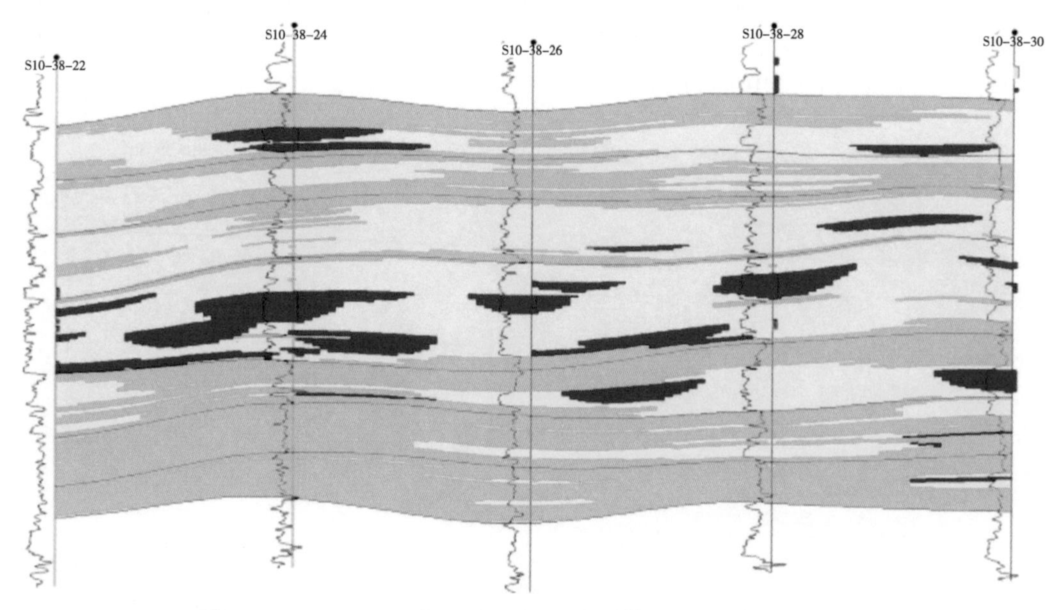

图 3-37　S10-38-22 井—S10-38-30 井砂体及有效砂体连井剖面

2）辫状河过渡带

（1）构型单元特征。

辫状河过渡带剖面上位于古地貌中等低洼处，平面上位于叠置带边部，呈片状分布。只有洪水到达中等或中等以上水位时候才会发育河道砂岩沉积，低水位期暴露不沉积，剖面岩性呈砂泥岩互层沉积（图 3-38）。相比于叠置带，过渡带发育的砂体规模小、连续性差，侧向迁移快，岩性粒度粗到中等，可形成频繁单层出现的粗砂岩，测井曲线表现为齿化箱形或中高幅钟形。有效砂体单体发育（图 3-39、图 3-40），沉积厚度较大，平均砂地比为 30%～70%。

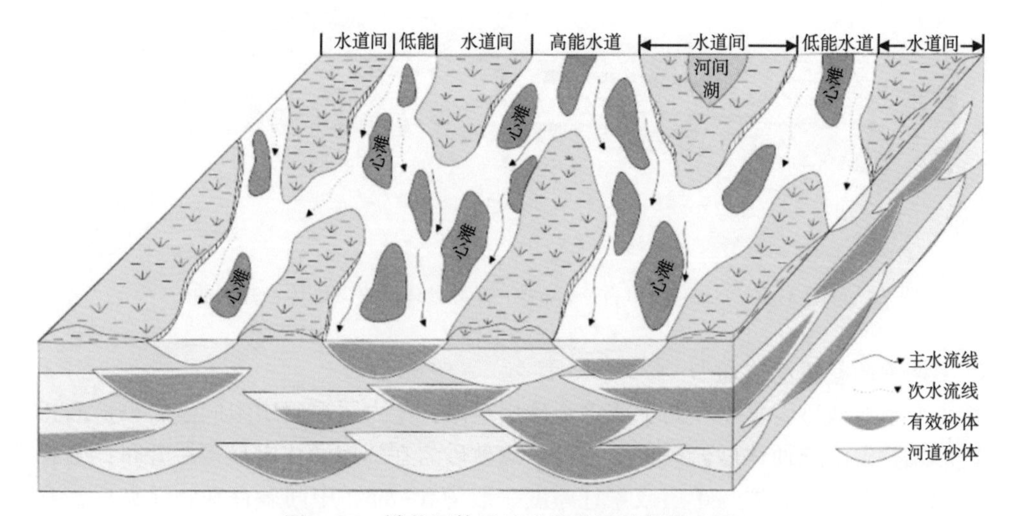

图 3-38　辫状河体系过渡带储层沉积模式图

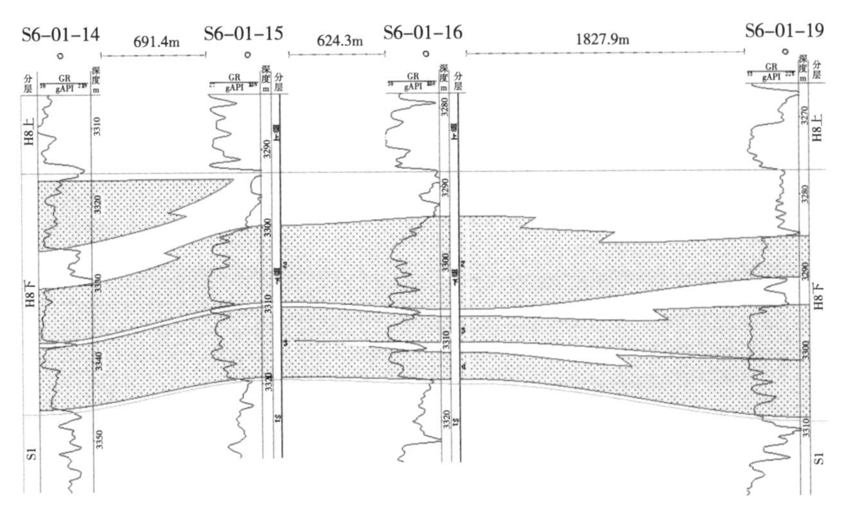

图 3-39 S6-01-14 井—S10-38-30 井辫状河体系过渡带砂体结构特征

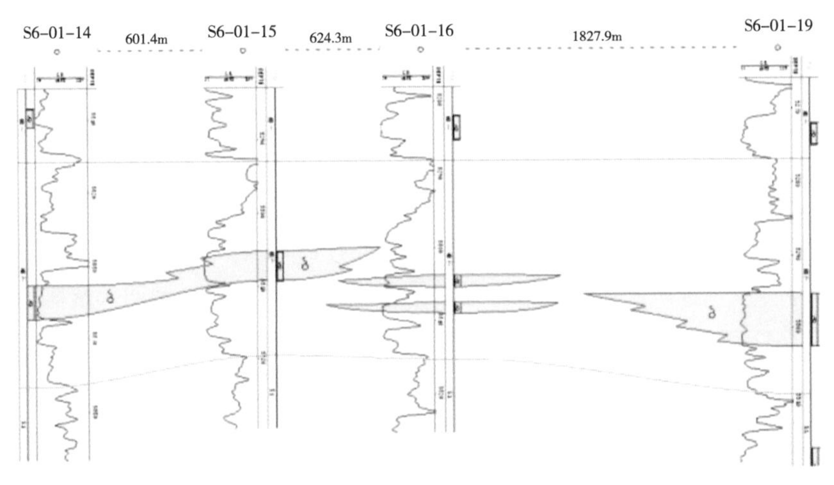

图 3-40 S6-01-19 井—S10-38-30 井辫状河体系过渡带有效砂体结构特征

（2）砂体叠置样式。

过渡带内有效砂体主要表现为多期分散局部连通型。纵向上不发育主力层系，砂岩及有效砂岩纵向多层分布，砂岩横向局部连通，有效砂岩多为孤立状，单层厚度一般为 3~5m（图 3-41），中间多存在泥质夹层，夹层厚度多大于 3m。该部位水动力条件变化频繁、时强时弱，无持续强水动力条件出现。该型砂层组合建议采用直井、从式井或大斜度井进行开发。若利用水平井开发，在提高某一小层层内储量动用程度的同时，损失了相当多的纵向储量。

3. 单河道沉积

在叠置带和过渡带内，以小层为研究单元，可进一步划分出单河道和心滩砂体，即三级、四级构型。

单河道是同一沉积时期多个微相单元的组合体，相当于曲流河的单河道级次。平面上，辫流带和辫流带之间可以发育泛滥平原、溢岸；垂向上，可能有高程差或者规模差。

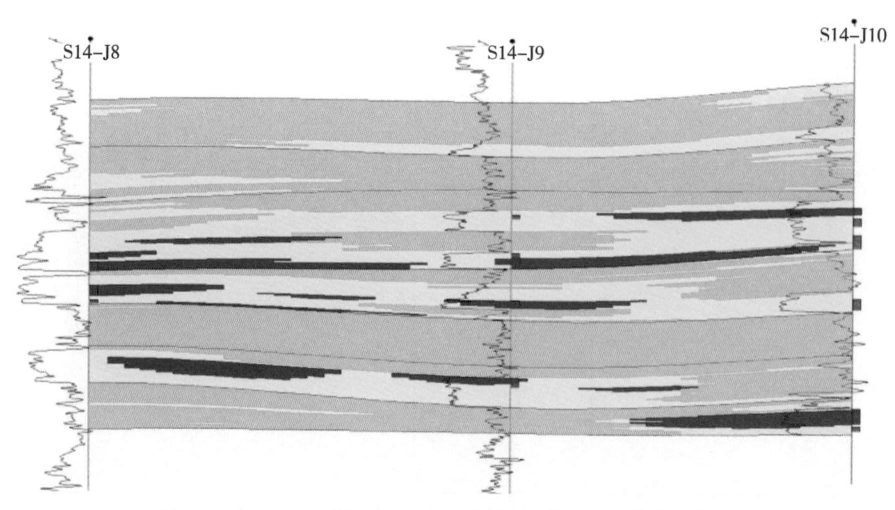

图 3-41　S14-J8 井—S14-J10 井砂体及有效砂体连井剖面

单河道剖面上呈顶平底凸的透镜状，平面呈条带状分布。槽状交错层理砂岩相在整个河道岩相组合中占有主导地位，其次为板状交错层理砂岩相，滞留含砾砂岩相仅在河道底部发育。辫状河道的自然伽马或电阻率曲线表现为中高幅度微齿化钟形，底部突变、顶部突变或渐变。

4. 河道沙坝沉积

河道沙坝，即心滩坝沉积是辫状河道内主要的沉积砂体，是洪水沉积的结果。厚度大，分布范围广；平面上呈土豆状或不规则椭圆形（图 3-42），剖面主要呈底平顶凸状；

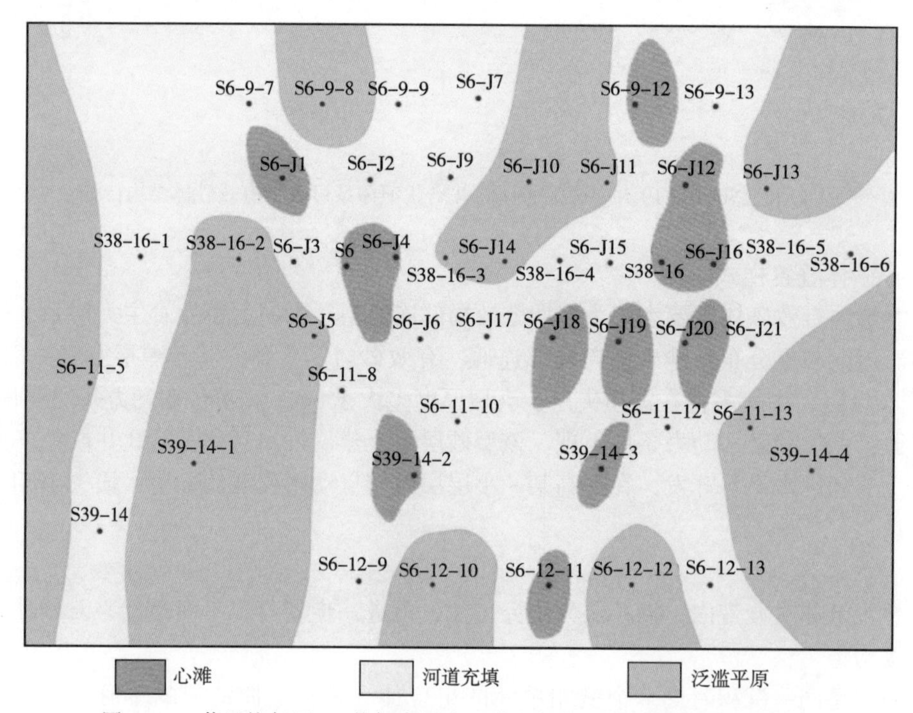

图 3-42　苏里格气田 S6 井加密区盒 8 段上亚段 2 小层沉积微相平面图

以板状交错层理为主；内部发育泥质夹层（落淤层），单井垂向上有几个夹层存在。心滩坝沉积垂向上正韵律不明显，自然电位和自然伽马曲线为箱形（图3-43），微电极曲线幅度差大。由于心滩坝内部有夹层，微电极曲线会有明显回返，自然伽马和自然电位也有回返；夹层较薄时，自然电位回返不明显。

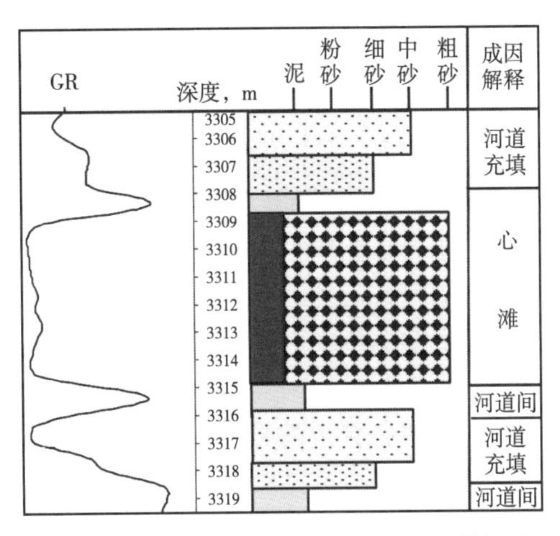

图3-43 苏里格气田心滩坝单井沉积微相图

四、分级构型分布预测与井位优化部署

将复合砂体分级构型描述与开发井位部署有机结合，采用评价井、骨架井、加密井的滚动布井方式可有效提高钻井成功率。以苏里格气田中区为例进行分析（图3-44）。

主要利用探井、早期评价井和地震反演资料，结合宏观沉积背景，研究区域上一级构型即辫状河体系的展布和砂岩分布特征。以苏里格气田中区盒8段下亚段为例，可将其划

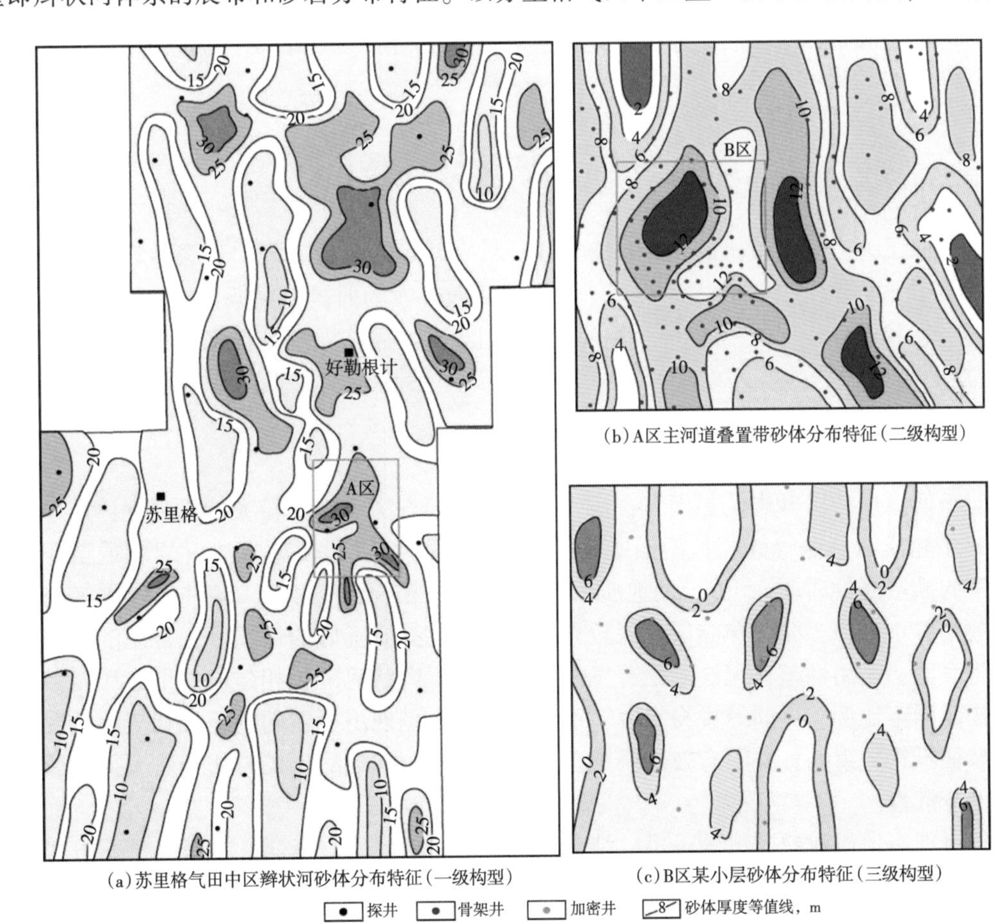

图3-44 苏里格气田典型区块复合砂体分级构型砂体分布特征

分为3个辫状河体系，如图3-44（a）所示，呈南北向展布，砂岩厚度在15m以上的区域可作为相对富集区，以此为依据部署区块评价井、落实区块含气特征。

在一级构型分布研究基础上，可将气田分解为多个区块开展二级构型分布预测，如图3-44（b）所示。主河道叠置带分布在辫状河体系地势相对较低的“河谷”系统中，河道继承性发育，一定的地形高差和较强水动力条件有利于粗岩相大型心滩发育，主力含气砂体较为富集，沉积剖面具有厚层块状砂体叠置的特征，泥岩隔（夹）层不发育。主河道叠置带两侧地势相对较高部位发育辫状河体系边缘带，以洪水期河流为主，心滩规模一般较小，沉积剖面为砂泥岩互层结构。在已钻评价井砂体叠加样式约束基础上，研究沉积相分布特征，利用目的层时差分析、地震波形分析、AVO含气特征分析等方法可以预测辫状河体系中主河道叠置带的分布，进而部署骨架井。

在二级构型研究基础上，可进一步细化到小层，开展三级、四级构型，即单河道和单砂体的分布预测。在评价井和骨架井约束下，通过井间对比，利用沉积学和地质统计学规律，结合地球物理信息，进行井间储集层预测，并编制小层沉积微相图，指导加密井的部署，如图3-44（c）所示。根据加密井试验区和露头资料解剖，苏里格气田心滩砂体多呈孤立状分布，厚度主要为2~5m、宽度主要为200~400m、长度主要为600~800m，单个小层中心滩的钻遇率为10%~40%。加密井位的确定优先考虑三方面因素：骨架井井间对比处于主河道叠置带砂体连续分布区，地震叠前信息含气性检测有利，与骨架井的井距大于心滩砂体的宽度和长度。

第四节　致密气藏地质建模

地下储层为一个多级次的复杂系统，在三维空间较准确地表现出致密砂岩储层内部砂体及有效砂体的“砂包砂”二元结构，是气田高效开发的前提和保障，也是致密气藏地质建模的重点和难点。因此，建立精确的岩相模型和有效砂体模型是致密气藏地质建模研究的关键。

一、建模思路

对于低渗透致密砂岩储层而言，常规的地质建模方法表现出较大的局限性：第一，采用“一步建模”方法（无相控的储层属性建模）或“两步建模”方法（岩相或沉积微相控制下的储层属性建模），先验的地质知识对模型约束不足；第二，测井、地震等资料结合的效果并不理想，尤其在储层埋深较大、地震资料品质不好的情况下，常规的波阻抗反演分辨率低，适用性差，无法满足开发需求；第三，辫状河沉积相建模中，心滩在河道内只能按照固定比例、近同等规模发育，很难在模型中呈现出复杂的沉积相相变的情况，与沉积特征不符；第四，井间有效储层难以识别和预测，常规的建模方法无法表征有效砂体的高度分散性。

针对现有地质建模方法的不足，结合致密砂岩储层的地质特征，本书倡导采用“多期约束，分级相控，多步建模”的建模方法（图3-45），旨在不断提高地质模型的精度。

“多期约束”指分期次在模型中加入约束条件，不断降低资料的多解性，明确其地质含义；“分级相控”指分级次建立相模型，不仅建立“相控”下的属性模型，还建立“相控”下的相模型，使得沉积微相模型同时受到岩相和沉积体系模型的控制；“多步建模”指将地质模型分成多个步骤，通过岩相约束沉积相，通过沉积相控制储层属性，通过储层属性大小判断有效砂体的多步建模方法。

以鄂尔多斯盆地苏里格致密砂岩气田为例，介绍致密砂岩气藏的建模技术方法。与常规碎屑岩储层相比，致密砂岩储层建模难点主要在于相模型和有效砂体模型的建立。因此，本节重点介绍相模型（岩相模型、沉积微相模型）、有效砂体模型的建立及模型的检验。

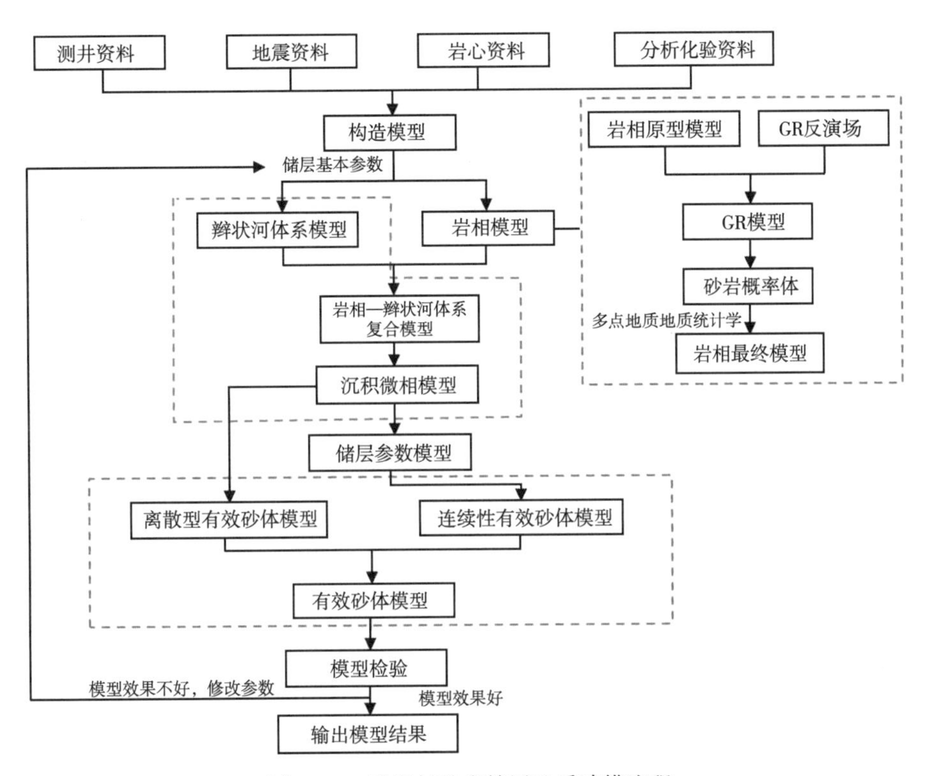

图 3-45 致密气砂岩储层地质建模流程

二、岩相模型

以构造模型为基础，在三维空间表征岩相的分布。这里的岩相指的是砂岩或泥岩，而不具体划分其砂岩岩性。苏里格气田部分目的层段埋深较大，地表呈荒漠化或半荒漠化，地震反射条件弱，地震品质不好，信噪比及分辨率较低，需要测井标定地震，提高其垂向分辨率。而常规的纵波波阻抗受岩性、物性和流体特征等多因素影响，砂岩含气后地震波反射速度降低，与泥岩速度接近，使得波阻抗反演只能区分大段的砂岩段、泥岩段，而无法准确划分单个砂岩层、泥岩层（图 3-46）。

考虑到某些测井曲线能较好地表现岩性变化，与地震数据在表现岩性界面等方面存在内在联系，优选测井曲线，通过神经网络识别技术分析测井、地震资料的函数关系，测井标定地震反演地球物理特征曲线随机场，以其为约束条件建立地球物理特征曲线三维模型，生成砂岩概率体，在此基础上通过多点地质统计学方法建立岩相模型。

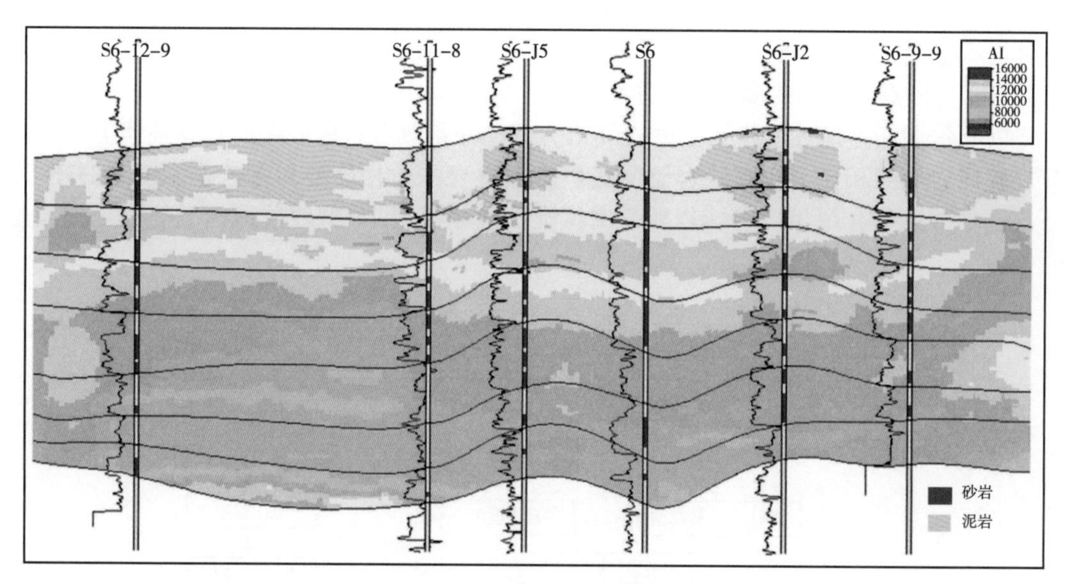

图 3-46　波阻抗反演剖面

1. 自然伽马场

苏里格气田属于河流相，垂向上砂泥岩互层频繁出现。通过分析声波时差、自然电位（SP）、自然伽马（GR）、中子测井、电阻率等多条测井曲线，发现 GR 曲线与岩相的对应关系最好，对岩性的变化最敏感。另外，地震反射波也与地层岩性有一定的相关性，这正是传统波阻抗反演的理论基础。通过神经网络模式识别技术，输入 GR 曲线与地震成果数据，进行匹配训练，形成学习样本集，建立一系列与实际测井 GR 相近的地震特征，以此为标准，测井约束地震反演 GR 场。

对比波阻抗反演和 GR 场反演效果（图 3-47），可看出砂岩、泥岩对应的波阻抗值接近，范围皆在（10000~12800）$g/cm^3 \cdot m/s$ 内，故波阻抗在区内划分砂、泥岩效果较差。

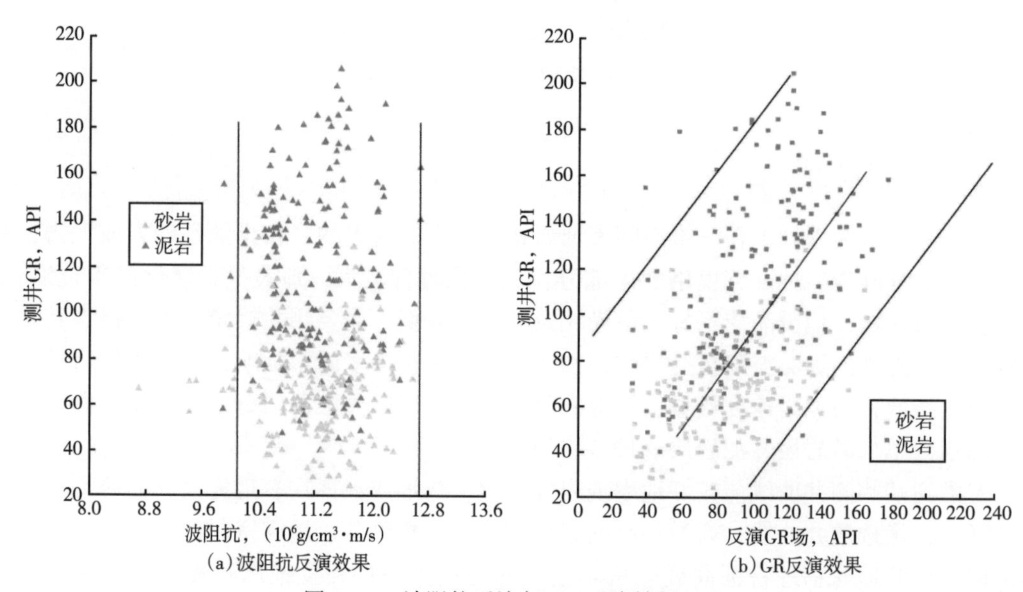

（a）波阻抗反演效果　　（b）GR反演效果

图 3-47　波阻抗反演与 GR 反演效果对比

而反演GR场能较好地区分砂、泥岩，砂岩的反演GR值总体较低，泥岩的反演GR值相对较高，同时反演的GR场与测井GR值对应关系好，相关系数可达0.76，因此可通过先验地质知识去约束井间的反演GR场，从而降低地震资料的多解性。

2. 自然伽马模型

建立GR模型的目的是综合井点的GR值和地震反演的GR场，将地质认识引入GR模型，降低井间地震资料的多解性，赋予井间反演GR场更明确的地质含义。考虑到基于地震资料的反演的GR场在井间的局限性，以井点处的GR值为硬数据，以反演的GR场为软数据，以精细地质解剖获得的地质信息为约束条件（物源方向和砂体主变程、次变程、垂直变程等），通过协同序贯高斯方法建立GR模型（图3-48），从而降低了地震资料的多解性，明确了砂体预测的地质含义，保证了GR值在井点和井间的连续性。

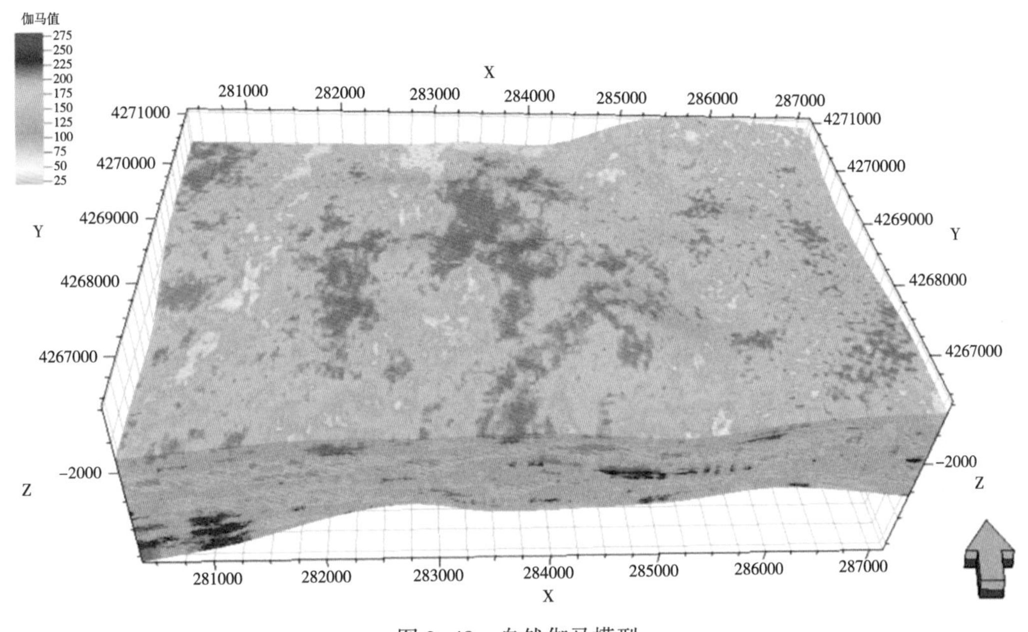

图3-48 自然伽马模型

3. 砂岩概率体

GR模型和砂岩概率具有一定的对应关系，砂岩概率总体上随着GR值的升高而降低，泥岩概率随着GR值的升高而增加，但并不意味着给出任意一段地层的GR值，就可准确地判断其是砂岩或泥岩。

通过回归GR值和砂岩概率的统计关系，将GR模型转化为砂岩概率体模型（图3-49），在建模软件中根据GR值自动判识岩石相时，根据计算出的砂岩概率，随机生成可供挑选的多个岩石相模型的实现，减少了给出唯一GR阈值所带来的误差。

4. 岩石相建模方法

目前最常用的两种相建模方法分别为序贯指示模拟和基于目标的模拟。序贯指示模拟是一种基于象元的方法，通过变差函数研究空间上任意两点地质变量的相关性，能较好地忠实于井点硬数据，但不能模拟多变量的复杂关系。平面上常造成河道错断，砂体呈团状，边缘呈锯齿状，不符合辫状河沉积模式。基于目标的模拟以离散性的目标物体为模拟

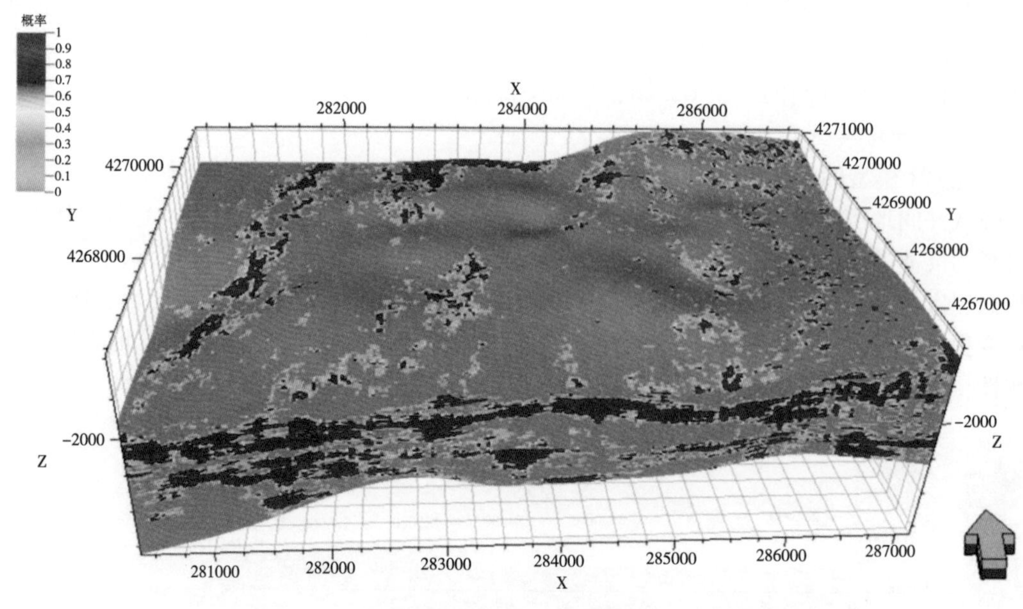

图 3-49　砂岩概率体模型

单元，虽然能表现出河道的形态，但在井较多的情况下，常出现无法忠实于井点数据的情况。

鉴于传统的基于变差函数的随机模拟方法和基于目标的随机建模方法的不足，多点地质统计学应运而生，并迅速成为随机建模的研究前沿和热点。该方法利用训练图像代替变差函数，揭示了地质变量的空间结构性，克服了不能再现目标几何形态的不足，同时采用了序贯算法，忠实于井点硬数据，克服了基于目标的随机模拟算法的不足。

5. *岩石相模型*

多点地质统计学的关键基础是获得训练图像。训练图像是能够表述实际砂体结构、几何形态及其分布模式等地质信息的数字化图像。大尺度的训练图像包含的地质信息多，模拟精度高，但更耗时。训练图像不必忠实于实际井信息，而只反映一种先验地质概念与统计特征，其主要来源于露头信息、现代沉积原型模型、基于目标的非条件模拟结果、沉积模拟获得的沉积体参数及数字化草图。

由于各个小层的储集层特征不同，首先通过基于目标的非条件模拟，优化训练图像模拟尺度，分地层单元建立训练图像（图 3-50）。

以井点岩石相数据为硬数据，以井间砂岩概率体为软数据，以建立的训练图像为依据，通过多点地质统计学建立三维岩石相模型。由于密井网区精细的地质解剖、较准确的砂岩概率体、多点地质统计学较先进的算法，建立的三维岩石相模型在井点处忠实于硬数据，在井间能较好地表现出河道形态。

利用地震波形砂体预测方法在平面上验证、修正和完善建立的岩石相模型。地震波形指地震波振幅、频率、相位的综合变化，可在平面上较好地表现一定厚度的砂体分布，利用地震波形进行井间预测具有一定的准确性。

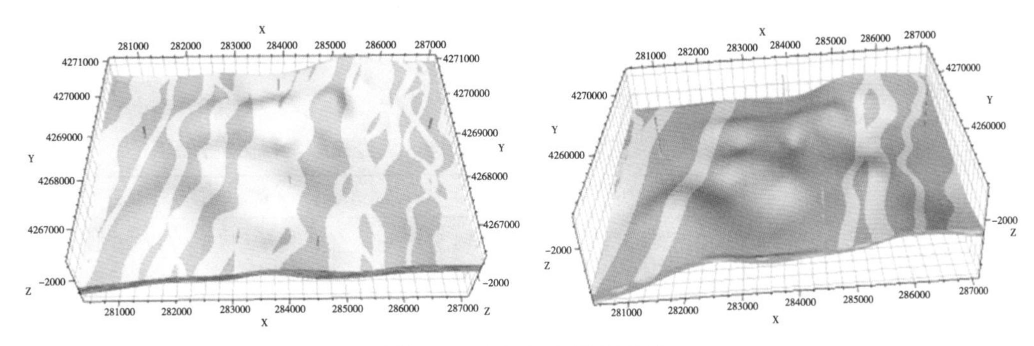

图 3-50 不同小层训练图像

三、沉积相模型

受水动力等控制，不同沉积微相在空间分布形态、规模、发育频率等方面有较大的差异，即沉积微相的分布具有较强的不均一性，而以往的地质建模方法往往没有很好地描述和刻画这一现象。本次利用分级相控的思想，建立岩相和辫状河体系带共同控制下的沉积微相模型，为储层属性建模提供较准确的地质控制条件和依据。

1. *辫状河体系带研究*

研究表明辫状河体系对沉积微相的发育类型、发育频率和发育规模具有较强的控制作用。小层级别沉积微相的展布整体上受砂层组级别的辫状河体系控制，两者在物源方向、河道走向等大体趋势上呈现较大的关联性，但沉积微相在局部又展现出了一定的变化（图3-51）。辫状河体系带中的叠置带处于古地形最低洼处，为古河道持续发育部位，导致心滩发育频率高，规模大；而过渡带处为高能水道、低能水道交互的区域，以河道充填发育为主，以心滩发育为辅。经统计，叠置带的心滩发育频率，其为过渡带的心滩的近两倍（表3-8），前者可比后者厚0.3~0.5m，比后者宽70~80m，比后者长100~200m。

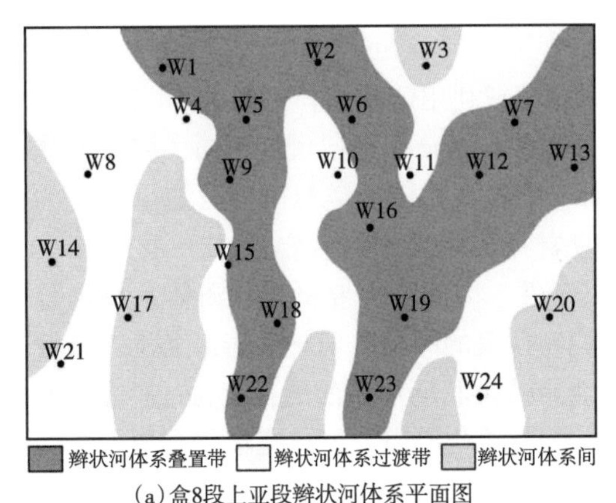

(a)盒8段上亚段辫状河体系平面图

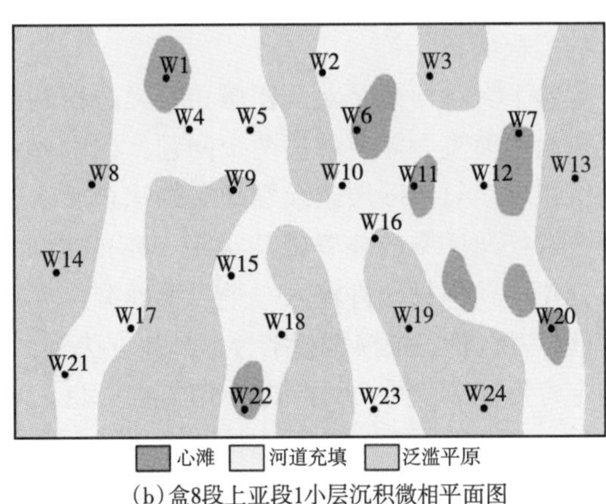

(b)盒8段上亚段1小层沉积微相平面图

图 3-51 辫状河体系与沉积微相平面图

心滩在河道内并非按固定比例均匀分布，其在叠置带内发育频率高、规模大，在过渡带内发育频率低、规模也相对小。通过辫状河体系带研究可以刻画和描述沉积微相在空间分布的不均一性。心滩微相对应苏里格气田最有利的储层。由于叠置带与过渡带内发育的心滩分布规律不同，叠置带与过渡带的储层质量也存在明显差异。叠置带相比于过渡带，垂向叠置型有效砂体分布比例较高，有效砂体通过多期叠置形成规模较大的复合体，为富集区优选提供了有利的地质条件，是开发的主力相带单元。

表 3-8　辫状河体系叠置带与过渡带心滩、河道充填发育比例

系	段	小层	辫状河体系叠置带		辫状河体系过渡带	
			心滩发育比例 %	河道充填发育比例 %	心滩发育比例 %	河道充填发育比例 %
二叠系	盒 8 段上亚段	1	59.04	40.96	21.77	78.23
		2	59.56	40.44	36.02	63.98
	盒 8 段下亚段	1	63.52	36.48	33.15	66.85
		2	72.10	27.90	28.12	71.88
	山 1 段	1	43.62	56.38	23.65	76.35
		2	62.73	37.27	34.59	65.41
		3	45.00	55.00	19.99	80.01
平均值			57.94	42.06	28.18	71.82

2. 沉积微相模型

传统相控建模中的“相”指“岩相”或“沉积相”，然而仅靠岩相或者沉积相无法表征致密砂岩气藏的强非均质性。因此，在建立可靠性较高的岩石相模型前提下，首先尝试结合岩石相与沉积相，利用基于目标的模拟方法，通过岩石相控制沉积微相建立相模型。分为两步：（1）先将河道充填与心滩合并成河道相，作为模拟相，对应岩石相模型中的砂岩相，泛滥平原作为背景相，对应岩石相模型中的泥岩相；（2）模拟心滩，只侵蚀原来第一步模拟产生的河道相，其他网格还保第一步的实现结果。这样模型中的心滩会按照统计出的固定比例、近同等规模分布在河道中，从而将河道相粗略地当成均质的整体，这与已有的沉积认识不符。

鉴于辫状河体系对沉积微相较强的控制作用，考虑利用辫状河体系与岩石相共同约束沉积微相模型。需要解决两个问题：（1）辫状河体系与岩石相地层尺度不同，辫状河体系是沉积环境对应砂层组级别地层的综合反映，而三维岩石相模型类似于等时地层切片的叠合，辫状河体系的叠置带甚至不一定能准确对应岩石相模型中的砂岩；（2）建立相模型时，建模软件只允许输入一个三维模型作为约束条件。因此，需要将辫状河体系平面分布特征与岩石相三维模型相结合，具体方法是：将同一位置的网格既属于砂岩，又位于叠置带的定为叠置带；同一网格既属于砂岩，又位于过渡带或辫状河体系间的，定为过渡带；网格处属于泥岩的，定为辫状河体系间。根据不同辫状河体系内心滩、河道充填等沉积微相分布频率和发育规模的统计特征，建立岩石相—辫状河体系共同约束下的沉积微相模型。

如图 3-52（a）所示的受辫状河体系和岩相共同约束的沉积微相模型与沉积微相平面图对应效果较好，心滩在局部区带分布集中，规模较大，而如图 3-52（b）所示的只受岩相控制的沉积微相模型心滩在河道内以均一的概率、几乎均等的规模分布，不可避免地淡化了沉积相在空间展布的固有的不均一性，效果不好。至于常规的不受岩相控制的沉积微相模型，其效果更差。

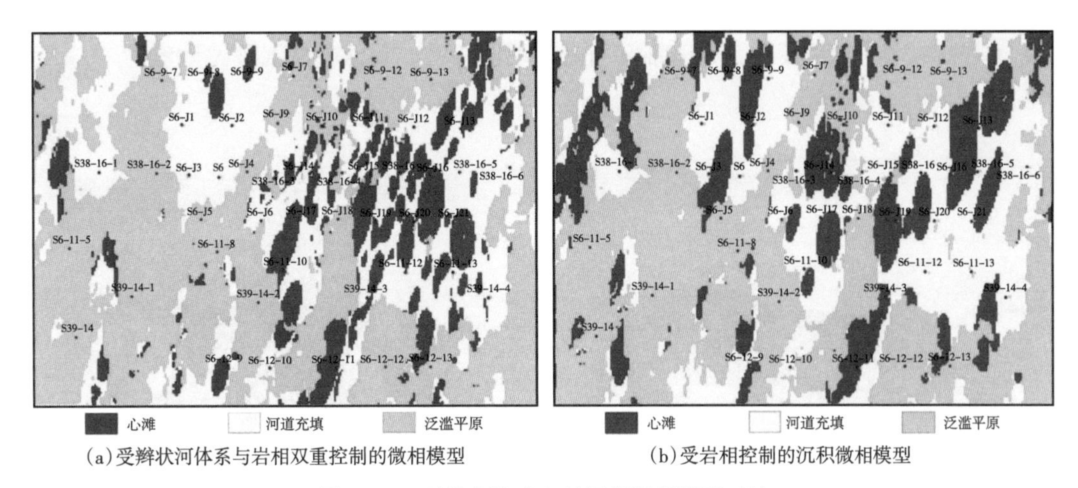

(a)受辫状河体系与岩相双重控制的微相模型　　(b)受岩相控制的沉积微相模型

图 3-52　两种方法建立的沉积微相模型对比

四、有效砂体模型

有效砂体的空间分布遵从一定的地质和统计规律，同时也受沉积微相、储层参数的影响和控制。有效砂体相对于非有效砂体储层参数较大，在沉积和成岩双重控制下，气田有效砂体与心滩等沉积微相的对应关系较好，经统计，80%以上的有效砂体分布在心滩中。

通常采用两种方法建立有效砂体模型：一是离散型建模方法—基于目标的模拟，以井点处测井或试井证实的有效砂体为硬数据，根据有效砂体在空间的分布规律及统计特征（表 3-9），将有效砂体（气层、含气层）作为相属性进行模拟，非有效砂体作为背景相；二是连续性建模方法—序贯高斯模拟，以试井、试采数据为依据，给出有效砂体的储层参数下限值（孔隙度不小于 5%，含气饱和度不小于 45%），针对孔隙度、渗透率、饱和度储层参数模型进行数据筛选，将满足要求的网格判断为有效砂体。

表 3-9　有效砂体建模参数

系	段	小层	厚度，m			宽度，m			长度，m		
			最小值	平均值	最大值	最小值	平均值	最大值	最小值	平均值	最大值
二叠系	盒 8 段上亚段	1	1.1	2.6	5.2	158	210	368	316	547	921
		2	1.1	3.0	7.2	177	236	413	354	614	1033
	盒 8 段下亚段	1	0.9	2.8	6.7	170	227	398	341	591	994
		2	1.3	3.0	7.5	182	243	426	365	632	1064
	山 1 段	1	0.8	2.4	4.3	142	190	332	284	493	830
		2	0.9	2.5	5.2	151	201	351	301	522	879
		3	0.7	2.2	4.1	130	173	302	259	449	756

针对有效砂体、储渗单元，还可以采用嵌入式建模方法。首先通过地震反演及加密井网精细储层构型解剖，明确有效砂体及储渗单元在平面、剖面的分布特征和规模大小；利用砂体顶底面数据或砂体厚度和顶底面数据建立砂体包络面，建立砂体模型；再在砂体内部建立有效砂体或储渗单元的顶底包络面，将有效砂体或储渗单元模型“嵌入”砂体模型中。

选取在多种建模方法下同属于有效砂体的模型网格，建立最终的有效砂体模型，再通过叠合之前建立的岩相模型，在三维空间内再现低渗透、致密砂岩气藏“砂包砂”二元结构（图 3-53）。

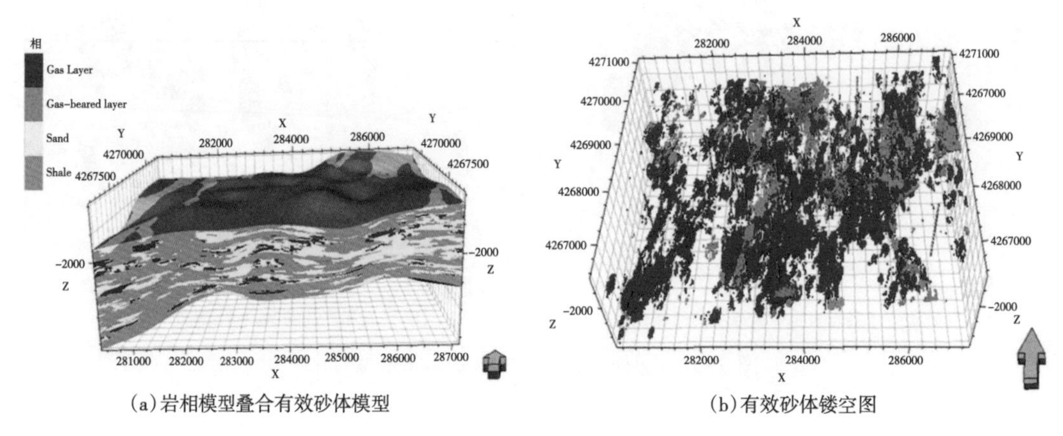

（a）岩相模型叠合有效砂体模型　　（b）有效砂体镂空图

图 3-53　有效砂体模型

五、模型检验及应用

地下地质情况的认识程度、建模基础资料的应用效果、建模方法和算法的合理与否很大程度上决定了地质建模的精度和准确度。从地质认识验证、井网抽稀检验、储层参数对比、储量计算、动态验证等方面检验建模效果。若模型效果好、精度高，则输出模型；若模型效果不好，则反复调整建模参数，重新建立模型，直至达到理想的效果。

1. 地质认识验证

检验标准是岩相模型与砂体等厚图有较大的相似性，模型符合地质认识。在井点处，如图 3-54（a）所示的岩相模型与如图 3-54（b）所示的砂体等厚图有较好的对应关系；在井间，三维岩相模型通过地震资料、砂体概率体和建模算法对砂体分布进行了合理的预测。

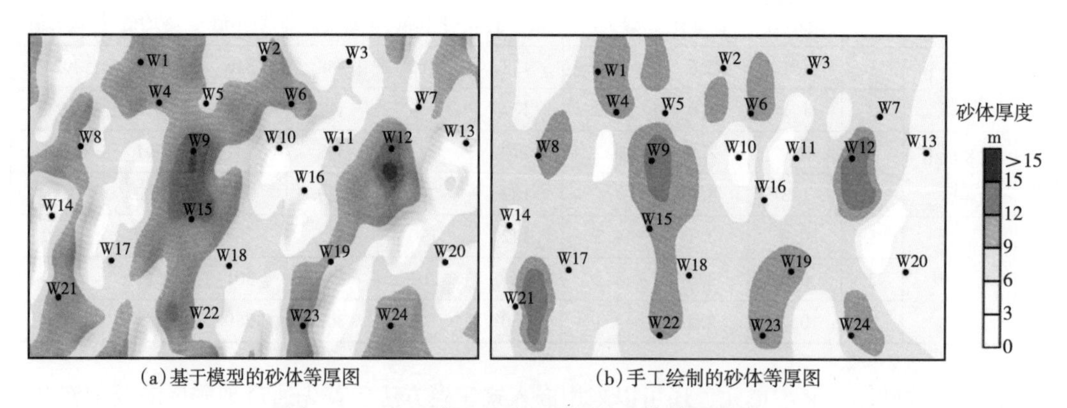

（a）基于模型的砂体等厚图　　（b）手工绘制的砂体等厚图

图 3-54　基于模型和手工绘制的砂体等厚图对比

2. 井网抽稀验证

将建模井网逐级抽稀，被抽掉的井作为检验井不参与模拟，用剩余的井资料重新建立模型，分析井间砂体的正判率（砂体模拟的正确率），检验模型的可靠程度。井间砂体的正判率通过对比模型中被抽掉的井位处砂岩、泥岩分布与实钻井的砂岩、泥岩剖面的符合程度而得到。统计表明，随着井网井距的增大，井间砂体的正判率依次下降（图 3-55）。80m×1200m、1200m×1800m、1600m×2400m 井网下的井间条件下，砂体正判率分别为

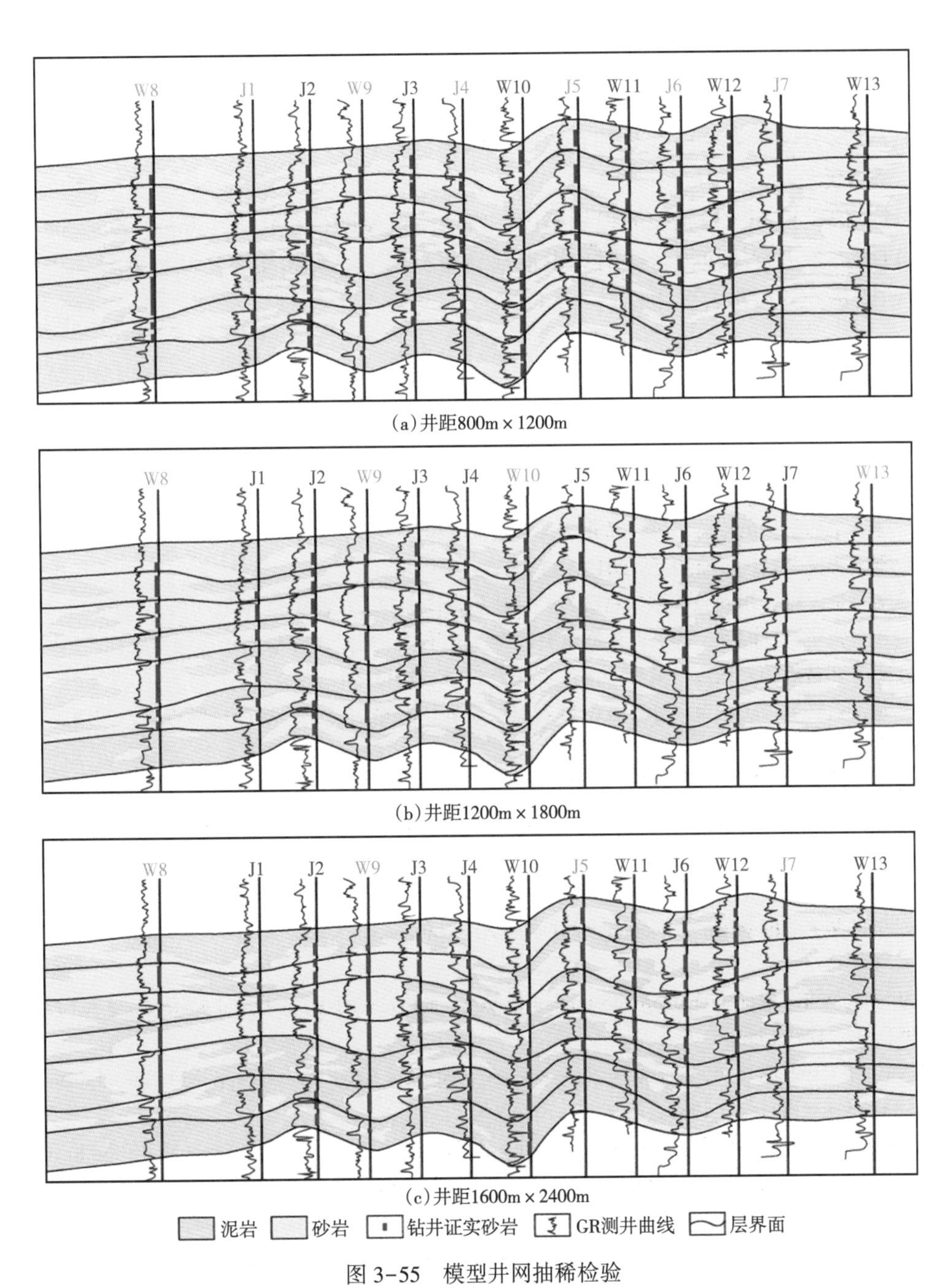

图 3-55　模型井网抽稀检验

红色井名代表该井被抽掉，建模时未用到该井资料，蓝色井名代表在模拟时用到了该井资料

85.7%、72.7%、55.2%。井网抽稀到 1600m×2400m 时，多段砂岩出现判断错误，井间砂体正判率约为 50%，这对砂岩、泥岩判断意义不大。模型对预测厚层砂体的准确性要明显好于薄层砂体。一般认为，正判率在 70%以上的模型是基本可靠的。

3. 储层参数对比

通过对比储层参数的模拟结果、离散化数据与测井解释数据，三者分布范围接近，在同一区间的分布比例相差较小。孔隙度、渗透率、饱和度模型的参数分布符合研究区地质特征，说明建立的相控下属性模型准确度高，可靠性强。

4. 储量计算

储量的集中程度和规模大小是孔隙度、含气饱和度、净毛比等参数的综合表现，储量计算的合理与否可作为储层参数和有效砂体模拟效果好坏的检验标准。

5. 动态资料验证

通过数值模拟方法检验地质模型精度。将地质模型网格粗化为 100m×100m×3m，对产量、井口压力等进行历史拟合，对比模拟预测动态与生产实际动态之间的差异，将模型进行相应的调整并分析拟合效果。

参考文献

[1] 万玉金，韩永新，周兆华，等．美国致密砂岩气藏地质特征与开发技术［M］．北京：石油工业出版社，2013.

[2] 邹才能，朱如凯，吴松涛，等．常规与非常规油气聚集类型、特征、机理及展望——以中国致密油和致密气为例［J］．石油学报，2012，33（2）：173-187.

[3] 杨克明，朱宏权．川西叠覆型致密砂岩气区地质特征［J］．石油实验地质，2013，35（1）：1-8.

[4] 贾爱林，张明禄，谭健，等．低渗透致密砂岩气田开发［M］．北京：石油工业出版社，2016.

[5] 邹才能．非常规油气地质［M］．北京：地质出版社，2013.

[6] 丁文龙，王兴华，胡秋嘉，等．致密砂岩储层裂缝研究进展［J］．地球科学进展，2015，30（7）：737- 750.

[7] 穆龙新，贾爱林，陈亮，等．储层精细研究方法［M］．北京：石油工业出版社．

[8] Allen J R L. Studies in fluviatile sedimentation：bars，bar complexes and sandstone sheets（lower-sinuosity braided streams）in the Brownstones（L. Devonian），Welsh Borders［J］. Sedimentary Geology，1983，33（4）：237-293.

[9] Brookfield M E. The origin of bounding surfaces in ancient aeolian sandstones［J］. Sedimentology，1977，24（3）：303-332.

[10] Galloway W E. Depositional architecture of cenozoic gulf coastal plain fluvial systems［J］. SEPM. V.，1981，31：127-155.

[11] Miall A D. Architectural elements analysis：A new method of facies analysis applied to fluvial deposits［J］. Earth Science Reviews，1985，22（4）：261-308.

[12] Miall A D. Architectural Elements and Bounding Surfaces in Fluvial Deposits：Anatomy of the Kayenta Formation（Lower Jurassic），Southwest Colorado［J］. Sedimentary Geology. 1988，55（3-4）：233-262.

[13] Miall A D. Hierarchies of architectural units in clastic rocks，and their relationship to sedimentation rate［C］// Miall A D，Tyler N. The three-dimensional facies architecture of terrigenous clastic sediments，and its implications for hydrocarbon discovery and recovery. Soc Eco Paleontol Mineral Conc Sedimentol Paleontol，1991，6-12.

[14] Miall A D. The geology of fluvial deposits [M]. Springer Verlag Berlin Heidelberg, 1996, 75-178.
[15] Mutti E, Normark W R. Comparing examples of modern an ancient turbidites systems: problems and concepts [C] // Leggett J K, Zuffa G G. Marine clastic sedimentology concepts and case studies, 1987. 1-38.
[16] 吴胜和，纪友亮，岳大力，等. 碎屑沉积地质体构型分级方案探讨 [J]. 高校地质学报，2013，19 (1)：12-22.

第四章　致密气富集区优选与优化布井技术

为了致密气的顺利开发与生产，应明确储层特征及分布规律，需要针对宏观砂体特征、微观孔隙结构特征、成岩作用等特点，全面剖析致密储层特征，建立储层评价标准，明确储层平面和剖面分布特征，提出合理的实用的储层综合评价方法，明确有效储层的分布规律，优选相对富集区，为气藏开发和优化布井提供地质基础。

第一节　致密气储层评价

储层评价及有效储层预测是天然气开发的重要环节，也是最基础的环节。本节根据对储层特征的研究，优选出能够反映致密储层不同方面特征的定性或定量的评价参数，建立储层评价参数体系；选用客观的、准确的评价方法，建立致密砂岩气储层综合分类评价的标准；根据测井气层的识别结果，并参照目的层段致密储层物性下限的研究结果，利用综合分类评价标准对气层进行分级评价，进而预测致密砂岩气有利储层。

一、储层评价参数体系

1. 评价参数类型及优选原则

研究工作表明，不同类型砂岩的孔隙类型、微观孔隙结构特征及孔隙流体的可动用程度决定着储层的应力敏感程度和储层的渗流能力；而不同类型砂岩的致密化模式的差异决定着储层孔隙的类型、孔隙结构特征，进而决定着储层的孔隙度、渗透率及孔隙度—渗透率关系（简称孔渗关系）的相关程度；反映储层的致密化特征的参数是致密储层定量评价的根本参数，而微观孔隙结构特征和流体可动用特征的参数，也是致密储层评价必须考虑到的参数。因此，致密砂岩气储层评价参数体系，除了应当包括反映储量大小、渗流能力及生产动态方面的参数，还应当包括反映储层致密化程度、微观孔隙结构特征及流体可动用能力的参数。

致密砂岩储层评价参数优选主要考虑以下原则：

（1）参数应具有代表性，能够体现储层的本质特征，在同类参数中具有代表性；

（2）参数应具有全面性，能够反映储层储集特征、渗流特征、微观孔隙结构特征；

（3）参数应具有实用性，通过实验测试或测井解释等方法容易获得；

（4）参数应具有一致性，评价结果能够与实际生产动态具有较好的一致性。

参数优选的思路及方法主要包括：

（1）对致密砂岩储层致密化成因进行分析，筛选出针对不同致密化模式造成储层物性差异的主要因素，作为致密储层评价的主要参数。

（2）利用相关性分析法、多元逐步判别分析方法、聚类分析法等方法对反映储层储量大小、渗流特征、可动用性特征及微观孔隙结构特征的参数进行优选。

（3）对初步选取的参数通过聚类分析来分析冗余度，将相关性大于某一阈值的多个参数，选取其中一个参数作为代表，来减少人工选取参数中的冗余问题。

（4）建立致密砂岩储层评价定量参数体系。

2. 优选致密砂岩储层评价参数

1）储层生产动态参数

反映储层生产动态特征的参数中，试气无阻流量反映了气井开始投产前的生产能力，而动态地质储量、累计产量、年均产量等参数则是气井投产后通过计算得到的。苏里格先导开发区块开发早期，由于盒 8 段储层的累计产量、年均产量等相关数据有限，并且无阻流量可以很好地反映气井的产量等信息，如图 4-1（a）所示。因此，选取气井的试气无阻流量作为储层评价的动态参数，以此来建立气井生产特征与储层静态评价之间的关系，更准确地建立致密砂岩储层的综合评价标准。

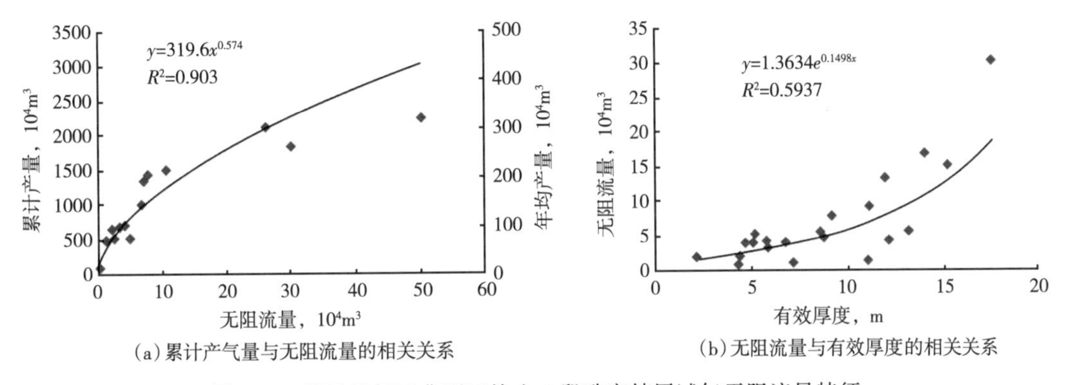

（a）累计产气量与无阻流量的相关关系

（b）无阻流量与有效厚度的相关关系

图 4-1 苏里格气田典型区块盒 8 段致密储层试气无阻流量特征

2）储层储量大小及渗流能力参数

孔隙度、有效厚度及含气饱和度是储层储量大小评价的基本参数，孔隙度的大小直接决定着储层储集空间的多少；有效厚度则决定着有效储层的规模大小，如图 4-1（b）所示，如果储层有效厚度较大，即使渗透率较低，仍可获得可观的产能；含气饱和度代表储集空间中可采天然气的饱和程度，是决定储层储量大小的重要指标；渗透率的大小能够反映储层渗流能力的大小，也是储层评价基本的参数之一。

3）储层致密化程度参数

盒 8 段储层主要可以分为中粗粒岩屑石英砂岩、中粗粒岩屑砂岩和细粒（长石）岩屑砂岩，研究发现，中粗粒岩屑石英砂岩和岩屑砂岩的孔隙度和渗透率大小的分布、孔渗关系相关程度及孔喉的发育程度都要明显地高于细粒（长石）岩屑砂岩。分析认为，三类砂岩经历不同的致密化过程是造成不同类型砂岩储层特征差异的根本原因[1]。如何进一步的在同类砂岩中（即单套心滩或边滩砂体内部）寻找“甜点”，选择能够分别反映三类砂岩自身物性差异的定量评价参数，是储层综合评价亟待解决的问题。储层现今孔隙中次生孔隙含量占到孔隙总量的 97%，对单砂体内部物性差异的研究其本质就是找到能够反映储层溶蚀作用强度的参数，该参数即可作为反映储层致密化程度的重要指标，成为储层定量化评价参数中最主要的地质参数。

苏里格气田先导开发区块盒 8 段砂岩主要经历两期次（Ⅰ期和Ⅱ期）的溶蚀作用，Ⅰ期溶蚀作用的主要产物为溶蚀孔隙+自生高岭石+硅质胶结物，Ⅱ期溶蚀作用溶蚀作用的主要产物包括溶蚀孔隙+自生伊利石+硅质胶结物，可以看出，在两期溶蚀作用中，自生黏土矿物都是作为溶蚀孔隙的伴生产物出现；而现今储层的主要孔隙类型为溶蚀孔隙和黏土矿物晶间孔隙，由此可以推断，自生黏土矿物不但可以提供晶间孔隙，还与溶蚀孔隙之间存在一定的联系。由于盒 8 段不同类型的砂岩孔隙演化的过程（致密化模式）差异很大，如图 4-2（a）所示，导致黏土矿物的含量与孔隙含量没有必然的联系；但单对每一类砂岩而言，次生孔隙含量与自生黏土矿物含量存在很好的对应关系，即可以通过溶蚀作用形成的自生黏土矿物的含量来间接地反映储层次生孔隙的增加量。

自生黏土矿物的测井解释模型在实际应用中比较难实现，测井上比较容易建立的相关模型为泥质含量模型，见式（4-1）、式（4-2）。测井解释的泥质含量主要包括黏土杂基、自生黏土矿物以及塑性岩屑中的泥质组分的含量，按照这个标准对镜下薄片的泥质含量进行统计，建立泥质含量与现今孔隙含量之间的关系，如图 4-2（b）所示。

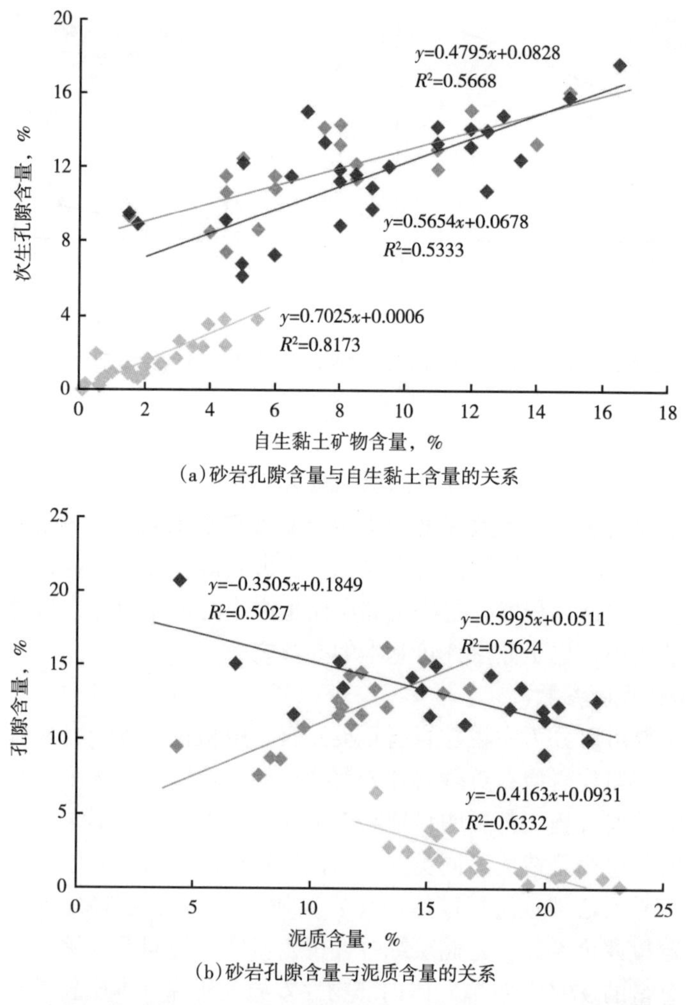

图 4-2 苏里格气田典型区块盒 8 段储层泥质组分含量与孔隙含量关系

研究发现，单对每一类砂岩而言，现今孔隙含量与泥质含量存在很好的对应关系，岩屑石英砂岩中塑性岩屑含量低，泥质组分主要为自生黏土矿物，即其孔隙含量与泥质含量呈正相关关系；岩屑砂岩塑性岩屑含量高，其孔隙含量与泥质含量呈负相关关系。

$$V_{SH}=\frac{2^{GCUR\cdot SH}-1}{2^{GCUR}-1} \tag{4-1}$$

$$SH=\frac{GR-GR_{min}}{GR_{max}-GR_{min}} \tag{4-2}$$

式中 V_{SH}——地层泥质含量；

SH——泥质指数；

$GUCR$——泥质含量的经验系数，目的层段取值 2. 2；

GR，GR_{max}，GR_{min}——目的层自然伽马测井值、最大值、最小值。

由此建立的孔隙度与泥质含量的相关关系模型分别为：

中粗粒岩屑石英砂岩：$y=0.5995x+0.0511$，$R^2=0.5624$；

中粗粒岩屑砂岩：$y=-0.3505x+0.1849$，$R^2=0.5027$；

细粒（长石）岩屑砂岩：$y=-0.4163x+0.0931$，$R^2=0.6332$。

泥质含量能够反映单砂体内部的物性差异，可以作为评价储层致密化程度的定量评价参数。

4）储层可动用性参数

致密储层由于孔喉细小、孔喉比表面积大，吸附在孔喉壁面上的束缚流体含量高，可动流体饱和度对储层的渗流能力及开发效益的影响不容忽视[2]。储层的可动流体饱和度与孔隙度相关关系极差，如图 4-3（a）所示，即孔隙度高的储层其可动流体饱和度可能很低，而孔隙度低的储层的可动流体饱和度可能很高。这是因为孔隙度主要表征储层中有效孔道和喉道体积所占的比例，而可动流体饱和度受到孔喉的大小及连通程度的影响，孔隙度不能很好地表征孔隙喉道的大小及连通性。

可动流体饱和度与渗透率的相关关系明显高于其与孔隙度的关系，如图 4-3（b）所示，这是由于储层的渗流能力也主要受到了孔喉大小及连通性的影响。但储层的可动流体饱和度也不完全受控于渗透率，图 4-3（c）是横坐标为普通坐标时可动流体饱和度与渗透率的关系，可以看出，渗透率低的储层也可以具有较高的可动流体饱和度，且渗透率越低，可动流体饱和度随渗透率降低衰减的幅度越大，当渗透率大于 0. 1mD，随着渗透率的增大，可动流体饱和度增加缓慢，这也是致密储层与常规储层开发过程中存在的重要差别。

综合上述分析，可动流体饱和度不但能够有效表征致密砂岩储层的可动用能力，还具有储层的独立属性，将其作为致密砂岩储层的评价参数能够使得评价方法更加具有针对性和准确性。

5）储层微观孔隙结构参数

（1）喉道分布特征的差异决定着储层的渗流能力。

从孔隙、喉道半径分布曲线可以看出，不同渗透率级别的样品，孔隙半径具有接近正态的分布特征，且分布范围、峰值形态也基本接近；喉道半径分布形态差异较大，随着渗透率降低，喉道半径分布范围随之变窄，小喉道所占比例逐渐增多，大喉道明显减少。从孔喉分布与物性关系可以看出，如图 4-4（a）至（d）所示，平均孔隙半径和平均喉道半

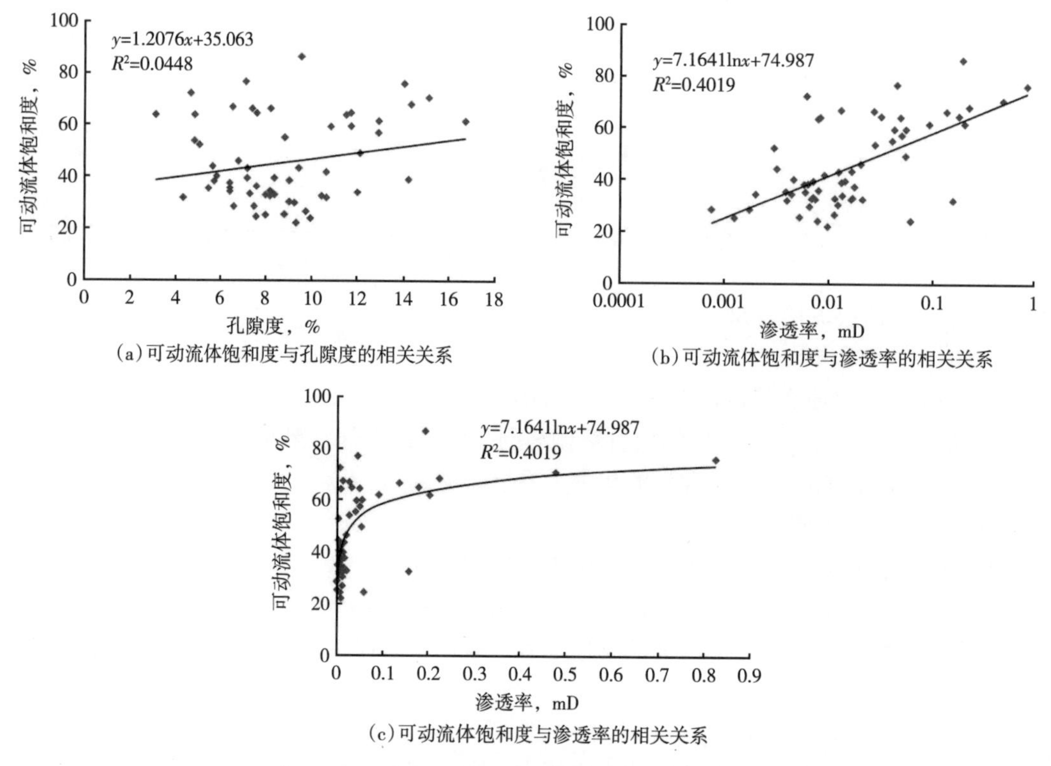

(a) 可动流体饱和度与孔隙度的相关关系

(b) 可动流体饱和度与渗透率的相关关系

(c) 可动流体饱和度与渗透率的相关关系

图 4-3　苏里格气田典型区块盒 8 段致密储层可动流体饱和度与物性关系

径与渗透率的相关关系好于其与孔隙度的相关性，说明对于致密储层，孔隙喉道特征的差异对渗透率的影响更为明显。从图 4-4（b）、（d）可以看出，渗透率与平均孔隙半径拟合曲线斜率为 0.0008，其与平均喉道半径拟合曲线斜率为 0.0596，可见随着渗透率的增大，平均孔隙半径的增加幅度微弱，而平均喉道半径增大幅度明显，且平均喉道半径与渗透率的相关关系最好，说明渗透率对喉道变化最为敏感，即对于不同渗透率级别的样品，其差异主要体现在喉道分布的变化上。

从上述分析可以看出，喉道分布特征的差异是造成致密储层渗流能力差异的根本因素，并且储层越致密，喉道对于有效储集空间的贡献也越大，小喉道含量越高、喉道半径越细小，储层的渗流阻力就会越高、孔喉的连通性越差，正是由于这些特殊的喉道特征，导致致密砂岩储层开发过程中容易造成各种敏感性伤害，故其相应的开发难度就越高。

（2）主流喉道半径作为致密砂岩储层评价参数的重要性。

致密砂岩储层微观的孔隙结构特征复杂，常规储层评价方法并不能准确地反映喉道发育及其非均质特征，如图 4-4（e）所示，致密储层的非均质特征复杂，与渗透率之间并不存在直接的相关关系，因此，选取能够综合反映致密砂岩储层微观孔喉特征的参数，是正确评价致密储层的关键。

主流喉道半径为喉道对渗透率累积贡献达 95%以前喉道半径的加权平均值，可以反映样品喉道的分布情况；有效孔喉体积为单位体积岩样有效孔隙和有效喉道的体积，可以反映有效孔喉的分布情况；分选系数是样品中孔隙喉道大小标准差的量度，直接反映了孔隙喉道分布的集中程度。图 4-4（f）是不同样品的主流喉道半径与渗透率的相关关系，可以看出主流喉道半径与渗透率之间存在很好的正相关关系，对渗透率起主要的控制作用，说明主流喉道半径可以很好地表征储层的渗流能力；图 4-4（g）、（h）分别是主流喉道半径与有效孔喉体积、分选系数的相关关系，可以看出，主流喉道半径与有效孔喉体积及分选系数之间都呈好的正相关关系，说明其可以很好地反映储层中有效储集空间的分布情况及孔喉分布的非均质特征。

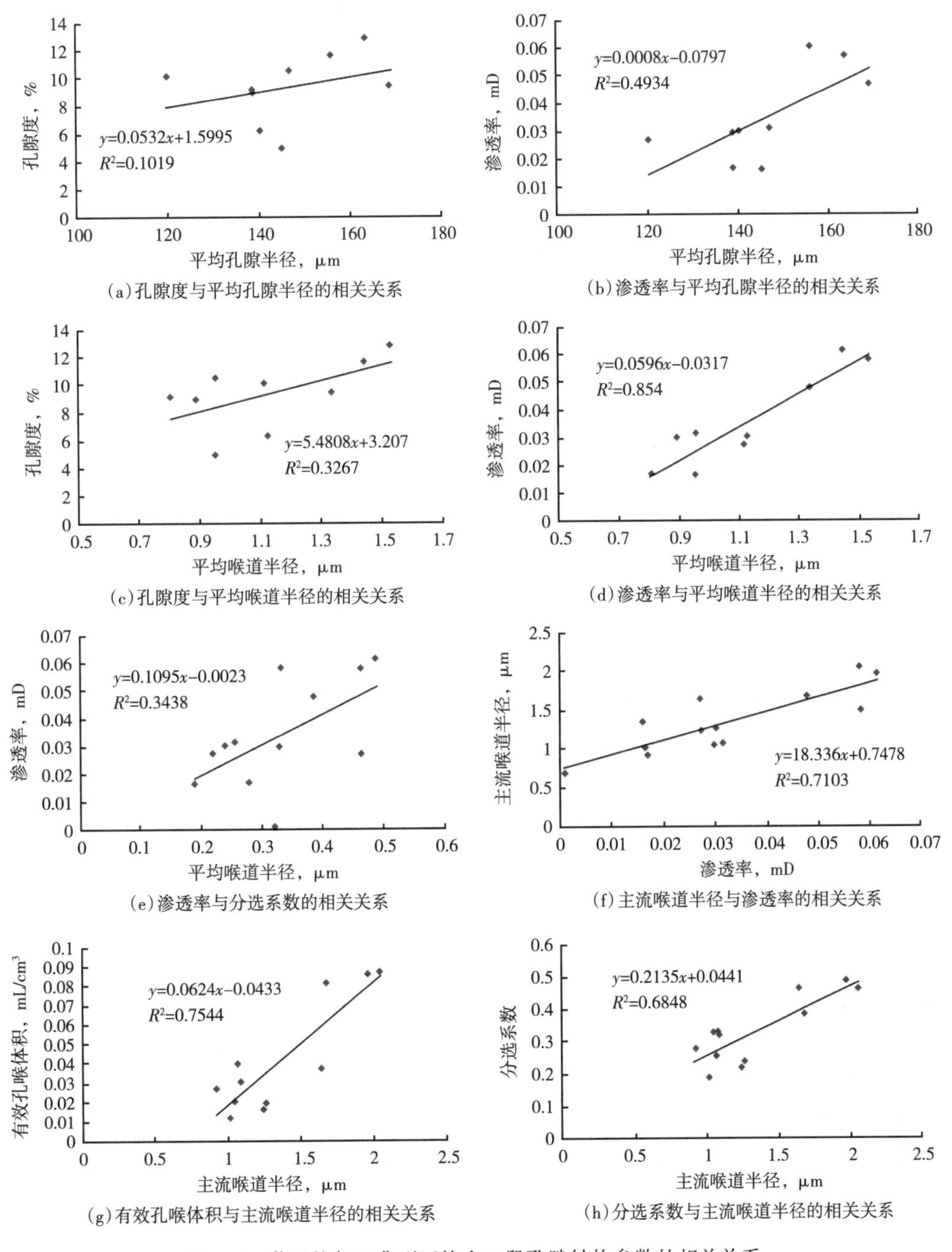

(a)孔隙度与平均孔隙半径的相关关系

(b)渗透率与平均孔隙半径的相关关系

(c)孔隙度与平均喉道半径的相关关系

(d)渗透率与平均喉道半径的相关关系

(e)渗透率与分选系数的相关关系

(f)主流喉道半径与渗透率的相关关系

(g)有效孔喉体积与主流喉道半径的相关关系

(h)分选系数与主流喉道半径的相关关系

图 4-4 苏里格气田典型区块盒 8 段孔隙结构参数的相关关系

由此可见，主流喉道半径与渗透率、有效孔喉体积及分选系数之间存在好的正相关关系，主流喉道半径不但对储层渗流能力起主要控制作用，还可以很好地反映储层的孔喉分布、有效储集空间及非均质性等微观孔隙结构特征。因此，主流喉道半径应当作为苏里格气田盒 8 段致密砂岩储层重要的参数纳入储层评价参数体系中。

通过上述分析，致密砂岩气储层评价参数包括孔隙度、含气饱和度、有效厚度、渗透率、泥质含量、可动流体饱和度和主流喉道半径，对上述定性评价参数进行冗余度分析，可以发现渗透率与主流喉道半径之间存在明显的相关关系，如图 4-4（f）所示，考虑到主流喉道半径不但能够反映储层的渗流能力，还是微观孔隙结构评价的必要参数，二者之间最终选用主流喉道半径作为储层评价参数。因此，盒 8 段致密砂岩气储层的评价参数包括泥质含量、孔隙度、含气饱和度、有效厚度、可动流体饱和度及主流喉道半径 6 个参数（表 4-1），而无阻流量将作为建立气井生产特征与储层静态评价之间关系的动态评价参数。

表 4-1　苏里格气田典型区块盒 8 段致密储层评价参数

生产动态	储量大小	渗流特征	致密化程度	可动用性特征	微观孔隙结构特征
无阻流量 $10^4m^3/d$	孔隙度，%	渗透率 mD	泥质含量 %	可动流体饱和度 %	主流喉道半径 μm
	含气饱和度，%				
	有效厚度，m				

二、致密气储层评价标准

1. *灰关联分析法*

对致密砂岩储层的综合评价，主要通过灰关联分析法确定各个评价参数的权重，进而建立储层综合评价标准，主要包括主因素与子因素的选定、关联系数、关联度及权系数的计算等。

1）确定主因素及子因素

泥质含量能够很好地反映单砂体内部的物性差异，是反映储层致密化程度的储层评价参数，应该作为储层评价的主因素；孔隙度、含气饱和度、有效厚度、可动流体饱和度及主流喉道半径分别从储量大小、可动用能力及微观孔隙结构等方面反映储层的质量好坏，将其作为子因素。

2）参数数据的标准化处理

采用极大值标准化的方法，对储层评价参数的数据进行标准化处理，即以单项参数除以同类参数的极大值，使参数归一值在 0～1。对于参数值越大，反映储层质量越好的参数，直接除以本参数的最大值，如孔隙度、可动流体饱和度等；对于参数值越小，反映储层质量越好的参数，用本参数的极大值减去单项参数之差再除以最大值，如泥质含量。需要注意的是，对于岩屑石英砂岩泥质含量越高、储层质量越好，而对于岩屑砂岩泥质含量则与储层质量呈负相关关系。

3）确定参数权重

定量标准化后的数据利用公式（4-3）至（4-6），计算出各子因素（ϕ、S_g、h、S_m、r_m）与主因素（V_{sh}）之间的灰关联系数（$\xi_{i,0}$）为：

$$\xi_{i,0}=\frac{\Delta_{\min}+\rho\Delta_{\max}}{\Delta_t(i,0)+\rho\Delta_{\max}},\ i=1,2,\cdots,m \tag{4-3}$$

$$\Delta_t(i,\ 0) = |X_t^{(1)}(i) - X_t^{(1)}(0)| \tag{4-4}$$

$$\Delta_{max} = \max_t \max_i |X_t^{(1)}(i) - X_t^{(1)}(0)| \tag{4-5}$$

$$\Delta_{min} = \min_t \min_i |X_t^{(1)}(i) - X_t^{(1)}(0)| \tag{4-6}$$

$\rho \epsilon [0.1,\ 1]$ 称为分辨系数，其作用在于提高灰关联系数之间的差异显著性，一般取0.5。

$r_{i,0}$为子序列 i 与母序列 0 的灰关联度，见式（4-7），泥质含量、孔隙度、含气饱和度、有效厚度、可动流体饱和度及主流喉道半径 6 个评价参数的灰关联系数依次为 1、0.582、0.558、0.680、0.546、0.717。

$$r_{i,\ 0} = \frac{1}{n}\sum_{t=1}^{n}\xi_{i,\ 0} \tag{4-7}$$

经过归一化处理，即式（4-8），所得到的结果即为致密砂岩储层各个评价参数的权重系数（α_i），依次为0.245、0.142、0.136、0.166、0.133、0.176。

$$\alpha_i = r_i / \sum_{i=1}^{m} r_{i,\ 0} \tag{4-8}$$

2. 建立储层综合评价标准

对目的层段具有无阻流量数据的井段进行灰关联分析，将每个样品的各项评价指标经过最大值标准化，再分别乘以与之对应的“权重”系数，相加求和得到各个样品的综合评价系数，见式（4-9）。

$$REI = \sum_{i=1}^{m}(\alpha_i \cdot x_i) \tag{4-9}$$

试气无阻流量可以衡量气井的生产能力，是对储层好坏的直观验证。利用苏里格气田目前对无阻流量级别划分标准作为储层级别划分的依据，即无阻流量大于 $10\times10^4m^3/d$ 为Ⅰ类储层、无阻流量（4~10）$\times10^4m^3/d$ 为Ⅱ类储层、无阻流量（1~4）$\times10^4m^3/d$ 为Ⅲ类储层、无阻流量（0~1）$\times10^4m^3/d$ 为Ⅳ类储层，通过建立具有无阻流量数据井段灰关联储层综合评价结果与天然气工业无阻流量储层分级之间的相关关系（图 4-5），确定地质评价与气井生产动态之间的联系。

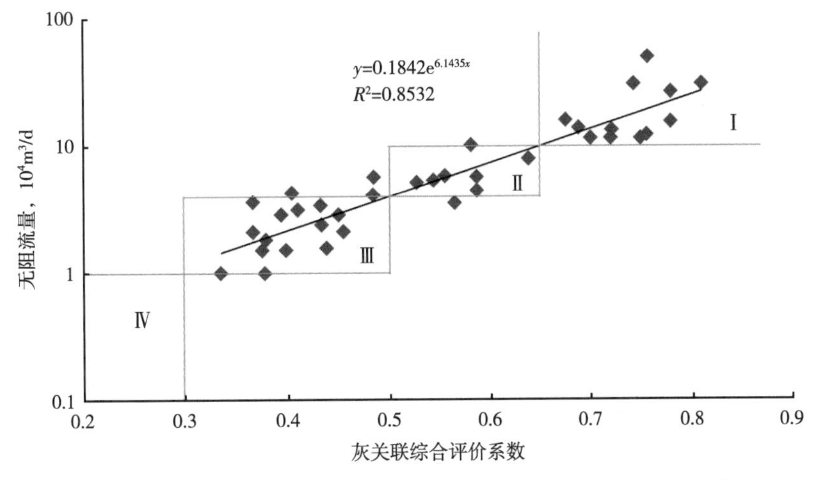

图 4-5 苏里格气田典型区块盒 8 段致密储层无阻流量、灰关联综合评价系数储层级别划分

根据无阻流量储层级别的划分标准，对综合评价系数进行储层级别标定，能够更加客观、准确地对储层级别进行划分。致密砂岩储层灰关联分类评价标准为：综合评价系数 *REI* 介于0.65~1为Ⅰ类储层，*REI* 在0.5~0.65为Ⅱ类储层，*REI* 在0.3~0.5为Ⅲ类储层，*REI* 在0~0.3为Ⅳ类储层（表4-2），评价结果与气井试气无阻流量级别划分结果进行对比检验，对比结果表明符合率达89.19%，这也验证了灰关联储层分类评价方法的准确性与合理性。

表4-2 苏里格气田典型区块盒8段无阻流量、灰关联综合评价系数储层级别划分

储层类型	无阻流量储层分级	综合评价系数储层分级
Ⅰ	$>10\times10^4m^3/d$	0.65~1
Ⅱ	$(4\sim10)\times10^4m^3/d$	0.5~0.65
Ⅲ	$(1\sim4)\times10^4m^3/d$	0.3~0.5
Ⅳ	$(0\sim1)\times10^4m^3/d$	0~0.3

在详细研究苏里格先导开发区块盒8段致密砂岩气储层的沉积及砂体特征、储层特征、成岩作用及致密化机理的基础上，对优选出来的定性和定量储层评价参数进行分类评价研究，进而建立致密砂岩气储层综合分类评价的标准（表4-3）。

表4-3 苏里格气田典型区块盒8段储层综合分类评价标准

储层分类	Ⅰ类	Ⅱ类	Ⅲ类
砂体叠置模式	多层多边式、多层式、孤立式		侧向斜列式、指状交叉式
沉积微相	心滩、边滩		平流水道、决口扇等
砂体发育部位	砂体的下部或中部		砂体上部或底部
岩石类型	中粗粒岩屑砂岩、中粗粒岩屑石英砂岩		细粒（长石）岩屑砂岩
泥质含量，%	<15		>15
渗透率，mD	>1	0.1~1	0.01~0.1
孔隙度，%	>12	5~12	5~10
含气饱和度，%	>60	50~60	35~50
有效厚度，m	>10		2~10
可动流体饱和度，%	>60	50~60	
主流喉道半径，μm	>3.5	2~3.5	<2
试气无阻流量，$10^4m^3/d$	>10	4~10	1~4
灰关联综合评价系数	0.65~1	0.5~0.65	0.3~0.5

1）Ⅰ类储层

宏观上Ⅰ类储层的砂体类型主要为多层多边式或多层式的叠置砂体，多为心滩或边滩微相沉积。该类储层主要分布与砂体的下部或中部，岩石类型为块状的中粗粒岩屑石英砂岩和中粗粒岩屑砂岩，孔隙类型为颗粒溶蚀孔隙及自生黏土矿物晶间孔隙，粗大的管状孔喉所占比例大，孤立的孔喉比例小。储层的试气无阻流量大于$10\times10^4m^3/d$，通过利用灰关联分析法对选取的泥质含量、孔隙度、含气饱和度、有效厚度、可动流体饱和度和主流喉道半径6个定量评价参数进行综合评价，得到的分类评价系数 *REI* 介于0.65~1。

2）Ⅱ类储层

砂体类型主要为多层多边式、多层式或孤立式的叠置砂体，储层分布在心滩或边滩砂体的中部或下部，岩石类型为块状中粗粒岩屑石英砂岩或岩屑砂岩，孔隙类型主要为颗粒溶蚀孔隙和自生黏土矿物晶间孔隙，粗大的管状孔喉所占比例较大。该类储层的试气无阻流量介于（4~10）$\times 10^4 m^3/d$ 之间，通过灰关联分析得到的储层分类评价系数 *REI* 介于0.5~0.65。

3）Ⅲ类储层

砂体类型主要为侧向斜列式或指状交叉式的叠置砂体，储层大多分布在河道充填砂体的上部或底部，岩石类型为薄板状细粒（长石）岩屑砂岩，孔隙类型主要为自生黏土矿物晶间孔隙，溶蚀孔隙含量较低，细小的孤立状孔喉所占比例大。储层的试气无阻流量介于（1~4）$\times 10^4 m^3/d$ 之间，通过灰关联分析得到的储层分类评价系数 *REI* 介于0.3~0.5。

4）Ⅳ类储层

该类储层试气无阻流量小于 $1\times 10^4 m^3/d$，在测井解释中大都被解释成为非有效储层（非气层）。苏里格先导开发区块盒8段致密砂岩气储层的评价及预测主要是对测井解释的气层展开，而非气层的砂岩段，被认定为Ⅳ类储层。

三、单井气层评价与平面气层评价

1. 单井气层评价

利用气层综合分类评价标准，对试气井段进行测井解释气层的综合分类评价。以苏里格气田先导开发区块某井为例（图4-6、表4-4），自下而上试气井段无阻流量分别为

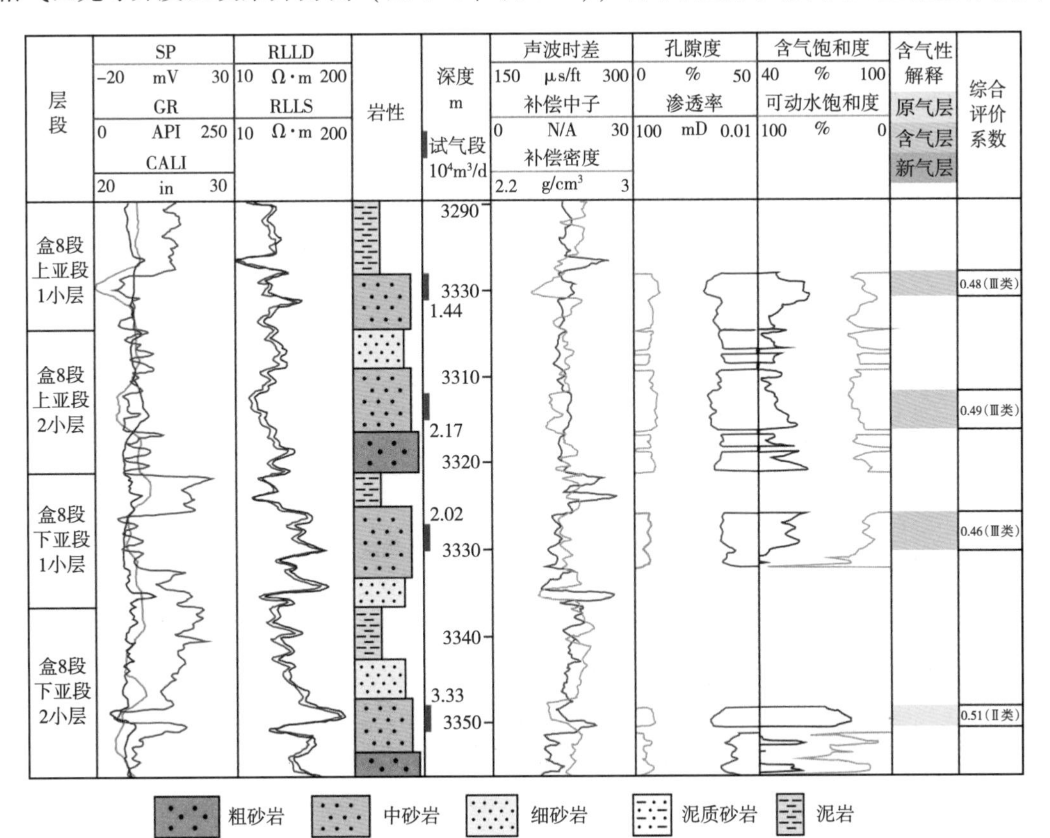

图4-6 苏里格气田S6-xx井盒8段单井气层评价图

$3.33\times10^4m^3/d$、$2.02\times10^4m^3/d$、$2.17\times10^4m^3/d$、$1.44\times10^4m^3/d$，对应的储层综合评价系数分别为0.51、0.46、0.49、0.48，按照致密砂岩气综合评价标准，其对应的有效气层级别分别为Ⅱ类、Ⅲ类、Ⅲ类、Ⅲ类，具有很好的评价效果。

表4-4 苏格气田S6-xx井盒8段单井气层评价表

孔隙度 %	渗透率 mD	含气饱和度 %	有效厚度 m	泥质含量 %	可动流体饱和度 %	主流喉道半径 μm	岩性	综合评价系数
9.33	0.36	57.33	2.63	13.29	58.43	2.55	岩屑砂岩	0.48
9.10	0.30	50.93	4.50	14.83	57.24	2.27	岩屑砂岩	0.49
6.11	0.13	54.65	4.25	13.63	51.62	1.41	岩屑石英砂岩	0.46
7.34	0.23	77.21	2.15	9.83	55.36	1.90	岩屑石英砂岩	0.51

将气层综合评价方法推广到没有试气井段的气层进行分类评价，以S6-j21井为例，共识别出了5套气层（表4-5、图4-7），盒8段下亚段的有效气层数量明显高于盒8段上亚段。

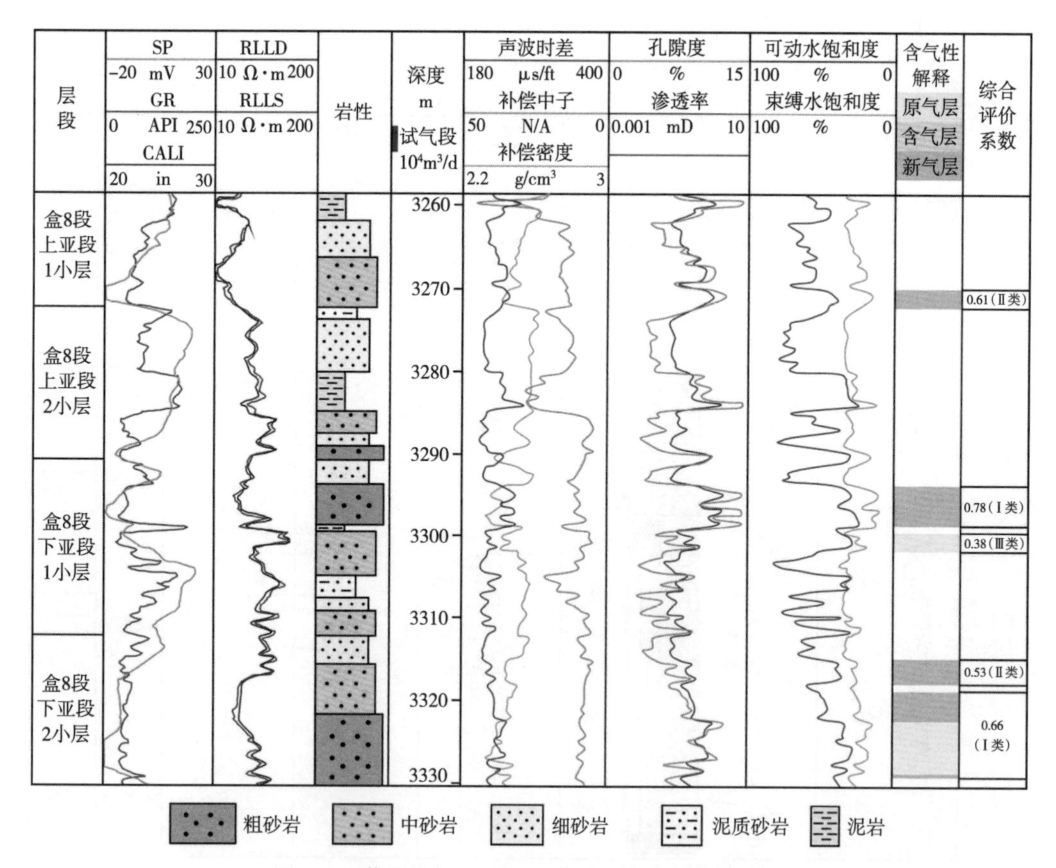

图4-7 苏里格气田S6-j21井盒8段单井气层评价

表 4-5　苏里格气田 S6-j21 井盒 8 段单井气层评价

孔隙度 %	渗透率 mD	含气饱和度 %	有效厚度 m	泥质含量 %	可动流体 饱和度，%	主流喉道 半径，μm	岩性	综合评价 系数
12.22	0.83	54.83	2.25	13.32	64.16	4.83	岩屑砂岩	0.61
13.41	1.33	68.56	4.75	10.78	67.48	7.26	岩屑砂岩	0.78
7.88	0.19	62.44	2.30	23.41	54.14	1.71	岩屑砂岩	0.38
8.28	0.29	68.09	3.05	10.54	56.93	2.20	岩屑石英砂岩	0.53
9.32	0.34	55.54	10.50	12.22	58.00	2.44	岩屑石英砂岩	0.66

2. 气层平面分类评价

按照单井气层分级评价的思路，以加密试验区为例，对目的层段致密砂岩气储层进行分级评价。苏里格气田加密试验区盒 8 段有效气层主要分布在盒 8 段下亚段（占气层总数的 88%），以盒 8 段下 1 小层和盒 8 段下 2 小层为例，描述致密砂岩气有效储层的平面分布特征。

1）盒 8 段下 1 小层气层平面分类评价

利用储层综合分类评价标准对盒 8 段下 1 小层进行气层分级评价（表 4-6、图 4-8），苏里格加密试验区共可以划分出 4 个Ⅰ类井区，分别为 S6-12-4 井区、S6 井区、S6-j14 井区和 S6-j19 井区—S6-j20 井区—S6-j19 井区；3 个Ⅱ类井区，分别为 S6-11-4 井区—S39-14 井区、S6-j4 井区—S6-j5 井区—S6-j6 井区和 S6-j10 井区—S6-j12 井区—S6-11-12 井区；2 个控制范围大的Ⅲ类井区，分别为 S6-11-4 井区—S39-14 井区和 S6-j1 井区—S6-9-12 井区—S6-11-13 井区—S6-12-10 井区—S6-11-8 井区。

表 4-6　苏里格气田加密试验区盒 8 段下亚段 1 小层气层分级评价

井号	厚度 m	泥质含量 %	孔隙度 %	含气饱和度 %	可动流体 饱和度，%	主流喉道 半径，μm	综合评价 系数	气层 分级
S6-J14	4.50	12.41	12.33	75.22	66.45	6.38	0.71	Ⅰ
S6-J19	17.50	12.60	10.58	57.84	64.94	5.30	0.76	Ⅰ
S6-J21	4.75	10.16	13.41	68.56	67.48	7.26	0.76	Ⅰ
S6-12-4	11.37	3.65	8.36	74.32	64.86	5.25	0.78	Ⅰ
S6-11-12	3.50	6.84	7.88	72.21	57.36	2.29	0.58	Ⅱ
S6-J10	4.25	12.37	10.83	71.42	61.97	3.74	0.61	Ⅱ
S6-J13	1.25	6.76	6.97	72.34	55.38	1.91	0.54	Ⅱ
S6-J15	5.00	4.04	8.80	66.66	60.68	3.23	0.65	Ⅱ
S6-J20	3.50	6.29	12.10	85.29	65.45	5.64	0.75	Ⅱ
S6-9-7	3.25	18.25	6.61	66.64	58.22	3.96	0.49	Ⅲ
S6-9-8	2.00	24.23	5.17	63.00	49.03	1.19	0.32	Ⅲ
S6-J7	2.50	19.64	11.05	57.11	60.76	3.26	0.49	Ⅲ
S6-J18	6.00	21.46	8.54	54.48	56.02	2.02	0.44	Ⅲ
S6-12-9	1.75	19.53	10.79	68.86	58.06	2.46	0.48	Ⅲ
S6-12-10	6.50	12.49	6.37	62.48	53.51	1.63	0.48	Ⅲ
S6-12-11	2.15	26.49	5.94	66.40	50.38	1.30	0.32	Ⅲ

续表

井号	厚度 m	泥质含量 %	孔隙度 %	含气饱和度 %	可动流体 饱和度,%	主流喉道 半径，μm	综合评价 系数	气层 分级
S6-J1	2.00	15.38	6.08	68.32	58.66	3.59	0.50	Ⅲ
S6	15.50	5.29	10.81	74.20	66.73	6.61	0.72	Ⅰ
S6-11-4	8.00	8.28	9.69	73.40	60.26	3.09	0.57	Ⅱ
S6-11-13	13.50	10.15	6.97	61.84	54.65	1.79	0.55	Ⅱ
S6-J16	9.00	11.01	10.06	66.95	60.46	3.16	0.60	Ⅱ
S6-J4	2.00	8.16	10.99	77.33	64.60	5.09	0.58	Ⅱ
S6-J5	2.00	8.54	10.40	69.81	62.29	3.88	0.54	Ⅱ
S6-J6	7.85	8.38	9.25	68.16	61.04	3.37	0.56	Ⅱ
S6-11-5	4.50	7.76	7.27	77.14	56.64	2.14	0.48	Ⅲ
S6-11-8	1.25	6.29	5.03	73.43	51.48	1.40	0.38	Ⅲ
S6-11-10	12.58	9.35	6.58	51.77	53.89	1.68	0.49	Ⅲ
S6-J12	2.00	6.66	11.31	49.52	63.24	4.33	0.50	Ⅲ
S6-J17	3.38	11.44	9.19	72.55	59.35	2.80	0.47	Ⅲ
S6-12-13	6.00	6.38	8.51	70.56	58.53	2.58	0.50	Ⅲ
S6-J3	2.25	6.34	7.54	68.41	56.04	2.02	0.43	Ⅲ

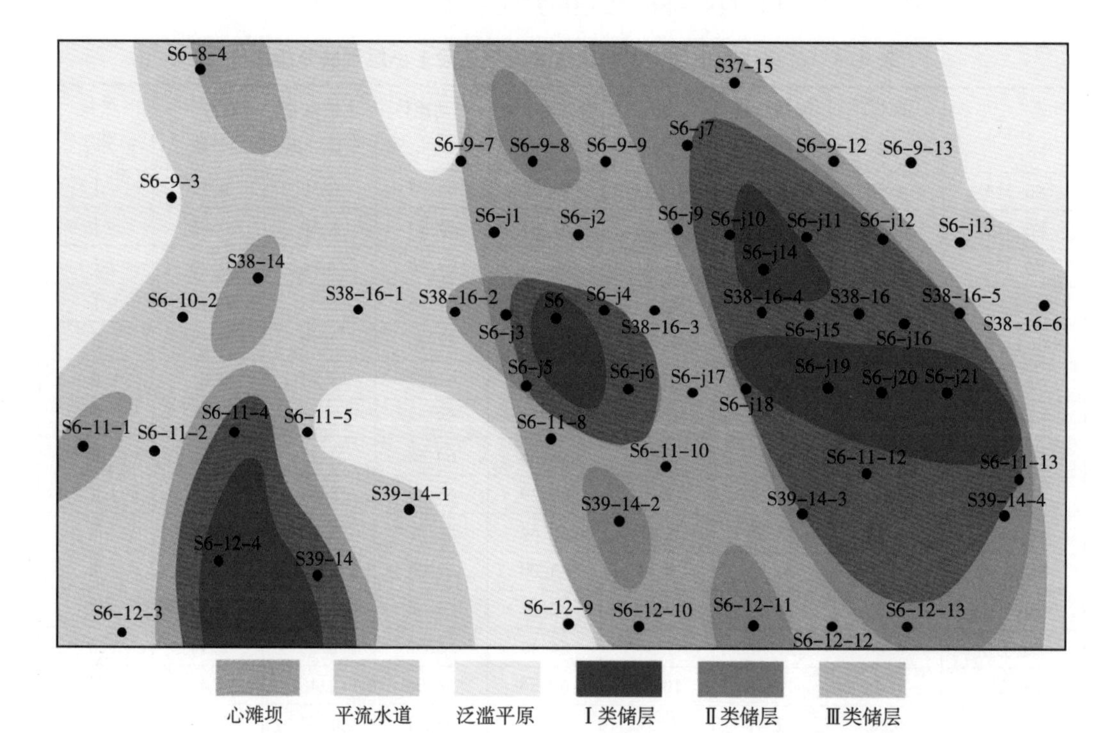

图 4-8　苏里格气田加密试验区盒 8 段下亚段 1 小层分级评价

2）盒8段下亚段2小层气层平面分类评价

利用储层综合分类评价标准对盒8段下亚段2小层进行气层分级评价（表4-7、图4-9），加密试验区共可以划分出6个Ⅰ类井区，分别为S39-14井区、S6-j1井区、S6-j5井区、S6-j14井区、S6-11-12井区和S6-j21井区；7个Ⅱ类井区，分别为S6-9-3井区、S6-11-4井区、S6-9-8井区—S6-j4井区、S6-j9井区、S37-15井区、S6-j11井区—S6-9-12井区和S6-j12井区—S6-11-13井区；3个控制范围大的Ⅲ类井区和5个小范围的Ⅲ类井区。

表4-7 苏里格气田加密试验区盒8段下亚段2小层分级评价

井名	厚度 m	泥质含量 %	孔隙度 %	含气 饱和度 %	可动流 体饱和度 %	主流喉道 半径 μm	综合评 价系数	气层分级
S6-J13	2.50	12.15	6.74	49.97	56.45	2.10	0.40	Ⅲ
S6-J7	3.90	12.00	6.61	55.11	54.27	1.73	0.42	Ⅲ
S6-J15	2.25	3.42	8.17	67.52	58.45	2.55	0.43	Ⅲ
S6-J2	4.88	7.12	5.76	39.12	53.49	1.63	0.43	Ⅲ
S6-J17	2.10	11.58	9.73	48.33	58.34	2.53	0.43	Ⅲ
S38-16-2	2.80	16.66	11.67	59.55	61.98	3.74	0.44	Ⅲ
S6-9-13	2.00	4.75	8.81	61.83	58.91	2.68	0.45	Ⅲ
S38-16-1	3.40	9.54	5.84	45.01	51.78	1.43	0.45	Ⅲ
S6-9-7	2.25	12.53	9.91	62.40	59.01	2.71	0.45	Ⅲ
S6-12-13	4.00	5.15	7.00	66.46	57.69	2.37	0.47	Ⅲ
S38-16-6	2.00	8.90	7.42	60.65	54.86	1.82	0.47	Ⅲ
S6-12-10	2.00	6.05	7.67	74.74	58.39	2.54	0.47	Ⅲ
S38-14	2.40	6.27	9.95	56.26	60.57	3.20	0.49	Ⅲ
S6-8-4	3.30	5.39	9.93	63.87	58.84	2.66	0.49	Ⅲ
S6-11-10	4.10	7.80	7.99	56.86	56.23	2.06	0.49	Ⅲ
S6-J11	2.90	10.10	7.52	57.90	54.84	1.82	0.50	Ⅱ
S6-9-12	3.90	14.97	11.99	66.32	62.84	4.13	0.50	Ⅱ
S6-9-3	3.20	9.31	7.98	63.43	54.14	1.71	0.50	Ⅱ
S38-16-4	3.40	1.01	10.28	70.59	65.54	5.70	0.50	Ⅱ
S6-11-4	2.80	5.80	10.78	62.00	62.49	3.96	0.52	Ⅱ
S38-16	4.20	8.77	7.53	69.09	55.10	1.86	0.52	Ⅱ
S6-J4	2.90	9.08	9.11	65.56	58.16	2.48	0.53	Ⅱ
S37-15	2.25	8.54	10.21	62.69	61.11	3.39	0.54	Ⅱ
S6-9-8	4.50	5.64	10.02	69.86	60.95	3.33	0.54	Ⅱ
S6-9-9	4.20	10.07	8.28	52.40	60.64	3.22	0.55	Ⅱ
S6-11-13	3.60	9.74	10.12	65.07	59.95	2.99	0.57	Ⅱ
S6-J3	3.10	5.27	11.57	78.40	64.30	4.91	0.57	Ⅱ
S6-J16	3.50	10.46	10.84	62.86	61.86	3.69	0.60	Ⅱ
S39-14	3.50	9.33	14.12	69.39	64.69	5.14	0.65	Ⅰ

续表

井名	厚度 m	泥质含量 %	孔隙度 %	含气 饱和度 %	可动流 体饱和度 %	主流喉道 半径 μm	综合评 价系数	气层分级
S6-J1	3.40	5.31	14.98	77.95	67.69	7.45	0.66	I
S6-11-12	5.80	8.02	13.82	70.57	64.09	4.79	0.66	I
S6-J21	6.40	8.78	12.96	73.47	62.74	4.08	0.67	I
S6-J14	3.25	9.90	14.86	77.53	65.34	5.56	0.69	I
S6-J5	5.50	7.58	15.06	76.55	70.65	10.92	0.78	I

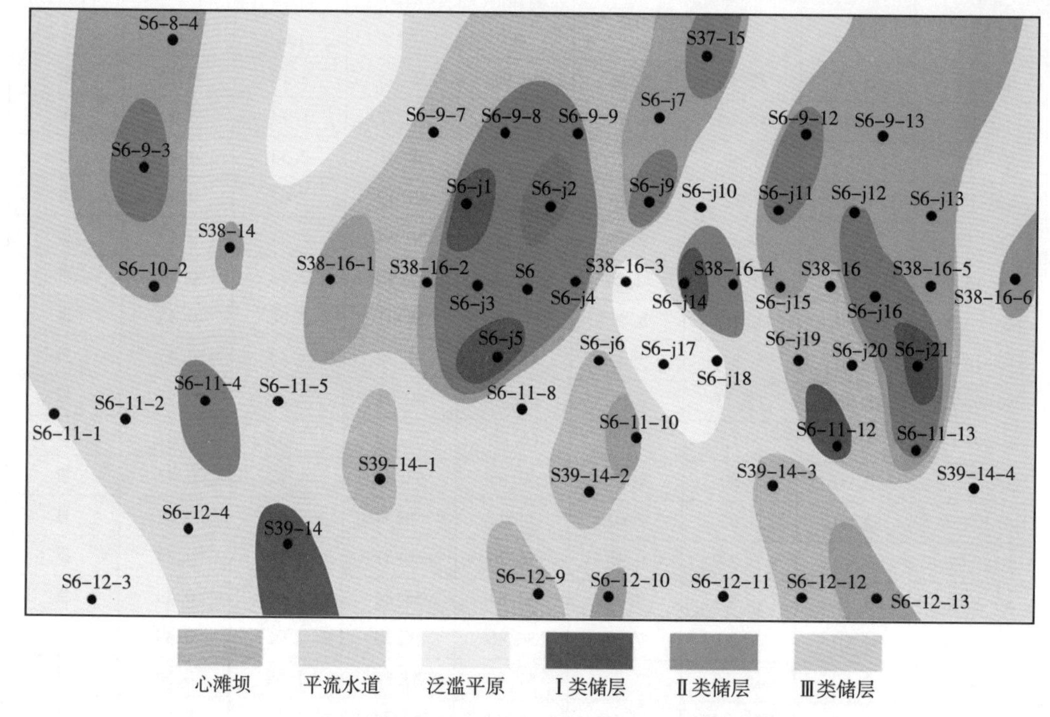

图4-9 苏里格气田加密试验区盒8段下亚段2小层分级评价

可以看出，致密气气层分布范围广泛，几乎遍布整个加密区。但在整体含气的背景下，Ⅰ类和Ⅱ类气层的分布范围并不广泛，Ⅰ类和Ⅱ类气层大多为零散分布，很少连接成片。通过有效气层的垂向及平面分布特征，可以认为有效气层在平面上分布广泛，但Ⅰ类、Ⅱ类气层主要发育于心滩砂体的下部或中部，平面上存在明显的“相对富集区”。

第二节 富集区优选技术

大面积、低渗透、致密砂岩气田在低丰度背景下仍然存在相对富集区。在开发建产过程中，通过地质、地震等多学科技术手段进行相对富集区筛选，能够降低产能建设投资风险。

一、技术方法

以区块岩心分析、钻井、测井、测试及地震资料为基础，将地质与地震结合（图 4-10），通过沉积相模式展布和地震横向预测技术，刻画储层横向展布特征；通过有利成岩相带分析和地震含气性检测手段，描述储层物性、含气性的空间分布特征；在此基础上展开储层综合评价，筛选相对富集区。

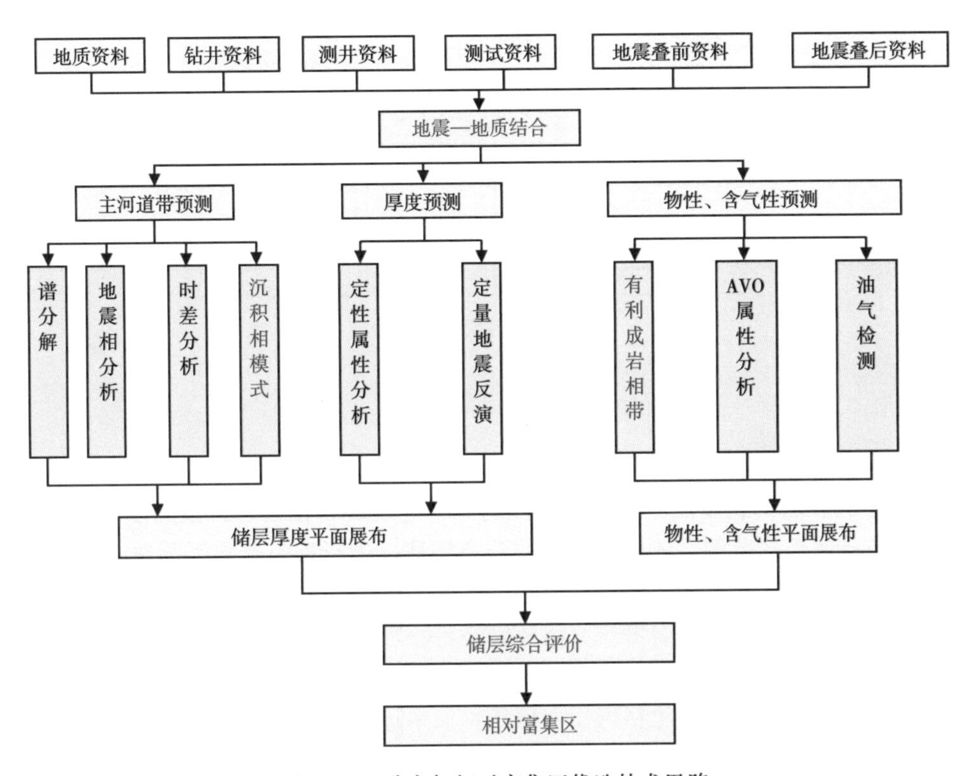

图 4-10 致密气相对富集区优选技术思路

早期的富集区筛选技术主要依赖于高精度二维地震资料，但随着开发的深入，二维地震受地震测网密度的限制，已无法满足加密井（尤其是丛式井、水平井）部署的要求。为此，立足于二维地震，开展了三维地震试验，在原有富集区筛选技术基础上，进一步完善了该项技术。

首先，地质与二维地震相结合，综合运用多种方法预测有利区。地震上采用时差分析、波形特征分析、叠后反演、弹性参数反演等方法进行河道带识别。地质上进行沉积微相分析，开展单井相分析，划分单井优势微相，建立区块沉积模式，精细刻画沉积微相展布。将地震河道带预测成果与骨架井沉积微相研究相结合，综合确定河道带的分布。

其次，重点区实施三维地震、强化储层预测。在二维地震选区基础上，优选潜力区开展三维地震。充分利用三维资料信息量大、地质内涵丰富的优势，以主河道带预测为基础，以有效储层预测为核心，以叠前技术为主，以叠后技术为辅；进行主河道带预测、储层及含气性预测，并利用三维可视化手段对储层及有效储层进行精细刻画；最后通过综合评价优选高产富集分布区（图 4-11）。

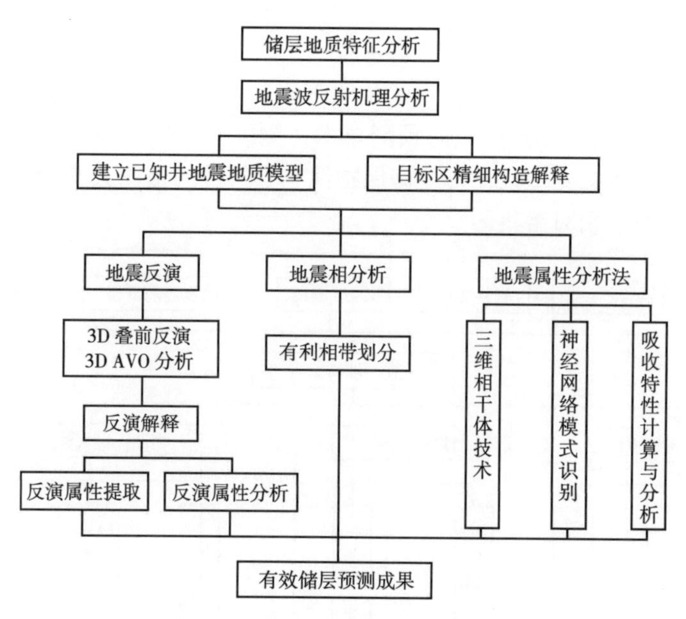

图 4-11　三维地震有效储层预测流程图

最后，依据区带特征，开展针对性研究，进一步落实富集区。以苏里格气田为例：（1）苏里格中区，将高精度二维地震和有限的三维地震资料相结合，预测砂岩厚度及含气性；描述河道砂体展布范围，刻画有效储层分布特征，进行相对富集区筛选；（2）苏里格东区，在分析开发井的基础上，静态资料与动态资料结合，对盒 8 段、山 1 段和下古生界进行再认识，上、下古生界综合考虑，落实富集区；（3）苏里格气田西区，深化地层水分布规律研究，综合应用地质、测井、测试、地层水分析及生产动态等资料，多学科交叉渗透，在统一的技术思路下对苏里格气田西区气水关系进行一体化研究，通过“避水找气”，落实富集区。

二、主要技术

1. 主河道带预测技术

1）时差分析

根据储层特点及地震资料现状，开发评价早期阶段，地震工作的主要任务是预测砂体厚度，描述主河道的分布规律，通过不断深化研究提高地震资料的纵横向分辨能力，尽可能详细地描述主河道的横向变化规律及延伸范围，在勘探提交探明储量的含气面积内进行相对富集区块的筛选。

苏里格气田二叠系下石盒子组盒 8 段和山 1 段气层是一种典型的薄互层砂泥岩组合，这种薄互层砂泥岩剖面中的单砂体厚度一般小于地震的垂向分辨率，识别难度非常大。但在现有分辨率条件下（时间分辨率仅为 20~25m），地震可以识别出一个多旋回的叠加的砂体，即确定河道带的砂层厚度，再以地质规律为指导，进一步刻画含气面积内河道带的展布规律来进行相对富集区块的筛选。在苏里格地区 T_{P8}~T_{P9} 波时差大小与河道下切深度有关，T_{P8}~T_{P9} 波时差相对较大，则河道下切较深，反映为主水流方向（即主河道）。在精细解释 T_{P8}、T_{P9} 两个反射波基础上所编绘的 T_{P8}~T_{P9} 时差图大致反映了苏里格气田东区盒 8

段和山 1 段沉积时期主河道的空间展布形态。

2）频谱分解

把时间域的地震剖面转换到频率域，利用频率与地层厚度的干涉效应来定性预测主河道的展布（黄色区域代表主河道），河道整体上呈现出南北向展布特征，对时差分析的主河道进一步细化，反映了河道的迁移、摆动、分流、汇聚的频繁变迁。

通过对时差分析和频谱分解得到的河道展布形态进行综合分析，可以较准确地刻画出研究区内盒 8 段和山 1 段主河道带的平面展布形态。

2. 储层厚度预测技术

利用波阻抗预测砂岩储层，尤其是有效储层（渗透性砂岩）存在多解性，为此在主河道带定性预测的基础上，采用了稀疏脉冲的反演方法，尽可能提高预测精度。稀疏脉冲反演的关键在于子波的提取，子波提取合理，合成记录与地震剖面匹配好，则反演结果与已知井吻合度好，其结果可信度高。储层厚度预测的具体作法是：第一步，通过主河道的形态、地震属性分析的厚薄趋势及已知井相结合进行地质建模，用 JASON 软件中的稀疏脉冲模块进行反演，得到波阻抗剖面；第二步，将波阻抗剖面转化为砂泥岩剖面；第三步，求出砂岩的时间厚度，由已知井出发，按照公式 $\Delta H=V_i \times T/2$ 计算出砂体厚度，并进行平面成图。

1）微地震相分析

微地震划相分析技术是预测储层横向变化的一种新技术，地质情况的任何物理参数变化总对应着地震道波形的变化，利用人工神经网络技术，根据每道的数值对地震道形状进行模拟，通过多次迭代，构造出几种具有典型特征，并与实际地震道之间呈较好相关性的模型地震道，这些模型道代表了在整个区域内的地震层段中地震信号的总体变化，然后逐道与模型道相比进行判别归类，形成微地震相图，利用色标变化可以很直观显示出微地震相的平面分布区，根据不同的已知井信息就可以判断出哪些相区较为有利。

通过地震相分析，预测 SD27-53 井盒 8 段砂体厚度 25m，实钻 25.1m（图 4-12）；预

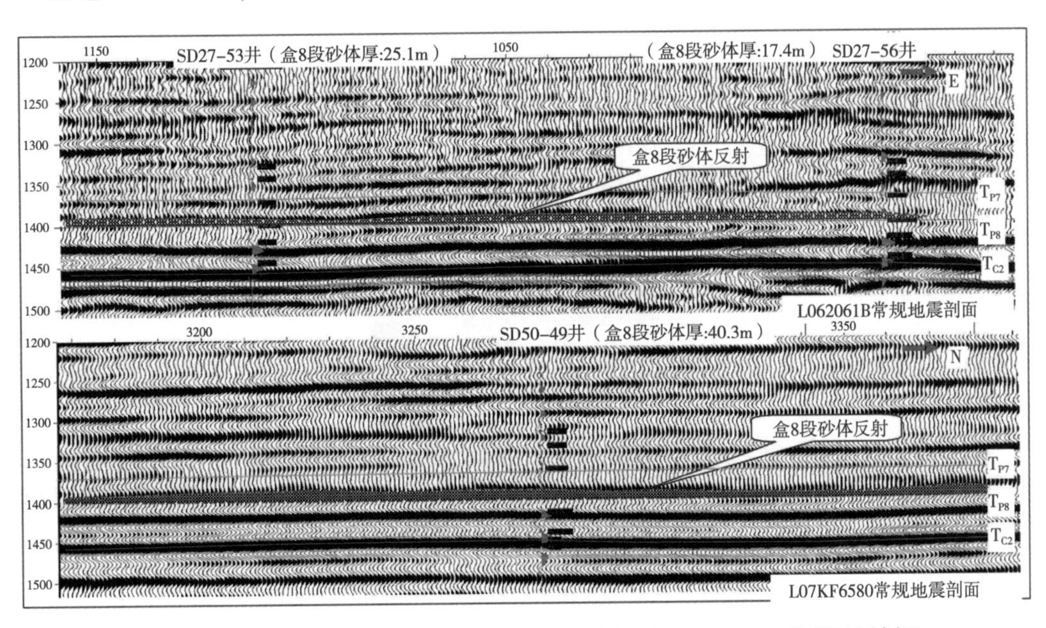

图 4-12 苏里格气田东区 L062061B 常规地震剖面和 L07KF6580 常规地震剖面

测 SD27-56 井盒 8 段砂体厚度 20m，实钻 17.4m；预测 SD50-49 井盒 8 段砂体厚度 30~35m，实钻 40.32m。

2）叠前反演技术

叠前反演技术是利用道集数据及纵波、横波速度、密度等测井资料，反演出多种岩石物理参数来综合判别储层岩性、物性及含气性的一种新技术。叠前反演的关键技术是求准井的弹性阻抗曲线和子波提取（图 4-13）。

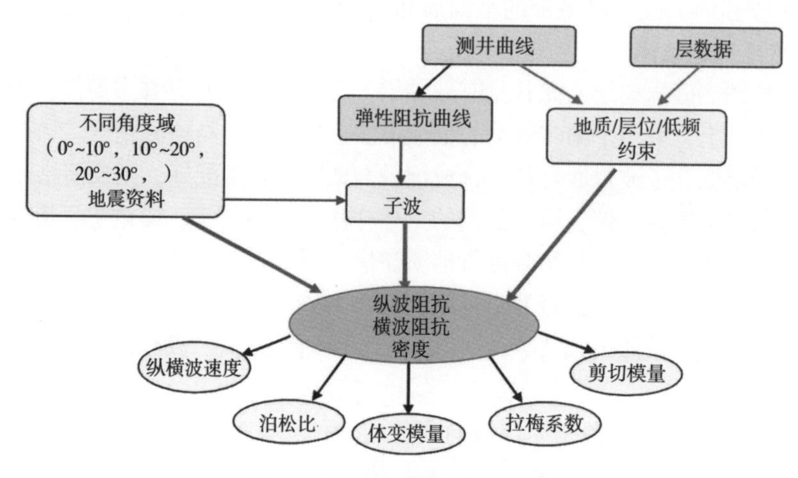

图 4-13　地震叠前反演流程图

3. 含气性检测技术

在主河道带和砂体厚度预测的基础上，利用地震属性分析、AVO 烃类检测以及油气检测、反演、属性融合技术等方法进行物性、含气性预测（图 4-14 至图 4-17）。

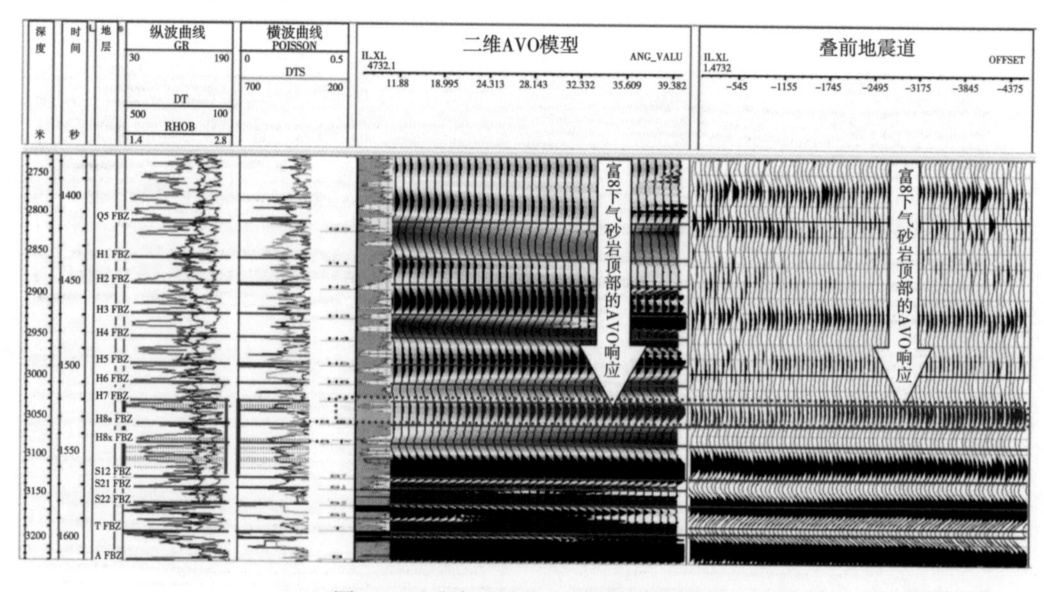

图 4-14　含气砂岩 2D AVO 正演模型

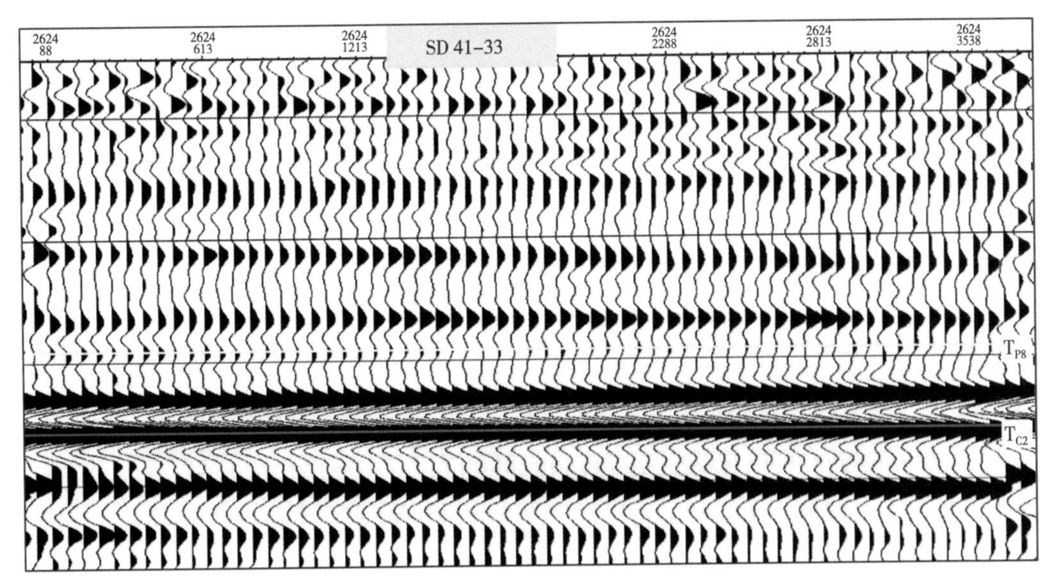

图 4-15　SD41-33 井叠前道集 AVO 剖面

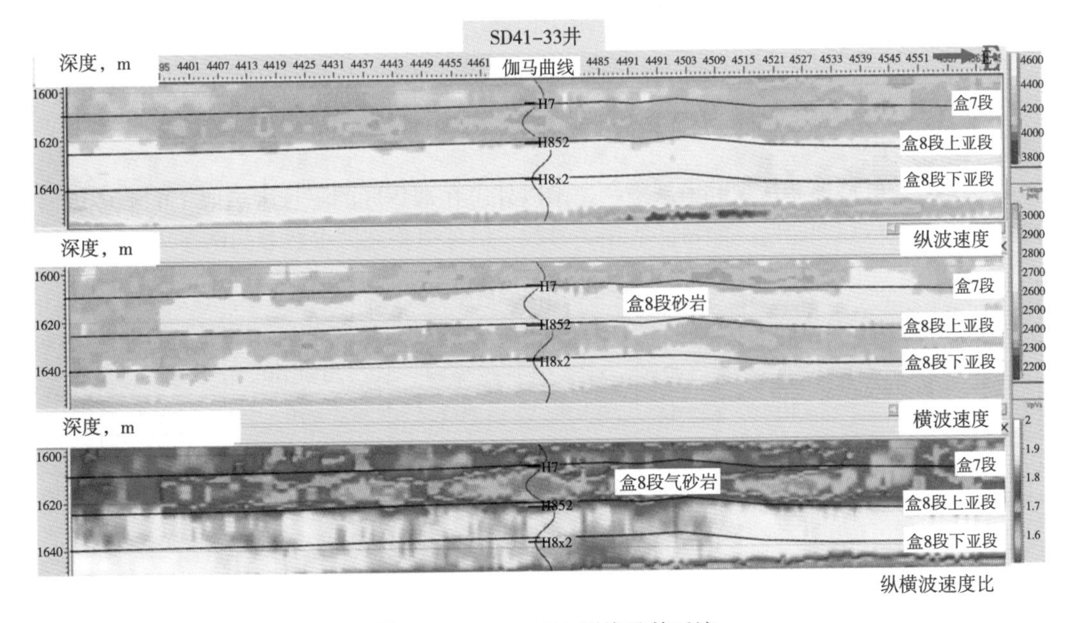

图 4-16　07KF6991 测线叠前反演

AVO 烃类检测是一项利用叠前振幅信息研究岩性并检测油气的重要技术，它是依据不同岩石或同一岩石含流体后泊松比有明显变化的原理，从纵波反射振幅随炮检距的变化隐含了泊松比（或横波速度）信息的角度来预测地层岩性及含气性。砂岩含气时在道集剖面上随炮检距的增加振幅明显加强。

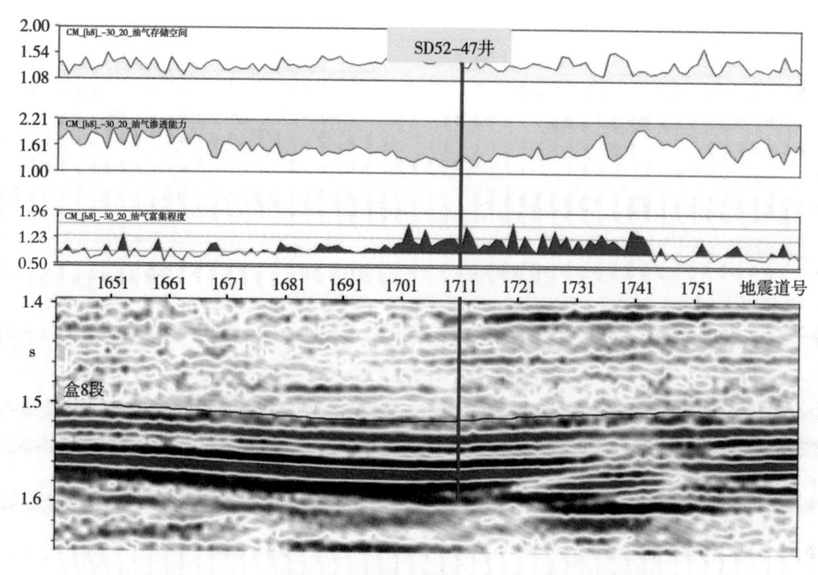

图 4-17　L061935 测线叠 KLinversion 含气性检测

三、富集区筛选

通过物源分析、沉积相模式的建立、主河道形态预测及储层厚度定性、定量预测等技术，可以预测目的层段砂体厚度平面分布。下面以苏里格气田东区为例，介绍致密气相对富集区的筛选评价。

1. 筛选标准

除充分结合区域地质认识和地震预测技术以外，在富集区的筛选中选取了能够体现储层发育特征、物性特征和储层产能特征的相关参数，以苏里格东区参数表为例（表 4-8）。

表 4-8　苏里格气田东区富集区划分标准

有利区	气层单层厚度 m	气层累计厚度 m	孔隙度 %	渗透率 mD	含气饱和度 %	无阻流量 $10^4m^3/d$	储量丰度，$10^8m^3/km^2$	
							范围	平均值
Ⅰ	≥6	≥8	≥13	≥1.0	≥75	≥10	≥1.3	1.50
Ⅱ	≥3	5~8	8~13	0.3~1.0	55~75	2~10	0.8~1.3	1.18
Ⅲ	<3	5	<9	<0.6	<55	<2	<0.8	0.69

2. 富集区筛选

在大面积、低渗透、低丰度的背景上优选相对富集区块，优先动用、滚动建产，逐步实现气田规模开发，应用的主要技术包括：（1）以露头和岩心分析为核心的单砂体描述技术；（2）利用地震叠前资料检测含气性；（3）在三维地震区采用小波衰减属性、弹性波阻抗、多属性气层识别等技术，综合预测气层分布；（4）建立三维地震区地质模型，评价含气丰度；（5）用纵波、横波资料解释气层。以苏里格气田东区为例，根据有利区划分标准和储层预测技术，综合盒 8 段、山 1 段砂体厚度分布图、有效储层厚度分布图、储层产能特征等综合静态、动态特征，筛选盒 8 段储层Ⅰ类有利区带 8 个，面积 382.7km^2；Ⅱ类有利区面积 1636.8km^2（图 4-18）。山 1 段储层Ⅰ类有利区带 14 个，面积 236.9km^2；Ⅱ类有利区带 2 个，面积 973.3km^2（图 4-19）。

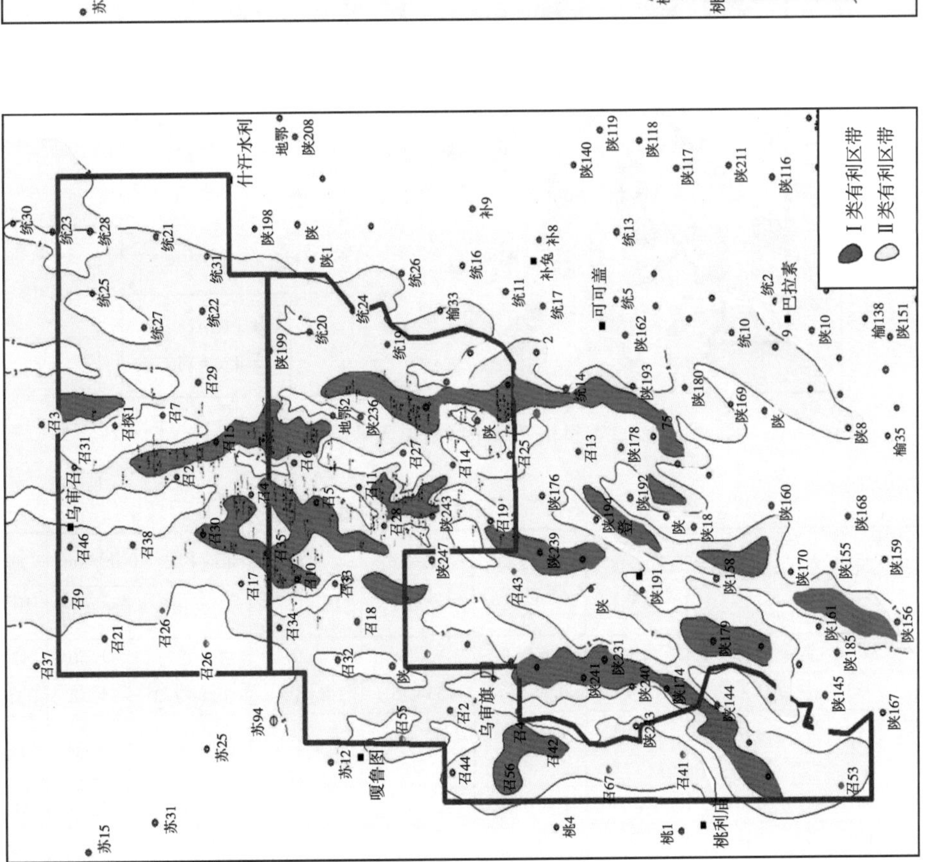

图 4-18 苏里格东区盒 8 段有利区带平面分布图

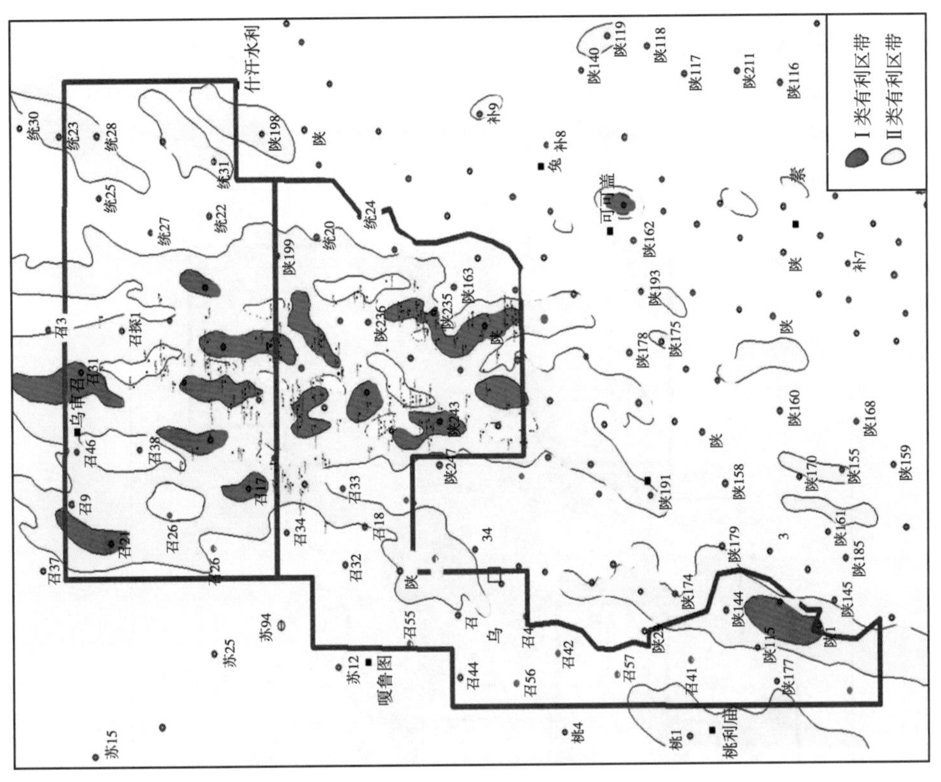

图 4-19 苏里格东区山 1 段有利区带平面分布图

在单层综合评价基础上，将盒 8 段、山 1 段有利区进行叠加，叠加后根据各层储层类别、试气资料以及 AVO 响应特征，进行富集区筛选。

富集区筛选结果：Ⅰ类有利区带面积 583.2km²，Ⅱ类有利区带面积 1953.1km²。Ⅰ类+Ⅱ类有利区带面积 2536.3km²，计算储量 3186.6×10⁸m³（图 4-20、表 4-9）。

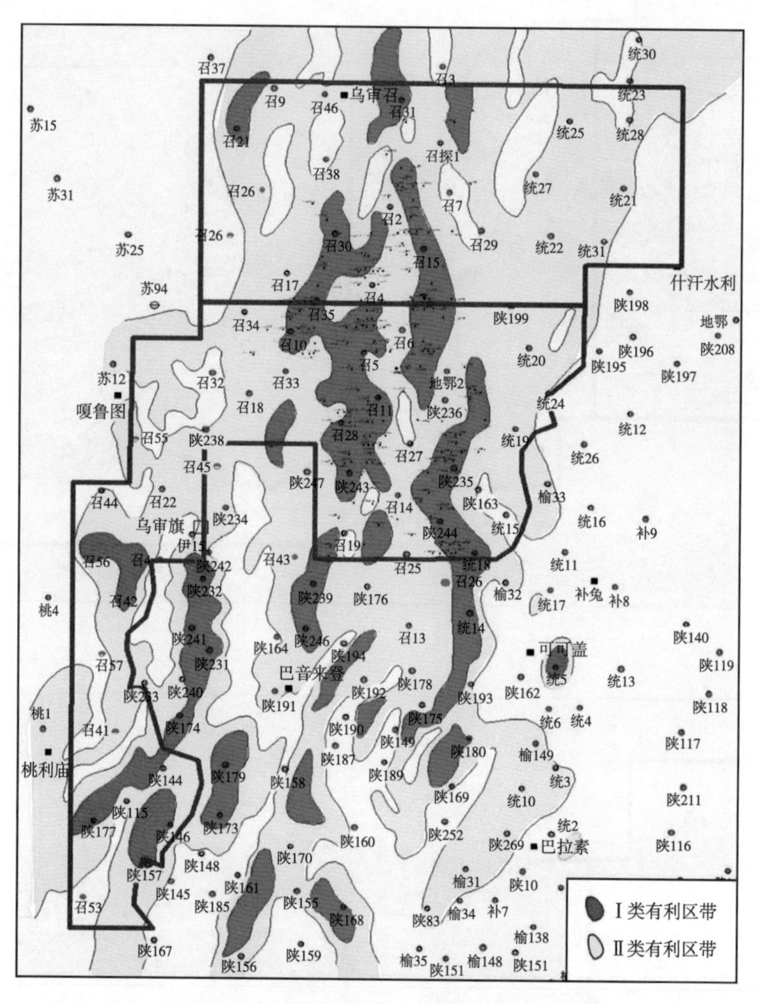

图 4-20　苏里格气田东区富集区平面分布图

表 4-9　苏里格气田东区有利区筛选结果表

有利区带	面积 km²	单层厚度 m	累计厚度 m	孔隙度 %	渗透率 mD	含气饱和度 %	无阻流量 10⁴m³/d	储量丰度，10⁸m³/km²		储量 10⁸m³
								范围	平均值	
Ⅰ类	583.2	≥6	≥8	≥13	≥1.0	≥75	≥10	≥1.3	1.50	874.8
Ⅱ类	1953.1	≥3	5~8	8~13	0.3~1.0	55~75	2~10	0.8~1.3	1.18	2311.8
Ⅰ类、Ⅱ类合计	2536.3								1.256	3186.6
Ⅲ类	596.0	<3	<5	<9	<0.6	<55	<2	<0.8	0.69	411.2
合计	3132.3								1.15	3597.8

第三节 致密气开发井优化布井技术

在第三章中介绍了苏里格气田大型复合砂体分级构型描述，以及与其配套的评价井、骨架井和加密井部署的技术方法，适用于气田开发评价阶段。本节主要介绍在筛选富集区、确定产能建设区块之后，进行较小井距的开发井的布井方法，适用于规模建产阶段。

致密砂岩气田一般没有明显边界，在数千乃至数万平方千米范围内广泛分布。由于渗透率低、储层横向连续性和连通性差等原因，造成单井控制面积小和单井控制储量低，所以致密砂岩气田不宜采用常规气田的大井距开发，而是需要采用较密的井网来开发，以提高地质储量的动用程度和采收率。致密气田开发要达到一定规模的生产能力并保持较长时间稳产，所需的钻井数量很大。因此，在气田开发早期就要研究确定合理的井网井距，以尽量避免早期形成的井网在开发中后期难以调整进而导致开发效益的下降。

井距优化的目的是使开发井网在不产生井间干扰情况下，达到对储量的最大控制程度和动用程度。致密砂岩气田井距优化需要综合考虑储集层分布特征、渗流特征和压裂完井工艺条件三方面的因素。若井距过大，井间就会有部分含气砂体不能被钻遇或在储层改造过程中无法被人工裂缝覆盖，造成开发井网对储量控制程度不足、采收率低；若井距过小，就会出现相邻两口井钻遇同一砂体或人工裂缝系统重叠的现象，从而产生井间干扰，致使单井最终累计产量下降，经济效益降低。

本节介绍直井、水平井两种开发井型的布井方法。

一、直井井网井距优化

1. 地质模型评价法

致密砂岩气田储层分布在宏观上多具有多层叠置、大面积复合连片的特征，但储集体内部存在沉积作用形成的岩性界面或成岩作用形成的物性界面，导致单个储渗单元规模较小，数量众多的储渗单元在气田范围内集群式分布。要实现井网对众多储渗单元（或有效含气砂体）的有效控制，需要根据储渗单元的宽度确定井距，据其长度确定排距。所以，利用地质模型进行井距优化的关键是确定有效含气砂体的规模尺度、几何形态和空间分布频率。

建立面向井距优化的地质模型，首先要在沉积、成岩和含气特征研究基础上确定有效含气砂体的成因，如认为苏里格气田的有效含气砂体是辫状河沉积体系中的心滩砂体；然后确定有效含气砂体的分布规模和几何形态，确定方法主要有 3 种[3]：其一是地质统计法，利用岩心资料和测井解释结果确定有效砂体厚度的分布区间，再根据定量地质学中同种沉积类型砂体的宽厚比和长宽比来估计有效砂体的大小；其二是露头类比法，最好选取气田周边同一套地层的沉积露头，开展露头砂体二维或三维测量描述，建立露头研究成果与气田地下砂体的对应转化关系，预测气田有效砂体的规模尺度；如南 Piceance 盆地 Williams Fork 组发育透镜状致密砂体，应用露头资料建立了曲流河点沙坝单砂体的分布模型，如图 4-21（a）所示[4]，为井距优化提供了依据；其三是密井网先导试验法，开辟气田密井网先导试验区，综合应用地质、地球物理和动态测试资料，开展井间储层精细对比，研究一定井距条件下砂体的连通关系，评价砂体规模的大小。在苏里格气田，经图 4-21（b）所示的密井网先导性试验验证，在400~600m井距条件下，大部分井间砂体是不连通的。

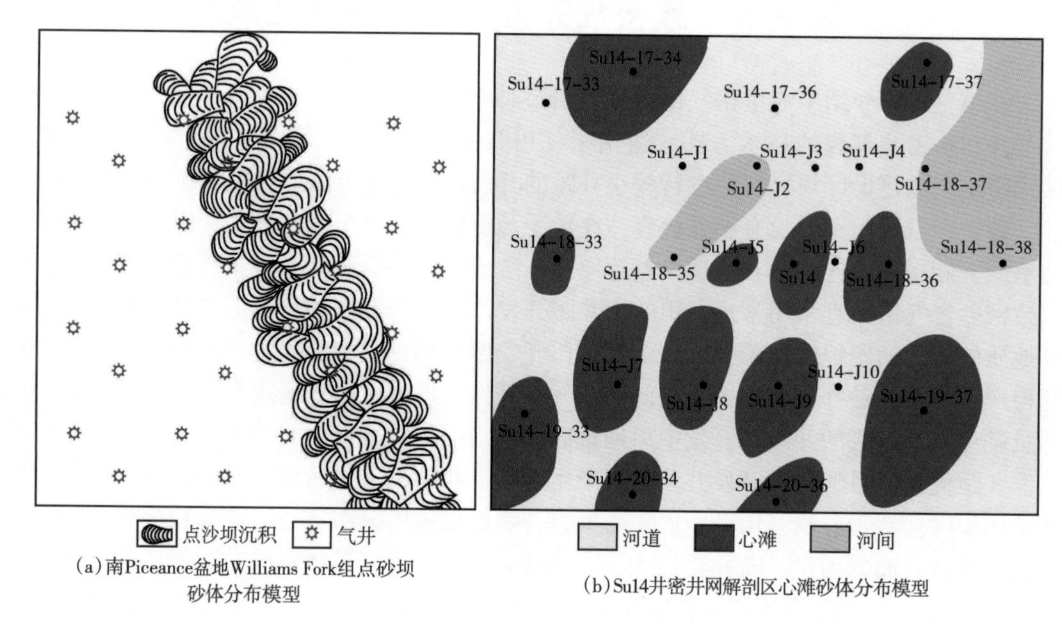

（a）南Piceance盆地Williams Fork组点砂坝砂体分布模型

（b）Su14井密井网解剖区心滩砂体分布模型

图4-21　致密气田砂体分布模型

苏里格气田有效砂体的结构模式主要分为孤立型、切割叠置型、堆积叠置型、横向局部连通型（图4-22）。其中，孤立型砂体模式厚度主要2~5m，宽度300~500m，长度400~700m；切割叠置型砂体模式是高能水道叠置带内可形成2~3个有效砂体切割叠置，复合砂体厚度5~10m，宽度400~800m，长度600~1200m；堆积叠置型是指高能水道叠置带内多个有效砂体堆积叠置，但切割作用弱，砂体间有物性或岩性隔层，复合砂体规模与切割叠置型基本一致。精细地质解剖揭示，孤立型有效砂体是苏里格气田有效砂体主要类型，占比达到70%以上，因此，可考虑开发井距取值为400~600m、排距取值为600~800m。

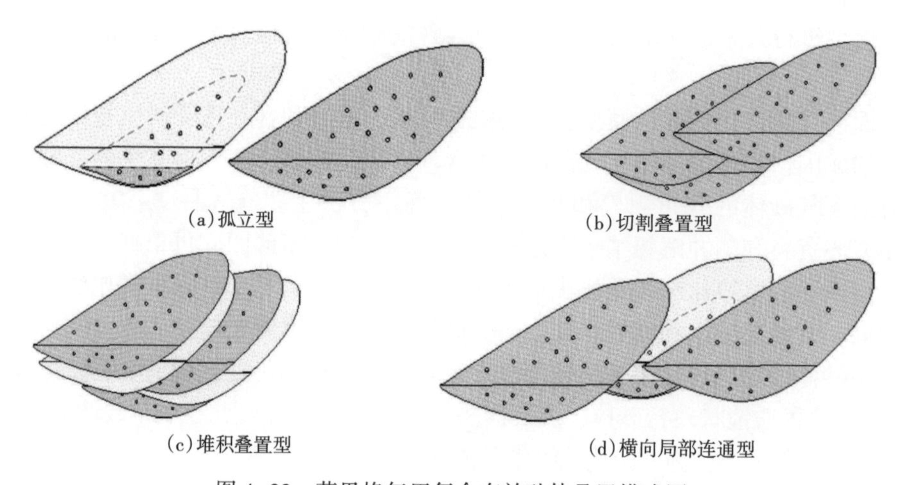

（a）孤立型

（b）切割叠置型

（c）堆积叠置型

（d）横向局部连通型

图4-22　苏里格气田复合有效砂体叠置模式图

2. 动态法（或泄气半径）评价法

泄气半径评价是基于试井理论，利用动态资料评价气井的控制储量和动用范围，进而优化井距。考虑压裂裂缝半长、表皮系数、渗流边界等参数建立解析模型，利用单井的生产动态历史数据（产量和流压）和储集层基本地质参数进行拟合，使模型计算结果与气井实际生产史和动态储量一致，进而确定气井的泄气半径，进行合理井距评价。致密气气井通常为压裂后投产，考虑裂缝的评价方法主要有 Blasingame、AG Rate vs Time、NPI、Transient 此 4 种典型无因次产量曲线分析图版和同时考虑压力变化的裂缝解析模型[5]。4 种典型无因次产量曲线图版方法是根据气井的产量数据拟合已建立的不同泄气半径与裂缝半长比值下的无因次产量、无因次产量积分、无因次产量导数与无因次时间的典型关系曲线，进而确定裂缝半长和泄气半径（图 4-23）。裂缝解析模型是在产量一定的情况下，拟合井底流压，从而确定裂缝半长和泄气半径。

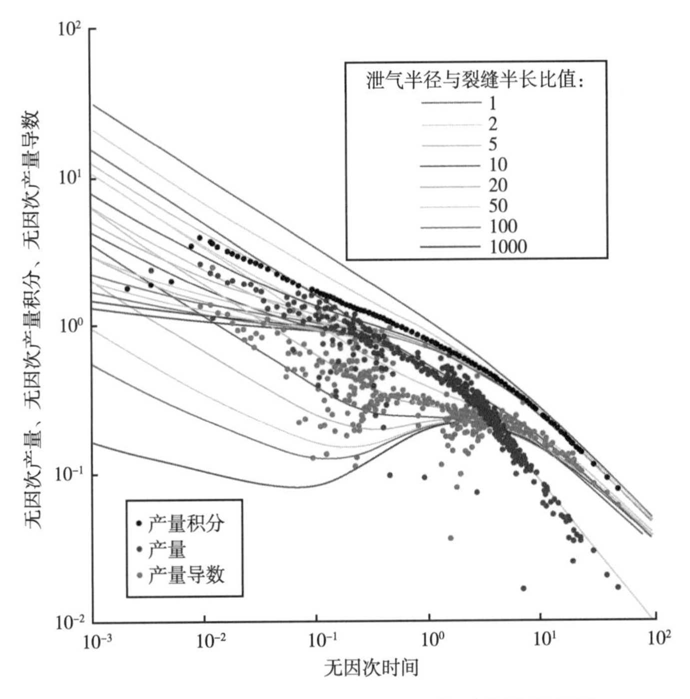

图 4-23 气井日产量 Blasingame 典型曲线拟合图

致密砂岩气田储层渗透性差、非均质性强、气体渗流速度慢，达到边界流动状态的时间可长达数年。也就是说，在气井投产后的较长时间内，气井周围的泄压范围是一个随时间不断扩大的动态变化过程，所以利用生产初期动态资料评价的气井泄气半径和动态储量可能比实际情况要小。在实际应用中，以泄气半径评价方法（动态评价方法）获得的泄气半径要与地质模型评价法得到的泄气半径结果相互验证，以得到相对客观的认识。

苏里格气田有效含气砂体主要为辫状河心滩沉积，其几何形态近似椭圆形。应用典型无因次产量曲线图版和裂缝解析模型评价了苏里格气田 2002—2003 年投产的 28 口试采井的泄气范围（表 4-10），Ⅰ类气井平均动态控制面积为 0.235km^2，平均泄气椭圆长半轴、短半轴分别为 330m、220m；Ⅱ类气井平均动态控制面积为 0.186km^2，平均泄气椭圆长半轴、短半轴分别为 292m、195m；Ⅲ类气井平均动态控制面积为 0.155km^2，平均泄气椭圆长半轴、短半轴分别为267m、178m。综合考虑，认为28口早期试采井平均泄气半径主要在200~300m，故井距控制在400~600m较为适宜。

表4-10　苏里格气田气井有效泄气范围评价结果

	Ⅰ类井	Ⅱ类井	Ⅲ类井
动态储量，10^4m^3	3997	2328	1157
有效裂缝半长，m	92.67	76.7	72.6
动态控制面积，km^2	0.235	0.186	0.155
泄气椭圆长/短半轴，m	330/220	292/195	267/178

3. 干扰试井评价法

干扰试井是指试井时，通过改变激动井的工作制度（如从开井生产变为关井，从关井变为开井生产，或者改变激动井的产量等），使周围反映井的井底压力发生变化，利用高精度和高灵敏度压力计记录反映井中的压力变化，确定地层的连通情况和含气砂体的规模大小。为避免井间干扰，合理井距要大于含气砂体的尺寸。通过干扰试井，可以得到井距的最小极限值，也可以用后期加密井是否存在先期压降来评价井间连通情况。

为了确定井间砂体连通情况，苏里格气田在2008—2013年陆续开展42个井组干扰试验，其中，排距试验22个井组（顺物源方向，南北向），井距试验20个井组（垂直物源方向，东西向）。根据42个井组的干扰试验结果，顺物源方向井距大于600m时井间干扰概率1/6，垂直物源方向大于400m时井间干扰概率为1/5，基本可以确定苏里格气田有效砂体长度一般最大不超过600m，宽度一般最大不超过400m。

4. 数值模拟评价法

数值模拟法主要是在三维地质模型的基础上，设计不同井距、排距的井网组合，采用数值模拟方法模拟单井的生产动态，预测生产指标，研究井距与单井最终累计产量之间的关系。当井距较大时，一个储渗单元内仅有一口生产井在生产，则不会产生井间干扰，单井最终累计产量不会随着井距的变化而发生变化；当井距缩小到一定程度时，就会出现一个储渗单元内有两口井或多口井同时生产的现象，这时就会产生井间干扰，单井最终累计产量也会开始随着井距的减小而降低；随着井网的进一步加密，大量井会产生井间干扰，单井最终累计产量会急剧下降。在井网密度—单井最终累计采气量—采收率关系曲线中，单井最终累计产量明显降低的拐点位置对应的井网密度可确定为合理井网密度。

采用分级相控建模的思路，应用目标模拟方法对苏14区块、苏6区块密井网区建立地质模型。进行动态历史拟合和模型验证。在此基础上，设计不同的布井方案进行模拟计算，通过对比优选合理的排距、井距。

1）数模方案设计

设计不同的排距和井距进行组合，形成了34套布井方案进行模拟计算（表4-11），通过模拟结果的对比，优选合理的排距、井距，从而确定最优井网。

2）合理井距

不同排距下，井距在500m处出现明显拐点，即井距大于500m单井可采储量增幅不大，认为极限井距为500m左右（图4-24）。

表 4-11　数值模拟井网设计方案

井网设计		排距，m（南北向）						
		400	500	600	700	800	900	1000
井距，m（东西向）	200	☆	☆	☆	☆	☆	☆	☆
	300	☆	☆	☆	☆	☆	☆	☆
	400		☆	☆	☆	☆	☆	☆
	500			☆	☆	☆	☆	☆
	600				☆	☆	☆	☆
	700						☆	☆
	800						☆	☆

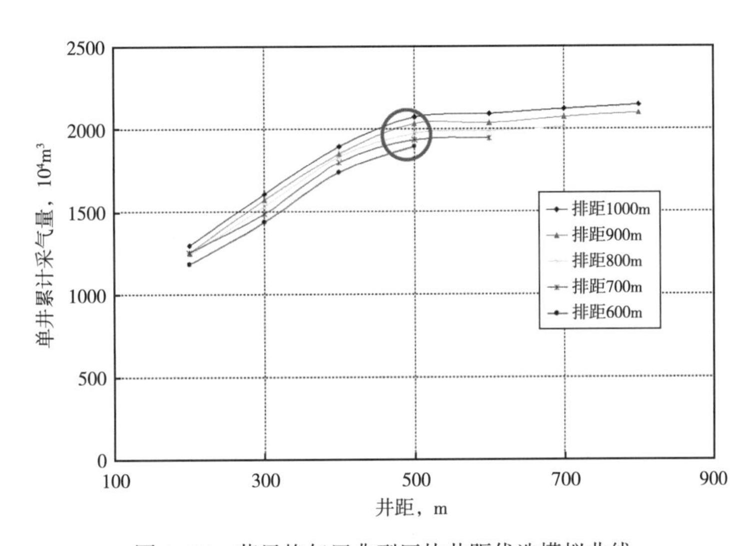

图 4-24　苏里格气田典型区块井距优选模拟曲线

3）合理排距

不同的井距下，排距约在 700m 处出现拐点，即排距大于 700m 时单井累计采气量增加幅度较小，极限排距应该为 700m 左右（图 4-25）。

4）合理单井控制面积与采收率

根据单井控制面积与单井可采储量的关系曲线，在拐点处为最优单井控制面积约为 0. 25km^2，对应单井可采储量为 2000×10^4m^3 左右（图 4-26）。

5. 经济效益评价法

为实现在经济条件下达到气田的最大采出程度，需要对气田开展经济效益评价研究。首先根据钻井、完井和地面建设投资来求取单井经济极限采气量。根据数值模拟得到的井网密度与单井最终累计采气量关系曲线，与经济极限累计产量相对应的井网密度即为经济极限井网密度，与经济极限井网密度相对应的采收率即为经济极限采收率[6]。一般情况下，通过使井网加密到不产生井间干扰的最大密度来实现经济效益的最大化。在经济条件允许的情况下，井网可以加密到产生井间干扰，以牺牲一定程度的单井累计采气量来获得更高的采出程度。

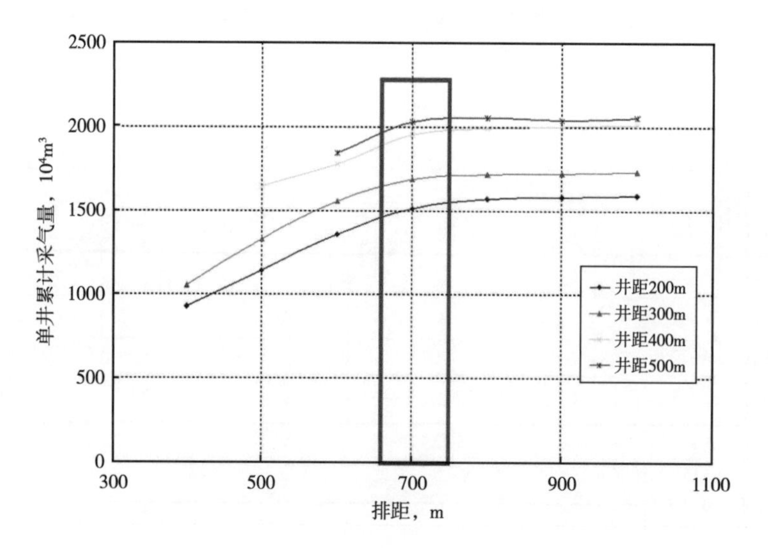

图 4-25　苏里格气田典型区块排距优选模拟曲线

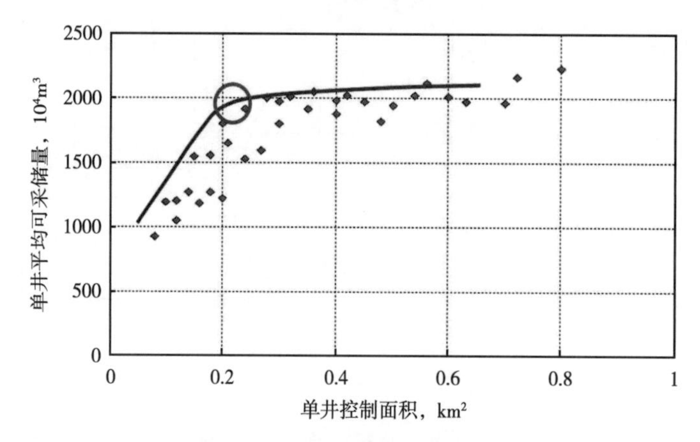

图 4-26　苏里格气田典型区块单井控制面积模拟曲线

方法模型：(1) 建立井网密度与单井累计产量、采收率关系图版；(2) 按照不同收益率，计算气井最小经济极限产量；(3) 最小经济极限产量线与累计产量曲线和采收率曲线的交点分别对应最小经济极限井网密度和相应的采收率值。

根据当前经济条件，在一定内部收益率要求下，计算单井最终累计产量下限值，然后根据该值对照下图井网密度与单井最终累计产量曲线，确定最小经济极限井网密度，最后利用井网密度与采收率曲线，得到该井网密度下的最终采收率（图 4-27）。

在以上研究成果基础上，将苏里格气田直井基础开发井网确定为 600m×800m，即井网密度为每平方千米 2 口井，大于模拟结果的每平方千米 3 口井。主要是考虑到今后开发成本的进一步下降，具有进一步加密井网提高采收率的可行性，基础开发井网要为后续进一步加密调整留出一定的空间。

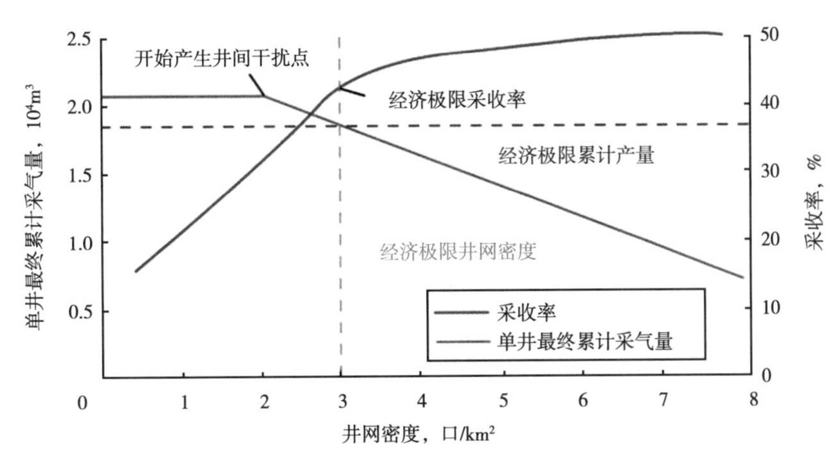

图 4-27 井网密度与单井累积产量、采收率关系图

二、水平井优化布井技术

总体而言，苏里格致密气田储层多层分散分布，主力层不明显，应以直井井网开发为主。但在局部区块，储层发育层段相对较为集中，可以考虑水平井的应用。特别是随着水平井压裂技术的进步，人工裂缝可以沟通同一砂层组中未钻遇的气层，来提高水平井的井控储量。

1. 水平井地质目标评价

在苏里格气田多种砂体叠置结构中，有两种类型适应于水平井开发[7]：一是厚层块状上孤立型储层，以心滩相沉积为主，有效砂体单层厚度大（一般大于 5m），呈块状富集，横向分布稳定，水平段储层钻遇率高，而且井控面积内的地质储量动用程度高；二是具物性夹层的垂向叠置型储层，主要分布在辫状河体系叠置带的主体部位，多期辫状河道、心滩粗砂岩相互相切割叠置，其间由于水动力条件的变化，存在物性夹层，夹层厚度一般小于 3m。该类型储层也可获得较高的水平段储层钻遇率，且通过压裂改造可沟通主力层上下未钻遇的部分气层，达到较高的产气量。

研究确定了苏里格气田水平井地质目标的评价标准如下：

（1）研究单元：由于压裂技术的进步，研究单元由单砂层粗化到砂层组。

（2）储层分布：砂岩集中分布，主力层段明显，横向分布较稳定，主力层剖面储量占比大于 60%。

（3）储层结构：主力层段（砂/地比）大于 70%，主力层段内隔夹层不发育（泥岩夹层小于 3m）。

（4）含气特征：区块内不产水，已有气井的气水比小于 $0.5m^3/10^4m^3$。

（5）构造特征：构造平缓，易于井眼轨迹控制。

（6）水平井部署方式：按区块整体部署（表 4-12）和加密部署（表 4-13）两种方式优选地质目标。

表 4-12　苏里格气田水平井整体开发区块优选标准

	参数		指标
地震	储层横向预测和含气性检测（如异常振幅属性、AVO 等）		预测为含气富集区
地质	所处辫状河体系位置		叠置带
	主力层砂岩	平均钻遇砂岩厚度	>20m
		砂/地比	>70%
		主力层内平均泥岩隔层单层厚度	<3m
	主力层有效砂岩	累积或单层厚度	>6m
		纵向分布	集中分布
动态	评价井Ⅰ类+Ⅱ类井比例		>75%
储量	主力层占整个剖面的储量比例		>60%

表 4-13　苏里格气田加密水平井地质目标优选标准

		参数		指标
地震		三维地震含气性检测（AVO、异常振幅属性等）		含气富集区
		二维地震远近道叠加测线含气响应		较好
邻井直井地质特征	测井	测井曲线形态		中高幅平滑箱形或微尺化箱型
	储层	相带位置		辫状河体系叠置带
		砂体	主力层砂体厚度	>15m
			横向分布	稳定
		有效砂体	单层厚度	>6m，且井间可对比性较好
			或叠加厚度	>6m，且纵向上分布较连续
		隔/夹层单层厚度		<3m
	构造	主要气层顶底构造		平缓
井网条件		井距、排距		井距>600m，排距>1600m

2. 水平井基本技术参数设计

1）水平段方位

水平井水平段的方向主要取决于砂体走向和地层的最大主应力方向，前者可以保证水平段较高的气层钻遇率，后者保证了水平井的压裂改造效果。

苏里格气田气井盒 8 段储层的最大主应力方向为北东方向 98°~108°，基本上是东西向。从改造工艺角度考虑，裂缝方向应平行于最大主应力方向，因此水平井段垂直于最大水平主应力方向。这样水平井段可以形成多条裂缝，来提高水平井的控制储量和产量。

苏里格气田砂体基本呈近南北向展布，东西向变化快、范围小。因此从气层钻遇率考虑，水平段方向应以近南北向为主。因此水平段方位选取南北向，既适应于地应力条件也适用于砂体展布条件。

2）水平段长度

理论计算法：应用目标区储层的平均数据，采用修正的 Joshi 水平井产能公式[8]，计算得到水平段长度与无阻流量的关系（图 4-28）。随水平段长度增加，气井无阻流量增加，但随着水平段长度的增加，无阻流量增加的幅度变缓，拐点处即为较合理的水平段长度；目标区水平段长度在 1200~1400m 出现拐点。

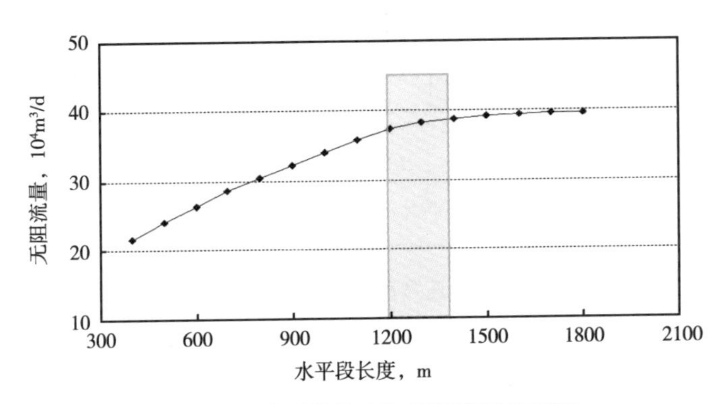

图 4-28 水平段长度与无阻流量关系图

数值模拟方法：根据苏 14 井区密井网区实际的地质模型和现有投产井的生产动态数据，模拟两口井不同水平段长度时的稳产时间、累计产量及压差等参数，从而优化水平段长度。数值模拟结果表明，水平段长度增加，气井的稳产时间和累计产气量随之增加，水平段超过 1200m 时，气井稳产时间增加幅度降低；在水平段超过 1500m 时，气井累计产量线出现明显拐点。

地质分析方法：苏里格气田地质统计规律表明，单个小层有效砂体钻遇率约为 30%，钻遇两套有效砂体所需的水平段长度较大，目前技术条件下存在一定的不确定性。目前苏里格气田水平井以钻遇一套有效砂体（单砂体或复合砂体）为主，水平段长度以 800~1500m 为宜，钻遇二套及以上有效砂体需要进一步攻关。

综合对比理论公式计算、数值模拟、地质分析方法的结果，以及目前主流钻井设备的能力，综合确定苏里格气田水平井水平段长度为 1200m 左右。

3）人工裂缝间距

人工裂缝间距的合理值要综合理论分析、数值模拟及国外研究成果综合来确定。苏里格气田水平井 1000m 的水平段长度最优压裂 5~6 段。

理论分析法：选用比较实用于低渗透气藏的有限导流裂缝水平井产能公式确定压裂段数。从基础理论出发，认识裂缝中产量的分布特征和规律，利用有限导流垂直井 Dupuit 公式原理，计算出有限导流水平井产能公式的当量井径，利用当量井径和叠加原理，可得到不同压裂段数的水平井产能，进而也可以优化压裂段数。通过理论计算，1000m 的水平段合理压裂段数 6~8 段（图 4-29），对应水平井产量（6~7）$\times 10^4 m^3/d$。

数值模拟法：在典型区块的三维地质模型中部署两口水平井（H_1 和 H_2）分别设计 800m、1200m、1500m 和 1800m 共 4 个水平段长度（表 4-14），模拟不同的配产、不同压裂段数（3 段、4 段、5 段、6 段、7 段）下的生产特征，进而优化压裂段数。模拟结果显示，水平段长度为 1200m、压裂段数为 5~6 段时，可以获得较好的经济效益。

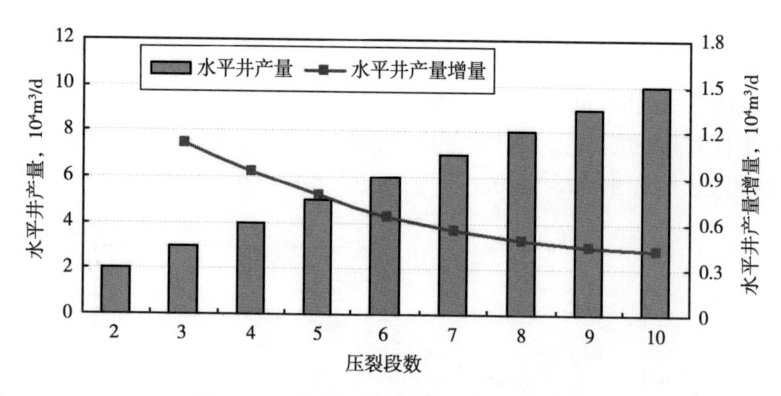

图 4-29　水平井压裂段数与产量关系图

表 4-14　压裂段数优化模拟方案表

水平井		H_1、H_2
水平段长度，m		800，1200，1500，1800
配产，$10^4m^3/d$	H_1	12，10，8，6
	H_2	6，4，3，2
压裂段数		3，4，5，6，7

4）水平井井距

苏里格气田水平井现主要有两种部署方式，一是选取局部有利位置分散部署，需要考虑与已钻直井的相互配置；二是选取有利区块整体集中部署，需要考虑水平井网的设计。水平井网设计时，首先应确定水平井的控制面积，按水平段平均长度1200m考虑，两个端点再向外侧各延伸200m左右的控制距离，则控制面积的长度在1600m左右；控制面积的宽度按照有效砂体的宽度考虑为600m，与直井井网的井距一致。这样，在水平井整体开发区可形成600m×1600m的水平井井网。

3. 水平井布井方式

在苏里格气田基本形成了两种水平井布井方式，即单井布井和区块整体布井。

1）水平井单井布井

在井网较稀，储层认识程度较低的区域，紧密跟踪骨架井的实施效果，在骨架井实施效果较好、且满足水平井部署条件的情况下，可以追加部署水平井。在新区坚持评价部署，有利于扩大水平井的实施数量，但水平井的部署必须依赖可靠地地震资料及解释成果，以确定砂体的展布方向及构造变化趋势。

在已经基本形成直井基础开发井网的区域，在井网条件满足、有效储层发育的区域可加密部署水平井。加密部署区的储层落实程度高，但部署区域有限，以单井部署为主。针对苏里格气田地质特征，在水平井部署初期，水平井部署注重骨架井的实施，利用骨架井控制砂体和微幅度构造。随着地质认识不断提高、导向技术的不断积累和完善，逐步摆脱实施骨架井，直接实施水平井布井。

以SD55-65井区为例，该区块完钻直井和定向井30口，其中，Ⅰ类井9口，Ⅱ类井18口，Ⅰ类井+Ⅱ类井比例达到90%，平均单井产量$1.1×10^4m^3/d$，生产情况较好。选取该区块进行水平井加密布井。利用区内的直井资料，进行构造和储层分布精细描述，在构造平缓、储层分布层段较集中的区域部署水平井。SD55-56 井区完钻水平井 6 口，平均水平段长 1210m，砂岩段长 952m，砂岩钻遇率 78.7%，有效储层 654m，有效储层钻遇率 54%，初期井均产气量为 $3.2\times10^4m^3/d$，预测井均累计产气量为 $0.876\times10^4m^3/d$，整体开发效果良好。

2）区块水平井整体布井

整体部署即在筛选的水平井有利部署区，优先部署水平井，适当部署少量骨架井，在骨架井落实储层以后，整体实施。整体部署有利于扩大水平井实施规模，提高水平井实施的效果。在苏里格气田水平井开发实践中，根据不同区块的储层分布和地面条件，形成了三种水平井整体布井模式。

（1）单支双向水平井布井模式。

单支双向水平井井网适合于砂体叠置厚度较大富集区部署（图 4-30）。首先部署一排直井，落实储层分布。在直井两侧向不同的方向部署两排水平井，这样直井于水平井相结合，既可降低水平井部署风险，也可以利用直井尽量降低水平井靶前距所损失的储量。在 S48-17-64 井区水平井整体开发区，以该种方式部署水平井 38 口，完钻水平井 36 口，平均无阻流量为 $58.8\times10^4m^3/d$，其中，无阻流量小于 $10\times10^4m^3/d$ 的井 3 口，无阻流量大于 $100\times10^4m^3/d$ 的井 5 口，整体开发效果良好。

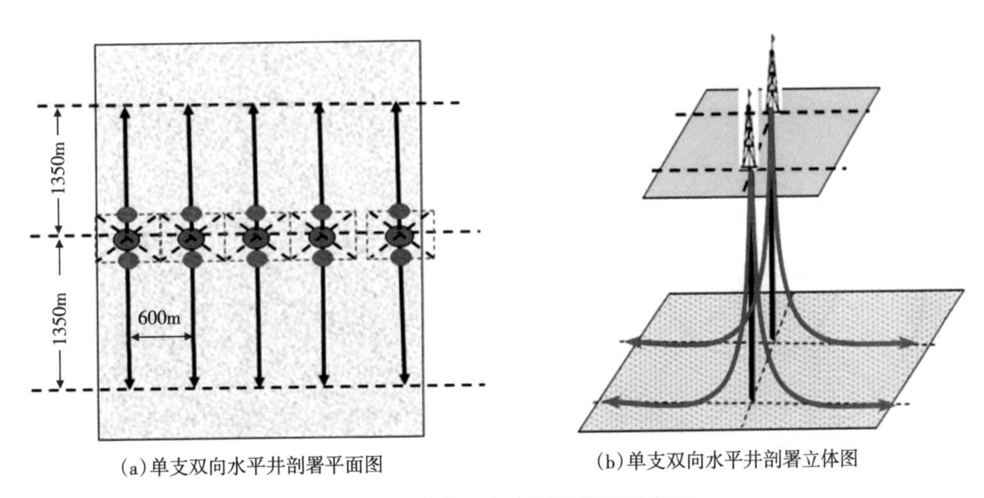

(a)单支双向水平井剖署平面图　(b)单支双向水平井剖署立体图

图 4-30 单支双向水平井部署示意图

（2）多支双向水平井布井模式。

多支双向水平井主要部署在多期河道叠置宽度较大的区块（图 4-31）。该种方式一个平台可以钻 6 口水平井，节约了井场占地面积，但地质条件要求较高，水平井实施风险较大。以 T2-17-24 井区大丛式水平井组为例。在 T2-17-24 井区，砂体发育，集中分布在盒 8 下亚段，呈厚层块状分布，盒 8 段下亚段是水平井实施的主要目的层。在该区块内共部署水平井 70 口，其中选取 T2-17-24 井组采用多支双向水平井方式完钻 6 口水平井，其中 4 口井的无阻流量大于 $100\times10^4m^3/d$，6 口井的平均无阻流量为 $97.9\times10^4m^3/d$。

（3）多支水平井布井模式。

多支多层水平井整体部署适合在多期、多层储层较为发育的区块，其开发层位多，储

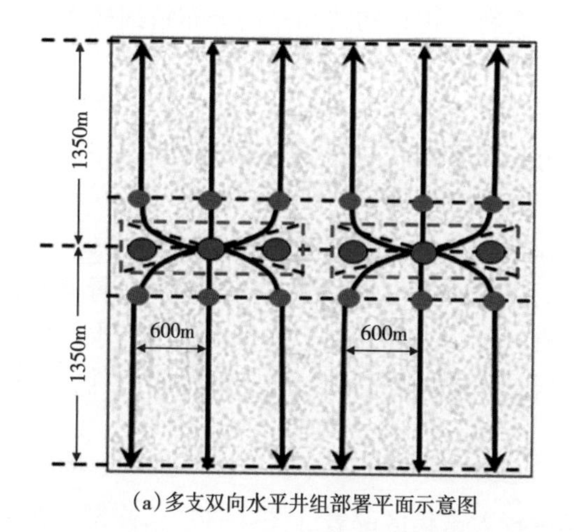

(a) 多支双向水平井组部署平面示意图

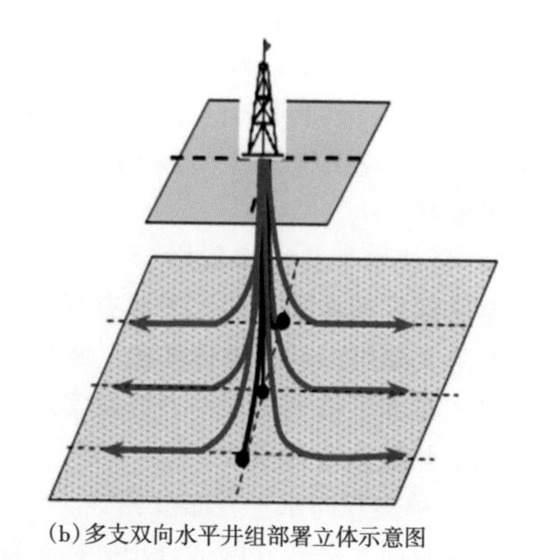
(b) 多支双向水平井组部署立体示意图

图 4-31 多支双向水平井组部署示意图

量动用程度高（图 4-32）。例如在 S54-31-110 井组，共完钻 10 口水平井，其中 6 口目的层位为盒 8 段，平均有效长度 644.7m，平均有效储层钻遇率为 55.3%，4 口目的层位为山西组，平均有效长度 312.3m，平均有效储层钻遇率为 40.1%。平均无阻流量为 $78.5\times10^4m^3/d$，投产初期井均产气量为 $4.1\times10^4m^3/d$。

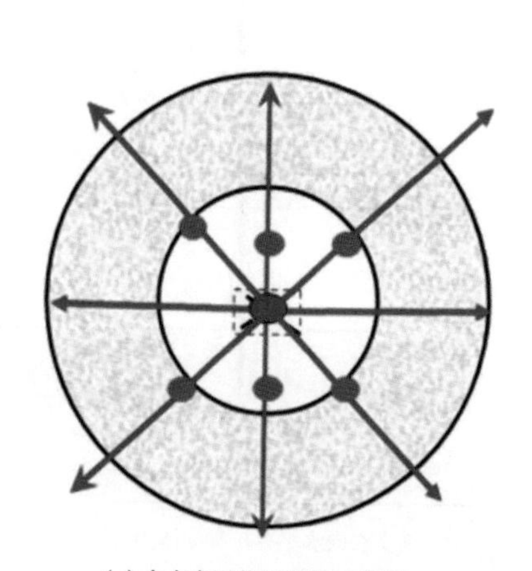
(a) 多支多层井组部署示意图

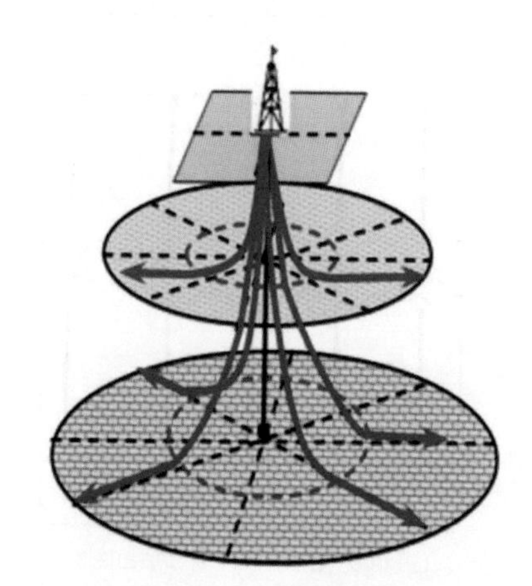
(b) 多支多层水平井部署示意图

图 4-32 多支多层井组部署示意图

4. 水平井开发方式对致密气采收率的影响

水平井在提高致密气单井产量方面具有明显优势，水平井的初期产量可以达到直井的 3~5 倍，单井最终累积产量也可达到直井的 3 倍以上，应用水平井可以加快产能建设进度[9]。但对气藏的总体采收率而言，还要具体情况具体分析。对于苏里格气田气层多层分散分布的情况而言，一口水平井只能动用一个储量相对富集的砂层或砂层组内的储量，而该动用层位上下剩余的储量丰度较低的其他层位的储量，无论是水平井还是直井，均难以实现有效开发，成为剩余难动用储量。所以从储量的利用效率上来讲，水平井并不一定是最有效的方式。

为研究水平井对不同储层分布特征区块的采收率的影响，建立了三种储层分布模式（图4-33）。单期厚层块状型、多期垂向上叠置泛连通型、多期分散局部连通型三种类型的储量剖面集中度分别为大于75%、50%~75%、小于50%，储量剖面集中度即最大的单一砂层或垂向叠置连续的单一砂层组的储量占所有砂层总储量的比例。在三种模型中，均选取储量最富集的层段部署水平井，水平井采用相同的设计参数。通过数值模拟可以看出（表4-15），水平井控制层段均可达到较高的采收率，但对于整体储量而言，多期分散局部连通型和多期垂向叠置泛连通型的总体采收率明显下降。所以水平井必须选择性实施。对于具有明显主力层的区块可以选择水平井，对于多层分散分布区块则应选择直井密井网的开发方式。

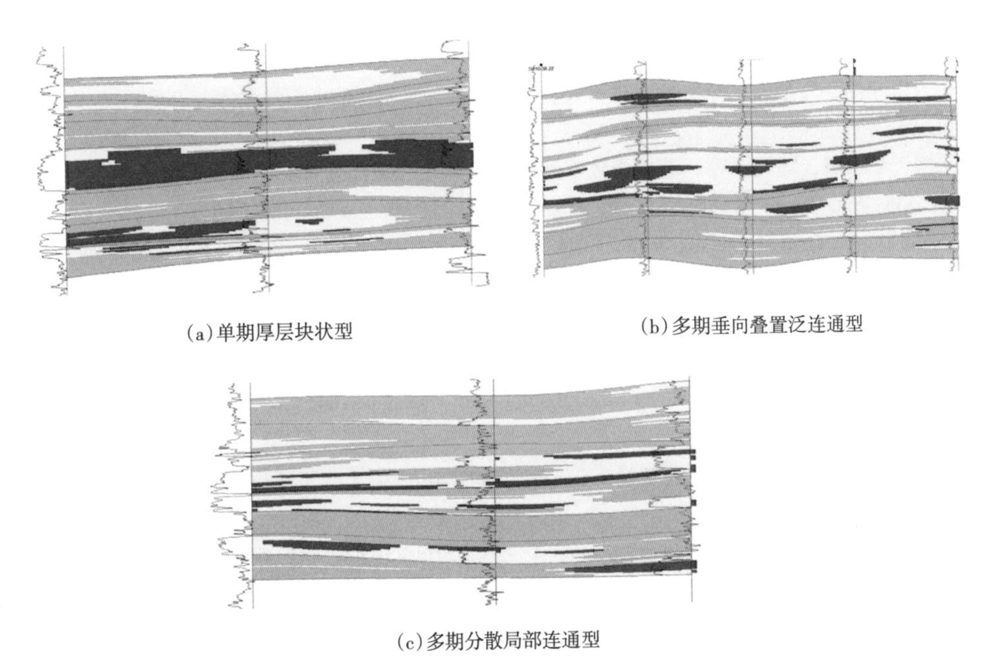

(a)单期厚层块状型　　(b)多期垂向叠置泛连通型

(c)多期分散局部连通型

图4-33　苏里格气田三种储层叠置类型

表4-15　不同储层叠置类型水平井采出程度数值模拟评价统计表

砂层组叠置类型	代表井组	层段	储量比重	水平井控制层段采出程度,%	整体采出程度%
单期厚层块状型	S36-8-21	盒8段上亚段	0.00	—	65.1
		盒8段下亚段	0.78	83.5	
		山1段	0.22	—	
多期垂向叠置泛连通型	S10-38-24	盒8段上亚段	0.10	—	51.2
		盒8段下亚段	0.75	68.3	
		山1段	0.15	—	
	S14	盒8段上亚段	0.00	—	45.3
		盒8段下亚段	0.69	65.7	
		山1段	0.32	—	

续表

砂层组叠置类型	代表井组	层段	储量比重	水平井控制层段采出程度,%	整体采出程度%
多期分散局部连通型	S38-16	盒8段上亚段	0.44	61.2	26.9
		盒8段下亚段	0.42	—	
		山1段	0.14	—	

参考文献

[1] 朱筱敏，孙超，刘成林，等．鄂尔多斯盆地苏里格气田储层成岩作用与模拟［J］．中国地质，2007，34（2）：276-282.

[2] 胡勇，李熙喆，万玉金，等．致密砂岩气渗流特征物理模拟［J］．石油勘探与开发，2013，40（5）：580-584.

[3] 何东博，王丽娟，冀光，等．苏里格致密砂岩气田开发井距优化［J］．石油勘探与开发，2012，39（4）：458-464.

[4] Kuuskraa V A. Tight gas sands development：How to dramatically improve recovery efficiency［J］. Gas TIPS，2004，10（1）：15-20.

[5] Agarwal R G，Gardner D C，Kleinsteiber S W，et al. Analyzing well production data using combined-type-curve and decline-curve analysis concepts［R］. SPE 49222-MS，1998.

[6] Stotts G W J，Anderson D M，Mattar L. Evaluating and developing tight gas reserves：Best practices［R］. SPE 108183，2007.

[7] 何东博，贾爱林，冀光，等．苏里格大型致密砂岩气田开发井型井网技术［J］．石油勘探与开发，2013，40（1）：79-89.

[8] Joshi S D. Horizontal well technology：Chapter 3［M］. Tulsa，Oklahoma：Pennwell Publishing Company，1991：73-94.

[9] 卢涛，张吉，李跃刚，等．苏里格气田致密砂岩气藏水平井开发技术及展望［J］．天然气工业，2013，33（8）：38-43.

第五章　致密气渗流特征与产能评价方法

由于致密砂岩气藏的渗流机理及开发规律都不同于常规气藏开发，更重要的是渗流机理的特殊性及气藏物性参数的不确定性，导致用常规的生产动态分析方法来评价致密砂岩气藏会产生较大的误差。总体来说，致密气藏开发给气藏工程带来了以下难题：

（1）储层致密和强非均质性给对致密气藏渗流机理的认识带来难度。

（2）由于致密气藏的低渗透、超低渗透特征，气藏很难进入边界控制流状态，因此基于拟稳态流（或边界控制流）的分析模型和方法（如 ARPS 模型、物质平衡方法）将不适用于致密气藏动态分析评价。

（3）致密气藏必须经过增产措施（如水力压裂）才能建立具有经济意义的气井产能，开发完井工艺多样化，完井作业复杂，给产能评价带来难度。

“十二五”期间，是以苏里格大气田为代表的致密气大发展的阶段，也是以须家河组为代表的高含水、致密气藏开发的探索阶段，在常规的气藏工程分析方法基础上，从致密气藏储层特征出发，研究了致密气藏的渗流机理，包括滑脱效应、高速非达西渗流、应力敏感性和启动压力梯度等引起非线性渗流特征的渗流现象。总结了目前致密气藏的开发特征，形成了一系列针对致密气的气藏工程方法，形成了致密气储层渗流、压裂改造工艺井和水平井产能评价等新成果。

第一节　致密气藏渗流特征

致密砂岩气藏具有孔隙度低、渗透率低、含水饱和度高、泥质含量高、次生孔隙发育、孔喉细小、毛细管压力高的储层特征。相对常规气藏具有更复杂的渗流规律，气井必须通过压裂改造才能获得工业气流，同时气藏相当一部分储量难以得到有效动用。经过多年的研究，目前已对致密气藏的渗流机理取得了一些认识，基本明确了滑脱效应、启动压力梯度和毛细管压力对气体流动的影响。但是由于气体的强压缩性，一些学者开展的低压渗流实验研究结果难以反映致密储层实际地层条件下的真实渗流特征，针对压力敏感性的强弱等问题的研究还存在争议。

一、气体滑脱效应

不同于液体，气体在多孔介质中渗流时会发生滑脱效应（图 5-1）。这是由于气体与固体之间的分子作用力较小，在管壁处的气体分子仍有部分处于运动状态，在介质壁面处具有一定的非零速度，这种管壁处分子流速不为 0 的微观运动，体现在宏观上就是气体在渗流过程中产生了滑脱效应，该效应使实验室气测的表观渗透率值偏大于储层真实渗透率值。

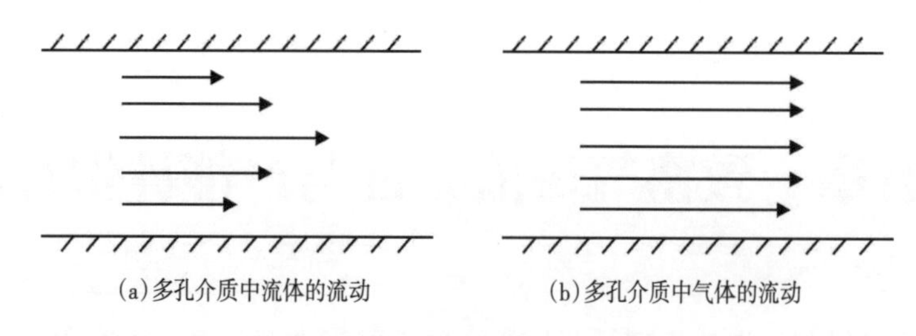

图 5-1　气体滑脱效应示意图

1875 年，Kundt 和 Warburg 首先发现了气体在渗流过程中存在滑脱效应的现象。Klinkenberg 通过实验观察[1]，提出对于不含束缚水的多孔介质中仅有气体单相渗流时，气测渗透率（视渗透率）与流动平均压力有如下关系：

$$K_g = K_\infty(1 + b/\bar{p}) \tag{5-1}$$

式中　K_g——气测渗透率，视渗透率，D；

K_∞——绝对渗透率，D；

b——气体滑脱系数，MPa；

$\bar{p}$——流动平均压力，MPa。

滑脱系数 b 的定义为：

$$b = \frac{4c\bar{p}\bar{\lambda}}{r} \tag{5-2}$$

式中　c——比例因子，接近于 1 的常数；

r——孔道半径，μm；

$\bar{\lambda}$——气体分子平均自由程，μm。

分子平均自由程表示为：

$$\bar{\lambda} = \frac{1}{\sqrt{2}\pi d^2 n} \tag{5-3}$$

式中　d——分子直径，μm；

n——气体分子密度，g/cm^3。

从热力学中可知，分子密度与压力 $\bar{p}$ 和温度 T 的关系式为：

$$n = \frac{\bar{p}}{2kT} \tag{5-4}$$

式中　k——波尔兹曼常数，且 $k=1.38066\times10^{23}$ J/K。

低渗透、致密储层的平均毛细管半径和其渗透率有如下关系：

$$r = m\sqrt{K_\infty} \tag{5-5}$$

式中　m——取决于岩石孔隙结构的常数。

定义 f 为滑脱效应引起的渗透率增加率[2]：

$$f = b/\bar{p} \tag{5-6}$$

将式（5-2）至式（5-5）代入式（5-6）中，得到

$$f = \frac{4ck}{\sqrt{2}\pi md^2}\frac{ZT}{\bar{p}\sqrt{K_\infty}} \tag{5-7}$$

从式（5-7）可以看出，气体渗流由于滑脱效应引起的附加渗透率随压力的增高而降低，随储层绝对渗透率的增大而降低，随温度的升高而增强。国内外学者通过物理模拟实验研究也证实了这一点，明确了气体的滑脱效应现象主要受储层渗透率、含水饱和度、温度的影响。

但在实际情况中，存在储层中气体渗流的滑脱效应与室内实验中观测到的滑脱效应出现偏差，是由于两方面的因素造成的：一方面，储层温度比室内实验的温度要高，这将使得储层中的滑脱效应比实验中的偏高；另一方面，储层压力比实验的压力高，这使得滑脱效应比实验中的偏低；这两方面的因素综合决定了储层中的真实滑脱效应大小。但从总体上来说，压力对储层中的滑脱效应影响更大，导致真实滑脱效应比实验中观测到的滑脱效应低得多。

滑脱效应是气体在低压、低速情况下产生的渗流现象，气体在致密储层中产生的滑脱现象尤为显著，存在着发生滑脱效应的临界压力点[3]，并且临界压力点随着储层渗透率的升高而逐渐减小。致密储层发生滑脱效应的临界压力点在 5MPa 以下，高于此压力时的气体滑脱效应影响几乎可以忽略，实验结果如图 5-2 所示。

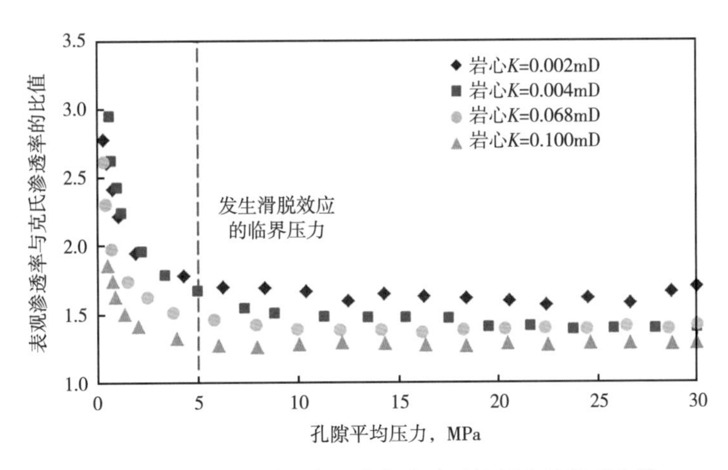

图 5-2 致密岩心渗透率比值与孔隙平均压力的关系曲线

建立了滑脱效应对生产影响的理论图版，对滑脱效应的影响进行了量化研究。研究表明当储层有效渗透率介于 0.01～0.1mD，滑脱效应对生产有一定影响，当地层压力大于 5MPa 时，其影响程度小于 5%，当气藏压力为 2～5MPa 时，影响程度在 10%左右；当储层有效渗透率小于 0.01mD 后，滑脱效应影响较大，气藏压力高于 5MPa 时，其影响程度小于 10%，当气藏压力为 2～5MPa 时，影响程度为 10%～20%[4]。因此，在模拟致密砂岩气藏开发动态的气藏工程计算过程中，当气藏压力在 10MPa 以上时，无须考虑滑脱效应对

气体渗流特征及开发效果的影响；但滑脱效应在其开发后期会产生较明显的影响，有利生产。

二、高速非达西渗流

滑脱效应是气体在低压低速情况下产生的渗流现象，而随着流速的提高，由于气体分子在沿着变直径的迂曲孔道中运动时连续地加速和减速，其惯性力逐渐增大，达到一定程度后流速与压力梯度将偏离达西渗流的线性规律，这种现象称为高速非达西渗流。一般采用 Forchheimer[5] 在 1901 年提出的非达西二项式渗流方程来表述这种非达西流动关系，在该方程中增加了一个惯性项来弥补气体在高速流动时达西定律不再适用的局限性：

$$\frac{\partial p}{\partial L} = -\frac{\mu}{K}\nu - \beta\rho\nu^2 \tag{5-8}$$

式中 p——孔隙平均压力，MPa；

L——多孔介质的长度，cm；

μ——流体的黏度，mPa · s；

ν——流体的流速，cm/s；

K——高速非达西流下的渗透率，mD；

β——非达西渗流系数，m^{-1}；

ρ——流体的密度，g/cm^3。

近年来，国内外学者[6,7]通过分析渗流方程与开展物理模拟实验得出结论：储层的渗透率 K 越大，其孔喉半径就越大，气体分子在储层中更容易发生流动，气体的流速 ν 也就越大，因此其符合达西渗流的线性项 $\mu\nu/K$ 就越小，相应的偏离达西渗流的惯性项 $\beta\rho\nu^2$ 就越大，即气体在储层中的渗流特征曲线也就更加偏离达西渗流的线性特征。

而对于渗透率较小的低渗透、致密储层中是否存在高速非达西渗流，开展了储层条件下的气体流态实验，发现气藏存在发生高速非达西渗流的临界渗透率：

（1）当储层渗透率大于 0.1mD（属于低渗透气藏的范围）并且含水饱和度较低时，气体在较大的压差下更容易发生高速非达西渗流（图 5-3）。

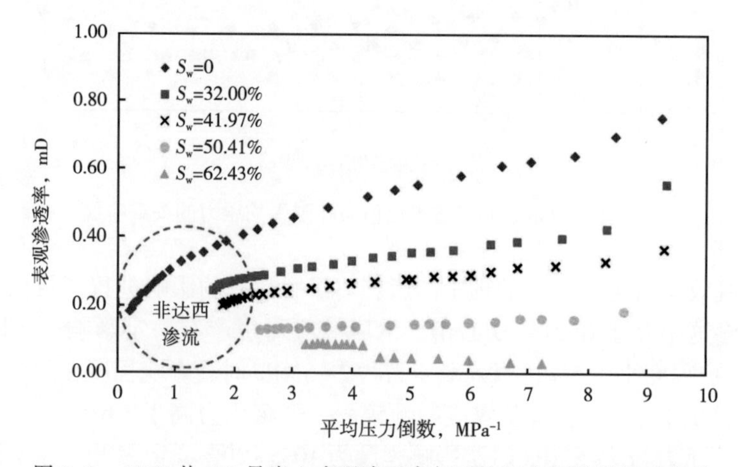

图 5-3　G105 井 338 号岩心表观渗透率与平均压力倒数的关系曲线

（2）但当储层渗透率小于 0.1mD 时（属于致密气藏的范围），由于致密储层的大孔喉不发育，以半径 0.07~2μm 的微米级孔喉为主，孔喉半径在较大程度上限制了气体的渗流速度，使其难以达到发生紊流所需的速度，气体在致密储层中渗流时一般不会产生高速非达西渗流（图 5-4 至图 5-6）。因此在模拟致密砂岩气藏开发动态的气藏工程计算过程中，可以忽略高速非达西渗流对气藏采收率的影响。

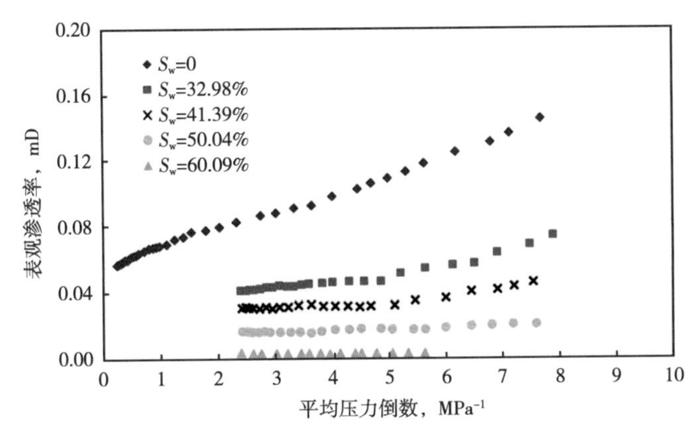

图 5-4 Y101-3C1 井 31 号岩心表观渗透率与平均压力倒数的关系曲线

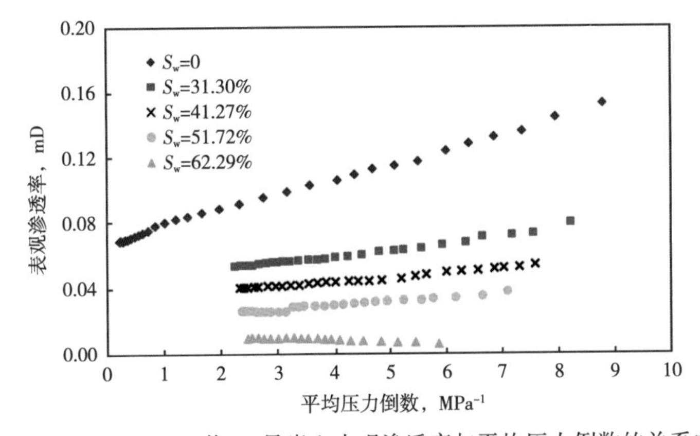

图 5-5 Y101-26-X1 井 13 号岩心表观渗透率与平均压力倒数的关系曲线

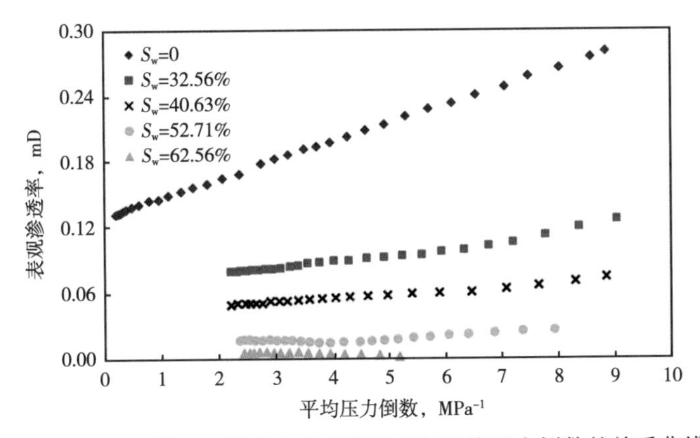

图 5-6 Y130 井 299 号岩心表观渗透率与平均压力倒数的关系曲线

发生高速非达西渗流的必要条件是较高的渗流速度，一般以雷诺数来表征，见式（5-9）。雷诺数的力学意义是黏滞阻力与惯性阻力的比值，用符号 Re 来表示：

$$Re = \frac{\rho v}{\mu} = \frac{\rho v^2}{\mu v} \tag{5-9}$$

式中 μ——流体的黏度，mPa · s；

v——流体的流速，cm/s；

ρ——流体的密度，g/cm^3。

致密储层以微米级孔喉为主，较小的孔喉半径限制了气体的渗流速度，导致气体的雷诺数较小，并且随着压力的降低，雷诺数逐渐趋近于0，使气体几乎难以发生高速非达西渗流（图5-7）。

因此，理论计算的结果与储层条件下的渗流实验结果相符合，受到致密储层孔喉半径较小的影响，在气藏工程计算过程中，可以忽略高速非达西渗流对单井产能及气藏采收率的影响。

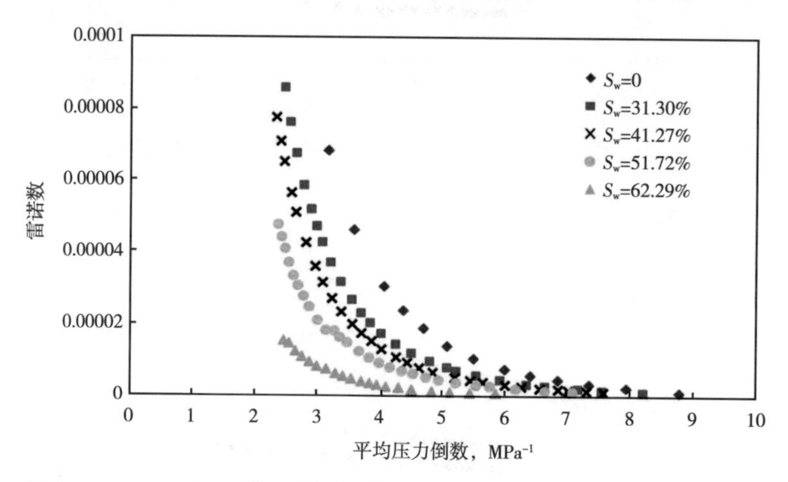

图5-7 Y101-26-X1井13号致密岩心雷诺数与平均压力倒数的关系曲线

三、阈压梯度

阈压梯度也称为启动压力梯度，表示非润湿相在岩石孔隙中建立起连续流动所需的最小压力梯度。这种岩样两端驱替压差增大至一定程度时气体才开始流动的现象叫作阈压效应，它描述了气体从静止到流动的突变和时间滞后现象。

对于低孔隙度、低渗透率、含水饱和度较高的致密砂岩气藏，气体在渗流过程中产生了存在阈压梯度的非达西渗流，阈压梯度减小了单井控制储量，降低了整个气藏的采收率。根据渗流力学原理，只有当气藏边缘压力梯度大于阈压梯度时气体才能发生流动，随着气井泄流半径的逐渐增加，使气体保持流动的边缘压力也逐渐增大，当所需边缘压力达到气藏原始压力时，超出此泄流半径范围的气体将不再发生流动。

针对致密砂岩的岩心，研究采用气泡法与压差流量法相结合的实验方法对所选岩样的阈压梯度进行了实验研究，为确保实验结果的精确性，岩样入口处压力传感器误差精确为0.0001MPa，出口处气体流量计采用2mL量程的移液管。

存在阈压梯度的气体非达西渗流特征曲线（图5-8）由两部分组成：气体分子在较低渗流速度下的上凹形非线性渗流曲线段Ⅰ，以及较高渗流速度下的线性渗流段Ⅱ。当压力梯度比较低时，渗流速度呈上凹形非线性渗流曲线上升，而随着压力梯度的增大，渗流曲线逐渐由非线性渗流段过渡到拟线性渗流段，该线性渗流与达西线性渗流的差异在于其直线段的延伸与压力梯度相交于某一点而不经过坐标原点。图 5-8 中通过回归计算得出的点 A 为最小阈压梯度（也称真实阈压梯度），当压力梯度高于此点时流体才开始流动，一般没有特殊说明的阈压梯度都指最小阈压梯度点 A。点 B 为拟阈压梯度，为线性段的延长线与横坐标的交点。点 C 为临界压力梯度，当压力梯度高于此点时流体的渗流过程开始表现为拟线性渗流。

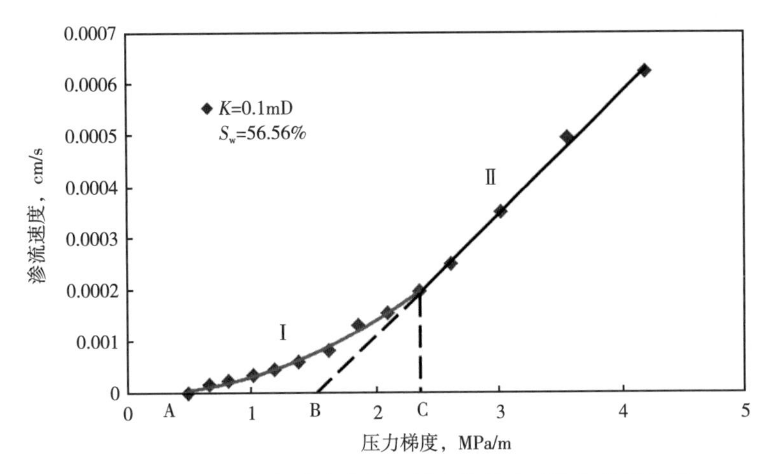

图 5-8 致密砂岩气藏存在阈压梯度的非达西渗流特征曲线

对于致密砂岩气藏，产生阈压梯度的主要原因是贾敏效应。致密储层的多孔介质是由不同大小、孔隙连通的喉道所组成更复杂的孔喉网络，当气泡由较大的孔隙流动到较窄的喉道时会遇到阻挡，需要克服气泡遇阻变形所产生的毛细管压力才能继续发生流动，这种现象称为贾敏效应。当驱动压力不足以抵消毛细管压力时，气泡在喉道处聚集堵塞，一定时间内聚集能量后，气水两相才能突破束缚开始发生流动，因此作用于气泡表面两侧的压力差达到一定大小是气体开始流动的必要条件。

通过岩心实验得到不同渗透率条件下的非达西渗流特征曲线（图 5-9）表明：阈压梯

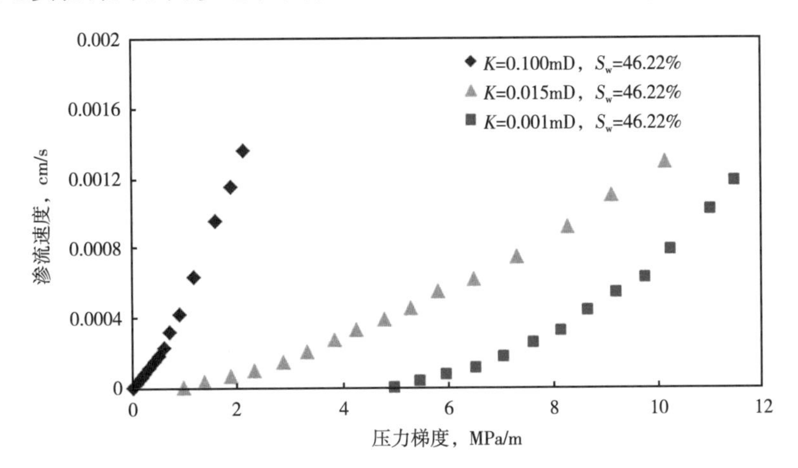

图 5-9 不同渗透率条件下渗流速度与压力梯度的关系曲线

度随着岩样渗透率的降低而逐渐增大，并且岩样渗透率越小时阈压效应越明显，即产生的上凹形非线性渗流曲线段更加明显。这种现象产生的机理是越致密的储层中气、水赖以流动的喉道半径越小并且变换较频繁，毛细管压力会急剧增大，因此贾敏效应的影响更加显著。

不同含水饱和度条件下的渗流特征曲线（图5-10）表明：阈压梯度随着岩样含水饱和度的升高而逐渐增大，并且当含水饱和度低于25%时，气体在渗流过程中不存在阈压梯度；当含水饱和度高于45%时，气体在渗流过程中的阈压效应更加明显。这种现象产生的机理是在较高含水饱和度下，储层中的气体并不能形成连续相，而是被分割成许多小气泡进行流动，这些小气泡在每个喉道处都产生贾敏效应，于是毛细管压力便在驱替方向上被叠加起来。喉道处的水膜厚度越大，这种叠加效应就越容易产生，在宏观上就表现为储层含水饱和度越高，其阈压梯度值就越大。

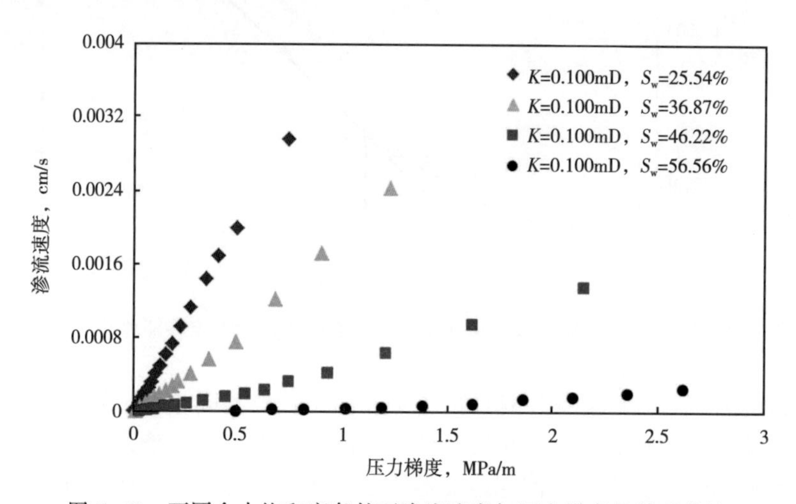

图5-10　不同含水饱和度条件下渗流速度与压力梯度的关系曲线

川中须家河组安岳须二致密砂岩气藏的10块岩心在不同渗透率、不同含水饱和度条件下的阈压梯度测试实验结果见表5-1。

表5-1　10块岩心的阈压梯度测试实验结果

岩心编号	覆压渗透率 mD	阈压梯度，MPa/m			
		S_w=25.50%	S_w=36.38%	S_w=46.22%	S_w=56.90%
1	0.001	1.297	1.467	4.985	9.998
2	0.009	0.152	0.305	2.400	4.600
3	0.011	0.094	0.200	1.603	3.405
4	0.015	0.050	0.102	1.002	2.401
5	0.030	0.012	0.050	0.400	1.600
6	0.050	0.004	0.024	0.130	0.879
7	0.068	0.002	0.013	0.120	0.820
8	0.100	0.0009	0.010	0.028	0.496
9	0.123	0.0007	0.006	0.020	0.230
10	0.144	0.0005	0.005	0.009	0.090

本次阈压梯度测试实验结果表明：阈压梯度和岩样渗透率的倒数呈线性规律 $\lambda=aK^{-b}$，且系数 a 与含水饱和度 S_w 呈指数函数关系（图 5-11），系数 b 与含水饱和度 S_w 呈线性函数关系（图 5-12），通过拟合 10 块岩心的阈压梯度测试结果得出致密砂岩气藏阈压梯度与渗透率、含水饱和度的关系式为：

$$\lambda = aK^{-b} = 1.0\times10^{-8}e^{26.632S_w}K^{(3.692S_w-2.996)} \tag{5-10}$$

式中 K——渗透率，mD；

a——关系系数。

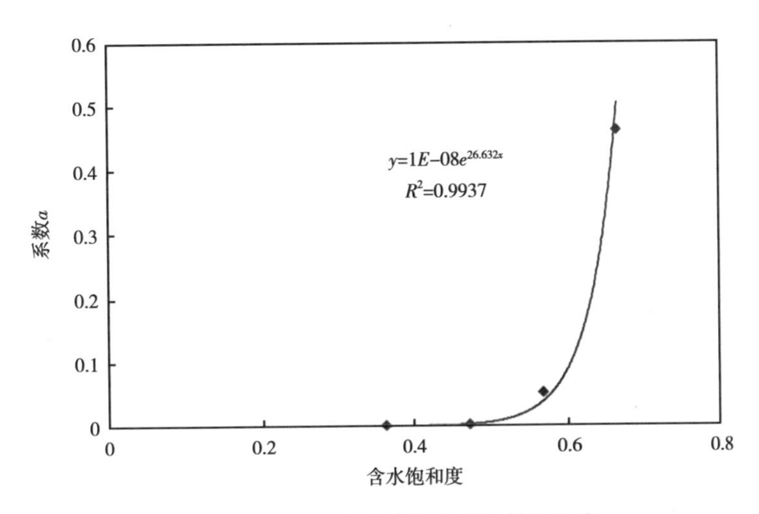

图 5-11 系数 a 与含水饱和度的关系曲线

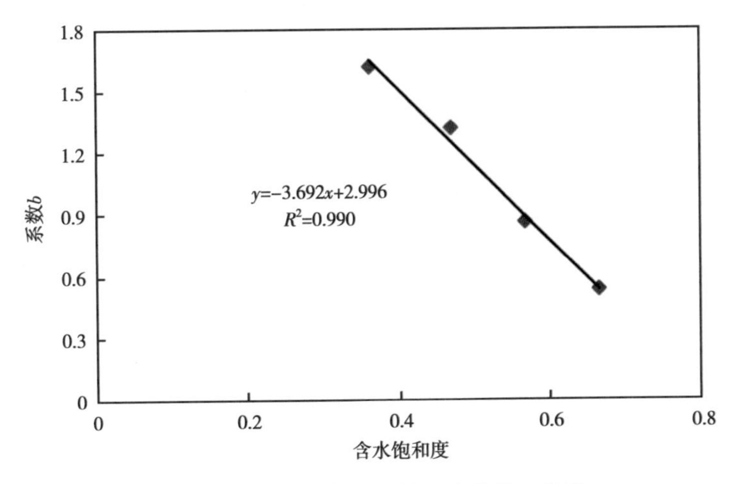

图 5-12 系数 b 与含水饱和度的关系曲线

根据实验结果建立了致密砂岩气藏阈压梯度与渗透率、含水饱和度的关系式。所得关系式（5-10）的计算结果与实验测试结果具有很好的拟合度（图 5-13），因此建立的关系式模型能够准确地反映致密砂岩气藏的渗流机理和开发动态，为建立合理产能方程的研究提供了理论依据。

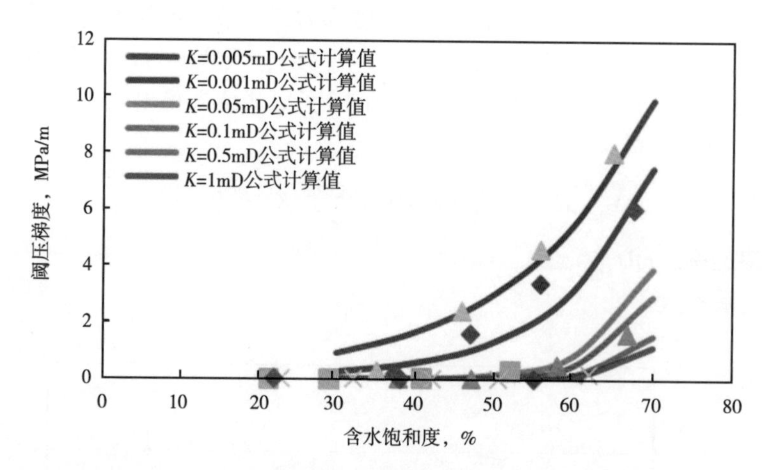

图5-13　对比实验测试结果与阈压梯度关系式计算结果

四、应力敏感

储层的应力敏感性研究由来已久，Geertsma[8]在1957年就定义了岩石体积压缩系数，用来定量地表示由于储层孔隙压力的变化而引起的孔隙体积变化。但是近年来，国内外学者对于低渗透、致密储层是否存在较强的应力敏感性还存在着一定的争议。

应力敏感实验研究的主要方法为：将储层上覆压力和地层压力分别设置为室内实验的围压与平均孔隙压力，再逐渐改变围压条件来研究储层的应力敏感性。这种实验方法与气藏开发过程中储层的有效应力变化情况有着较大区别，无法真实地反映储层的应力敏感特征。因此，开展了针对致密砂岩岩样的定围压变孔隙压力的高压应力敏感性实验。根据致密储层的实际情况，将围压（上覆压力）设置为50MPa、孔隙压力设置为30MPa，实验过程中保持岩样的围压50MPa不发生变化，但以2MPa为递减幅度，逐步降低孔隙压力从而模拟储层中的有效应力变化情况。

分析无因次渗透率与传统有效应力的关系曲线得出结论：（1）致密储层比低渗储层存在着更加显著的应力敏感特征，且储层越致密储层的应力敏感性也就越强（图5-14）。这

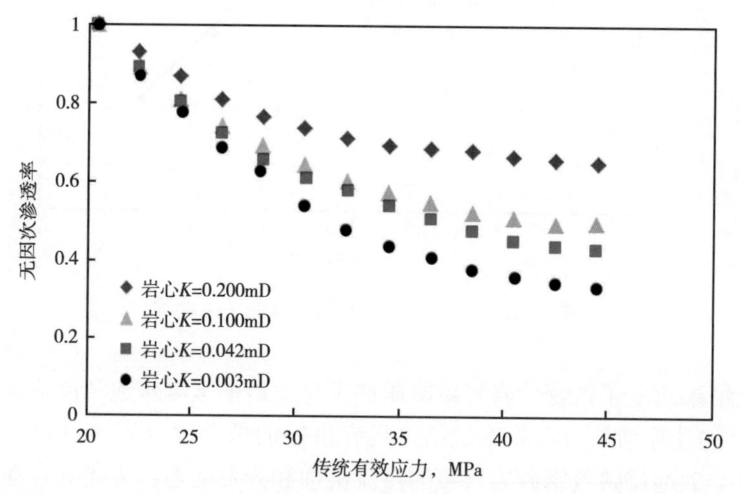

图5-14　不同渗透率条件下无因次渗透率与传统有效应力的关系曲线

是由于致密储层的喉道半径较小，有效应力的微小变化也会对渗透率产生较大的影响。

(2) 储层含水饱和度越高储层的应力敏感性就越强（图 5-15)。这是由于当储层含水饱和度较高时，束缚水会以水膜的形式占据储层更多的孔隙空间，气体的渗流通道变得更加狭窄，有效应力的微小变化就对渗透率产生更大的影响，因此应力敏感性变得更为显著。

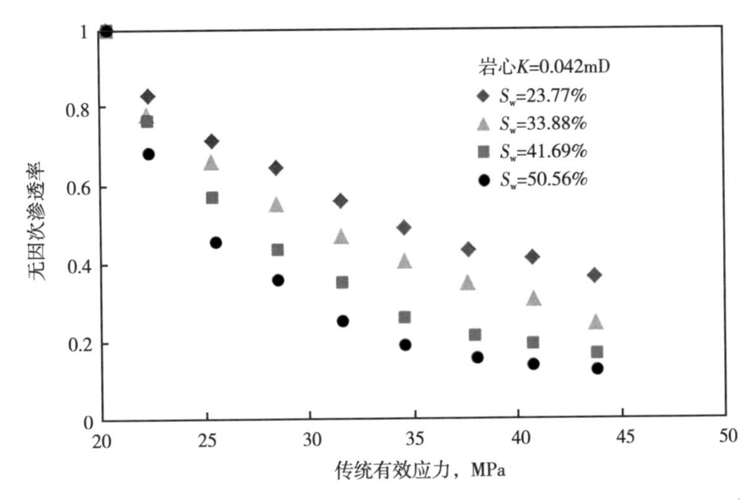

图 5-15 不同含水饱和度条件下无因次渗透率与传统有效应力的关系曲线

本次储层条件下的应力敏感实验结果表明：致密砂岩储层的应力敏感性较强，会减小单井产能与气藏采收率。在气藏的开发生产过程中，有效应力会随着气体的采出逐渐下降，造成气体的无因次渗透率大幅下降，会使得在开发中后期气体的渗流能力较差，致密砂岩气藏的采收率较低。

然而，有的学者[9,10]对此持有相反观点，他们认为由于传统有效应力的计算方法 $\sigma_{eff}=\sigma-p$，会高估储层的应力敏感性，所以应采用本体有效应力 $\sigma_{eff}=\sigma-\phi p$ 来评价致密储层的应力敏感性，评价结果表明储层越致密其应力敏感程度越低。其中，σ_{eff} 为有效压力，单位是 MPa；σ 为上覆压力，单位是 MPa；p 为地层平均压力，单位是 MPa；ϕ 为孔隙度，单位是%。

第二节 压裂气井流动模型与产能评价方法

一、多层改造直井产能评价方法

目前，中国发现的致密气藏大多为多层气藏，由于其自身复杂的地质特征，如果采用单层开采方式，即使经过加砂压裂，所获得的单井产能和稳产能力也是相当有限的，且有很大一部分气井难以形成工业气流。开采实践证明，采用直井分层压裂、在多层合采的开采方式能有效地提高气井产能、延长稳产期。因此，对于多层致密气藏中的直井都采用多层合采的开发方式（图 5-16)。但是，由于多层气藏各层地质条件存在较大差异，在多层合采的方式下，气藏及井底的渗流特征将更加复杂，开采中不可避免地出现层间干扰、层间差异衰竭、层间窜流，甚至井筒倒灌等现象，将不同程度地影响气井的开采效果。针对直井多层合采的情况通常是将其等效为单层进行计算处理，这就会导致各层储量动用程度、动用范围评价上的误差（图 5-17）。

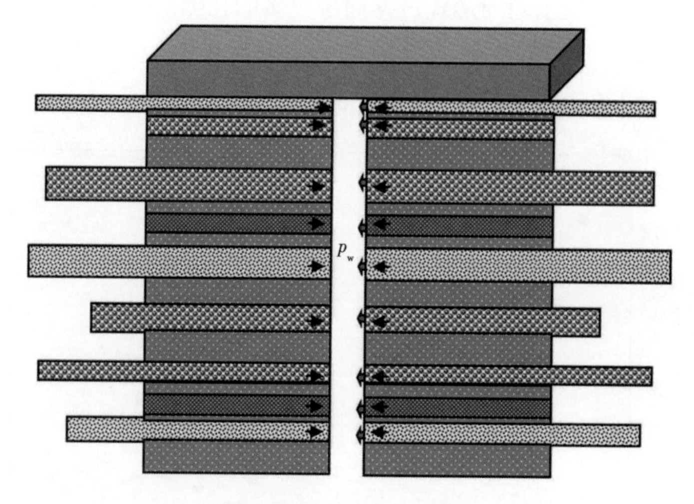

图 5-16　直井多层剖面

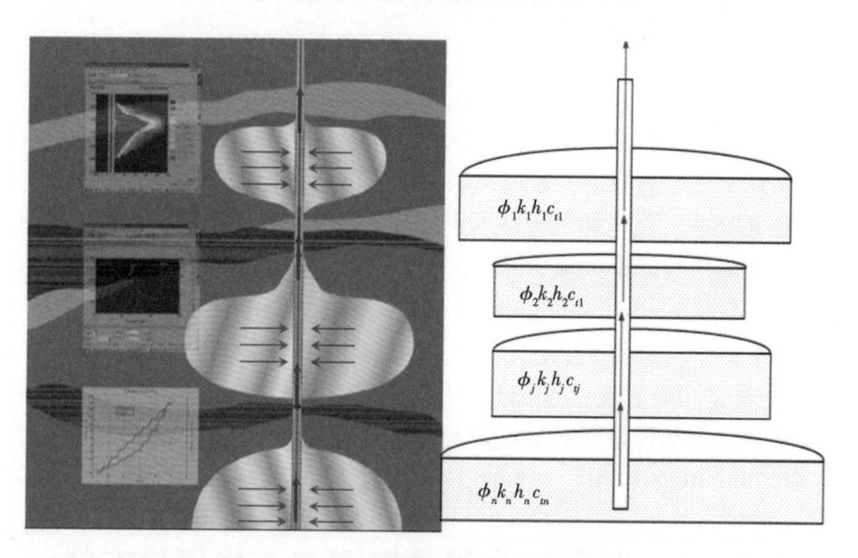

图 5-17　多层压裂直井动用储量示意图

一直以来，多层开采直井产量的劈分就是难题。由于涉及参数多、影响因素多，且单层产量是个变化值，给研究带来很大挑战。本书在此方面作了一些尝试和探讨。针对物性差、多薄层的致密气藏开展直井多层压裂改造的研究，从全流动过程出发，建立一种基于流动全过程的直井多层产能评价（半）解析方法并求解，与成熟数值模拟软件进行验证分析，形成一套系统的多层压裂直井产能评价方法，为多层直井压裂后预测各层产量和动用范围提供评价方法。这些评价方法和手段将对多层气藏开发层系的划分、单井采气方式的确定，以及气井开采后期调整措施的实施具有指导意义。

1. 直井多层压裂气井流动模型的建立

模型建立过程中，鉴于气藏及流体特征复杂，首先设定假设条件：

（1）等温、单相、考虑非线性特征。

（2）储层均质、各向同性，岩石为变形介质。

（3）各层参数均独立、多层内部存在窜流，如图 5-18（a）所示。

（4）地层中为椭圆渗流（等压椭圆线）、裂缝内为线性流，如图 5-18（b）所示。

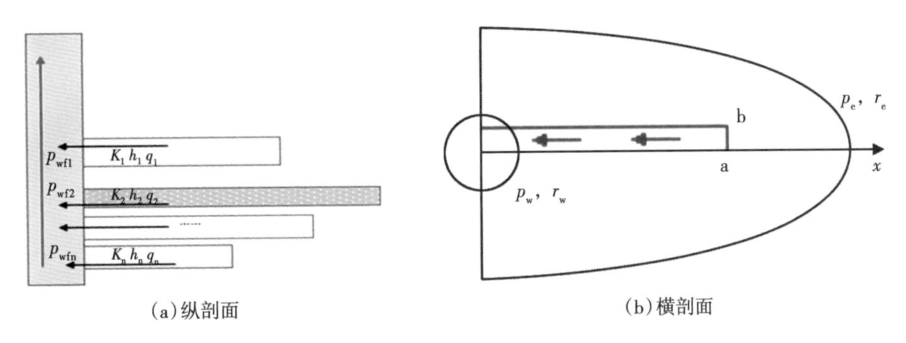

(a)纵剖面　　(b)横剖面

图 5-18　直井多层压裂改造后流动模型

在假设条件基础上，针对直井多层压裂情况建立地层—裂缝—井筒体系耦合数学模型。

1）井筒管流模型

假设井筒内流体流动过程中运动参数与时间无关，即井筒中流体为稳态流动条件。

$$\frac{\mathrm{d}p}{\mathrm{d}z}=\rho g+f\frac{\rho v^2}{2D} \tag{5-11}$$

式中　p——孔隙平均压力，MPa；

Z——气体偏差系数；

ρ——流体的密度，g/cm^3；

g——重力加速度，m/s^2；

f——摩阻系数；

v——任意位置气体流动速度，m/s；

D——井筒直径，m。

其中：

$$\rho=\frac{\rho_{sc}T_{sc}Z_{sc}}{p_{sc}}\frac{p}{TZ}2250.58811\frac{p}{Tz} \tag{5-12}$$

$$v=v_{sc}B_g=\frac{p_{sc}}{T_{sc}Z_{sc}}\frac{TZ}{p}\frac{4}{\pi D^2}\left(\frac{q_{sc}}{86400}\right) \tag{5-13}$$

$$\rho v=\rho_{sc}q_{sc}\frac{4}{\pi D^2} \tag{5-14}$$

式中　ρ_{sc}——地面标准条件下流体的密度，g/cm^3；

T_{sc}——地面标准条件下温度，K；

Z_{sc}——地面标准条件下气体偏差系数，$Z_{sc}=1$；

p_{sc}——地面标准条件下压力，MPa；

v_{sc}——地面标准条件下流动速度，m/s；

q_{sc}——地面标准条件下产气量，m^3/d；

T——气藏温度，K；

B_g——气体体积系数。

摩阻计算时粗糙度（新油管），e=0.016mm，则：

$$f = \frac{1}{\left[1.14 - 2\lg\left(\frac{e}{D} + \frac{21.25}{Re_D^{0.9}}\right)\right]^2} \tag{5-15}$$

式中 Re_D——无因次雷诺数。

井筒内静压力分布为：

$$p_{ws} = p_{wh}\exp\left(0.03418\gamma_g \frac{H}{\overline{Z}R\overline{T}}\right) \tag{5-16}$$

$$p = p_{ws}\exp\left(-0.03418\gamma_g \frac{z}{\overline{Z}R\overline{T}}\right) \tag{5-17}$$

式中 p_{ws}——井底压力，MPa；

p_{wh}——井口静压，MPa；

γ_g——天然气相对密度；

H——井口到气层的中部深度，m；

$\overline{Z}$——井筒静气柱平均偏差系数；

$\overline{T}$——井筒静气柱平均温度，K；

R——理想气体常数，$Pa \cdot m^3/(mol \cdot K)$。

2）地层渗流模型

气田开发实践和室内实验表明，低渗-致密气藏的渗流特征与中、高渗储层显著不同。由于低渗—致密气藏一般采用水力压裂的增产措施开采，天然气在开采过程中，气体在裂缝中渗流速度较高，惯性力作用往往不能忽略，达西定律的应用受到高速非线性效应的制约。地层渗流模型的选取为非线性拟稳态模型，主要包括裂缝渗流区和椭圆渗流区两部分。

（1）裂缝渗流区。

将运动方程与状态方程代入连续性方程：

$$\frac{\partial}{\partial x}\left(\frac{Mp}{ZRT}\delta \frac{K}{\mu}\frac{\partial p}{\partial x}\right) = \frac{\partial}{\partial t}\left(\frac{Mp}{ZRT}\phi\right) \tag{5-18}$$

式中 K——裂缝系统渗透率，D；

μ——流体的黏度，mPa · s；

t——时间，h；

ϕ——孔隙度；

M——气体质量流量，kg/s；

x——直角坐标系横坐标。

代入流量表达式：

$$M = \rho_a q_a，\ \rho v = \frac{1}{bh}\rho_a q_a \frac{a - x}{a} \tag{5-19}$$

式中 a——裂缝半长，m；

b——表示裂缝半宽，m；

ρ_a——气藏条件下的密度，g/cm^3；

q_a——裂缝内气体体积流量，cm^3/s；

h——地层有效厚度，m。

湍流速度校正系数：

$$\beta = 1.8 \times 10^9 \phi^{-0.75} (10^3 K)^{-1.25} \tag{5-20}$$

代入介质变形系数：

$$K = K_0 \mathrm{e}^{-a(p_e - p)} \tag{5-21}$$

最终整理形式如下：

$$\frac{\partial}{\partial x}\left[\frac{\frac{p}{Z}\mathrm{e}^{-\alpha(p_e-p)}\frac{\partial p}{\partial x}}{1+\frac{K_1}{\mu}\mathrm{e}^{-\alpha(p_e-p)}[1.8\times10^9\{\phi_1[1-C_1(p_e-p)]\}^{0.75}\{10^3[K_1\mathrm{e}^{-\alpha(p_e-p)}]\}^{-1.25}]\frac{1}{bh}\rho_a q_a\frac{a-x}{a}}\right]$$

$$=\frac{\phi_1}{\frac{K_1}{\mu}}\frac{\partial}{\partial \tau}\left\{\frac{p}{Z}[1-C_1(p_e-p)]\right\} \tag{5-22}$$

式中 K_1——裂缝区渗透率，mD；

C_1——储层岩石压缩系数，1/MPa；

ϕ_1——裂缝区储层孔隙度；

α——渗透率变异系数，1/MPa；

p_e——气藏边界压力，MPa。

（2）椭圆渗流区。

将运动方程与状态方程代入连续性方程：

$$\frac{1}{r}\frac{\partial}{\partial r}\left(r\frac{Mp}{ZRT}\delta\frac{K}{\mu}\frac{\partial p}{\partial r}\right)=-\frac{\partial}{\partial t}\left(\frac{Mp}{ZRT}\phi\right) \tag{5-23}$$

式中 r——椭圆渗流模型中到井底的径向距离，m。

处理方法如上，最终整理形式如下：

$$\frac{1}{r}\frac{\partial}{\partial r}\left[\frac{r\frac{p}{Z}\mathrm{e}^{-\alpha(p_e-p)}\frac{\mathrm{d}p}{\mathrm{d}r}}{1+\frac{K_2}{\mu}\mathrm{e}^{-\alpha(p_e-p)}[1.8\times10^9\{\phi_2[1-C_2(p_e-p)]\}^{0.75}\{10^3[K_2\mathrm{e}^{-\alpha(p_e-p)}]\}^{-1.25}]\frac{\rho_a q_a}{\pi(2r+a+b)h}}\right]$$

$$=\frac{\phi_2}{\frac{K_2}{\mu}}\frac{\partial}{\partial t}\left\{\frac{p}{Z}[1-C_2(p_e-p)]\right\} \tag{5-24}$$

式中 K_2——椭圆渗流区域渗透率，mD；

C_2——椭圆渗流区压缩系数，1/MPa；

ϕ_2——椭圆渗流区孔隙度。

（3）非线性不稳定裂缝渗流与椭圆渗流统一公式。

①裂缝渗流区：

$$\frac{\mathrm{d}p}{\mathrm{d}x}=\frac{\mu}{K}v+\beta\rho v^2=\frac{\mu}{K}v\left(1+\frac{K}{\mu}\beta\rho v\right) \tag{5-25}$$

进一步处理形式如下：

$$\frac{K}{\mu}\mathrm{e}^{-\alpha(p_\mathrm{e}-p)}\frac{\partial p}{\partial x}=\frac{p_\mathrm{a}TZ}{pT_\mathrm{a}Z_\mathrm{a}}\frac{q_\mathrm{a}}{bh}\frac{a-x}{a}\left[1+\frac{K}{\mu}\mathrm{e}^{-a(p_\mathrm{e}-p)}\beta\frac{\rho_\mathrm{a}q_\mathrm{a}}{bh}\frac{a-x}{a}\right] \tag{5-26}$$

②椭圆渗流区：

$$\frac{\mathrm{d}p}{\mathrm{d}r}=\frac{\mu}{K}\nu+\beta\rho\nu^2=\frac{\mu}{K}\nu\left(1+\frac{K}{\mu}\beta\rho\nu\right) \tag{5-27}$$

进一步处理如下：

$$\frac{K}{\mu}\mathrm{e}^{-\alpha(p_\mathrm{e}-p)}\frac{\partial p}{\partial r}=\frac{p_\mathrm{a}TZ}{pT_\mathrm{a}Z_\mathrm{a}}\frac{q_\mathrm{a}}{\pi(2r+a+b)h}\left[1+\frac{K}{\mu}\mathrm{e}^{-a(p_\mathrm{e}-p)}\beta\frac{\rho_\mathrm{a}q_\mathrm{a}}{\pi(2r+a+b)}\right] \tag{5-28}$$

将非线性不稳定裂缝渗流与椭圆渗流进行统一公式，最终整理形式如下：

$$\frac{1}{r}\frac{\partial}{\partial r}\left[\frac{r\left(C_2p\frac{1}{Z}\right)\mathrm{e}^{-\alpha(p_\mathrm{e}-p)}\frac{\mathrm{d}p}{\mathrm{d}r}}{1+\frac{K_2}{\mu}\mathrm{e}^{-a}(p_\mathrm{e}-p)(1.8\times10^9)\{\phi_2[1-C_2(p_\mathrm{e}-p)]\}^{-0.75}[10^3K_2\mathrm{e}^{-a(p_\mathrm{e}-p)}]^{1.25}\frac{\rho_\mathrm{a}q_\mathrm{a}}{\pi(2r+a+b)h}}\right]$$
$$=\frac{\partial\left\{p\frac{1}{z}[1-C_2(p_\mathrm{e}-p)]\right\}}{\partial t} \tag{5-29}$$

3）求解条件

（1）内边界条件。

井口压力 p_0（t，0）$=p_\mathrm{h}$

井底与裂缝连接条件 $x=0$，p_0（t，H）$=p_\mathrm{w}=p_1$（t，0）

裂缝与地层连接条件 $r=R_0=0$，p_2（t，0）$=\bar{p}_1$（t，x）

式中 p_h——井口压力，MPa；

R_0——井眼半径，m；

p_w——井底流压，MPa。

（2）外边界条件。

地层供给边缘 $\left.\dfrac{\partial p_2(t,\ r)}{\partial r}\right|_{r=r_\mathrm{a}}=0$

根据以上的求解条件，利用上面的数学模型进行推导，并且结合求解边界条件，得到完整的数学模型为：

① 椭圆非线性不稳定渗流：

$$\frac{1}{r}\frac{\partial}{\partial r}\left[\frac{r\dfrac{p}{Z}\dfrac{K_2}{\mu}\mathrm{e}^{-\alpha(p_e-p)}\dfrac{\mathrm{d}p}{\mathrm{d}r}}{1+\dfrac{K_2}{\mu}\mathrm{e}^{-\alpha(p_e-p)}\left[1.8\times10^9\{\phi_2[1-C_2(p_e-p)]\}^{-0.75}\{10^3[K_2\mathrm{e}^{-\alpha(p_e-p)}]\}^{-1.25}\right]\dfrac{\rho_a q_a}{\pi(2r+a+b)h}}\right]$$
$$=\phi_2\frac{\partial}{\partial t}\left\{\frac{p}{Z}[1-C_2(p_e-p)]\right\} \tag{5-30}$$

② 裂缝非线性不稳定渗流：

$$\frac{\partial}{\partial x}\left[\frac{\dfrac{p}{Z}\mathrm{e}^{-\alpha(p_e-p)}\dfrac{\partial p}{\partial x}}{1+\dfrac{K_1}{\mu}\mathrm{e}^{-\alpha(p_e-p)}\left[1.8\times10^9\{\phi_1[1-C_1(p_e-p)]\}^{0.75}\{10^3[K_1\mathrm{e}^{-\alpha(p_e-p)}]\}^{-1.25}\right]\dfrac{1}{bh}\rho_a q_a\dfrac{a-x}{a}}\right]$$
$$=\frac{\phi_1}{\dfrac{K_1}{\mu}}\frac{\partial}{\partial t}\left\{\frac{p}{Z}[1-C_1(p_e-p)]\right\} \tag{5-31}$$

2. 直井多层产能动态预测方法应用

在进行气井生产动态预测时，要把整个气藏看成一个系统，同时各层又分别为子系统。随着气体的不断采出，系统压力也就不断发生变化，并且由于气井同时射开各个小层，各个小层的压力系统存在差异，就有可能引起各层之间的干扰，特别是对于多层合采的井。对单井具体表现在各层产量的相互影响和协调。

对一口单井，可以认为每层都有一个控制储量，在储层充分动用的情况下，其可以由层总储量除以该层的气井数。随着气体的采出，地层压力下降。具体按式（5-32）计算：

$$\frac{p}{Z}=\frac{p_i}{Z_i}\left(1-\frac{G_p}{G}\right)=\frac{p_i}{Z_i}-\frac{\dfrac{p_i}{Z_i}}{G}G_p \tag{5-32}$$

式中 $\dfrac{p_i}{Z_i}$——气藏原始视地层压力，MPa；

$\dfrac{p}{Z}$——气藏目前视地层压力，MPa；

G_p/G——气藏地层压力从 p_i 降至 p 的采出程度。

式（5-32）说明，定容气藏视地层压力（p/Z）与累计采气量（G_p）成直线下降关系。当 $p/Z=0$ 时，$G_p=G$。

对前面部分推导建立的直井多层改造产能预测数学模型，采用牛顿—拉夫逊迭代法和正交极小化法对方程组进行求解。对于气井的生产动态预测，一般有两种方式，即定井口压力生产和定产量生产，下面进行介绍和分析。

1）定井口压力生产动态预测

在给定的井口压力下，由于各层之间的干扰和协调，各层产气量只有唯一的解，总产气量也是唯一的，也就是说，在井口压力及其他系统参数不变的情况下，一个井口压力每层只有一个产气量与之对应。但随着开采时间的进行，地层系统不断发生变化，如果仍维持井口压力不变，那么井口各层产量和总产量必是一个不断变化的过程。

每个时间点的井筒产量和各层产量之间的协调可按多层采气井系统分析方法进行，求出各层产量。不同时间的地层动态用下面方法进行：

（1）给定一个时间步长，对于第 i 层，由根据系统分析求出的该层产量 q_1 乘以时间步长，求出在步长时间段里的累积产气量 Q_1。

（2）根据定容气藏压力衰减公式求出对应的地层压力 p_2，在此压力下调整产能方程系数，求出新状态下的产能方程。

（3）根据地层压力 p_2 和新的产能方程，求出新的该层的产量 q_2（井筒压力仍按系统分析方法进行）。

（4）利用 q_1 和 q_2 的平均值乘以时间步长求出累计产气量 Q_2。

（5）如果 $|Q_1-Q_2|\leqslant 0.01$，则满足循环退出条件，进行下一个时间步长，否则，以 $Q_1=Q_2$ 回到（2）步重新循环计算。

2）定产量生产动态预测

由定压动态预测分析可知，保持井口产量不变，井口压力也必然是一个不断变化的过程，在每一时间点，唯一的产量对应唯一的井口压力。井筒压力计算和各层产量计算仍可按系统分析的方法进行，不过是稳定井口产量不断调节井口压力使之平衡。求出每一时间点的各层产量和井筒压力，对于地层的动态分析方法和定压的情况是一样的。

编制数学计算程序，进行直井及各层的产能计算（图 5-19）。

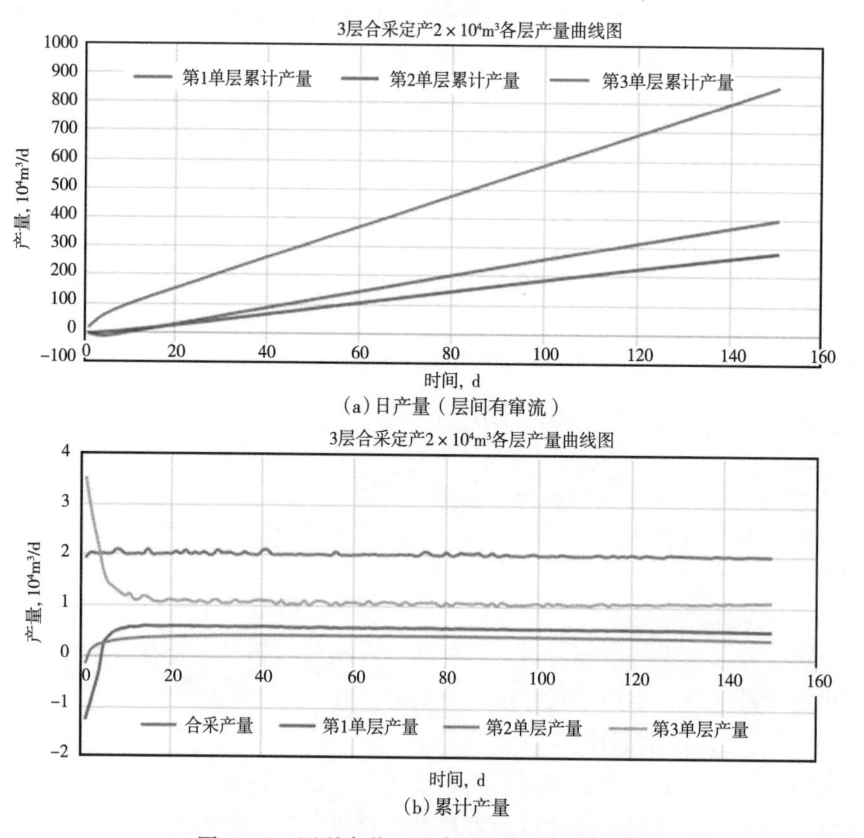

（a）日产量（层间有窜流）

（b）累计产量

图 5-19　压裂直井三层合采各层产量预测值

根据苏里格气田中区的多层合采的直井的分层测试数据，结合苏里格气田的天然气储层的性质，选取 S38-16 井的实际参数进行多层合采的预测计算（图 5-20）。

表 5-2　S38-16 井的分层基本数据表

层位	小层号	测试段 m	孔隙度 %	渗透率 mD	厚度 m	流压 MPa	产气量 $10^4m^3/d$	合计产气量 $10^4m^3/d$
盒 8 段下亚段	5	3306.0~3310.0	9.01	1.71	4	7.80	3.19	4.60
	6	3318.0~3321.0	9.00	1.93	3	7.83	1.41	

根据该井的基本参数和井身结构数据，计算盒 8 段下亚段 5、6 小层合采的 300 天的生产动态曲线如图 5-20 所示。

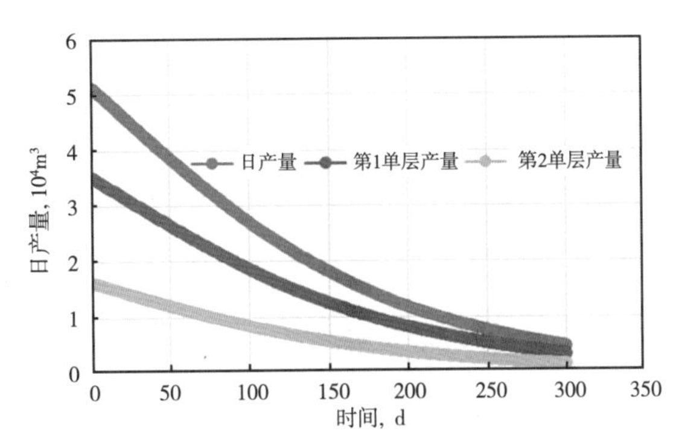

图 5-20　S38-16 井盒 8 段下亚段 5、6 两小层合采 300d 的生产动态

为验证所建立的直井多层压裂产能评价模型的准确性，建立考虑多因素影响的数值模拟分析方法，引入压敏系数 a_k，启动压力梯度 G_t，非达西系数 β，并考虑层间窜流影响，为理论模型验证提供技术手段（图 5-21）。

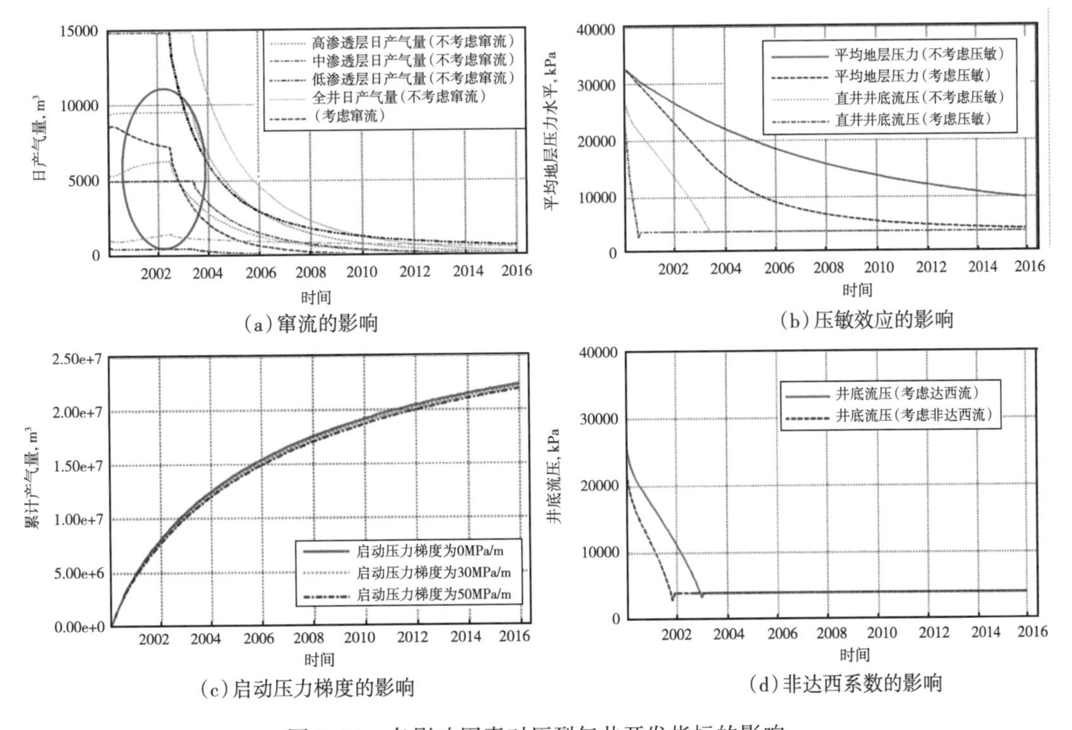

(a) 窜流的影响　(b) 压敏效应的影响　(c) 启动压力梯度的影响　(d) 非达西系数的影响

图 5-21　各影响因素对压裂气井开发指标的影响

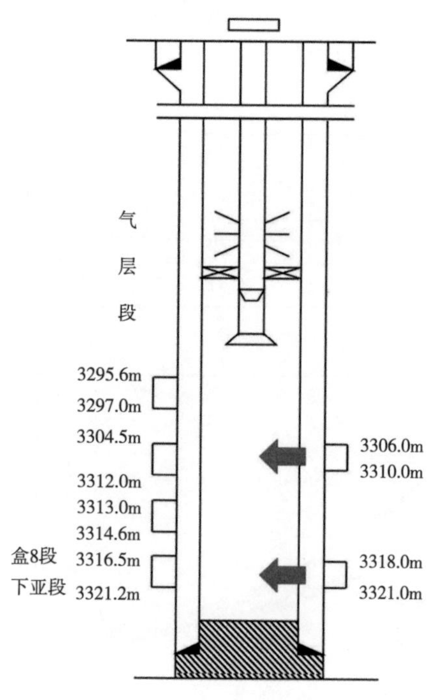

图5-22　S38-16井井筒产层剖面示意图

评价井S38-16井开展了分层测试，分为两个产层（图5-22）。因此以S38-16井产气测试剖面为例，运用多因素影响数值模拟方法拟合各产层产气测试情况，验证直井多层压裂产能数学模型准确性，结果显示，气井整体产量及分层产量拟合效果均较好，说明所建立的理论模型可靠，可以用于当前各类复杂气藏多层压裂直井的产能评价及分层产量劈分研究。

根据直井多层合采产量的预测，结合S38-16井的基础资料（表5-2），进行了三个月的产量的拟合计算，结合Eclipse软件数值模拟计算实际生产动态（图5-23），发现本次预测方法预测的结果和数值模拟软件的吻合度很高，计算的产能对比曲线如图5-24所示。

为了验证模型的有效性，此外还对其他9口井分层试气数据进行了验证，其基本参数见表5-3。结果表明，采用该方法验证模型有效率达88.8%，满足工业应用的范围，但是在评价S196

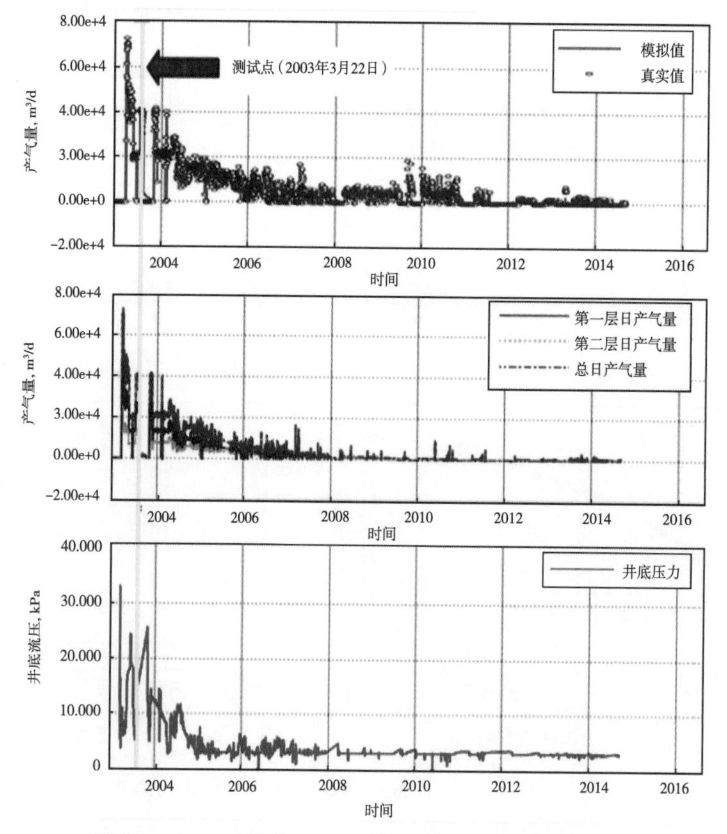

图5-23　S38-16井Eclipse数值模拟历史拟合结果图

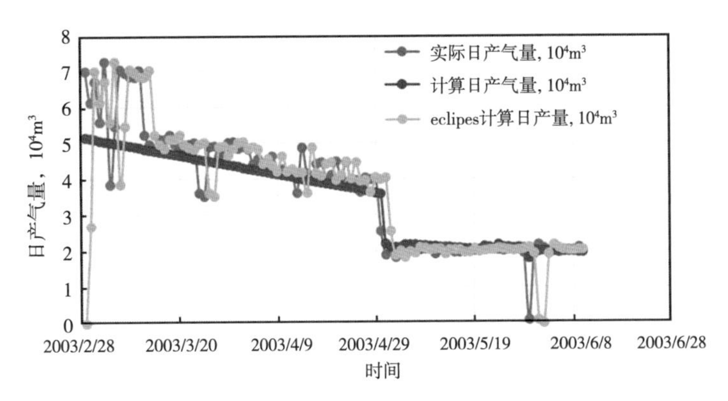

图 5-24 S38-16 井两层合采实际日产量、软件计算值、Eclipse 软件拟合生产动态对比

井失效。究其原因，S196 井由于盒 8 段上亚段 1 小层、山 1 段和山 2 段合采，其中山 1 段、山 2 段物性参数差异较大，在合并过程中简单的平均法处理造成流动规律被忽略了，导致在分层产量劈分中有较大误差。

表 5-3 实际压裂气井测试资料验证情况统计表

序号	井名	层位	厚度 m	孔隙度 %	渗透率 mD	饱和度 %	实际日产气量 10^4m^3	模拟分层日产气量，10^4m^3	误差 %
1	S142	盒 8 段上亚段 2 小层	4.5	5.8	0.325	52.3	1.1492	1.0917	5.0
		山 1 段 2 小层	4.1	8.1	0.542	61.4	2.2473	1.7978	20.0
2	S148	盒 7 段	6.8	5.8	0.325	52.3	2.0844	1.876	10.0
		山 1 段 3 小层	2.2	8.7	0.502	53.2	1.543	1.3116	15.0
3	S155	盒 8 段上亚段 2 小层	7.7	9.4	0.49	60	2.0521	1.7443	15.0
		山 2 段 1 小层	3.1	8.7	0.446	56.9	0.6724	0.5715	15.0
4	S187	盒 8 段	10.3	9.3	0.862	52	1.01	0.906	10.3
		山 1 段	6.5	7.6	0.282	66.1	1.5813	1.5022	5.0
5	S38-16	盒 8 段下亚段 1 小层	4	9.01	1.7808	60.3	3.1897	3.167	0.7
		盒 8 段下亚段 3 小层	3	9	1.93	54.6	1.4075	1.4562	3.5
6	S196	盒 8 段上亚段 1 小层	4.6	12.3	2.72	57.5	4.3197	2.8078	35.0
		山 1 段+山 2 段	4.9	10.3	0.613	49.2	2.2283	1.6712	25.0
7	S152	盒 8 段下亚段 2 小层	6.2	7.4	0.465	56.2	1.2294	1.2078	1.8
		山 2 段 2 小层	3.0	8.8	0.564	55.9	0.4877	0.4356	10.7
8	S156	盒 8 段上亚段 1 小层	6.1	10.8	1.03	62.6	2.1646	2.028	6.3
		山 1 段 3 小层	2.5	5.6	0.377	50.2	2.0595	1.9867	3.5
9	S35-15	盒 8 段下亚段	4	7.35	0.36	34.56	0.9858	0.9685	1.8
		山 1 段	3.5	10.9	1.31	36.98	0.2121	0.1976	6.8
10	S35-17	盒 8 段下亚段	5	9.2	1.1	48.8	0.1057	0.1298	22.8
		山 1 段	8	9.4	0.6	35.6	0.8673	0.7722	11.0
平均误差									11.2

二、多段压裂水平井产能评价方法

水平井压裂会在地层中形成多条人工裂缝，其流动由地层渗流、裂缝与井筒流动构成，传统产能方法不能反映复杂地质和渗流机理特征，适用性差。水平井多段压裂后，产能影响因素众多，准确评价其产能和分析其产能影响因素均有较大难度，制约了水平井的增产工艺优化。关于压裂水平井产能评价方法，国内外有许多学者进行了研究，但这些预测模型在裂缝干扰、裂缝伤害、裂缝非均匀分布、裂缝与井筒有限导流（存在流动压降）等方面存在一些不足，不能客观地预测压裂水平井真实产能。

1. 水平井多段压裂气井流动模型的建立

产能评价是气藏工程研究的重要内容，是确定气井合理生产制度与预测气井生产规律的基础。对气藏开发早期勘探评价井，需要进行产能试井准确评价其产能。在气井生产的中后期可以通过传统递减和经验方法对气井的产能进行评价；这些方法均可归结为基于效应导向的产能评价方法（图 5-25）。对于一般开发井，由于受测试成本和生产的限制，不会对所有井都进行产能测试，可以根据气井地质和完井参数，通过产能预测模型对其产能进行评价。这就需要基于储层流体流动过程先建立物理模型，再建立流动数学模型，并最终对模型进行求解，得到解析解或半解析解，可称为流动过程导向的产能评价方法（图 5-26）。

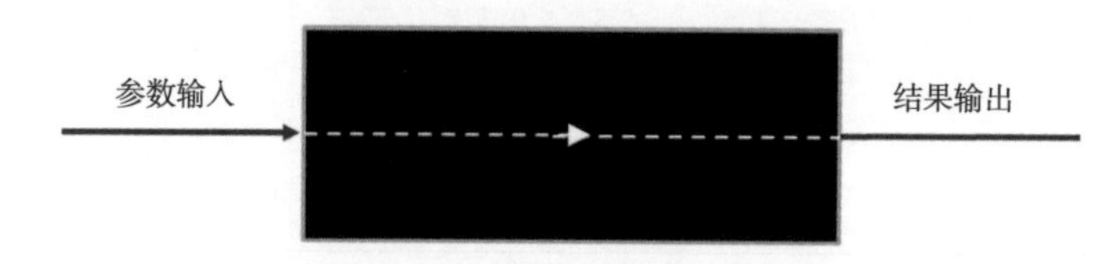

图 5-25　效应导向的产能评价方法

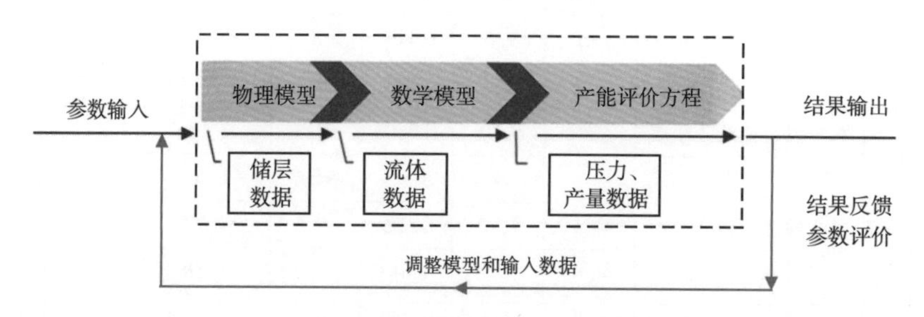

图 5-26　流动过程导向的产能评价方法

压裂水平井流动由地层渗流（达西流动）、人工裂缝（达西流动、变质量流动）与水平井筒流动（变质量管流）构成，其中，还包括裂缝—井筒汇聚流、高速非达西和滑脱效应等复杂物理现象，因此准确评价其产能具有较大的难度（图 5-27）。为了建立更加符合压裂水平井客观流动的产能预测模型，针对低产低丰度气藏储层展布特征，通过位势理论和叠加原理，建立考虑裂缝干扰、裂缝伤害表皮系数、裂缝非均匀分布、裂缝与井筒有限导流，以及包括裂缝—井筒汇聚流、裂缝内高速非达西流动效应等复杂物理现象的压裂水平井地层、裂缝和井筒耦合的流动数学模型[11]。

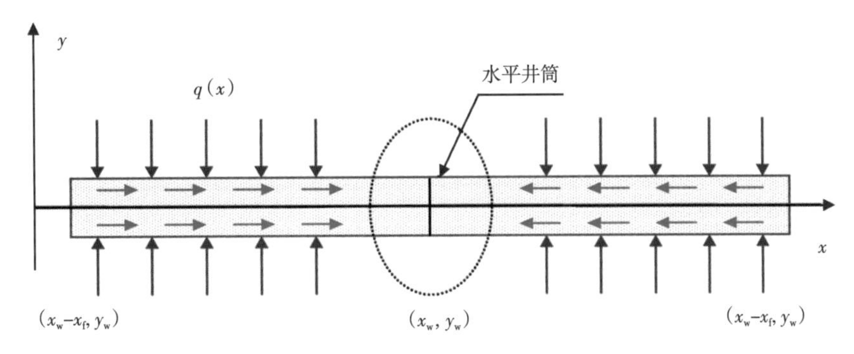

图 5-27　压裂水平井多尺度流动示意图

1）模型假设

多段压裂水平井物理模型如图 5-28 所示，为了建立包含地层、裂缝和井筒耦合的流动模型，作以下假设：

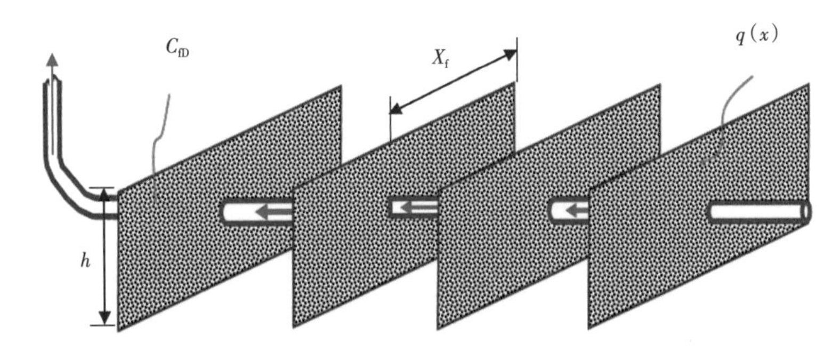

图 5-28　多段压裂水平井示意图

（1）微可压缩、均质等厚、顶底界面封闭地层。

（2）气层温度恒定，流体为单相流体，不考虑重力作用的影响。

（3）压裂水平井水平段长度为 L，压裂 N 条横向垂直裂缝，裂缝纵向上贯穿整个气层。

（4）流体沿裂缝壁面均匀流入井筒，不考虑流体直接由储层流入井筒。

（5）流体在地层中的渗流为达西线性渗流，在裂缝内流动为达西线性渗流或高速非达西流动，在井筒内的流动满足流体力学井筒流动方程。

（6）各裂缝的参数（裂缝半长 x_f、宽度 w_f、渗透率 K_f）可不相等，裂缝等间距或非等间距垂直分布在井筒上。

2）模型建立

（1）气层渗流模型。

由复势理论可知，（x，y）平面上一条与 x 轴平行，半长为 X_f，且与 y 轴的距离为 y_0，产量为 Q_f 的垂直裂缝在整个二维平面上所产生的势分布 ϕ_f（x，y）为：

$$\phi_f(x,\ y)=\frac{BQ_f}{2\pi h}\mathrm{arcch}\frac{1}{\sqrt{2}}\left\{1+\frac{x^2}{X_f^2}+\left(\frac{y_0}{X_f}-\frac{y}{X_f}\right)^2+\sqrt{\left[1+\frac{x^2}{X_f^2}+\left(\frac{y_0}{X_f}-\frac{y}{X_f}\right)^2\right]^2-\frac{x^2}{X_f^2}}\right\}^{0.5}+C \tag{5-33}$$

由势的迭加原理，N 条压裂裂缝在（x，y）处产生的势分布因为：

$$\phi_{\mathrm{f}}(x,y)=\frac{B}{2\pi h}\sum_{j=1}^{N}Q_{\mathrm{f}j}\mathrm{arcch}\frac{1}{\sqrt{2}}\left\{1+\frac{x^2}{X_{\mathrm{f}j}^2}+\left(\frac{y_{0j}}{X_{\mathrm{f}j}}-\frac{y}{X_{\mathrm{f}j}}\right)^2+\sqrt{\left[1+\frac{x^2}{X_{\mathrm{f}j}^2}+\left(\frac{y_{0j}}{X_{\mathrm{f}j}}-\frac{y}{X_{\mathrm{f}j}}\right)^2\right]^2-\frac{x^2}{X_{\mathrm{f}j}^2}}\right\}^{0.5}+C \tag{5-34}$$

在 y 轴上取距原点较远处（0，R_{e}），则供给边界上的势为：

$$\phi_{\mathrm{e}}(0,\ R_{\mathrm{e}})=\frac{B}{2\pi h}\sum_{j=1}^{N}Q_{\mathrm{f}j}\mathrm{arcch}\sqrt{1+\left(\frac{y_{0j}}{X_{\mathrm{f}j}}-\frac{R_{\mathrm{e}}}{X_{\mathrm{f}j}}\right)^2}+C \tag{5-35}$$

第 i 条裂缝的势为：

$$\phi_{\mathrm{f}i}(0,\ y_{0i})=\frac{B}{2\pi h}\sum_{j=1}^{N}Q_{\mathrm{f}j}\mathrm{arcch}\sqrt{1+\left(\frac{y_{0j}}{X_{\mathrm{f}j}}-\frac{y_{0i}}{X_{\mathrm{f}j}}\right)^2}+C(i=1,\ 2,\ \cdots,\ N) \tag{5-36}$$

由式（5-35）与式（5-36）可得：

$$p_{\mathrm{e}}-p_{\mathrm{f}i}=\frac{\mu B}{2\pi K_{\mathrm{h}}h}\sum_{j=1}^{N}Q_{\mathrm{f}j}\left\{\mathrm{arcch}\sqrt{1+\left(\frac{y_{0j}}{X_{\mathrm{f}j}}-\frac{R_{0i}}{X_{\mathrm{f}j}}\right)^2}-\mathrm{arcch}\sqrt{1+\left(\frac{y_{0j}}{X_{\mathrm{f}j}}-\frac{y_{0i}}{X_{\mathrm{f}j}}\right)^2}\right\} \tag{5-37}$$

式中 N——裂缝条数；

R_{e}——供给半径，m；

B——体积系数；

h——地层厚度，m；

K_{h}——水平渗透率，m^2；

$X_{\mathrm{f}i}$——第 i 条裂缝半长，m；

$Q_{\mathrm{f}i}$——第 i 条裂缝产量，m^3/s；

p_{e}——供给边界压力，Pa；

$p_{\mathrm{f}i}$——第 i 条裂缝压力，Pa；

C——积分常数；

y_{0i}——第 i 条裂缝与 x 轴的距离，m。

对于在水平井压裂过程中，由压裂液与地层不配伍造成的裂缝表面伤害的情况（图5-29），流体沿裂缝表面流入裂缝会产生附加压力降 $\Delta p_{\mathrm{s}i}$，其值可通过式（5-38）进行计算

$$\Delta p_{\mathrm{s}i}=\frac{Q_{\mathrm{f}i}\mu B w_{\mathrm{s}i}}{4X_{\mathrm{f}i}hK}\left(\frac{k}{k_{\mathrm{s}i}}-1\right)=\frac{Q_{\mathrm{f}i}\mu B}{2\pi Kh}S_{\mathrm{i}} \tag{5-38}$$

式中 K——地层渗透率，10^6D；

$K_{\mathrm{s}i}$——裂缝伤害带渗透率，10^6D；

$w_{\mathrm{s}i}$——伤害带宽度，m；

$\Delta p_{\mathrm{s}i}$——伤害附加压力降，Pa；

S_i——裂缝伤害表皮系数，$S_i = \frac{\pi w_{wi}}{2X_{fi}}\left(\frac{K}{K_{si}} - 1\right)$。

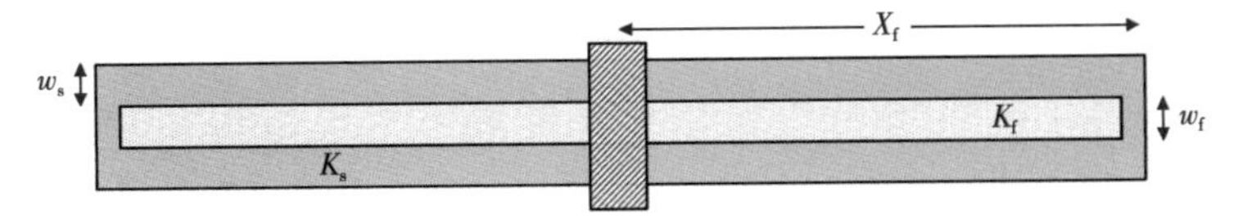

图 5-29　伤害裂缝参数图

由式（5-37）与式（5-38），可得到裂缝流入产能方程为：

$$p_e - p_{fi} = \frac{\mu B}{2\pi K_h h}\sum_{j=1}^{N} Q_{fj}\left\{\text{arcch}\sqrt{1 + \left(\frac{y_{0j}}{X_{fj}} - \frac{R_e}{X_{fj}}\right)^2} - \text{arcch}\sqrt{1 + \left(\frac{y_{0j}}{X_{fj}} - \frac{y_{0i}}{X_{fj}}\right)^2} + S_i\right\} \tag{5-39}$$

对于气井，根据真实气体状态方程，可得到裂缝地面标准条件下的产能方程为：

$$p_e - p_{fi} = \frac{\mu_g p_{sc} ZT}{\pi T_{sc} K_h h}\sum_{j=1}^{N} Q_{fj,\,sc}\left\{\text{arcch}\sqrt{1 + \left(\frac{y_{0j}}{X_{fj}} - \frac{R_e}{X_{fj}}\right)^2} - \text{arcch}\sqrt{1 + \left(\frac{y_{0j}}{X_{fj}} - \frac{y_{0i}}{X_{fj}}\right)^2} + S_i\right\} \tag{5-40}$$

式中　μ_g——天然气黏度，Pa·s；

Z——天然气压缩因子；

p_{sc}——地面标准条件下压力，Pa；

T_{sc}——地面标准条件下温度，K；

$Q_{fj,sc}$——地面标准条件下第 j 条裂缝产量，m^3/s；

T——气藏温度，K。

（2）裂缝流动模型。

自 Cinco 等首次发现裂缝双线性流动以来，国内外许多学者对有限导流垂直井裂缝内流动进行了大量研究，但少见对压裂水平井裂缝内流动压降方面的研究。为此，本文近似假设裂缝流入为均匀流入裂缝，裂缝内的流动包括远井筒处的水平线性流和近井筒带的径向汇聚流（图 5-30）。

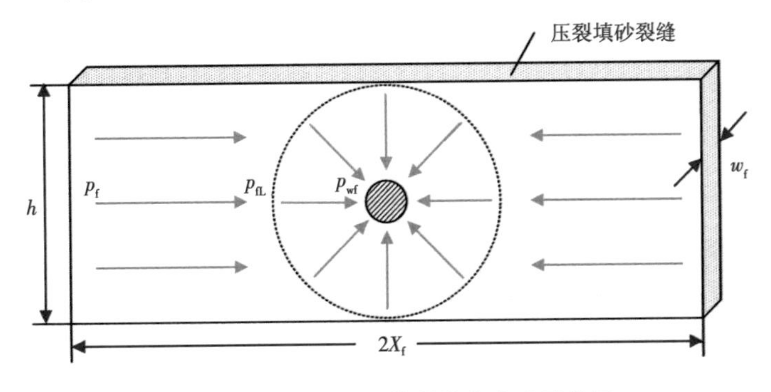

图 5-30　压裂水平井裂缝内流动示意图

对任意第 i 条裂缝，与井筒交点坐标为（y_{0i}，0），裂缝尖端坐标为（y_{0i}，X_{fi}），裂缝均匀流入情况下，裂缝内流体线性流动区运动方程式为：

$$v=-\frac{K_{fi}}{\mu}\frac{dp}{dx}=\frac{Q_{fi}B}{2X_{fi}w_{fi}h}(X_{fi}-x) \tag{5-41}$$

由边界条件 $x=h/2$ 时，$p=p_{fL}$，以及 $x=X_{fi}$时，$p=p_{fi}$，在 $h/2\leqslant x\leqslant X_{fi}$范围内积分有：

$$p_{fi}-p_{fLi}=\frac{\mu}{K_{fi}}\int_{h/2}^{X_{fi}}\frac{Q_{fi}B(X_{fi}-x)}{2X_{fi}w_{fi}h}dx=\frac{\mu BX_{fi}Q_{fi}}{4K_{fi}w_{fi}h} \tag{5-42}$$

在井筒附近的裂缝聚流区，流体流动可近似为地层厚度为 w_{fi}，流动半径为 $h/2$，边界压力为 p_{fLi}，井底压力位 p_{wfi}的平面径向流，因此裂缝—井筒聚流附加压降可表示为：

$$p_{fLi}-p_{wfi}=\frac{Q_{fi}\mu B}{2\pi K_{fi}w_{fi}}\ln\left(\frac{h}{2r_w}\right) \tag{5-43}$$

由式（5-42）与式（5-43）相加，可得到压裂裂缝内流动方程为：

$$p_{fi}-p_{wfi}=\frac{Q_{fi}\mu B}{2\pi K_{fi}w_{fi}}\left[\frac{\pi X_{fi}}{2h}+\ln\left(\frac{h}{2r_w}\right)\right] \tag{5-44}$$

对于气井，则根据真实气体状态方程将裂缝地下产量转化为地面标准条件下的产量方程，得到裂缝内流动压降表达式为：

$$p_{fi}^2-p_{wfi}^2=\frac{\mu_g p_{sc}ZTQ_{fi,sc}}{\pi T_{sc}K_{fi}w_{fi}}\left[\frac{\pi X_{fi}}{2h}+\ln\left(\frac{h}{2r_w}\right)\right] \tag{5-45}$$

对于气井压裂裂缝内存在的高速非达西流动现象，可通过 Forchheimer 方程进行描述：

$$\frac{\Delta p}{\Delta L}=\frac{\mu v}{k_f}+\beta\rho v^2 \tag{5-46}$$

式（5-46）右端第一项为达西流动部分，第二项代表高速非达西流动部分。生产实践证明，常规气藏高产气井井筒附近地层中存在高速非达西流动，而低渗透、致密气藏压裂投产气井一般压裂裂缝内存在高速非达西流动。

根据 Zhang F 等的研究结果，可以将裂缝内高速非达西流动等效为有效渗透率下达西流动，有效渗透率表达式为：

$$k_{f-eff}=\frac{K_f}{(1+\beta K_f\rho v/\mu)} \tag{5-47}$$

式中 $\Delta p/\Delta L$——裂缝内压降梯度，Pa/m；

v——流动速度，m/s；

K_{f-eff}——裂缝有效渗透（或视渗透率），m^2；

ρ——裂缝内流体密度，kg/m^3；

β——描述孔隙介质紊流影响的系数（速度系数），m^{-1}；

μ——流体黏度，Pa · s。

式（5-47）右端分母中的第二项可定义为多孔介质流动的雷诺数，即：

$$N_{\mathrm{Re}} = \frac{\beta K_{\mathrm{f}} \rho v}{\mu} \tag{5-48}$$

因此，裂缝有效渗透可写为：

$$K_{\mathrm{f-eff}} = \frac{K_{\mathrm{f}}}{1 + N_{\mathrm{Re}}} \tag{5-49}$$

（3）井筒流动模型。

基于压裂水平井井筒流动段（图5-31），根据流体力学基本定理，流体在水平井井筒内的流动满足动量守恒定理：

$$-\rho g A \mathrm{d}L \sin\theta - A\mathrm{d}p - \tau_{\mathrm{w}} \pi D \mathrm{d}L = \rho A \mathrm{d}L \frac{\mathrm{d}v}{\mathrm{d}t} \tag{5-50}$$

式中 ρ——流体密度，kg/m^3；

A——管流截面积，m^2；

v——流动速度，m/s；

D——井筒直径，m；

L——井筒段长度，m；

$\mathrm{d}v/\mathrm{d}t$——加速度，m/s^2；

θ——井筒倾斜角，(°)；

g——重力加速度，m/s^2；

p——压力，Pa；

τ_{w}——管壁摩擦应力，Pa。

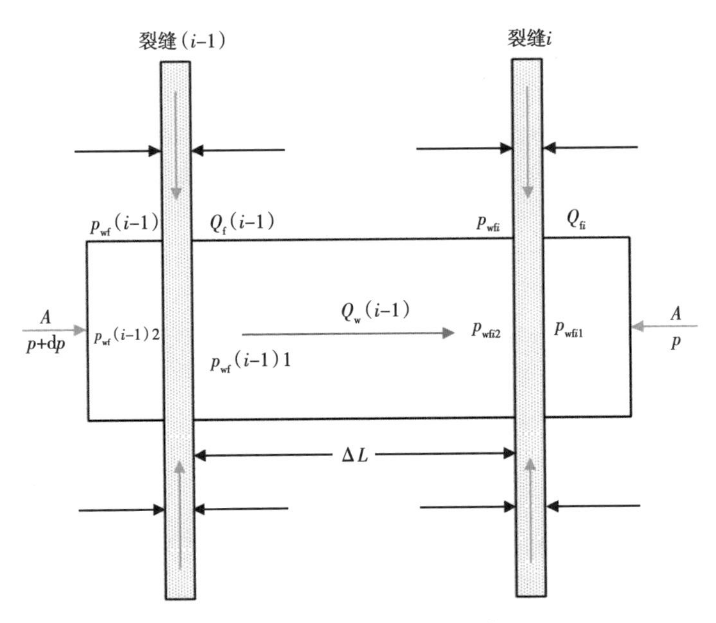

图5-31 水平井井筒流动示意图

通过引入摩擦阻力系数f，则管壁摩擦应力可表示为：

$$\tau_{w}=\frac{f}{4}\cdot\frac{\rho v^{2}}{2} \tag{5-51}$$

式（5-51）中的摩擦阻力系数f可通过Chen方法进行计算：

$$f=\left[4\lg\left(\frac{\varepsilon/D}{3.7065}-\frac{5.0452}{Re}\lg\Lambda\right)\right]^{-2} \tag{5-52}$$

式中 Λ——无因次参数，$\Lambda=\frac{(\varepsilon/\mathrm{D})^{1.1098}}{2.8257}+\left(\frac{7.149}{Re}\right)^{0.8981}$；

ε——井筒壁面粗糙度，m；

Re——无因次雷诺数，$Re=\rho Dv/\mu$。

由式（5-50）与式（5-51）整理可得到水平井井筒压力梯度方程：

$$\frac{\mathrm{d}p}{\mathrm{d}L}=-\left[\rho g\sin\theta+f\frac{\rho v^{2}}{2D}+\rho v\left(\frac{\mathrm{d}v}{\mathrm{d}L}\right)\right] \tag{5-53}$$

式（5-53）中第一项为重力压降，第二项为摩阻压降，第三项为加速度压降。对于水平井水平段，垂向位移较小，重力压降可以忽略不计。

对于气井，根据真实气体状态方程，地层条件下气体密度和流速分别为：

$$\rho=\frac{M_{\mathrm{air}}\gamma_{\mathrm{g}}p}{RTz} \tag{5-54}$$

$$v=\frac{p_{\mathrm{sc}}Q_{\mathrm{sc}}TZ}{T_{\mathrm{sc}}p\pi r_{\mathrm{w}}^{2}} \tag{5-55}$$

式中 M_{air}——空气摩尔质量，kg/mol；

γ_{g}——天然气相对密度；

R——理想气体常数，Pa · m^3/(mol · K)。

由式（5-53）至式（5-55）可得到气藏压裂水平井井筒摩擦压降梯度为：

$$\frac{\mathrm{d}p}{\mathrm{d}L}=-f\frac{M_{\mathrm{air}}\gamma_{\mathrm{g}}}{R}\frac{p_{\mathrm{sc}}^{2}Q_{\mathrm{w,\ sc}}^{2}TZ}{4\pi^{2}pT_{\mathrm{sc}}^{2}r_{\mathrm{w}}^{5}} \tag{5-56}$$

对式（5-56）在第（i-1）条裂缝右端到第i条裂缝左端之间的井筒段进行积分，可得：

$$p_{\mathrm{wf}(i-1)1}^{2}-p_{\mathrm{wf}i2}^{2}=f_{i}\frac{M_{\mathrm{air}}\gamma_{\mathrm{g}}}{R}\frac{p_{\mathrm{sc}}^{2}Q_{\mathrm{w}i,\ \mathrm{sc}}^{2}TZ}{2\pi^{2}T_{\mathrm{sc}}^{2}r_{\mathrm{w}}^{5}}\Delta L_{i}(i=1,\ 2,\ \cdots,\ N) \tag{5-57}$$

通过式（5-57）可以计算出第（i-1）条裂缝右端到第i条裂缝左端之间的摩阻压降。

由于不考虑地层流体直接流入井筒，因此第（i-1）条裂缝右端到第i条裂缝左端之间加速压降为零。对于有压裂裂缝的井筒处，会由于裂缝中流体的径向汇聚流入引起加速度压降，如图5-31中的第i条裂缝，其左右两端的加速度压降可表示为：

$$\Delta p_{acci} = p_{wfi1} - p_{wfi2} = \rho_{i1}v_{i1}^2 - \rho_{i2}v_{i2}^2 = \frac{M_{air}\gamma_g p_{sc}^2 TZ}{R\pi^2 T_{sc}^2 r_w^4}\left(\frac{Q_{wi,\ sc}^2}{p_{wfi1}} - \frac{Q_{w(i-1),\ sc}^2}{p_{wf(i-1)2}}\right) \tag{5-58}$$

$$Q_{wi,\ sc} = \sum_{j=1}^{i} Q_{fj,\ sc}(i = 1,\ 2,\ \cdots,\ N) \tag{5-59}$$

取第 i 条裂缝左右两端处压力的平均值为第 i 条井筒裂缝处压力，即

$$p_{wfi} = \frac{p_{wfi1} + p_{wfi2}}{2} \tag{5-60}$$

式中　$Q_{wi,sc}$——第 i 井筒段内地面条件下的流量，m^3/s；

$Q_{fi,sc}$——第 i 条裂缝地面条件下的产量，m^3/s；

v_{i1}，v_{i2}——分别为第 i 条裂缝右端、左端处的流体流速，m/s；

p_{wfi1}，p_{wfi2}——分别为第 i 条裂缝右端、左端处的流体压力，Pa；

p_{wfi1}——第 i 条裂缝井底处流压，Pa。

3）模型求解

由计算井筒摩阻压降的式（5-57）与加速度压降的式（5-58）、式（5-40）与式（5-45）联立可组成 $3N$ 个线性方程组，其中共有 $3N$ 个未知变量，分别为 $Q_{fi,sc}$、p_{wfi1} 和 p_{wfi2}，方程个数与未知量个数相等，因此可以进行封闭求解。由于方程组中的变量间具有复杂的线性关系，理论上需采用 Newton-Raphson（NR）迭代法进行求解。由于 NR 迭代法需要大量计算量来求算线性方程组，计算效率较低，以及水平井筒的流动具有较强的非线性，迭代初值给定不合适时可能出现迭代不收敛。为此，本文采用分步迭代法对方程组进行求解，具体求解步骤如下：

（1）先假设水平井筒内不存在压降，即所有裂缝处井底压力 p_{wfi} 均等于井底流压 p_{wf}，计算平均地层压力条件下流体物性（黏度、密度和体积系数等）。

（2）根据式（5-40）与式（5-45）联合计算裂缝初始产量 $Q_{fi,sc}^0$。

（3）根据裂缝初始产量 $Q_{fi,sc}^0$ 和式（5-45）计算高速非达西流动情况下裂缝有效渗透率。

（4）根据式（5-57）与式（5-58），从第 N 条裂缝依次逆行计算每条裂缝左右两端的压力 p_{wfi1} 和 p_{wfi2}。

（5）利用式（5-60）计算裂缝处井底流压 p_{wfi}，并返回第（2）步重新计算裂缝产量 $Q_{fi,sc}$。

（6）计算误差 $e = \sum_{i}^{N} |Q_{fi,\ sc}^0 - Q_{fi,\ sc}|$，若满足收敛条件，取 $Q_{fi,\ sc} = (Q_{fi,\ sc}^0 + Q_{fi,\ sc})/2$，进行下一步计算；否则，取第（5）步计算得到的裂缝处井底流压，返回第（2）步进行循环计算，直到收敛。

（7）根据式（5-61）计算压裂水平井总产量 Q_{sc}：

$$Q_{sc} = \sum_{i=1}^{N} Q_{fi,\ sc} \tag{5-61}$$

2. 水平井产能模型预测方法应用

S6-21-12H 井为某致密砂岩气田一口压裂水平井，完钻井深 4319m，水平段长度

824m，采用裸眼封隔器分段压裂 5 段完井，从水平井筒的趾端到根端，压裂裂缝间距不等，依次为 115m、100m、120m、160m。投产后 S6-21-12H 井进行了修正等时产能试井，气层基本参数见表 5-4。S6-21-12H 井修正等时试井计算无阻流量为 $55.04\times10^4m^3/d$。

表 5-4　S6-21-12H 井压力恢复试井解释结果表

参数	数值	参数	数值
气层厚度，m	8.3	井筒直径，m	0.102
气层水平渗透率，mD	0.9611	井壁粗糙度，m	0.0015
气层垂向渗透率，mD	0.0448	裂缝条数	5
天然气相对密度	0.601	裂缝半长，m	60
地层压力，MPa	29.4	裂缝宽度，m	0.005
地层温度，℃	103.6	裂缝渗透率，mD	40000
水平井筒长，m	824	裂缝表皮	0.08

根据 S6-21-12H 井的基本参数，计算该井在生产压差为 23.56 MPa 下的总产量为 $16.16\times10^4m^3/d$，得到各条裂缝产量和井底处流压如图 5-32 所示（裂缝序号从水平井的跟端到趾端依次编号）。由图 5-32 可知，压裂水平井各条裂缝的产量不等，并且差异较大，水平段两端裂缝产量高，中间裂缝产量低，这是由于压裂水平井裂缝干扰造成的结果，水平两端裂缝的泄流面积相对较大，产量也相对较高。此外，压裂水平井井筒内存在压降，从水平井的趾端到跟端，井筒（或裂缝井底处）压力逐渐降低，特别是在靠近水平井跟端的井筒部位，压降较大，因为越靠近跟端，水平井筒的流量越大，压降也越大。

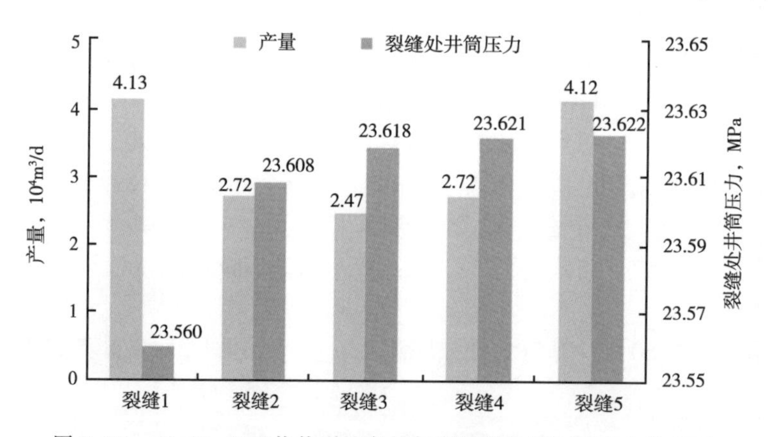

图 5-32　S6-21-12H 井井裂缝产量与裂缝处井筒压力分布柱状图

为了便于计算结果与产能试井解释结果对比，以苏里格气田 SD59-34H1 井等 12 口有试井解释结果且有裂缝监测数据的压裂水平井为例，基于不稳定产能评价模型，拟合动态数据，获得气井（气藏）参数，进而利用稳定产能模型计算各条主裂缝产量和气井无阻流量。

SD59-34H1 井位于内蒙古自治区乌审旗，构造位置为鄂尔多斯盆地伊陕斜坡。该井完钻层位石盒子组盒 8 段，完钻井深 4044m，水平段长 684m，钻遇砂岩 468m，砂岩钻遇率 68.4%。采用裸眼封隔器四段压裂，4 个压裂井段分别为：3895~3905m、3660~3670m、

3535~3545m、3415~3425m（图 5-33），压裂参数见表 5-5。

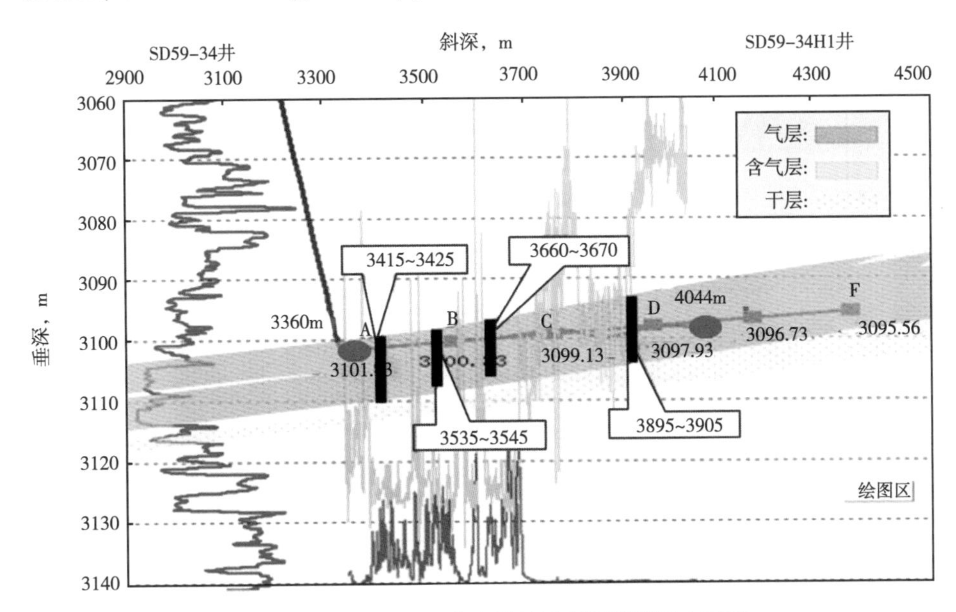

图 5-33　SD59-34H1 井实钻轨迹剖面及裂缝布局图

表 5-5　SD59-34H1 井压裂参数表

改造井段 m	前置液量 m^3	携砂液量 m^3	施工排量 m^3/min	支撑剂量 m^3	含砂浓度 kg/m^3	平均砂比 %
3895~3905	96	143	3.0	35.0+1.0	383.6	22.3
3660~3670	98	138	3.0	32.1+1.0	392.2	22.8
3535~3545	98	138	3.0	32.1+1.0	383.6	22.8
3415~3425	96	143	3.0	35.0+1.0	392.2	22.3

对该井进行修正等时试井，四个工作制度进行顺利，进入稳定流动阶段 14d 后，由于气站检修关井 3d 后开井，继续生产直至稳定流动阶段结束。由于该井试采阶段出水较大，水气比平均值为 1.4 左右，在一定程度上对气井产能有一定的影响。利用修整等时试井理论以及试井软件分析对实测数据进行整理计算，确定二项式产能方程的基本参数，修正等时试井压力拟合结果如图 5-34 所示，试井软件分析无阻流量为 $12.9\times10^4m^3/d$（图 5-35）。

该井采用 Saphir 软件对一关、二关、三关、四关、终关井压力恢复曲线进行拟合解释，结合双对数曲线形态和该井的储层改造情况，解释时选取具有 C 和 S 的水平井多裂缝油藏模型。在一关、二关、三关、四关、终关井压力恢复双对数导数曲线上均出现明显径向流，分析这可能是由于裂缝所引起的短暂的裂缝径向流所至，终关井压力恢复双对数曲线上裂缝及地层双线性流特征明显，由于压力恢复时间较短，未发现该井边界反应。终关井双对数曲线拟合图如图 5-36 所示，终关井半对数曲线拟合图如图 5-37 所示。该井双对数图上早期压力导数曲线和压力曲线组合在一起呈斜率为 1 的直线上升，体现了井筒储集效应；表征表皮系数的压力导数驼峰峰值不高，并且和压力曲线开口较小，说明井筒附近完善，近井地带无伤害、堵塞现象；该井三关、四关压力恢复双对数导数曲线分别出现了

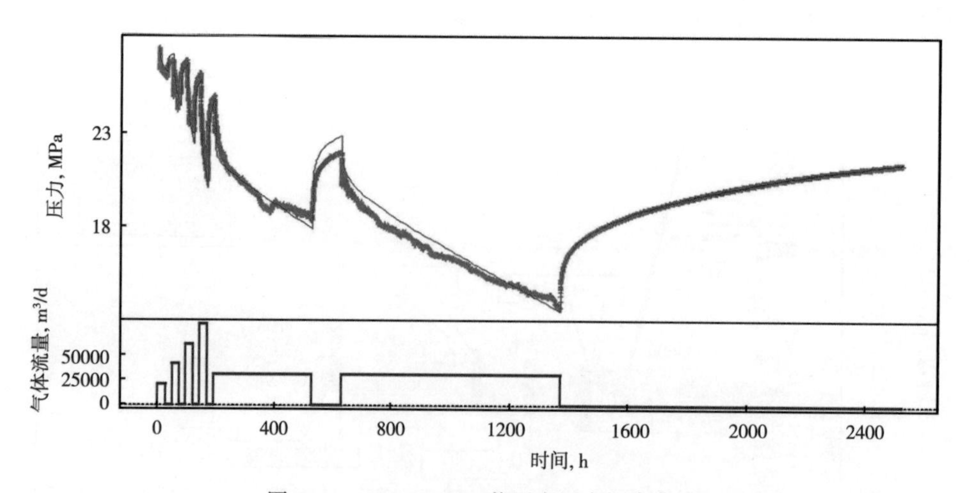

图 5-34　SD59-34H1 井压力历史拟合曲线

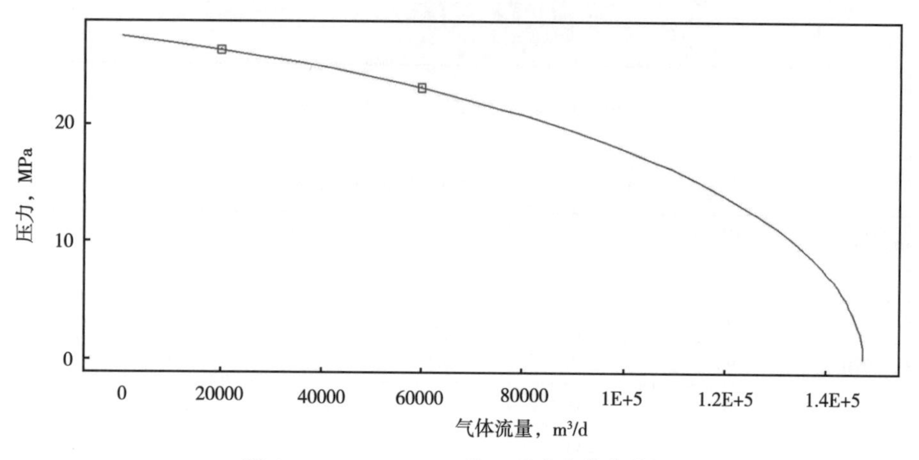

图 5-35　SD59-34H1 井二项式产能曲线图

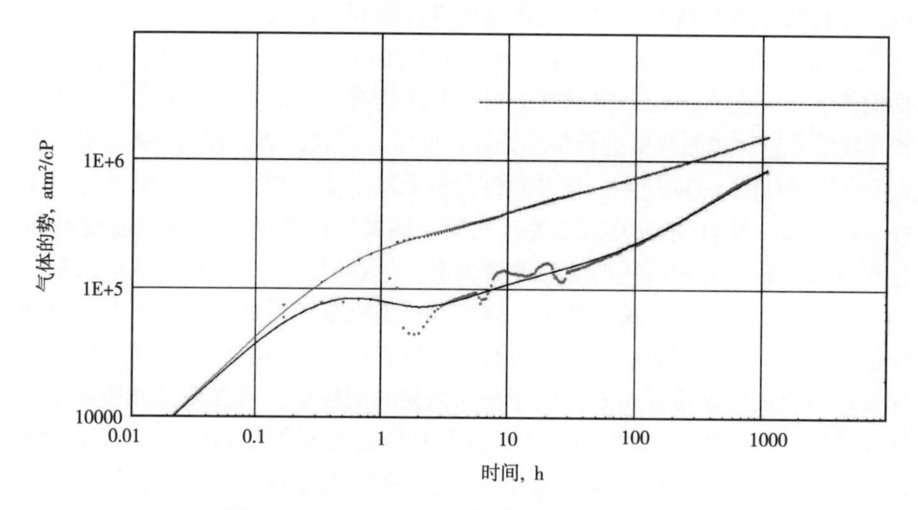

图 5-36　SD59-34H1 井终关井双对数拟合曲线

曲线下掉，分析该井外围物性变好的可能性相对较小，主要是由于该井产水严重，压力恢复数据波动所造成双对数曲线下掉情况，因此该井选用压裂水平井恒定井储均质无限大模型进行解释分析，分析结果见表5-6、表5-7。采用表5-8、表5-9中气井/气藏参数，利用压裂水平井稳态产能模型计算该井的各条主裂缝产量分别为 $3.49\times10^4m^3/d$、$3.00\times10^4m^3/d$、$2.68\times10^4m^3/d$、$3.03\times10^4m^3/d$，该井的绝对无阻流量为 $12.19\times10^4m^3/d$，这与修正等时试井计算的结果 $12.90\times10^4m^3/d$ 相对误差仅为-5.8%。

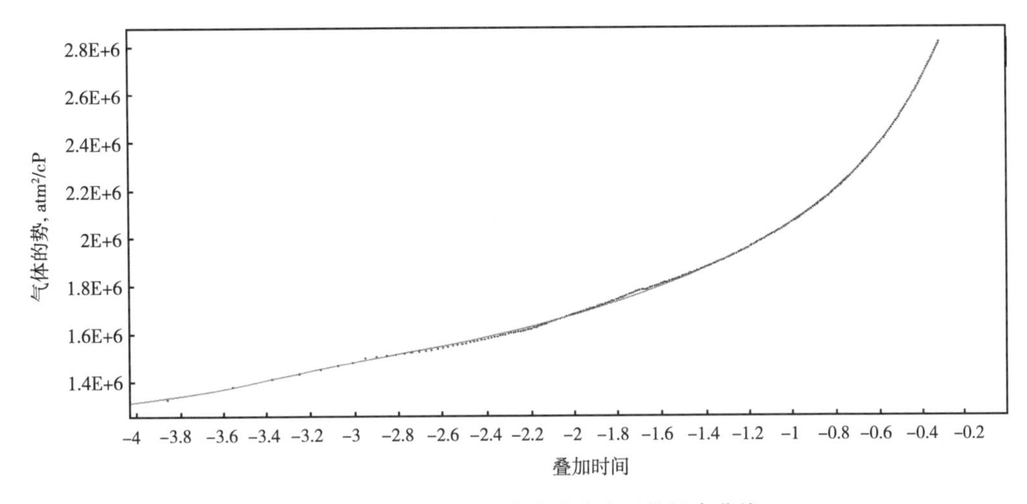

图5-37 SD59-34H1井终关井半对数拟合曲线

表5-6 苏东59-34H1井基本参数

温度 T K	压力 p_i MPa	地层渗透率 K，mD	地下气体黏度 μ_g，mPa·s	气体偏差系数 Z	气体相对密度 γ_g	水平井筒半径 r_w，m	井筒内壁粗糙度 e，mm
376.7	29.41	0.34	0.98	0.598	684	0.076	0.32

表5-7 苏东59-34H1井裂缝参数

裂缝编号	有效半长 X_f，m	裂缝导流 F_{cD}，mD·m	高度 h，m	裂缝间距 d，m	裂缝椭圆长轴 a，m	裂缝椭圆短轴 b，m
1	45	3.5	12	60	101.2	45
2	50	3.5	10	180	95.0	50
3	52	3.5	10	125	91.9	52
4	54	3.5	11	235	103.5	54

同样的，苏里格气田SP14-19-09井的井眼轨迹和裂缝布局如图5-38、图5-39所示。该井的气井（气藏）参数见表5-8、表5-9。利用压裂水平井稳态产能模型计算该井的各条主裂缝产量分别为 $19.33\times10^4m^3/d$、$18.99\times10^4m^3/d$、$1.39\times10^4m^3/d$，该井的绝对无阻流量为 $39.71\times10^4m^3/d$，这与修正等时试井计算的结果 $40.72\times10^4m^3/d$ 相对误差仅为-2.49%。

表 5-8　SP 14-19-09 井基本参数

温度 T K	压力 p_i MPa	地层渗透率 K，mD	地下气体黏度 μ_g，mPa·s	气体偏差系数 Z	气体相对密度 γ_g	水平井筒半径 r_w，m	井筒内壁粗糙度 e，mm
376.7	29.41	0.34	0.98	0.598	684	0.076	0.32

表 5-9　SP 14-19-09 井裂缝参数

裂缝 编号	有效半长 X_f，m	裂缝导流 F_{cD}，mD·m	高度 h，m	裂缝间距 d，m	裂缝椭圆长轴 a，m	裂缝椭圆短轴 b，m
1	45	3.5	12	60	101.2	45
2	50	3.5	10	180	95.0	50
3	52	3.5	10	125	91.9	52
4	54	3.5	11	235	103.5	54

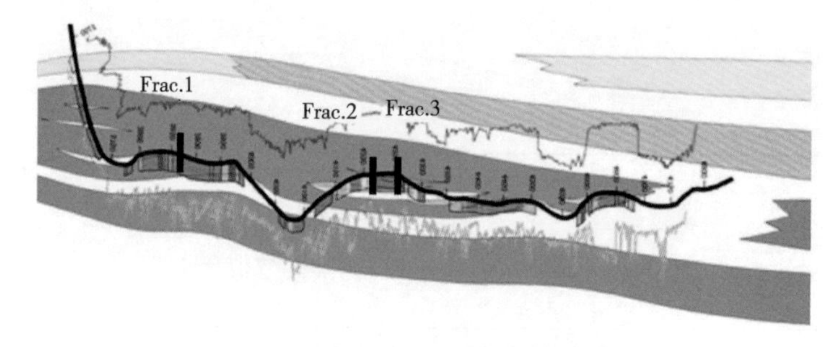

图 5-38　SP14-19-09 井井眼轨迹

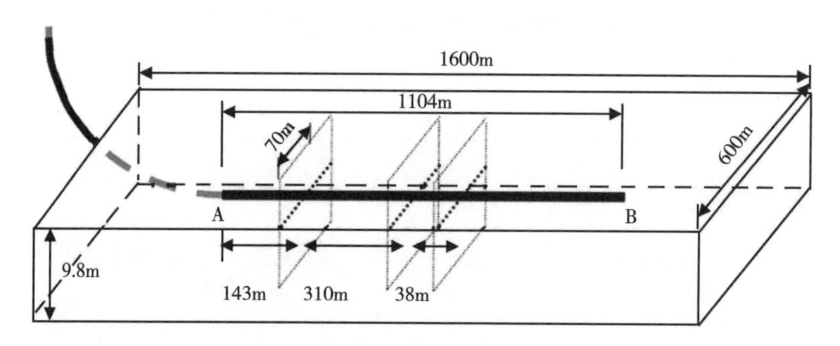

图 5-39　SP14-19-09 井裂缝布局

三、压裂井合理产量确定方法

1. 传统“一点法”产能方程的确定

对气井进行合理配产是产能评价的主要目的之一，也是气井生产管理的重要部分。对于致密气藏气井产能的确定，由于气藏渗透率低，很长时间内都难以达到稳定流动，故常规回压试井和修正等时试井方法耗时长、成本高且难以测试到稳定点，在致密气藏中不适用。相较而言，“一点法”产能试井是一种快捷而有效的方法，它只需一个稳定点测试资料即可完成，较其他常规回压试井和修正等时试井方法简单、省时、经济。因此，一点法产能公式成为苏里格气田、大牛地气田及须家河组、登娄库组等致密气藏矿场配产应用得最多的方法。

1）一点法方程的推导

为了确定气井的绝对无阻流量，需要进行修正等时试井，这就需要较长的测试时间（常规地层一般为 10d 左右），尤其对于致密地层压力在很长时间内（数月）都不会稳定，这样无法达到预期的目的。同时对于新区新井，因缺乏必要的集输装置，在测试过程中，不可避免地大量放空天然气造成资源浪费。为了避免上述缺点，陈元千教授提出了一点法，该方法是根据在全国不同气藏使用 16 口井计算得出的经验值法，具有一定的应用价值。气藏渗透率越差，则 α 值越大。只要根据气田大量可靠的稳定产能试井结果，确定了经验参数 α 值，便得到气田单点试井的经验产能公式[12]。

根据气井稳定二项式产能方程：

$$p_{R}^{2} - p_{wf}^{2} = AQ_{g} + BQ_{g}^{2} \tag{5-62}$$

当井底流压设定为一个大气压时，可得：

$$p_{R}^{2} - (0.101)^{2} = AQ_{AOF} + BQ_{AOF}^{2} \tag{5-63}$$

式（5-62）与式（5-63）两边分别相除得：

$$\frac{p_{R}^{2} - p_{wf}^{2}}{p_{R}^{2}} = \frac{AQ_{g} + BQ_{g}^{2}}{AQ_{AOF} + BQ_{AOF}^{2}} \tag{5-64}$$

令：

$$p_{D} = \frac{p_{R}^{2} - p_{wf}^{2}}{p_{R}^{2}} \tag{5-65}$$

$$\alpha = \frac{A}{A + BQ_{AOF}} \tag{5-66}$$

$$q_{D} = \frac{q_{g}}{Q_{AOF}} \tag{5-67}$$

再将式（5-65）、式（5-66）、式（5-67）带入式（5-64）中得：

$$p_{D} = \alpha Q_{D} + (1 - \alpha) Q_{D}^{2} \tag{5-68}$$

解式（5-68）得：

$$Q_{D} = \frac{\alpha\left[\sqrt{1 + 4\left(\frac{1 - \alpha}{\alpha^{2}}\right) p_{D}} - 1\right]}{2(1 - \alpha)} \tag{5-69}$$

再将式（5-65）、式（5-67）带入式（5-69）得：

$$Q_{AOF} = \frac{2(1 - \alpha) Q_{g}}{\alpha\left[\sqrt{1 + 4\left(\frac{1 - \alpha}{\alpha^{2}}\right)\left(\frac{p_{R}^{2} - p_{wf}^{2}}{p_{R}^{2}}\right)} - 1\right]} \tag{5-70}$$

对于式（5-70），只要确定了 α 的值，根据气井测试的数据（也即稳定产量 q_{g} 与相应

的稳定井底流压 p_{wf}，便可以计算无阻流量 Q_{AOF}。

2）α 取值及误差分析

由式（5-66）、式（5-69）可知，每口气井的 α 值都不同，也就对应一个不同于其他井的单点产能计算公式。但由于同一地区、同一类型气田（气藏）的地质特征差异不大，其 α 值也相差不大。研究建立了 α 值对 Q_D 与 p_D 的影响规律，如图 5-40 所示。

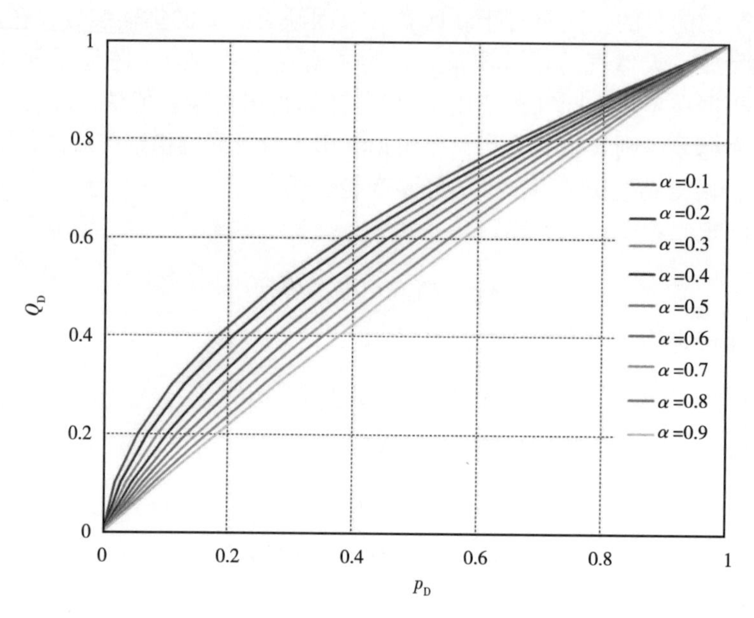

图 5-40　苏里格气田气井绝对无阻流量图版

表 5-10　利用修正等时试井资料确定 α 值

井号	无阻流量，$10^4m^3/d$	α	α 平均值
SD41-45H1	12.28	0.8607	0.8560
SD59-34H1	12.51	0.8704	
T2-7-3H	33.41	0.7368	
SD34-47H2	22.90	0.8432	
S40-58H	16.79	0.8508	
SD55-66H2	4.19	0.9214	
S48-19-62H1	15.63	0.8163	
S20-8-10H	16.60	0.9481	

利用苏里格气田 8 口水平井的修正等时试井资料确定出产能方程和无阻流量，由式（5-66）可求得各井的 α 值，取平均值为 0.8560。这与赵继承等根据苏里格气田进行了修正等时试井的 9 口气井的二项式产能方程系数和无阻流量计算得到的 α 值 0.8635~0.9853 基本一致[13]。为了进一步明确 α 取值（0.7368~0.9481）的影响程度，计算了不同 α 取值无阻流量结果误差，发现最大误差在 15%以内，平均误差 10.36%（图 5-41）。故 α 取 0.856 可用于苏里格气田气井一点法产能计算。

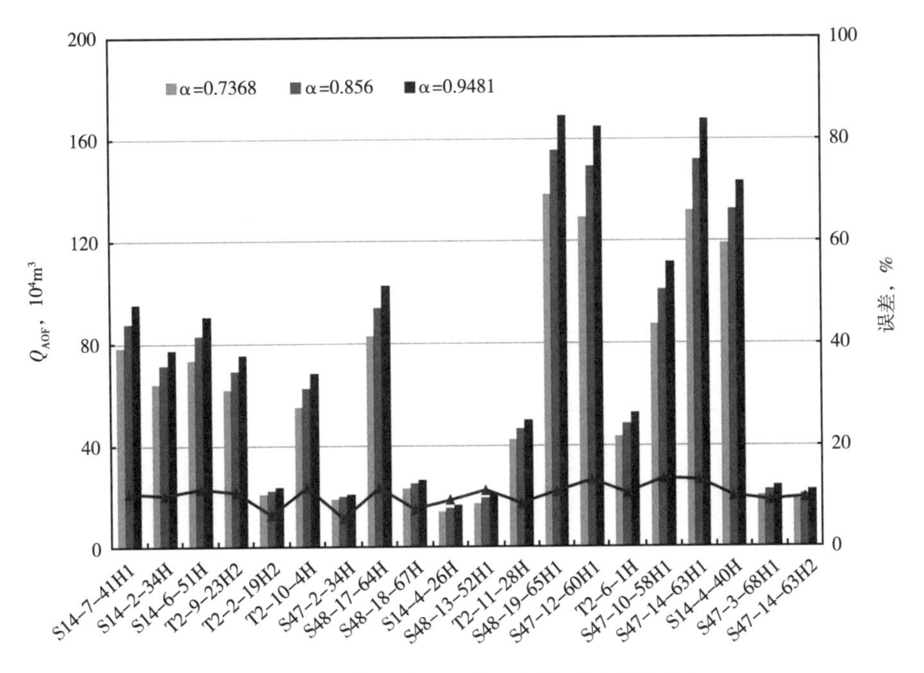

图 5-41 不同 α 值下的绝对无阻流量结果对比

2. 无阻流量计算图版

将式（5-70）变形，可得：

$$Q_{AOF}=\frac{2(1-\alpha)Q_g}{\alpha\left\{\sqrt{1+4\left(\frac{1-\alpha}{\alpha^2}\right)\left[1-\left(\frac{p_{wf}}{p_e}\right)^2\right]}-1\right\}} \tag{5-71}$$

由式（5-71）可知，若已知 α、Q_g、p_{wf}/p_e，则可确定气井的无阻流量。因此绘制无阻流量图版如图 5-42 所示，通过该图版可以方便、快速、直观地对气井无阻流量进行估算。

表 5-11 是利用试气资料获得的 α、Q_g、p_{wf}/p_e 值，计算出 Q_{AOF} 与图版法得到的 Q_{AOF} 对比，可见两者相差不大，在获取了试气资料的基础上利用该图版可快速地对气井的绝对无阻流量进行估算，满足工程技术需求[14]。

表 5-11 图版法估算气井绝对无阻流量的验证

井号	P_R MPa	p_{wf} MPa	日产气量 $10^4m^3/d$	求算 Q_{AOF} $10^4m^3/d$	图版 Q_{AOF} $10^4m^3/d$	误差 %
S14-13-39H	29.5	27.4	5.4293	20.0781	22.4	11.56
T2-6-12H	29.7	28.3	4.0872	20.2574	21.2	4.65
T2-15-14H	30.27	29.04	3.6632	34.7600	32.6	6.21
S48-18-41H2	35.63	27.14	5.8601	24.0206	26.8	11.57
S48-13-53H2	30.30	27.01	3.6526	10.0938	11.3	11.95

续表

井号	P_R MPa	p_{wf} MPa	日产气量 $10^4m^3/d$	求算 Q_{AOF} $10^4m^3/d$	图版 Q_{AOF} $10^4m^3/d$	误差 %
S48-13-52H2	29.88	28.08	2.0953	15.1308	13.2	12.76
S47-7-34H2	25.68	26.54	0.8496	2.1729	2.4	10.45
S47-12-60H2	28.23	27.56	8.2323	50.3812	48.3	4.13
S47-8-76H1	32.04	28.73	3.5040	15.4060	16.6	7.75
S47-12-61H1	29.85	26.68	5.8728	25.1870	26.5	5.21

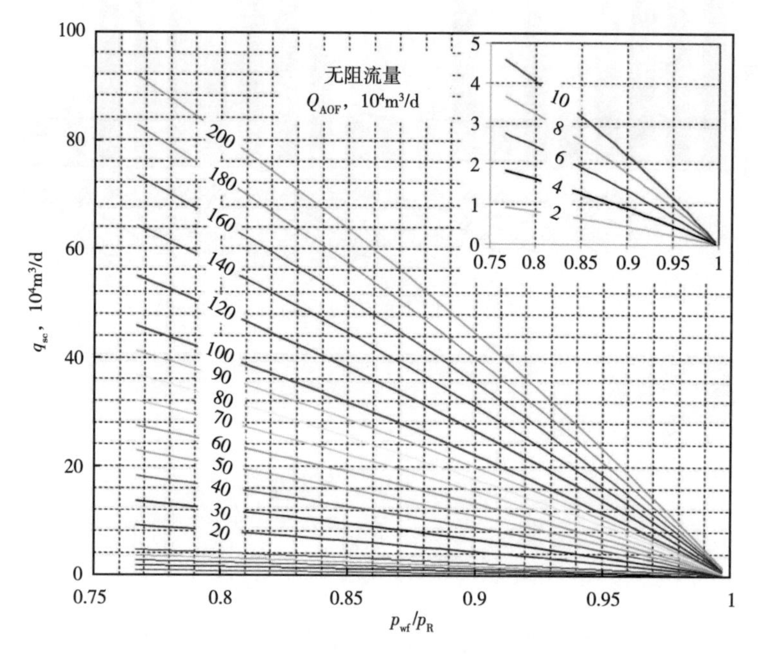

图5-42　苏里格气田气井绝对无阻流量图版

3. 合理配产新方法

气井合理配产是气田开发中的一项重要任务。研究气井的合理配产，分析影响气井生产的主要因素，充分利用气井能量，通过合理控制压降可有效提高采收率。合理的配产研究以最小地层能量损失获得最大产气量，同时考虑工程因素，可提高气田稳产能力和开发效益。依靠无阻流量配产简单实用，现场应用广泛。但是，由于单井存在物性差异，配产系数的确定成为合理产量确定的关键，本次通过大量的现场数据的验证，给出了一种新的确定方法。

1）传统配产方法的弊端

对于致密气藏，应用无阻流量进行配产会存在一些问题，如：不同生产时间无阻流量变化极大，哪个值更能反映真实的生产能力？同样的生产能力，无阻流量的值可能相差很大（图5-43）。

大量现场研究认为，试采初期生产相对稳定，原始地层压力并未发生太大变化，相试气数据测试点生产更稳定，更接近真实产能。试气时由于压裂液返排等因素的影响，产量和压力极不稳定，会造成计算数据不可靠。因此，推荐采用试采初期求算的无阻流量作为合理配产的依据更为可靠。

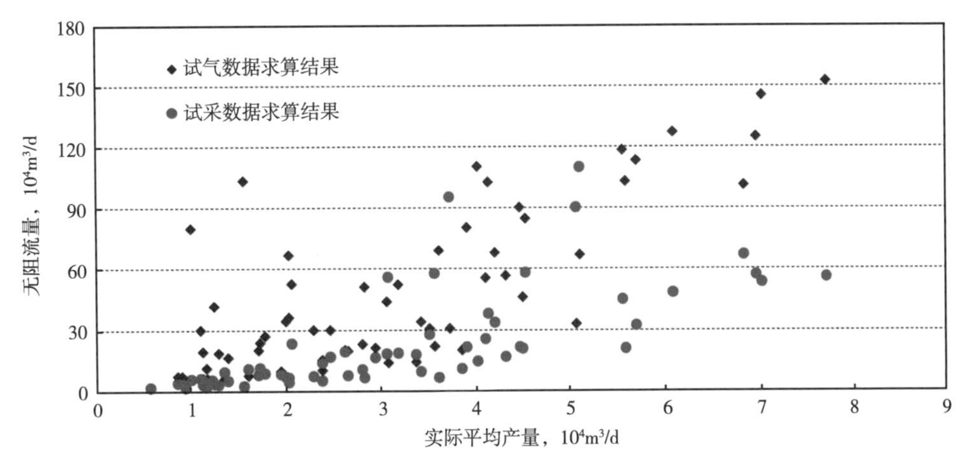

图 5-43　不同生产时间计算的无阻流量对比

无阻流量反映的是生产初期近井地带压裂裂缝带的渗流特征（图 5-44），未反映远井地带基质生产能力，在应用中若仍采用常规方法即绝对无阻流量的 1/5～1/3 的方法进行配产，会发现很多与后期实际生产规律不符合的现象。

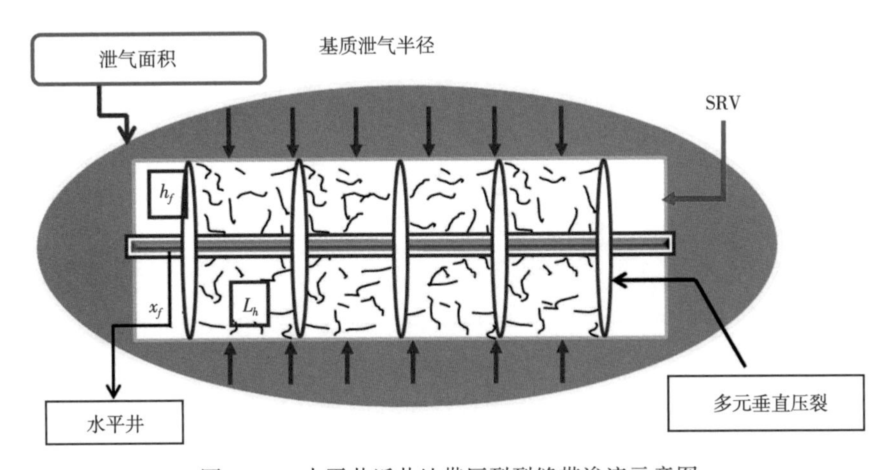

图 5-44　水平井近井地带压裂裂缝带渗流示意图

S48-19-65H1 井试采 Q_{AOF} 为 $103.8\times10^4m^3/d$，采用常规方法（$1/5\sim1/3Q_{AOF}$）初期配产 $20\times10^4m^3/d$，从采气曲线可以看出，压力下降很快，压降速率高达 0.125MPa/d，配产降低后压降明显放缓。

2）致密气合理产量确定方法

针对致密气的生产特征，通过大量的现场实践验证，找到了适合致密气的两种合理配产方法。一种方法是将传统的“一点法”加以发展，使之适用于致密气井，该方法更具现实意义，可以指导气井初期配产的实施。另一种方法，用于生产评价，可以确定单井不同稳产时间的合理产量。

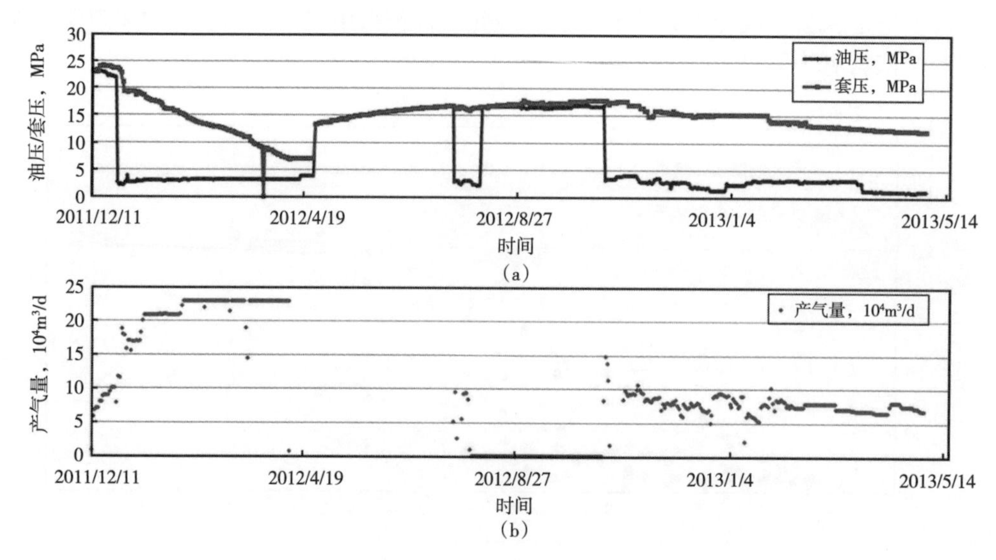

图 5-45　S48-19-65H1 井采气曲线

（1）改进的“一点法”。

大规模多段压裂使得天然气在复杂人工裂缝储层的渗流规律发生了改变，实际的合理配产和无阻流量符合幂函数规律（图 5-46），该规律表现出配产系数并不是一个固定的无阻流量百分比，而是一种变化的函数关系（图 5-47）。

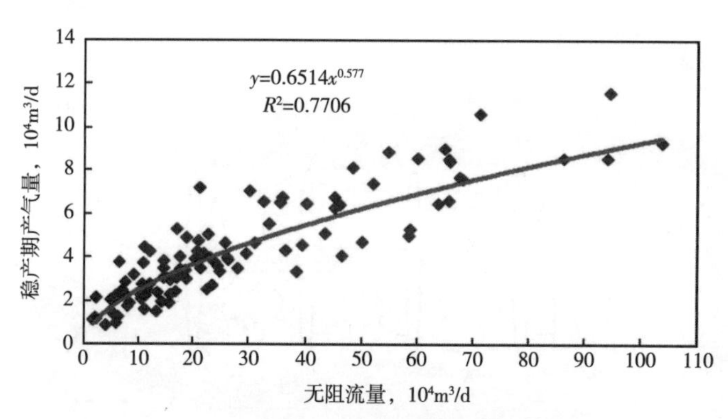

图 5-46　稳产期产气量与无阻流量的关系图

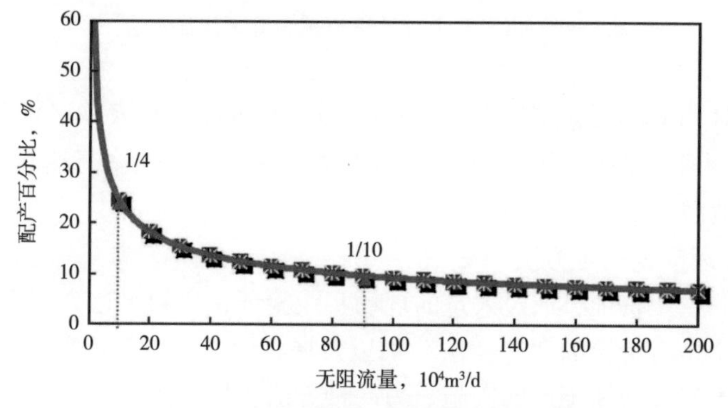

图 5-47　配产系数随无阻流量的变化关系

计算得到162口水平井无阻流量（图5-48），按照新的配产系数关系式对不同类型井进行了配产（表5-12）。

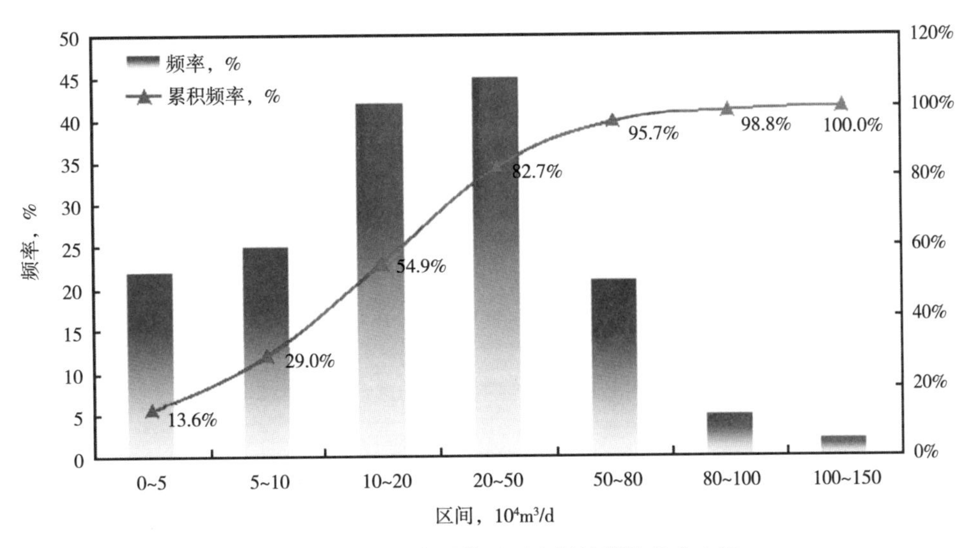

图5-48 162口水平井无阻流量计算结果分布图

对比表5-12中数据发现，用常规的无阻流量的1/5来配产，Ⅰ类井结果与实际比较接近，但是Ⅱ类井、Ⅲ类井误差很大，用新方法进行配产三类井与实际生产合理产量相差不大，更加符合实际生产规律。

表5-12 苏里格气田水平井无阻流量配产与新方法配产对比

气井类型	井数 口	比例 %	平均无阻流量 $10^4m^3/d$	常规1/5配产 $10^4m^3/d$	幂函数关系配产 $10^4m^3/d$	实际生产的合理产量 $10^4m^3/d$
Ⅰ类井	32	19.8	62.5	12.5	12.3	14.4
Ⅱ类井	72	44.4	24.1	4.82	7.8	7.5
Ⅲ类井	58	35.8	7.4	1.48	3.9	3.2

（2）动态折算法。

在气井生产曲线上找出不同的日产量所对应的累计产气量，然后折算以该产量生产的天数，形成数据表并作图（表5-13、图5-49），即可得到产量和对应的稳产时间曲线。

表5-13 S53-78-46H井动态数据折算表

产气量，$10^4m^3/d$	10.6	7.8	6.2	4.3
累计产气量，10^4m^3	2024	2960	3590	4960
折算天数，d	190	379	579	1153

利用动态数据折算法对苏里格三类水平井在不同稳产时间条件下的合理产量进行了分析计算（5-14），确定单井不同稳产时间的合理产量。

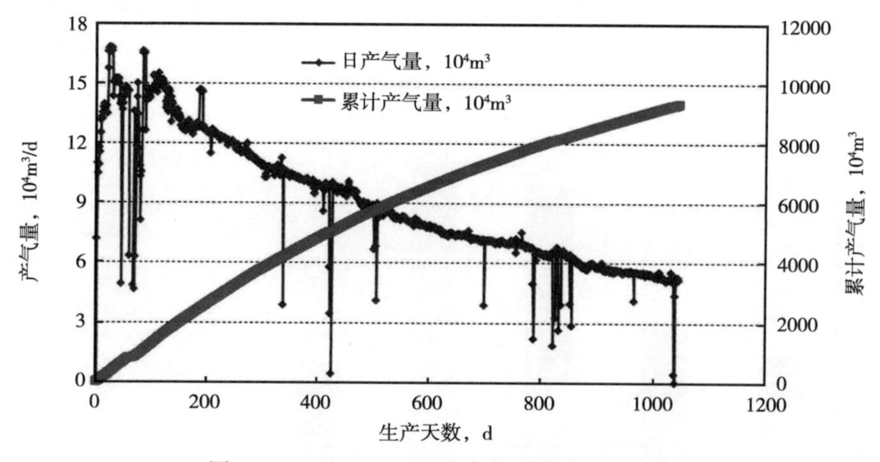

图 5-49　S53-78-46H 井产量和累计产量曲线

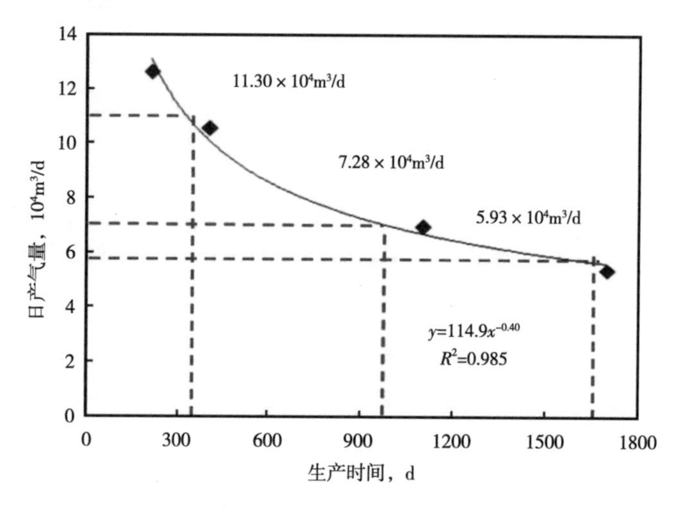

图 5-50　苏 53-78-46H 井动态折算法配产图

表 5-14　苏里格气田三类水平井典型井动态折算法配产结果

气井类型	井数	典型井	平均配产，$10^4m^3/d$		
			稳产 5a	稳产 3a	稳产 1a
Ⅰ类井	7	苏 53-78-46H	5.93	7.28	11.30
Ⅱ类井	13	苏 6-2-10H1	2.62	3.54	6.77
Ⅲ类井	5	苏 36-13-11H1	1.48	1.77	2.56

第三节　致密气井产能影响因素

一、多层合采直井产能影响因素研究

1. 多层合采对储量动用状况分析

为了比较多层合采时各层参数变化对各层储量动用状况的影响，基于本章第二节第一部分建立的直井多层压裂气井流动模型，设计了气藏三层合采时，高渗透层与低渗透层储量比不同时各个产层对储量动用状况的贡献。同时，模拟计算出不同储量比（即高渗透层与低渗透层储量之比）、不同渗透率级差（即最大渗透率与最小渗透率的比值）下的累计采气量和动态储量。

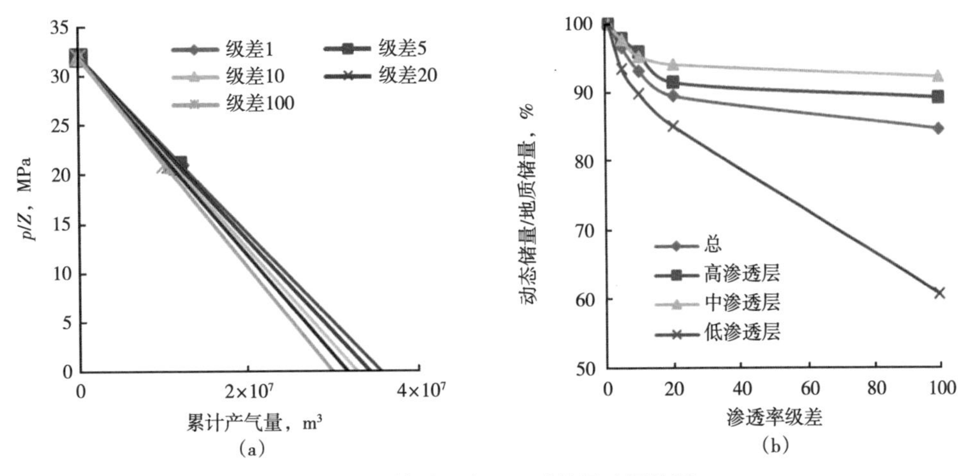

图 5-51　储量比为 0.1 时储量动用状况

从图 5-51 可以看出，渗透率级差的改变对动态储量的影响。渗透率级差越大，动态储量越小。此模拟出的结果与气藏工程法得出的结论一致。由于渗透率级差不同，每个层的储量动用程度差异较大。当渗透率级差由 1 增加到 100 时，高渗透层的储量动用程度由 100%下降到 89.27%，降幅达 10.73%；低渗透层的储量动用程度由 100%下降到 60.73%，降幅达 39.27%，三层合采的总动用储量降至 85%。

储量比由 0.1 变化到 1、渗透率级差由 1 增加到 100 时（图 5-52、图 5-53），高渗透层的储量动用程度降幅范围为 10%～15%，低渗透层的储量动用程度降幅范围为 50%～60%，三层合采的总动用储量降至 90%左右。

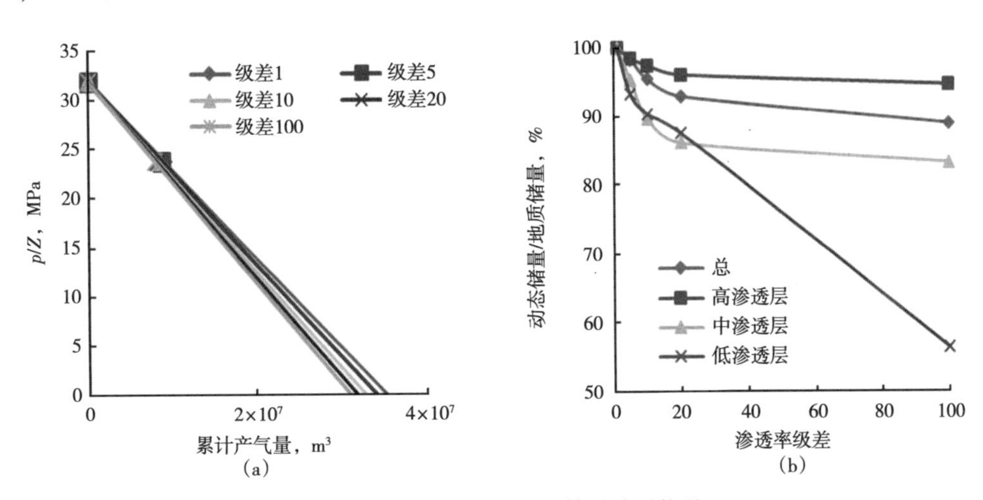

图 5-52　储量比为 0.5 时储量动用状况

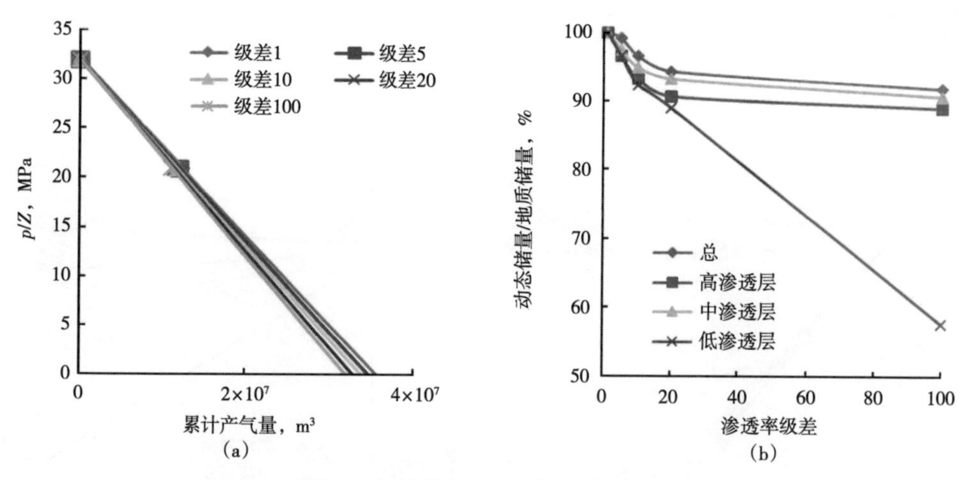

图 5-53　储量比为 1 时储量动用状况

2. 多层合采对产量贡献的影响

为揭示多层压裂直井产量影响的变化规律，引入无因次变量进行表征，引入无因次时间和无因次产量，并分别绘制高渗透层、中渗透层、低渗透层无因次产量曲线、渗透率级差与储量动用率和产量贡献率的关系曲线，评价气井各层的动储量及产量贡献度（图 5-54 至图 5-56）。

无因次时间：

$$t_{\mathrm{a}} = \frac{\bar{c}_{\mathrm{f}}}{\bar{c}_{\mathrm{s}}} \frac{t}{\mu c_{\mathrm{t}} r_{\mathrm{w}}^{2}} \tag{5-72}$$

无因次产量：

$$q_{\mathrm{d}} = \frac{q_{i}}{q_{\mathrm{t}}} \tag{5-73}$$

式中　$\overline{C_{\mathrm{f}}}$——平均地层系数，D · m；$\overline{C_{\mathrm{f}}} = \sum_{j=1}^{n} K_j h_j$；

$\overline{C_{\mathrm{s}}}$——平均储容系数，m；$\overline{C_{\mathrm{s}}} = \sum_{j=1}^{n} \phi_j h_j$；

K_j——第 j 层的渗透率，D；

ϕ_j——第 j 层的孔隙度；

h_j——第 j 层的有效厚度，m；

q_i，q_{t}——分别为 i 层日产气量、合采气井总日产气量，$10^4\mathrm{m}^3$。

将数值模拟的结果进行无因次化处理后得到各层无因次产量变化规律如图 5-54 至图 5-56 所示。

以渗透率级差为 5、储量比分别为 0.1 和 1 为例，图 5-57 的结果显示，随着生产的进行，高渗透层、中渗透层均有缓慢增加后降低的过程，低渗透层的无因次产量先缓慢降低后增加。渗透率级差一定时，储量比由 0.1 增加到 1，高渗透层的无因次产量增加了 40%，低渗透层的无因次产量降低了 10%。储量比为 0.1 时，高渗透层的无因次产量低且变化不大随后有降低的过程，是因为高渗透层的渗流能力强初期开采产量多，随着生产的进行，

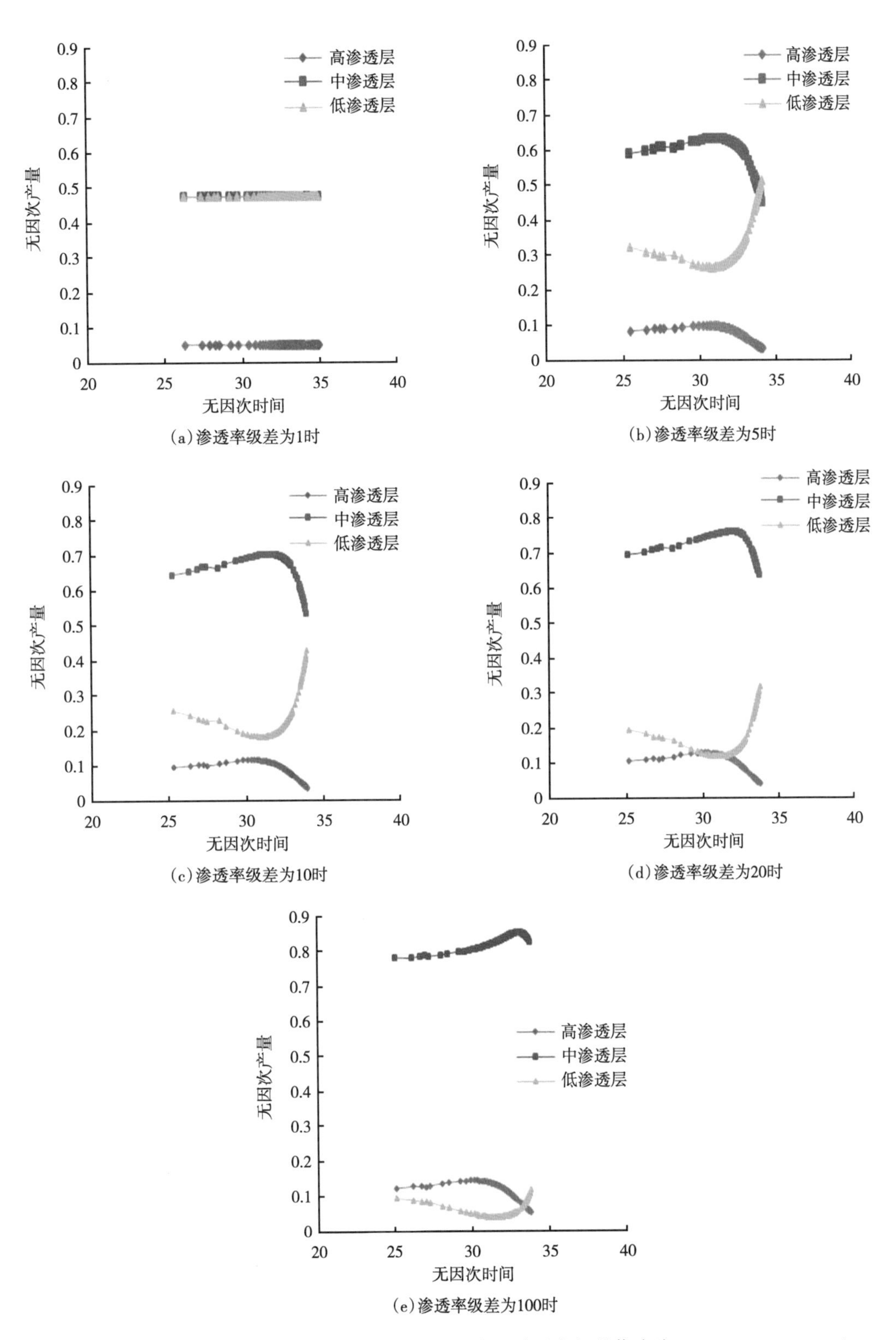

(a)渗透率级差为1时

(b)渗透率级差为5时

(c)渗透率级差为10时

(d)渗透率级差为20时

(e)渗透率级差为100时

图 5-54 储量比为 0.1 时各层无因次产量变化规律（渗透率级差依次为 1、5、10、20、100）

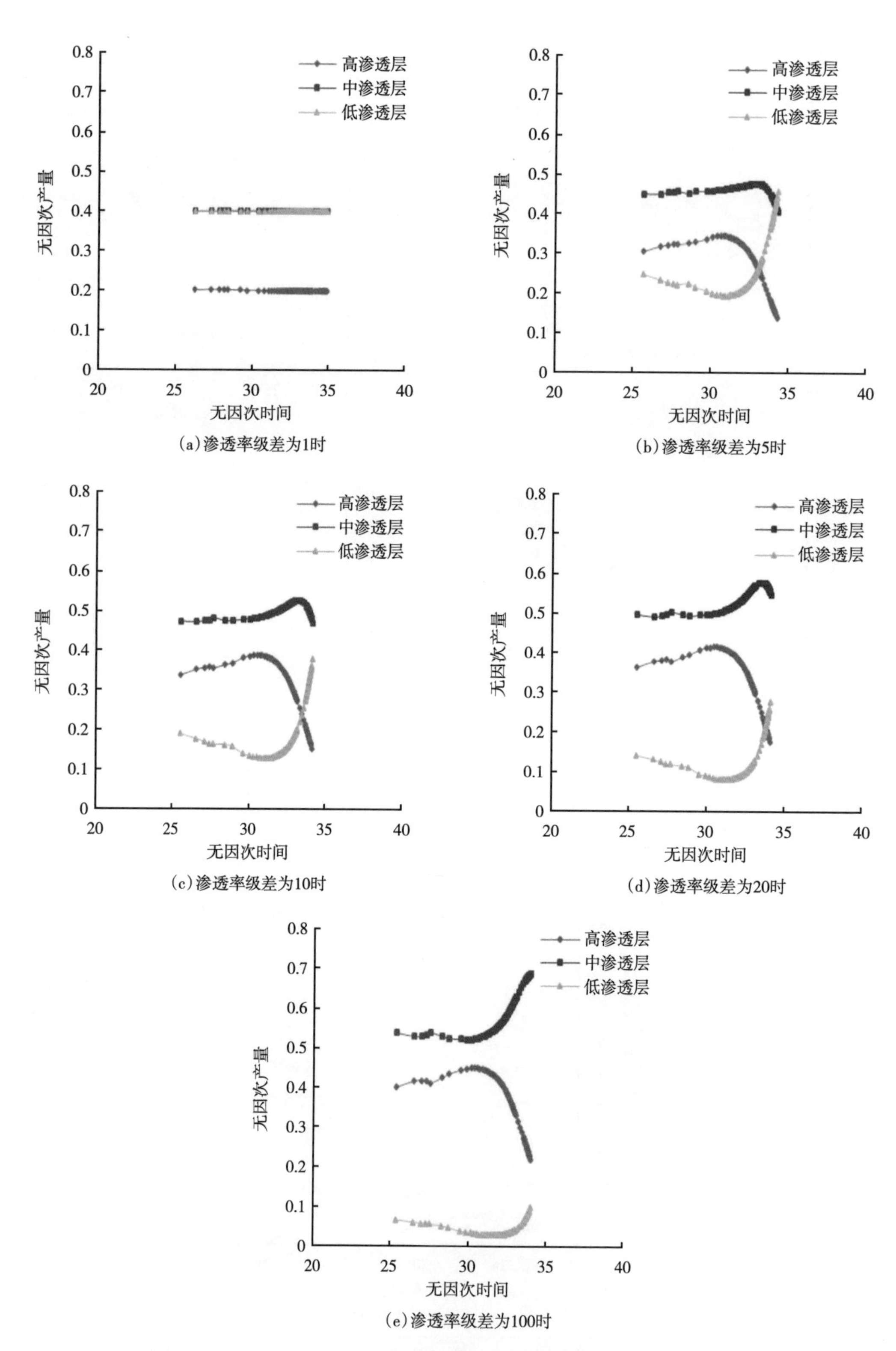

(a)渗透率级差为1时

(b)渗透率级差为5时

(c)渗透率级差为10时

(d)渗透率级差为20时

(e)渗透率级差为100时

图5-55 储量比为0.5时各层无因次产量变化规律（渗透率级差依次为1、5、10、20、100）

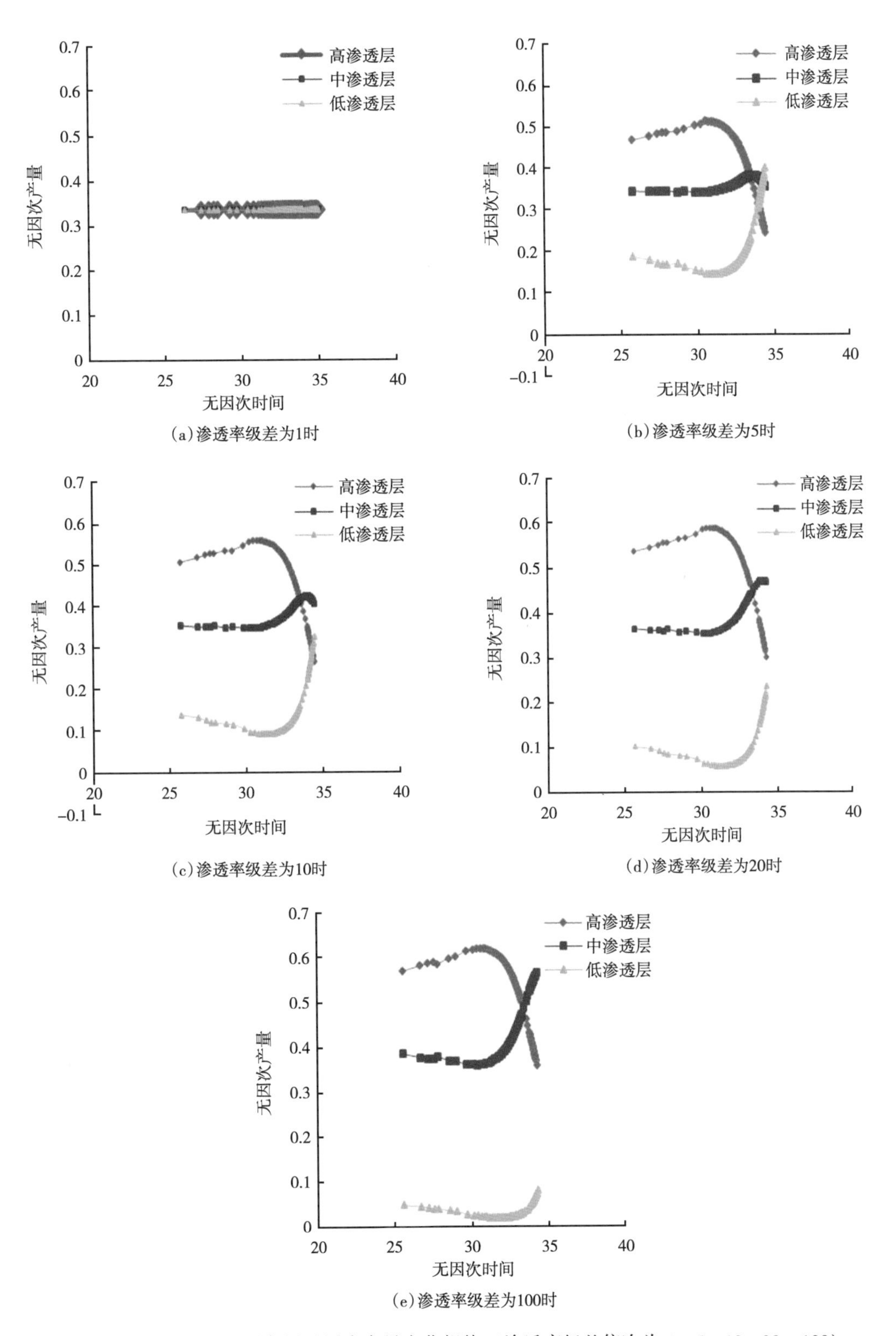

图 5-56 储量比为 1 时各层无因次产量变化规律（渗透率级差依次为 1、5、10、20、100）

高渗透层的厚度小、储量低、产量递减快，并且由于窜流作用的影响，中渗透层的无因次产量达到很高的值。各层无因次产量变化均存在一个突变点，此突变点后无因次产量变化情况相反，是由于压力波传递到地层边界所致。

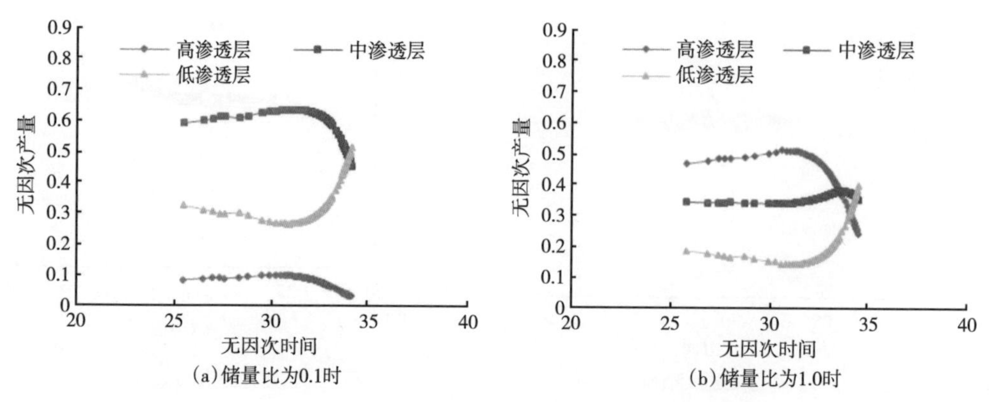

(a) 储量比为0.1时　　(b) 储量比为1.0时

图 5-57　不同储量比下各产层无因次产量变化图（渗透率级差为 5）

根据无因次化处理得到的结果，得出各层产量贡献率的规律（图 5-58）。同一储量比下，高渗透层、中渗透层的产量贡献率随渗透率级差增大而增大，低渗透层的产量贡献率随渗透率级差增大而减小。同一渗透率级差下，中渗透层、低渗透层的产量贡献率随储量比的增大而减小，高渗透层的产量贡献率随储量比的增大而增大。储量比为 0.1 时，产量贡献主要来源于中渗透层，渗透率级差由 1 增加到 100，中渗透层的产量贡献率由 47%增加到 78%，产量贡献增幅达 31%。而高渗透层的产量贡献增幅为 8%，低渗透层的产量贡献由 47.49%降低到 8.41%。究其原因，是气体在流动过程中的窜流现象引起的。

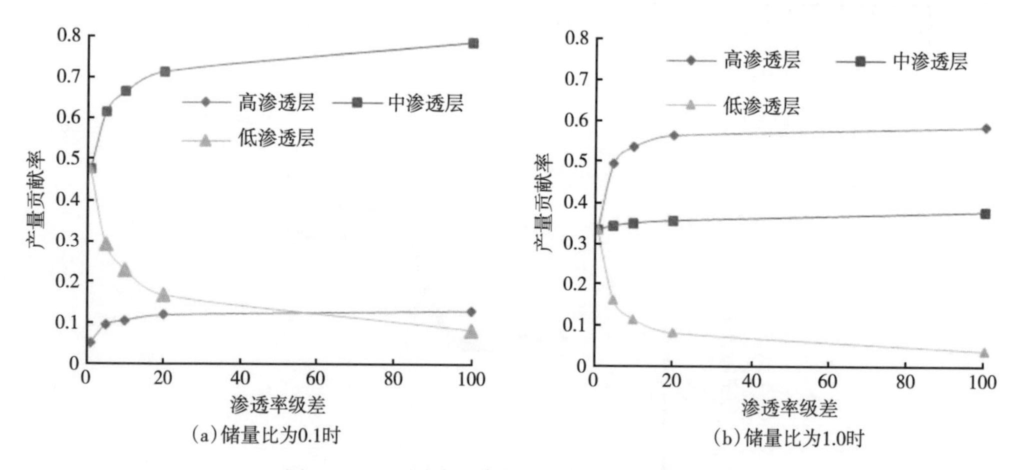

(a) 储量比为0.1时　　(b) 储量比为1.0时

图 5-58　不同渗透率级差下各层产量贡献率

3. 产能影响因素图版建立

为直观分析评价各项参数对多层压裂气井产能的影响，通过正交试验分析方法进行方案设计，建立一套考虑不同层段物性、压力、改造规模、层间干扰等因素的多层压裂直井各层产量贡献标准图版。

1）正交试验基本原理

在多因素、多水平试验中，如果对每个因素的每个水平都互相搭配进行全面试验，需要做的试验次数就会很多。由著名统计学家田口玄一提出的正交试验方法是在多因素优化试验中利用数理统计学与正交性原理，从大量的试验点中挑选有代表性和典型性的试验点，应用“正交表”科学、合理地安排试验，从而用尽量少的试验得到最优试验结果的一种方法。比如对3因素3水平的试验，全面试验需做27（3^3）次试验，如图5-59（a）所示，而正交试验只需进行9次试验即可，如图5-59（b）所示；对5因素4水平的试验，全面试验需做1024（4^5）次试验，而正交试验仅需做16次试验。显然，对因素个数和因素水平数较多的情况，进行全面试验是不经济的。

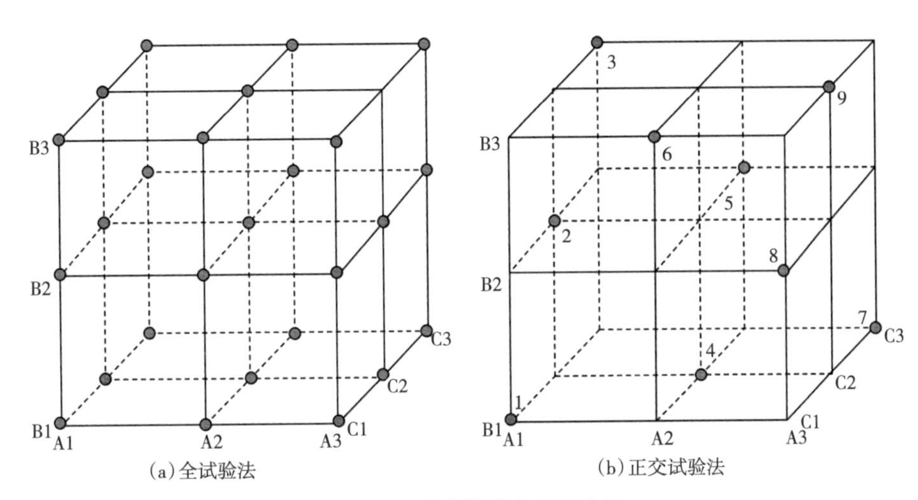

图5-59　试验设计方法示意图

正交试验具有两条重要性质，即水平的均匀性和搭配的均匀性。水平的均匀性是指在所有试验方案中，每个因素及因素的水平值都是均匀分配的；搭配的均匀性是指每个因素的每个水平值在所有试验方案中出现的次数均等，且任意两个因素组合出现的次数也相等。正交试验是通过正交表（确定试验点）来安排试验。

正交表的符号表示为L_n（s^c），其中，L为正交表的代号；n为试验方案数（正交表的横行数）；c为分析因素的个数（正交表的列数）；s为因素的水平数。

2）正交试验结果分析方法

正交试验结果的分析方法有直观分析法（极差分析法）和方差分析法。

（1）极差分析法。

也叫直观分析法，具有简单方便、易于掌握的特点，就是将各参数每个水平值对试验指标影响的大小，通过直观分析图或极差来表示，然后综合对比分析确定最优试验参数组合。具体分析方法如下：

①计算K_{jm}与试验指标平均值k_{jm}：

$$K_{jm}=\sum_{i=1}^{s}X_{ij},\ k_{jm}=K_{jm}/s(j=1,2,\cdots,s;\ m=1,2,\cdots,c) \tag{5-74}$$

②计算极差R_{m}：

$$R_m = \max(k_{jm}) - \min(k_{jm})(j = 1, 2, \cdots, s; m = 1, 2, \cdots, c) \tag{5-75}$$

③根据试验指标的平均值 k_{jm} 随因素水平值的变化规律，以及各因素的极差，分析出各因素对指标影响的主次和趋势，分析影响指标的主要参数和次要参数，从而确定最优的试验方案。

（2）方差分析法。

方差分析法是利用数理统计法将数据的总偏差分解成因素引起的偏差和误差引起的偏差两部分，构造 F 统计量，作 F 检验，从而判断各参数对试验指标影响的显著程度和可信程度。具体步骤如下：

①计算偏差：

$$\begin{aligned} S_T &= \sum_{j=1}^{b}\sum_{i=1}^{c} X_{ij}^2 - n\overline{X} \\ S_A &= \sum_{i=1}^{s} n_j \overline{X}_{.j}^2 - n\overline{X}^2 \\ S_E &= S_T - \dot{S}_A \end{aligned} \tag{5-76}$$

式中 X_{ij}——试验指标值；

$\overline{X}$——所有试验指标的算术平均值；

$X_{.j}$——j 水平值下所有试验指标之和；

$\dot{S}_A$——因素的偏差平方；

S_E——误差偏差平方；

S_T——总偏差平方。

②计算自由度：

$$\begin{aligned} df_A &= s - 1 \\ df_E &= n - s \\ df_T &= n - 1 \end{aligned} \tag{5-77}$$

式中 S_A——因素自由度；

S_E——误差自由度；

S_T——试验总自由度。

③计算因素 F 值：

$$F = \frac{\overline{S}_A}{\overline{S}_E} = \frac{S_A/(s-1)}{S_E/(s-c)} \tag{5-78}$$

式中 $\overline{S}_A$——因素的方差；

$\overline{S}_E$——误差的方差；

S_T——试验总自由度。

④做 F 检验。根据数理统计 F 统计表，查找给定置信度 α 和自由度下的临界 F_α 值。若 $F>F_\alpha$，则认为该因素对试验结果有显著影响；若 $F\leqslant F_\alpha$，则认为该因素对试验结果无显著影响。通过比较各参数的 F 值与临界 F 值的大小，便能判定各参数对评价指标的影响是否显著，确定影响评价指标的主次顺序，进而优选出最佳试验方案。

3）正交实验分析影响产量贡献因素

采用正交设计方法设计了渗透率级差、储量比、裂缝半长、压力系数四种因素对产量贡献的50组方案，方案详细列表（表5-15）及模拟结果（表5-16）分析如下。

表5-15 正交设计方案

因素	水平				
	1	2	3	4	5
渗透率级差	1	5	10	20	100
储量比	0.1	0.2	0.5	0.8	1
裂缝半长，m	60	80	100	120	140
压力系数	111	0.811	0.911	110.8	110.9

表5-16 正交设计结果

因素	储量比	渗透率级差	压力系数	裂缝半长	实验结果	因素	储量比	渗透率级差	压力系数	裂缝半长	实验结果
实验1	0.1	1	111	60	0.16049	实验27	0.1	5	0.811	140	0.13808
实验2	0.1	5	0.811	80	0.13115	实验28	0.1	10	0.911	60	0.13922
实验3	0.1	10	0.911	100	0.13995	实验29	0.1	20	110.8	80	0.13957
实验4	0.1	20	110.8	120	0.14049	实验30	0.1	100	110.9	100	0.1299
实验5	0.1	100	110.9	140	0.13161	实验31	0.2	1	0.811	60	0.21705
实验6	0.2	1	0.811	100	0.21617	实验32	0.2	5	0.911	80	0.23096
实验7	0.2	5	0.911	120	0.23323	实验33	0.2	10	110.8	100	0.22663
实验8	0.2	10	110.8	140	0.22929	实验34	0.2	20	110.9	120	0.22116
实验9	0.2	20	110.9	60	022089	实验35	0.2	100	111	140	0.20833
实验10	0.2	100	111	80	0.20716	实验36	0.5	1	0.911	100	0.38454
实验11	0.5	1	0.911	140	038706	实验37	0.5	5	110.8	120	0.36512
实验12	0.5	5	110.8	60	0.35517	实验38	0.5	10	110.9	140	0.35736
实验13	0.5	10	110.9	80	0.35896	实验39	0.5	20	111	60	0.34665
实验14	0.5	20	111	100	0.35107	实验40	0.5	100	0.811	80	0.28509
实验15	0.5	100	0.811	120	0.29067	实验41	0.8	1	110.8	140	0.45233
实验16	0.8	1	110.8	80	0.44846	实验42	0.8	5	110.9	60	0.42433
实验17	0.8	5	110.9	100	0.42355	实验43	0.8	10	111	80	0.41253
实验18	0.8	10	111	120	0.40993	实验44	0.8	20	0.811	100	0.37937
实验19	0.8	20	0.811	140	0.38196	实验45	0.8	100	0.911	120	0.36896
实验20	0.8	100	0.911	60	0.36629	实验46	1	1	110.9	80	0.48676
实验21	1	1	110.9	120	0.48853	实验47	1	5	111	100	0.42886
实验22	1	5	111	140	0.43805	实验48	1	10	0.811	120	0.40969
实验23	1	10	0.811	60	0.40523	实验49	1	20	0.911	140	0.40226
实验24	1	20	0.911	80	0.40278	实验50	1	100	110.8	60	0.38923
实验25	1	100	110.8	100	0.3928	极差	0.283	0.063	0.039	0.011	
实验26	0.1	1	111	120	0.16027						

正交模拟结果分析表明，四个主因素中对产量贡献影响程度由强到弱的顺序依次为：储量比>渗透率级差>压力系数>裂缝半长（图5-60、图5-61）。

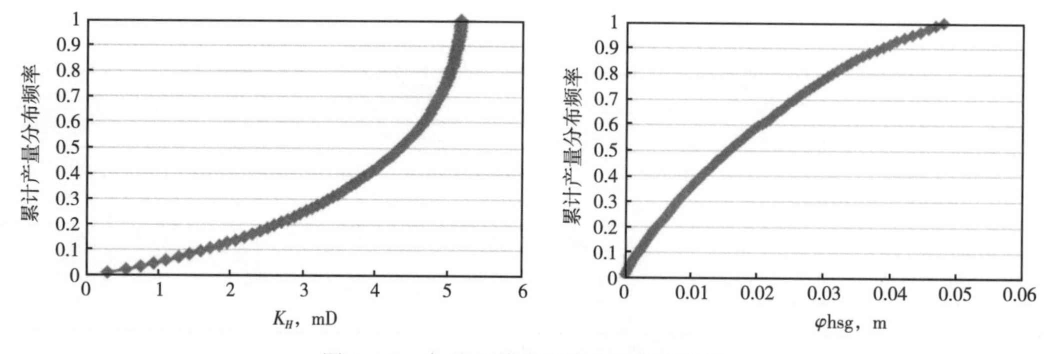

图5-60　产量贡献度累计分布频率曲线

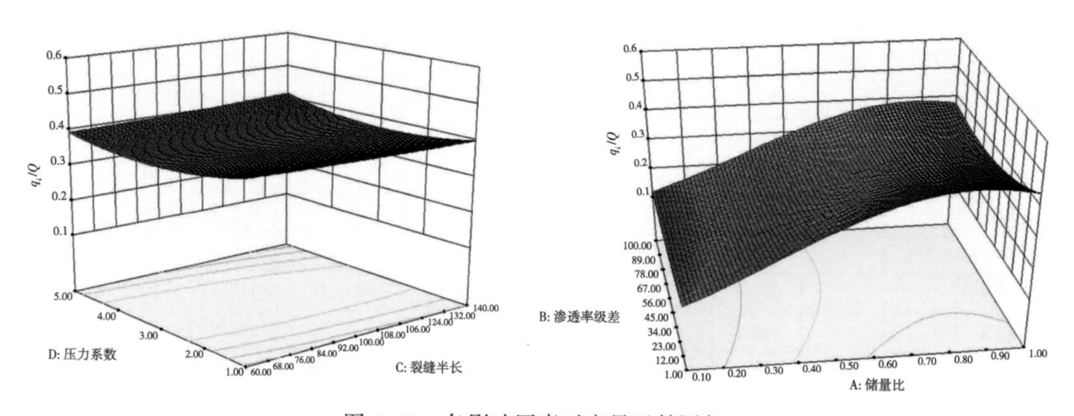

图5-61　各影响因素对产量贡献图版

二、水平井产能影响因素分析

在水平井产能评价模型基础上，通过经验分析和正交试验分析各因素对压裂水平井产能的影响程度、主次顺序，指出压裂水平井产能高低的主控因素，从而为水平井完井参数优化提供指导。

利用前文所建立的压裂水平井产能评价方法，分析不同因素对水平井产能的影响，具体包括：气层渗透率（A）、有效厚度（B）、井筒半径（C）、水井段长度（D）、裂缝条数（E）、裂缝半长（F）、裂缝导流能力（G）、裂缝污染表皮系数（H）和裂缝分布形式（I）。

苏里格气田为典型低孔隙度、低渗透率、低丰度气藏，储层孔隙度为5%~12 %，平均孔隙度为8.03%，常压空气渗透率为0.1~1.0mD，平均渗透率为0.36mD，含气饱和度为55%~65%，平均有效储层厚度为9.16 m。根据苏里格气田150口压裂水平井实钻资料统计结果，设计各因素的水平值见表5-17，并通过正交试验表L32（4^9）完成试验设计，各因素组合及试验结果见表5-18（压裂水平井的生产压差均为5.0MPa）。

表 5-17 正交试验因素及其水平值

水平值	试验因素								
	渗透率 mD	有效厚度 m	井筒半径 m	水平段长 m	裂缝条数 条	裂缝半长 m	导流能力 mD	裂缝污染表皮系数	裂缝分布形式
	A	B	C	D	E	F	G	H	I
1	0.1	5	0.05	300	3	50	200	0	均匀分布
2	0.25	10	0.075	700	4	100	300	1	跟端密、趾端稀
3	0.5	15	0.1	1100	5	150	400	2	中间稀、两端密
4	0.75	20	0.125	1500	6	200	500	3	趾端密、跟端稀

表 5-18 正交试验设计表（9 因素 4 水平）

试验序号	试验因素									试验结果
	A	B	C	D	E	F	G	H	I	产量，$10^4m^3/d$
1	1	1	1	1	1	1	1	1	1	0.6
2	1	2	2	2	2	2	2	2	2	1.12
3	1	3	3	3	3	3	3	3	3	1.36
4	1	4	4	4	4	4	4	4	4	1.47
5	2	1	1	2	2	3	3	4	4	0.77
6	2	2	2	1	1	4	4	3	3	1.81
7	2	3	3	4	4	1	1	2	2	5.2
8	2	4	4	3	3	2	2	1	1	12.7
9	3	1	2	3	4	1	2	3	4	2.1
10	3	2	1	4	3	2	1	4	3	3.42
11	3	3	4	1	2	3	4	1	2	10.86
12	3	4	3	2	1	4	3	2	1	11.41
13	4	1	2	4	3	3	4	2	1	5.76
14	4	2	1	3	4	4	3	1	2	21.15
15	4	3	4	2	1	1	2	4	3	6.21
16	4	4	3	1	2	2	1	3	4	9.38
17	1	1	4	1	4	2	3	2	3	0.45
18	1	2	3	2	3	1	4	1	4	1.75
19	1	3	2	3	2	4	1	4	1	1.02
20	1	4	1	4	1	3	2	3	2	1.92
21	2	1	4	2	3	4	1	3	2	1.03
22	2	2	3	1	4	3	2	4	1	1.38
23	2	3	2	4	1	2	3	1	4	11.1
24	2	4	1	3	2	1	4	2	3	5.91
25	3	1	3	3	1	2	4	4	2	1.6

续表

试验序号	试验因素									试验结果
	A	B	C	D	E	F	G	H	I	产量，$10^4m^3/d$
26	3	2	4	4	2	1	3	3	1	4.4
27	3	3	1	1	3	4	2	2	4	7.18
28	3	4	2	2	4	3	1	1	3	18.86
29	4	1	3	4	2	4	2	1	3	12.82
30	4	2	4	3	1	3	1	2	4	8.79
31	4	3	1	2	4	2	4	3	1	8.72
32	4	4	2	1	3	1	3	4	2	7.54

1. *极差分析*

利用前文介绍的方差分析法对试验结果进行分析，结果见表 5-19。由表 5-19 中极差值的大小可知影响压裂水平井产能大小因素的主次顺序为：A>H>B>F>G>E>C>I>C，即地层渗透率影响最大，裂缝污染表皮系数次之，再其次为地层有效厚度、裂缝半长、裂缝条数、裂缝导流能力、水平段长度，而井筒半径和裂缝分布形式对产量影响不明显。

表 5-19　极差分析结果表

试验序号	试验因素								
	A	B	C	D	E	F	G	H	I
*k*1	1.211	3.141	6.209	4.9	5.43	4.214	6.038	11.23	5.749
*k*2	4.988	5.478	6.164	6.234	5.785	6.061	5.679	5.728	6.303
*k*3	7.479	6.456	5.612	6.829	5.092	6.212	7.272	3.84	6.355
*k*4	10.046	8.649	5.739	5.761	7.416	7.236	4.735	2.926	5.317
极差 R	8.835	5.505	0.597	1.929	2.324	3.022	2.537	8.304	1.038
主次顺序	A > H > B > F > G > E > C > I > C								
最优水平	A_4	B_4	C_1	D_3	E_4	F_4	G_3	H_1	I_3
最优方案	$A_4B_4C_1D_3E_4F_4G_3H_1I_3$								

2. *方差分析*

根据方差分析法正交试验结果进行分析，结果见表 5-20。地层渗透率（A）和裂缝污染表皮系数（H）对产能的影响最为显著，其次是地层有效厚度（B）的影响较为显著，裂缝半长（F）、裂缝条数（E）、裂缝导流能力（G）和水平段长度（D）对产量有影响，但相对不明显，井筒半径和裂缝分布形式对产能影响也不显著。方差分析结果与极差分析结果一致。

通过上述研究可知，各因素对致密气藏压裂水平井产能大小的影响顺序依次为：地层渗透率、裂缝污染表皮系数、地层有效厚度、裂缝半长、裂缝条数、裂缝导流能力、水平段长度、井筒半径和裂缝分布形式，其中，地层渗透率、裂缝污染表皮系数和地层有效厚度对产能的影响尤为显著。

表 5-20　方差分析结果表

因素	偏差平方和	自由度	F 值	F 临界值	显著性
A	333.976	3	3.358	2.96	***
B	125.203	3	1.237	2.96	**
C	2.158	3	0.021	2.96	
D	15.915	3	0.157	2.96	
E	25.451	3	0.251	2.96	*
F	37.911	3	0.375	2.96	*
G	26.44	3	0.261	2.96	*
H	332.173	3	3.281	2.96	***
I	5.819	3	0.057	2.96	

三、矿场中影响产能的地质因素和工程因素

选取资料较为丰富的苏里格气田为主要研究区，以苏里格气田水平井为例，进行产能影响因素分析。

1. 地质因素

由苏里格气田钻完井资料可知，水平井水平段长度为1000m左右，有效储层钻遇率为60%左右，压裂段数一般跟有效储层长度相关，压裂间距主要为120~150m。苏里格气田多段压裂水平井开发情况下，考虑到压裂裂缝为水平井主要流动通道，而非射孔压裂井筒流入部分对水平井整体流动的贡献相对较小。如图 5-62 所示，压裂裂缝的产气能力是水平井产能决定性因素。因此，为了消除工程因素对水平井产能分析的影响，以便相对准确地分析地质因素对水平井产能的影响，在此定义：单裂缝平均日产气量（Q_g/N）、单条裂缝平均无阻流量（Q_{aof}/N）、单条裂缝平均控制储量（G/N）参数[15]。

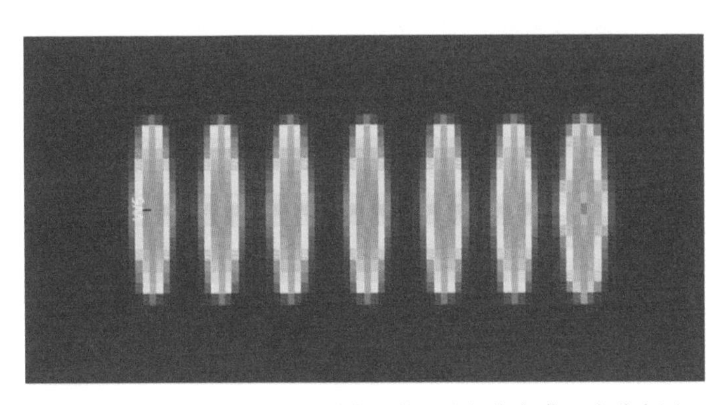

图 5-62　致密气藏多段压裂水平井开发初期气藏压力分布图

1）气层厚度

由图 5-63、图 5-64 可知，水平井无阻流量与单井动态控制储量均与气层厚度成较好相关性，且均随气层厚度的增大而增大，由此可以说明气层厚度是水平井产能的主要影响因素之一。

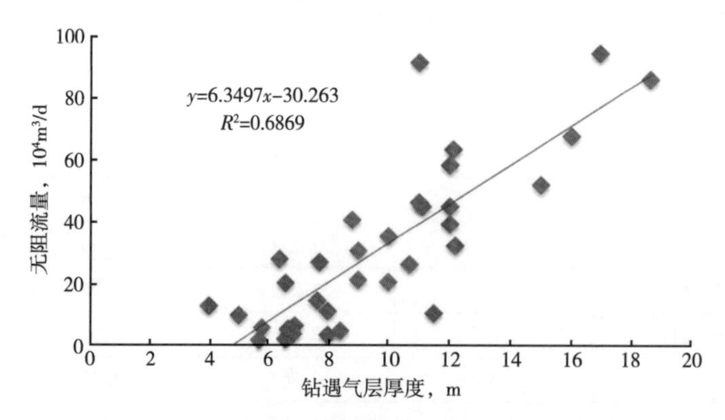

图 5-63　水平井无阻流量与气藏有效厚度关系图

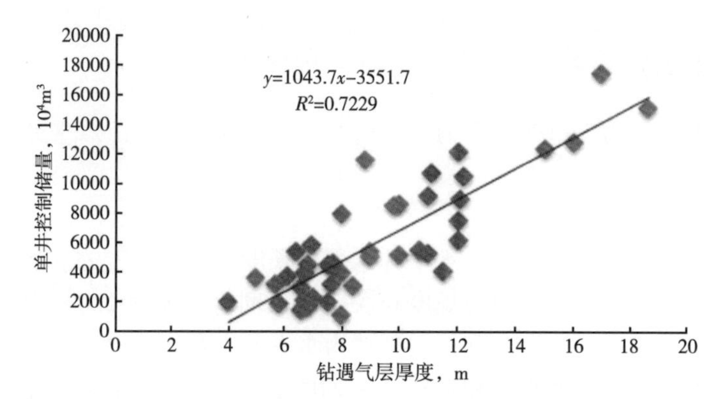

图 5-64　水平井单井控制储量与气藏有效厚度关系图

由图 5-65、图 5-66 可知，平均单条裂缝参数（日产气量、无阻流量、控制储量）与气层厚度的相关性更好，说明新定义的平均单裂缝参数能更好地反映地质因素对水平井产能的影响。水平井平均单裂缝参数均随气层厚度的增大而增大，进一步反映气层厚度是水平井产能的主要影响因素之一。

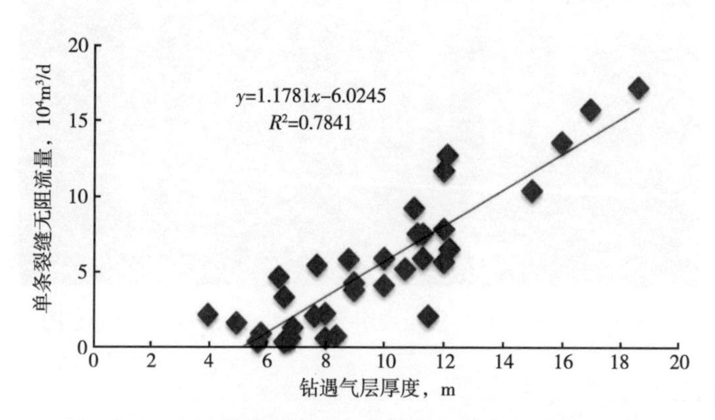

图 5-65　水平井单裂缝无阻流量与气藏有效厚度关系图

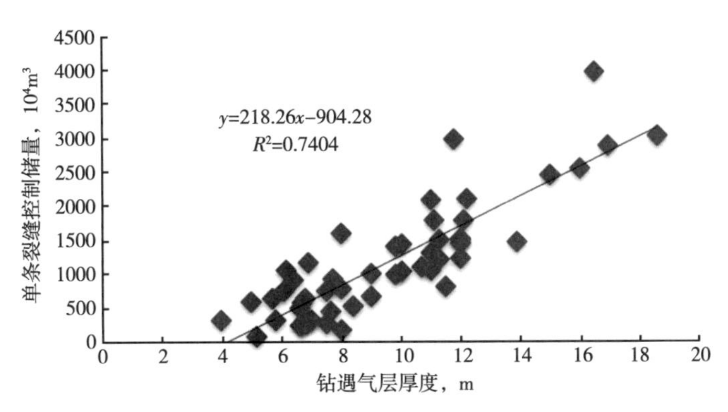

图 5-66 水平井单裂缝控制储量与气藏有效厚度关系图

2）孔隙度

由图 5-67 至图 5-69 可知，苏里格气田水平井钻遇气层孔隙度主要分布在 6%～10% 之间，总体变化幅度不大，所以气层孔隙度对单条裂缝参数（日产气量、无阻流量、控制储量）影响不明显。

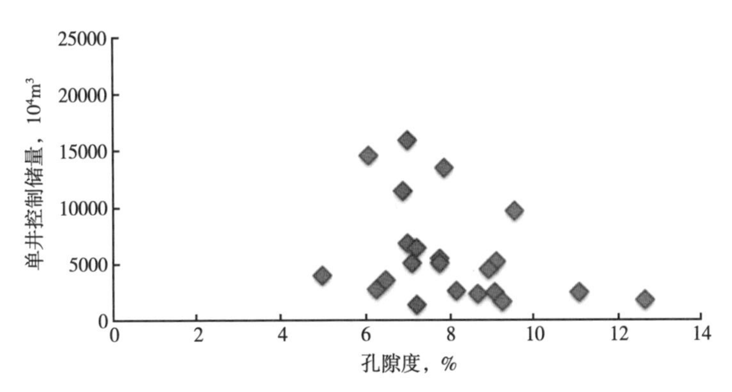

图 5-67 水平井单井控制储量与气层孔隙度关系图

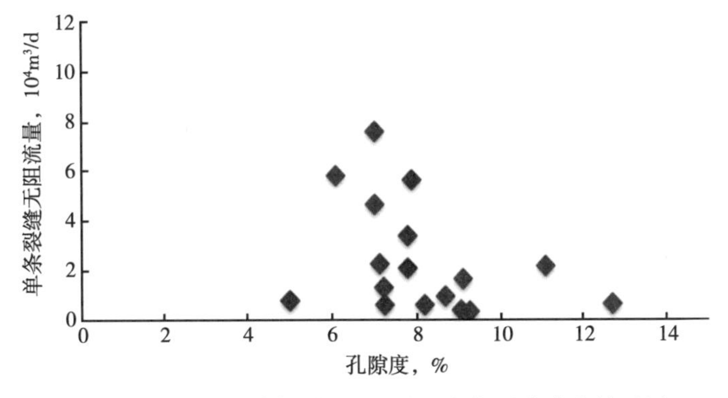

图 5-68 水平井单条裂缝无阻流量与气层孔隙度关系图

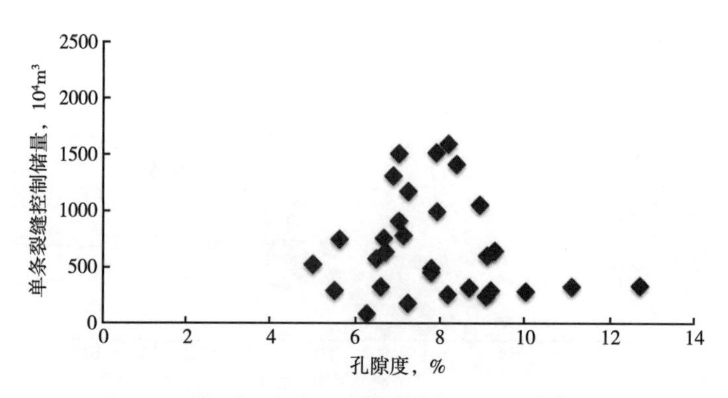

图 5-69　水平井单条裂缝控制储量与气层孔隙度关系图

3）渗透率

气层渗透率对水平井产能具有重要影响，但本次研究结果（图 5-70 至图 5-72）显示水平井单条裂缝参数（日产气量、无阻流量、控制储量）与渗透率的相关性较差，其一是由于苏里格气田储层非均质性强，水平井钻遇储层的渗透率变化较大，而分析中采用临近直井求得的水平井渗透率值与其真实值存在一定的误差，另外就是大规模水力压裂大幅改善了气体流动能力，使得气藏原始渗透率（基质渗透率）不再是水平井产能高低的决定性因素。

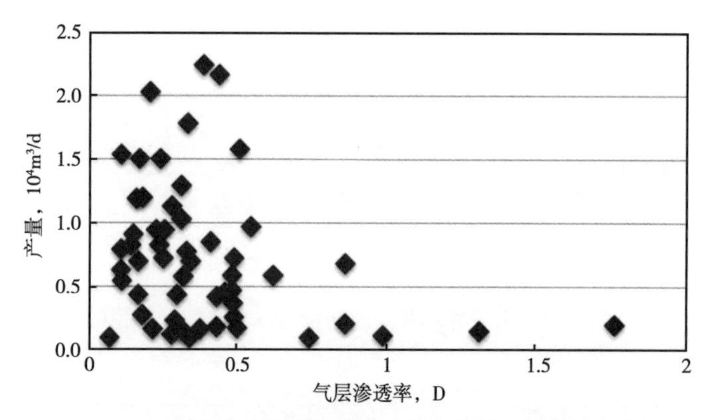

图 5-70　水平井单条裂缝平均产量与气层渗透率关系图

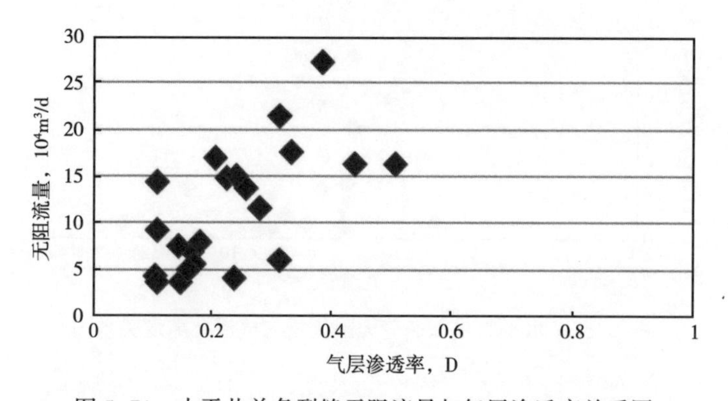

图 5-71　水平井单条裂缝无阻流量与气层渗透率关系图

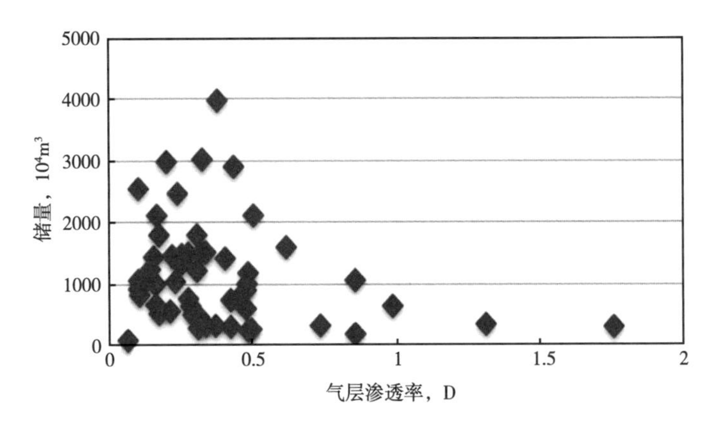

图 5-72 水平井单条裂缝控制储量与气层渗透率关系图

4）含气饱和度

由图 5-73 至图 5-75 可知，平均单条裂缝参数（日产气量、无阻流量、控制储量）与气层含气饱和度具有一定的相关性，且均随气层含气饱和度的增大而增大，由此可以说明气层含气饱和度是水平井产能的主要影响因素之一。

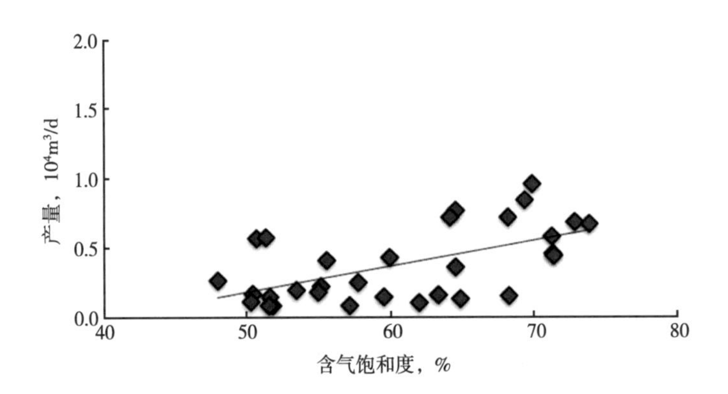

图 5-73 水平井单条裂缝平均产量与气层含气饱和度关系图

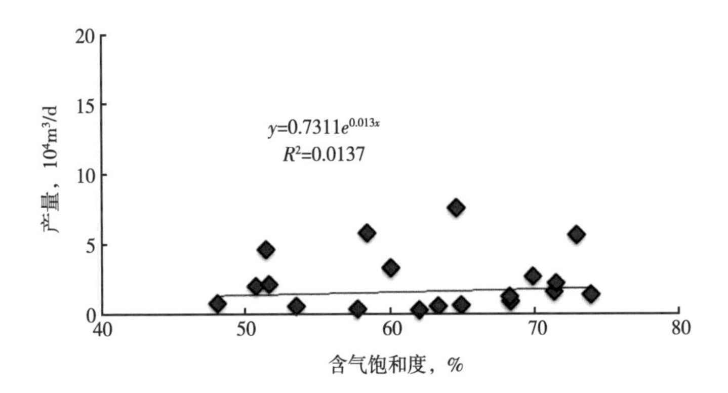

图 5-74 水平井单条裂缝无阻流量与气层含气饱和度关系图

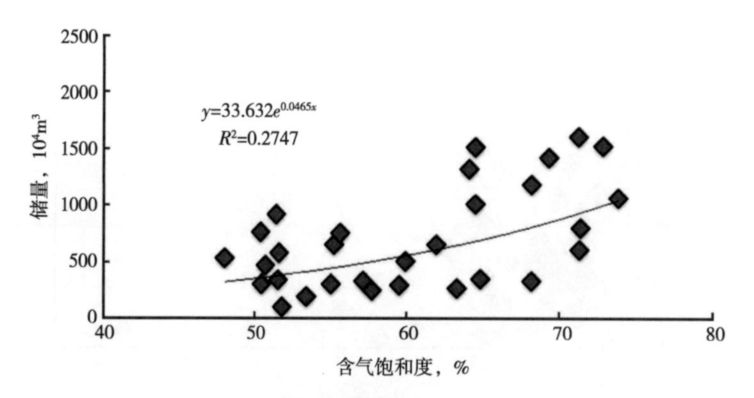

图 5-75　水平井单条裂缝控制储量与气层含气饱和度关系图

由水平井产能地质影响因素可知，气层厚度和含气饱和度对水平井产能的影响明显，而孔隙度的影响相对不明显。由于储层的非均质性及压裂改造的影响，渗透率的影响程度难以确定。

2. 工程因素

由水平井产能地质影响因素结果可知，气层厚度和含气饱和度对水平井产能影响明显，考虑到苏里格气田水平井钻遇气层含气饱和度为 65%~70%，变化范围较小，对水平井影响程度相对有限，因此在分析工程因素对水平井产能影响时，主要分析水平井长度、压裂段数、总加砂量和压裂液返排率各因素对单位地层厚度下水平井产能参数的影响，即对单位气层厚度日产气量（Q_g/h）、单位气层厚度无阻流量（Q_{aof}/h）与单位气层厚度控制储量（G/h）的影响。

1）水平段有效长度

由图 5-76 至图 5-77 及表 5-21 可知，单位气层厚度产能参数（产能、产量和储量）与水平井有效长度具有一定的正相关性，这两个参数随着有效长度的增大而增大，且有效水平段长度是达到一定产量和控制储量的必要条件。

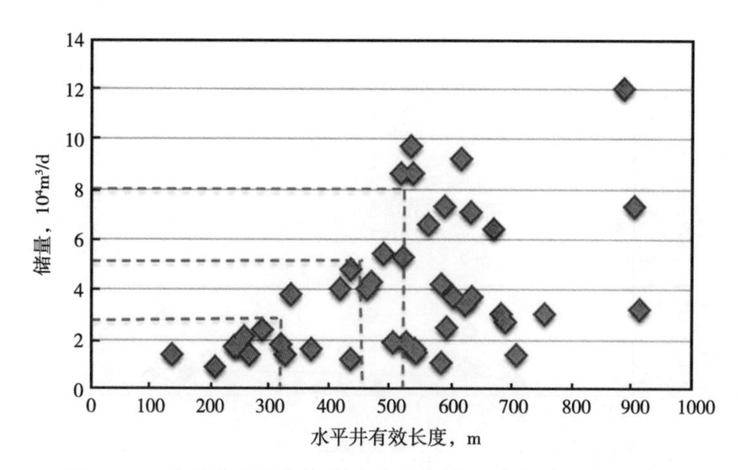

图 5-76　水平井单位气层厚度产量与水平井有效长度关系图

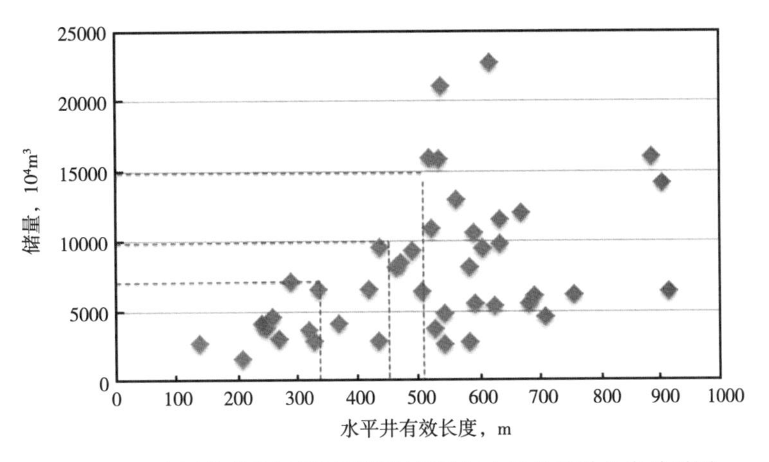

图 5-77 水平井单位气层厚度控制储量与水平井有效长度关系图

表 5-21 水平井日产气量、单井控制储量与钻遇气层长度统计表

产气量，$10^4m^3/d$	单井控制动态储量，10^4m^3	气层长度，m
>3	>6500	>336
>5	>10000	>451
>8	>15000	>519.4

2）压裂段数

由图 5-78 至图 5-80 可知，苏里格气田水平井大多压裂 4~8 段，单位气层厚度产能参数（产能、产量和储量）与水平井压裂段数总体成一定的正相关性，但相关性不明显，说明水平井存在最优裂缝段数，接近最优段数时，压裂段数的多少对水平井产能变化影响不大。因此根据水平井地质情况优化压裂参数（间距与段数）具有重要意义。

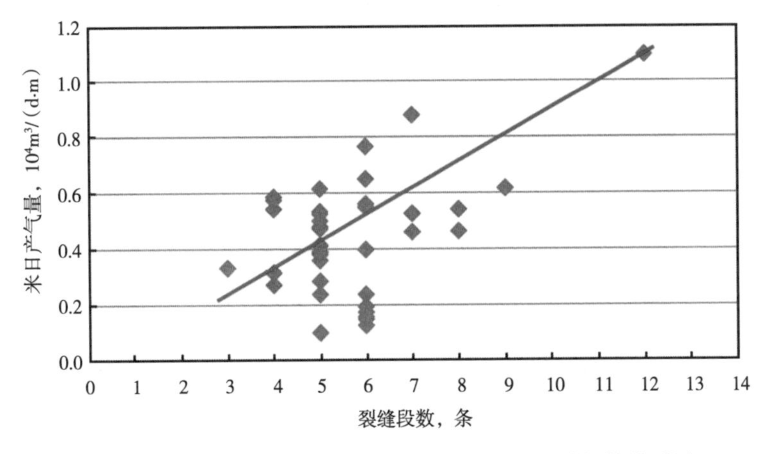

图 5-78 水平井单位气层厚度产量与水平井压裂段数关系图

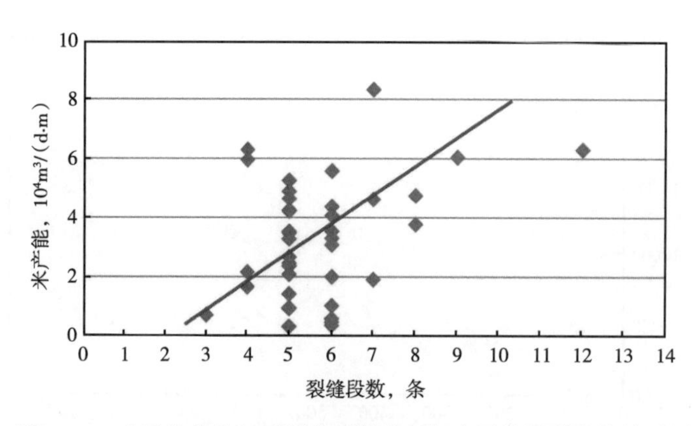

图 5-79　水平井单位气层厚度无阻流量与水平井压裂段数关系图

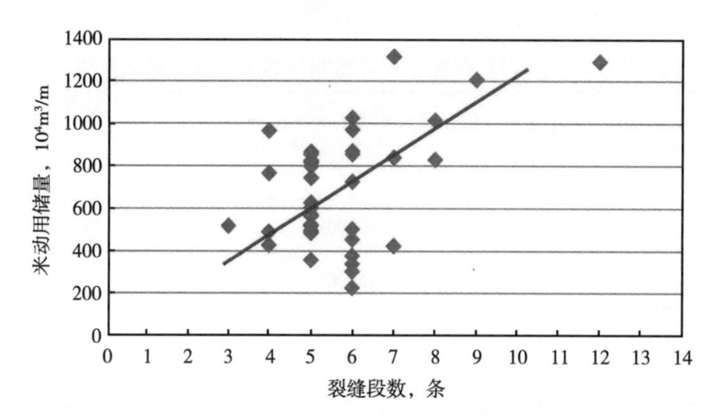

图 5-80　水平井单位气层厚度控制储量与水平井压裂段数关系图

3）总加砂量

由图 5-81 至图 5-83 可知，苏 53 区块水平井单位气层厚度产能参数（产能、产量和储量）与水平井压裂总加砂量成较好的正相关性，特别是对水平井产量和控制储量有重要影响。因此，在经济技术条件允许的前提下，适当加大加砂规模，对提高水平井产能具有重要意义。

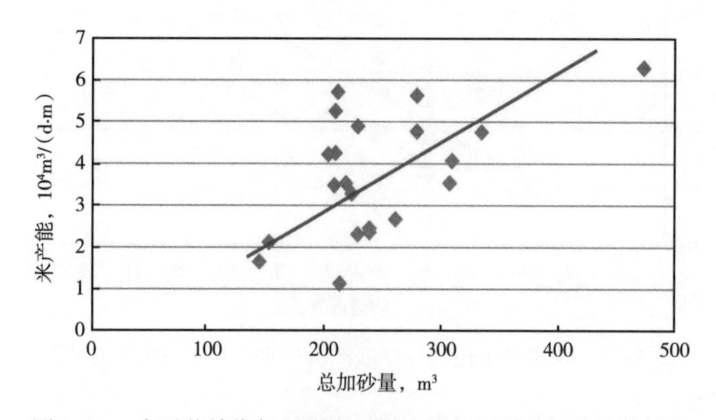

图 5-81　水平井单位气层厚度无阻流量与压裂总加砂量关系图

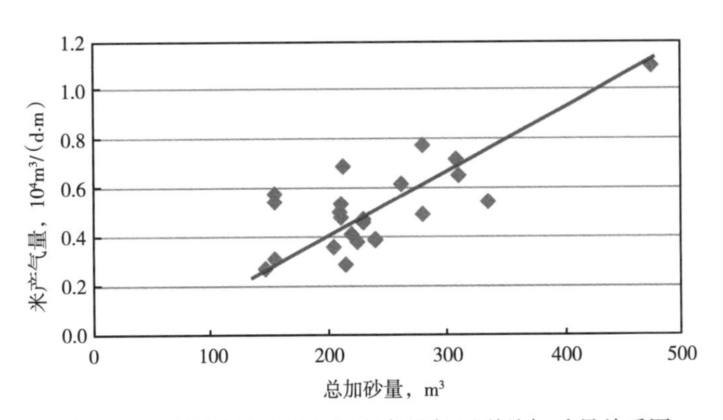

图 5-82 水平井单位气层厚度产量与压裂总加砂量关系图

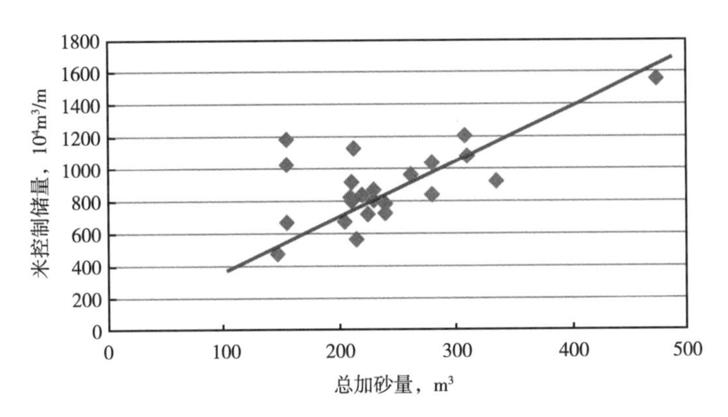

图 5-83 水平井单位气层厚度控制储量与压裂总加砂量关系图

4）压裂液返排率

根据苏里格气田某区块压裂水平井资料，在水平段长度 801~1002m，有效长度 330~850m，压裂 5 段情况下，由图 5-84 至图 5-86 可知，水平井单位气层厚度产能参数（产能、产量和储量）与压裂液返排率相关性不明显，返排率对气井产能影响还需进一步研究。

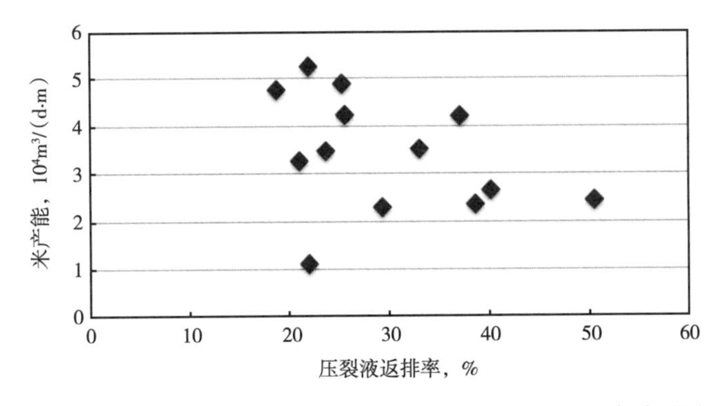

图 5-84 水平井单位气层厚度无阻流量与压裂液返排率关系图

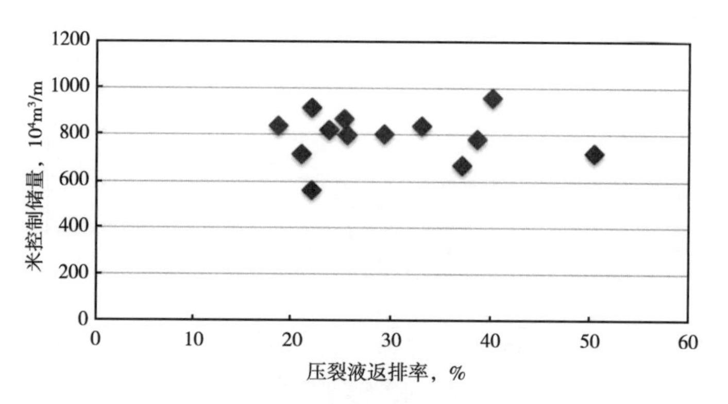

图 5-85 水平井单位气层厚度控制储量与压裂液返排率关系图

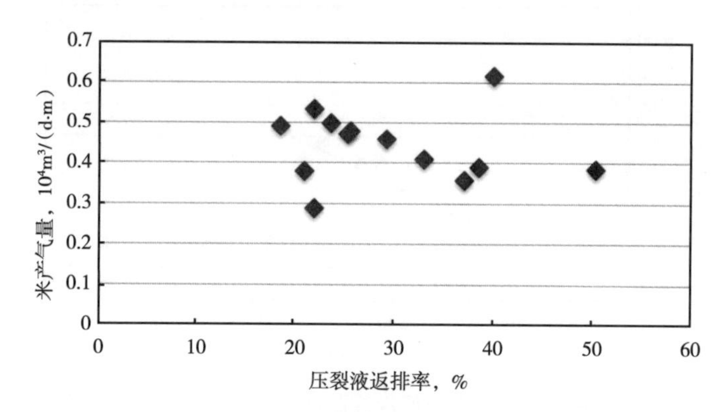

图 5-86 水平井单位气层厚度产量与压裂液返排率关系图

总之，根据苏里格气田水平井已有的地质、钻完井和生产动态资料，从地质和工程的角度分析了水平井产能影响因素，气层厚度和含气饱和度对水平井产能影响明显，孔隙度的影响不明显；水平井有效长度、压裂段数和压裂规模对水平井产能有影响，特别是压裂规模对水平井单井控制储量影响极为明显。因此，在经济技术条件允许的前提下，优化压裂参数、适当加大加砂规模，对提高水平井产能具有重要意义。

参考文献

[1] Klinkenberg L J. The Permeability of Porous Media To Liquids And Gases [J]. Socar Proceedings, 1941, 2 (2): 200-213.

[2] 叶礼友，高树生，熊伟，等. 储层压力条件下低渗砂岩气藏气体渗流特征 [J]. 复杂油气藏，2011, 04 (1): 59-62.

[3] 李奇，高树生，叶礼友，等. 致密砂岩气藏渗流机理及开发技术 [J]. 科学技术与工程，2014, 14 (34): 79-87.

[4] 罗瑞兰，程林松，朱华银，等. 研究低渗气藏气体滑脱效应需注意的问题 [J]. 天然气工业，2007, 27 (4): 92-94.

[5] Forchheimer P. Wasserbewegung durch boden [J]. Z Ver Deutsch Ing, 1901, 45: 1782-1788.

[6] Firoozabadi A, Katz D. An Analysis of High-Velocity Gas Flow Through Porous Media [J]. Journal of Pe-

troleum Technology，1979，25（10）：1155-1156.

[7] 张烈辉，朱水桥，王坤，等．高速气体非达西渗流数学模型［J］．新疆石油地质，2004，25（2）：165-167.

[8] Geertsma J. The Effect of Fluid Pressure Decline on Volumetric Changes of Porous Rocks［J］．1957，210（12）：331-340.

[9] 李传亮．低渗透储层不存在强应力敏感［J］．石油钻采工艺，2005，27（4）：61-63.

[10] 李传亮．渗透率的应力敏感性分析方法［J］．新疆石油地质，2006，27（3）：348-350.

[11] 位云生，贾爱林，何东博，等．致密气藏多级压裂水平井产能预测新方法［J］．天然气地球科学，2016，27（6）：1101-1109.

[12] 陈元千．确定气井绝对无阻流童的简单方法［J］．天然气工业，1987（1）：1-5.

[13] 赵继承，苟宏刚，周立辉，等．“单点法”产能试井在苏里格气田的应用［J］．特种油气藏，2006，13（3）：63-65.

[14] 吕志凯，冀光，位云生，等．致密气藏水平井产能图版及应用［J］．特种油气藏，2014，21（6）：105-108.

[15] 李波，贾爱林，何东博，等．苏里格气田强非均质性致密气藏水平井产能评价［J］．天然气地球科学，2015，26（3）：539-549.

第六章　致密气储层改造技术

储层改造是致密气获得高产和稳产的关键技术。近年来，改造工艺技术的突破和大规模应用，特别是水平井及分段压裂技术极大地推动了致密气资源的高效开发。依托国家和中国石油天然气股份有限公司的课题，中国石油开展了致密气改造技术攻关，针对中国致密气地质条件的特殊性，研究了储层水力裂缝扩展机理，形成了优化设计理念和方法，攻关并配套了直井分层压裂和水平井分段压裂工具系列和技术体系，研发了 5 套压裂液体系，发展和应用了水力裂缝测斜仪诊断技术和微地震监测技术及两套压后评估关键技术。通过一系列的技术攻关和现场实践，有力地支撑了致密气的增储上产；形成的技术成果对其他的油气藏改造也具有较好的借鉴和指导作用。

第一节　致密储层水力压裂裂缝扩展特征

裂缝起裂与延伸规律认识是布井和压裂的基础。当前对裂缝扩展形态的研究，主要有大型矿场试验（Mineback）[1]、微地震等裂缝诊断技术[2]、室内水力压裂物模实验技术[3,4]三类。矿场解剖法虽然能够直观地观察水力裂缝形态，但由于其工作量巨大和实际储层条件的制约，无法开展系统性的研究。微地震、光纤等裂缝诊断技术近年来进步明显，在现场得到了一定程度的应用，但由于监测精度、成本等方面的原因在短期内还难以做到普及，对裂缝延伸规律特征无法进行规律性的统计分析。基于上述背景，积极开展室内水力压裂物理模拟实验就显得尤为重要。

一、大尺度水力压裂物理模拟实验技术概述

全三维水力压裂物模实验技术是业界公认的研究裂缝起裂延伸机理的有效科研手段。利用人工样品或天然岩样开展室内压裂实验，可以将现场施工井、储层“搬进”实验室，直观地揭示不同地质条件下裂缝起裂与延伸规律，为现场工艺优化设计提供有效指导。国内外相关研究机构开展了大量物模实验研究工作[5]，但样品尺度较小，主要集中在 300mm×300mm×30mm 的尺度范围。目前中国石油拥有国内唯一一套大尺度水力压裂物模实验系统。该系统建于 2011 年，是中国石油储层改造实验室的标志性设备之一，可以针对大岩块（762mm×762mm×914mm）开展全三维应力加载水力压裂实验。岩样尺度的大型化不仅可以降低裂缝起裂瞬间的爆破效应，还可以有效地降低岩石的边界效应。通过该装置可以开展裂缝起裂研究、复杂裂缝系统压裂、酸压模拟研究、射孔模拟研究等领域的研究工作。

实验系统主要功能部件包括应力加载框架、围压加载系统、井筒注入系统、数据采集及控制系统和声发射监测系统（图 6-1）。主要性能参数如下：最大加载应力 69MPa（10000psi）；最大水平主应力差 14MPa（2000psi）；孔隙压力可达 20MPa（2900psi）；井

筒注入压力可达69MPa（10000psi）；最大井眼流量12L/min（3gpm）；实时声波监测传感器数量24支。

该实验装置的主要技术特点有：（1）垂向应力加压方式：可采用千斤顶液压加压和加压板水力加压两种方式；（2）可采用水平分层加压，最多可分三层独立加压，可以模拟多层应力压裂和目的层上下有应力遮挡的水力压裂；（3）配备有先进的实时声波监测系统，采用德国Vallen系统采集声波数据，TerraTek提供数据处理分析软件，通过被动声波监听，对声波事件进行实时定位，从而解释裂缝起裂和延伸；（4）带有孔隙加压系统，能够模拟地层孔隙压力，对研究地层孔隙压力对水力压裂的影响具有重要意义。

为了有效地指导致密气储层改造工艺优化设计，近年来应用致密砂岩气层露头（鄂尔多斯盆地山2段砂岩、盒8段砂岩，塔里木盆地库车地区裂缝性砂岩）开展了大尺度压裂物模实验，直观观察裂缝延伸形态，对比分析了裂缝形态复杂化的地质和工程因素。

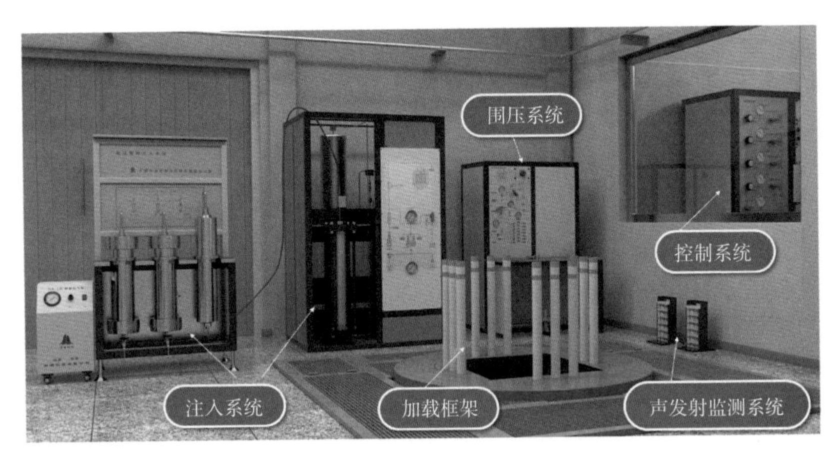

图6-1 大型水力压裂物理模拟实验系统（762mm×762mm×914mm）

二、盒8段、山2段储层水力裂缝扩展形态分析

为了直观揭示盒8段、山2段两类致密气储层中的水力裂缝形态，指导鄂尔多斯盆地致密气储层的压裂工艺优化设计，特选取盒8段、山2段大尺度露头样品开展水力压裂物模实验。图6-2为两类储层的天然露头，取样地点为山西省柳林县成家庄镇，从图中可以

(a)

(b)

图6-2 盒8段、山2段天然露头照片

看出盒8段储层砂岩较致密、且无明显的天然裂缝发育，而山2段储层砂岩则存在明显的多条天然微裂缝。因此上述两类储层地质条件的差异性为研究不同地质条件对水力裂缝形态的影响提供了较好的对比样本。

为了论证两类储层形成复杂裂缝形态的可能性及优化体积压裂工艺技术，本研究采用黏度为3mPa·s的滑溜水，大排量泵注。同时利用声发射监测技术对裂缝扩展动态进行实时监测。实验结束后采用绳锯切割技术对样品进行切片解剖，观察实际裂缝形态。

实验结果表明（图6-3），盒8段岩样内部形成一条沿着单一主应力方向扩展的水力裂缝，裂缝形态单一，同时实验过程中排量保持在60~120mL/min，施工净压力3.5MPa且保持平稳，符合单一裂缝形态延伸规律。声发射监测结果进一步揭示了该类储层的裂缝扩展特征（图6-4）：侧视图显示为裂缝形态为一条直线扩展（即单一垂直裂缝形态），略向北偏移；俯视图显示为单一裂缝从井筒起裂后垂直扩展，在接近底部边界处时，受到边界效应和底部应力场扰动的影响，裂缝延伸轨迹发生偏转，但整体形态仍为单一裂缝。因此，虽然两向水平应力差值为0，但由于储层的致密性，无天然裂缝发育，形成的水力裂缝仍然为单一缝，由此可见天然裂缝存在是水力压裂形成复杂缝网系统的重要前提。

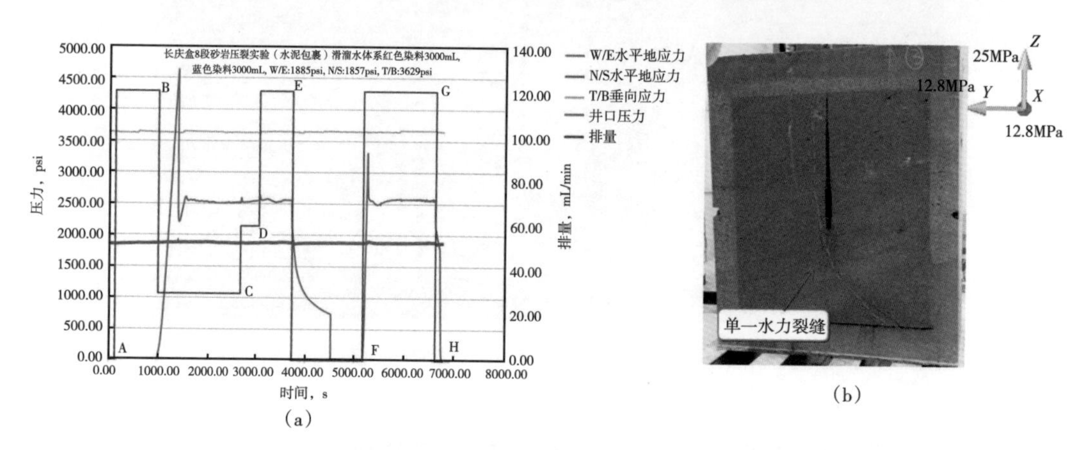

（a）　（b）

图6-3　盒8段储层水力压裂泵注曲线（a）及实际裂缝形态（b）

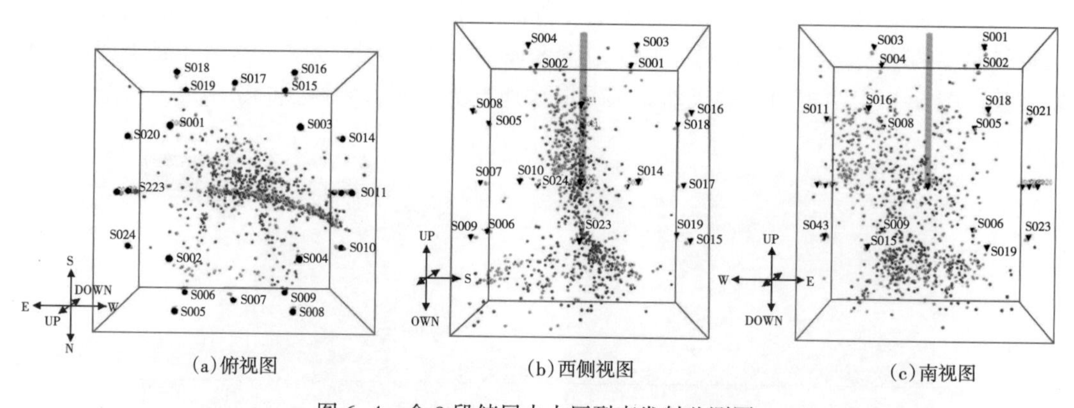

（a）俯视图　（b）西侧视图　（c）南视图

图6-4　盒8段储层水力压裂声发射监测图

图6-5所示为山2段储层大型物模压裂实验结果，山2段储层中天然裂缝较为发育，两向水平应力差值较大，为11.2MPa，从结果可以看出水力裂缝穿过多条天然裂缝，仍然

只形成一条垂直与最小水平主应力方向的水力裂缝。与盒 8 段储层的裂缝延伸压力相比，山 2 段储层的裂缝延伸压力较小，基本接近于最小水平主应力，即裂缝扩展所需净压力非常小，因此压裂液难进入天然裂缝，形态单一。声发射监测结果（图 6-6）进一步揭示了该类储层的裂缝扩展特征：侧视图显示形成向东侧非对称扩展的单一水平裂缝面，向下略有倾斜；俯视图显示向东北侧平面扩展，整个实验过程中，在天然裂缝周围并未有声发射事件点，表明在实验过程中和结束后并未有天然裂缝的开启和闭合。

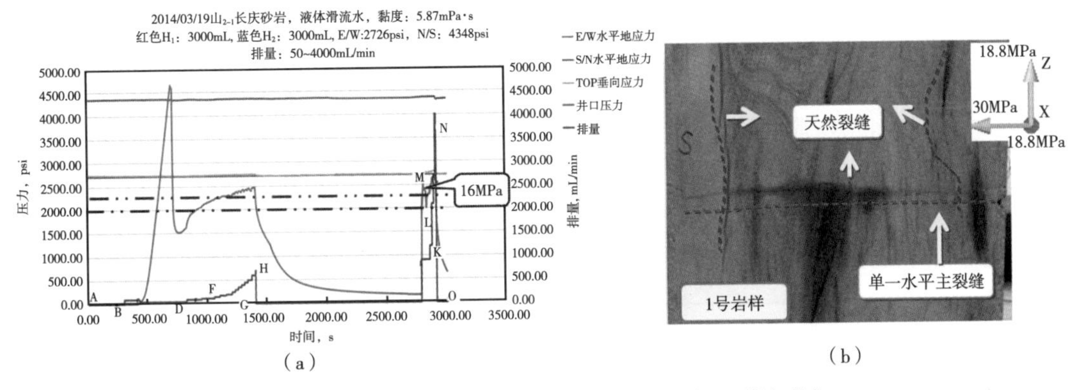

（a）　　　　（b）

图 6-5　山 2 段储层水力压裂泵注曲线（a）及实际裂缝形态（b）

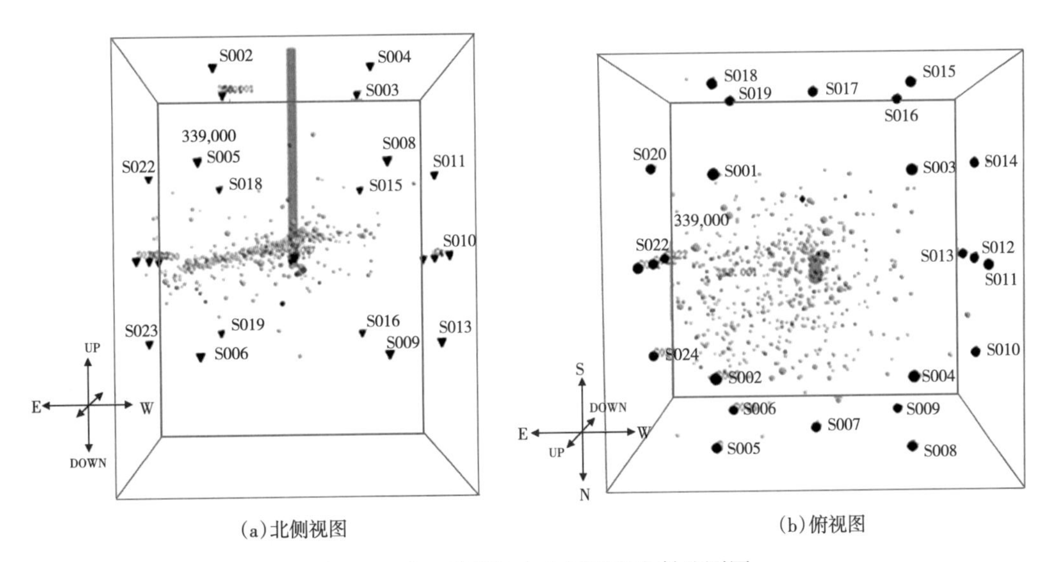

(a)北侧视图　　　　(b)俯视图

图 6-6　山 2 段储层水力压裂声发射监测图

因此即便有天然裂缝的存在，但由于水平地应力差及储层岩石物性的原因，压裂液仍然无法进入天然裂缝中，水力裂缝形态仍然十分单一。可见，并不是任何天然裂缝发育的储层就能够形成复杂水力裂缝形态，施工净压力及三向地应力场也是很重要的因素。针对天然裂缝发育储层进行的体积改造，压裂设计必须要以最大限度地提高施工净压力为核心，才能最大限度地实现水力裂缝与天然裂缝的沟通。需要指出的是，这里所指的施工净压力并不是施工压力与最小水平主应力的差值，还应结合水平应力差进行综合考虑，具体可以借鉴 Beugelsdijk 提出的无因次净压力[6]的概念。

三、裂缝性砂岩气层纤维暂堵工艺可行性分析

如前所述针对裂缝性致密气藏，可通过增大施工排量、提高施工净压力的方式使得天然裂缝开启，达到造复杂缝的目的。但受储层岩石物性的影响，单纯提高施工排量往往效果并不理想，因此为了实现水力裂缝与天然裂缝的有效沟通，提高储层改造程度，经常采用纤维暂堵复合压裂的工艺设计思路。在水力压裂过程中，通过暂堵老缝，起裂新缝或沟通更多天然裂缝的方式，形成复杂裂缝系统。本节利用塔里木库车山前裂缝性砂岩气藏的露头，开展纤维暂堵压裂大物模实验4次，研究纤维量、泵注压力对人工裂缝转向形态的影响，同时模拟直井分层压裂，考察双射孔段、纤维暂堵条件下的多裂缝起裂形态，以期为该工艺技术的有效实施提供实验依据。

实验结果（图6-7至图6-10）显示，合理的纤维量决定了暂堵压裂的效果。液量过多或过少都不利于形成转向裂缝，纤维过多会造成射孔段的完全堵塞，而无法起裂新缝（图6-7）；而纤维过少，会导致封堵不充分而无法达到转向效果（图6-9）。

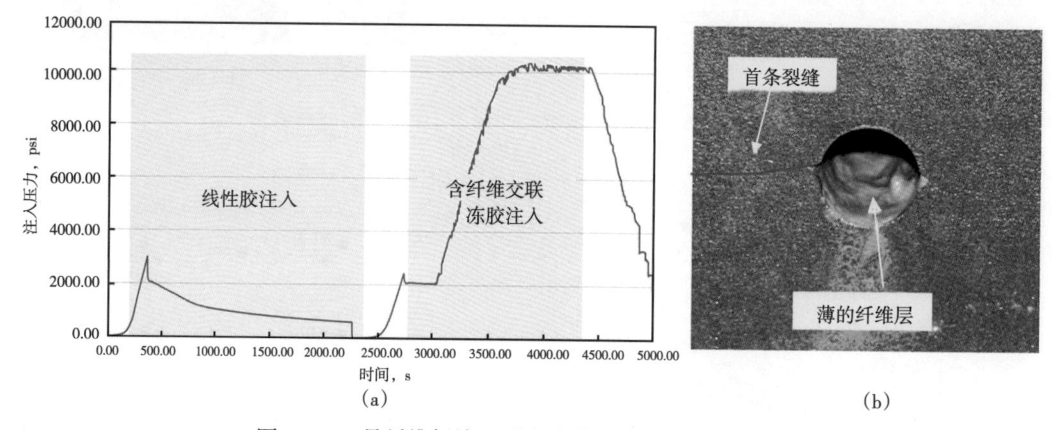

图6-7　1号纤维暂堵压裂实验曲线（a）与结果（b）

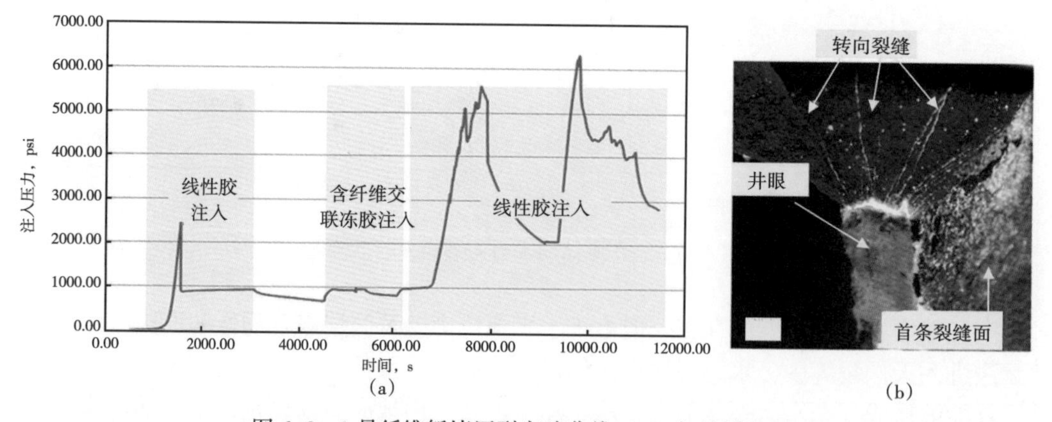

图6-8　2号纤维暂堵压裂实验曲线（a）与结果（b）

图6-8所示实验中，纤维量设计合理会有效封堵主缝，同时造成其他方向裂缝的依次有效开启。

图6-10所示实验表明，通过多段射孔+纤维暂堵的压裂方式，可以实现无封隔器条件

下垂向上多射孔段处裂缝的依次起裂，达到提高垂向上改造程度的目的。

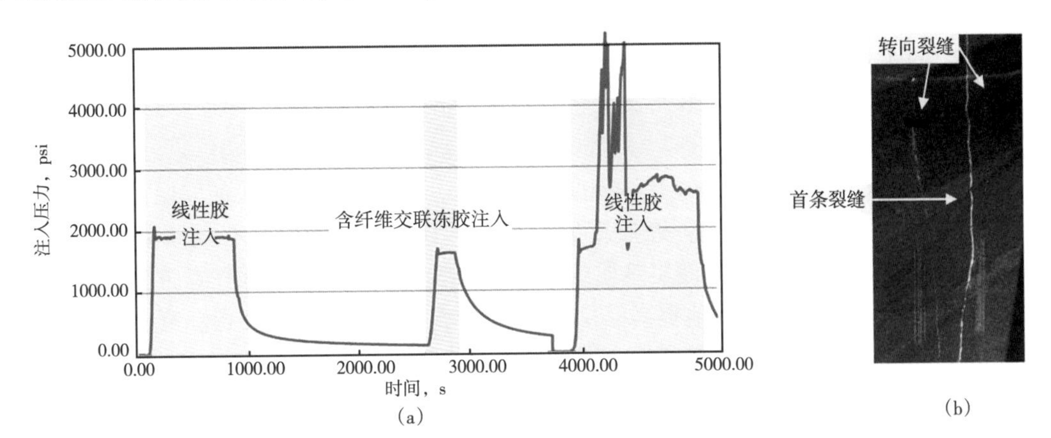

图 6-9 3 号纤维暂堵压裂实验曲线（a）与结果（b）

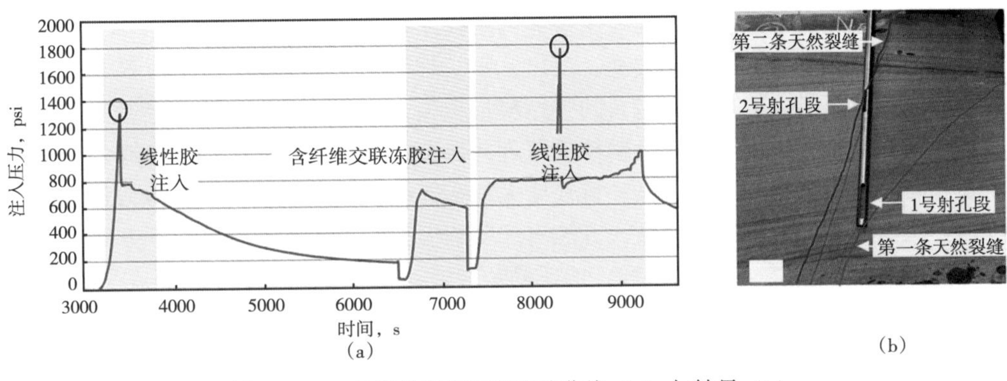

图 6-10 4 号纤维暂堵压裂实验曲线（a）与结果（b）

第二节 压裂优化设计理念与方法

压裂优化设计是在给定的油气层地质、开发与工程条件下，借助气藏产能模拟模型、水力裂缝扩展模拟模型与经济模型等计算软件，反复模拟评价形成的裂缝形态、产能及不同经济效益，从中选出能实现投入少、产出多的压裂设计方案，用以指导现场施工作业，并作为检验施工质量、评价压裂效果的依据。随着目标储层地质条件的变化，储层改造工艺技术的进步和配套工具的发展，压裂优化设计的理念与方法也相应地发生变化，但其目标都是为实现储层的有效和高效动用，使其产量和经济效益最大化。

一、压裂优化设计理念

国内外在致密气储层改造技术都是在常规低渗透储层压裂的基础上发展而来的，也几乎走过了相同的几个阶段。以苏里格气田为代表，基本发展历程与国外一致，总体可分为小规模笼统压裂、大规模压裂探索、单层适度规模压裂、直井多层分压合采和水平井分段压裂 5 个发展阶段。2006 年以来，直井分层和水平井分段改造技术获得突破，以苏里格、须家河为代表的致密气藏获得了有效开发，单井产量大幅提升。北美页岩气开发取得了突破，不仅大幅提升了非常规气的产量，改变了世界能源格局，还推动了储层改造技术的进步[7]。水平井钻井技术、水平井体积改造技术、微地震实时诊断技术已成为北美实现“页岩气革命”的三大关键技术，国内各大油气田也开始借鉴国外体积改造的成功经验，开始了对致密气藏的探索研究，由此带来了致密气藏改造理念的转变。

1. 体积改造

该处的体积改造指狭义上的“体积改造”技术，即通过压裂手段使储层产生网络裂缝的改造技术，其相应的定义是：通过压裂的方式将具有渗流能力的有效储集体“打碎”，形成裂缝网络，使裂缝壁面与储层基质的接触面积最大，使得油气从任意方向由基质向裂缝的渗流距离“最短”，极大地提高储层整体渗透率，实现对储层在长、宽、高三维方向的“立体改造”，大幅提高单井产量，提高气藏最终采收率[8-10]。

体积压裂技术模式的实施是基于其相应的地质特征，天然裂缝发育程度和与人工裂缝扩展的相对方位、最大水平主应力与最小水平主应力的应力差、岩石脆性等是影响体积压裂的关键因素[10]。天然裂缝与人工裂缝相互沟通，能够较大程度地增加裂缝的复杂程度；水平两向应力差是沟通天然裂缝与人工裂缝的主控因素之一，两向应力差较小，有利于裂缝转向、弯曲等，较易形成复杂裂缝，反之，则较难形成复杂裂缝；此外，高岩石脆性是保持剪切裂缝导流能力的关键，岩石的弹性模量越高，岩石越坚硬，脆性指数越高，越易产生剪切破坏，易形成剪切裂缝及粗糙的节理并保持张开状态和一定的导流能力。

随着储层改造技术的不断发展，旨在增大致密气藏改造体积的水平井分段压裂设计理念也随之发生变化，概念更加清晰，方法更加明确。关键的设计理念有以下方面[10]。

1）优化缝间距，利用缝间干扰，形成复杂裂缝

对于双翼对称缝而言，缝间距的优化即为簇间距优化。在具体的优化设计中，需通过数值模拟首先确定簇间距，然后根据簇间距确定分簇数，再根据分簇数确定每次压裂段的长度，进而根据水平段的长度来确定每口井压裂段数。

M. J. Mayerhofer 等的研究表明，裂缝间距对采收率影响很大，间距越小，采收率越高（图6-11）。例如，当渗透率为0.0001mD时，将裂缝间距设定为8m，仍然可以大幅增加产量，因此，当预期采收率和废弃时间确定后，即可根据数值模拟来确定最佳缝间距。国

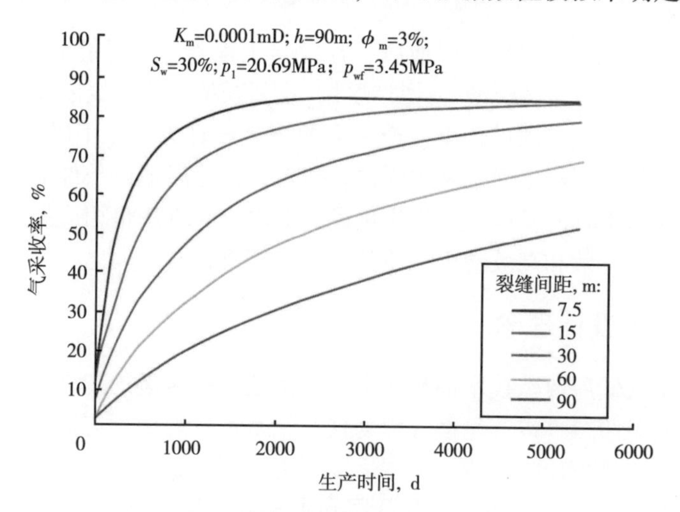

图6-11　不同裂缝间距条件下气藏采收率

内外研究表明，如果考虑利用缝间干扰，缝间距一般应选择小于30m（图6-12）。在北美现场实际应用中，压裂段长从80~100m逐渐缩短到40~60m，是对该研究成果具体应用的最好体现。

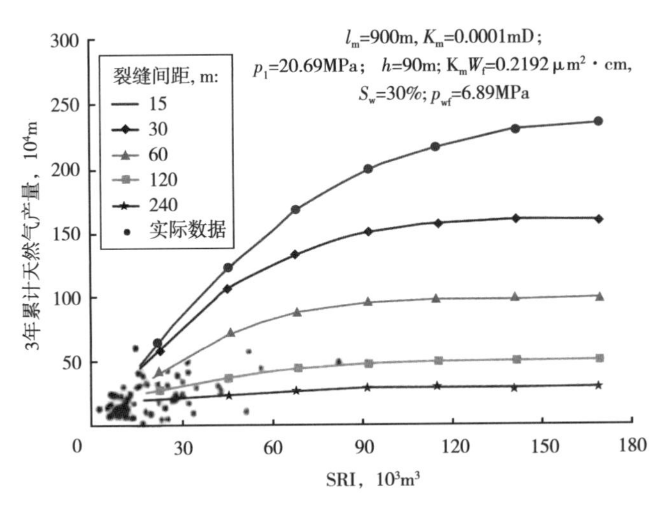

图6-12 最优簇间距优化模拟结果

2）非均匀布簇，提高“甜点”改造效率

早期的水平井分段改造是根据避免缝间干扰的理念，采用单簇射孔，大跨度段间距射孔和压裂，且大多采用均匀布段的模式。近期研究与实践表明，高产水平井中有产量贡献的射孔簇通常多于邻井，高产水平井有产量贡献的射孔簇大于80%，而低产井中有产量贡献的射孔簇小于65 %，甚至仅占30%。可见优化射孔簇的位置及分簇数对改善措施效果影响巨大，因此提出了非均匀布段（簇）的设计理念。采用非均匀布段（簇）的设计理念优选射孔段位置的依据主要有层段应力低、天然裂缝发育、高脆性、气显示好等。

3）优化支撑剂铺置模式，提高改造效果

在支撑剂总量一定时，如果裂缝复杂性增加，平均支撑剂浓度就会降低，从而导致裂缝导流能力下降，支撑剂嵌入效应增加。对于常压和相对硬地层而言，支撑剂强度、支撑剂粒径及防嵌入能力是低浓度支撑剂保持导流能力的关键因素；对于高压或较软地层而言，当支撑剂浓度较低时，应力集中、支撑剂破碎及嵌入会导致裂缝有效支撑不够而影响改造效果。因此，不同缝网特征需要不同的支撑剂铺置方式来支撑。

4）低脆性指数地层实现体积改造的设计新理念

对于脆性指数较高的地层，滑溜水、高排量、低砂比、段塞注入等压裂技术已经成为主体改造技术。但要实现脆性较低储层的体积改造，改造理念上必须突破传统的采用高黏度液体形成高导流长缝的设计模式。

加密分簇技术通过在恒定水平段内设计更多的分簇，使得簇间距更小，单段压裂时的簇数更多，通过更密的人工裂缝，利用更有效的缝间应力干扰来形成人工缝网，实现进一步提高裂缝与地层接触面积的目标。

多次停泵注入模式，即在致密气藏的体积改造中，由于采用的是滑溜水、大排量、低砂比压裂，裂缝的起裂扩展呈现复杂网状裂缝形态，液体的流动通道比较容易建立，多次停泵后的重新起泵难度不大，裂缝的重新起裂与延伸比较容易，且更易转向并产生复杂裂缝，效果更好。实现该技术的具体做法是：先对目标井进行初次压裂，停泵一段时间，然后进行第二次压裂，之后再停泵一段时间；如此往复，重复实施压裂，并多次停泵。该技术能够充分利用缝间干扰理论形成复杂裂缝。如果多次停泵再起泵使得已经进液的储集层发生应力场的改变（应力重定向），那么后续压裂产生的裂缝将不同于初次压裂形成的裂缝，会在新的位置和方向上起裂，从而在原始裂缝、诱导裂缝、天然裂缝及层理的共同“作用”下形成复杂裂缝网络，达到较好的增产效果；如果应力场的改变不足以产生裂缝转向，则后续压裂泵入的支撑剂将在初次压裂形成的砂桥上进一步沉积或延展，也能够大幅提高支撑剂导流能力从而改善增产效果。

2. 体积改造实施手段——多层多段改造

致密气藏的增产改造设计理念注重“多层或多段改造”油气藏，已经从简单的单井单层压裂发展到多层多段“改造”油气藏，直井压裂立足多层有效控制和动用，水平井采用长井段多段压裂，并在地质条件具备的情况下，如人工裂缝方位与砂体展布特征有利、砂体平面上连续性好、气层厚度较大等，开展大规模压裂，使裂缝最大化接触油气藏，以期获得最大泄流能力，尽可能地提高单井产量。

多层压裂的目的主要是提高纵向上的小层动用程度，多层压裂的主要技术方法包括连续油管分层压裂、封隔器分层压裂、套管滑套分层压裂等。分层压裂时着重考虑的因素主要有层数、隔层厚度及各层应力差。国外直井分压技术以连续油管加跨隔式封隔器分压技术为主，单井可连续分压10~20层，一次排液，在Jonah气田运用连续油管压裂技术，能够在36h内完成11级水力压裂施工，将施工时间由35d缩短至4d，同时产量增加90%以上。国内以苏里格气田为例，纵向上普遍发育多套含气层系，一井多层比例高，其中中区、西区以2~3层为主，东区以3~4层为主，5层以上比例为10.3%，一井多层比例达80%以上，纵向上充分动用多层系开发是提高单井产量的主要手段。随着分压层数的增加，单井产量也大幅提升（图6-13）。

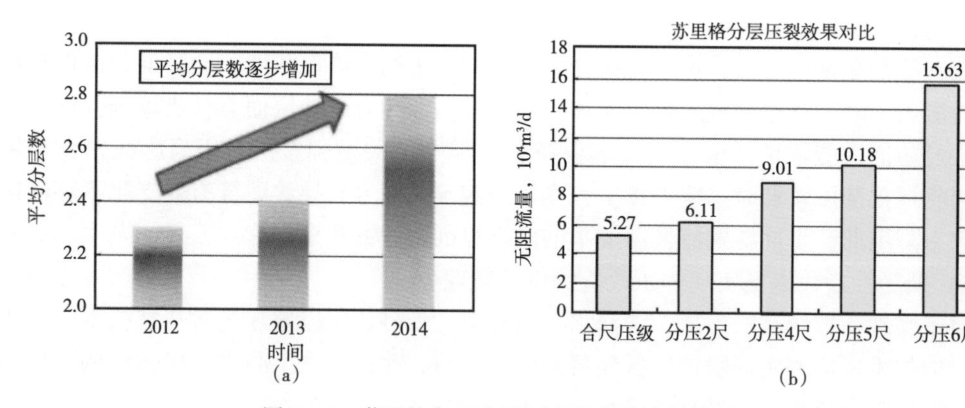

图6-13　苏里格气田分层压裂技术进步与效果

水平井分段压裂可以对水平层段进行选择性改造，提高水平段整体渗流能力。中国石油自2005年共进行了4700口水平井改造，施工总井数逐年增加、井深不断突破，分压段数逐年增加，10段以上的比例达到近30%，最大水平井段长3056m，单井最多分压达到25段。经过十余年的发展，已经形成较为完善的适应不同完井条件的水平井分段压裂改造技术，主流的水平井分段压裂技术有水力喷射分段压裂技术、裸眼封隔器分段压裂技术和快钻桥塞分段压裂技术三类，其中，裸眼封隔器分段压裂技术应用最为广泛。

3. 低伤害改造技术

致密气藏通常都具有“小孔喉、少裂缝、孔喉连通性差、排驱压力高、连续相饱和度偏低和主贡献喉道小”的特点。对于致密气藏，低伤害改造的理念贯穿压裂优化设计的全过程，包括压裂液体系优选、压裂工艺优化设计、压后返排控制等多个方面。

1）低伤害压裂液体系

以苏里格气田为例，压裂液技术的进步一直围绕着降低伤害的总体目标，从降低稠化剂使用浓度，减少残渣含量的角度出发，2008 年研发了超低浓度瓜尔胶压裂液体系和低浓度羧甲基压裂液体系，两套压裂液体系均降低了储层伤害和裂缝伤害，现场应用也取得了较好增产效果，成为现场用主体压裂液体系。为进一步降低储层伤害，2010 年以后现场试验了阴离子表面活性剂压裂液、无残渣酸性交联纤维素压裂液、超分子表面活性剂压裂液等，现场应用显示出良好的储层适应性，推广前景巨大。为实现绿色清洁压裂，开展了 CO_2 干法压裂，相对于传统水力压裂，CO_2 干法压裂具有无水相或少水相、无残渣、返排快等特点，可使裂缝面和人工裂缝保持清洁，且具环境友好性。该类技术还包括氮气泡沫压裂、液化石油气压裂。

2）压裂工艺优化设计

低伤害压裂工艺的核心就是通过施工参数和施工工艺的优化，在满足储层对裂缝需求的同时，尽可能地降低入井液量，降低入井压裂液稠化剂的用量，并减少压裂液在地层的滞留，保证裂缝内的压裂液彻底破胶。主要包括变黏压裂液工艺、水压裂工艺、复合压裂工艺、低砂比压裂工艺、压裂液助排工艺等。

变黏压裂液工艺，即前置液采用高黏、低伤害压裂液，携砂液采用低稠化剂浓度压裂液。高黏压裂液满足造长缝的要求，低黏压裂液则满足了携砂液低伤害、控缝高的要求。前置液采用高黏度、低滤失压裂液减少了液体的滤失，使得返排效果得到提高。通过变黏压裂液的使用，川西地区致密气藏的压裂液返排率从前期的不足 50%提高到 70%以上，返排率有了显著改善。

国外在致密气储层中通过采用水压裂、复合压裂既降低了成本，又取得了很好的增产效果，经验值得借鉴。水压裂有利于提高剪切缝形成的概率，与致密储层有一定的适应性，同时稠化剂用量和支撑剂用量少，可节省成本 40%～60%。复合压裂能够弥补水压裂导流能力不足的缺点，前置液采用滑溜水与冻胶压裂液交替注入，支撑剂加入时先小粒径后中等粒径，通过低黏度活性水携砂在冻胶压裂液中发生黏滞指进，使得支撑剂不沉降，有利于裂缝高度控制，并提高裂缝导流能力。从应用效果看，复合压裂井的产气量是瓜尔胶压裂井的 2 倍，同时水气比降低了 60%。

低砂比压裂工艺在致密气藏有较好的适应性，由于气层致密，对裂缝导流能力的需求不高，采用低砂比压裂工艺既可以满足储层对裂缝导流能力的需求，同时可以采用超低浓度稠化剂用量的压裂液体积，既可以确保施工顺利进行，又降低了储层伤害和裂缝伤害，并实现致密气藏储层改造造长缝的要求。

辅助返排压裂工艺，即为降低压裂在致密地层的滞留，采用多种工艺措施，如 CO_2 酸性弱交联 HPG 泡沫压裂液、N_2 碱性交联 HPG 泡沫压裂液、液氮伴注助排压裂液、泡沫压裂工艺、压后强制闭合返排工艺，这些工艺措施增加了地层能量，提高了液体的返排速度和最终返排率，降低了储层伤害程度。

二、压裂优化设计流程和方法

通过压裂设计可以形成指导单井压裂施工的技术文件，它能在给定的油气井层、注采井网、压裂材料、泵注能力与油气价格等条件下，优化出经济有效的压裂方案；可用以指导现场施工作业，并作为检验施工质量、评价压裂效果的依据[11]。

优化的压裂设计程序，首先应深化对压裂目的井层的认识，采集准确可靠的设计参数；在此基础上使用水力裂缝模型求取在不同参数下的裂缝几何尺寸与裂缝导流能力；然后，借助油藏模型和经济模型对它们进行压后产量预测及经济评价，最终获得一个优化的压裂设计。

1. 压裂设计基础参数

优化的压裂设计，强调深化对压裂目的层的认识，采取准确可靠的设计参数。如按控制程度分类，可将它们分为不可控制参数与可控制参数两大类。不可控制参数指客观存在的储层特征参数，包括岩矿组成、孔隙度、渗透率、储层流体特性及其饱和度、厚度、应力状态、邻近遮挡层的厚度及其延伸范围和应力状态、储层压力和温度等。可控制参数指可以加以调整的工程参数，包括井筒套管、油管及井口状况、井下设备、射孔位置和射孔数、压裂液和支撑剂、压裂施工参数、经济参数、压裂装备等。除了上述常规的压裂设计参数，针对致密气储层的体积压裂改造，储层的脆性指数至关重要，它是决定压裂能否形成复杂缝网所必须考虑的重要岩石力学参数之一，储层脆性指数越高，压裂越容易形成复杂的裂缝网络；脆性指数同时决定了压裂设计中液体体系和支撑剂类型的选择。

油气井参数决定了压裂井的施工条件；油气层参数决定了井在压裂前后的生产反映；压裂参数决定了产生裂缝的几何尺寸、裂缝导流能力与泵注参数的确定。

2. 直井多层压裂优化设计

1）多层压裂方式优选

裂缝的垂向延伸规律研究直接影响到施工参数的优化以及压裂方式的选择，如分压与合压、是否需要前置液投球等技术。多层压裂设计前，一般要根据测井资料对压裂井计算分层应力剖面，以确定各分层砂体间的应力差值和产层隔层的应力差值，研究隔层不同应力和岩性遮挡条件下裂缝的垂向延伸规律，为分层压裂工艺的选择提供决策依据。

影响裂缝垂向延伸的因素主要包括储层地质条件和施工参数两类。储层地质条件主要是垂向地应力剖面和气藏厚度等，而影响垂向上延伸的施工参数最为敏感的是排量和压裂液黏度。以苏里格气田为例，岩心实验分析层间应力差约为6MPa，地应力剖面解释结果是3~12MPa，储层有效渗透率为0.13mD，杨氏模量为36000MPa，施工排量为3.0m^3/min，压裂液黏度为200mPa·s，分别考察应力差4MPa、6MPa、8MPa、10MPa、12MPa五种情况，压裂目的层厚度分别考虑2m、5m、10m、15m四种情况，采用压裂分析软件FracproPT，研究不同目的层条件下裂缝垂向延伸规律（图6-14）以及实现分层压裂的条件（图6-15）。

2）裂缝参数优化

裂缝参数优化主要是针对低渗透、特低渗透储层需要采取压裂措施方可实现开发的区

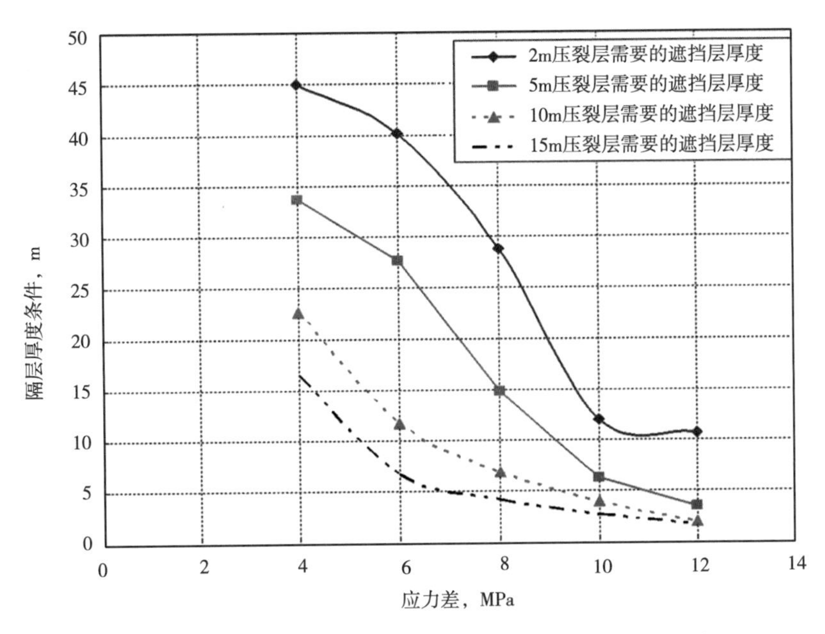

图 6-14 不同目的层厚度与应力差条件下分层条件图版示例

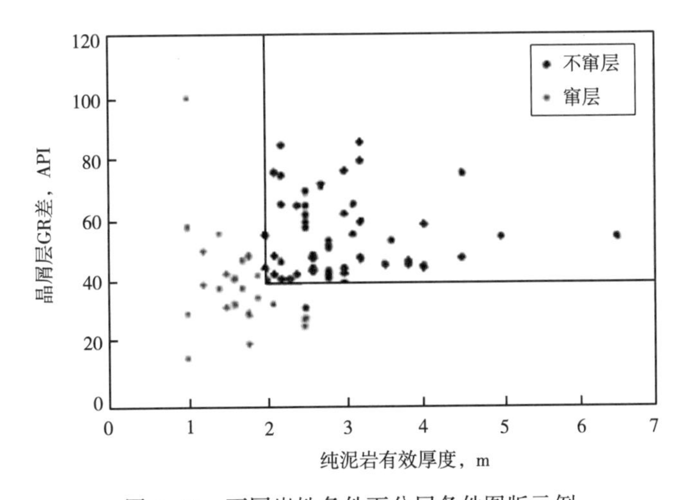

图 6-15 不同岩性条件下分层条件图版示例

块，进行的裂缝系统与现有开发井网和储层物性参数之间的优化匹配研究。通过对目标区块气藏物性的研究实验，以及开发井或探井生产动态的历史拟合，确立目标区块的渗透率等关键物性参数，并使用气藏数值模拟软件建立包含井、气层和水力裂缝的水力压裂计算单元的气井数值模拟模型。在此模型的基础上，在不同物性条件下，通过对比不同裂缝长度和裂缝导流能力对井的产能动态、累计产量和采出程度等的影响规律，以压后稳产期和最终采出量为主要目标函数，确定不同物性条件下合理的缝长和导流能力等裂缝参数，优化的裂缝参数也是施工参数和工艺优化的指导方针。以苏里格气田为例，通过对比不同裂缝长度和裂缝导流能力对井的产能动态、含水上升情况、累计产量和采出程度等的影响规律，确定合理的缝长和裂缝导流能力。综合考虑施工因素，以产能为目标函数优化的半缝长为 180m 左右（图 6-16），优化的导流能力为 25D · cm（图 6-17）。

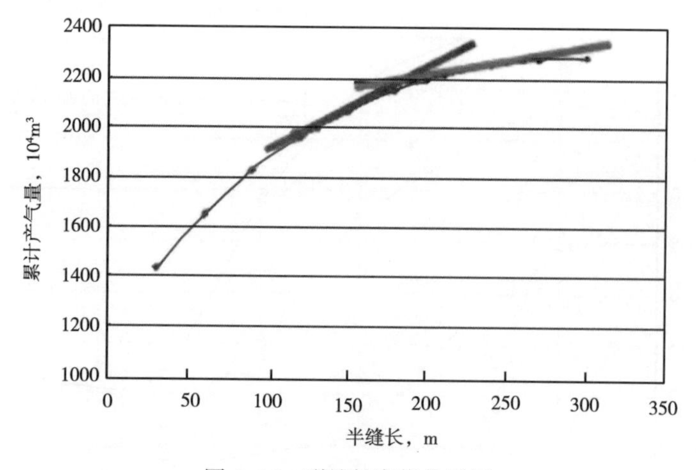

图 6-16　裂缝长度优化示例

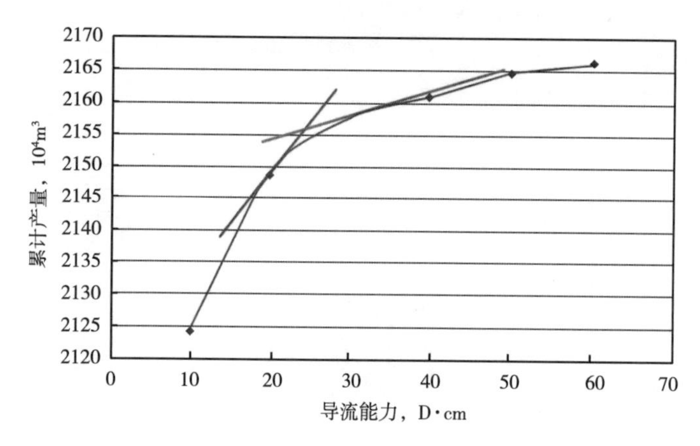

图 6-17　裂缝导流能力优化示例

3. 施工参数优化

施工参数优化的目标是实现裂缝方案优化中关于缝长和导流能力的优化结果，即如何设置合理的施工参数组合可实现裂缝长度和导流的要求，以匹配气藏的最佳需求并满足经济合理性要求。主要施工参数包括前置液百分数、排量、砂量、砂比等，这些施工参数主要受气层有效渗透率或气层有效厚度的影响，因此，施工参数的优化应该是针对不同有效厚度和渗透率（或滤失系数）的，而非单一的点优化。目前使用的设计模型有二维（PKN、KGD），拟三维（P3D）和真三维模型，其主要差别是裂缝扩展和裂缝内的流体流动方式不同。本节内容的模拟结果均采用三维裂缝模拟软件 FracproPT 完成。

1）前置液百分数优化

合理的前置液量是优化设计的基础和保证施工成功的前提，前置液用量的设计目标有两个：其一是造出足够的逢长，其二是造出足够宽度的裂缝，保证支撑剂能够进入，并保证足够的支撑宽度，满足地层对导流能力的需求。前置液百分数与滤失系数直接相关，天然裂缝不发育的储层滤失系数主要受地层渗透率控制，结合苏里格地区的渗透率评估结果，考虑该地区滤失系数分别为 $4\times10^{-4}m/min^{0.5}$、$8\times10^{-4}m/min^{0.5}$、$10\times10^{-4}m/min^{0.5}$时，经裂缝模拟软件计算，得到不同滤失系数条件下前置液百分数计算图版（图 6-18），按动态比为 85%左右确定前置液用量，前置液百分数在 30%~38%之间较为合理。

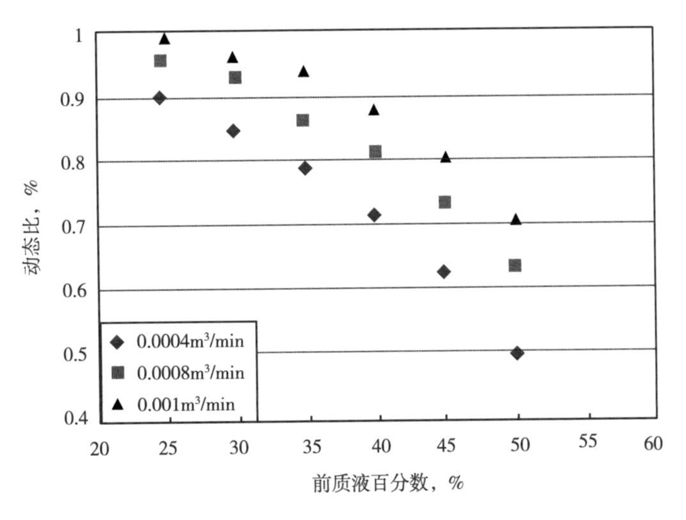

图 6-18 前置液百分数优化图

2）施工排量优化

施工排量是影响裂缝垂向延伸的关键施工参数，排量的优化目标是既满足施工要求，又可很好地控制裂缝高度在产层内延伸。排量过小，虽然缝高控制有利但滤失将较大，使压裂液造缝效率低下，容易诱发早期砂堵；排量过大，虽然能保证施工顺利，但缝高可能失控，造成有效支撑率低。

根据本区块岩石力学实验测试地应力差为 6~8MPa，且泥岩隔层有一定厚度，纵向应力遮挡条件较好，对裂缝高度的控制较好，以气层厚度 10m 为例，经模拟计算，不同施工排量下裂缝高度如图 6-19 所示。可以看出，缝高在排量大于 3.5m^3/min 时会有较大的增加，结合本区块的多薄层特征，控制裂缝高度过度延伸是施工的关键，因此，该区块合适的施工排量为 2.5~3.5m^3/min，结合现场施工经验，对于储层厚度较小，或个别井隔层的遮挡条件较差时，可适当降低施工排量至 2.0m^3/min 左右。

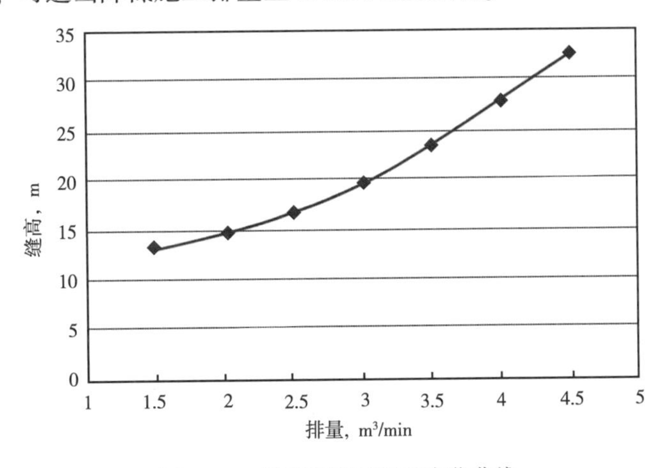

图 6-19 缝高随施工排量变化曲线

3）平均砂液比优化

平均砂液比的优化目标是实现优化的裂缝导流能力，平均砂液比主要受地层渗透率（滤失系数）的影响，依据苏里格现场选用的0.425~0.85mm陶粒在实验室的性能评价结果，考虑平均砂层厚度10m的情况下，分别优化对比了平均砂液比为10%、15%、20%、25%、30%、35%此6种情况，模拟结果见表6-1。裂缝平均导流能力随砂比的增加而增加，根据水力裂缝参数优化得到的最优导流能力，本区块不同物性条件下优化的平均砂液比为20%~25%，在实际施工中，一方面要考虑压裂液的携砂性能，另一方面在施工后期，条件允许的情况下尽可能提高砂比，既保证支撑剖面合理，又保证裂缝的有效期。

表6-1　不同地层渗透率条件下10%~35%的平均砂液比所能提供的裂缝导流能力结果表

平均砂比 %	渗透率0.03mD的裂缝 导流能力，D·cm	渗透率0.08mD裂缝 导流能力，D·cm	渗透率0.14mD裂缝 导流能力，D·cm	渗透率0.4mD裂缝 导流能力，D·cm
10.0	12.8	16.1	20.2	22.6
15.0	17.2	22.5	24.0	28.6
20.0	20.4	27.9	29.2	37.9
25.0	24.8	30.4	32.5	40.4
30.0	30.4	38.0	45.8	54.4
35.0	38.2	49.5	55.3	60.3

4）加砂规模优化

有了前述优化的支撑半长、优化的裂缝导流能力及其他相关的优化注入参数后，就可进行裂缝模拟计算以研究最佳的加砂量。加砂规模与预期的裂缝长度、导流能力和可能的裂缝高度等参数有关，考虑平均砂层厚度10m的情况下，分别对比了加砂规模10m^3、20m^3、30m^3、40m^3、50m^3、60m^{3}此6种情况，模拟结果见表6-2。裂缝缝长随加砂规模的增加而增加，根据裂缝缝长的优化结果，本区块砂体厚度10m时加砂规模确定为30~50m^3，在实际施工中，可根据裂缝监测和施工压力的变化进行实时调整，以保证施工成功。

表6-2　不同地层渗透率条件下16%~28%的加砂规模所能提供的裂缝缝长结果表

加砂规模 m^3	渗透率0.03mD的 裂缝缝长，m	渗透率0.08mD 裂缝缝长，m	渗透率0.14mD 裂缝缝长，m	渗透率0.4mD 裂缝缝长，m
10.0	118	96	75	62
20.0	155	114	84	68
30.0	182	136	96	72
40.0	215	162	108	83
50.0	232	194	122	92
60.0	246	211	135	113

5）泵注程序优化

压裂设计的目标是提供压裂液与支撑剂注入的程序。泵注程序反映的是获得理想裂缝长度的压裂液用量、黏度剖面与获得理想导流能力的支撑剂数量与类型。支撑剂加入速度程序化，其目的在于防止灾难性的事件（如脱砂）的发生。加砂程序设计的目标是将裂缝充填饱满，使之形成呈楔形的合理支撑剖面，并在近井地带获得最大的支撑缝宽与导流能力，使生产过程中的压力降最小。合理的加砂程序设计，必须将压裂设计研究中所有考虑因素和技术细节充分地、完美地体现出来。加砂程序的设计主要从以下方面考虑：

（1）初始砂液比设计。

合适的初始砂液比既能防止过早滤失脱砂导致的早期砂堵或中后期砂堵，又能避免滤失伤害增大，从施工安全角度考虑，一般的做法是让开始加入的支撑剂进入裂缝后先观察一段时间，如压力无异常情况，再考虑提高阶段砂液比。

（2）最高砂液比设计。

要兼顾压后近井筒处获得理想的且具有较高导流能力的支撑剖面和防止过高砂比引起施工砂堵，设计依据同样应参考以往已施工井的资料和压裂井层特点与工艺参数选取情况综合权衡决定。

（3）砂液比的增幅设计。

一般要求小增幅设计，在施工前期和后期及以往压裂易发生砂堵的风险值阶段，增副应适当小些，而在施工其他阶段可适当高些，以保证施工的安全。

6）配套措施优选

配套措施的研究是指针对目标区块或井层的特征、压裂难点，以及认识储层参数的需要，进行相关的配套措施的研究，旨在保证顺利施工、支撑剖面最优和进一步认识储层参数。包括小型测试压裂技术、支撑剂段塞技术、裂缝高度控制技术、分层压裂破胶剂追加技术等。

4. 水平井分段压裂优化设计

与直井压裂相比，水平井压裂更为复杂，主要表现在以下方面：裂缝与井筒的夹角关系、裂缝条数和位置等因素都直接影响水平井的增产效果；多条裂缝同时延伸，裂缝间的干扰强烈、不能简单地利用直井的压裂理论来指导水平井压裂。

在不同的地应力状态和井筒方位下，水平井压裂形成的裂缝形态也不同，水平井压裂裂缝的起裂与水平井井筒周围的应力分布密切相关，地应力、完井方式对裂缝的起裂和裂缝的形态都有很大的影响。对于致密气藏，横切裂缝的增产效果最好，所以在对水平井进行人工压裂设计时应首先确定地层的最小主应力方向。确定应力大小与方向的方法有以下3种：用微型压裂法可以直接测定最小主应力的大小；用长源距声波测井来估算应力剖面；用变松弛法来估计最小主应力的大小和方向。

以下以苏里格气田苏53水平井开发区块为例，论述水平井分段压裂优化设计的方法和过程。

1）水平井段长度优化

水平段长度不仅影响水平井的单井产量、钻井成本和泄流面积，还会影响钻井数量和开发投资。因此，水平井段长度优化是水平井技术能否成功应用的关键。根据苏53区块的地质特征、储层特征及流体性质，基于ECLIPSE油藏数值模拟软件，采用局部网格加密和等连通系数法来划分气藏与裂缝系统的网格，建立包含多条横切裂缝的三维两相水平井数值模拟模型（图6-20）。不同水平井筒长度条件下的单井控制面积和裂缝条数的选取以等裂缝间距为准，由于每种方案的单井控制储量不同，因此以采出程度为目标函数进行优化。综合苏 53 区块砂体展布特征、气藏数值模拟结果、钻井成本和压裂工艺水平等因素，选取水平段长度为 1000m 左右。

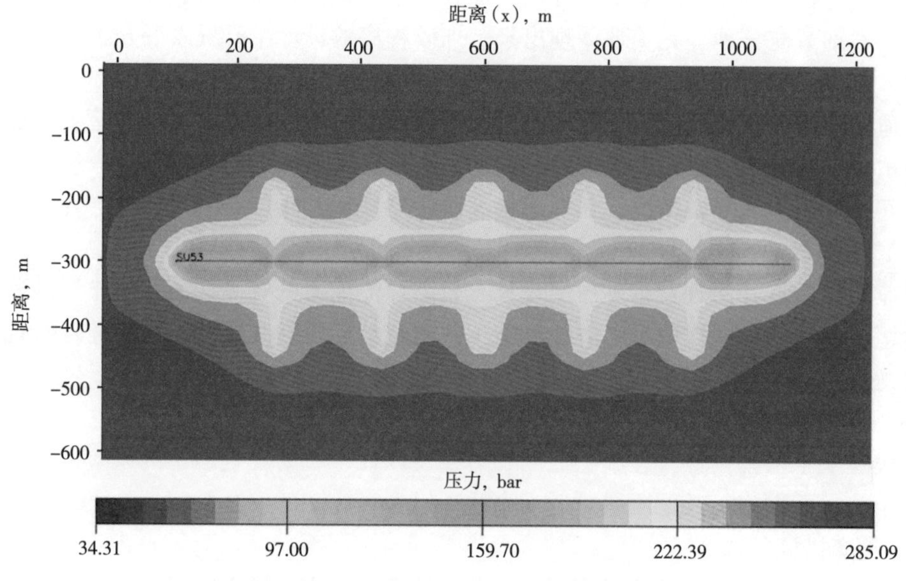

图 6-20　S53 区块气藏水平井分段压裂数模模型

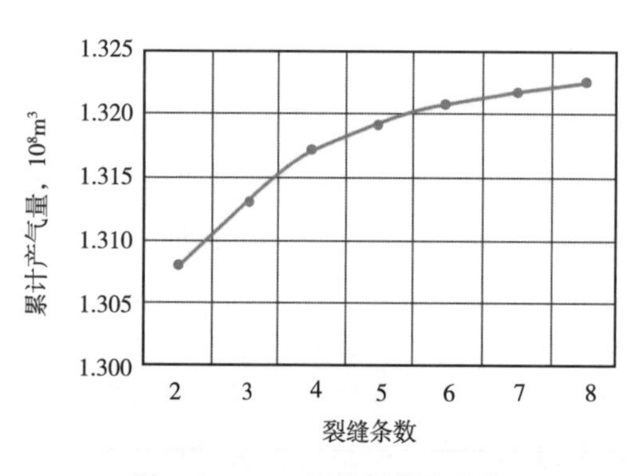

图 6-21　S53 区块气藏水平井分段压裂裂缝间距优化

2）水平井裂缝间距优化

水平井压后各裂缝的流态为线性流和径向流并存的复杂流态，在生产一定时间后，水平井中多条裂缝会相互干扰，影响各裂缝的产量，因此，水平井中裂缝间距的优化非常重要，它不仅影响水平井的产能，同时也影响压裂施工的安全性和最终经济效益。设置水平井筒长度为 1000m，裂缝半长 120m，导流能力 25D · cm，不同的裂缝条数均匀等分水平井段，研究不同裂缝间距的累计产量变化情况，结果如图 6-21 所示。综合考虑认为水平井长度 1000m 时，最优裂缝条数为 5 条，即优化的裂缝间距为 166m 左右。

3）水平井裂缝长度优化

致密气藏水平井采用分段压裂方式完井投产，裂缝半长是影响水平井产能的关键因素之一。设置水平段长度为 1000m，裂缝间距 166m，导流能力 25D · cm，不同裂缝半长的累计产量变化情况如图 6-22 所示，可以看出，裂缝半长对产量影响非常明显，随着裂缝半长的增加，压裂水平井的累计产量逐渐增加，当裂缝半长达到 140m 以后，继续增加裂缝半长累计产量的增加幅度很小。增加裂缝半长需加大施工规模，这会带来更大的施工风险和较高的施工成本，结合本区块地质情况，砂体宽度较小，裂缝过长有可能穿出有效砂体的宽度以致降低经济效益，因此不宜采用较大规模的施工，综合考虑后推荐最优裂缝半长为 140m 左右。

4）水平井裂缝导流能力优化

为减小裂缝内流动阻力，压裂施工要形成具有一定导流能力的裂缝，裂缝导流能力的高低及与其地层渗流能力的良好匹配是影响其增产效果的重要因素，因此要针对地层进行优化。设置水平段长度为1000m，裂缝间距为166m，裂缝半长为140m，不同裂缝导流能力的累计产量变化情况如图6-23所示，综合考虑模拟结果和施工风险，选取合适的裂缝导流能力为30D·cm左右。

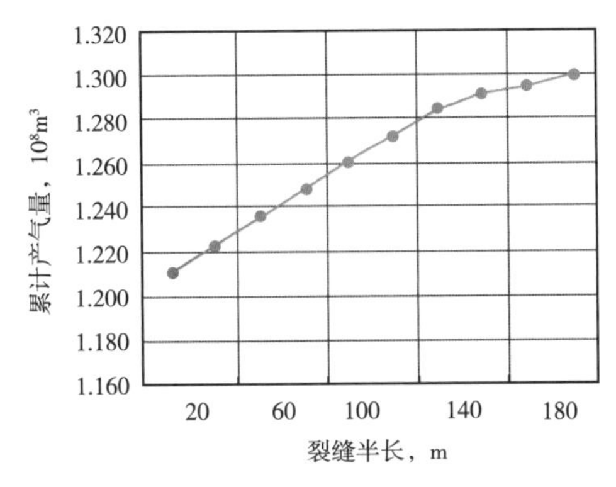

图6-22　S53区块气藏水平井裂缝半长优化

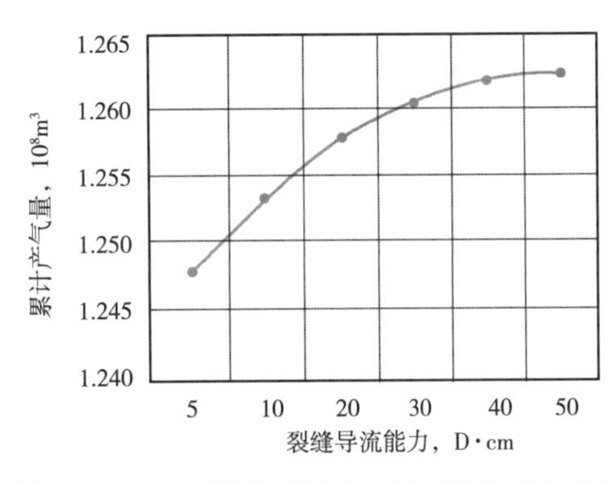

图6-23　S53区块气藏水平井裂缝导流能力优化

5）水平井分段压裂施工参数优化

（1）压裂井段的优选。

优选依据主要为测井以及沿井筒地应力分布资料。压裂段位于含气砂岩内，且电性显示气层特征明显，GR值低、电阻率高、总烃含量高、热解结果值高等，便于裂缝起裂与延伸的井段。压裂段应尽量均匀分布，使各段储量得到充分动用。

（2）固井质量的影响。

固井质量对水平井压裂施工影响较大，如果固井质量差，施工中压力易沿着套管外壁传导到上部射孔井段，形成“管外窜”，造成油管、环空压力平衡，封隔器内外无压差失去封隔作用，导致压裂施工失败，严重时可能对工具及套管造成伤害，导致管柱遇卡事故。因此压裂水平井段需要考虑固井质量对工艺管柱的影响，即优选固井质量良好的井段作为分隔段和坐封卡点。

（3）分段压裂射孔原则。

分段压裂射孔需要考虑降低裂缝启裂压力和裂缝复杂引起的摩阻。如双封单卡分段压裂，根据不同射孔方式的现场孔缝摩阻统计结果，针对不同裂缝形态，推荐射孔方式见表6-3。

表6-3　射孔推荐

裂缝类型	射孔方位	射孔密度，孔/m	射孔段长度，m	射孔总个数，段
横切缝	螺旋布孔	16	0.5~1m	48~80
纵向缝	定方位，30°相位	10	6~8	60~80
分簇段内限流	定点射孔	10~16	0.5~1m	30~48

（4）分压工艺优选见本章第三节。

（5）其他施工参数的优化见直井分层的施工参数优化过程。

5. 体积改造优化设计方法

1）裂缝参数优化

此处主要针对脆性较好的致密气储层，采用合适的工艺方法与液体体系，为形成复杂裂缝网络而进行相关裂缝参数的优化。以储层渗透率为0.01mD为例，考虑了改造体积大小、次裂缝间距、次裂缝导流、主裂缝长度、主裂缝导流此5个主要参数，论述裂缝参数的优化过程。

（1）改造体积（SRV）大小。

设定主裂缝为7条，主裂缝长度为150m，导流能力为20D · cm，次裂缝间距为5m，导流能力为2D · cm，分别模拟改造体积为1000m×200m、1000m×300m、1000m×400m的产量，以累计产量为目标函数，同时考虑经济因素，模拟结果如图6-24所示。从中可以看出：随着改造体积的增大，累计产量总体上呈增加趋势，但增幅随着改造体积的增加逐渐减小。另一方面，压裂要形成更大的改造体积，就需要增大施工规模，将对压裂施工带来更大难度，对工具也提出了更高要求，使得施工成本和风险都提高，同时大规模液体入井返排时间增长，储层伤害增大，因此，综合考虑，认为在渗透率0.01mD时，优化的改造体积为1000m×300m。

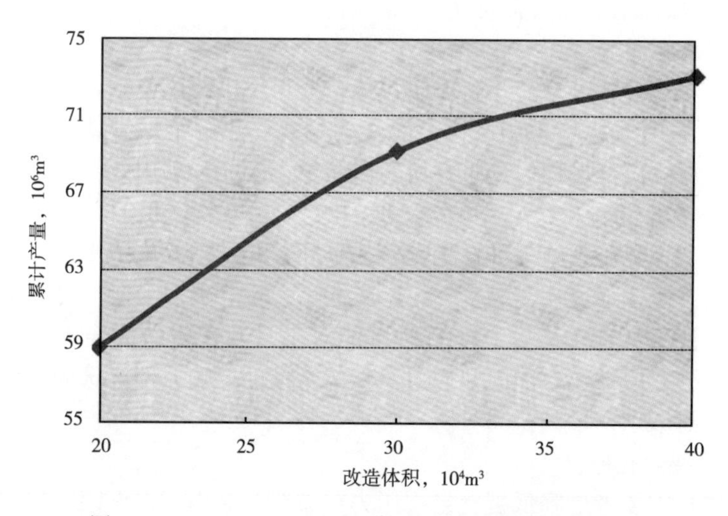

图6-24　K=0.01mD时改造体积优化最终累计产量图

（2）次裂缝间距。

在改造体积优化的基础上，选定改造体积为1000m×300m，设定主裂缝为7条，主裂缝长度为150m，导流能力为20D · cm，导流能力为2D · cm，进行次裂缝间距的优化，分别模拟次裂缝间距为2m、5m、10m、20m情况下的产量，模拟结果如图6-25所示。从图中我们可以看出：次裂缝间距对产量影响敏感，随着次裂缝间距减小，产量总体呈增加趋势，在裂缝间距2m的条件下，产量还有增加的空间，但产量增幅逐渐减小。要实现裂缝间距小，需要储层的脆性很好，也对工艺技术、液体技术及工具技术提出了更高的要求。

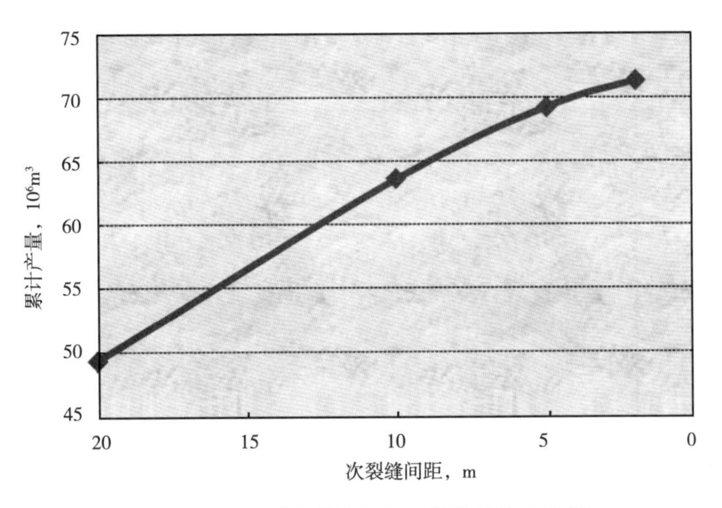

图 6-25 不同次裂缝间距下最终累计产量图

（3）主裂缝长度。

在上述参数优化的基础上，选定改造体积为1000m×300m，次裂缝间距5m，次裂缝导流能力为5D · cm，主裂缝7条，主裂缝导流能力为20D · cm，进行主裂缝长度的优化，分别模拟主裂缝长度为100m、150m、200m情况下的产量，模拟结果如图6-26所示。从中可以看出：随着主裂缝长度增加，产量增加，但超过150m后产量增加幅度很小，因此，渗透率0.01mD条件下优化的主裂缝长度为150m。

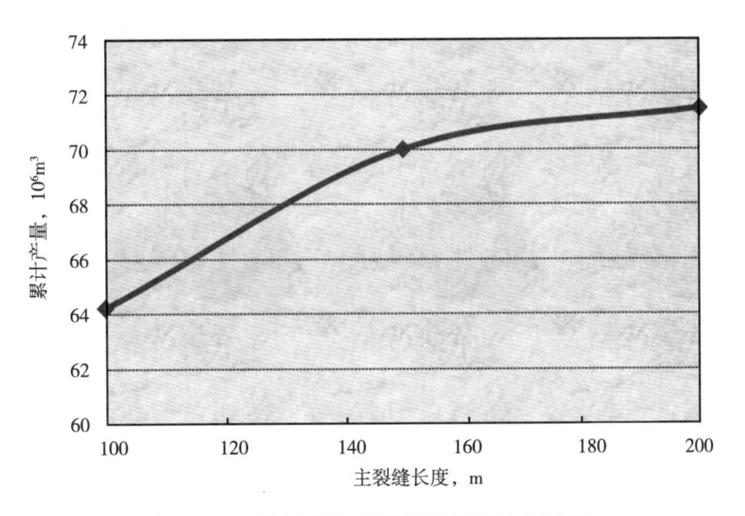

图 6-26 不同主裂缝长度下最终累计产量图

（4）主裂缝导流。

在上述参数优化的基础上，选定改造体积为1000m×300m，次裂缝间距5m，次裂缝导流能力为5D · cm，主裂缝7条，主裂缝长度为150m，进行主裂缝导流的优化，分别模拟主裂缝导流能力为10D · cm、20D · cm、30D · cm、40D · cm情况下的产量，模拟结果如图6-27

所示。从中可以看出：随着主裂缝导流的增加，产量增加，但导流能力超过 20 D · cm后，增幅不大，因此，渗透率 0.01×10^{-3}μm^2 条件下优化的主裂缝导流能力为 20 D · cm。

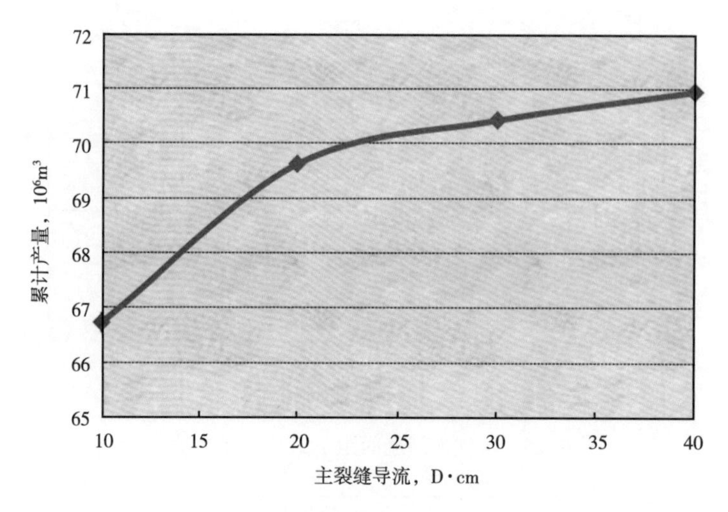

图 6-27　不同主裂缝导流下最终累计产量图

（5）次裂缝导流。

选定改造体积为 1000m×300m，次裂缝间距 5m，设定主裂缝为 7 条，主裂缝长度为 150m，导流能力为 20D · cm，导流能力为 2D · cm，进行次裂缝导流的优化，分别模拟次裂缝导流能力为 1D · cm、2D · cm、5D · cm、10D · cm 情况下的产量，同主裂缝导流能力的优化方法。随着次裂缝导流的增加，产量总体呈增加趋势，但导流能力达 5D · cm 后产量增加幅度不大，因此，选取渗透率 0.01mD 条件下优化的次裂缝导流能力为 5D · cm。

2）施工参数优化

（1）段间距选择。

段间距的优化需考虑两方面，一是根据数模结果优化出的裂缝间距和条数，二是根据完井方式和工具选择段间距，考虑施工风险、作业的次数、多簇裂缝可能的扩展情况、簇间距优化结果进行综合选择，其目标是安全、高效地保证工艺顺利实施。多簇射孔是实现体积改造的核心工艺，但是射孔簇数越多，枪串越长，泵枪风险越大，优化的分簇数应考虑降低分隔工具的数量和作业次数以降低成本。

（2）射孔参数优化。

在套管完井时，还需优化射孔参数。孔眼数量、尺寸受到段内破裂压力差和排量的双重限制。选择射孔参数时，需要考虑段间距内井眼轨迹对应储层的平面应力差。这个应力差的获取方式一是通过测井数据反演，二是通过同区块邻近井的施工数据进行获取（图 6-28）。在获取应力差后，结合不同孔眼条件、不同排量下的孔眼摩阻确定一段内总的射孔数量、尺寸等参数，并结合簇数，将孔数分配到每一簇。如图 6-29 所示的某井实例，利用邻井施工数据估算段内各孔的破裂压裂差为 3MPa，排量不小于 14m^3/min 时，有效孔不少于 36 个。

（3）施工排量优化。

在优化排量时，需要从两个方面考虑，其一是现场可实现的排量，其二是实现体积改

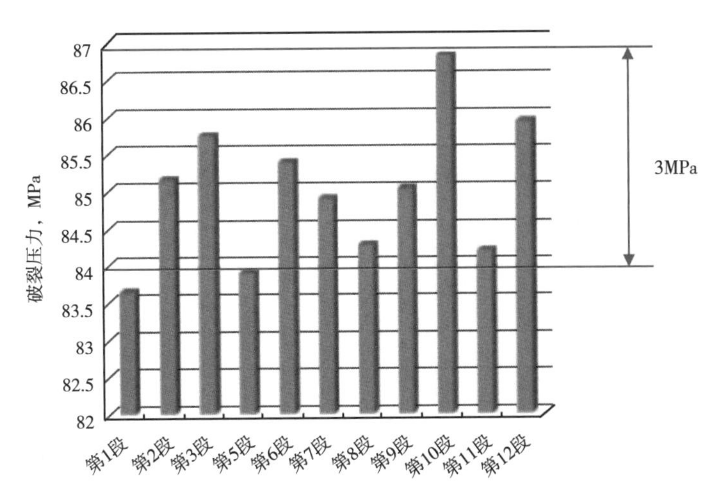

图 6-28 利用邻井施工数据估算水平段破裂压力

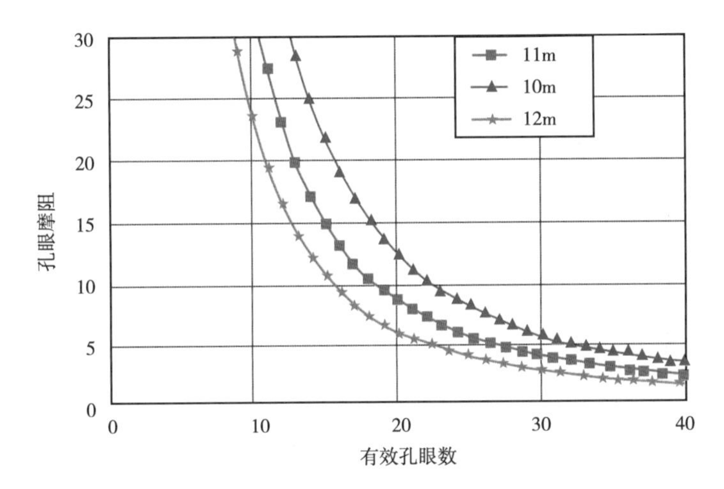

图 6-29 排量为 $14m^3/min$ 时孔眼摩阻与有效孔眼数关系

造网络裂缝所需净压力对应的排量。对于方案部署阶段，根据裂缝形态的优化结果进行排量的优化，对井筒条件进行调整。在方案执行阶段，单井钻完后，需要结合实际的井层条件，重新论证满足储层需求的裂缝所需要的排量。并结合现场可实施的排量综合确定。

（4）其他施工参数优化。

对于水平井体积改造，以所需的改造体积确定所用的液量，以实现裂缝有效支撑体积确定所用的支撑剂量，以主裂缝、分支裂缝所需的支撑体积确定支撑剂的粒径组合比例。

第三节 压裂工艺与工具

压裂工艺技术目的是以最低成本实现储层所需最佳裂缝。压裂工艺技术随储层需求和钻井技术的进步而逐渐更新。

目前主导致密气改造的主体技术包括直井分层、水平井分段、大规模压裂、滑溜水压

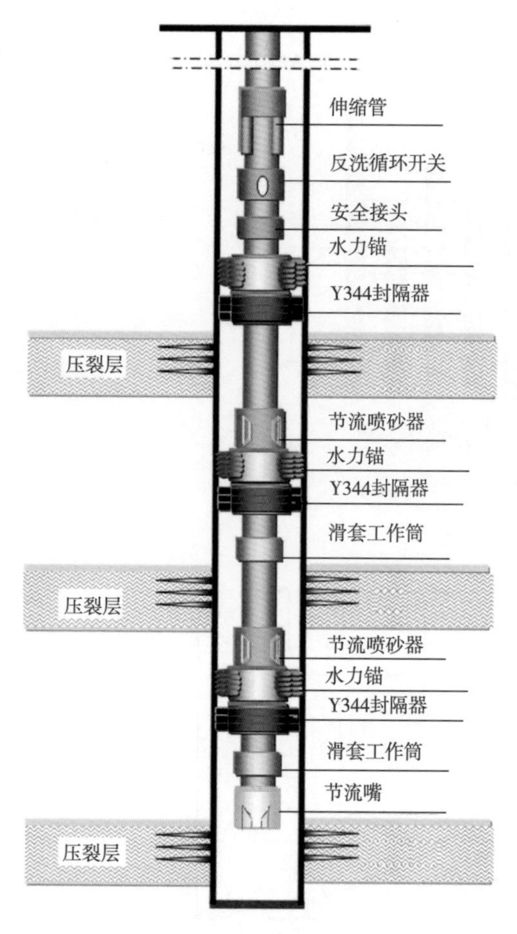

图 6-30　直井分层压裂管柱

裂技术及复合压裂技术。其中，直井分层、水平井分段是按照井型进行划分的工艺技术。而大规模压裂、滑溜水压裂技术及复合压裂技术则是按照施工规模、液体使用的方式进行划分的。

直井分层压裂是实现直井纵向储层均匀改造的重要手段。针对纵向上多层、层间遮挡明显或应力差异较大的多层（无较强隔层）均可采用直井分层的方式提高产能（图 6-30）。

水平井多段压裂技术是水平井开采致密气藏的主体技术。针对平面砂体分布稳定，纵向砂体单一，厚度较大（一般为 10m 以上），水平井开采的低渗透、致密储层，均可进行水平井分段压裂工艺技术。

大规模压裂、滑溜水压裂技术及复合压裂技术可单独或联合用于直井分层压裂和水平井分段压裂中。一般具有以下特征的储层可采用大规模压裂技术：气测渗透率小于 0.1mD；砂层厚度一般在 20m 以上，且平面上分布稳定；人工裂缝方位与有利砂体展布方向一致。具有以下特征的储层，可采用滑溜水压裂技术及复合压裂技术的：低渗透、致密气藏，高杨氏模量；水平两向主应力差较小。

一、直井分层工具及分压工艺技术

按照分层工具的方式可分成机械分层和非机械分隔分层两类。机械分层按工具和工艺技术类型可分成有限级数分层压裂技术，主要为封隔器+滑套分压工艺技术。无限级数分层压裂技术包括“水力喷砂射孔+环空加砂”、套管滑套、桥塞分压工艺技术。国内致密气常用的直井分层为封隔器分层压裂工艺技术，“十二五”末期，封隔器分层压裂占比近 95%，其中 5 层以上的占比 95.6%（分压 5 层以上的共 93 口井，其中采用分隔器分层的共 89 口井，如图 6-31 所示），直井分层压裂技术单井最高达到 13 层，最大分压井深已达到 6969m。

非机械分隔分层主要是通过投暂堵材料封堵射孔孔眼进行分层的工艺技术。非机械分隔分层属于选择性分层技术，材料依据投递时孔眼的流动状态，优先封堵流量大的孔眼，通过层间应力和射孔孔眼摩阻双重作用，迫使流体转向流量小或者未开启的孔眼，实现层段的分压。典型分层技术的包括投球分层技术、纤维暂堵分层技术、蜡球分层技术、液体胶塞分层技术等，依据层间应力和现场实施情况，可进行一次投堵分层技术和多次投堵分层技术。一般在无法采用或采用机械分层技术经济效益不佳的储层采用非机

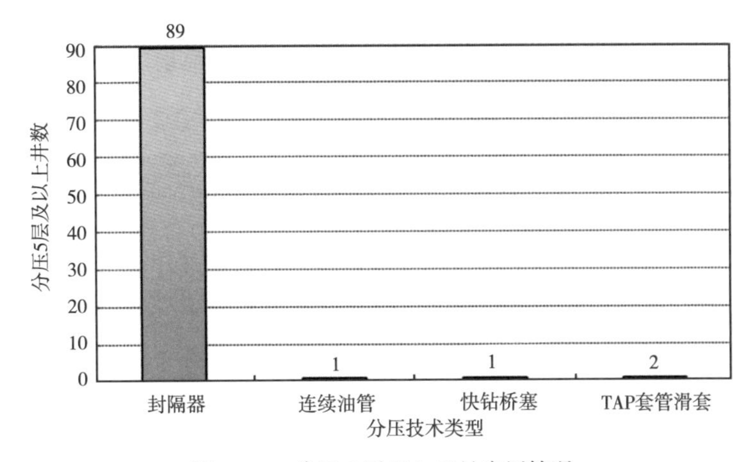

图 6-31 分压 5 层以上工具应用情况

械分隔分层技术。

国内近些年机械类分层压裂方法中有较大进步的是滑套分压技术。该技术按照分压管柱能够实现的分压级数，可分为无限级和有限级两类（图 6-32）。中国石油长庆油田在这方面进行了多年攻关，研发形成的无限级和有限级套管滑套技术系列，现场扩大应用 84 口井、381 层段，实现了气田直井多层压裂技术的更新换代。

无限级套管滑套技术分压层数不受限制，可满足 8~10m^3/min 的注入排量需求，工具具有 3½in、4½in 两种规格。有限级套管滑套技术可满足 4~7 层分压，注入排量为 6~10m^3/min，工具具有 3½in、4½in、5½in 三种规格。

2015 年，在苏里格气田丛式井组 3 层以上井开展无限级套管滑套完井 3 口井，其中，苏东 53-5 井改进后工具在长期高温条件下（入井 121d，井底温度 105℃），分压 4 层获得成功，各级球座顺利形成。截至 2017 年年底，在苏里格气田、神木气田共应用于 120 余口井，最高分压 9 层，成为致密气直井大排量混合水压裂主体技术。

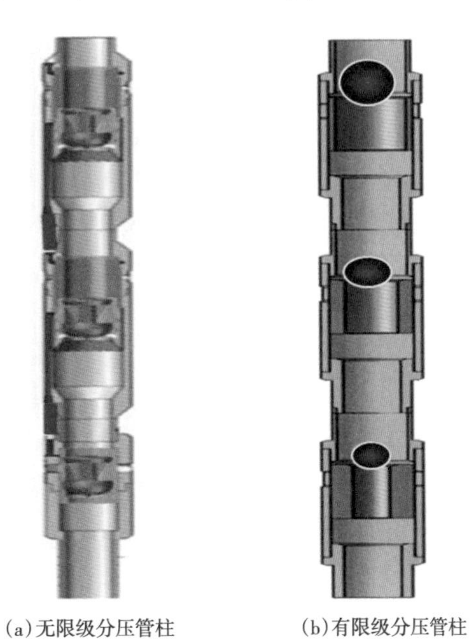
(a) 无限级分压管柱　(b) 有限级分压管柱

图 6-32 有限级和无限级滑套封隔器示意图

二、水平井分段压裂工具及分压工艺技术

致密气水平井分段压裂按照分压工艺类型也可分成机械分压和非机械分压两种方式。其中，机械分压包括裸眼滑套封隔器分段压裂技术、水力喷射分段压裂技术（动管柱、不动管柱）、桥塞分段压裂技术（快钻桥塞+多簇射孔、大通免钻径桥塞+可溶球）及固井滑套分段压裂技术。

对于套管变形或者井身结构不适合进行工具分层的可采用非机械分压方式进行分压。非机械分压主要包括投纤维的方式进行暂堵压裂，也可采用液体胶塞进行分段压裂。

“十二五”期间，主体的分段压裂以裸眼封隔器和水力喷射压裂技术为主，应用比例分别为44.7%和43.1%。国内也开展了对分簇射孔桥塞、固井滑套等分压工艺技术的研究和应用，并取得了较大的进展。

1. 裸眼封隔器可开关滑套压裂技术

裸眼封隔器可开关滑套压裂技术的典型代表为斯伦贝谢公司的StageFrac和哈里伯顿公司的FracPoint，中国石油吉林油田等结合此两大公司产品的优势，研发了水平井裸眼封隔器可开关滑套多段压裂系统，满足二开、三开井身结构裸眼完井多段压裂需求，重点解决了完井压裂管柱顺利下入、段间有效封隔和储层充分改造等关键问题，并且可以实现后期层段间选择性生产（图6-33）。

裸眼滑套封隔器分段压裂技术的关键是分段压裂工具。基本技术原理是通过裸眼封隔器与滑套随套管一起入井，下入至指定位置后井口投球、打压胀封，利用裸眼封隔器进行段间分隔裸眼完井。主要过程是在压裂第一段时，投球打开滑套，利用套管对目标段进行压裂，第一段施工结束后投球打开第二段滑套，压裂第二段，后续压裂依次重复进行，现已实现了滑套的可开关功能。

裸眼可开关滑套工艺管柱目前可实现完井、压裂一体化，工具和工艺管柱耐温150℃，耐压差70MPa，可用于5½in、4½in、3½in套管完井，分别实现单井29段、26段、16段完井压裂。

裸眼封隔器可开关滑套分段压裂技术适应性及关键指标：

（1）井口至储层井眼稳定，不易坍塌、掉块、漏失，保证管柱串顺利下入。

（2）储层上部无浅气层、高压油水层等井控风险较高因素。

（3）压裂最上部层段时地层破裂压力低于套管抗内压强度。

（4）压裂上部层段时井口承压等级高于最高施工压力。

（5）适用于5½in、4½in、3½in套管完井，可分别实现29段、26段、16段完井压裂。

（6）工具和工艺管柱耐温150℃，耐压差70MPa。

2011—2014年裸眼封隔器可开关滑套压裂配套技术在长岭气田登娄库组致密气藏和红90-1区块致密油藏现场应用140口水平井、1450层段，压裂施工成功率95.7%，完井压裂工艺管柱一次下入到位率96.5%，封隔器密封有效率98%，可开关滑套一次开关成功率100%。

2. 分簇射孔桥塞分段压裂技术

桥塞分段分簇射孔（PnP）分段压裂技术是国外水平井分段改造主体技术，能够满足大排量、一次多缝的需求，理论上桥塞分段可以实现无限级分段压裂，同时该技术也适用于直井分层压裂。

随着技术的进步和改造需求，出现了复合可钻桥塞、大通径快钻桥塞、可溶免钻桥塞三种类型的桥塞。

1）复合可钻桥塞

复合可钻桥塞是最早也是相对较成熟的技术，桥塞本体及主要零部件采用高强度复合材料制作，材质轻，易于钻磨，易返排。国外复合材料可钻桥塞比较成熟，哈里伯顿公司的QUICK Drill桥塞、BakerHug hes公司的Fas Drill桥塞等都是非常成熟的复合材料桥塞。

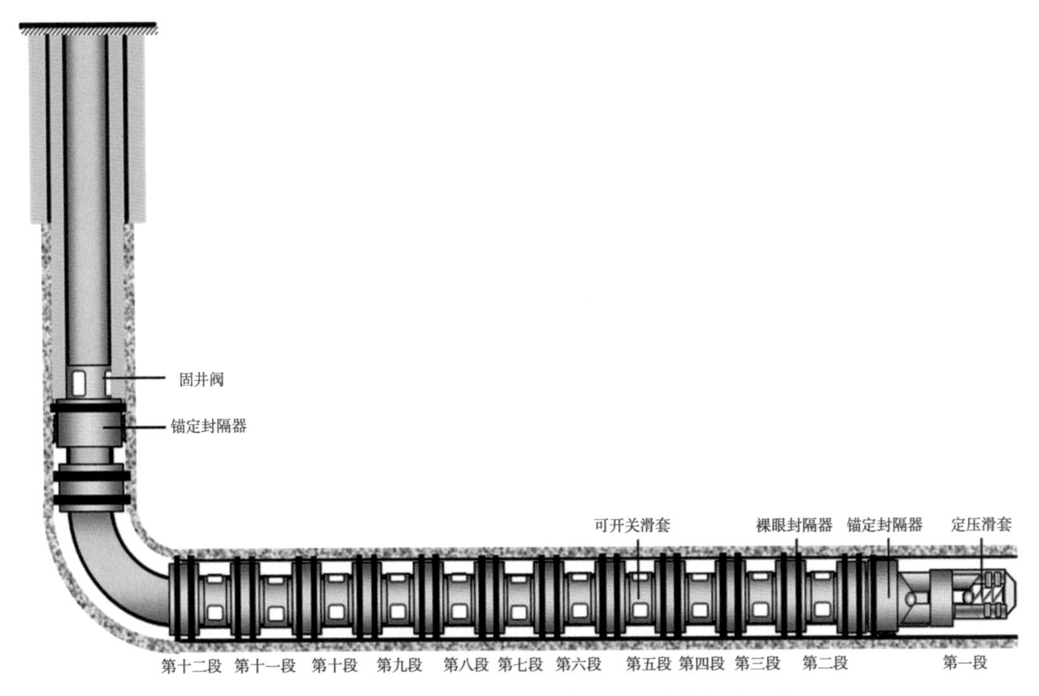

图 6-33 二开裸眼封隔器可开关滑套压裂管柱示意图

该类型桥塞本体采用复合材料，可钻性强，耐压、耐温都比较高，其中，QUICK Drill 桥塞耐压 86MPa，耐温 232℃，Fas Drill 桥塞耐压 70MPa，耐温 177℃[12-16]。

施工时第一级油管传输射孔枪射孔或水力喷射射孔，光套管压裂。第二级及后续多级改造中以电缆或油管或连续油管传输水力泵送桥塞和多簇射孔工具，工具运送到位后坐封桥塞，拖动射孔工具到预定位置进行多簇射孔。施工结束后利用连续油管或者油管携带厂家提供的配套钻头进行钻磨。国产桥塞已研发了金属卡瓦及陶瓷卡瓦两类桥塞，可适用 ϕ114.3mm、ϕ127.0mm、ϕ139.7mm 等井眼尺寸套管完井，耐温达 150℃，承受工作压差为 70MPa，并配套了钻磨工具，通常 30min 内可完成一个桥塞的钻磨[17]（图 6-34）。

图 6-34 复合桥塞及钻磨照片

2）大通径快钻桥塞

桥塞中部有流动通道，压裂时配合可溶球进行分段，压后可溶球溶解，桥塞无需钻磨，即可形成产层和地面的流动通道，从而进行直接投产，加快试油（气）的周期，避免长井段钻磨桥塞困难的问题。应用该技术进行压裂时和复合桥塞进行压裂类似，只不过需要在射孔后，投入可溶球封堵桥塞，光套管压裂。所有井段施工结束后，可溶球溶解，直接返排并进行试油（气）、投产[18]。大通径快钻桥塞既可压后直接投产，又可以进行钻磨。目前“大通径免钻桥塞+可溶球”分压技术，已在长庆油田、西南油气田等开展试验，应用85口井、920层段。桥塞最大通径可达62mm，耐温120℃，耐压70MPa，可溶球在多种压裂介质中承压性能均达到70MPa，8~20h内快速溶解（图6-35）。

图6-35 大通径可钻桥塞照片

3）可溶免钻桥塞

该类型桥塞本体可溶，避免了压后进行钻磨，节省了作业时间，实现了井筒的全通径投产，为后续重复压裂提供了良好的井筒条件。

桥塞主体采用可溶材料，其材料的溶解速率可调，抗压强度达到500MPa以上，压裂球可满足极差1/10in。溶解产物絮状，为小于10μm的粉末。陶瓷卡瓦牙强度高，硬度大于90，压后陶瓷卡瓦碎裂，最大残留固体小于10mm×10mm×5mm。胶筒在水和温度的共同作用下可快速溶解，温度越高，溶解速率越快，密封时间大于72h，工作温度90~150℃，完全溶解时间10~15d，溶解产物为可碎裂的脆性颗粒。桥塞整体在1%KCl溶液、95~100℃条件下解封时间大于60h，主体溶解时间10~41d，胶筒溶解10~15d（图6-36）。

可溶免钻桥塞耐温150℃，耐压70MPa。截至2015年年底，可溶桥塞现场试验8口井，成功率100%。

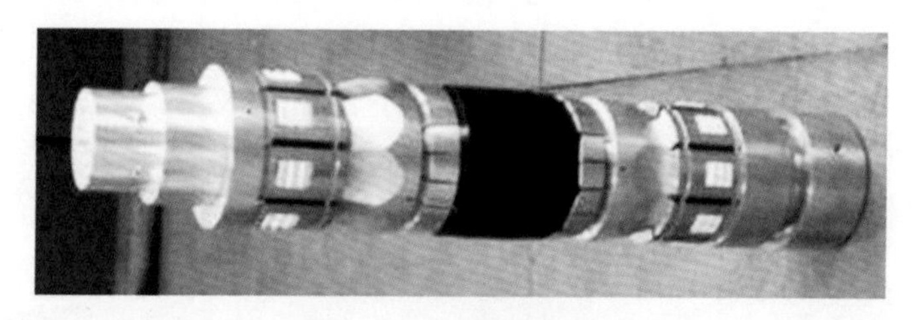

图6-36 可溶免钻桥塞

3. 固井滑套分段压裂技术

套管固井滑套分段压裂技术是将滑套与套管连接在一起并一趟下入井内，实施常规固井，再通过下入开关工具或飞镖或投入憋压球，逐级打开各段（层）滑套，进行逐段（层）改造。该技术施工压裂级数不受限制、管柱内全通径、无须钻除作业、利于后期液体返排及后续工具下入等优点。通过滑套的可开关功能结合工具，实现对目标层段的打开或关闭。滑套应具有高开关稳定性、高密封性能和高施工可靠性。

目前，国外公司典型的有四种类型滑套，包括飞镖打开式固井滑套、投球打开式固井滑套、机械开关式固井滑套、液压打开式固井滑套[19]。近些年，国内除了引进应用，也在自主研发机械编码的新型可开关滑套。

其中，哈里伯顿公司研发的投球式固井滑套结由于受到憋压球和球座存在尺寸限制，不能实现无级差压裂。斯伦贝谢公司的 TAP 固井滑套是一种飞镖打开式滑套，可实现连续分段压裂，且压裂级数不受限制，后期可利用配套的连续管开关工具将滑套关闭，但存在胶塞通过时滑套提前打开的风险，而且如果支撑剂发生沉积堵塞通道造成一级失效，则后续滑套全部失效。BJ 公司的 OptiPort 固井滑套为液压打开式固井滑套。滑套压裂级数不受限制，但存在连续管管串连接工具较多、施工复杂、滑套不能关闭、封隔器的坐封位置精确定位要求高（误差须小于 1m）等问题。Weatherford 公司的机械开关式固井滑套，通过油管或连续管下入开关工具，油管内加压，开关工具锁块外突，与滑套台肩配合，上提管柱，将滑套泄流孔打开，进行压裂施工。一级压裂施工结束后下入开关工具关闭滑套，开启下一级滑套。该类型滑套压裂级数不受限制、管柱内全通径、无须钻除作业。在遇产层出水等情况时，可下入开关工具将产水段滑套关闭。该类型滑套在施工过程中需多次起下管柱，施工周期较长。

国内长庆油田针对水平井分段压裂技术需求，以多簇射孔、大排量压裂、套管内封堵、压后全通径及免钻快速投产为目标，研发了套管定位球座多段压裂技术。该技术的关键部件球座承压能力 70MPa，5½in 套管压裂后内通径 112.5mm。2015 年，在前期室内研究及评价取得成功基础上，成功开展了 2 口直井现场压裂先导性试验（图 6-37）。

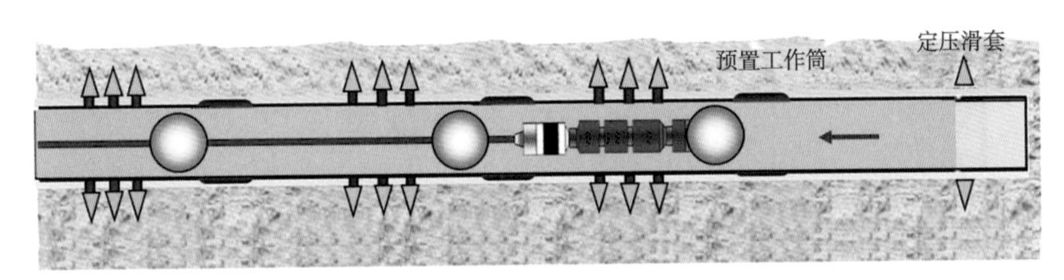

图 6-37 水平井套管定位球座多段压裂技术示意图

套管定位球座多段压裂技术基本的工艺流程：

（1）预置工作筒与套管一起下入，固井，第一段采用定压滑套光套管压裂。

（2）电缆配合水力泵送下入定位球座，坐封球座，多簇射孔。

（3）起出射孔工具，投可溶解球封隔第一段，光套管压裂第二段。

（4）重复步骤（2）、（3）依次完成各段压裂改造。

（5）可溶解球溶解（或返排出井筒），排液生产。

4. 水力喷射不动管柱分段压裂技术

水力喷射压裂是集射孔、压裂一体的增产改造技术。油管水力喷射技术有拖动管柱和不动管柱两种方式，连续油管水力喷射技术有管内加砂压裂和环空加砂压裂两种方式。

水力喷射不受压裂层数限制，可以进行定向射孔。可以用于筛管完井和均质性较好的裸眼、套管井。不适应于地层应力复杂、层间应力差异大、出砂严重的水平井、边（底）水距离较近的井，以及天然裂缝发育、渗漏严重的井。

水力喷射加砂方式以油管加砂为主时施工排量 0.8~3.6m³/min。采用油管和环空可同时泵注时施工排量 4~8m³/min。

较以往相比，不动管柱水力喷射技术得到了进一步发展。长庆油田公司油气工艺研究院设计了一种水平井水力喷射分段多簇压裂管柱（图 6-38）。该管柱通过安置 2~5 个喷砂器，1次射孔压裂可以形成2~5条裂缝[18,20]。

其工艺特点如下：

（1）油管大排量正循环注入，封隔器坐封，两个或三个喷射器同时工作实现分段多簇射孔；

（2）关闭环空闸门，压开地层，段间采用机械封隔，簇间通过射流增压实现各簇裂缝产生；

（3）通过环空大排量注入为主、油管注入为辅实现大排量作业，产生复杂裂缝；

（4）停泵，放喷，反循环洗井，拖动管柱到下一段，重复前面步骤。

图6-38 水平井水力喷射分段多簇体积压裂管柱（单段两簇）

从2012年7月到2014年12月，累计应用水平井505口井，使用水力喷射分段多簇工具1000余套，施工成功率98%，施工排量达到8m³/min，单趟工具可实现12段24簇的施工，喷射次数及封隔器重复坐封次数达到12次，有效封隔时间2160min，起出工具且仍具备施工能力。

第四节 压裂液体系

致密气通常孔隙度低、渗透率低、含气饱和度低、含水饱和度高、天然气在其中流动速度缓慢，加砂压裂是改造储层和提高单井产量的重要措施，压裂液作为其中的重要环节，是决定施工压裂成败与压后效果的决定性因素之一，同时压裂也是储层伤害的主要来源，因此选择压裂液的原则主要是降低伤害，提高裂缝导流能力。

中国石油矿权内以苏里格气田为代表的致密气藏储层地质条件复杂，储层差异性明显，低孔隙度、低渗透率、孔喉半径小、排驱压力大，可动流体饱和度低，束缚水饱和度高，储层易受压裂液伤害，压后易形成水锁，对压裂液优选提出了更高要求。

一、压裂液选择依据及思路

压裂液的选择依据如下：

（1）致密储层普遍具有物性较差、孔喉半径小、压力系数低、排驱压力大、黏土矿物含量较高的特点，储层更易受压裂液伤害。充分分析以上潜在因素对储层的伤害基础上，设计相关实验识别各潜在因素对储层伤害的主次关系，为优化处理液和设计的选择提供理论依据。优选出高效、低伤害、适合储层特征的压裂液显得尤为重要。

（2）储层基质低孔、低渗，砂体厚度较小，容易产水和压串产层，要求压裂形成适当长缝。由于目标储层低孔、低渗，既要实施深度改造以获得更高的有效支撑，又要求裂缝与储层物性和井网优化匹配。需要优化压裂液配方体系，实现各添加剂之间的配伍优化，降低对地层的伤害，同时使用低伤害液体帮助控制缝高。采用低伤害压裂液体系，降低压裂液及残渣对储层的伤害。实施高效破胶技术，降低破胶液对储层的伤害。采用氮气助排、高效助排剂等控水锁技术，减少水锁伤害。

（3）地层压力低，压力下降快，返排困难，建议使用助排剂和有利于助排的压裂液体系。

（4）由于储层岩屑砂岩为主、陆源碎屑含量高、黏土含量高等特点，导致各种敏感伤害对其都有风险。选择高效和低伤害的压裂液体系，配合优良的添加剂（如防膨剂和助排剂）。

（5）在满足施工要求的条件下，尽量降低稠化剂浓度，并保证液体彻底破胶，有利于降低破胶液分子量，降低对地层的伤害程度。

（6）还要考虑水相圈闭、配伍性等伤害因素。

综上所述，在优选水力压裂所用的工作液时，应首先考虑从压裂液的综合性能满足压裂工艺的要求及压裂液应当与储层配伍、对储层造成的潜在性伤害尽可能小等方面着手，优选出高效、低伤害、适合储层特征的优质压裂液体系。压裂形成具有高导流能力的填砂裂缝，能改善储层流体向井内流动的能力，从而提高油气井产能。然而，压裂作业中压裂液进入储层后，总会干扰储层原有平衡条件，压裂措施本身包含了改善和伤害储层的双重作用，当前者占主导时，压裂增产，反之则造成减产。为了获得较好增产效果，就应充分发挥其改善储层的作用，尽量减少对储层的伤害。

根据以上致密储层特点分析及伤害因素考量，研究了适合致密气储层的5套低伤害压裂液体系，包括配套添加剂研发、性能评价及现场应用。

二、致密气储层用压裂液体系

1. 低浓度羟丙基瓜尔胶压裂液体系

1）体系介绍

羟丙基瓜尔胶压裂液是压裂增产措施中使用最多的液体体系，主要原因在于瓜尔胶是一种天然植物胶，其性能稳定、适应性广。随着非常规油气田的广泛开发，储层改造对降低压裂液伤害提出了更高要求。瓜尔胶压裂液造成地层伤害的重要原因之一是残渣较多，其主要来源是瓜尔胶含有一定量的水不溶物。例如，国内120℃油气藏压裂用的常规瓜尔胶压裂液中瓜尔胶的使用浓度为0.45%，残渣含量为226mg/L，即使破胶彻底，这种残渣也不能完全消除。

瓜尔胶是天然植物胶，为降低其水不溶物，在改性方面已有大量研究，水不溶物由瓜尔胶原粉的10%~25%降低到改性瓜尔胶的10%，如羟丙基瓜尔胶、羧甲基羟丙基瓜尔胶、超级瓜尔胶、离子型瓜尔胶等。尽管瓜尔胶改性后水不溶物大幅度降低，但其绝对含量仍然很高。因此降低瓜尔胶用量是降低残渣伤害的主要途径。从交联剂方面着手，研发出适合超低浓度羟丙基瓜尔胶交联的高效交联剂，延长交联剂链的长度，增加交联剂交联点，大幅降低瓜尔胶使用浓度，提高交联冻胶耐温耐剪切性能。另外，在2012年，随着北美页岩气的规模开发，瓜尔胶出现供不应求的局面，导致价格大幅上涨，2012年4月，普通瓜尔胶高达18.6万元/t，虽然瓜尔胶价格逐渐回归正常，但是国内瓜尔胶基本依赖进口，降低使用浓度，对缓解这种受制于人的局面也会起到一定的积极作用，同时还能够降低压裂液成本。

低浓度羟丙基瓜尔胶压裂液技术的关键是交联剂技术，长链螯合的有机硼交联剂能够使更低浓度的瓜尔胶交联，具备常规压裂液体系的流变性能。其次，由于羟丙基瓜尔胶适应性广，与现有的大多数添加剂配伍性好，因此添加剂选择更为容易，根据不同储层特征，满足防膨、助排等需求即是压裂液其他辅剂选择的标准。

2）主剂研发

低浓度羟丙基瓜尔胶压裂液主剂为稠化剂和交联剂，为了最大限度地降低压裂液对储层的伤害，一方面稠化剂要满足增黏、减阻、降滤失的作用，同时要交联能力强、水不溶物低、残渣少、价格便宜，因此本体系要选择优级羟丙基瓜尔胶作为稠化剂。

交联剂是低浓度羟丙基瓜尔胶压裂液体系的关键，影响整个体系的性能。本体系使用的交联剂为长链螯合多极性交联剂，结合稠化剂分子结构，增加了交联剂长度和交联点，使较低浓度的羟丙基瓜尔胶形成有效交联冻胶，交联时间可控。

交联剂和稠化剂需要在适宜的条件下才能发生交联作用，形成网络冻胶。由于低浓度压裂液瓜尔胶浓度低，要求交联剂具有更好的交联性能，配套了交联调理剂。调理剂的作用主要是为了控制特定交联剂和交联时间所要求的 pH 值，并有利于交联剂的分散，使交联反应均匀进行，形成更高、更稳定的黏弹性网络结构，改善压裂液的耐温耐剪切性和温度稳定性。另一方面，调理剂还可有效地控制交联反应速度，达到高温延迟交联的效果，产生较高的井下最终黏度和更好的施工效率，满足储层和压裂液工艺技术对压裂液性能的要求。

3）体系优点

通过交联剂分子设计和结构优化，使用长链多点螯合技术增大了交联剂链的长度并实现多极性头多点交联，使得交联剂在更低浓度溶液中可以形成三维“牵手”网络冻胶，最低瓜尔胶交联浓度降低为 0.1%。

形成了 30~150℃压裂液系列配方体系，在相应温度条件下，瓜尔胶用量降低 30%~50%，破胶液残渣为 57mg/L（常规压裂液残渣为 200~300mg/L），残渣率降低 30%~53%。

针对低温储层，传统破胶剂过硫酸铵在低于 50℃时失去活性，破胶困难；单独使用生物酶，用量大，成本高。因此形成的高效三元复合低温破胶技术，使用特效生物酶+APS+活化剂，适用于低温环境，成本降低，破胶彻底，对储层的伤害减小。

4）综合性能

压裂液性能是决定压裂施工成败的关键因素之一，压裂液的耐温和耐剪切性能、破胶性能、破胶液性质、压裂液滤失、减阻能力等都是必须考察的关键内容。现将低浓度羟丙基瓜尔胶压裂液综合性能汇总见表 6-4，在 120℃、150℃的温度条件下的耐温耐剪切曲线分别如图 6-39 和图 6-40 所示。

表 6-4　低浓度羟丙基瓜尔胶压裂液体系综合性能

项目	结　果
基液黏度	0.15%~0.35%HPG，黏度 12~42mPa · s
交联性能	根据储层温度可调，10s~300s
常温稳定性	溶液配伍，静置 72h，无悬浮物，无沉淀
耐温、耐剪切性	120℃、$170s^{-1}$、2h，黏度大于 100mPa · s
水不溶物含量	4.58%
静态滤失	120℃配方体系：滤失系数 $C_{Ⅲ}=8.71\times10^{-4}m/min^{0.5}$，静态初滤失量为 $5.79\times10^{-3}m^3/m^2$，滤失速率为 $1.91\times10^{-4}m/min$
破胶性能	破胶时间 7~8h 内，水化液黏度降小于 5.0mPa · s

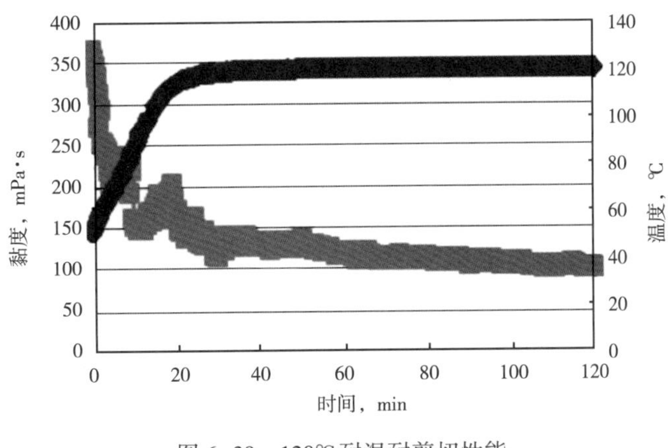

图 6-39 120℃耐温耐剪切性能

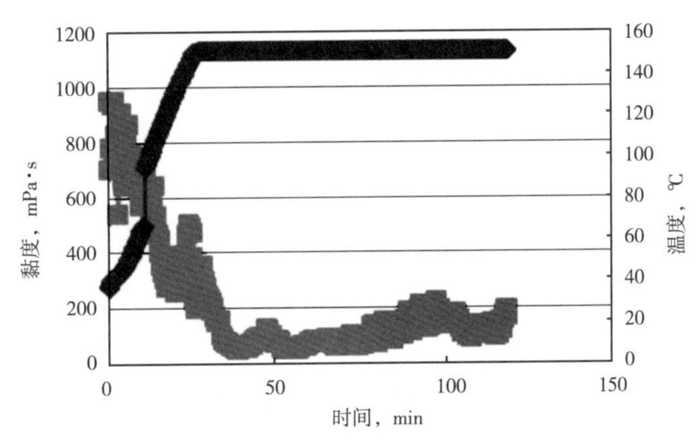

图 6-40 150℃耐温耐剪切性能

5）应用实例

低浓度羟丙基瓜尔胶压裂液体系在苏东 44-x 井山 1 段、盒 8 段压裂施工（图 6-41、图 6-42）。盒 8 段井深 2967m、山 1 段井深 3035m，孔隙度 9.22%～12.48%，基质渗透率 0.412～1.532mD，含气饱和度 52.5%～65.1%。采用 0.33%的超低浓度瓜尔胶压裂液体系，压裂液基液黏度 27mPa·s，pH 值为 8.5，交联比 100∶0.4。两层施工参数分别为：砂量 30.6m^3、25.9m^3，平均砂比 22.8%～24.4%，平均排量均为 2.5m^3/min，施工压力 42.1～45.7MPa 和 31.2～37.3MPa，该井施工整体正常，压裂液性能稳定，携砂较好，后期按设计砂量和砂比加入，表明该体系具有良好的施工性能及较好的返排性能。

低浓度羟丙基瓜尔胶压裂液体系具有成本低、适用性强、配液方便及施工性能稳定等特点。直井在苏里格东区应用 50 井次，共计 120 层，平均无阻流量 5.8138.0×10^4m^3/d（完试 44 口），见到一定的增产效果。其中，超低浓度瓜尔胶占总井数的 7.3%，平均无阻流量 10.96×10^4m^3/d。其余 40 口直井平均改造层位 2.28 层，其中完试 35 口，平均无阻流量 5.43×10^4m^3/d。在苏里格东区的三口水平井开展了超低浓度瓜尔胶压裂液试验。苏东 33-60H 井采用超低浓度瓜尔胶+水力喷砂 7 段压裂组合（盒 8 段），施工成功，压后排液迅速，获无阻流量 52.66×10^4m^3/d；苏东 26-31H2 采用超低浓度瓜尔胶+7 段自主裸眼封

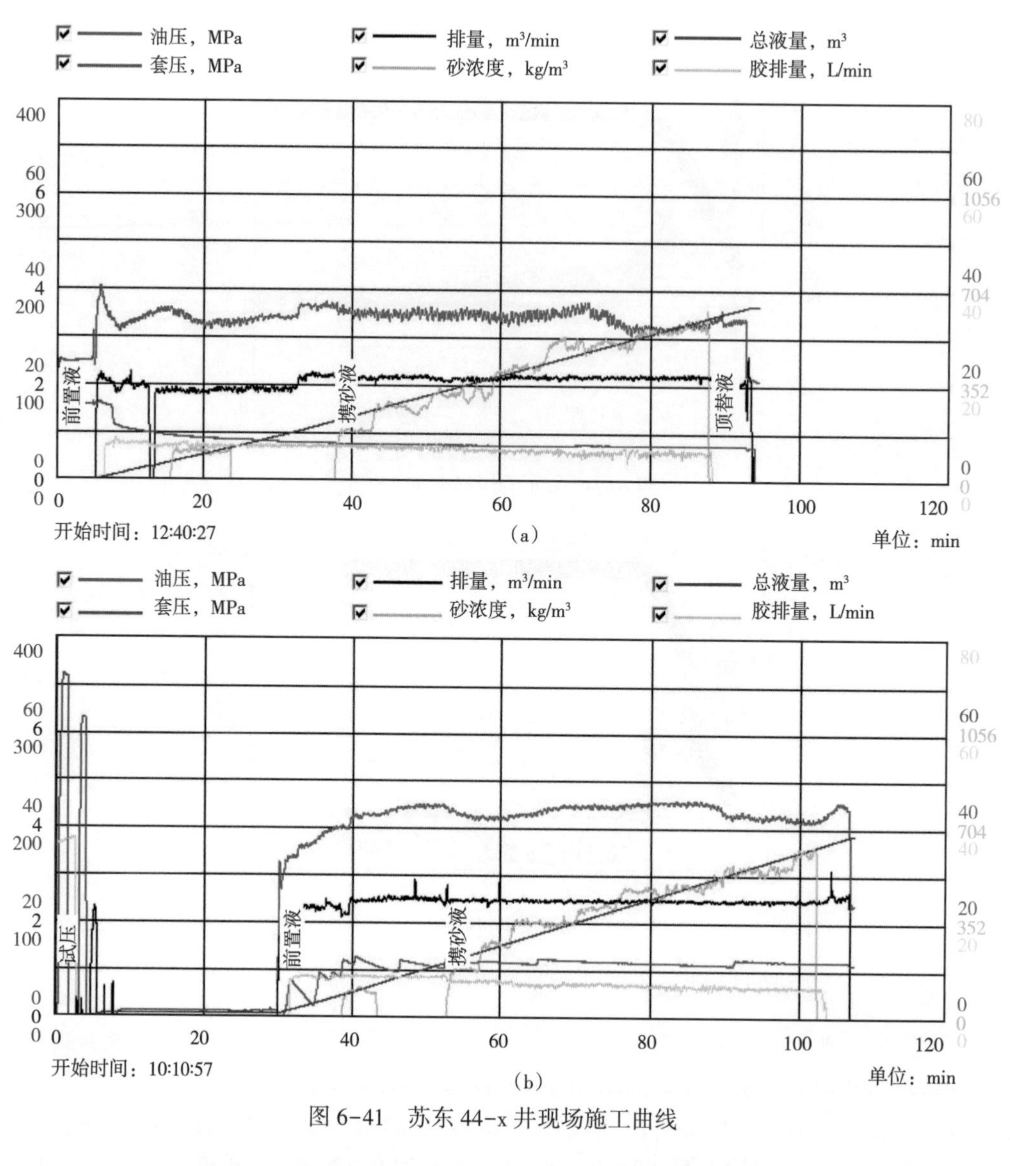

图 6-41　苏东 44-x 井现场施工曲线

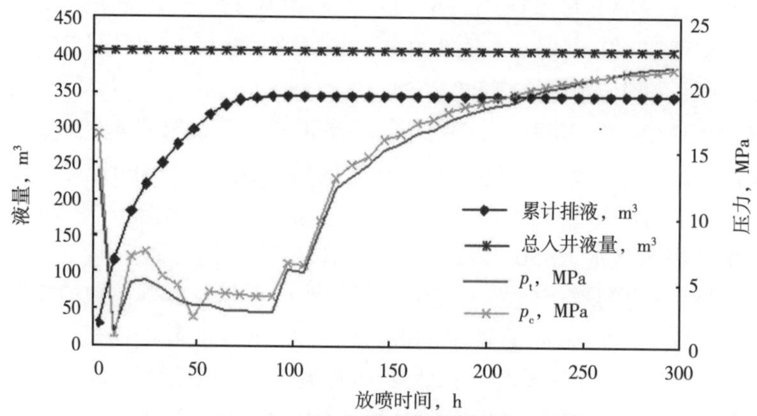

图 6-42　苏东 44-x 井液体返排效果图

隔器（盒8段），施工成功，压后排液迅速，获无阻流量34.34×$10^4m^3/d$，效果显著。苏东15-36H井采用超低浓度瓜尔胶+水力喷砂6段压裂组合（盒8段），施工成功，压后排液迅速，获无阻流量4.39×$10^4m^3/d$。该体系在苏里格气田、神木和子米气田进行了大面积推广，效果良好。目前已累计推广2791井次。

对比了实验井和常规井的返排率和返排时间（图6-43），17口直井使用超低浓度瓜尔胶压后平均返排率为88%，平均排液时间为13.4h，17口对比井（常规瓜尔胶）压后平均返排率为81.5%，平均排液时间为13.9h，通过对比结果可以看出，超低浓度瓜尔胶比常规压裂液的排液时间更短，返排率更高，在这两方面具有明显优势。

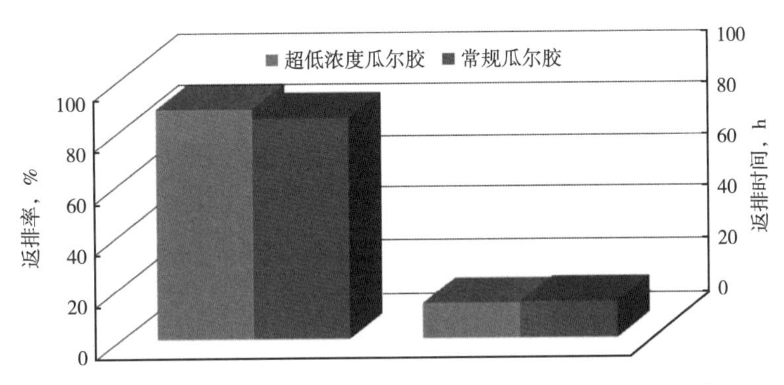

图6-43 超低浓度瓜尔胶压裂液试验井排液对比柱状图（直井）

2. 羧甲基瓜尔胶压裂液体系

1）体系介绍

羧甲基瓜尔胶压裂液体系不同于一般的瓜尔胶压裂液体系，稠化剂使用浓度低，聚合物和交联剂之间可形成的交联点少，需要更长时间才形成交联强度较弱的凝胶，耐温性及抗剪切性能也受到影响。因此交联技术是羧甲基瓜尔胶压裂液首先要解决的关键技术。其次，添加剂的种类及其作用机理对羧甲基瓜尔胶压裂液的性能影响很大，掌握各种添加剂的作用原理，保证每种添加剂之间的配伍性，方能配制出性能优良的压裂液体系，保证水力压裂施工顺利进行，减少储层伤害，达到改造油气层和保护油气层的双重目的。因此配方优化技术也是羧甲基瓜尔胶压裂液的关键技术。本体系解决了表面活性剂压裂液低残渣、易破胶的特点和植物胶类压裂液低滤失、低成本的特点相结合的难题，开发出一种新型低成本、低伤害的压裂液体系。

2）主剂研发

稠化剂是压裂液性能中具有决定性作用的添加剂之一，本体系所用的羧甲基瓜尔胶CMHPG是对瓜尔胶分子进行羧甲基化改性而成，CMHPG聚糖分子链上随机排列的阴离子基团之间的静电斥力使卷曲的聚糖分子链刚性化，在溶液中分子链伸直并接近平行排列，因而高分子间临界接触浓度大幅度降低，较少量的CMHPG就可以有效交联，满足施工要求。经过生产和加工技术的不断改进，CMHPG产品的性能越来越稳定，0.6%干基水溶液的表观黏度为102.5~120mPa·s，含水率为5.0%~8.0%，水不溶物含量为2.0%左右，形成有效黏度的浓度可低至0.12%，更适合于致密气储层使用。

由于CMHPG临界交联浓度较低，与之配套的交联剂，必须能够使聚合物分子之间产生较强的三维空间网络结构，即液体的弹性大大增加，但摩擦阻力增加不大。锆交联剂

FACM-37 可与 CMHPG 交联，交联时间延迟可控，从室温至 180℃，都能形成剪切稳定性良好的交联冻胶，满足低温到高温深井压裂的需要。

3）体系优点

改性后的稠化剂为亲油基羧甲基羟丙基瓜尔胶，与普通的羧甲基羟丙基瓜尔胶相比不但在分子结构上不同，且分子量小、水溶性好，残渣含量为 219mg/L，使用浓度低至 0.12%，与达到相同工业标准的 HPG 冻胶相比，稠化剂用量可降低 20%~50%。

形成了常温至 180℃温度范围内羧甲基压裂液配方技术，在 180℃、$170s^{-1}$、2h 条件下，黏度在 100mPa · s 以上，且具有较好的弹性和携砂性能，尤其是对于超高温储层，稠化剂浓度仅为 0.6%，基液黏度低，摩阻小。

4）综合性能

压裂液优化设计是在已选择压裂液基础配方上，根据温度场做的更进一步改进和综合性能测试，其目的在于满足储层条件和压裂工艺要求，最大限度地降低压裂液对支撑裂缝导流能力的伤害。降低稠化剂用量或加大破胶剂用量有利于压裂液快速彻底破胶水化，减少压裂液残渣，进而降低压裂液对支撑裂缝导流能力的伤害。

压裂液综合性能评价不但是对其性能的验证，也是对配方体系的完善与提高，在不影响压裂液的耐温耐剪切性能及流变性能的同时，对其各添加剂用量进行调整，以求与储层流体相配伍，既能造缝、携砂，又能快速破胶返排，尽可能降低储层伤害。

为了更直观的了解羧甲基瓜尔胶压裂液性能，现将其综合性能汇总见表 6-5。在 120℃、180℃的温度条件下的耐温、耐剪切曲线分别如图 6-44 和图 6-45 所示。

表 6-5　羧甲基瓜尔胶压裂液体系综合性能

项目	结　果
基液黏度	0.2%~0.3%CMHPG，黏度 12~39mPa · s
交联性能	根据储层温度可调，30s~600s
常温稳定性	溶液配伍，静置 72h，无悬浮物，无沉淀
耐温、耐剪切性	$170s^{-1}$、2h，黏度大于 50mPa · s
水不溶物含量	2.0%
静态滤失	160℃配方体系：滤失系数 $C_{Ⅲ}=1.07\times10^{-3}m/\sqrt{min}$，静态初滤失量为 $=8.03\times10^{-1}m^3/m^2$，滤失速率为 $1.79\times10^{-4}m/min$
破胶性能	破胶时间 8h 内，水化液黏度降小于 5.0mPa · s

5）应用实例

2009 年，羧甲基压裂液体系在苏里格气田进行了现场应用，之后针对羧甲基压裂液的滤失偏大，导致砂体提升困难的问题优选了与羧甲基压裂液配套的降滤失添加剂 FACM-45。SD05-x 井是对加入降滤失剂后的羧甲基压裂液体系的首次现场试验。

SD05-x 井现场六罐前置液阶段用的羧甲基液体加入 0.5%降滤失剂，降滤失剂分散快速均匀，放置稳定，最佳交联范围在 100∶1.1~1.5，交联时间为 30s 左右，交联性能良好，可挑挂。现场施工情况见表 6-7。该井盒 8 段下亚段、盒 8 段上亚段和盒 7 段三层施工时间累计 5h，三层分别加砂 22.7m^3、15.2m^3 和 26.7m^3，达到设计要求和改造目的，施工曲线如图 6-46 所示。

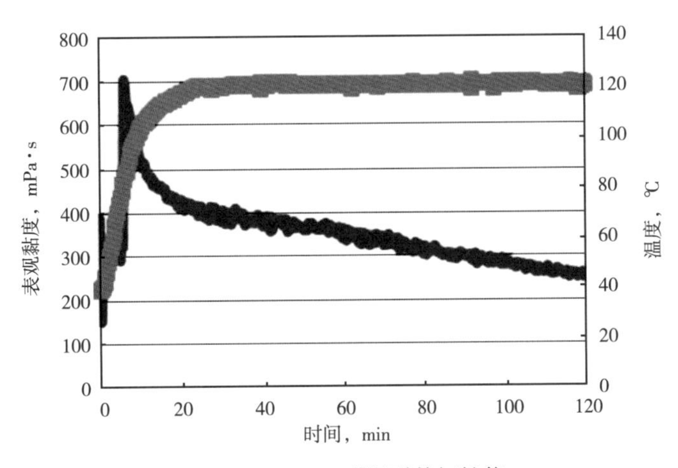

图 6-44　120℃耐温耐剪切性能

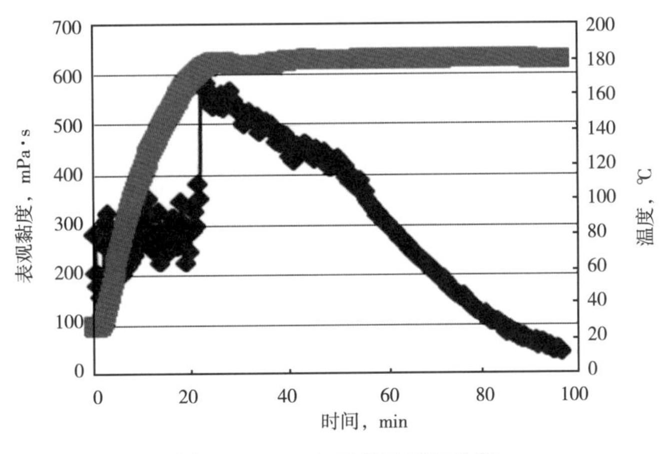

图 6-45　180℃耐温耐剪切性能

表 6-6　SD05-x 井单井基本参数

井号	层位	顶深 m	底深 m	有效厚度 m	电阻率 Ω·m	声波时差 μs/m	密度 g/cm³	泥质含量 %	孔隙度 %	渗透率 mD	含气饱和度 %	综合解释结果
SD05-x	盒 7 段	2719.4	2723.4	4.0	38.46	229.75	2.50	5.80	8.80	0.480	62.45	气层
		2726.8	2730.6	3.9	18.23	251.23	2.43	7.10	12.37	1.105	57.67	气层
		2732	2734.1	2.1	20.09	234.03	2.51	9.14	9.51	0.384	53.53	含气层
	盒 8 段上亚段	2745.4	2747.3	1.9	18.69	238.87	2.51	14.50	10.32	0.348	50.79	含气层
		2747.3	2750.4	3.1	27.25	247.38	2.44	8.65	11.73	0.968	58.44	气层
		2755	2756.9	1.9	23.55	233.73	2.50	14.50	9.46	0.386	55.60	气层
	盒 8 段下亚段	2783.5	2786.5	3.0	13.42	249.84	2.49	11.19	12.14	0.511	54.45	含气层

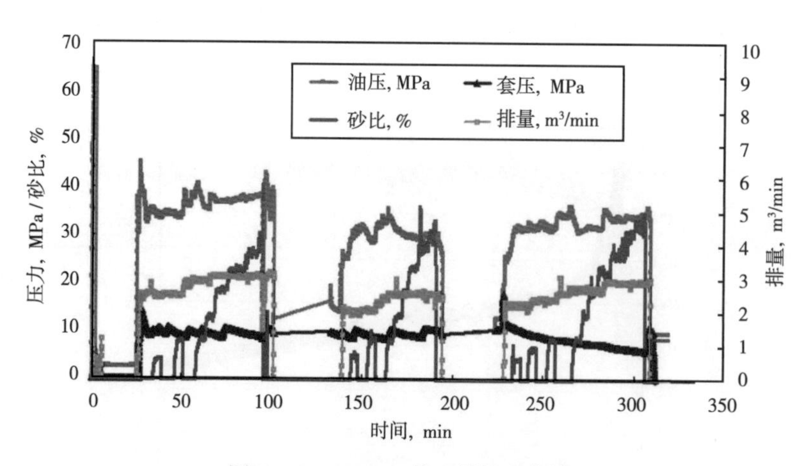

图 6-46　SD05-x 井三层施工曲线

表 6-7　施工情况统计

井号	层位	射孔段 m	液氮量 m^3	前置液量 m^3	携砂液量 m^3	施工排量 m^3/min	设计砂量 m^3	实际砂量 m^3	破裂压力 MPa	施工压力 MPa	平均砂比 %
SD05-x	盒 7 段	2720～2722 2726～2729	5.1	85.50	121.9	2.82	25	26.70	36.2	33.0	21.90
	盒 8 段上亚段	2746～2749	3.5	50.90	68.1	2.55	15	15.20	33.8	29.1	20.70
	盒 8 段下亚段	2783～2786	4.7	80.86	121.5	2.99	25	22.74	45.1	37.4	18.71

表 6-8　施工井返排结果表

井号	层位	入地液量 m^3	氮液比 %	返排液量 m^3	返排率 %	返排时间 h	返排 80% 的时间，h	无阻流量 m^3/d	井口产量 m^3/d
SD05-x	盒 7 段+盒 8 段	551.52	2	470.0	80.20	95	72	71303	45592

统计实施的 12 口井的压后返排情况，见表 6-9。

表 6-9　施工井返排结果表

井号	层位	入地液量 m^3	氮液比 %	返排液量 m^3	返排率 %	返排时间 h	返排 80% 的时间，h	无阻流量 m^3/d	井口产量 m^3/d
SD05-x	盒 7 段+盒 8 段	551.52	2.0	470.0	80.20	95.0	72	71303	45592
SD35-x	盒 8 段+山 1 段	436.10	2.0	386.8	82.10	136.0	95	81212	44497
SD40-x	盒 8 段+山 1 段	491.40	3.5	456.0	86.81	116.0	80	30516	11382
SD34-x	盒 8 段+山 1 段	685.48	3.5	603.6	80.22	88.0	72	516361	117904
SD43-x	盒 8 段	231.20	3.5	262.0	99.28	118.0	18	41380	—
SD44-x	盒 8 段+山 1 段	384.85	3.0	343.2	80.86	100	60	91059	46763
SD47-x	盒 8 段	236.40	3.5	221.0	81.82	84.5	71.0	152240	97927

续表

井号	层位	入地液量 m³	氮液比 %	返排液量 m³	返排率 %	返排时间 h	返排 80% 的时间，h	无阻流量 m³/d	井口产量 m³/d
SD32-x	盒 8 段+山 1 段+山 2 段	538.80	3.5	525.3	91.60	68.0	16.0	37962	22035
SD27-x	盒 8 段	546.80	4.0	494.0	85.20	88.0	45.0	52416	30459
SD15-x	山 1 段+山 2 段	616.91	3.5	545.8	83.60	158.0	90.0	41705	26376
SD57-x	盒 8 段+山 1 段	563.60	4.0	509.5	83.80	256.0	184.0	20643	15728
SD15-x	太原组	227.04	3.5	211.9	82.10	299.5	163.5	—	3858
	盒 8 段+山 2 段	552.90	3.5	479.2	81.09	155.0	99.0	15848	11177

由表 6-9 的统计表明，12 口井返排率均在 80%以上，反映了羧甲基压裂液低伤害、易返排的突出优点。

3. 阴离子表面活性剂压裂液体系

1）体系介绍

表面活性剂溶液在浓度不大时，溶液中表面活性剂以单个分子或球形胶束存在，溶液黏度接近溶剂（水）的黏度，为牛顿流体。当表面活性剂的浓度增大到一定值或溶液中加入特定的助剂后，球型胶束可转化成蠕虫状（worm-like）或棒状（rod-like）胶束。胶束之间相互缠绕可形成三维空间网状结构并表现出复杂的流变性，如黏弹性、剪切变稀特性、触变性等，该种体系称为黏弹性胶束体系。黏弹性胶束体系因其独特的结构和流变性，具有广泛的用途。由于带电头基间的强烈排斥作用，大多数离子型表面活性剂在溶液中能形成球形胶束，溶液黏度近似溶剂（水）的黏度。当这些表面活性剂胶束和水界面的电荷被屏蔽后，便可形成棒状胶束，该过程可以通过加入适当的反离子来实现。阴离子清洁压裂液依靠自身网状结构形成黏弹性，从而对压裂液的悬砂性能产生影响。温度在表观上影响着压裂液的黏度，实质上影响着液体的网状结构。温度较低时，尽管液体黏度相对较小，但是网状结构较好，携砂性能良好。温度影响下，压裂液黏度变化较大，液体自身网状结构变化不大，因而支撑剂沉降速率变化不大。不仅可用于压裂，还可用于钻井液、完井、固井、管输减阻、酸化、黏弹性驱油提高采收率等领域，具有良好的应用前景。

2）主剂研发

合成的阴离子表面活性剂具有很低的 Kraft 点，可以在冷水中有较高的溶解度，并在低温下保持胶束形状。而传统单链表面活性剂随着水温的下降，溶解度迅速下降，当水温低于 10℃时，溶解度降为 0，不能使用。由于在实际现场应用过程中，传统单链表面活性剂很难完成冬季施工，合成的表面活性剂这一特性使得其应用受到关注，保证在寒冷时节可以完成施工任务。

3）体系优点

研发的新型低成本阴离子表面活性剂压裂液针对岩屑砂岩储层孔喉半径小、排驱压力大、易受压裂液伤害的特点，改变分子结构，以避免吸附、降低伤害。主要优点如下：

（1）该表面活性剂结构简单，分离提纯容易，且产品性能优良，具有低温成胶特性，可满足在寒冷条件下使用。使用浓度低（0.2%），形成的冻胶弹性远远优于黏性，携砂性能好（最高砂比40%），造缝效率高。

（2）研发了与该体系配套的破胶剂，形成配套可控破胶技术，使得携砂与伤害的矛盾得以解决。破胶液有较高表面活性，有助于破胶液返排，减小了对储层的伤害；破胶后无残渣，导流能力保持较高，对储层伤害小。

（3）交联时间3~60s可调，配方配制简单，成胶迅速，现场实现在线快速连续混配。

4）综合性能

阴离子表面活性剂综合性能汇总见表6-10，流变性能如图6-47所示，流变参数见表6-11。

表6-10　阴离子表面活性剂压裂液体系综合性能评价

项目	结　果
基液黏度	0.25%BHJS，黏度30mPa·s
交联性能	根据储层温度可调，30s~120s
常温稳定性	溶液配伍，静置72h，无悬浮物，无沉淀
耐温、耐剪切性	$170s^{-1}$、2h，黏度大于50mPa·s
水不溶物含量	0%
破胶性能	破胶时间8h内，水化液黏度降小于5.0mPa·s

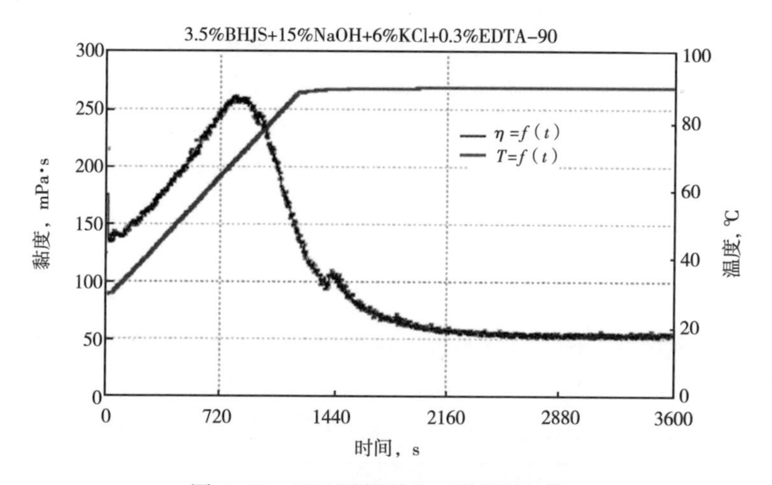

图6-47　90℃下的耐温、耐剪切性能

表6-11　阴离子表面活性剂压裂液流变性参数

温度，℃	n	K
40	0.4568	2.893
50	0.6317	0.9311
60	0.5691	1.1023
70	0.9285	0.083695
80	0.1666	7.3977

5）应用实例

使用阴离子表面活性剂在苏里格气田东区致密气岩屑砂岩储层开展了先导性试验共33口井，单井平均无阻流量 $8.66\times10^4m^3/d$，平均单井产量提高36.8%。投产时间较长的18口井分析表明，Ⅰ类、Ⅱ类井增产较明显（表6-12），试验14口井投产第一年增气量为（145~245）$\times10^4m^3$，平均增气量为（0.4~0.7）$\times10^4m^3/d$。

表6-12 阴离子表面活性剂压裂液试验井对比井试气数据表

类别	井数	层位	厚度 m	孔隙度 %	基质渗透率 mD	气体饱和度 %	无阻流量 $10^4m^3/d$
Ⅰ	试验井（16口）	盒8段	9.7	12.11	1.03	63.78	11.99
		山1段	7.3	11.05	0.77	70.34	
	Ⅰ类井 平均（44口）	盒8段	8.0	11.28	1.00	62.99	7.91
		山1段	6.9	10.51	0.65	66.56	
Ⅱ	试验井（10口）	盒8段	5.0	11.22	1.05	66.28	7.41
		山1段	4.2	9.47	0.71	70.49	
	Ⅱ类井 平均（86口）	盒8段	5.3	11.12	0.91	62.11	4.86
		山1段	5.1	10.64	0.69	66.49	
Ⅲ	试验井（7口）	盒8段	3.5	10.27	0.85	64.26	3.45
		山1段	2.6	10.08	0.66	65.54	
	Ⅲ类井 平均（69口）	盒8段	3.3	10.41	0.79	61.69	2.25
		山1段	3.4	9.62	0.57	63.17	

表6-13 阴离子试验井对比井投产效果对比

类别	井数 口	累计厚度 m	气层段数	孔隙度 %	基质渗透率 mD	气体饱和度 %	无阻流量 $10^4m^3/d$	投产前套压 MPa	目前生产套压 MPa	平均产气量 $10^4m^3/d$	累计生产时间 d	开井天数 d	累计产气量 10^4m^3	单位压降产气量 10^4m^3
Ⅰ	试验井（9口）	12.11	2.56	11.20	0.79	67.55	12.71	21.3	10.8	2.05	350	—	833.38	131.134
	对比井（9口）	10.84	2.22	11.42	0.73	67.53	9.63	21.5	13.0	1.56	350	—	574.10	85.113
Ⅱ	试验井（5口）	7.7	2.3	11.79	1.11	72.43	7.81	21.0	10.4	1.58	366	406	615.91	73.96
	对比井（4口）	9.2	2.8	10.83	0.96	71.40	7.00	21.0	13.0	1.10	366	515	455.63	70.23
Ⅲ	试验井（4口）	4.58	1.8	9.48	0.60	62.45	2.81	20.3	11.9	0.78	432	571	347.91	38.668
	对比井（4口）	4.45	1.5	9.54	0.35	69.55	2.69	21.6	10.9	0.79	432	570	341.34	31.590

低成本阴离子实现了规模化试验，在苏里格东区共累计实施37口井。其中，2011年实施25口井，测试求产20口井，平均无阻流量为 $7.87\times10^4m^3/d$，与区块直井同类储层相

比，总体应用增产效果较明显。

4. 干法 CO_2 压裂液体系

1）体系介绍

在 CO_2 泡沫压裂液的基础上发展了纯液态 CO_2 作为携砂液的干法压裂技术。相比常规压裂工艺，该压裂液以压后易返排、对储层无固相残留及低伤害等特点，成为水敏性、低渗透、致密油气藏的一种高效压裂方式，该技术现已受到了广泛关注。但干法压裂也存在一些问题，CO_2 黏度低，携砂能力差、液体容易滤失、泵注压力高等。如果干法压裂液的黏度能得到有效提高，将大幅促进水敏性、低渗透油气藏和低压油气藏的有效开采和油气的增产。因此，如何提高干法压裂中压裂液的黏度而又保持干法压裂的无伤害特性成为干法压裂技术首先要解决的关键问题。欲提高干法压裂中压裂液的黏度，须对干法压裂液进行改良，通过开发一种新的表面活性剂增稠剂可以有效提高液态 CO_2 的黏度，新型表面活性剂可在液态 CO_2 中形成蠕虫状胶束（图 6-48），当表面活性剂的浓度超过临界胶束浓度后，溶液中相互缠绕的蠕虫状胶束会大幅度提高液体黏度，达到增稠目的。通过室内高压管路流变测试及现场携砂压裂测试，新体系具有良好的增稠性能。

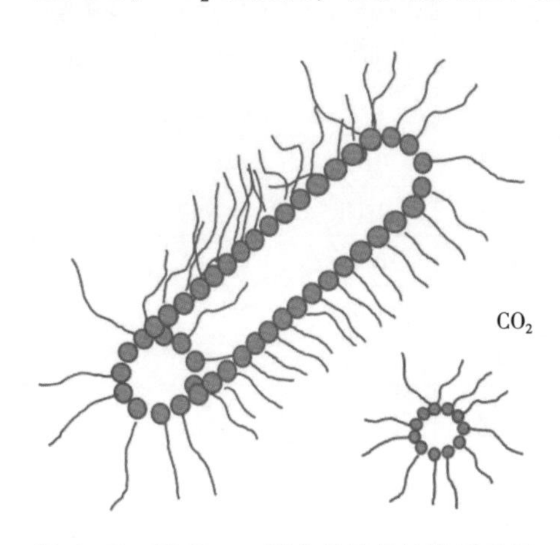

图 6-48　液态 CO_2 蠕虫状胶束结构示意图

2）液态 CO_2 增稠机理

液态 CO_2 的物性与有机溶剂的性质类似，液态 CO_2 增稠体系中交联形成的棒状或蠕虫状胶束的亲水基团被水分子吸引，同时亲 CO_2 基团受到 CO_2 分子的吸引，导致分子间的相互作用力增加，CO_2 黏度增加。整个体系的黏度变化主要来源于表面活性剂胶束空间结构的变化及 CO_2 液滴的形变，考虑到液态 CO_2 流体的性质更近似于牛顿流体性质，即 CO_2 作为混合体系的外相是可以忽略其黏度特性受剪切作用影响的，所以实验条件下混合体系的剪切稀化特性主要源于剪切作用对表面活性剂胶束空间结构的破坏，使得空间网状结构逐渐拆散成为单一胶束或增大胶束筛孔体积密度，并且胶束的流向在剪切作用下逐渐趋于一致，减小流动阻力，流体黏度随之减小。

3）体系优点

通过研发溶于液态 CO_2 的新型表面活性剂添加剂与配套辅剂，形成 0~100℃下，干法 CO_2 增稠压裂液配方体系，大幅提高了液态 CO_2 的黏度和携砂性能，保证了压裂施工的成功率。CO_2 干法压裂技术采用纯液态 CO_2 代替常规水基压裂液进行造缝携砂，从而避免了水相入侵对油气层的伤害，避免污染地下水，同时大部分 CO_2 在地层条件下可达到超临界状态，超临界 CO_2 表面张力为 0，流动性好，可进入任何大于 CO_2 分子的空间，因此对于低渗透、致密油藏，液态 CO_2 最大的优势是可以进入常规水基压裂液不能进入的微裂缝，最大限度地沟通储层中的裂缝网络，可进一步提高产量。与常规水基压裂相比，CO_2 干法压裂对地层零伤害，具有良好的增产增能作用，节约了大量水资源，达到了节能减排、绿色环保的施工要求，对于低渗透、致密油藏清洁、高效开发的意义深远，具有广阔的应用前景。

4）体系性能

液态 CO_2 压裂液不同于常规压裂液体系，其体系需要在压力至少在 7MPa 以上的高压状态下才能保证 CO_2 为液体状态，因此通过高压管路流变实验，可模拟液态 CO_2 压裂液在管路内的增稠过程，并计算液态 CO_2 压裂液在管路内的流变参数及摩阻数据变化。实验采用 8mm 的管径进行测试，实验结果显示增稠后的液态 CO_2 压裂液有效黏度在 7.654 ~ 20.012mPa · s 范围内，增黏倍数在 86~498，液态 CO_2 增稠压裂液呈现出剪切稀化特性，液态混合体系的有效黏度随着温度的增加而减小，呈指数规律递减的趋势。其性能参数见表 6-14、如图 6-49 至图 6-51 所示。

表 6-14　不同条件下 CO_2 稠化体系黏度测试值

压力 MPa	温度 ℃	稠化剂 %	剪切速率 s^{-1}	压裂液黏度 mPa · s	液态 CO_2 黏度 mPa · s	增黏倍数
10	15	1.0	220	15.986	0.0892	179.2
10	15	1.0	442	9.996	0.0892	112.1
10	15	1.0	663	9.361	0.0892	104.9
20	15	1.25	219	16.669	0.1081	154.2
20	15	1.25	331	13.367	0.1081	123.7
20	15	1.25	552	11.759	0.1081	108.8
20	0	1.5	393	20.012	0.1313	152.4
20	0	1.5	446	18.896	0.1313	143.9
20	30	1.5	393	8.461	0.0891	95.0
20	30	1.5	446	7.654	0.0891	85.9
20	40	1.5	446	8.987	0.0783	114.8
20	70	1.5	393	8.567	0.0524	163.5
20	100	3.0	393	8.120	0.0372	218.3
20	100	3.0	446	7.658	0.0372	205.9

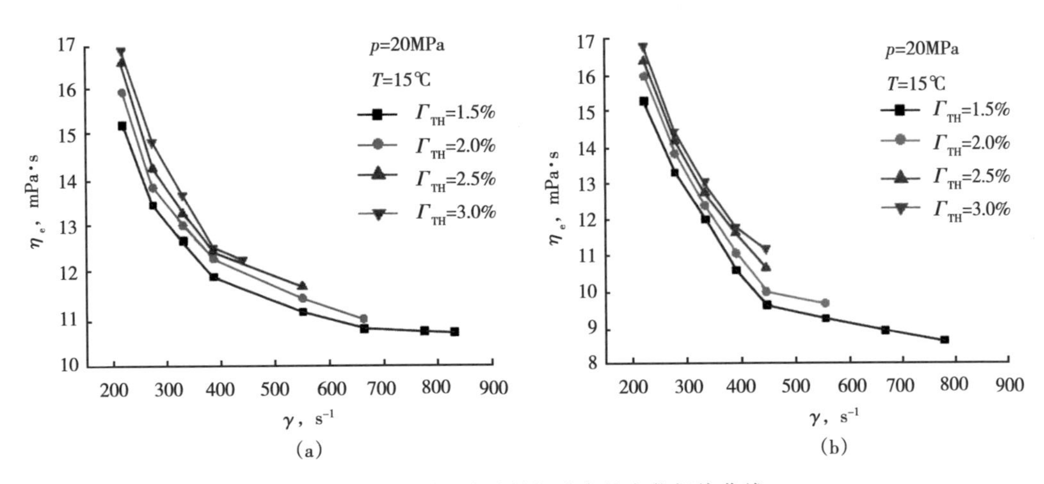

图 6-49　有效黏度随剪切速率的变化规律曲线

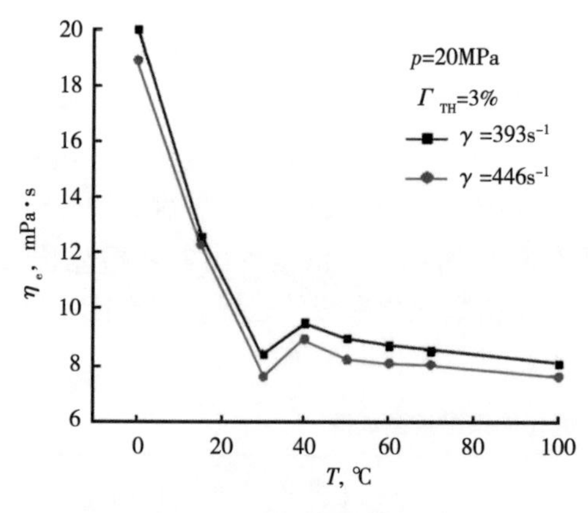

图 6-50　有效黏度随温度的变化规律曲线图

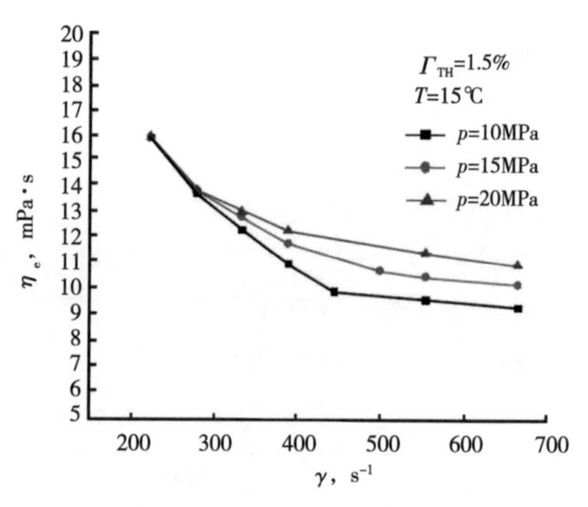

图 6-51　不同压力下有效黏度随剪切速率变化规律曲线

5）应用实例

目前 CO_2 干法压裂混相增稠体系在长庆苏里格气田已开展了 4 口井、5 层段的现场试验，获最高单井无阻流量 $24.7 \times 10^4 m^3/d$。现场试验情汇总见表 6-15。

表 6-15　新型 CO_2 干法压裂增稠体系现场试验情况

试验阶段	井号	层位	排量，m^3/min	砂量，m^3	平均砂比，%	总液量，m^3
使用前	试 1	山 1 段	2.0~4.0	2.8	3.5	254.0
	试 2	太原组	3.0	9.6	7.9	350.5
	试 3	本溪组	4.0	10.0	4.5	385.0
	试 4	盒 8 段	3.6~4.2	8.5	5.3	325.0
	试 5	盒 8 段	4.2	5.0	4.1	271.6
		山 1 段	4.5	8.8	5.2	244.2
	试 6	盒 8 段	3.7~3.9	0.8	2.5	150.1
	试 7	盒 8 段	4.9	10.0	8.4	457.4
使用后	试 8	山 1 段	4.2~4.8	10.0	8.2	413.0
	试 9	盒 8 段下亚段	4.0~4.5	20.0	10.3	426.0
	试 10	山 1 段	3.0	14.1	10.5	297.3
		盒 8 段	3.0	6.2	11.2	90.4
	试 11	山 1 段	4.5	25.0	12.2	389.0

试 11 井的现场试验（图 6-52）在国内首次实现了最高砂比 20%，最大平均砂比 12.2%，最大单层加砂量 $25m^3$ 的施工规模，有效提高了液体工作效率。综合比较施工参数如图 6-53 至图 6-55 所示。

综合对比新型 CO_2 干法压裂增稠体系应用前后，现场主要施工参数变化情况可以得到以下结论：

（1）压裂液携砂能力和造缝性大幅提高。新型 CO_2 干法压裂增稠体系应用后较应用前平均单层加砂量由 $6.9m^3$ 提高到了 $15.1m^3$，增幅达到 117%；平均砂比由 5.2%提高到

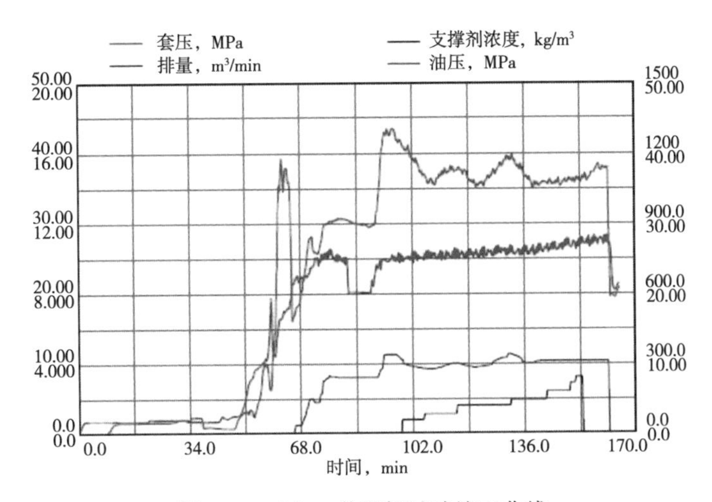

图 6-52　试 11 井现场试验施工曲线

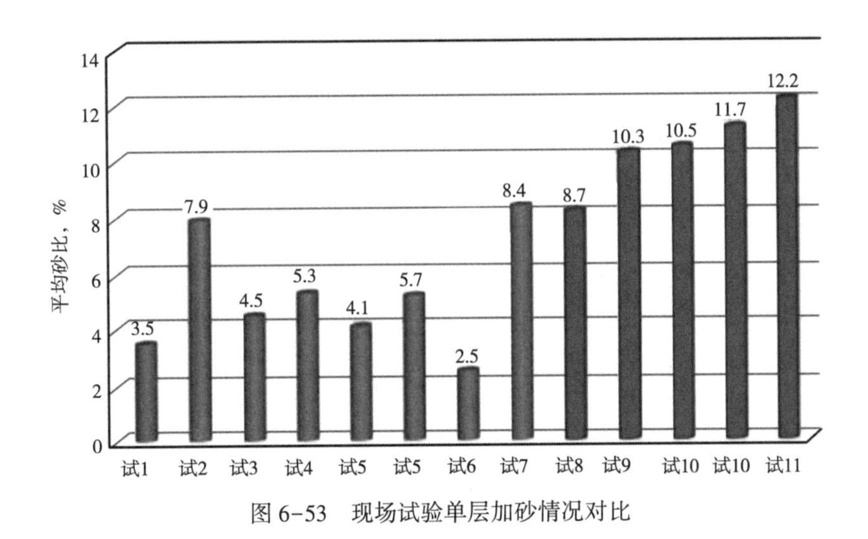

图 6-53　现场试验单层加砂情况对比

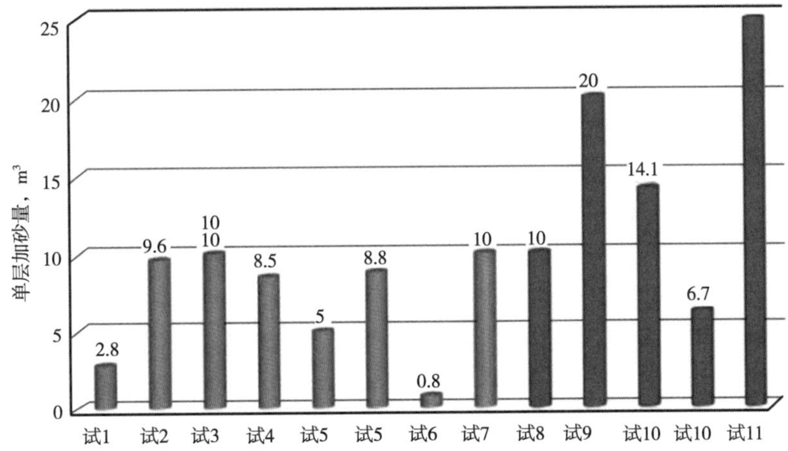

图 6-54　现场试验平均砂比对比

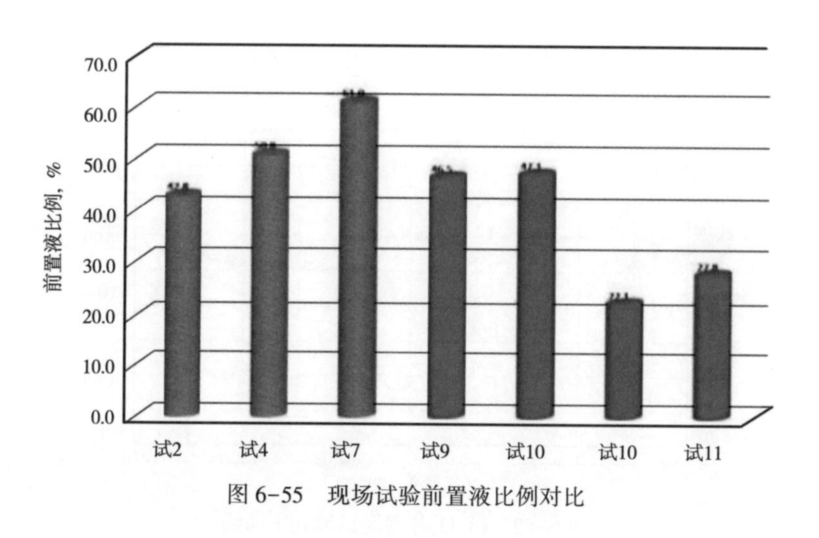

图 6-55 现场试验前置液比例对比

了 10.5%，增幅达到 102%。

（2）压裂液效率明显提高，前置液比例有效降低。由于压裂液效率的提高，平均前置液比例由 51.5%降低到了 35.9%，降幅达到 30.4%。

第五节 裂缝诊断与评估

目前，水力压裂技术已经成为致密气藏不可或缺的增产手段，准确获得水力裂缝空间展布对优化压裂设计至关重要。裂缝监测技术是获得水力裂缝扩展规律的重要手段，目前水力裂缝现场监测的方法包括三种：一是间接监测方法，主要包括净压力分析、试井和生产分析，主要缺点是分析结果常具有非单一性，需要用直接裂缝监测结果进行校正；二是井筒附近的直接监测，包括放射性示踪剂、温度测井、生产测井和井径测量等，主要缺点是只能获得井筒附近 1m 以内的裂缝参数；三是直接的远场监测，包括地面测斜仪和井下测斜仪、微地震技术，从临井或地面进行监测，可获得裂缝在远场的扩展。

测斜仪裂缝监测技术现状：（1）国外：成立于 1992 年的 Pinnacle 公司专门从事水力压裂裂缝诊断技术和软件研发，主要产品有地面测斜仪、邻井测斜仪、压裂井测斜仪监测技术。在解释方法上，Pinnacle 公司正在探索基于地面测斜仪技术的储层改造体积解释方法[21]，但该技术目前还处于探索阶段，未形成成熟技术。（2）国内：中国石油自 2008 年引入地面测斜仪和邻井测斜仪监测技术以来，在不同井型、不同储层共应用 74 口井 241 层（段），深化了对水力裂缝扩展规律的认识。在引进测斜仪技术的基础上，突破了以往微形变只能用于常规储层单一裂缝监测解释的技术瓶颈，创新形成裂缝复杂程度定量表征及依托测斜仪技术的储层改造体积评价技术，深化了对水力裂缝扩展的认识。

微地震裂缝监测技术现状。（1）国外：20 世纪 80 年代微地震监测技术在美国和欧洲一些国家引起重视，Pinnacle 等公司率先进行了技术研究，经过几十年的发展，微地震监测服务公司越来越多，技术逐渐成熟。应用领域包括水驱压裂成像和解释服务、二氧化碳气体排放及注水情况监测、核废料处理、地热开采和矿山开采。（2）国内：2010 年，中国石油加大微地震监测技术的研究力度，针对微地震信号能量弱、微震破裂机制类型多样、微地震波型复杂、微地震震源高精度实时定位等挑战，开展了微地震监测采集处理解释技术攻关，实现了中国石油微地震监测软件从无到有的跨越。井中微地震监测已经趋于常规化，正在积极探索地面或浅井微地震监测。

一、水力裂缝测斜仪测试解释技术

根据定义，水力压裂是将地下岩石分开，使两个裂缝面分离并最终形成具有一定宽度的裂缝[22,23]。压裂裂缝引起岩石变形，变形场向各个方向辐射，引起地层的倾角变化，这种倾角的变化可通过电缆将一组测斜仪布置在井下和将一组测斜仪布置在地面连续进行监测，通过对倾斜信号反演可以获得裂缝的方位、倾角、尺寸等参数。其中，地面测斜仪主要用来测试水力裂缝方位和形态，井下测斜仪主要用来测试分析水力裂缝几何尺寸，要得到水力裂缝的方位和几何尺寸，则需要同时应用地面和井下两种测斜仪测试方法。

1. 测斜仪解释原理及测试技术

水力压裂过程中，裂缝会引起岩石形变，这种形变虽然非常微小，但通过极为精密的测斜仪工具，在地面不同位置及井下测量倾斜量和倾斜方向（图 6-56）。测斜仪水力裂缝测量的原理非常简单，类似于“木匠水平仪”，测量倾斜量的仪器非常精密，精度可达 10^{-9}弧度。测斜仪器内有充满可导电液体的玻璃腔室，液体内有一个小气泡（图 6-57），仪器倾斜时，气泡产生移动，通过精确的仪器探测到两个电极之间的电阻变化，这种变化是由气泡的倾斜变化所导致。通过布置地面和井下监测仪器来测量压裂裂缝引起的地层倾斜变形。水力裂缝引起的倾斜量通常在几十到几百纳弧度，数值非常小，但这些倾斜量含有裂缝方位、形态、尺寸等独特的信息。测斜仪裂缝解释技术是通过对倾斜量的反演拟合裂缝参数，形成单一的水平缝或垂直缝的示意图。由于变形场是唯一的，并且与储层内水力裂缝特征相关，对变形值进行地质力学的反演，推算出水力压裂的几何形状、方位、倾角等信息。该监测方法，变形场结果直观，解释方法相对简单，对压裂裂缝的形态和尺寸认识非常有效。

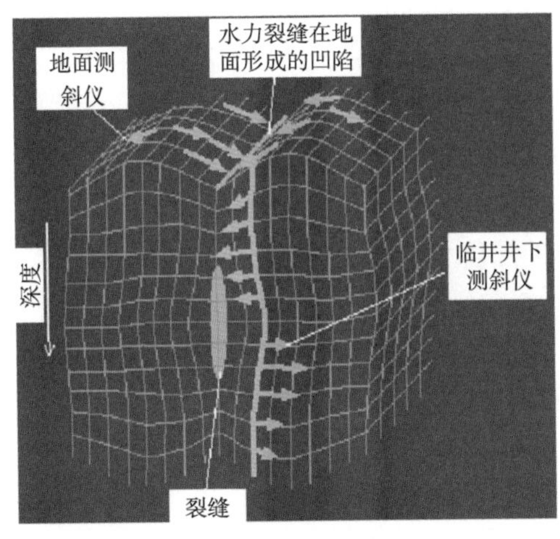

图 6-56　测斜仪压裂裂缝监测原理

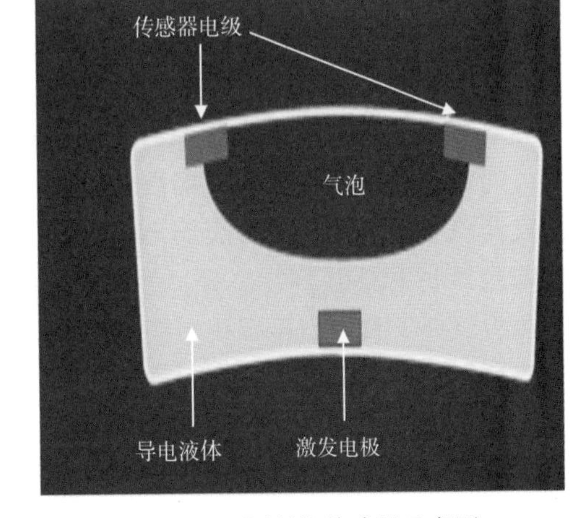

图 6-57　测斜仪传感器示意图

1）地面测斜仪测试技术

（1）测试方法。

将测斜仪传感器安装在压裂井周围井眼直径4in、深度12m并用水泥固结好的PVC管中（图6-58）。布孔位置以射孔位置在地面垂直投影为圆心，范围为射孔位置垂直深度的25%~75%的半径范围内（图6-59）。单层（段）监测布孔数量依据水平井射孔垂直深度和压裂施工排量确定，对于水平井多段压裂监测，要相应增加地面测斜仪数量。

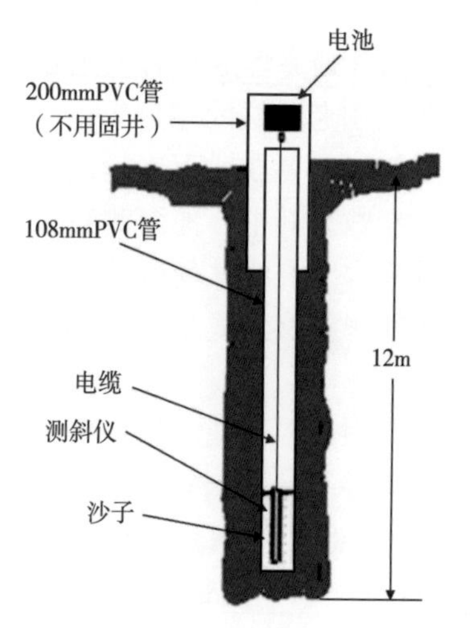

图6-58　地面测斜仪井眼结构

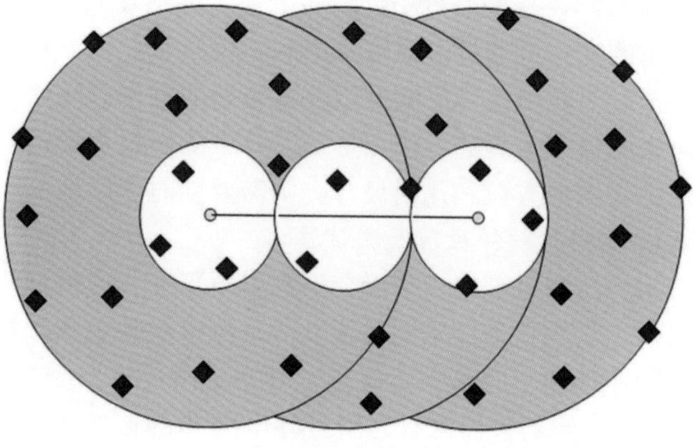

图6-59　典型水平井地面测斜仪布置

（2）测试要求。

①地面测斜仪最大测试地层垂直深度为5000m。

②测斜仪电子仪器工作的温度范围是-40~85℃。

（3）技术指标。

一般井越深测量结果的精度相对就要差些，裂缝方位精度是每300m井深大约为1.0°。泵的排量越高以及施工规模越大，越能获得更好的测量结果。对于大约3000m的井深，则要求泵的排量不小于$3m^3/min$，而总液量不少于$400m^3$。

2）井下测斜仪测试技术

（1）测试方法。

井下测斜仪是将测斜仪下入到一口观测井中，根据压裂井和观测井的数据，设计下井测斜仪的数量和仪器之间的连接长度，使仪器串的长度能包容压裂目的层的厚度，使最下部的仪器深于压裂目的层的底部，使最上部仪器的深度小于压裂目的层的上部深度，测斜仪底部距井底不能小于9m。下入仪器一般为7~14个，使用常用的单芯电缆车下到井内，井下测斜仪要下到水力压裂相对应的同一地层，用磁力器使其与井壁紧紧连接，压裂过程中这些测斜仪连续记录地层倾斜信号参数，从而得到水力裂缝的连续扩展。

（2）测试要求。

①井下测斜仪用放置在套管完井的观测井中，套管的直径为5.9 in。

②观测井全井段的井斜角不大于15°，放置井下测斜仪井段井斜应小于8°。

③仪器的额定最高工作温度为120℃，额定最高工作压力为100MPa。

（3）技术指标。

井下测斜仪用电缆车安装在有套管的观测井中，仪器的直径为7.28cm。观测井离压裂段的水平距离一般不大于400m，裂缝引起的倾斜角的变化特性随着距离的增加而扩散和减弱，因此测斜仪测量的准确程度随着观测井到压裂井距离的增加而减弱。

2. 复杂裂缝表征方法及SRV评估模型的建立

1）建立新的参数表征裂缝复杂性

为了能表征体积压裂网络裂缝的复杂程度，并使测斜仪技术更好地应用于网络裂缝监测，通过对等效裂缝容积与施工液量、水力裂缝系统中水平分量与垂直分量大小和所占比例的相对关系分析，建立两个新的参数，分别是多裂缝系数 R 和裂缝复杂指数 β 见式（6-1）、式（6-2）。多裂缝系数是模型拟合的等效裂缝体积与施工用液量的比值，当水力压裂过程中产生多条裂缝时，需要通过更大的解释裂缝体积来进行拟合，多裂缝系数可以表征多裂缝发育程度，由于多裂缝发育造成变形场的叠加，该值越大，代表裂缝条数越多。复杂裂缝系统往往是水平缝与垂直缝交互共生，当一种形态的裂缝所占比例越高或接近100%时，裂缝形态的复杂性将降低，如水平分量所占比例接近100%，则可以认为施工形成了水平裂缝；反之，则可以认为形成了垂直裂缝。定义裂缝系统中，水平分量的体积与垂直分量的体积差值与总等效裂缝容积的比值越小，表明垂直裂缝与水平裂缝所占的比例接近，裂缝系统中水平缝与垂直缝交互存在。裂缝系统越复杂，β 值越高；反之，复杂程度越低，β 值越低。

$$R=\frac{V_e}{V_i} \tag{6-1}$$

$$\beta=1-\frac{|V_v-V_h|}{V_v+V_h} \tag{6-2}$$

式中 V_e——模型拟合的裂缝容积，m^3；

V_i——施工注入体积，m^3；

V_v——模型解释垂直分量体积，m^3；

V_h——模型解释水平分量体积，m^3。

通过上述参数的应用，可以解释非常规储层复杂裂缝的特点，判断复杂裂缝系统是以多裂缝发育为主（R 高）还是产生了形态复杂，水平缝和垂直缝交互存在的裂缝系统（β 高）。图6-60是上述情况裂缝复杂特征的示意图。

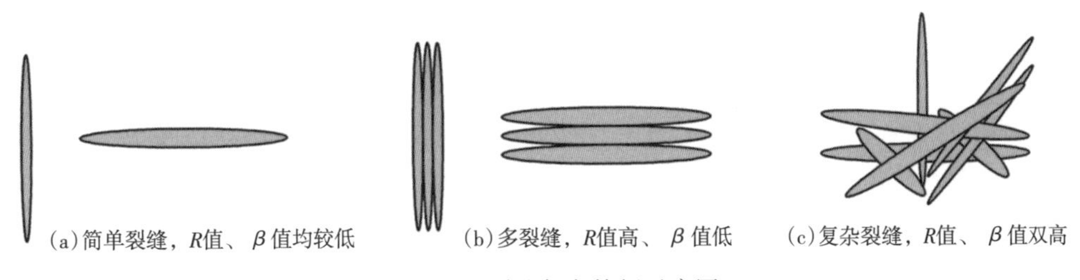

(a)简单裂缝，R值、β值均较低　(b)多裂缝，R值高、β值低　(c)复杂裂缝，R值、β值双高

图6-60　裂缝复杂特征示意图

2）新参数在不同岩性储层结果对比

为了验证新的参数，在不同岩性的储层进行应用对比，表6-16中给出了砂岩、煤层气、页岩气三种类型储层水平井分段压裂测斜仪监测解释结果，及计算得到的 R 值、β 值。

表 6-16　三种岩性储层水平井分段压裂测斜仪监测结果对比

序号	施工用液量 m^3	等效裂缝容积 m^3	水平缝比例 %	垂直缝比例 %	R	β
1	1968	4044	78	22	2.1	0.4
2	1958	9653	48	52	4.9	1
3	1941	8399	53	47	4.3	0.9
4	1983	2922	93	7	1.5	0.1
5	1978	4552	58	42	2.3	0.8
6	1991	4954	50	50	2.5	1
7	1962	5088	54	46	2.6	0.9
8	2034	6034	76	24	3	0.5
页岩平均（水平井，8段数据）					2.9	0.7
砂岩平均（水平井，15段数据）					1.4	0.3
煤层平均（水平井，9段数据）					2.2	0.4

从表6-16中数据可以知道，砂岩、煤岩、页岩的多裂缝系数R值分别为1.4、2.2、2.9，裂缝复杂指数β值则为0.3、0.4、0.7。可见，砂岩裂缝单一，多裂缝不发育，R值、β值均较低；煤岩以多裂缝发育为主，裂缝形态复杂程度低，表现为R值高、β值低；页岩多裂缝发育程度高，裂缝形态复杂度高，R值、β值双高。综合对比表明，砂岩压裂裂缝最为简单，页岩最为复杂，煤岩次之。

3. 基于地面测斜仪技术的SRV评估方法

致密储层渗透率低，需要进行大规模体积改造，增加储层改造体积来提高单井产量。现在，储层改造体积（SRV）大小成为评价致密储层改造程度的一个重要参数。目前，国内外通常采用微地震监测方法评价SRV大小，手段单一，需开发新的评估技术进行对比分析。廊坊分院基于微形变监测技术，建立了裂缝网络体积包络模型，为SRV评估提供了新手段。基于测斜仪监测技术的裂缝网络的SRV计算方法，其算法基本流程如下：

（1）通过微形变裂缝监测反演裂缝网络形态及尺寸。

（2）计算裂缝的轮廓点，建立形成裂缝网络的三维点阵坐标数组。

（3）构造三维点阵的凸包，该凸包由一系列三角形面拼接而成，并计算凸包的体积，即为SRV。

图6-61和图6-62分别给出了两相交圆盘裂缝及其凸包的可视化结果及一口水平井SRV解释结果。

4. 地面测斜仪测试实例

1）CSP 2井压裂情况

CSP 2井位于吉林省长春市农安县小城子乡田坨子西南方向0.38km处，是一口采用水平井多级压裂开发先导性试验井，目的就是通过裸眼封隔器滑套分压工艺技术进行多级压裂改造，增加水平井筒与地层的接触面积，提高单井产量。该井水平段方位角197°，长1011m，分7段压裂，施工数据见表6-17。

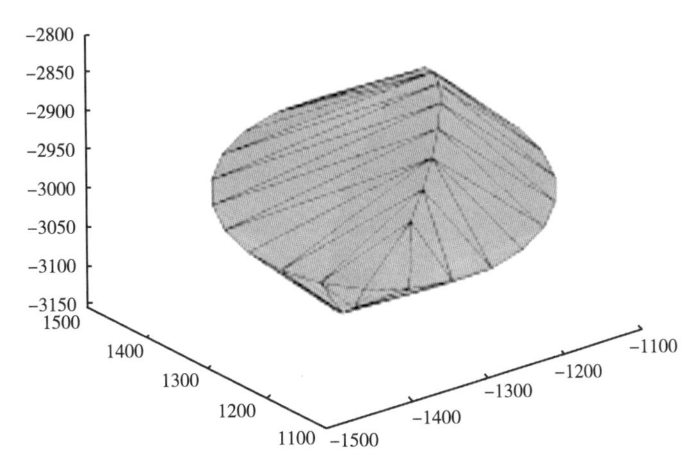

图 6-61 两相交裂缝及其凸包示意图

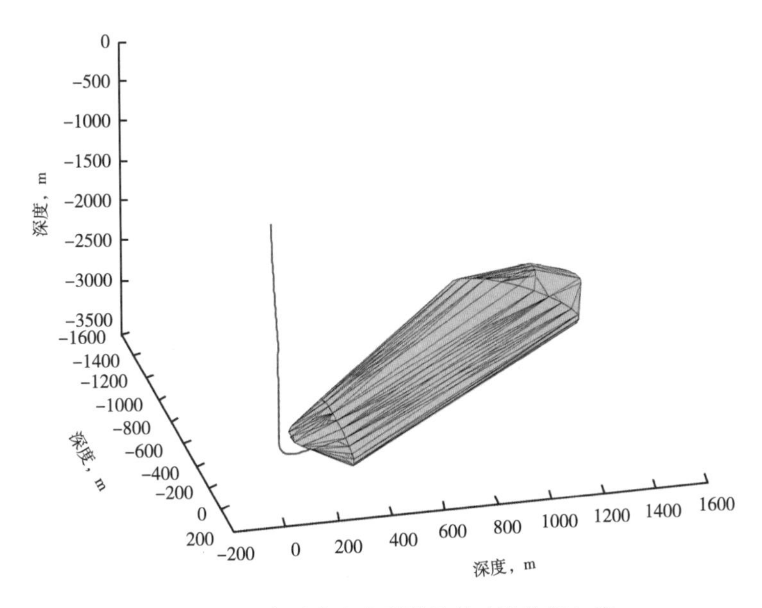

图 6-62 水平井水力裂缝及其改造体积包络

表 6-17 CSP 2 井测试压裂施工情况

压裂级数	压裂日期	开始时间	结束时间	压力 MPa	液量 m^3	砂量 m^3
1	2011/5/5	8:16:23	10:35:34	19~29	500	50
2	2011/5/5	11:30:00	12:59:21	16.7~18.6	434	60
3	2011/5/5	13:00:45	14:25:23	14~18	421	60
4	2011/5/5	17:45:02	19:07:47	14~21	416	60
5	2011/5/6	8:19:46	9:43:30	12~16	424	60
6	2011/5/6	9:44:00	11:10:12	11.5~19.8	419	60
7	2011/5/6	12:12:23	13:33:32	7.2~11.4	419	65

2）CSP 2 井压裂裂缝监测结果

CSP 2 井此次共压裂 7 段，共布置 35 支地面测斜仪对这 7 段压裂裂缝进行了监测，表 6-18 中列出了 7 段压裂裂缝的结果。从监测结果看，该井水力裂缝主导缝为垂直缝，但存在 4%~27%的水平分量，压裂裂缝垂直分量扩展方位是 50°~117°，总体呈东西向扩展。裂缝方位变化较大，第六段除了产生一条垂直缝外，还有一个 52°的倾斜缝。图 6-63 为 7 段压裂裂缝垂直缝分量方位简图。

表 6-18　CPS2 井监测结果

压裂段	垂直方位	垂直倾角,°	垂直缝分量体积比百分数，%	水平缝分量体积比百分数，%
1	N66°E	91	77	23
2	N76°E	97	78	22
3	N62°E	91	75	25
4	N117°E	88	73	27
5	N92°E	93	77	23
6	垂直缝方位 50°，倾角 90°，体积分数 75%；低角度缝方位 34°，倾角 52°，体积分数 25%			
7	N81°E	86	96	4

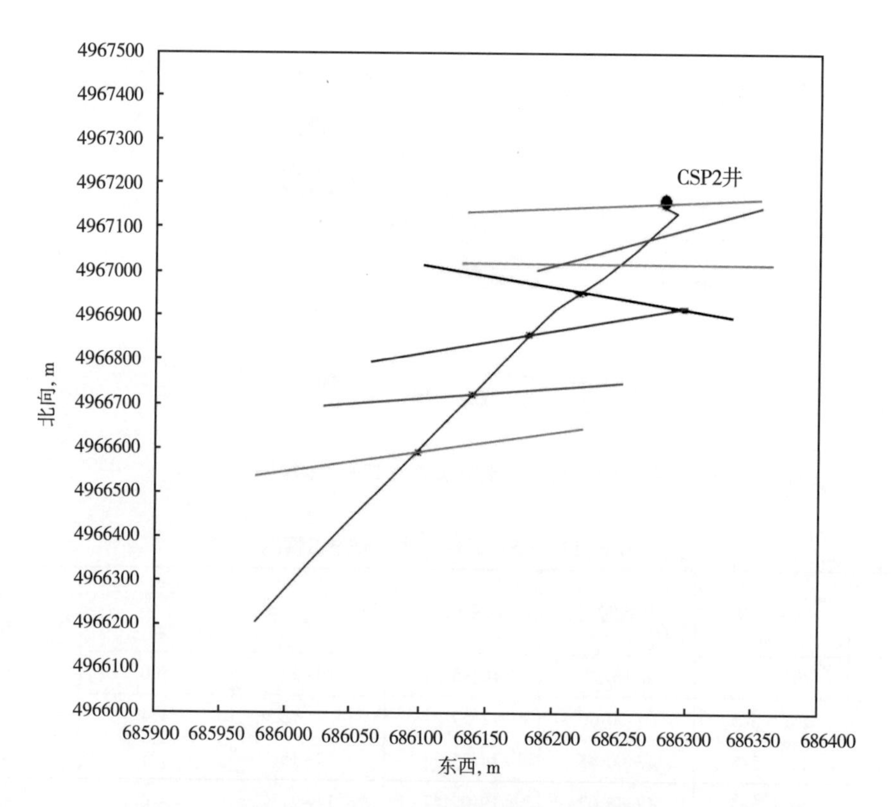

图 6-63　CSP2 井压裂裂缝垂直分量方位

第四段裂缝水平缝体积占总裂缝体积的 27%，水平缝占比较大，地面变形主要表现为单个“鼓包”，“马鞍”形状不明显；第六段产生两条相交的裂缝，垂直缝方位 50°，倾角 90°，体积分数 75%，同时还产生了低倾角裂缝，方位 34°，倾角 52°，体积分数 25%，低

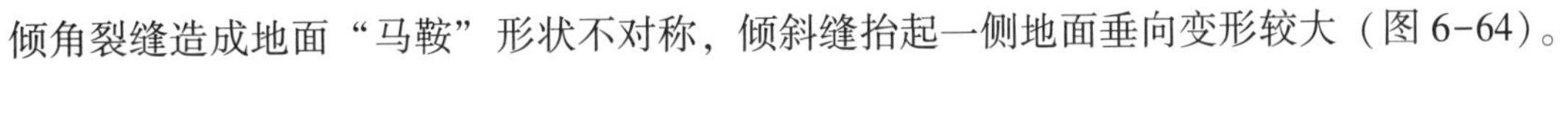

倾角裂缝造成地面“马鞍”形状不对称，倾斜缝抬起一侧地面垂向变形较大（图 6-64）。

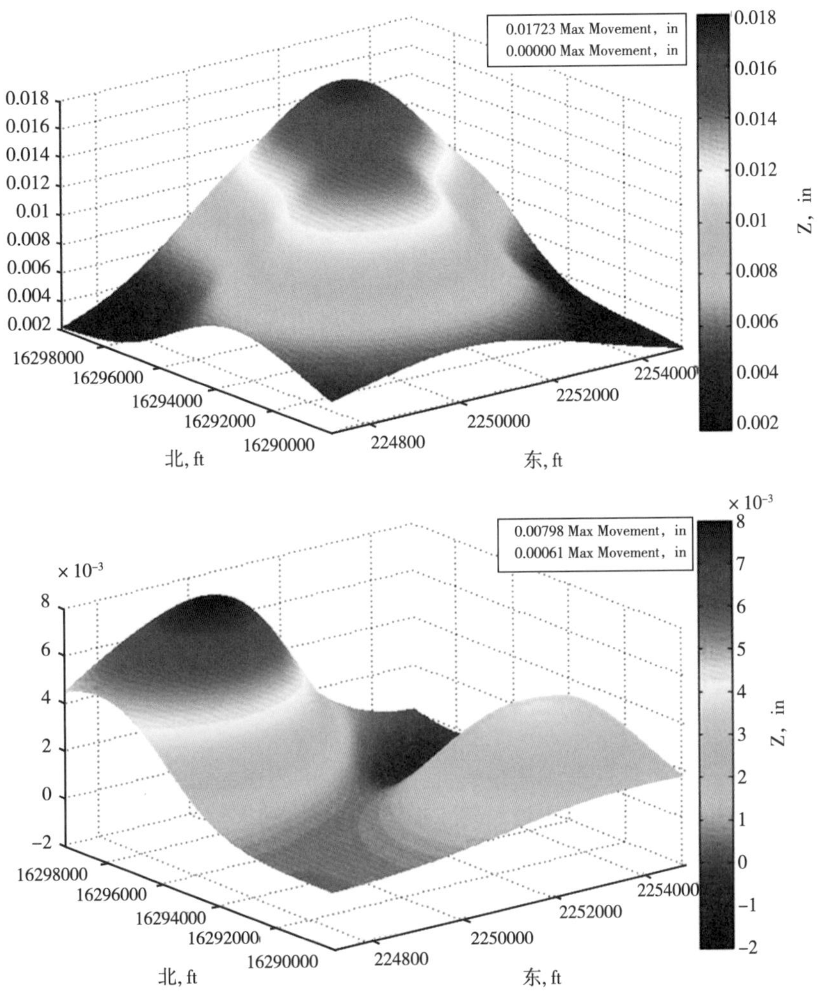

图 6-64 CSP 2 井第 4 和第 6 段地面变形图

二、微地震监测技术

随着非常规油气资源的开发，水力压裂微地震监测技术有了突飞猛进的发展。微地震监测提供了目前储层压裂中最精确、最及时、信息最丰富的监测手段。可根据微地震“云图”实时分析裂缝形态，对压裂参数（如压力、砂量、压裂液等）实时调整，优化压裂方案，提高压裂效率，客观地评价压裂工程的效果。

1. 微地震监测原理及监测技术

水力压裂改变了原位地应力和孔隙压力，导致脆性岩石的破裂，使得裂缝张开或者产生剪切滑移。微地震监测水力压裂、油气采出等石油工程作业时，诱发产生的地震波，由于其能量与常规地震相比很微弱，通常震级小于 0，故称“微震”。微地震监测技术理论基础是声发射和天然地震，与地震勘探相比，微地震更关注震源的信息，包括震源的位置、时刻、能量和震源机制等。水力压裂微地震监测主要有井下监测和地面监测两种方式。

1）地面（浅井）微地震监测技术

（1）测试方法。

地面微地震监测是将地震勘探中的大规模阵列式布设台站与基本数据处理手段移植到压裂监测中来，在压裂井地面或浅井（10~500m）布设点安装一系列单分量或三分量检波器进行监测，采用多道叠加、偏移、静校正等方法处理数据。通常地面检波器排列类型主要有星型排列、网格排列和稀疏台网三种。布设点达到几百个，每点又由十几到几十单分量垂直检波器阵组成，检波器总数可以万至数万计。

此法施工条件要求低，数据量大，具有大的方位角覆盖，有利于计算震源机制解，但易受地面各种干扰的影响，其信噪比低、干扰大。地面微地震监测在国内外油气田的生产实践中得到了越来越多的应用，其监测结果可确定裂缝分布方向、长度、高度等参数，用于评价压裂效果。

（2）测试要求。

①星形排列：每条测线一般 1000 道以上，可达 6000~24000 个检波器，测线长度一般为压裂目的层深度的 2 倍，可达 2~10km[24]。

②网络排列、稀疏台网排列：3 分量检波器，一般为 20 台左右，距井口半径 3km 以内，部分叠加，能量扫描[25]。

2）井下微地震监测技术

（1）测试方法。

井下微地震裂缝监测是目前应用最广泛、最精确的方法，井中微地震监测接收到的信号信噪比高、易于处理，但费用比较昂贵，且受到井位的限制。

现场常用的井下微地震波监测试验如图 6-65 所示，三个地震波检波器布置互相垂直，并固定在压裂井邻井相应层位和层位上下井段的井壁上。首先将仪器下井并固定，同时确定下井的方向进行压裂。记录在压裂过程中形成大量的压缩波（纵波，P 波）和剪切波（横波，S 波）波对，确定压缩波的偏差角及压缩波和剪切波到达的时差。由于介质的压缩波和剪切波的速度是已知的，所以，可将时间的间距转化为信号源的距离，得出水力裂缝的几何尺寸，测出裂缝高度和长度，再根据记录的微地震波信号，绘制微地震波信号数目和水平方位角的极坐标图，以此确定水力裂缝方位。

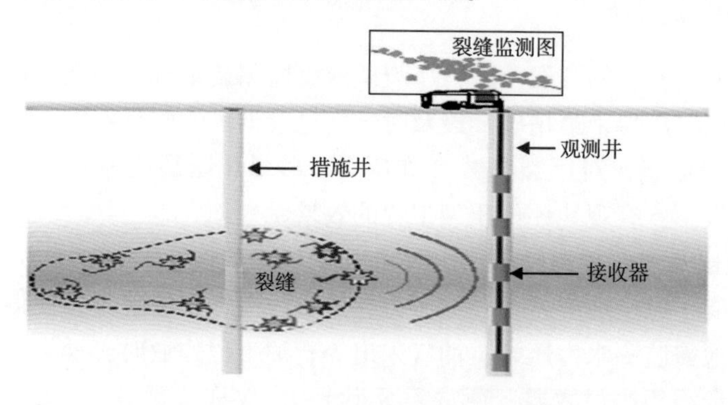

图 6-65　井下微地震波测试示意图

（2）测试要求。

①与观测井井距小于500m。

②观测井最大井斜小于30°，狗腿度小于3°/30m，保证光缆带着仪器能顺利下到目的层。

③待观测井检波器下井后才开始射孔作业，以便对三分量检波器进行定位。

2. 微地震信号处理

微地震常规数据处理包括确定微地震特征参数（如能量、事件数、G-R统计的 b 值、发震时间等参数）和精确定位，再根据精确定位的微地震事件“云图”边界，确定有效储层改造体积（SRV）。其中，影响定位精度的因素包括波形信噪比、P波（S波）时拾取精度、速度模型和定位算法。

到时拾取是精确定位的关键，由于微地震数据量较大，通常采用自动拾取到时的方法，常用的到时拾取方法为短长时间平均比法（STA/LTA）、修订能量法（MER）和AIC准则。常用的速度模型为均匀各向同性介质模型、时变均匀各向同性介质模型、横向各向同性介质模型、时变横向各向同性介质模型和射线追踪。常见的定位算法为简单算法、盖革定位和网格搜索法。

3. 矩张量反演

微地震事件震源机制的求取主要借鉴天然地震学中的相关方法。天然地震学中震源机制求取方法主要有利用P波初动极性求取、矩张量反演和利用P波（S波）振幅比求取三种方法。根据微地震监测的特点，常用的微地震震源求取方法主要是前两种。利用双力偶点源模型，根据地震P波初动和振幅信息求震源模型参数的结果，通常称为震源机制解(断层面解)，解的过程称为矩张量反演。矩张量反演把微地震波形信息和岩石破裂类型(张性破裂、剪切破裂和滑移等）建立了联系（图6-66）。矩张量反演可以用来计算断层面解，确定每个事件的震源球（也成为沙滩球）。为了方便分析，Hudson的T—K图可用来显示所有事件的机制，可用来分析特定区域内所有事件的破裂类型[26]（图6-67）。

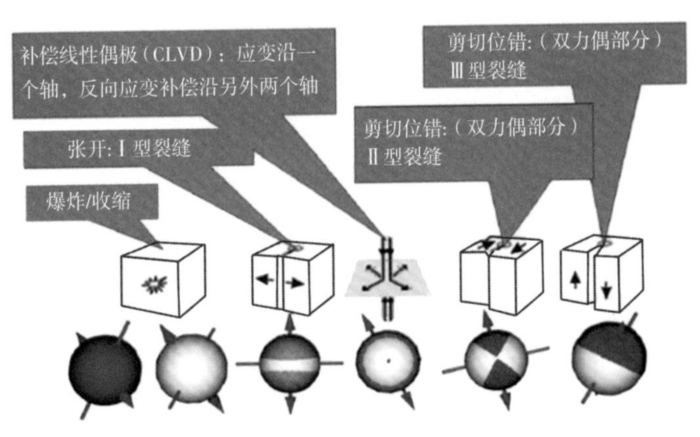

图6-66 震源机制解与裂缝破裂形态关系（引自ESG公司）

彩色代表P波初动为正，白色代表p波初动为负

矩张量反演用来评价产生微地震事件的破裂面的方位和运动的方向。然而，要获得震源机制，检波器布设的覆盖范围必须要广，井中微地震观测至少需要两口井以上才可获得

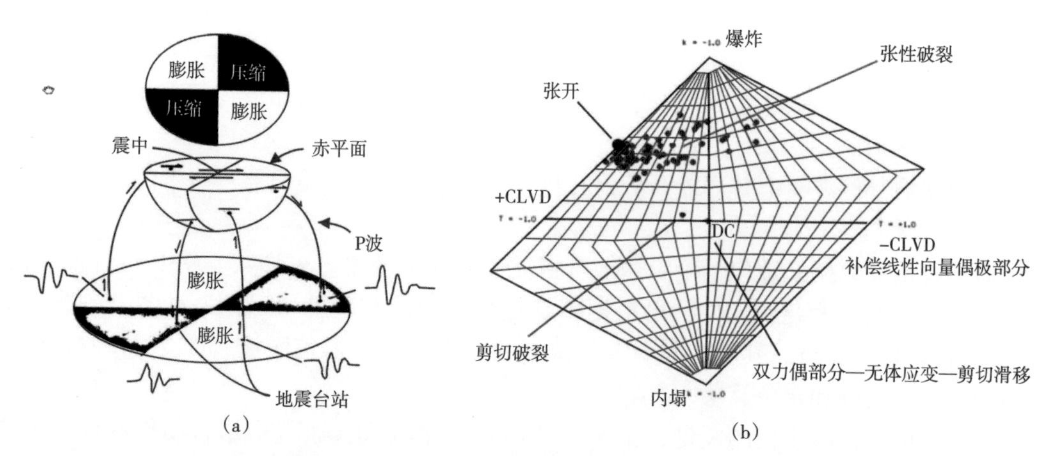

图 6-67　利用 P 波初动极性求解震源机制和 Hudson 的 T—K 示意图

震源机制解。水力压裂现场经常没有合适的监测井满足需求。地面微地震监测的覆盖面可以满足矩张量反演要求，但地面微地震背景噪音就高，很难识别有效波形，识别 P 波初动极性和振幅较难，需要提高信号处理能力和方法。

通常致密砂岩会产生经典的张性对称型双翼裂缝，而含天然裂缝砂岩和非常规储层在合理的地应力作用下，合适的施工条件可以形成复杂的裂缝，既有张性裂缝也有剪切裂缝。沿天然裂缝的剪切滑移可以产生自支撑作用，虽然裂缝闭合，但仍有很高的导流能力，能有效提高储层渗透性。这些发现为压裂后产能的评价提供了重要线索，帮助现场工程师计算有效的储层改造体积（ESRV）。

4. *微地震监测实例分析*

1）储层及完井情况

为了进一步探明西南油气田安岳地区须二气藏含气情况，加快须二气藏开发，SCY101-26-X1 井为监测井，SCY101-26-X2 井为压裂施工井，相对位置如图 6-68 所示，都采用套管完井。储层为致密砂岩，完钻井深分别为 2784. 00m 和 2734. 00m。

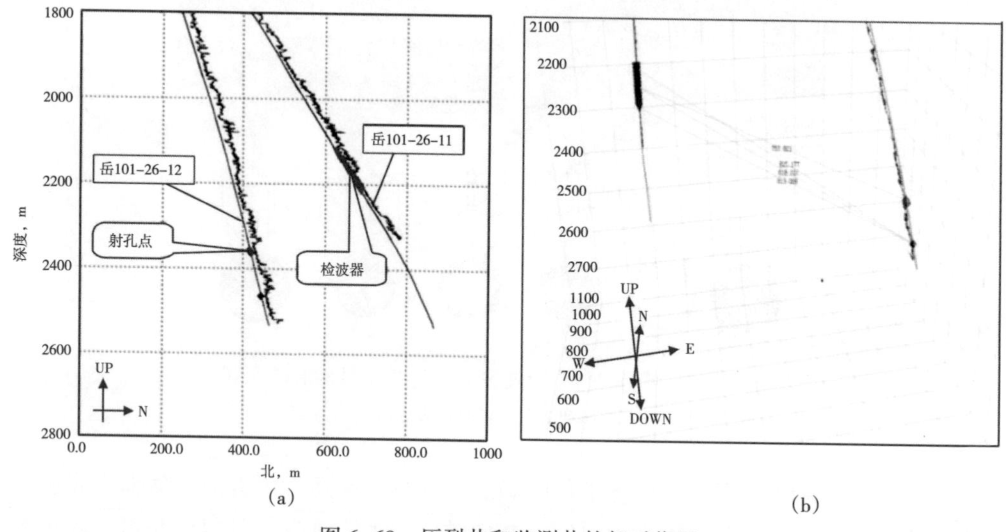

图 6-68　压裂井和监测井的相对位置

2）建立观测系统

以压裂井 SCY101-26-X2 井的井口为坐标原点，建立压裂井轨迹和监测井轨迹的统一压裂监测坐标系统。根据现有条件，采用 12 级 Maxiwave 三分量检波器接收，根据 SCY101-26-X2 井的井斜数据，压裂设计测深范围为 2540.00～2661.00m，垂深范围为 2357.88～2467.67m，其次，SCY101-26-X1 井的 2570.00～2768.72m 井段固井质量差，为满足检波器与井壁的良好耦合，并使检波器的位置尽可能地靠近压裂目的层，12 级三分量检波器实际放置垂深位置在 2123.93～2215.60m，测深位置在 2306.74～2416.74m 之间，间距 10m，检波器和压裂位置的距离在 758.00～825.00m。

3）压裂监测成果

典型微地震监测信号如图 6-69 所示。图 6-70 为微地震事件随时间定位图，按事件发生先后顺序，微地震事件集中在西南侧，推测是压裂引起了周围断层活动，震级范围在 -1.710～0.573 之间。通过微地震事件定位的空间位置拟合出裂缝网络主裂缝破裂面、展示各段事件的密度分布图并计算出各段微地震事件波及地质体的大小。

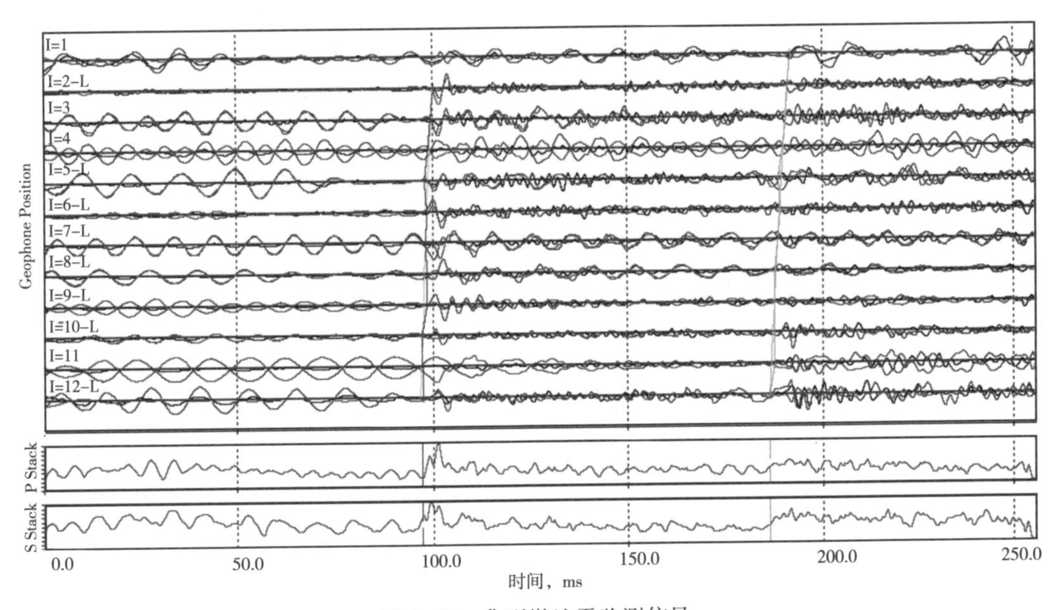

图 6-69　典型微地震监测信号

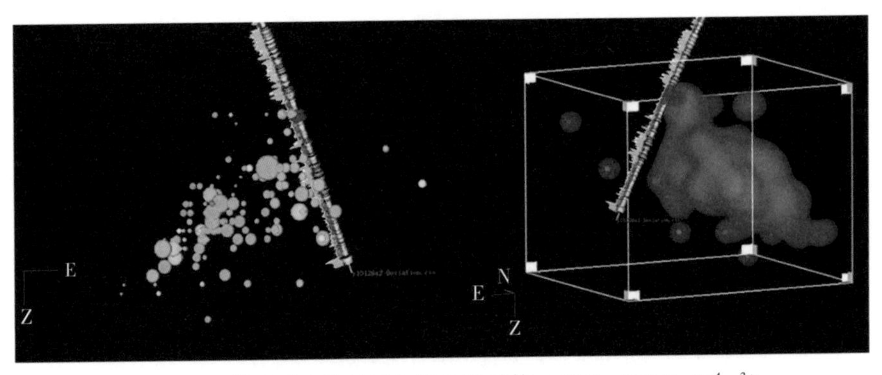

图 6-70　微地震事件显示及波及地质体（SRV = 323.7×$10^4$$m^3$）

从地面地震剖面图上可以清晰地看到井间小断层，故认为压裂段通过断层沟通（图 6-71）。整体上看，压裂微震事件震级相对较大，效果较好，当监测距离大于 700m 时，震级大于-1.71 级就能被检波器接收到（图 6-72）。压裂规模较大，监测距离达到了 760m，监测到可定位事件 152 个，有大量岩石发生了破裂。受储层非均质性和断层带的影响，微地震事件主要发生在西南方向，并非压裂段两侧。此次压裂结束后，又监测到了一些破裂事件，可进一步判断裂缝的破裂信息。

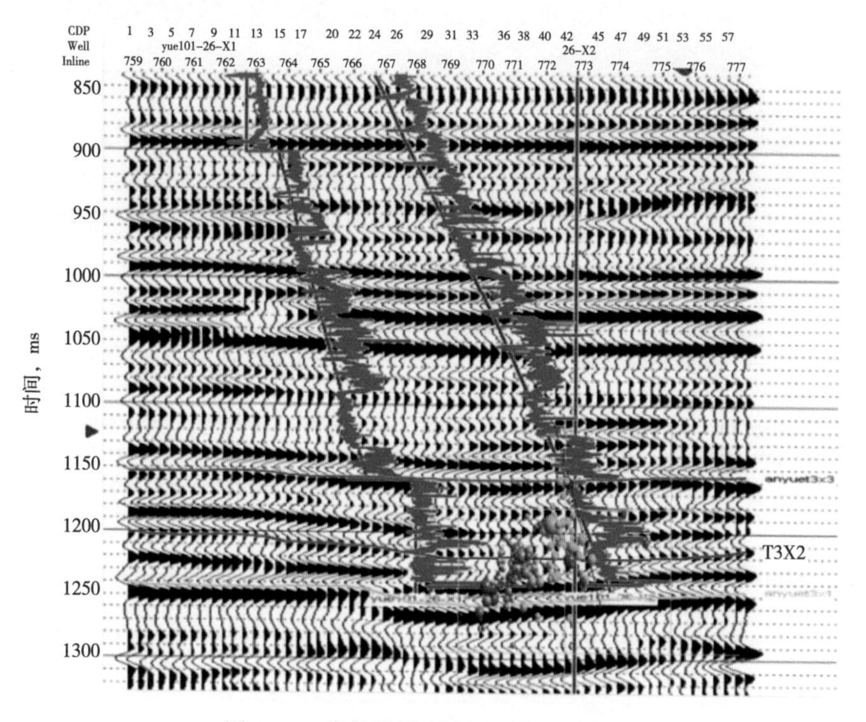

图 6-71　事件投影到地面地震上示意图

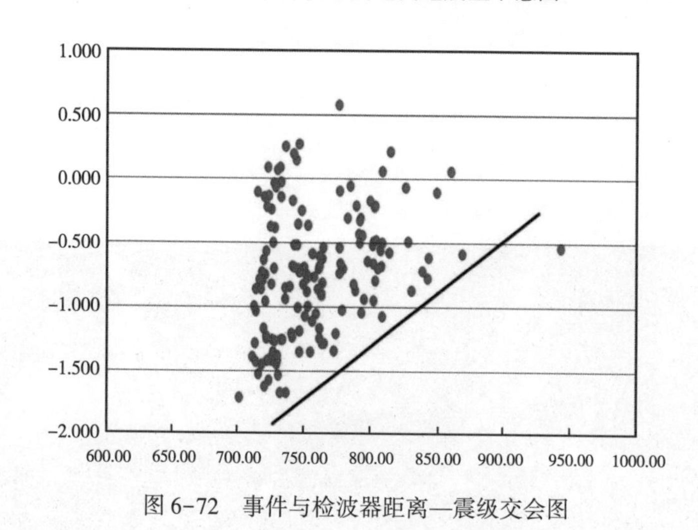

图 6-72　事件与检波器距离—震级交会图

注：本章的微地震监测实例分析资料均来自中国石油集团东方地球物理勘探有限责任公司。

参 考 文 献

[1] Warpinski N R, Teufel L W. Influence of geologic discontinuities on hydraulic fracture propagation [J]. Journal of petroleum technology, SPE 13224, 1987.

[2] Meng Chunfang, De Pater. Hydraulic Fracture Propagation in Pre-Fractured Natural Rocks [C]. SPE 140429, 2011.

[3] 付海峰，崔明月，彭翼，等. 基于声波监测技术的长庆砂岩裂缝扩展实验 [J]. 东北石油大学学报，2013，37 (2)：96-101.

[4] 郭印同，杨春和，贾长贵，等. 页岩水力压裂物理模拟与裂缝表征方法研究 [J]. 岩石力学与工程学报，2014，33 (1)：52-59.

[5] 雷群，万玉金，李熙哲，等. 美国致密砂岩气藏开发与启示 [J]. 天然气工业，2010，29 (6)：45-48.

[6] Beugelsdijk L J, Pater C J, Sato K, et al. Experimental hydraulic frature propagation in a multi-fractured medium [C]. SPE59419, 2000.

[7] 吴奇，胥云，刘玉章，等. 美国页岩气体积改造技术现状及对我国的启示 [J]. 石油钻采工艺，2011，32 (2)：1-7.

[8] 吴奇，胥云，王腾飞，等. 增产改造理念的重大变革：体积压裂技术概论 [J]. 天然气工业，2011，31 (4)：7-12.

[9] 马旭，郝瑞芬，来轩昂，等. 苏里格气田致密砂岩气藏水平井体积压裂矿场试验 [J]. 石油勘探与开发，2014，41 (6)：742-747.

[10] 吴奇，胥云，王晓泉，等. 非常规油气藏体积改造技术：内涵、优化设计与实现 [J]. 石油勘探与开发，2012，39 (3)：352-358.

[11] 俞绍诚，等. 水力压裂技术手册 [M]. 北京：石油工业出版社，2010.

[12] 许冬进，尤艳荣，王生亮，等. 致密油气藏水平井分段压裂技术现状和进展 [J]. 中外能源，2013，18 (4)：36-41.

[13] 张峰，肖元相. 长庆油田成功研发套管滑套分层压裂工艺 [J]. 石油机械，2014，(4)：105.

[14] 薛承瑾. 页岩气压裂技术现状及发展建议 [J]. 石油钻探技术，2011，39 (3)：24-29.

[15] 叶登胜，李斌，周正，等. 新型速钻复合桥塞的开发与应用 [J]. 天然气工业，2014，34 (4)：62-66.

[16] 白田增，吴德，康如坤，等. 泵送式复合桥塞钻磨工艺研究与应用 [J]. 石油钻采工艺，2014，36 (1)：123-125.

[17] 尹从彬，叶登胜，段国彬，等. 四川盆地页岩气水平井分段压裂技术系列国产化研究及应用 [J]. 天然气工业，2014，34 (4)：67-71.

[18] 任 勇，冯长青，胡相君，等. 长庆油田水平井体积压裂工具发展浅析 [J]. 中国石油勘探，2015，20 (2)：75-80.

[19] 朱玉杰，郭朝辉，魏辽，等. 套管固井分段压裂滑套关键技术分析 [J]. 石油机械，2013，41 (8)：102-106.

[20] 李志刚，李子丰，郝蜀民，等. 低压致密气藏压裂工艺技术研究与应用 [J]. 天然气工业，2005，25 (1)：96-99.

[21] Astakhov D K, Roadarmel W H, Nanayakkara A S. A New Method of Characterizing the Stimulated Reservoir Volume Using Tiltmeter-Based Surface Microdeformation Measurements [J]. SPE 151017.

[22] Griffin L G, Wright C A, Davis E J. Surface and Downhole Tilemeter Mapping: An Effective Tool for Monitoring Downhole Drill Cuttings Disposal [J]. SPE 63032.

[23] Griffin L G, Wright C A, Demetrius S L, et al. Identification and Implications of Induced Hydraulic Fractures in Waterfloods：Case History HGEU [J]. SPE 59525.

[24] 杨瑞召，赵争光，彭维军，等．三维地震属性及微地震数据在致密砂岩气藏开发中的综合应用 [J]. 应用地球物理，2013，10（2）：157-169.

[25] 梁北援，沈琛，冷传波，等．微地震压裂监测技术研发进展 [J]. 地球物理学进展，2015，30（1）：401-410.

[26] Sharma B K, Kumar A, Murthy V M. Evaluation of seismic event-detection algorithms [J]. Journal geological society of India, 2010,（75）：533-538.

第七章　致密气藏稳产与提高采收率技术

致密砂岩气藏的储层非均质性强、物性差、束缚水饱和度高；气体渗流阻力大，井能量衰竭快，压力波及范围随生产时间延长而缓慢扩大。其气井具有产量低、投产即开始递减、有效波及范围小、储量动用程度低等典型特征。通常，致密气藏规模开发的产能建设工作量较大，且随着开发的深入，低产、低效井占总井数的比例越来越高。

作为致密砂岩气藏的典型代表，苏里格气田已建设成为全国最大的天然气田，生产能力达到 $250\times10^8m^3/a$。气田长期稳产对于保障国家能源安全、促进能源结构转型具有战略意义；在油价长期低迷的背景下，也是中国石油天然气工业提高盈利水平的重要举措。大型致密气藏稳产主要依靠不断投入新井以弥补递减情况，其稳产主要有两条途径：一是针对未动用的新区块提高储量动用程度，二是在已开发富集区提高采收率。一般来说，未动用区块相比于已开发区，其地质条件更复杂、储层品质更差、储量丰度更低、含水饱和度更高、气井产量更低、开发效益更差。在现有技术及经济条件下，富集区提高采收率作为气田稳产的技术手段更为可行，未动用区块开发可作为更长期稳产的技术储备。本章以苏里格气田为例，分析了影响致密气藏采收率的主要因素，开展了基于开发效益的储量分类评价，阐述了剩余储量的若干成因类型，论述了提高采收率的主体及配套技术，论证了气田的稳产潜力及各类储量的合理动用顺序，并对其他致密气藏的稳产及提高采收率提供借鉴作用。

第一节　致密气藏生产规律与稳产方式

致密砂岩气藏一般采用枯竭式开采方式，随着开发的进行，气藏的能量将大量消耗，气井的压力和产量大幅度下降。当井口压力接近管线的输气压力，靠自然能量再也不能保持稳产时，气井进入递减阶段。致密气井没有严格意义上的稳产期，投产即递减。在分析单井的递减规律的基础上，综合研究区块和气田的递减特征，明确气田每年的产能递减情况，对气田的产能部署具有重要意义。

一、气井生产特征

中国发现并投入开发的致密气藏，除了具备致密气储层基质渗透率低、渗流速度慢、控制储量低等特点外，由于整体充满度不足，含水饱和度一般较高，可以达到30%~40%，因储层致密一般以束缚水状态存在，气藏渗流过程中需要逐步克服水相渗流的毛细管压力，其渗流规律表现为随生产时间延长和局部压力梯度的变化动边界逐步扩大的特征。因此，气井在生产过程中一般不存在稳产期，投产即开始递减，且递减率随着波及范围的扩大逐步降低。当气井投入开发、储层被打开后，形成的压力降将逐渐向外传播，即某时刻 t，压力降传到 $R(t)$ 处，在 $R(t)$ 范围内形成压降漏斗，形成一个极短时间的拟稳态。随着生产时间的延长，局部压力平衡被破坏，$R(t)$ 随着时间的推进逐渐向外传播，至边界压差小于等于储层水相产生的毛细管压力，$R(t)$ 停止向外扩展，趋于平稳，气井进入生产末期。气井实际生产曲线为一个压力和产量均逐次递减的过程，其累计产量可以通过生产曲线拟合函数在一定时间范围的积分求取。矿场上可以通过年初日产量与递减率预测年末日产量，年初日产量与年末日产量均值乘以年实际生产时间即为该井的全年累计产量，该产量即为气井全年可贡献的最大生产能力（图 7-1）。

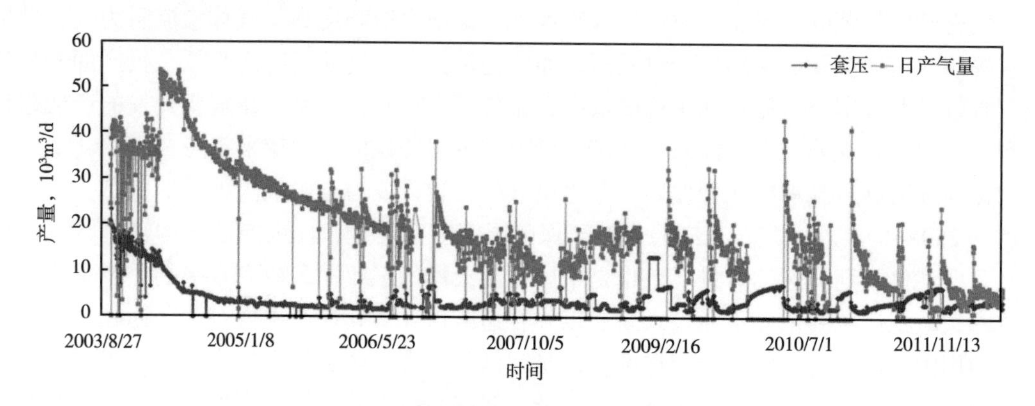

图 7-1　苏里格气田典型井生产曲线

二、气井递减特征

Arps 提出了三种气井递减模式，即指数递减、双曲线递减和调和递减。其他学者根据 Arps 递减在油气田的实际现场应用，通过对递减指数的不同取值，总结出了另外两种递减类型，即衰竭递减和直线递减规律。综合考虑其他气藏工程方法计算的气井的控制储量、累计采气量及气井的生产寿命，来判断气井的递减类型[1,2]。根据 A1 和 A2 两个典型区块气井的生产动态（图 7-2、图 7-3），结合苏里格气田单井的生产指标，综合考虑回归的结果（表 7-1），可判断 A1 区块单井的递减规律符合调和递减规律，A2 区块符合衰竭递减规律。

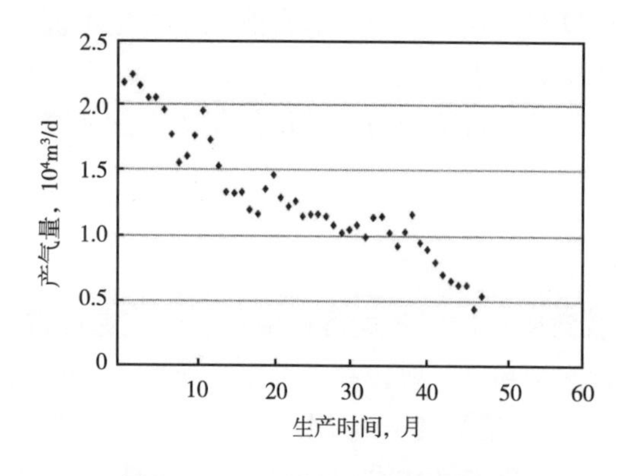

图 7-2　A1 区块平均单井产量图

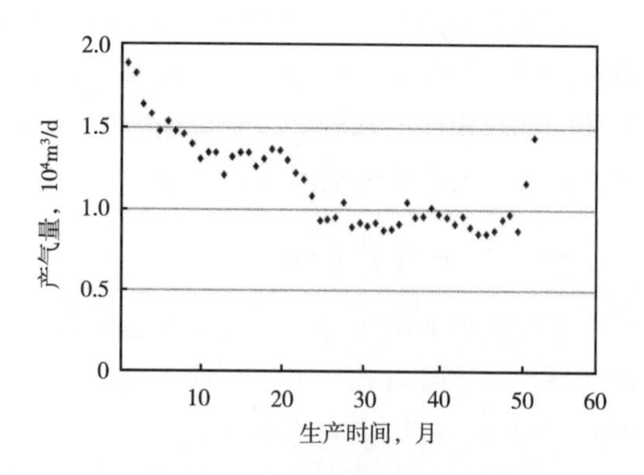

图 7-3　A2 区块平均单井产量图

表 7-1 A1 和 A2 区块单井递减数据统计表

区块	对比参数	调和递减	衰竭递减	双曲递减	指数递减	直线递减
A1	n	1	0.5	0	0	-1
	Q_i	2.0433	1.9432	1.883	1.883	1.8206
	D_i	0.0369	0.0274	0.0217	0.0217	0.0153
	R	0.9067	0.9221	0.9262	0.9279	0.914
	气井寿命，a	11.5	9.8	6.5	6.5	4.8
	累计采气量，10^4m^3	2437	2032	1788	1788	1562
A2	n	1	0.5	0	0	-1
	Q_i	1.3877	1.3308	1.2931	1.2931	1.248
	D_i	0.0294	0.0224	0.0179	0.0179	0.0127
	R	0.9354	0.9416	0.9437	0.9451	0.9441
	气井寿命，a	15.6	10.8	8.4	8.4	6.2
	累计采气量，10^4m^3	2736	2225	1890	1890	1559

n——递减指数，Q_i——递减阶段的初始产量，$10^4m^3/d$，D_i——开始递减时的初始瞬时递减率，%/mon，R——相关系数。

在选取合理的气井递减类型的基础上，根据该递减类型预测的气井的日产气量和气井寿命，进而可以得到气井的年递减率。在投产初期的前几年，优先动用相对优质的有效砂体——“甜点区”，外围的基质储层供气不足，气井递减较快；随着外援能量的不断补充，气井递减速度变缓（图 7-4）。

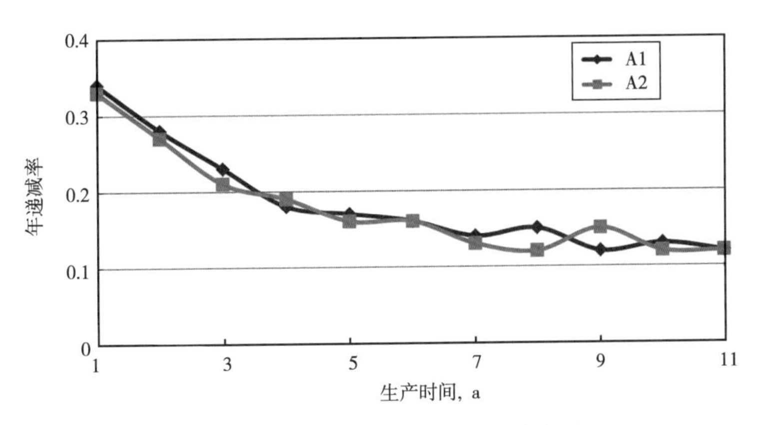

图 7-4 A1 和 A2 区块单井年递减率图

三、气田生产规律与稳产接替

致密气藏气井产能低，自投产之日起即开始递减。因此，气田某一年度产量剖面随着该年度气井的陆续投产而逐渐升高，完成当年投产计划时达到产量峰值，之后开始递减，递减规律基本上符合气井递减特征。而不同年度投产气井产量剖面叠加形成气田的整体生产运行剖面（图7-5）。

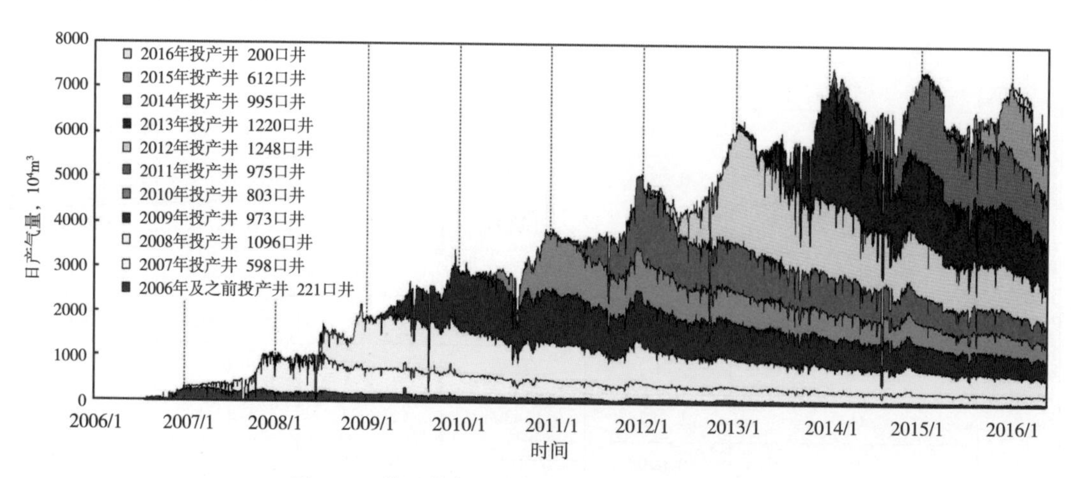

图7-5　苏里格气田分年投产井生产运行曲线图

气田开发资金投入大、周期长，占用社会资源多，开发方案的编制要求气田具有一定的稳产期。气田规模不同，一般设计稳产期为8~20a不等。致密砂岩气田建成方案设计规模后，需要不断补充新井以弥补老井的产量递减[3]，明确稳产所需的年度弥补递减产能规模是支撑气田稳产的重要基础。当年弥补递减需要的产能规模由历年投产井的递减率按产量贡献按加权法计算平均值获得，例如，气田2013年的递减率等于2012年投产井的年产量占气田年度总产量的比例乘以2012年投产井在2013年的递减率，加上2011年投产井的年产量占气田年度总产量的比例乘以2011年投产井在2013年的递减率，依此类推，即可算出2013年气田的综合递减率（图7-6、图7-7，表7-2）。计算气田某一年度的递减率，一是要落实气田历年产量的构成情况，二是要分别分析各年投产井的平均递减率。如果气田产能规模保持不变，则年度弥补递减工作量基本保持稳定。经计算，苏里格气田递减率在21%~24%之间，按照（220~240）$\times10^8m^3/a$的产能规模，每年弥补递减需新建产能（46~60）$\times10^8m^3$。

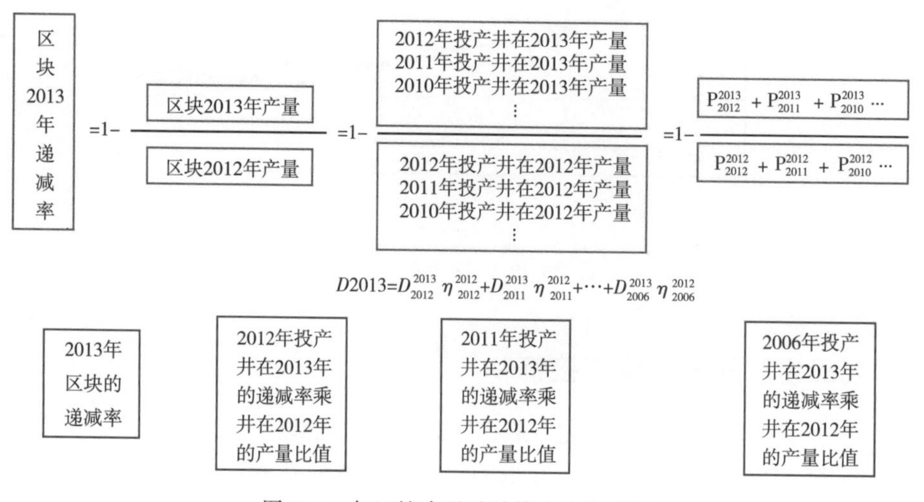

图7-6　气田综合递减计算方法流程图

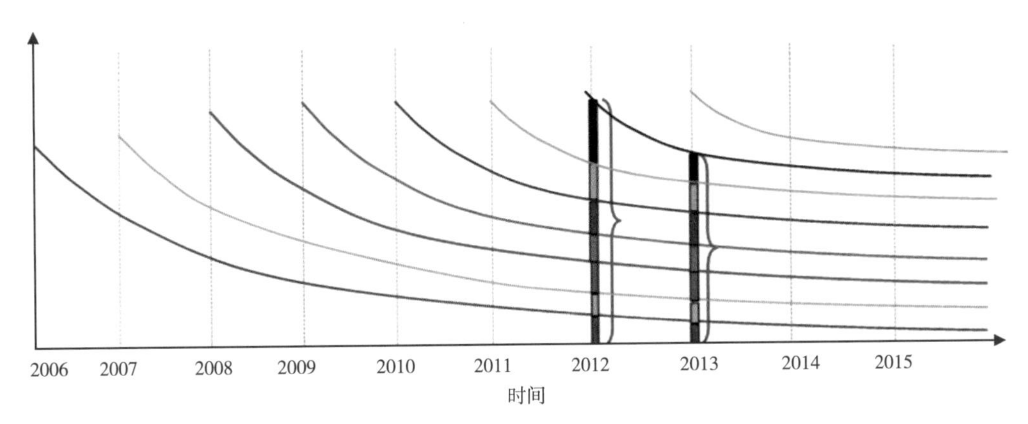

图 7-7 气田综合递减计算加权示意图

表 7-2 气田综合递减计算加权示意表

投产时间，a	2006	2007	2008	2009	2010	2011	2012
2013 年的单井递减率	0.130	0.170	0.160	0.158	0.187	0.250	0.310
2012 年的产量比例	0.040	0.084	0.143	0.046	0.171	0.122	0.395
2013 年的递减率	0.005	0.014	0.023	0.007	0.032	0.030	0.123
	0.228						

第二节 致密气藏采收率影响因素与剩余气分布

相比于油藏提高采收率研究起步早、历时长、理论与技术应用成熟，气藏提高采收率研究尚未形成较完善的技术体系。天然气在组成、成分、温—压系统、相态变化及多孔介质内流动特征等物理化学性质上与石油具有很大的差异，导致采收率表征机制和影响因素与石油有着本质的区别。油藏采收率是波及系数和驱油效率的函数，通常靠注水、注气或化学剂等补充地层能量，建立有效的驱替系统来提高油田采收率（图 7-8），油藏层内及层间平面非均质性、注采系统完善与否、驱替剂的选择及驱替压差的大小决定了采收率的提高幅度，剩余油的表征则主要以含油饱和度为基础。气藏开发主要依靠自身天然能量，不采用水驱或注入介质方式，不存在驱气效率的问题，而是需要建立完善的泄压系统（图 7-9）。气藏采收率是泄流系数和压降效率的函数，主要受到储层连续性、连通性、井网系

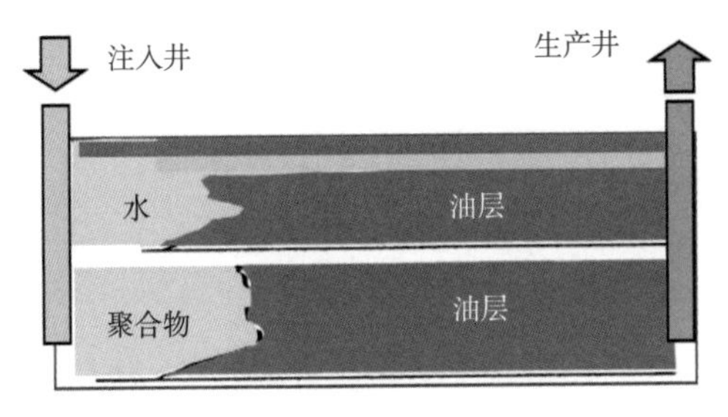

图 7-8 油藏补充能量开发示意图

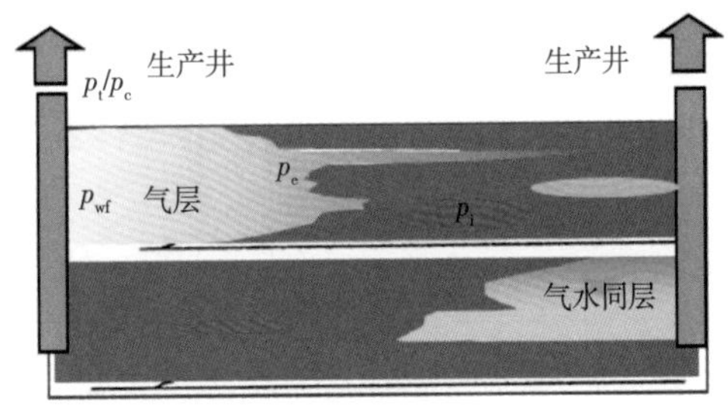

图 7-9 气藏能量衰竭开发示意图

统的完善程度及压降均衡性、废弃压力大小等的影响。剩余气的分布与气藏压力成正相关关系，压力场是气藏表征剩余气的关键参数。

一、采收率影响因素

致密气藏较常规气藏具有强非均质性、高泥质含量、低孔隙度、低渗透率、高毛细管压力的特征，开采更加困难，采收率普遍较低。从泄流系数、压降不均衡性和气井废弃压力三个角度分析影响致密气采收率的 5 个直接因素：(1) 含气砂体连续性和连通性差，开发井网对储量的动用不足；(2) 低渗透带和阻流带发育，压降传导能力弱；(3) 储层致密，孔隙连通性差，残余气含量高；(4) 气水两相共渗区小，地层水对气体渗流抑制作用强，导致启动压力梯度大；(5) 气井产量低，携液能力弱，易于井筒积液，降低气井生产效率。其中，因素 (1) 降低了气藏的泄流系数，因素 (2) ~ (4) 导致气藏压降不均衡，因素 (5) 使得气藏废弃压力较高。造成这 5 个直接因素的开发地质原因可以归纳为三大方面。

1. 储层非均质性强，规模小，结构复杂，有效砂体预测难度大

苏里格气田沉积环境主要为陆相河流沉积体系[4-6]，水动力条件变化大，储层内部非均质性极强[7]，单期河道规模小，叠置样式复杂，有效砂体多分布在河道底部与心滩中下部等粗砂岩相内，与基质砂体呈“砂包砂”二元结构。气田 70%以上的有效砂体为单期孤立型，有效单砂体的规模变化较大[8-10]，厚度从不足 1m 到 10m 以上，宽度从几十米到近 1km，长度从几十米到 1km 以上（图 7-10）；Blasingame、流动物质平衡等方法表明，单个渗流单元控制的面积不等，小者不足 0.1km^2，大者达 1km^2 以上（图 7-11）。多期次辫状河河道的频繁迁移与切割叠置作用[11-13]，使得含气砂体多以较小规模分布在垂向多个层段中，通过横向上的切割和垂向上的加积叠置形成较大的复合有效砂体（图 7-12）。

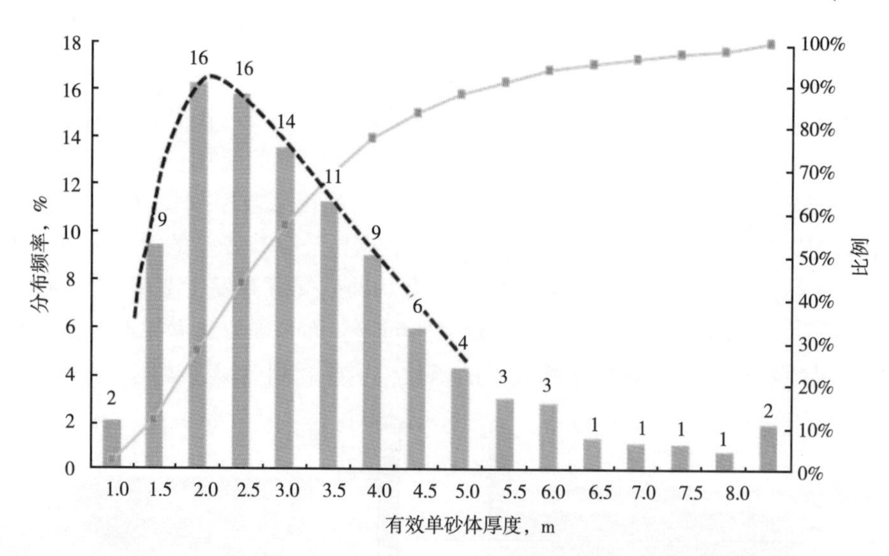

图 7-10 苏里格气田盒 8 段—山 2 段有效单砂体厚度分布直方图

由于储层结构上的复杂性，较大型的复合有效砂体内部并不是均一的[14]，存在物性上的变化[15,16]，这些更致密的细粒或者泥质隔（夹）层——“阻流带”阻断渗流通道，

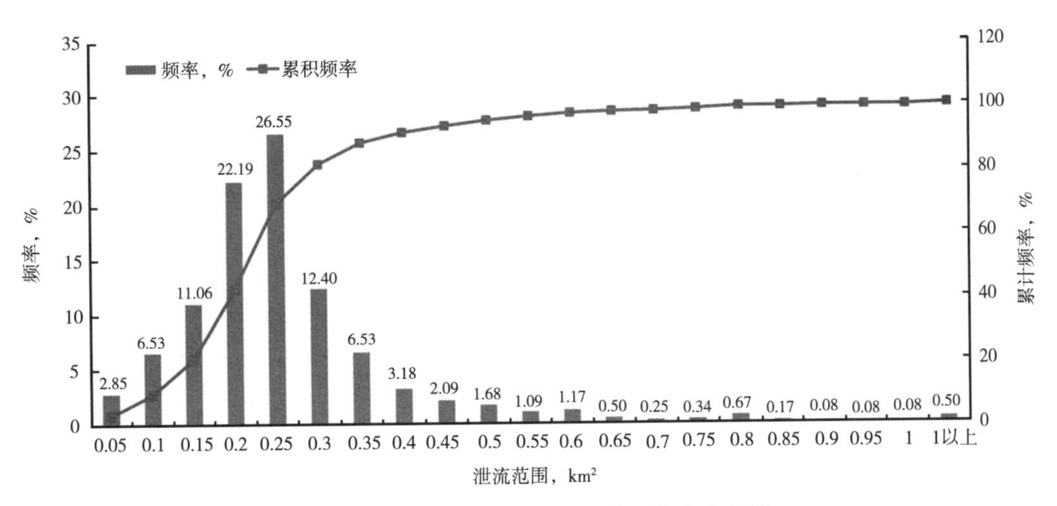

图 7-11　苏里格气田气井泄流范围分布直方图

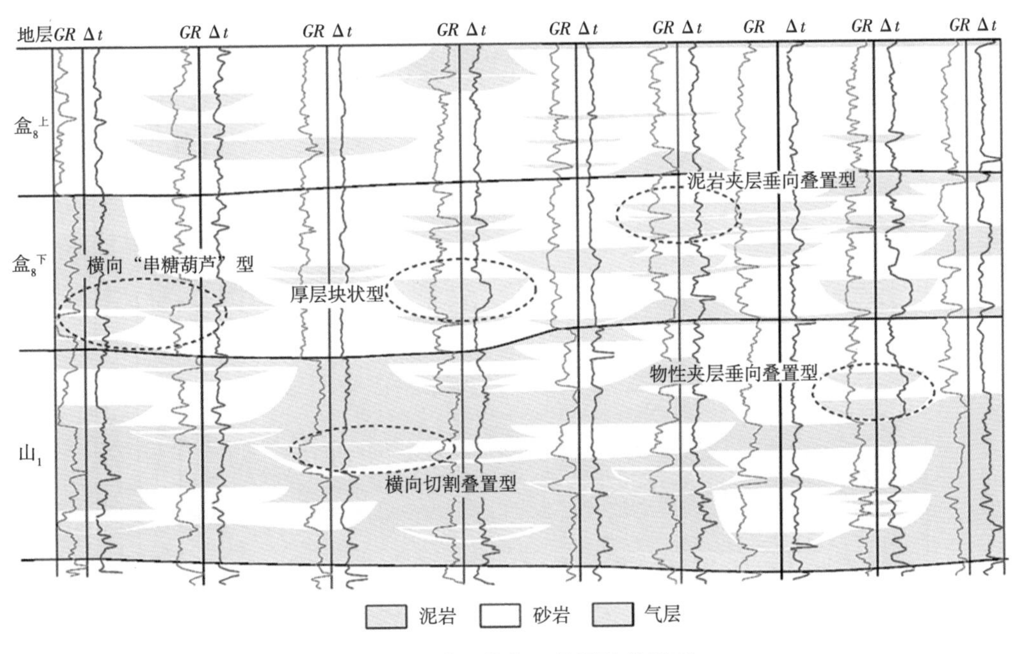

图 7-12　苏里格气田储层结构模型

使得复合有效砂体内的储量难以充分动用，影响气藏采收率。“阻流带”主要是由水动力条件减弱沉积下来的泥质等细粒沉积物构成，根据现代辫状河——永定河的野外露头解剖，顺流沉积剖面上，在心滩上部及辫状河道与心滩交接处发育多个落淤夹层[17-19]，构成阻流带（图 7-13）。

在前人研究成果基础上，综合露头、密井网直井和水平井资料的储层构型分析成果，建立砂质辫状河心滩坝顺流加积演化模式（图 7-14）。辫状河顺流加积作用主要与洪水期的快速沉积作用有关[20]，洪泛的周期性变化形成多个加积体，至下一次大洪泛期河道迁移为止，而若干加积体的顺流叠加最终构成单个心滩有效砂体[21]。各加积体间由洪水间

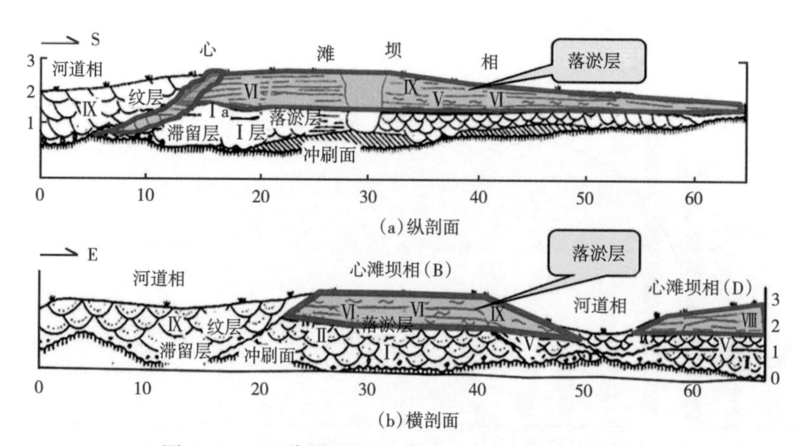

图 7-13　现代辫状河—永定河沉积研究模式图

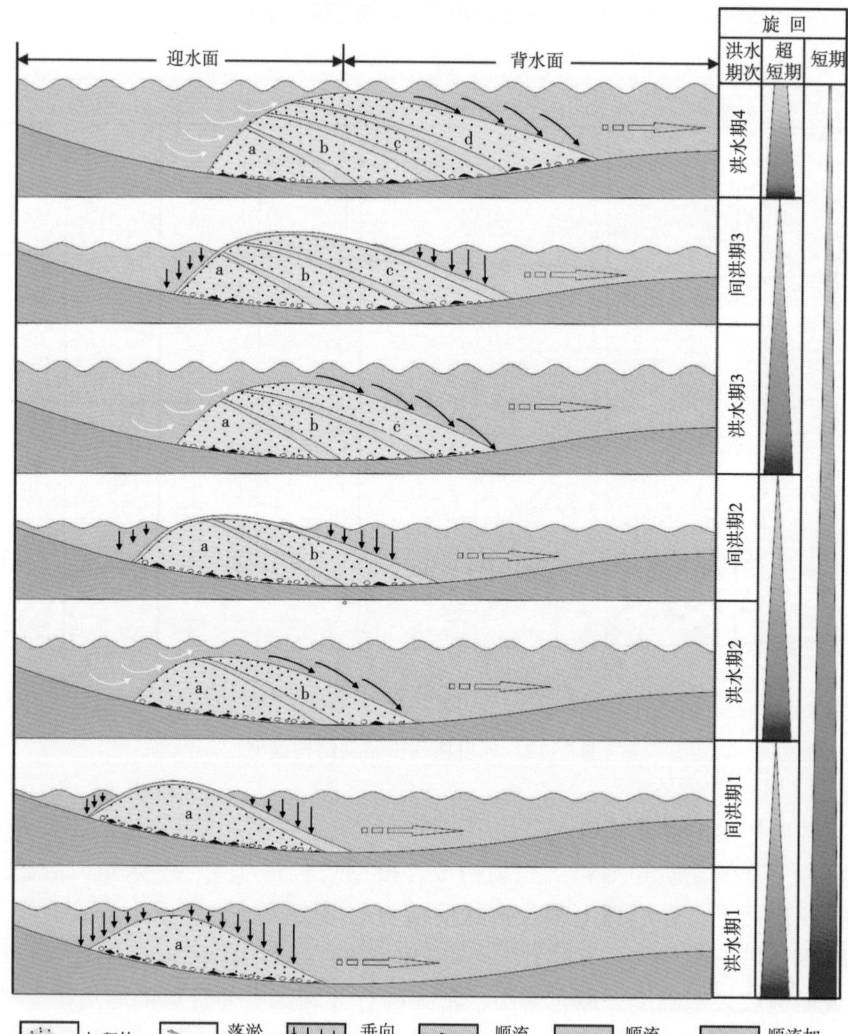

图 7-14　单心滩顺流加积及落淤夹层（阻流带）形成演化剖面

歇期垂向加积作用形成的落淤夹层所分隔开[22,23]，构成单心滩有效砂体内部阻流带。间洪期形成的落淤层在下一次洪泛期其迎水面遭受冲刷，落淤层减薄或消失，背水面得以保存下来[24,25]，到一期心滩沉积结束时，阻流带呈斜列式顺流展布[26,27]。

根据辫状河体系复合砂体的内部结构，由大到小将其划分为4级构型（图7-15）：一级辫状河体系复合砂体，二级辫状河河道单砂体，三级心滩内加积体和四级岩石相[28-30]。根据辫状河体系复合砂体不同构型单元的沉积特征及规模尺度，阻流带的形成可划分为两个级次：一级阻流带，主要发育在二级构型单元（河道或心滩砂体）的边缘，岩性以泥质砂岩、泥岩为主，为储层中的泥质隔层，厚度一般为几米至几十米；二级阻流带主要发育在三级构型单元内，即心滩内披覆层，岩性以泥岩、粉砂岩、细砂岩为主，为储层内的物性夹层，厚度一般为几米。二级构型成因阻流带一般规模较大，在水平井井轨迹剖面上可

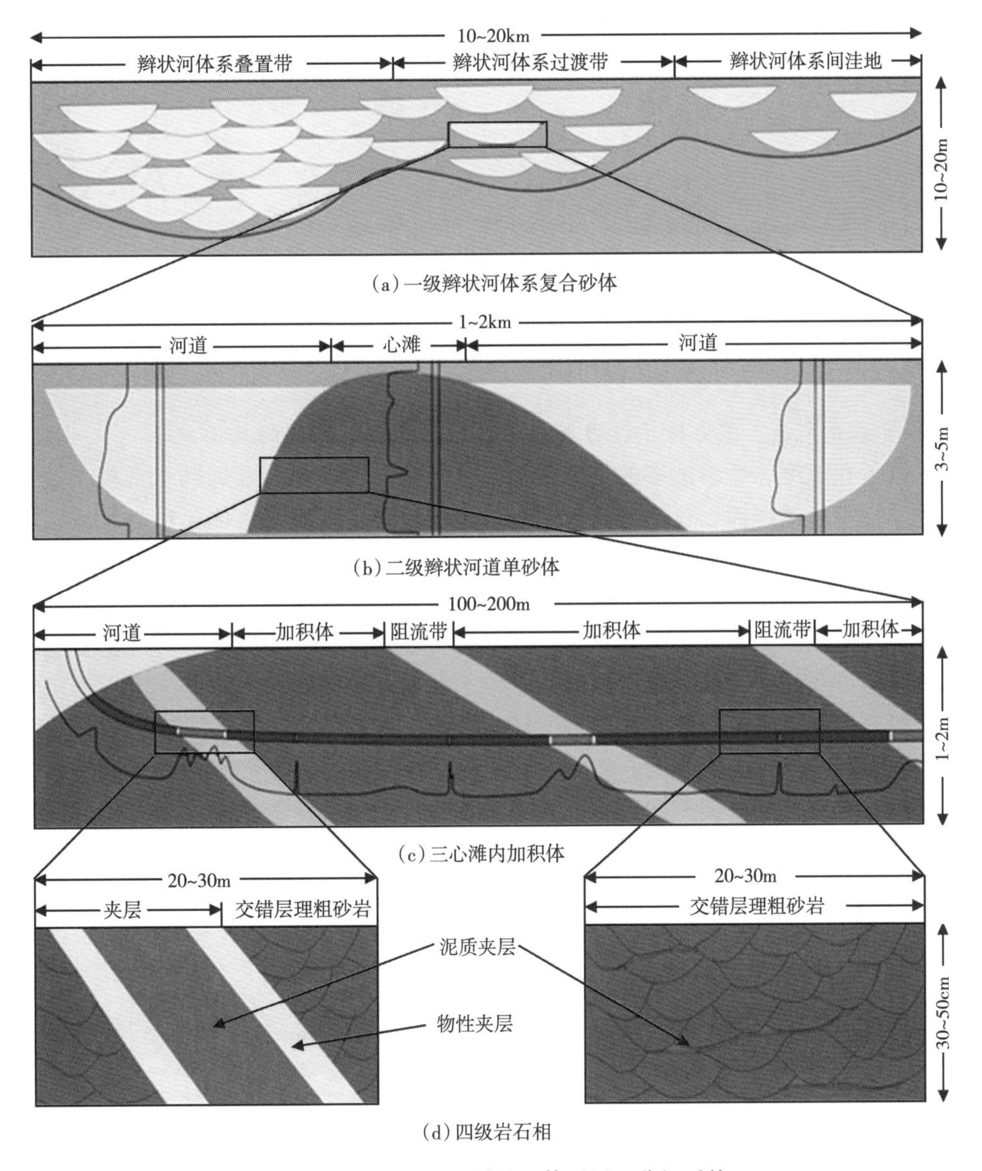

图7-15　苏里格气田辫状河体系界面分级系统

以进行识别（图7-16）。

因此，致密气藏采用追求单井高产的技术井网开采很难充分控制含气砂体[31-34]，采收率一般较低，需要在提高采收率和经济效益之间寻找一个平衡点，该平衡点所对应的井网密度才是致密气藏的合理开发井网。

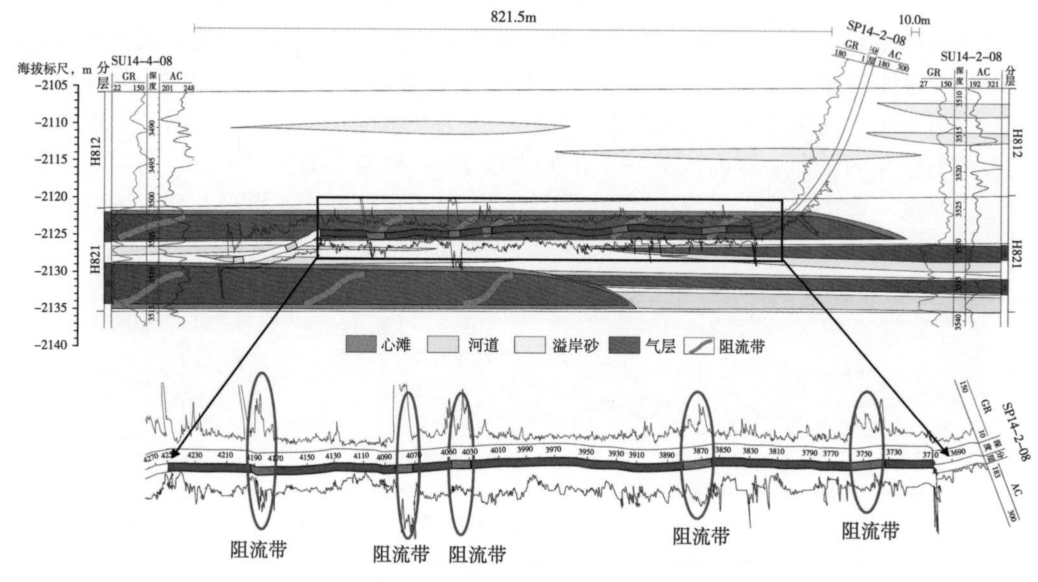

图7-16　苏平14-2-08水平井钻遇阻流带构型剖面

2. *基质渗透率小，压力传导能力弱，压裂后人为造成渗流的非均质性*

致密气低孔隙度、低渗透率的物性特征，致使压力传导能力要远弱于常规气藏，气井完钻后几乎没有自然产能，仅靠井筒无法有效地沟通储层基质，流体无法克服较强的启动压力梯度流向井筒。致密气井获得工业气流必须经过储层压裂改造，压裂缝网与储层基质的大面积沟通，产生足够的生产压差，为流体从基质流向裂缝、进而裂缝流向井筒提供动力，达到提高储层动用程度、产井产量，并最终实现效益开发的目标。直井主要通过不动管柱机械封隔分层压裂，最大限度地动用纵向上钻遇有效储层；水平井多采用不动管柱水力喷射多段压裂和水平井裸眼封隔器多段压裂技术，有效动用水平段控制相对较厚、储量集中度相对较高的储层，实现采收率最大化。储层压裂改造在实现了致密气井效益开发的同时，仍然存在着井间压裂控制的盲区，对于直井，纵向层位的压裂主要形成椭圆形压裂—流动控制区，从井网整体来看，平面上椭圆控制区之间夹杂压裂裂缝未达区域（图7-17），其中流体由于基质较差的渗透率，仍然无法有效流动，从而滞留于储层；对于水平

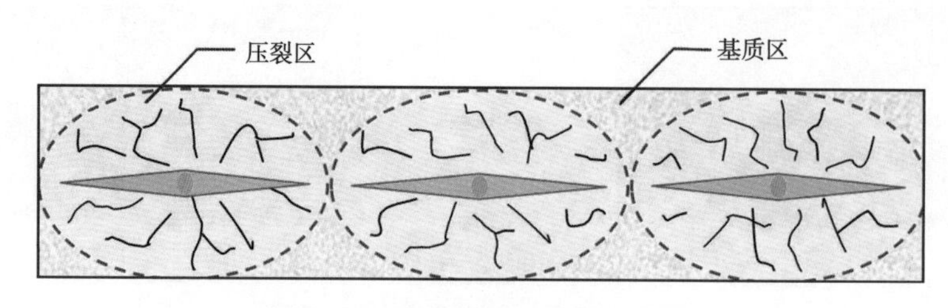

图7-17　直井压裂区分布示意图

井，首先，多段压裂水平段仅能最大限度地控制和开采储量集中度较高的主力产层，纵向非主力产层由于裂缝无法穿透较厚的泥岩隔层又没有其他的有效动用手段致使储量滞留于储层。其次由于水平井自身特点，造斜及靶前区域储量无法动用而永久滞留于储层（图 7-18）。因此，对于致密气藏，储层压裂改造作为必要的开发手段起到了效益开发的作用，但基质储层渗透率小、压力传导能力弱的本质，仍然有大量压裂工艺未有波及的区域，流体无法参与流动生产而滞留地下储层，最终影响气藏的采收率。

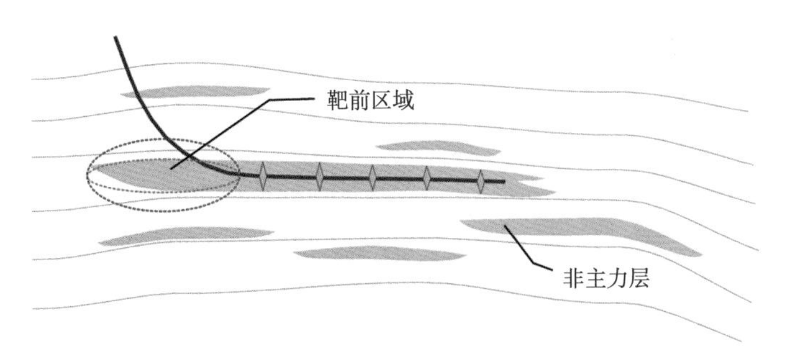

图 7-18 水平井多段压裂开发示意图

3. *束缚水饱和度高，启动压力大，导致气井携液能力差，废弃压力高*

在岩石孔隙介质中，由于气、水润湿性的差异和毛细管压力的作用[35-37]，水优先占据小孔喉和孔隙壁面，而气体在含水的孔隙中流动时，首先选择大的孔隙，随着流动压差的增大，逐渐驱动一些小喉道的水或将孔隙壁面的水膜驱薄，所以岩心中的含水饱和度随气体的流动会产生一些变化。在低流速时，随压差的增大，气体流量呈非线性的增长；气体前沿呈跳跃式前行，且易被水卡断。因此，气体在含水孔隙中流动时，需要一定的启动压力（临界流动压力），孔隙中含水饱和度越高，气体流动的启动压力越大。

图 7-19 所示为岩样 LT1 测试的气体流动压差与流量的关系曲线。不同曲线代表不同的含水饱和度。从图中可以看出，流量与压差并不呈线性关系，通过数据拟合可以求出不同含水饱和度时的启动压力。该岩样在含水饱和度为 66.34%、52.69%和 39.96%时的启动压力分别为 0.0864MPa、0.00973MPa、0.00239MPa，随着含水饱和度的降低，启动压力减小。用启动压力除以该岩心的长度即为该岩心的启动压力梯度，不同含水饱和度的启动压力梯度分别为 0.019MPa/m、0.0021MPa/m 和 0.00053MPa/m，随着含水饱和度的降低，启动压力梯度也逐渐减小（表 7-3）。

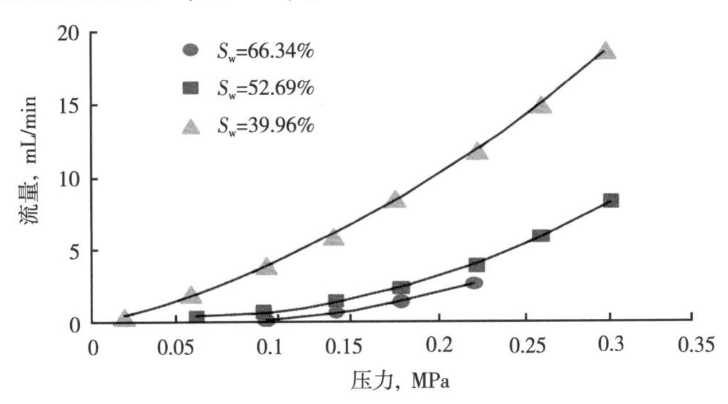

图 7-19 岩心 LT1 渗流曲线图

表 7-3　不同含水饱和度下启动压力梯度数据表

岩心编号	含水饱和度 %	平均渗透率 mD	渗透率倒数 mD	回归法启动压力 MPa	启动压力梯度 MPa/m
LT1	66.34	0.3152	3.173	0.0864	0.019
	52.69	0.456	2.193	0.00973	0.002
	39.96	0.624	1.603	0.00239	0.001
LT2	63.89	4.1745	0.240	0.00183	0.0004
	48.96	5.9467	0.168	0.00101	0.0002
	34.31	7.4927	0.133	0.000074	0.000016
LT3	60.89	0.0303	33.003	0.41825	0.0884
	37.55	0.0546	18.315	0.040059	0.008
	25.67	0.0964	10.373	0.0298	0.006
LT4	51.06	0.0037	270.270	0.510297	0.109
	41.07	0.0049	204.082	0.07159	0.015
	32.33	0.0182	54.945	0.06505	0.014
LT5	67.62	0.0989	10.111	0.1317	0.031
	56.54	0.1499	6.671	0.0466	0.011
	44.73	0.1821	5.491	0.0385	0.009
	34.01	0.3425	2.920	0.00687	0.002

二、致密气赋存状态

通过密井网试验区有效砂体解剖、地层废弃压力分析及岩心微观实验研究等综合分析确定含气量比例，致密气的赋存状态根据存储空间与流动性质差异可划分为8种类型（图7-20）。对于地层水不发育的致密气区，划分为主力砂体可采气、次级砂体及阻流带控制的可采气、零散小砂体可采气、废弃压力下剩余气、水锁气、封闭气及其他共7种（图7-21、图7-22）；对于水体发育，气水同层或气水互层的致密气区，一般次级砂体和零散小砂体多存在残余地层水，气井开采容易造成井筒积液或水淹，因此将其统一命名为水淹滞留气（图7-23）。其中，废弃压力下剩余气、水锁气、封闭气等一般很难采出[38,39]，因此评价

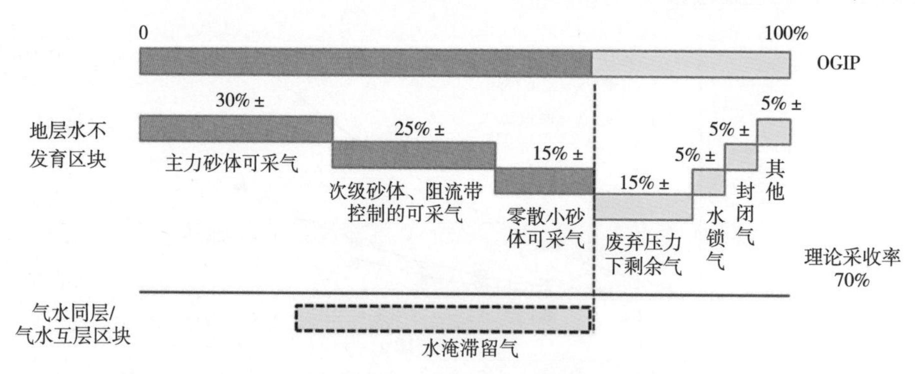

图7-20　致密气藏不同储集空间与流动性质天然气分类及含量分析

致密气藏理论采收率在70%左右。储量主要储存在宏观各级有效砂体中，但受到井网加密程度、水平井或大斜度井开发纵向储层遗漏、地面制约及经济有效性影响等，实际采收率会有不同程度的下降。

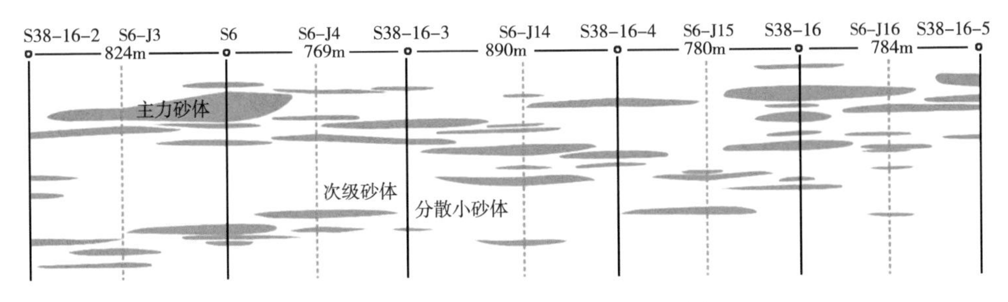

图7-21　S6井密井网区有效砂体连井剖面

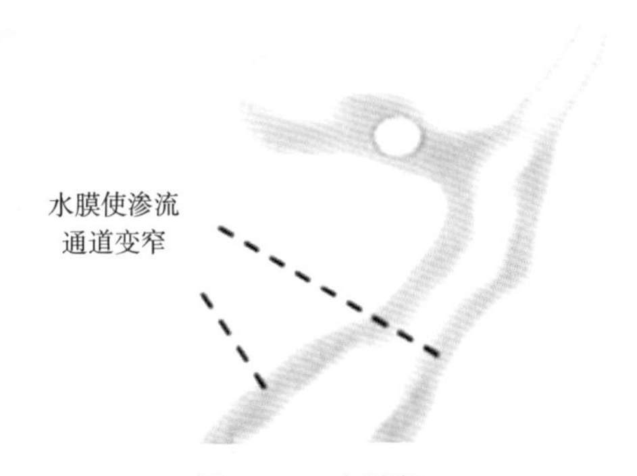

图7-22　水锁气

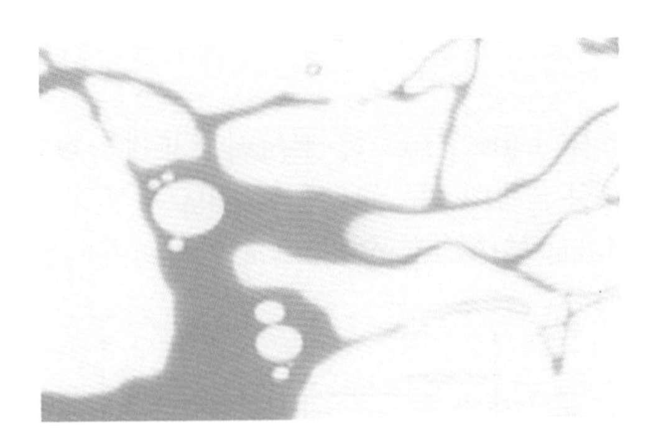

图7-23　水淹滞留气

三、剩余气分布类型

鉴于致密气藏的储层结构特点和致密气赋存状态，在实际开发过程中以追求单井产量最大化为目标的技术井网很难控制不同尺度的含气砂体，造成储量动用不彻底。开发实践证明，苏里格气田的主力开发技术井网600m×800m仅能控制主力含气砂体，次级以下含气砂体很难得到控制，在井间和层间形成剩余储量。综合地质、地球物理、气藏工程方法，从区块、井间、层位逐级描述剩余储量，根据成因不同，总结了井网未控制型、水平井漏失型、射孔不完善型、复合砂体内阻流带型和气水同层型等五种剩余气分布类型（图7-24）。

1. 井网未控制型

苏里格致密气藏储层规模小，横向连通性差，发育频率低，在空间上以孤立分布为主。有效单砂体宽度主要为100~500m，长度主要为300~600m。气田主体开发井网由早期的600m×1200m调整为600m×800m，储量动用程度大幅提升。但目前的主体开发井网仍对有效砂体控制不足，导致气田采收率仅为30%左右。井网未控制的孤立储层中存在大量的剩余气，占剩余储量的80%以上，是最主要的一类剩余气挖潜对象。通过密井网精细解剖认识到，600m井距仅能动用50%~60%的储层，500m井网可动用70%~85%的储层，400m井距能动用90%以上的储层（图7-25）。考虑到实际的密井网解剖会漏失小于300m

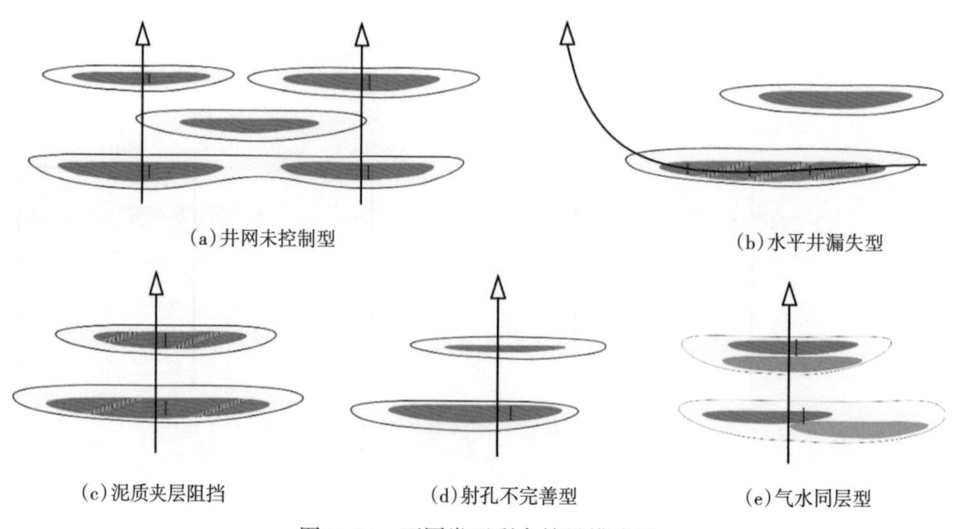

图 7-24　不同类型剩余储量模式图

的砂体（40%~50%），对统计结果进行校正：600m 井距条件下动用 35%的储层，500m 井距条件下动用 43%的储层，400m 井距条件下动用 53%的储层。将主体开发井网密度从 2 口/km^2整体加密至 4 口/km^2，可对井间剩余气进行有效挖潜。

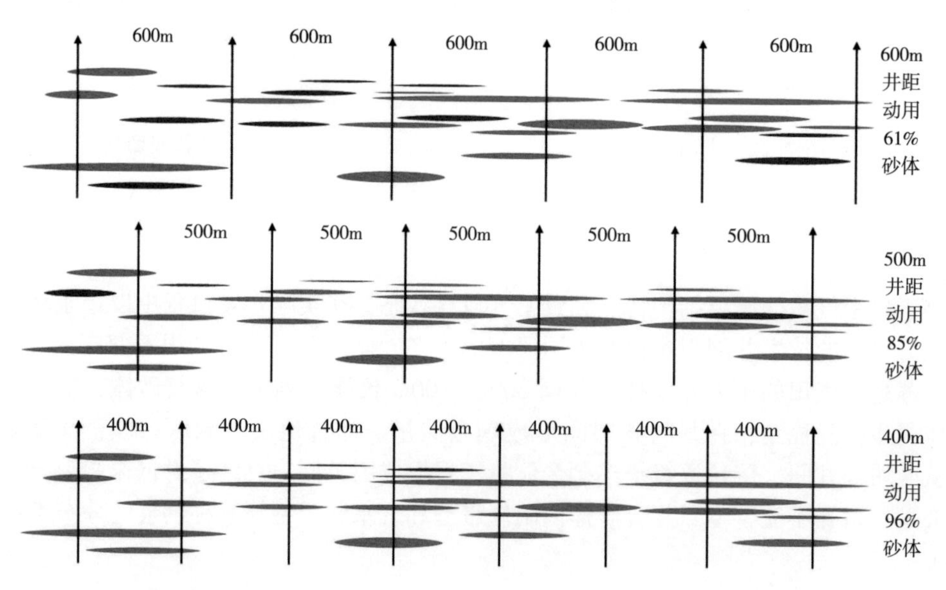

图 7-25　苏 36-J21 井—苏 36-J23 井不同井网有效砂体动用程度图

2. 复合砂体内阻流带型

前已述及，复合砂体内部不连通，发育多个“阻流带”，多为垂直水流方向展布，宽度为 10~30m（图 7-26），间隔为 50~150m（图 7-27）。试气资料表明，直井在砂体范围内存在流动边界，证实“阻流带”可影响复合砂体渗透能力和直井储量动用程度。复合砂体由于阻流带的制约可形成一定规模的剩余气。水平井多段压裂后可克服阻流带的影响。

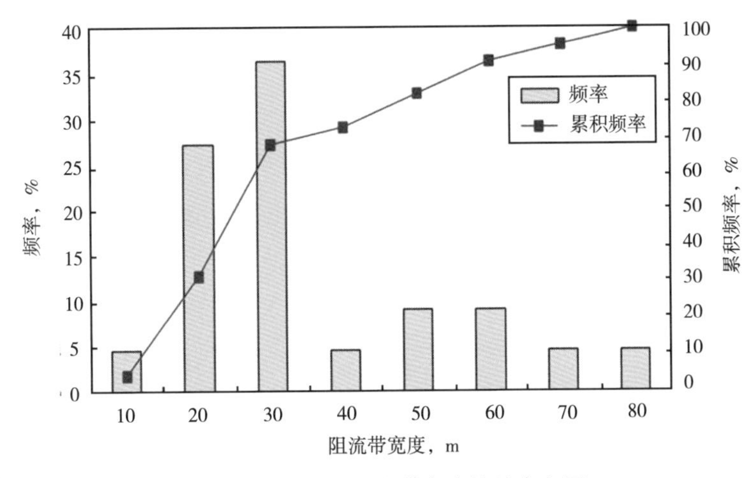

图 7-26 水平井阻流带宽度统计直方图

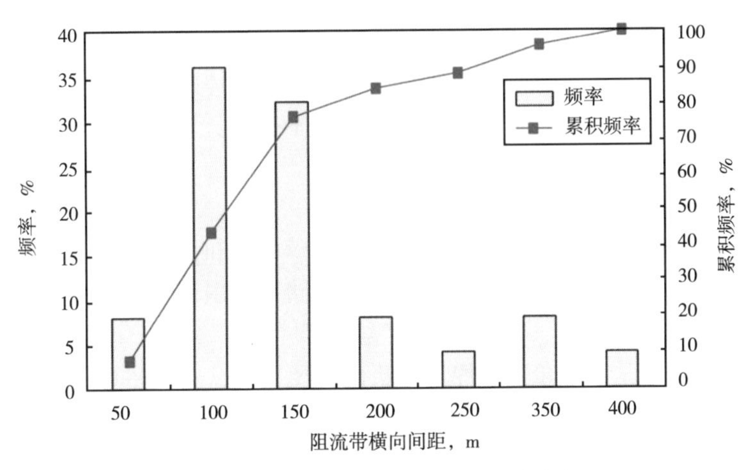

图 7-27 水平井阻流带横向间距统计直方图

3. 射孔不完善型

气田有效砂体根据物性及含气性差异可分为差气层及纯气层两种类型。差气层与纯气层相比，其物性差、含气饱和度小、含水饱和度高，储层内气体相对渗透率小，且流动性差。气藏部分差气层没有进行射孔或压裂改造不完善形成了剩余气。井均射孔不完善型剩余储量占井均控制储量的 14%左右，仅占剩余储量的 2%，说明通过查层补孔提高采收率潜力有限。

4. 气水同层型

致密气藏产水是较普遍的现象。开发过程中，有效砂体射孔层段与气水同层及临近含气水层沟通，可动地层水流出，产生气水两相渗流。由于致密气藏气水两相共渗区小，水相封闭易产生滞留剩余气，使得部分储量难再动用。

5. 水平井漏失型

苏里格致密气藏表现为多层段含气的特点，盒 8 段、山 1 段储量占地质储量的 80%左右。水平井通过增加与储层的接触面积及多段压裂改造可突破阻流带的限制，提升主力层段的储量动用程度。但多层含气的地质特点决定了水平井纵向上多层储量动用不充分，不可避免地造成部分储量漏失。经统计，水平井仅能控制区域地质储量的60%~70%，会形成30%~40%的剩余储量。气田投产水平井1000余口，水平井漏失型剩余储量占总剩余储量的3%~5%。

第三节　致密气藏提高采收率技术

针对致密气藏5种类型的剩余气，采用直井加密井网与直井—水平井联合井网两项主体开发技术挖潜井网未控制砂体中的剩余气，可将富集区采收率从当前井网控制的30%提高到45%。针对其余四种剩余气分布类型，通过相关配套技术开展挖潜，主要形成了老井挖潜、新井工艺技术优化、合理生产制度优化、排水采气、降低废弃产量共5种提高采收率的配套技术措施，以增加非主力剩余气的有效动用，预计可提高采收率5%左右。

一、开发井网优化技术

井间未钻遇砂体和复合砂体内阻流带约束区是苏里格气田剩余储量分布的主体，因此优化井网井型、提高当前储量动用程度是提高采收率的主体技术，主要包括直井井网加密提高采收率技术、直井与水平井联合井网提高采收率技术。

1. 直井井网加密提高采收率技术

1）定量地质模型法

定量地质模型法的核心是确定有效单砂体的规模尺度和分布频率，根据有效单砂体的主体规模尺度评价当前井网有效控制的砂体级别及储量动用程度。有效单砂体规模尺度分解主要包括厚度、宽度、长度、宽厚比及长宽比等[40-44]，其中，厚度、宽度、长度分析是关键。岩心精细描述是有效单砂体厚度分析的重要手段，在岩—电关系准确标定的基础上，结合测井资料对非取心井进行有效单砂体厚度解剖，分析表明，苏里格气田孤立型有效单砂体厚度范围主要为2~5m。有效单砂体宽度、长度规模分析的主要依托密井网解剖、野外露头观察，分析表明，气田孤立型有效单砂体宽度范围主要为200~400m，占比65%；长度范围主要为400~800m，占比69%（图7-28、图7-29）。气田有效单砂体展布

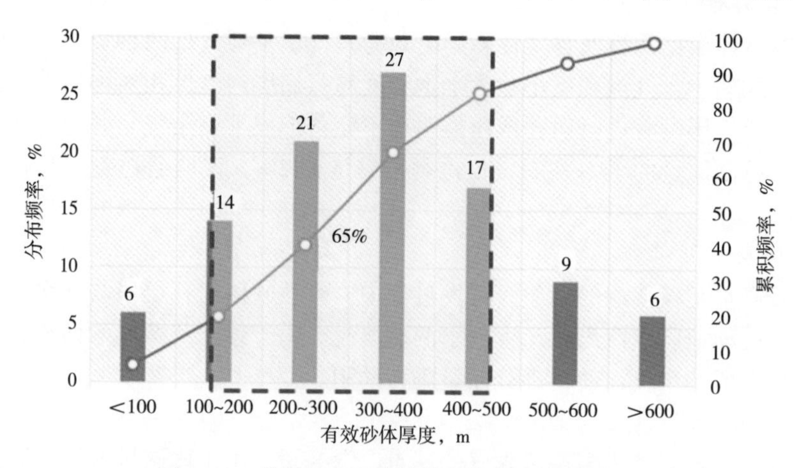

图7-28　苏里格气田有效单砂体厚度分布频率

面积范围主要为 0.08～0.32km²，平均为 0.24km²。当前 600m×800m 的主体开发井网下，气井覆盖的开发面积为 0.48km²，是气田有效单砂体的平均规模的 2 倍，当前井网难以充分控制全部有效砂体，井间遗漏大量有效砂体，因此储量动用程度较低。基于定量地质模型法，分析认为需要进行开发井网调整以提高储量动用程度，目前井网具备加密一倍的潜力。

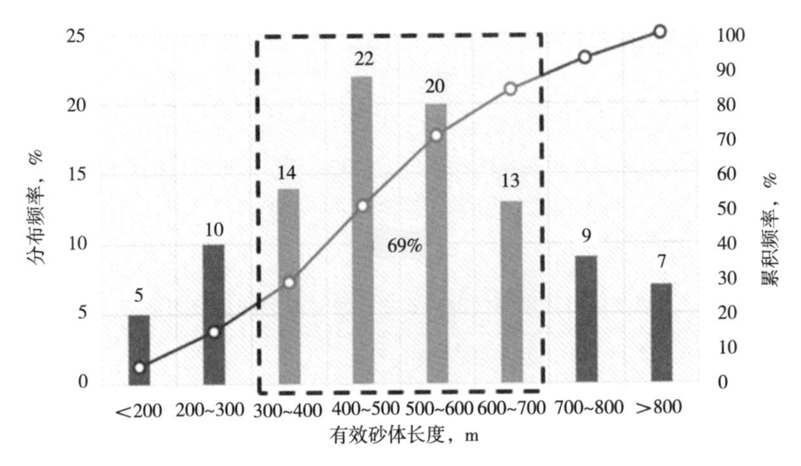

图 7-29　苏里格气田有效单砂体长度分布频率

2）动态泄气范围法

动态泄气范围法是通过选取生产时间超过 500d、基本达到拟稳态的气井在充分考虑人工裂缝半长、储层物性等参数的基础上拟合确定气井泄气半径、气井泄压面积等重要指标，统计分析气井泄气半径范围的分布频率，最终评价当前井网对储量动用程度。苏里格气田气井泄气半径范围为 100～400m，平均值为 250m（图 7-30）；泄气面积范围为 0.03～0.50km²，平均值为 0.27km²。结合平均单井泄气面积，每 1km² 需要 4 口井才能有效覆盖开发区，当前 600m×800m 的主体开发井网下井网密度为 2 口/km²，储量动用程度总体偏低，分析认为当前井网密度可提高 1 倍左右至 4 口/km²。

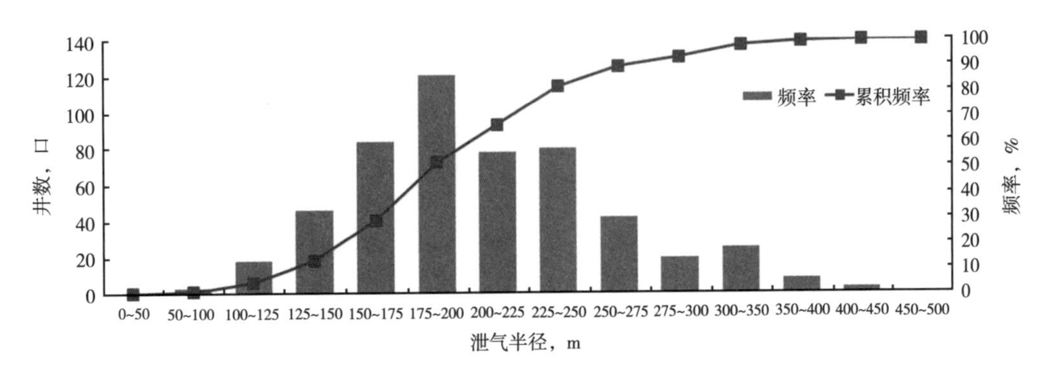

图 7-30　苏里格气田泄气半径范围分布频率

3）产量干扰率法

气田生产现场主要根据井间干扰试验是否产生干扰来判断能否进行井网加密。由于干扰试验没有做分层测试，因此不能解决仅有部分层产生干扰的问题。如果井间仅少部分有效砂体连通，井间干扰试验表现为存在干扰，若以此判断不能加密，则会导致井间大部分储量遗留。针对这个问题，提出“产量干扰率”指标用以合理评价井网加密的可行性。产量干扰率定义为加密前后平均单井累计产量差值与加密前平均单井累计产量的比值，可以更客观评价加密井新增动用储量。

$$产量干扰率(I_R)=\frac{加密前后平均单井累计产量差\ (\Delta Q)}{加密前平均单井累计产量\ (Q)}\times 100\%$$

结合气田 42 个井组的井间干扰试验进行产量干扰率分析，当井网密度达到 4 口/km^2，约 50%的气井产生干扰，对应产量减少率不足 20%。苏里格气田平均单井最终采气量为 $2300\times10^4m^3$，井网密度达到 4 口/km^2 后，平均气井产量约为 $1800\times10^4m^3$，仍基本满足开发方案要求的效益要求（表 7-4）。

表 7-4　苏里格气田苏 6 井区加密前后产量预测表

井型	加密前单井累计产量 10^4m^3	加密后单井累计产量 10^4m^3	减少量 10^4m^3	减少率 %
Ⅰ类	4441	3829	612	13.8
Ⅱ类	2397	2098	299	12.5
Ⅲ类	1375	1227	148	10.8

4）经济技术指标评价法

经济技术指标评价法是结合当前经济技术条件，在气井产能指标评价的基础上，采用数值模拟手段，建立“井网密度—单井最终累计产量 EUR—采收程度”关系模型，明确井间开始产生干扰时对应的最优技术井网密度、最小经济极限产量对应的最小经济极限井网密度，两者之间为井网可调整加密的区间范围，通过确立加密调整基本原则最终明确合理加密井网（图 7-31）。随着井网密度增加，井间干扰程度越加严重，单井累计产量降低，采收率增加幅度越来越慢。井网稀，储量得不到有效动用，采出程度低；井网密，受控于地质条件和产能干扰，影响开发效益。避免严重干扰、所有井整体有效益、新钻加密井保证成本是判断加密调整是否可行的 3 条基本原则。

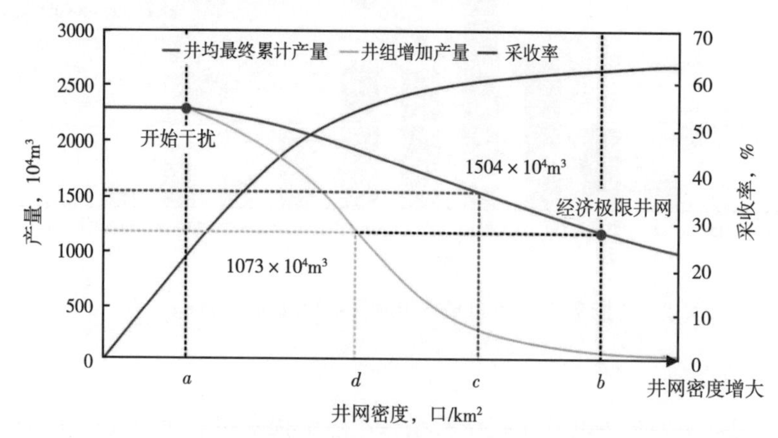

图 7-31　经济技术指标法确定可调整加密井网密度

（1）较高的产量规模和采收率，确定可调整加密的井网密度区间范围，即 a（最优技术井网密度，刚产生干扰）<合理加密井网密度<b（最小经济极限井网密度，产生严重干扰井，所有气井整体 0%内部收益率，平均单井最终累计产量为 $1073\times10^4m^3$）。

（2）所有井整体 12%内部收益率（平均单井最终累计产量大于 $1504\times10^4m^3$），即合理加密井网密度≤c（平均单井累计产量为 $1504\times10^4m^3$ 时对应的井网密度）。

（3）每口加密井能够自保，即合理井网密度不大于 d，加密井增产气量（加密井产量高低与加密时间有关，加密井增产气量产自井间非连通有效储层，与加密时间无关）大于 $1073\times10^4m^3$。

基于经济技术指标评价法，分析认为 a 约为 2 口/km^2、b 约为 8 口/km^2，即可调整加密的区间为 2~8 口/km^2；井网密度为 6 口/km^2 时，平均单井累计产量为 $1504\times10^4m^3$，满足所有井整体 12%内部收益率的要求，即 c 约为 6 口/km^2；井网为 4 口/km^2 时，加密井增产气量为 $1073\times10^4m^3$，满足自保要求，即 d 约为 4 口/km^2。综合上述分析认为，当前经济技术条件下，合理井网密度为 4 口/km^2。

2. 直井与水平井联合井网提高采收率技术

直井与水平井联合井网提高采收率技术适用于主力气层较为明显的区块（主力气层剖面储量占比大于 60%），可有效发挥水平井突破阻流带、层内采收率较高的优势，节约开发投资、获得更高经济收益。

针对苏里格气田，选取了代表性强、开发时间长、资料齐全、主力气层明显的苏 6 区块三维地震覆盖区作为模拟区。研究区面积约为 $162km^2$，地质储量 $233.9\times10^8m^3$，平均储量丰度 $1.46\times10^{12}m^3/km^2$（图 7-32）。研究区位于苏里格气田中部，沉积特征、储层特征具有代表性；是苏里格气田最早开发的区块之一，动态和静态资料较全，为建模和数模提供了较完备的数据基础；钻井井控程度高，模拟结果可靠性强。

按照 600m×1600m 划分 150 个网格单元，优选 42 个部署水平井（每个单元 1 口水平井），108 个部署直井（每个单元 4 口直井），形成联合井网。研究表明：采用直井加密井网，由 600m×800m 直井基础井网加密到 400×600m 直井加密井网，单井累计产量由 $2306\times10^4m^3$ 降至 $1801\times10^4m^3$，下降了 21.9%；采收率由 31.94%提高至 49.89%，提高了 18%，

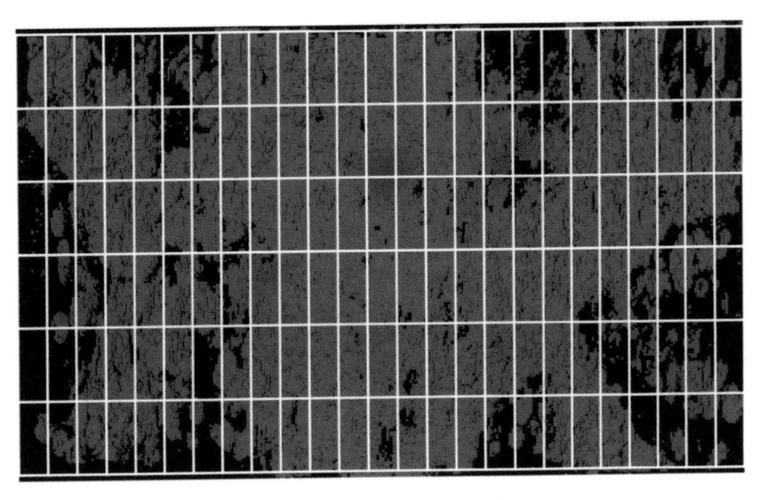

图 7-32 苏 6 区块井网建模区

且均能达到经济有效水平；采用直井与水平井联合井网，采收率指标与直井加密井网基本相当，苏里格水平井投资约为直井的 3 倍，而井控面积为直井的 4 倍。联合井网方案可节约与水平井数相同的直井投资，即节约了 7%的开发投资（表 7–5）。

表 7–5 联合井网与直井加密井网指标模拟对比表

模拟方案	直井数 口	直井平均单井累计 产量，10^4m^3	水平井数 口	水平井平均单井 累计产量，10^4m^3	采收率 %
基础开发井网 （600m×800m 直井井网）	300	2306	0	0	31.94
方案一：直井加密井网 （$1km^2$ 加密到 4 口直井）	600	1801	0	0	49.89
方案二：联合井网 （$1km^2$ 钻 1 口水平井或 4 口直井）	432	1771	42	7932	50.70

二、提高采收率配套技术

致密气藏开发主要形成了老井挖潜、新井工艺技术优化、合理生产制度优化、排水采气、降低废弃产量共五种提高采收率配套技术措施，约可提高采收率 5%。

1. 老井挖潜技术

老井挖潜技术措施主要包括老井新层系动用、老井侧钻水平井、老井重复改造三种。其中，老井新层系动用通过开展老井含气层位复查，由当前盒 8 段—山 1 段的主力层段向上拓展到盒 6 段，向下拓展到马五段，评价未动用层位潜力，实施遗漏层改造增产。老井侧钻水平井主要针对气田有利区块的Ⅱ类、Ⅲ类气井，评价气井井况，对满足侧钻井距条件的气井开展三维井间储层预测，分析与生产井间的连通性，并通过数值模拟手段预测侧钻水平段的累积产量，对符合经济有效开发的气井起到挖潜剩余气，增加井间遗留储量的有效动用。老井重复改造的对象主要是在动态、静态评价方面有较大差异的气井，分析原射孔层位压裂及完井施工情况，同时对比气井与周围气井的泄压情况，评价重复改造的可行性，动用因工程因素导致的剩余储量，同时可以兼顾复查漏失层位的改造。

2. 新井工艺技术优化

致密气储层超低孔渗的特征决定了气井没有自然产能，气田开发必须结合储层改造才能达到经济有效水平。经过近 10 年的探索发展，苏里格气田实现了规模有效开发，已经成为中国最大的天然气田，同时如大牛地气田、登楼库气田等一批致密气田也获得了成功开采，其中，储层压裂改造技术起到了决定性作用，技术水平也得到了不断优化和升级。直井或定向井改造已由机械封隔器向连续油管分层压裂技术发展，该技术集成精确定位、喷砂射孔、高排量压裂、层间封隔四大功能为一体，在增加改造层数、大幅提高致密气纵向储量动用程度的同时，井筒条件更便于后期措施作业，解决了苏里格气田多层系致密气直井分层压裂工艺排量受限、井筒完整性差、丛式井组作业效率低等问题。水平井段内多缝压裂技术取得突破，通过研发不同粒径可降解暂堵剂+纤维组合材料，在承压性能和降解时间等技术指标均接近国外同类产品水平，大幅提高了致密气水平井有效改造体积，解决了苏里格气田水平井裸眼封隔器分段压裂工艺封隔有效性差和桥塞分段压裂工艺分段多簇改造程度低等问题。

3. 合理生产制度优化

苏里格致密气藏低孔隙度、低渗透率、非均质性强、次生孔隙发育且喉道细小、气水关系复杂等储层特征，导致了地下流体渗流机理的复杂性，生产上通常表现为气井压力波及范围小、压力下降快、自然产能低、递减率高。要保证气井长期有效开采，合理制订生产制度对于提高单井累计产量、延长相对稳产期至关重要。低渗透致密砂岩气藏放压和控压开采动态物理模拟试验表明，放压开发采气速度快，采气时间短，但累计产气量和采收率相对较低。控压开采能更有效地利用地层压力，单位压降采气量和最终采收率也更高。对于气水同产气井，如苏里格气田西区各区块气井普遍产水，储层水体对气相渗流能力影响显著，气体通过释压膨胀，挤压水体流动，在气水两相渗流能力受压力梯度的影响下，气相渗流能力降低，水相渗流能力升高。此时，需综合考虑控压程度和气井携液能力，设置合理的产量，以达到气井的平稳开采和较好的采收率。李颖川提出的动态优化配产方法即为一种基于物质平衡原理、气井产能、井筒温压分布及连续携液理论的综合配产方法，在气井投产初期即保持所配气量略高于井口临界携液流量，充分发挥气井的携液潜能，降低排水采气量，降低开采成本的同时提高气井最终采收率。将其应用于苏里格气田西区产水气井配产，平均连续携液采气量比例接近90%，排水采气量仅为10%左右，保证采收率的同时提高了开发效益。

1）优化生产制度克服压敏效应提高单井产量

利用数值模拟技术，模拟了苏里格气田三种类型气井不同的配产对气井采收率的影响。Ⅰ类井按照$1.5\times10^4m^3/d$、$2.0\times10^4m^3/d$、$2.5\times10^4m^3/d$和$3.0\times10^4m^3/d$的配产进行模拟预测，结果表明，配产低的井比配产高的井采收率提高3.45%（图7-33）。Ⅱ类井按照$0.6\times10^4m^3/d$、$1.0\times10^4m^3/d$、$1.5\times10^4m^3/d$和$2.0\times10^4m^3/d$的配产进行模拟预测，结果表明，配产低的井相比配产高的井，其采收率提高2.9%（图7-34）。Ⅲ类井按照$0.4\times10^4m^3/d$、$0.6\times10^4m^3/d$、$0.9\times10^4m^3/d$和$1.3\times10^4m^3/d$的配产进行模拟预测，结果表明，配产低的井相比配产高的井，其采收率提高3.02%（图7-35）。

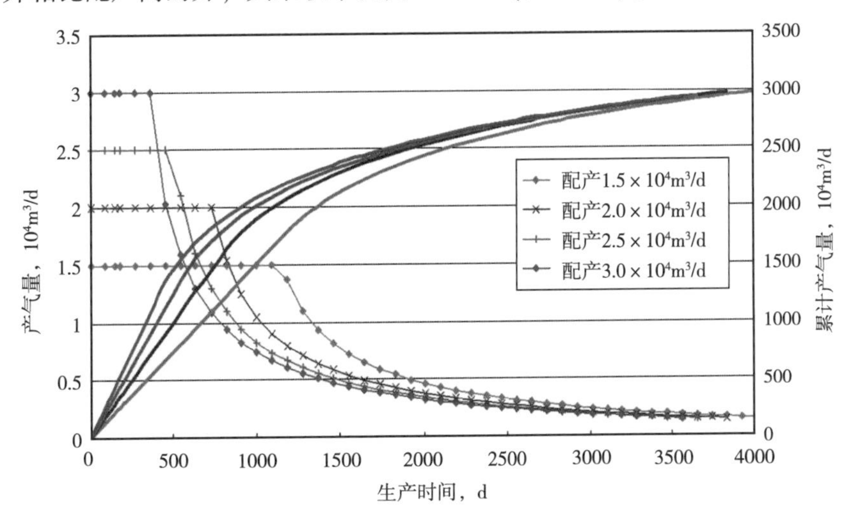

图7-33 考虑应力敏感Ⅰ类井不同方案气井生产动态预测曲线

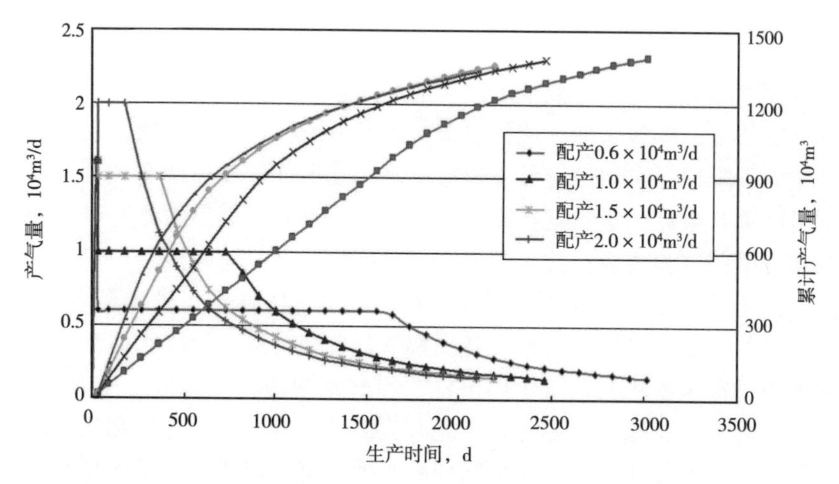

图 7-34　考虑应力敏感Ⅱ类井不同方案气井生产动态预测曲线

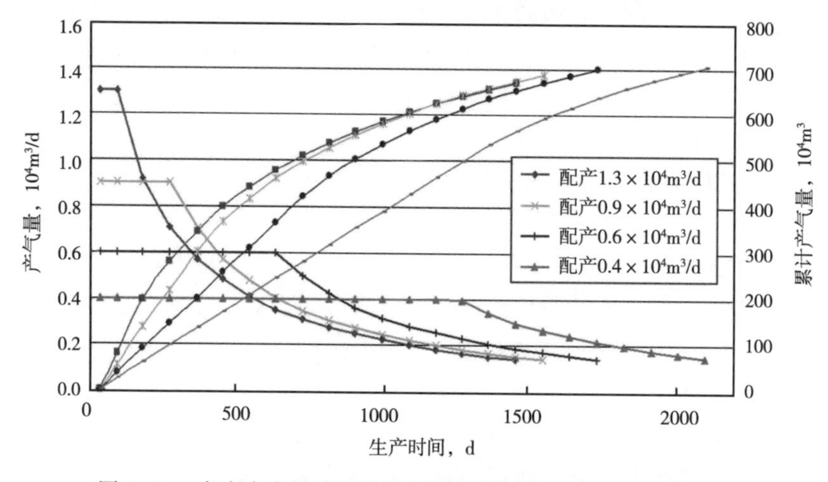

图 7-35　考虑应力敏感Ⅲ类井不同方案气井生产动态预测曲线

由此可见，通过生产制度的优化设计能够较好地控制储层的应力敏感性，使气井获得较大的最终累计产气量，从而提高气藏采收率，提高幅度也在 3%～5%之间。

2）动态优化配产发挥气井携液能力，提高单井产量

通过积液分析发现多数气井处于积液生产状态，与常规不产水气井在生产特征上存在较大的差异，气井配产需重点考虑气井携液问题，而传统追求产量大、稳产时间长的配产方法往往忽略了这一因素，配产过程中配产量低于临界携液流量，导致产水气井不能充分发挥携液潜能，需实施排水采气的累计采气量大，地层压力下降快，导致最终采收率低。

动态优化配产方法是基于产水气藏物质平衡原理、气井产能、气井井筒压力温度分布及连续携液理论，提出了气井动态优化配产的方法，所配气量略高于井口临界携液流量，不但避免了过大的生产压差造成较低的最终采收率，还能充分发挥气井的携液潜能，降低排水采气量，降低开采成本，提高经济效益（图 7-36）。

计算过程步骤如下：

（1）根据平均地层压力 p_r（1）和假设的一系列产量 Q_{sc}（1，j）（j=1，2，3，…，n），

应用产能方程得到井底流压 p_{wf}（1，j）即 IPR 曲线；采用井筒压力温度预测模型计算井口流压 p_{wh}（1，j）即 OPR 曲线；采用液滴模型计算井口连续携液临界气量 Q_{load}（1，j）；在其基础之上，考虑一定的安全系数，计算并绘制曲线 Q'_{load}（$Q'_{load}=Q_{load}\times f$）（图 7-37）。

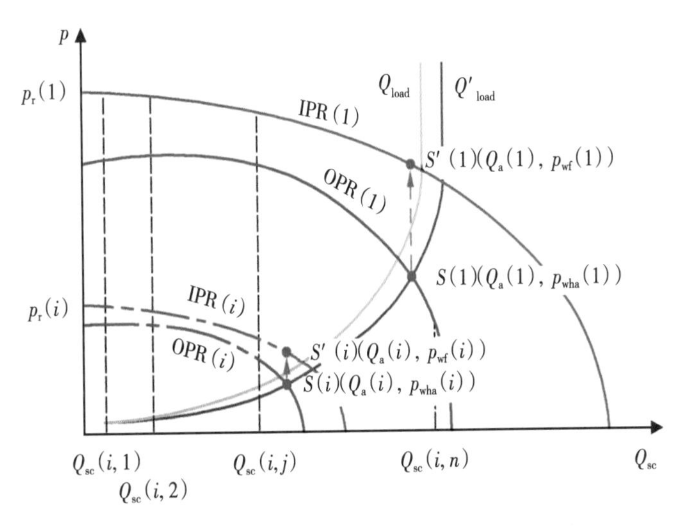

图 7-36　气井优化配产分析图

（2）以井口油压为变量，线性插值求连续携液气量 Q'_{load}与 OPR 的交点 S（1）（Q_a（1），p_{wha}（1）），其中 Q_a（1）为配产气量，p_{wha}（1）为对应的井口油压。过 S（1）做纵坐标的平行线，与 IPR 曲线交点为 S'（1）（Q_a（1），p_{wf}（1）），其中 p_{wf}（1）为配产为 Q_a（1）对应的井底流压。

（3）i=2，3，4，…，n，重复步骤（1）、（2），得协调点 S（i）和 S'（i），对应的配产气量 Q_a（i）、井口油压 p_{wha}（i）、井底流压 p_{wf}（i）。

（4）当井口油压 p_{wha}（i）降低到增压开采经济井口压力时，退出循环。由于产气量低于连续携液气量，开采进入积液加载期。之后，以井底为节点，按照自然递减的协调点进行配产。

（5）根据地层压力 p_r（i），配产气量 Q_a（i），计算对应的采收率 R_e（i），采出气量 G_p（i），生产时间 T（i）$=T$（i-1）+［G_p（i）$-G_p$（i-1）］/Q_a（i）。

（6）当产量 Q_a（i）低于最小经济产量，配产终止，气井关井停止生产。

西南石油大学的李颖川教授应用动态优化配产方法分析了鄂尔多斯盆地大牛地气田的一口气井资料，在配产 2.8×10^4m^3/d、1.8×10^4m^3/d 及优化动态配产下气井生产指标预测情况（表 7-6，图 7-37 至图 7-39）。可见动态优化配产方法不仅具有较高的采收率，且排水采气量很小，具有降低开采成本、提高经济效益的效果。

表 7-6　三种配产气井生产指标预测对比表

配产，10^4m^3/d	累计采气量，m^3	采收率，%	携液采气量，m^3	比例，%	排水采气量，m^3	比例，%
2.8	3902	89.9	3424	87.8	437	12.2
1.8	3931	90.7	975.4	22.4	3094	77.6
优化动态方法	4070	93.9	3585	88.1	485.5	11.9

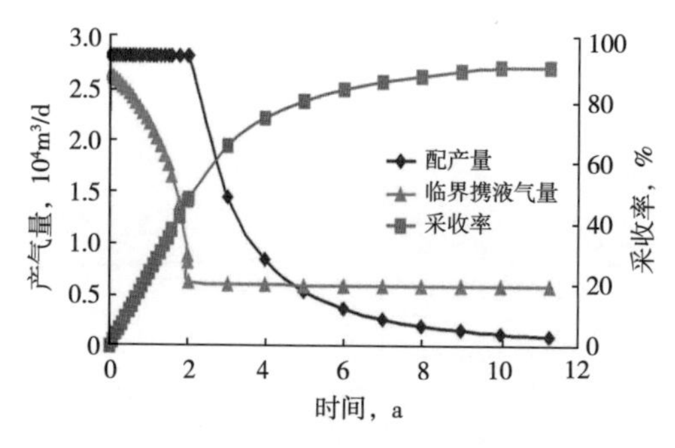

图 7-37　配产 $2.8\times10^4m^3/d$ 稳产期最大法预测图

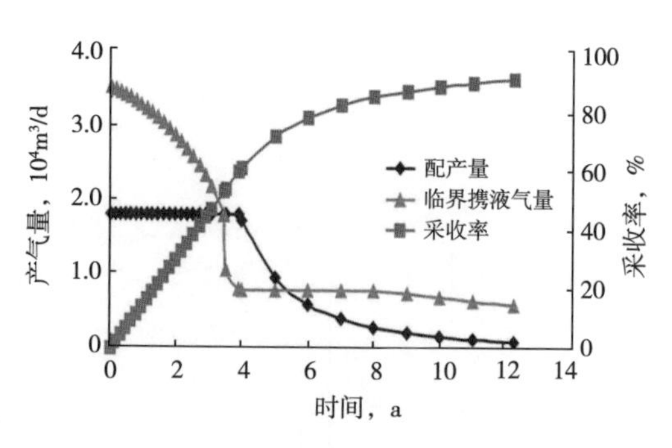

图 7-38　配产 $1.8\times10^4m^3/d$ 稳产期最大法预测图

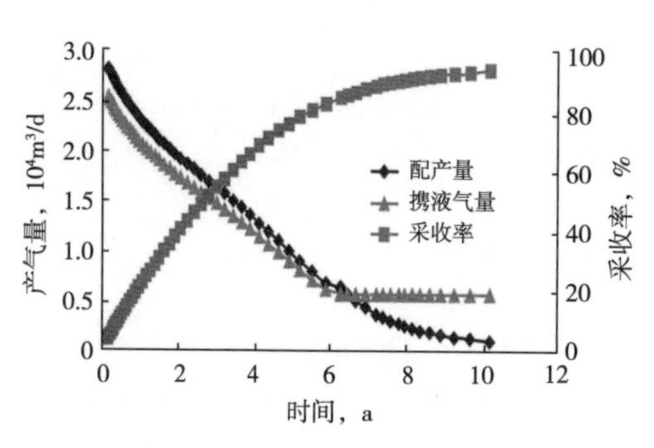

图 7-39　动态优化配产方法预测图

大牛地气田毗邻苏里格气田，区域地质上隶属于同一个沉积体系，可以将动态优化配产方法引入苏里格气田，研究苏里格气田含水气井通过合理配产提高最终累计采气量的问题。通过编制优化动态配产方法计算程序，对具有产能试井的 8 口气井进行不同配产条件下的模拟研究，例如 S47-12-55 井，预测气井最终累计采气量为 $4958\times10^4m^3$，采收率为 90.3%，其中，连续携液采气量为 $4235\times10^4m^3$，占总采气量的 85.4%，排水采气量为 $723\times10^4m^3$，占总采气量的 14.6%（图 7-40、图 7-41）。如 S47-17-63 井，预测气井最终累计采气量为 $2182\times10^4m^3$，采收率为 84%，其中，连续携液采气量为 $1917\times10^4m^3$，占总采气量的 87.9%，排水采气量为 $265\times10^4m^3$，占总采气量的 12.1%（图 7-42、图 7-43）及 S48-21-65 井、S47-17-68H2 井等井的优化配产结果分别见表 7-7、表 7-8。

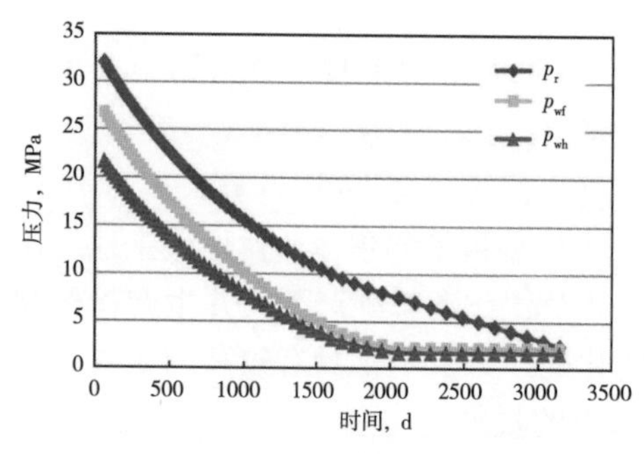

图 7-40　S47-12-55 井压力随时间变化关系曲线

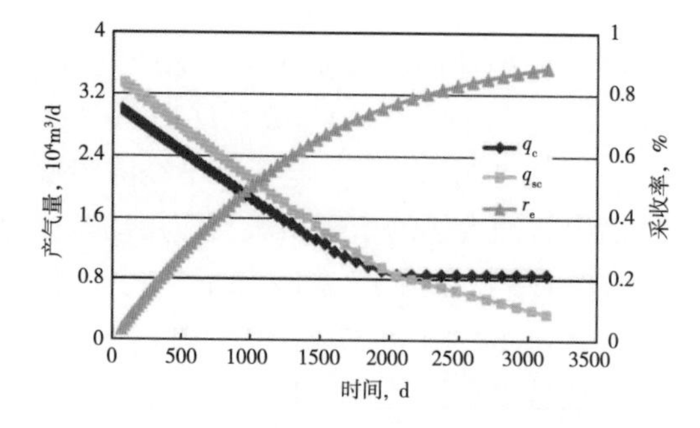

图 7-41　S47-12-55 井优化动态配产预测曲线

以上 8 口产能试井气井动态优化配产结果可以看出，气井连续携液采气量占总采气量比例均在 85% 以上，平均值为 89.55%，排水采气量较小，占总采气量比例平均值为 10.45%，充分发挥了气井的携液潜能，减小了排水采气累计采气量，降低了开采成本，有助于提高开发效益。

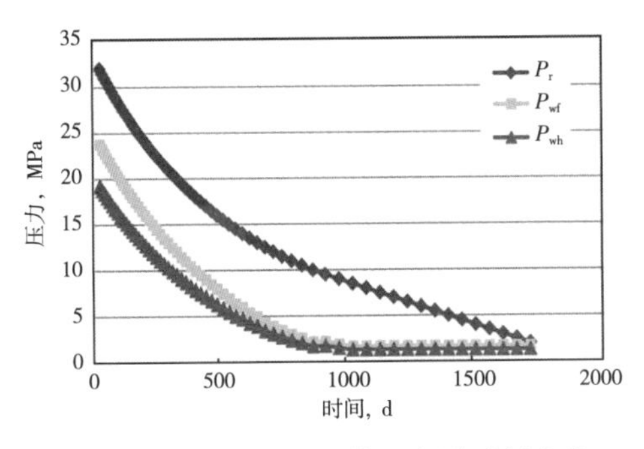

图 7-42 S47-17-63 井压力随时间变化关系曲线图

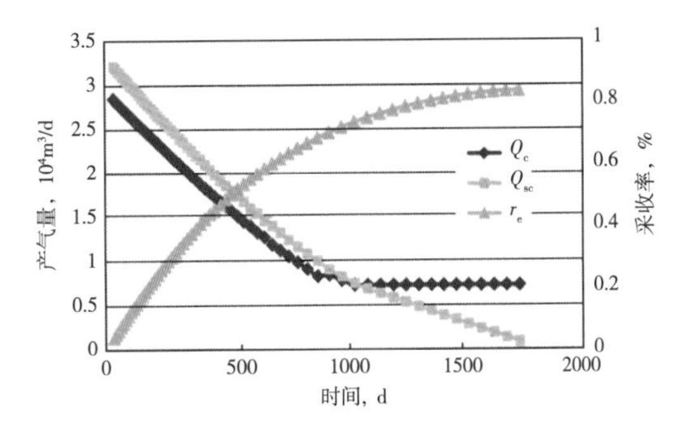

图 7-43 S47-17-63 井优化动态配产预测曲线

表 7-7 气井动态优化配产预测成果表

气井	S47-12-55 井	S47-17-63 井	S47-17-68H2 井	S48-21-65 井
动态储量，m^3	5493	2600	2794	3362
最终累计采气量，m^3	4958	2182	2222	2855
采收率，%	90. 30	84	79. 50	85
连续携液采气量，m^3	4235	1917	1942	2583
携液采气比例，%	85. 40	87. 90	87. 40	90. 50
排水采气量，m^3	723	265	280	272
排水采气比例，%	14. 60	12. 10	12. 60	9. 50

表 7-8 气井动态优化配产预测成果表

气井	S20-8-10H 井	S47-12-61H 井	S48-19-65H2 井	S14-0-29H1 井
动态储量，m^3	7972	2257	9208	3536
最终累计采气量，m^3	7255	1830	8472	3076
采收率，%	91	81	92	87
连续携液采气量，m^3	6814	1575	7998	2793
携液采气比例，%	93. 90	86. 1	94. 4	90. 8
排水采气量，m^3	441	255	474	283
排水采气比例，%	6. 10	13. 9	5. 6	9. 2

4. 排水采气

苏里格气田气井通常具有低压、低产、小水量的特征，气井携液能力差，特别是苏里格气田西区，地处气藏的气水过渡区域，地层水相对活跃，几乎没有真正意义上的纯气富集区，大面积气水混存，气井投产即开始产水且产水量不断上升，随着投产年限延长，气井不具备依靠自身能量排除井底积液的能力，积液甚至水淹井数逐渐增多，截至 2016 年年底，气田积液井数占到了总井数的 60%，部分区块高达 80%。为确保最大限度地发挥气井产能，延长气井有效生产期，提高气井最终累计产气量，苏里格气田开展了大量研究及应用试验，形成了适合气田地质及工艺特点的排水采气技术系列。

在产水井助排方面，形成了以泡沫排水为主，速度管柱、柱塞气举为辅的排水采气工艺措施；在积液停产井复产方面，形成了压缩机气举、高压氮气气举排水采气复产工艺。其中，泡沫排水采气通过将井底积液转变成低密度易携带的泡沫状流体，提高气流携液能力，起到将水体排出井筒的目的，适用于产气量大于 $0.5\times10^4m^3/d$ 的积液气井，具有设备简单、施工容易、适用性强、不影响气井正常生产等优势。速度管柱排水采气通过在井口悬挂小管径连续油管作为生产管柱，提高气体流速，增强携液生产能力，依靠气井自身能量将水体带出井筒，适用于产气量大于 $0.3\times10^4m^3/d$ 的积液气井，具有一次性施工，无需后续维护的优势。柱塞气举排水采气将柱塞作为气液之间的机械界面，利用气井自身能量推动柱塞在油管内进行周期举液，能够有效阻止气体上窜和液体回落，适用于产气量大于 $0.15\times10^4m^3/d$ 的积液气井，具有排液效率高、自动化程度高、安全环保等优势（表 7-9）。压缩机气举排水采气是利用天然气的压能排除井内水体，气举过程中，压缩机不断将产自油管的天然气沿油套环空注入气井，注入的天然气随后沿油管向上采出井筒，经过分离器分离处理后再由压缩机压入井筒，循环往复排除井筒积液。高压氮气气举是将高压氮气从油管（或套管）注入，把井内积液通过套管（或油管）排出，达到气井复产的目的。

面对低产、低效井逐年增多，排水采气工作量不断增大的难题，苏里格气田已经实现了包括产水井自动排查、积液井展示、井筒积液计算、排水措施优选、气井生产实时跟踪、排水采气效果分析总结等功能在内的数字化排水采气系统，截至 2016 年年底，在系列排水采气措施及数字化排水采气系统的支撑下，气田累计增产气量已达 $7\times10^8m^3$。通过实际开发试验对比分析，苏里格气田以成本低且效果相对较好的泡排技术和涡流工具为重点发展排水采气技术，提高单井产量。

表 7-9　苏里格气田排水采气工作开展情况统计表

序号	工艺措施	井数 口	单井增产 10^4m^3	单井成本 万元	单位增产成本 万元/10^4m^3	适用条件		
						套压 MPa	产量 m^3	井筒
1	泡沫排水	2881	12.72	0.3~0.5	0.024~0.039	>5	>3000	—
2	速度管柱	93	145.75	50~55	0.34~0.38	>5	>3000	井筒完好
3	柱塞气举	79	56.96	35~40	0.61~0.70	>5	>1000	井筒完好、直井或小斜度井
4	气举复产	207	10.55	10~12	0.95~1.14	>10	>500	封隔器解封、无节流器
5	涡流工具	45	44.60	2~3	0.045~0.067	>5	>5000	井筒完好、无节流器

5. 降低废弃产量

气井废弃产量是气田开发的一项重要经济和技术指标，是气田最终采收率评价的主要依据。废弃产量取决于气价的高低和成本费用的变化，致密气井投产后很短时间即进入递减期，产量不断下降，最后结合地层、井筒及外输管线压力系统匹配关系，以定压生产方式进行产量进一步的递减生产，直至生产井的年现金流入与现金流出持平，气井生产到达废弃，对应产量即为气井废弃产量。气井最终废弃产量的大小对气井、气田采收率具有较大影响，测算苏里格气田废弃产量从 $0.14\times10^4m^3/d$ 降至 $0.1\times10^4m^3/d$，单井累计采气量可

增加 $150\times10^4\mathrm{m}^3$，提高采收率 2%左右。目前气田主要通过井筒排水采气和井口增压来降低气井废弃压力，进而降低气井废弃产量，实现提高气井最终累计产量和采收率的目的。

三、提高采收率主体技术优选与采收率指标分析

低渗透、致密砂岩气藏提高采收率的技术途径主要包括井网加密、老井挖潜、新井工艺技术优化、生产管理优化、排水采气措施、废弃压力调整等；后三种方式仅能小幅度提高采收率。经国内外调研和室内研究确认，老井挖潜可提高采收率 1%左右，新井工艺技术优化可提高采收率 1.5%左右，优化生产方式可提高采收率 1%左右，排水采气可提高采收率 1.5%左右，后期增压开采降低废弃压力可提高 1%～2%。而井网加密可最大限度控制和动用地质储量，是大幅提高采收率的最有效途径。目前在 S6 井、S36-11 井区块进行了个别井点间的加密试验，虽然部分井有井间干扰现象，但大部分井具备原始地层压力，充分证明该气田具备进一步加密条件。国外低渗透、致密砂岩气藏开发广泛采用井网加密措施提高采收率。如美国 Ozona 气田，井网密度从初期 0.77 口/km^2 经过两次加密后分别调整到 1.5 口/km^2 和 3.1 口/km^2，三次加密后达到 6.3 口/km^2；Rulison 气田从最初的 1.54 口/km^2 经过 6 次加密达到 12 口/km^2，采收率由 17%提高到 75%。

另外，根据前述章节的研究成果，苏里格气田部分区域具备水平井开发的条件，这些区域普遍具备储量集中度较高的特点，有利于发挥水平井动用层内地质储量的优势。研究表明，苏里格气田具备水平井开发条件的区域面积约占整体面积的 1/3 左右。

综上所述，苏里格气田提高采收率的主体技术应采用井网加密与水平井开发相结合的混合井网开发技术。苏 6 井区数值模拟结果显示，区内 1/3 的区域部署水平井，其余 2/3 的区域按照 4 口/km^2 的密度部署直井，形成直井、水平井混合井网，通过数值模拟预测气井生产期末采收率达到 50.7%（表 7-10、图 7-44）。

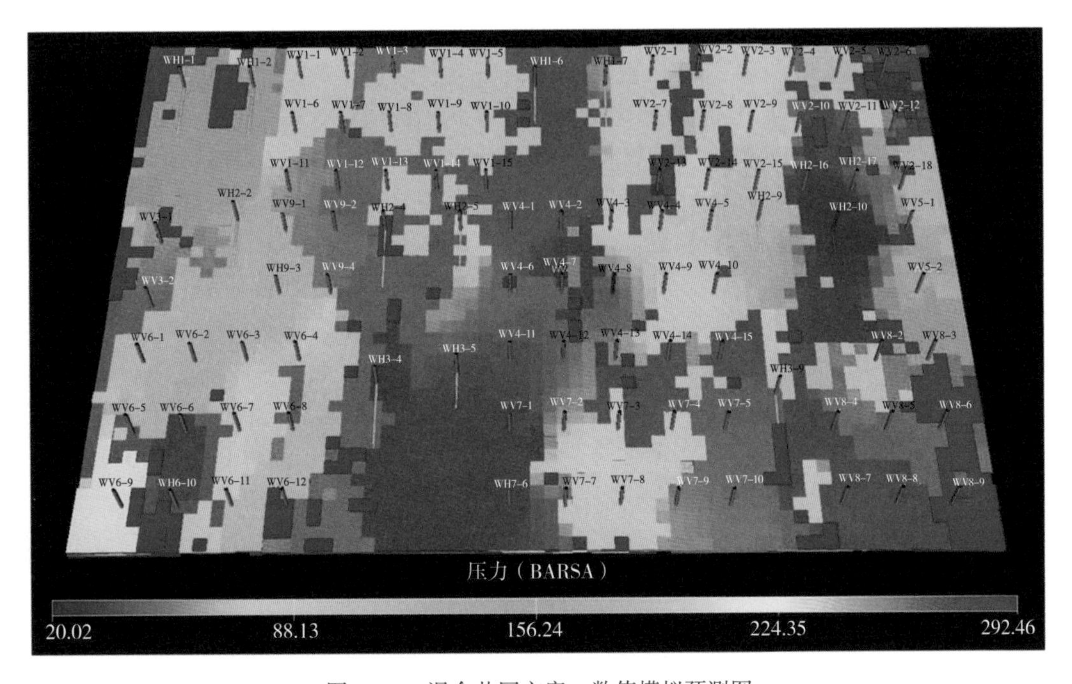

图 7-44　混合井网方案一数值模拟预测图

表 7-10　混合井网指标预测

布井方式	直井数 口	直井平均产量 10^4m^3	水平井数 口	水平井平均产量 10^4m^3	区块累计采气 $\times10^8m^3$	采收率 %
混合井网	432	1771	42	7932	109.82	50.7

第四节　气藏储量动用顺序与稳产潜力评价

低渗透、致密砂岩气藏地质条件复杂，认识难度大，开发过程中应该遵循“先肥后瘦、骨架井控制、逐级加密”的原则，采用区块接替与井间接替相结合的方法保持气田稳产。由于致密气单井产量低、递减快，所以致密气田开发要达到一定规模的生产能力并保持较长时间稳产，所需的钻井数量较大。

气田开发早期，在储层条件好、天然气富集程度高、认识相对清楚的地区先行建产。建产过程中先用稀井网部署骨架井，通过骨架井进行气藏再认识，然后根据认识程度完成逐级加密，并保证气田稳产。随着气田开发进程的逐步深入，在认识清楚的地区也可以采用一次井网开发，进行区块接替。待气田优先开发的区块进入开发后期，在经济条件允许的情况下，在储层条件相对较差、天然气富集程度较低的地区安排建产，以延长气田稳产期，并进一步提高气田采收率。

一、储量分级与动用条件分析

由于中国致密气藏较强的非均质特征，其储量品质并不均一，不同地区、不同区域的储量品质各不相同。目前来看，动用致密气储量的技术条件基本成熟，是否动用、动用顺序主要是考虑经济上是否有效，这取决于当时的天然气价格、开发成本、固定投资、环保成本、税费等一系列的经济因素和当前技术条件下气井的累计产量的因素。需要对不同品质的储量区以经济指标为目标进行储量分级，评价其经济动用条件。

截至 2016 年年底，苏里格气田累计探明储量和基本探明储量达 $4.77\times10^{12}m^3$。结合储层地质条件、储量规模、开发效果及可动用情况，将剩余储量分为富集区、低丰度Ⅰ类、低丰度Ⅱ类、含水区、保护区共五类。其中，富集区是建产主力区，占未动用储量的 17%；含水区储层含水饱和度大，存在气水两相渗流，造成储量难以有效动用，含水区储量占未动用储量的 24%；各类保护区是指沙地柏保护区、水源保护区、经济开发区等，在现有条件下无法进入布井，保护区内储量占剩余储量的 22%，剩下的低丰度区占 37%（图 7-45）。各类储量的地质特征和气井的生产指标存在一定的差异。富集区、低丰度Ⅰ类、低丰度Ⅱ类、含水区井均最终累计产量分别为 $2119\times10^4m^3$、$1363\times10^4m^3$、$934\times10^4m^3$、$719\times10^4m^3$，井均递减率分别为 21%、21.1%、21.3% 和 32.1%（表 7-11）。

根据近三年来长庆天然气年平均销售价格及单井投资、采气成本、商品率、税费等参数，计算得到单井的经济极限累计采气量为 $1073\times10^4m^3$。根据各区单井的经济极限累计采气量可以判断富集区、低丰度Ⅰ类、低丰度Ⅱ类、含水区收益率分别为 62.93%、20.58%、4.26%、-3.2%，按照税后内部财务收益率 12% 评价，富集区和低丰度Ⅰ类是有经济效益的，低丰度Ⅱ类和含水区在现有的技术经济条件下无效益。

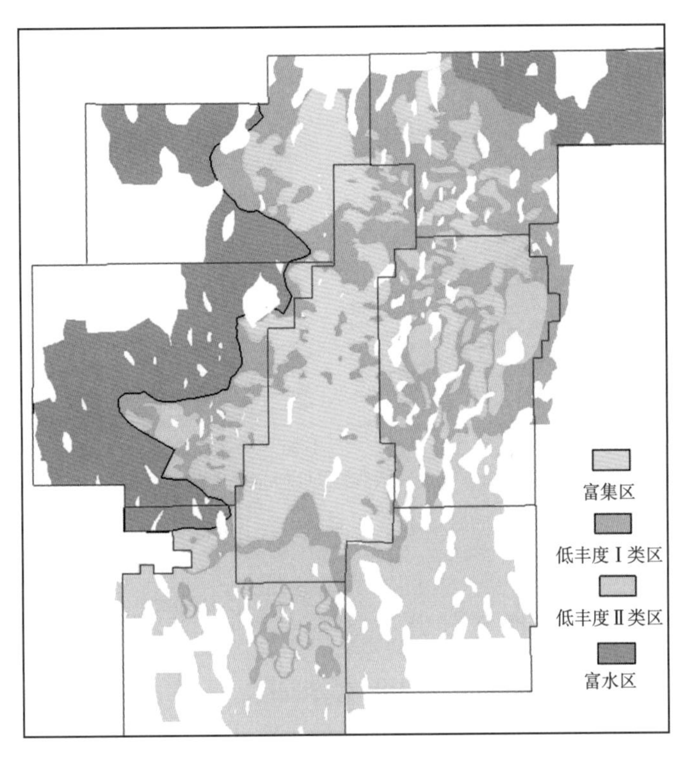

图 7-45 储量分区平面图

表 7-11 苏里格未动用储量地质与开发特征

储量分类		储量规模 10^8m^3	孔隙度 %	渗透率 mD	含气饱和度 %	气层厚度 m	储量丰度 $10^8m^3/km^2$	气井第一年平均日产量 10^4m^3	递减率 %	气井累计产气量 10^4m^3
富集区	剩余	6409	9.2	0.75	62	12	1.56	1.4	21.0	2119
低丰度	Ⅰ类	5146	8.5	0.65	60	10.5	1.25	0.9	21.1	1363
	Ⅱ类	9098	7.5	0.50	58.5	9.5	0.95	0.65	21.3	934
含水区		9057	8.7	0.66	57.5	11.5	1.20	0.7	32.1	719
各类保护区		8466	—	—	48.5	—	1.38	—	—	—
汇总		38176					1.25			

天然气价格、开发成本、固定投资、环保成本、税费等共同决定了气田的开发效益，诸多因素中对开发效益起到关键影响作用的是天然气的价格和单井的综合投资，且随着时间而动态变化。根据气价和单井综合投资的可变范围，预测了将来苏里格气田不同类型储量的开发经济有效性（图 7-46）。对于将来某一气价和单井综合成本，即可判断各类储量开发的经济有效性。

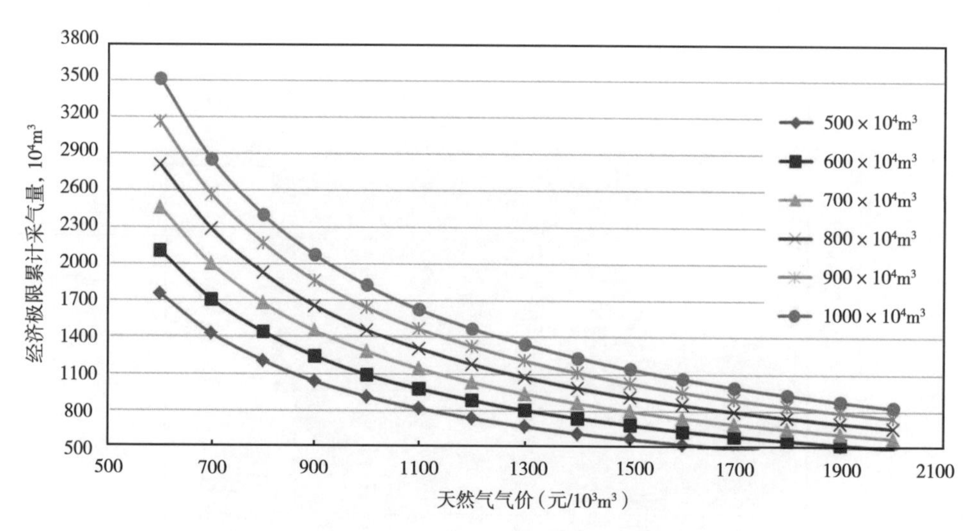

图 7-46　不同气价和单井综合投资下的经济效益评价

二、储量动用顺序与稳产潜力

考虑管道、集气站、处理厂等地面设施完善程度，秉承“有质量、有效益、可持续”开发原则，建议按照富集区、低丰度Ⅰ类区、低丰度Ⅱ类区依次动用地质储量。考虑到气田先期开发已经动用了部分富集区的地质储量，但采用的开发井距较大具有进一步加密提高采收率的潜力，富集区地质储量的动用顺序可进一步细分为富集区和富集区井网加密两个阶段，若储层的认识和加密试验的进展较快，这两个阶段可以合二为一，采用合理的加密井网一次性动用。为了测算过程方便，本文采用富集区、富集区加密、低丰度Ⅰ类区、低丰度Ⅱ类区地质储量依次动用的情景，在考虑地面影响的条件下，以气田实际递减率和气井产量指标论证为基础，进行苏里格气田稳产潜力的情景模拟。分析表明，保持 $230\times10^8m^3$ 的年产量不变，采用目前的 600m×800m 开发井网，动用富集区地质储量气田预计可稳产至 2020 年左右；富集区开发井网加密一倍至 4 口/km^2，通过井网加密提高采收率可增加 7~8 年的稳产时间，预计可稳产至 2027 年或者 2028 年；进一步稳产需要动用低丰

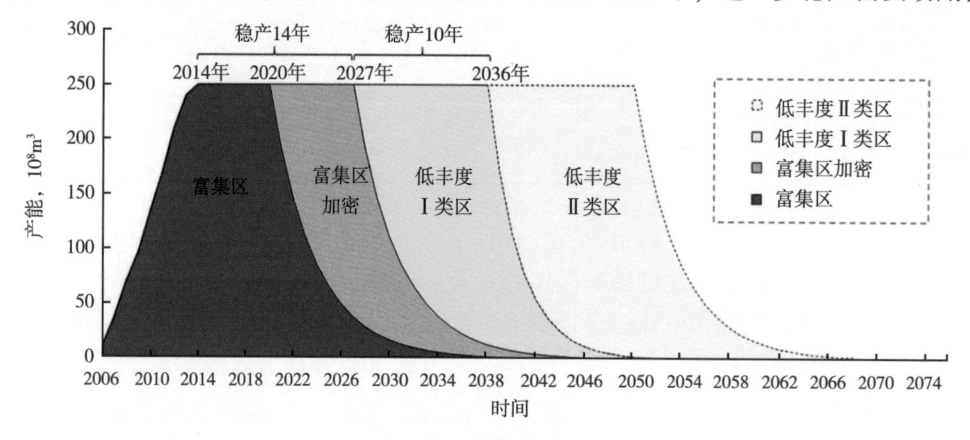

图 7-47　苏里格气田稳产剖面

度类区地质储量，若经济技术条件允许，全部动用低丰度Ⅰ类区地质储量，预计气田稳产期可延长至2036年左右。动用低丰度Ⅱ类区和含水区地质储量的经济技术条件较高，预测在较长的时间内难以达到，可作为更长时间稳产的后备资源加以利用。

参考文献

[1] 王丽娟，何东博，冀光，等．低渗透砂岩气藏产能递减规律分析［J］．大庆石油地质与开发，2013，32（1）：82-86.

[2] 郝上京，王焰东，陈明强，等．低渗透气藏产量递减规律分析［J］．新疆石油地质，2009，30（5）：616-618.

[3] 张文，解维国．气井产量递减分析方法与动态预测［J］．断块油气田，2009，16（4）：86-88.

[4] 吴胜和，蔡正旗．油矿地质学（第四版）［M］．北京：石油工业出版社，2011.

[5] 朱筱敏．沉积岩石学（第四版）［M］．北京：石油工业出版社，2008.

[6] 彭仕宓．油藏开发地质学［M］．北京：石油工业出版社，1998.

[7] 陈永生．油田非均质对策论［M］．北京：石油工业出版社，1993.

[8] 陈清华，曾明，章凤奇，等．河流相储层单一河道的识别及其对油田开发的意义［J］．油气地质与采收率，2004，11（3）：13-15.

[9] 邓宏文．美国层序地层研究中的新学派—高分辨率层序地层学［J］．石油天然气地质，1995，16（2）：89-97.

[10] 付清平，李思田．湖泊三角洲平原砂体的露头构形分析［J］．沉积与特提斯地质，1994（5）：21-33.

[11] 何文祥，吴胜和，唐义疆，等．地下点坝砂体内部构型分析—以孤岛油田为例［J］．矿物岩石，2005，25（2）：81-86.

[12] 焦养泉，李思田．陆相盆地露头储层地质模型研究与概念体系［J］．石油实验地质，1998，20（4）：346-353.

[13] 李思田，焦养泉，付清平．鄂尔多斯盆地延安足三角洲砂体内部构成及非均质性研究［C］//裘亦楠等．中国油气储层研究论文集．北京：石油工业出版社，1993.

[14] 李宇鹏，吴胜和，岳大力．现代曲流河道宽度与点坝长度的定量关系［J］．大庆石油地质与开发，2008，27（6）：19-22.

[15] 刘站立，焦养泉．曲流河成因相构成及其空间配置关系—鄂尔多斯盆地中生代露头沉积学地质考察［J］．大庆石油地质与开发，1996，（3）：6-9.

[16] 裘怿楠．储层沉积学研究工作流程［J］．石油勘探与开发，1990（17）：85-91.

[17] 裘怿楠，贾爱林．储层地质模型10年［J］．石油学报，2000，21（4）：101-104.

[18] 于兴河，马兴祥，穆龙新等．辫状河储层地质模式及层次界面分析［M］．北京：石油工业出版社，2004.

[19] 于兴河等．油气储层地质学基础［M］．北京：石油工业出版社，2009.

[20] 于兴河．碎屑岩系油气储层沉积学（第二版）［M］．北京：石油工业出版社，2009.

[21] 周银邦，吴胜和，岳大力，等．点坝内部侧积层倾角控制因素分析及识别方法［J］．中国石油大学学报，2009，33（2）：7-11.

[22] 岳大力，吴胜和，刘建民．曲流河点坝地下储层构型精细解剖方法［J］．石油学报，2007，28（4）：99-103.

[23] 吴胜和．储层表征与建模［M］．北京：石油工业出版社，2010.

[24] 吴胜和，张一伟，李恕军，等．提高储层随机建模精度的地质约束原则［J］．中国石油大学学报：自然科学版，2000，25（1）：1-5.

[25] 穆龙新，贾爱林，陈亮，等 . 储层精细研究方法 [M]. 北京：石油工业出版社，2000.

[26] 裘怿楠 . 储层地质模型 [J]. 石油学报，1991（4）：55-62.

[27] 孙洪泉 . 地质统计学及其应用 [M]. 北京：中国矿业大学出版社，1990.

[28] Miall A D. Architectural elements analysis：A new method of facies analysis applied to fluvial deposits [J]. Earth Science Reviews，1985，22（2）：261-308.

[29] Miall A D. Architectural Elements and Bounding Surfaces in Fluvial Deposits：Anatomy of the KayentaFormation（LowerJurassic），Southwest Colorado [J]. Sedimentary Geology. 1988，55（3）：233，247-240，262.

[30] Miall A D. The geology of fluvial deposits [M]. Springer Verlag Berlin Heidelberg，1996.

[31] 刘行军，张吉，尤世梅 . 苏里格中部地区盒8段储层沉积相控测井解释分析 [J]. 测井技术，2008，32（3）：228-232.

[32] 王峰，田景春，陈蓉，等 . 鄂尔多斯盆地北部上古生界盒8储层特征及控制因素分析 [J]. 沉积学报，2009，27（2）：238-245.

[33] 李红，柳益群 . 鄂尔多斯盆地西峰油田白马南特低渗岩性油藏储层地质建模 [J]. 沉积学报，2007，25（6）：954-960.

[34] 文华国，郑荣才，高红灿，等 . 苏里格气田苏6井区下石盒子组盒8段沉积相特征 [J]. 沉积学报，2007，25（1）：90-98.

[35] 叶泰然，郑荣才，文华国 . 高分辨率层序地层学在鄂尔多斯盆地苏里格气田苏6井区下石盒子组砂岩储层预测中的应用 [J]. 沉积学报，2006，24（2）：259-266.

[36] 胡先莉，薛东剑 . 序贯模拟方法在储层建模中的应用研究 [J]. 成都理工大学学报（自然科学版），2007，34（6）：609-613.

[37] 侯中健，陈洪德，田景春，等 . 苏里格气田盒8段高分辨率层序结构特征 [J]. 成都理工大学学报（自然科学版），2004，31（1）：46-52.

[38] 邓礼正 . 鄂尔多斯盆地上古生界储层物性影响因素 [J]. 成都理工大学学报（自然科学版），2003，30（3）：270-272.

[39] 付锁堂，田景春，陈洪德，等 . 鄂尔多斯盆地晚古生代三角洲沉积体系平面展布特征 [J]. 成都理工大学学报（自然科学版），2003，30（3）：236-241.

[40] 穆剑东，董平川，赵常生 . 多条件约束储层随机建模技术研究 [J]. 大庆石油地质与开发，2008，27（4）：17-20.

[41] 尹艳树，吴胜和 . 提高河流相储层建模精度的河道中线约束方法 [J]. 大庆石油地质与开发，2007，26（6）：78-81.

[42] 曾雪梅，刘柏松，付勇，等 . 变异函数在井间砂体预测中的应用 [J]. 大庆石油地质与开发，2002，21（1）：32-34.

[43] 赵文津 . 从鄂尔多斯盆地油气勘查历程谈李四光找油气思想的发展 [J]. 地学前缘，2011，18（2）：242-257.

[44] 于兴河，李胜利，赵舒，等 . 河流相油气储层的井震结合相控随机建模约束方法 [J]. 地学前缘，2008，15（4）：33-41.